钢筋平法识图与手工计算

GANGJIN PINGFA SHITU YU SHOUGONG JISUAN

主　编 / 韩业财　李　凯
副主编 / 刘晓玲　翁月霞　杨　磊

重庆大学出版社

内容提要

本书按照现行国家建筑标准设计图集 16G101—1、16G101—2 和 16G101—3 的平法制图规则和构造详图,分别对柱、梁、剪力墙、板、板式楼梯、独立基础、条形基础、筏形基础、桩基础的平法设计施工图进行简单识读,并对常用构件单根钢筋进行手工计算,使读者在了解 16G101 系列图集钢筋工程量计算规则的同时,能够进行钢筋手算。另外,本书附有某工程结构施工图一套,可作为学生识读和实训使用。

本书可作为大中专院校工程造价专业的教学用书,也可作为钢筋工程施工人员抽筋下料的参考用书。

图书在版编目(CIP)数据

钢筋平法识图与手工计算 / 韩业财, 李凯主编. --
重庆 : 重庆大学出版社, 2019.12(2022.7 重印)
ISBN 978-7-5624-9629-8

Ⅰ.①钢… Ⅱ.①韩…②李… Ⅲ.①钢筋混凝土结构—建筑构图—识图②钢筋混凝土结构—结构计算 Ⅳ.①TU375

中国版本图书馆 CIP 数据核字(2016)第 163315 号

钢筋平法识图与手工计算

主 编 韩业财 李 凯
副主编 刘晓玲 翁月霞 杨 磊
责任编辑:刘颖果 版式设计:刘颖果
责任校对:关德强 责任印制:赵 晟

*

重庆大学出版社出版发行
出版人:饶帮华
社址:重庆市沙坪坝区大学城西路 21 号
邮编:401331
电话:(023)88617190 88617185(中小学)
传真:(023)88617186 88617166
网址:http://www.cqup.com.cn
邮箱:fxk@cqup.com.cn(营销中心)
全国新华书店经销
重庆华林天美印务有限公司印刷

*

开本:787mm×1092mm 1/16 印张:21.5 字数:577千 插页:8 开 6 页
2019 年 12 月第 1 版 2022 年 7 月第 4 次印刷
印数:8 001—10 000
ISBN 978-7-5624-9629-8 定价:59.00元

前 言

混凝土结构施工图平面整体表示方法（简称“平法”），是对我国混凝土结构设计方法的重大改进。概括来讲，“平法”是把结构构件的尺寸和配筋等，按照平面整体表示方法制图规则，整体直接地表达在各类构件的结构平面布置图上，再与标准构造详图相配合，使之构成一套新型完整的结构设计图。其改变了传统的将构件从结构平面布置图中索引出来，再逐个绘制配筋详图的烦琐方法，大大提高了混凝土结构施工图设计和施工的规范性、准确性。将“平法”结构设计分为“创造性设计”内容与“重复性（非创造性）设计”内容两部分，两部分内容为对应互补关系，合并构成完整的结构设计。设计工程师以数字化、符号化的平面整体设计制图规则来完成其创造性设计内容部分，而重复性设计内容部分主要是节点构造和杆件构造以广义标准化方式编制成国家建筑标准构造设计图集。这样，可以减少大量重复的节点构造和杆件构造施工图设计，大幅度降低出错概率，减少校对审核工作量，保证设计质量，提高了结构工程师的工作效率和出图效率。

正是由于“平法”设计的图纸拥有这样的特性，工程技术人员在施工和计算钢筋工程量时只有先结合“平法”的基本原理准确理解数字化、符号化的内容，才能正确地识读和计算钢筋工程量。

“平法”自推广以来，先后推出 1996 年、2000 年、2003 年、2011 年和 2016 年的 G101 系列图集，目前现行的系列图集包括 3 本：

《混凝土结构施工图平面整体表示方法制图规则和构造详图（现浇混凝土框架、剪力墙、梁、板）》（16G101—1）：适用于抗震设防烈度为 6 ~ 9 度地区的现浇混凝土框架、剪力墙、框架-剪力墙和部分框支剪力墙等主体结构施工图的设计与施工，以及各类结构中的现浇混凝土板（包括有梁楼盖和无梁楼盖），地下室结构部分现浇混凝土墙体、柱、梁、板结构施工图的设计与施工。

《混凝土结构施工图平面整体表示方法制图规则和构造详图（现浇混凝土板式楼梯）》（16G101—2）：适用于抗震设防烈度为 6 ~ 9 度地区的现浇钢筋混凝土板式楼梯的设计与施工。

《混凝土结构施工图平面整体表示方法制图规则和构造详图（独立基础、条形基础、筏形基础及桩基础）》（16G101—3）：适用于各种结构类型的现浇混凝土独立基础、条形基础、筏形基础（分为梁板式和平板式）及桩基础施工图的设计与施工。

本书按照现行国家建筑标准设计图集 16G101—1、16G101—2 和 16G101—3 的平法制图规则及构造详图，分别对柱、梁、剪力墙、板、板式楼梯、独立基础、条形基础、筏形基础、桩基础的平法设计施工图进行简单识读，并对常用构件单根钢筋进行手工计算，使读者在了解16G101系列图集钢筋工程量计算规则的同时，能够进行钢筋手算。另外，本书附有某工程结构施工图一套，可作为学生识读和实训使用。本书可作为大中专院校工程造价专业的教学用书，也可作为钢筋工程施工人员抽筋下料的参考用书。

本书由韩业财、李凯主编。西南科技大学城市学院刘晓玲、翁月霞，河南信息统计职业学院杨磊任副主编。编写分工如下：任务 1、任务 2 由李凯编写，任务 3、任务 4、任务 5 由韩业财编写，任务 6、任务 9 由刘晓玲编写，任务 7、任务 8 由翁月霞编写，任务 10、任务 11 由杨磊编写。编写过程中参阅了大量参考文献，在此谨向文献的作者表示感谢！

限于编者水平有限，书中错误或不当之处在所难免，恳请读者批评指正。

编　者

2019 年 6 月

目　录

任务1　钢筋工程传统施工图识读

建筑工程施工图是一种能够准确表达建筑物的外形轮廓、大小尺寸、结构形式、构造方法和材料做法的图样，是沟通设计人员、施工人员和造价人员的桥梁和纽带。工程技术人员要准确完成施工图中的各种施工内容，首先要学会看懂建筑工程施工图。

由于专业分工的不同，建筑工程施工图一般分为建筑施工图（简称建施）、结构施工图（简称结施）和设备施工图（简称设施），而钢筋工程施工主要是按结构施工图进行的。建筑工程施工图的一般编排顺序为：图纸目录→总说明→建筑施工图→结构施工图→设备施工图。

1.1　一般构件代号及钢筋种类符号

问题引入

在图1.1中，梁中钢筋是用什么符号表示的？各代表什么含义？

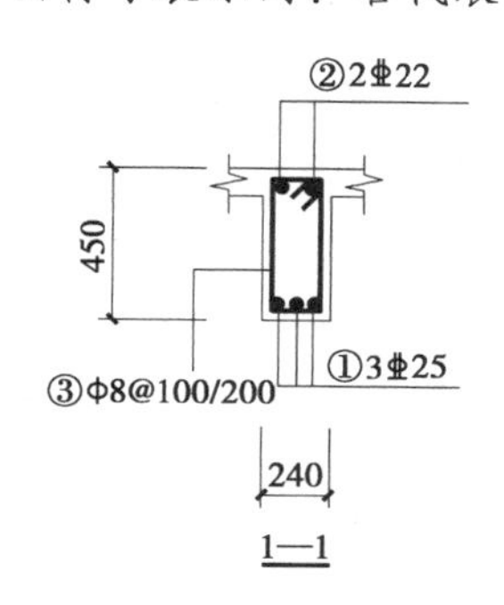

图1.1　梁1—1截面配筋示意图

1.1.1　一般结构构件代号

在施工图中，结构构件一般以构件名称汉语拼音第一个大写字母表示，其一般结构构件代号见表1.1。

表 1.1　一般结构构件代号

序号	名　称	代号	序号	名　称	代号	序号	名　称	代号
1	板	B	15	吊车梁	DL	29	基　础	J
2	屋面板	WB	16	圈　梁	QL	30	设备基础	SJ
3	空心板	KB	17	过　梁	GL	31	桩	ZH
4	槽形板	CB	18	连　梁	LL	32	柱间支撑	ZC
5	折　板	ZB	19	基础梁	JL	33	垂直支撑	CC
6	密肋板	MB	20	楼梯梁	TL	34	水平支撑	SC
7	楼梯板	TB	21	檩　条	LT	35	梯	T
8	盖板或沟盖板	GB	22	屋　架	WJ	36	雨　篷	YP
9	挡雨板或檐板	YB	23	托　架	TJ	37	阳　台	YT
10	吊车梁安全走道	DB	24	天窗架	CJ	38	梁　垫	LD
11	墙　板	QB	25	框　架	KJ	39	预埋件	M
12	天沟板	TGB	26	刚　架	GJ	40	天窗端壁	TD
13	梁	L	27	支　架	ZJ	41	钢筋网	W
14	屋面梁	WL	28	柱	Z	42	钢筋骨架	G

1.1.2　常用钢筋的牌号及种类符号

在钢筋混凝土构件中都配有钢筋，常用不同的符号表示不同类别及牌号的钢筋，见表 1.2。

表 1.2　常用钢筋种类符号

钢筋牌号	符号	钢筋牌号	符号
HPB300	Φ	刻痕钢丝	$Φ^{I}$
HRB400 HRB400E HRBF400 HRBF400E RRB400	Φ Φ $Φ^{F}$ $Φ^{F}$ $Φ^{R}$	CRB550 CRB650 CRB800	$Φ^{R}$
		CRB600H CRB680H CRB800H	$Φ^{RH}$
HRB500 HRB500E HRBF500 HRBF500E	Φ Φ $Φ^{F}$ Φ	钢绞线	$Φ^{s}$
HRB600		冷轧扭钢筋	$Φ^{N}$

续表

钢筋牌号	符号	钢筋牌号	符号
热处理钢筋	Φ^{HT}	CDW 冷拔低碳钢丝	Φ^{b}

注:①HPB——热轧光圆钢筋,即 Hot rolled Plain Bars 的缩写;HRB——热轧带肋钢筋,即 Hot rolled Ribbed Bars 的缩写;HRBF——细晶粒热轧带肋钢筋;RRB——余热处理带肋钢筋;CRB——冷轧带肋钢筋;CRBH——高延性冷轧带肋钢筋,C、R、B、H 分别为冷轧(Cold)、带肋(Ribbed)、钢筋(Bar)、高延性(High elongation) 4 个词的英文首位字母。

②HPB300、HRB400、HRB500、HRB600 中的数字 300、400、500、600,表示该牌号钢筋的屈服强度特征值为 300 MPa、400 MPa、500 MPa、600 MPa。

③HRB400E、HRBF400E、HRB500E、HRBF500E 等牌号钢筋,表示用于较高要求的抗震结构钢筋,即此钢筋实测抗拉强度与实测屈服强度之比≥1.25,钢筋实测屈服强度与屈服强度特征值之比≤1.30,钢筋在最大拉力下的总伸长率实测值≥9%。

④CRB550、CRB600H 为普通钢筋混凝土用钢筋;CRB650、CRB800、CRB800H 为预应力混凝土用钢筋;CRB680H 既可作为普通混凝土用钢筋,也可作为预应力混凝土用钢筋。CRB550、CRB600H、CRB680H 钢筋的公称直径范围为 4 ~ 12 mm,CRB650、CRB800、CRB800H 钢筋的公称直径为 4 mm、5 mm、6 mm。

1.1.3 常用钢筋的画法图例

在构件中,常用钢筋的图例见表 1.3,钢筋的画法图例见表 1.4。

表 1.3 一般钢筋的图例

序号	名 称	图 例	说 明
1	钢筋横断面		
2	无弯钩的钢筋端部	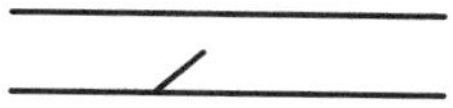	下图表示长、短钢筋投影重叠时,短钢筋的端部用 45°斜画线表示
3	带半圆弯钩的钢筋端部		
4	带直弯钩的钢筋端部		
5	带丝扣的钢筋端部		
6	无弯钩的钢筋搭接	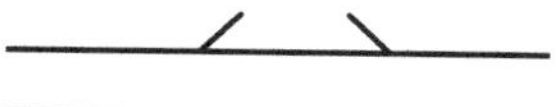	
7	带半圆弯钩的钢筋搭接		
8	带直弯钩的钢筋搭接		

续表

序号	名　称	图　例	说　明
9	花篮螺丝钢筋接头	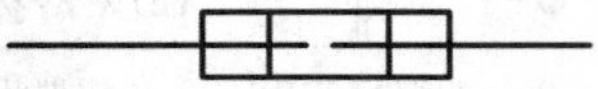	
10	机械连接的钢筋接头		用文字说明机械连接的方式(如冷挤压或直螺纹等)

表1.4　钢筋画法图例

序号	说　明	图　例
1	在结构平面图中配置双层钢筋时,底层钢筋的弯钩应向上或向左,顶层钢筋的弯钩则向下或向右	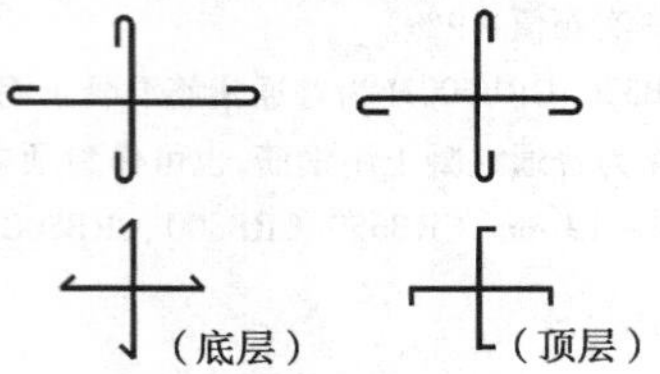 (底层)　(顶层)
2	钢筋混凝土墙体配双层钢筋时,在配筋立面图中,远面钢筋的弯钩应向上或向左,而近面钢筋的弯钩向下或向右(JM 近面,YM 远面)	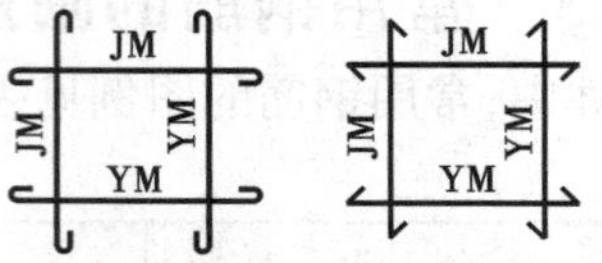 JM　YM　JM　YM　JM　YM　JM　YM
3	若在断面图中不能表达清楚的钢筋布置,应在断面图外增加钢筋大样图(如钢筋混凝土墙、楼梯等)	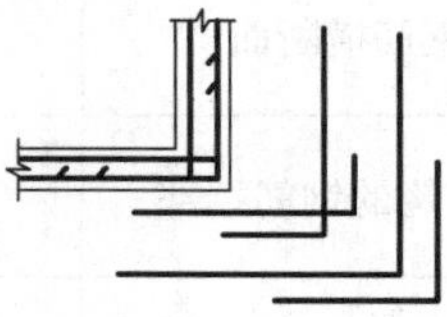
4	图中所表示的箍筋、环筋等若布置复杂时,可加画钢筋大样及说明	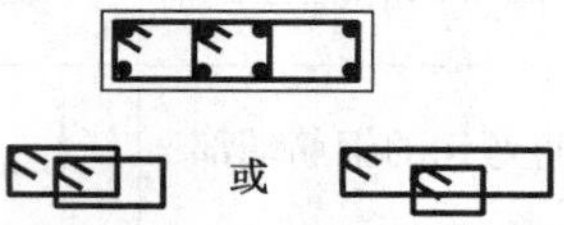 或
5	每组相同的钢筋、箍筋或环筋,可用一根粗实线表示,同时用一两端带斜短画线的横穿细线表示其余钢筋及起止范围	

活动建议

在建筑书店或网上查阅《钢筋混凝土用钢　第1部分:热轧光圆钢筋》(GB/T 1499.1—2017)、《钢筋混凝土用钢　第2部分:热轧带肋钢筋》(GB/T 1499.2—2018)等标准中有关钢筋种类符号的表达形式和含义。

1.2　常用构件传统配筋图识读

问题引入

在梁构件传统配筋图中，“3Φ20”和“Φ10@200”等标注代表什么含义？

1.2.1　梁配筋图识读

如图1.2、图1.3、图1.4、图1.5所示为某简支梁的配筋图。

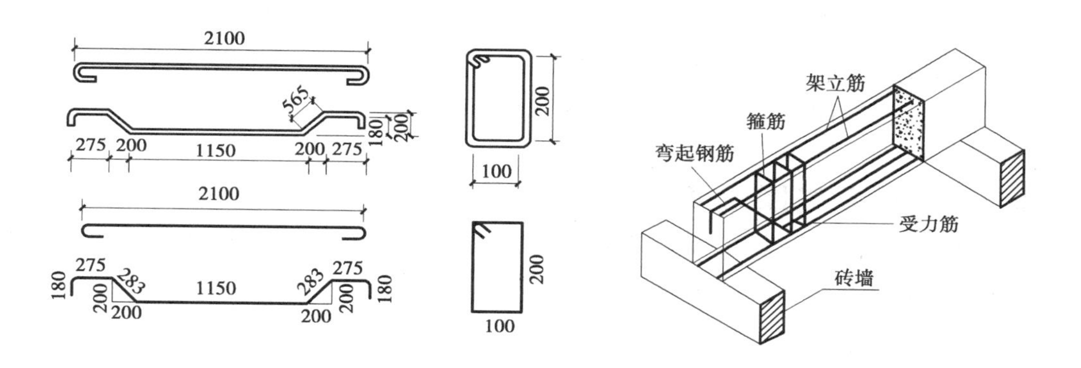

图1.2　钢筋尺寸标注图

图1.3　简支梁的配筋轴测图

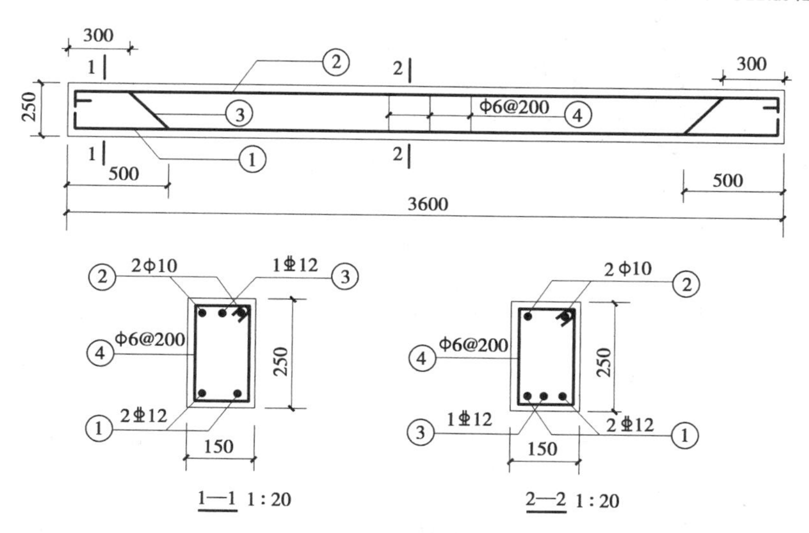

图1.4　梁的配筋图

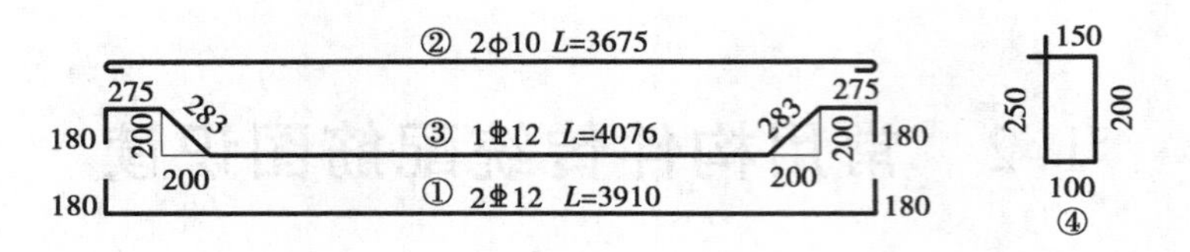

图 1.5　钢筋大样图

图 1.4 配筋识读说明:

a. 标注钢筋的根数、强度等级和直径。

b. 标注箍筋强度等级、直径和间距。

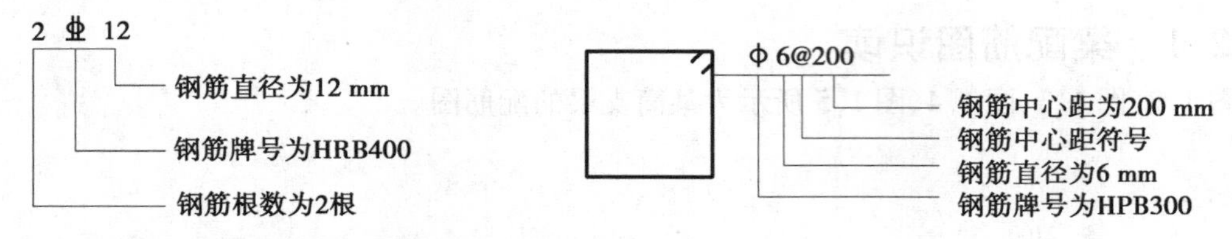

c. ③号钢筋为弯起钢筋,如图 1.5 所示。

d. ④号钢筋为封闭形状,称为箍筋,如图 1.5 所示。

1.2.2　板配筋图识读

图 1.6 为板的配筋示意图,其对应的配筋大样图如图 1.7 所示。图 1.8 和图 1.9 为现浇板(单跨和两跨)传统配筋图,其配筋图识读如下。

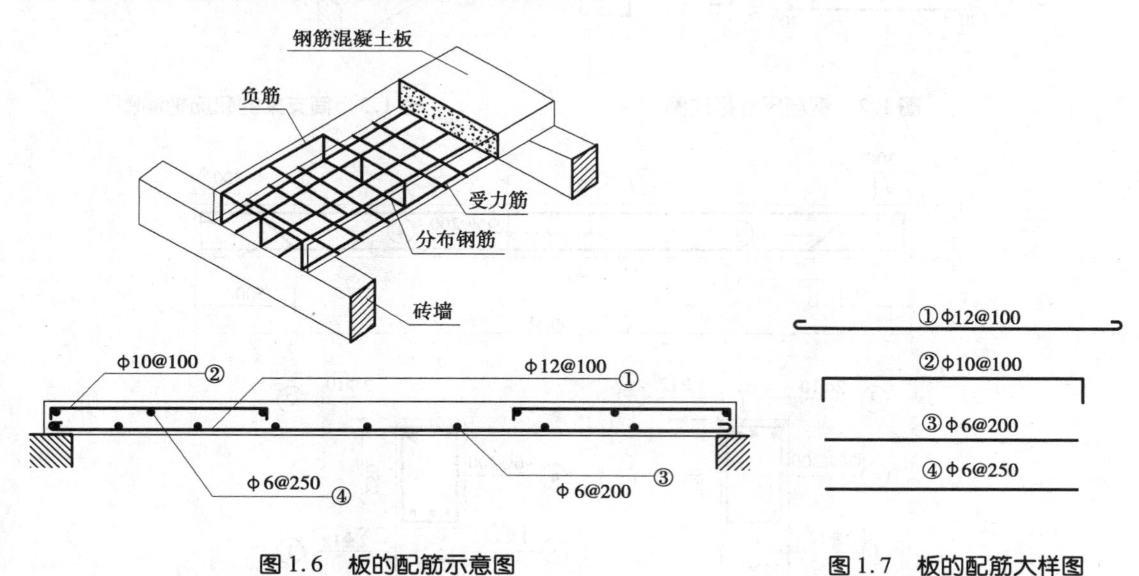

图 1.6　板的配筋示意图　　　图 1.7　板的配筋大样图

图 1.6 板配筋识读说明:

a. ①号钢筋为板下部受力钢筋,牌号为 HPB300,直径为 12 mm,中心距为 100 mm。

b. ②号钢筋为板上部非贯通筋(支座负筋),牌号为 HPB300,直径为 10 mm,中心距为 100 mm。

c. ③号钢筋为板下部分布钢筋，牌号为HPB300，直径为6 mm，中心距为200 mm。

d. ④号钢筋为板上部非贯通筋的（支座负筋）分布钢筋，牌号为HPB300，直径为6 mm，中心距为250 mm。

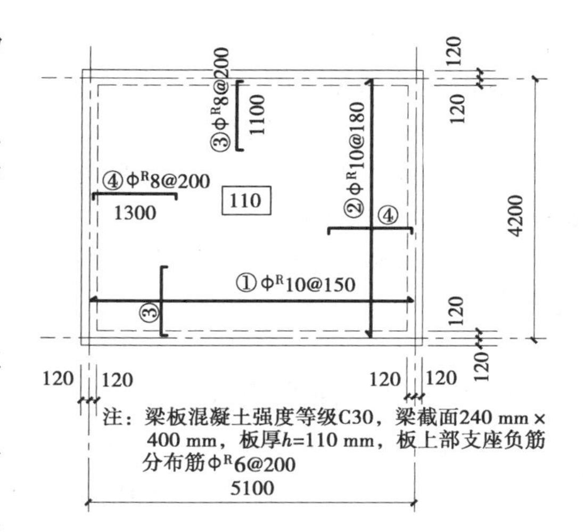

图1.8　现浇板（单跨）配筋示意图

图1.8板配筋识读说明：

a. "110"表示楼板厚度为110 mm。

b. ①号钢筋Φ^{R}10@150：板下部横向钢筋，牌号为CRB550，直径为10 mm，中心距为150 mm。

c. ②号钢筋Φ^{R}10@180：板下部纵向钢筋，牌号为CRB550，直径为10 mm，中心距为180 mm。

d. ③号钢筋Φ^{R}8@200：板上部端支座负筋（上部纵向非贯通筋），牌号为CRB550，直径为8 mm，中心距为200 mm，长度为1 100 mm。

e. ④号钢筋Φ^{R}8@200：板上部端支座负筋（上部横向非贯通筋），牌号为CRB550，直径为8 mm，中心距为200 mm，长度为1 300 mm。

f. 板上部所有支座负筋的（上部非贯通筋）分布筋为Φ^{R}6@200，即牌号为CRB550，直径为6 mm，中心距为200 mm。

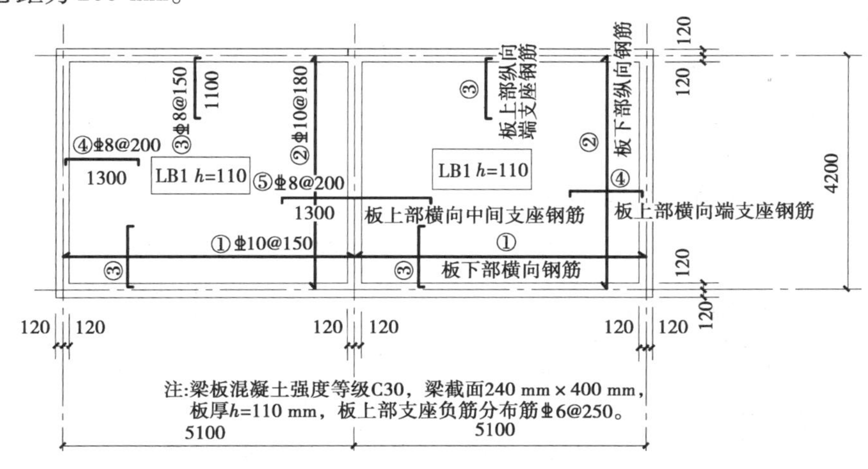

图1.9　现浇板（两跨）传统配筋示意图

图1.9板配筋图识读说明：

a. LB1 h=110，表示1号楼板，厚度为110 mm。

b. ①号钢筋Φ10@150：板下部横向钢筋，牌号为HRB400，直径为10 mm，中心距为150 mm。

c. ②号钢筋Φ10@180：板下部纵向钢筋，牌号为HRB400，直径为10 mm，中心距为180 mm。

d. ③号钢筋Φ8@150：板上部端支座负筋（上部纵向非贯通筋），牌号为HRB400，直径为8

mm,中心距为 150 mm,长度为 1 100 mm。

e. ④号钢筋⏀8@200:板上部端支座负筋(上部横向非贯通筋),牌号为 HRB400,直径为 8 mm,中心距为 200 mm,长度为 1 300 mm;

f. ⑤号钢筋⏀8@200:板上部中间支座负筋(上部横向非贯通筋),牌号为 HRB400,直径为 8 mm,中心距为 200 mm,长度为梁中心线向板内延伸 1 300 mm。

g. 板上部支座负筋(非贯通筋)的分布筋为⏀6@250,即牌号为 HRB400,直径为 6 mm,中心距为 250 mm。

1.2.3 柱配筋图识读

图 1.10 为柱子钢筋轴测图,其对应的配筋图如图 1.11 所示;图 1.12 为柱中复合箍筋及配筋截面示意图,其配筋识读如图中所示。

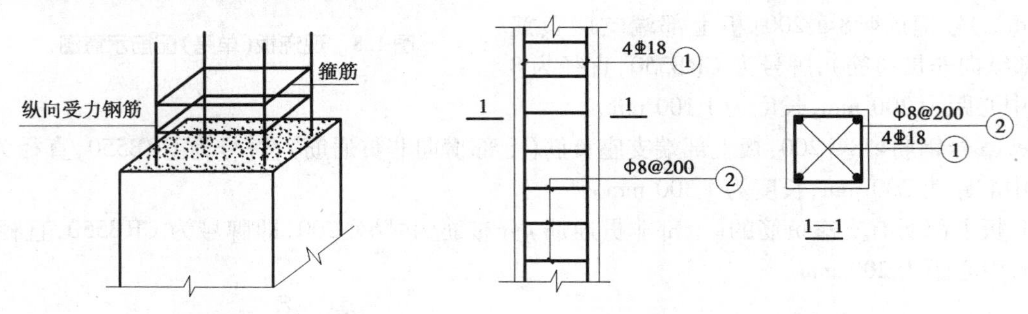

图 1.10 柱子钢筋轴测图　　图 1.11 柱子配筋图

图 1.11 配筋识读说明:

a. ①号钢筋:4⏀18。

b. ②号钢筋为柱子箍筋:ϕ8@200。

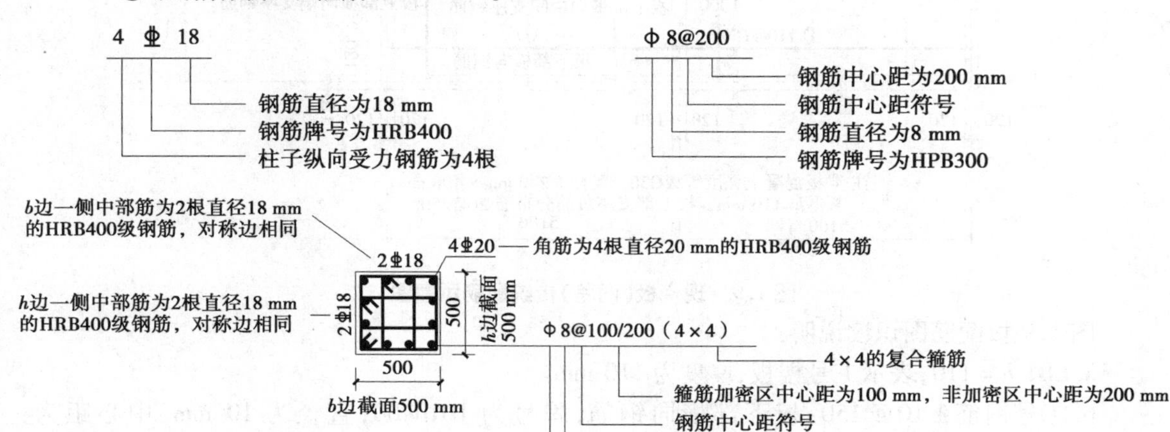

图 1.12 柱中复合箍筋及配筋截面示意图

1.2.4 墙配筋图识读

在钢筋混凝土墙体内,根据计算要求可以配置双层或多层钢筋网片,主要由竖向钢筋和横向钢筋组成,如图 1.13 所示。

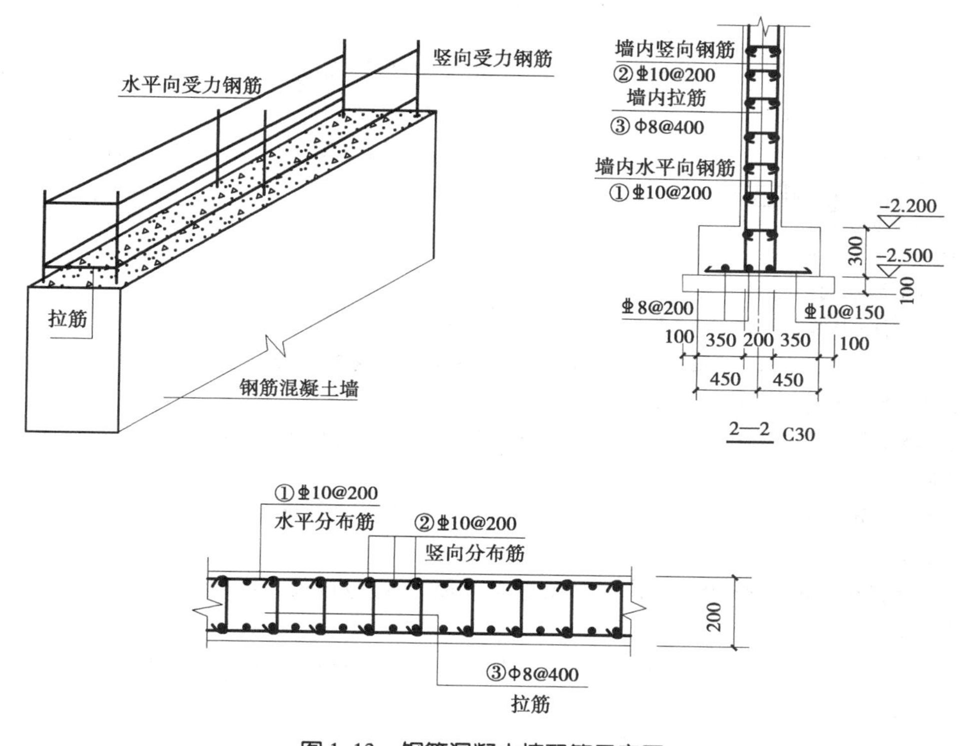

图 1.13 钢筋混凝土墙配筋示意图

图 1.13 配筋识读说明:

a. ①号钢筋⌀10@200:墙内水平钢筋,牌号为 HRB400,直径为 10 mm,中心距为 200 mm;

b. ②号钢筋⌀10@200:墙内竖向钢筋,牌号为 HRB400,直径为 10 mm,中心距为 200 mm;

c. ③号钢筋Φ8@400:墙内拉筋,牌号为 HPB300,直径为 8 mm,墙内拉筋横向中心距为 400 mm,竖向中心距为 400 mm。

1.2.5 基础配筋图识读

基础按所用材料不同可分为钢筋混凝土基础、条石基础和砖基础等,而钢筋混凝土的基础结构形式又可分为条形基础、独立基础、筏形基础和桩基承台等。传统基础结构施工图由基础平面配筋图和基础详图组成,其基础详图是用较大比例画出的基础断面图。图 1.14 为钢筋混凝土条形基础配筋示意图,图 1.15 为阶形独立基础配筋示意图,图 1.16 为坡形独立基础配筋示意图,图 1.17 为平板式筏形基础施工图示例。它们的配筋识读分别如下。

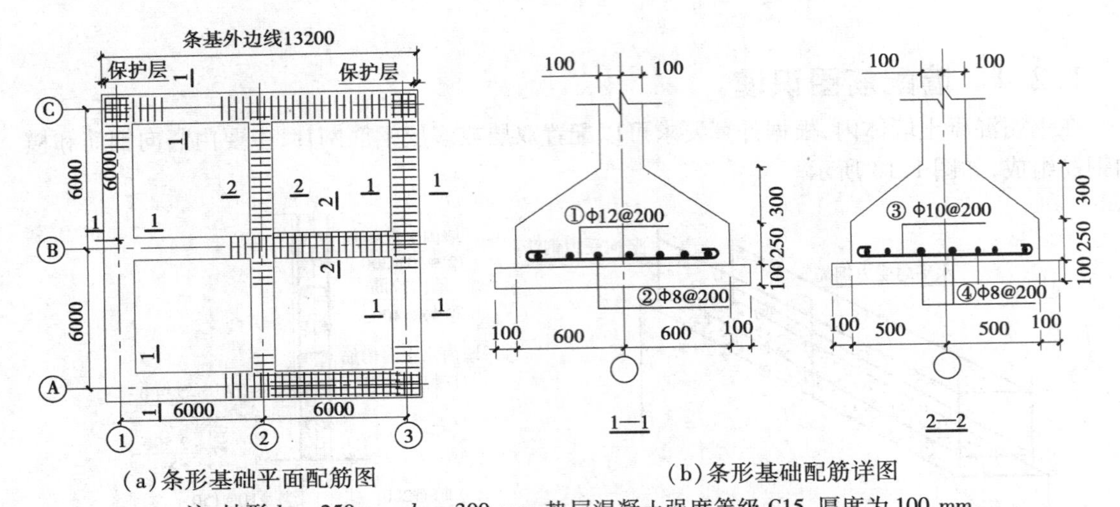

(a)条形基础平面配筋图　　　　(b)条形基础配筋详图

注：坡形 $h_1 = 250$ mm，$h_2 = 300$ mm，垫层混凝土强度等级 C15，厚度为 100 mm。

图 1.14　钢筋混凝土条形基础配筋示意图

图 1.14 配筋识读说明：

a. ①号钢筋Φ 12@ 200：指 1—1 坡形条形基础受力筋为直径 12 mm 的 HPB300 级钢筋，中心距为 200 mm；

b. ②号钢筋Φ 8@ 200：指 1—1 坡形条形基础分布筋为直径 8 mm 的 HPB300 级钢筋，中心距为 200 mm；

c. ③号钢筋Φ 10@ 200：指 2—2 坡形条形基础受力筋为直径 10 mm 的 HPB300 级钢筋，中心距为 200 mm；

d. ④号钢筋Φ 8@ 200：指 2—2 坡形条形基础分布筋为直径 8 mm 的 HPB300 级钢筋，中心距为 200 mm。

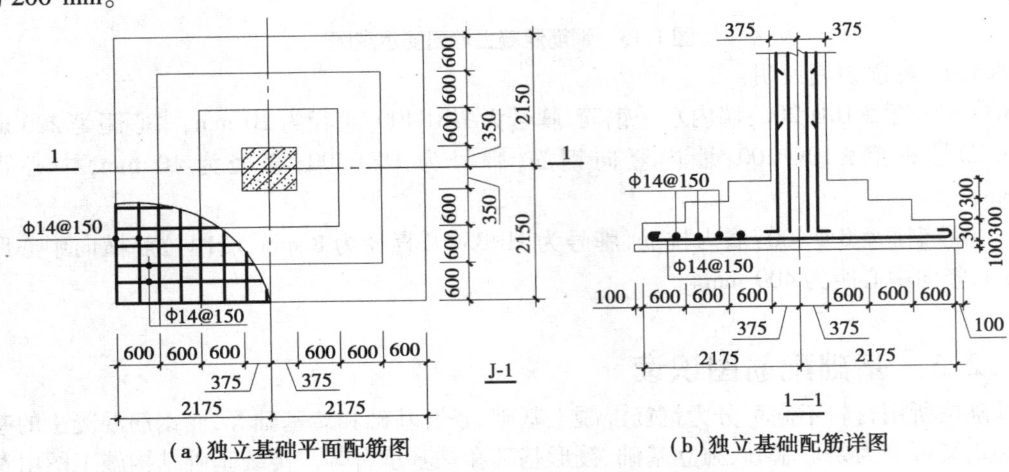

(a)独立基础平面配筋图　　　　(b)独立基础配筋详图

注：每阶高均为 300 mm，垫层混凝土强度等级 C15，厚度为 100 mm。

图 1.15　阶形独立基础配筋示意图

图 1.15 配筋识读说明：阶形独立基础，每阶高均为 300 mm，垫层混凝土强度等级 C15，厚度为 100 mm，ϕ 14@ 150 表示阶形独立基础底板受力筋与分布筋均为直径 14 mm 的 HPB300 级钢筋，中心距为 150 mm。

图 1.16 配筋识读说明：坡形独立基础，第一阶高 350 mm，第二阶高 200 mm，基础混凝土强度等级 C30，垫层混凝土强度等级 C15，厚度为 100 mm；⏀10@120 表示坡形独立基础底板受力筋与分布筋均为直径 10 mm 的 HRB400 级钢筋，中心距为 120 mm。

图 1.17 配筋识读说明：平板式筏形基础，筏板有外伸，自轴线向外延伸 1 200 mm；筏板基础横向上、下部均配置直径 20 mm 的 HRB400 级钢筋，间距为 150 mm；纵向上、下部均配置直径12 mm的 HRB400 级钢筋，中心距（以下简称间距）为 150 mm。

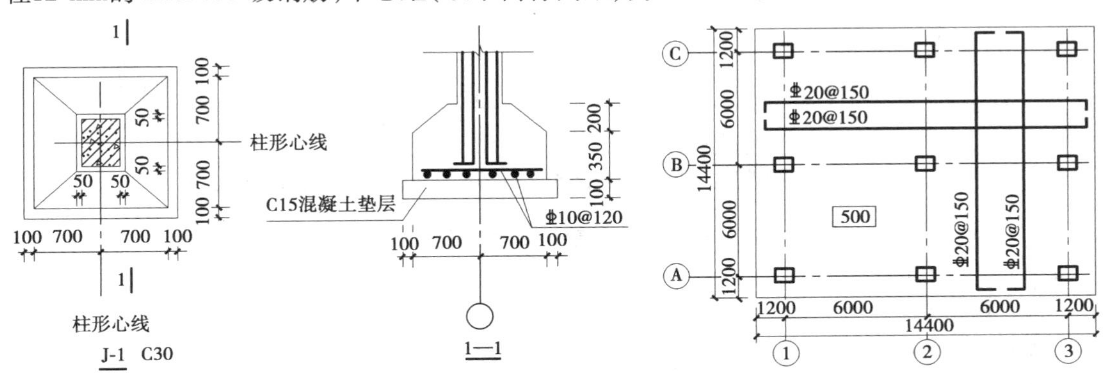

图 1.16 坡形独立基础配筋示意图

图 1.17 平板式筏形基础施工图示例

1.2.6 楼梯配筋图识读

楼梯配筋图一般由平面图、剖面图及梯板、平台板、梯梁等配筋详图构成。图 1.18 为 1# 板式楼梯平面图、剖面图及配筋详图，其配筋识读如下。

图 1.18 配筋识读说明：1#楼梯由梯板（TB1、TB2）、梯梁（TL1、TL2）与平台板构成。楼梯间轴线进深为 3 900 mm，轴线开间为 2 600 mm；TB1 厚 120 mm，踏步有 6 步（每步宽 270 mm）7 阶（每阶高 162.5 mm），总高 1 138 mm，上下部均配⏀10@150 纵向钢筋，分布钢筋为⏀8@200；TB2 厚 120 mm，踏步有 8 步（每步宽 270 mm）9 阶（每阶高 162.5 mm），总高 1 463 mm，上下部均配有⏀10@150 纵向钢筋，分布钢筋为⏀8@200；TL1、TL2 截面尺寸均为 240 mm × 400 mm，上下部均配3⏀16的纵向钢筋，其箍筋为Φ6@150，双肢箍；平台板厚 120 mm，双层双向配筋⏀10@150。

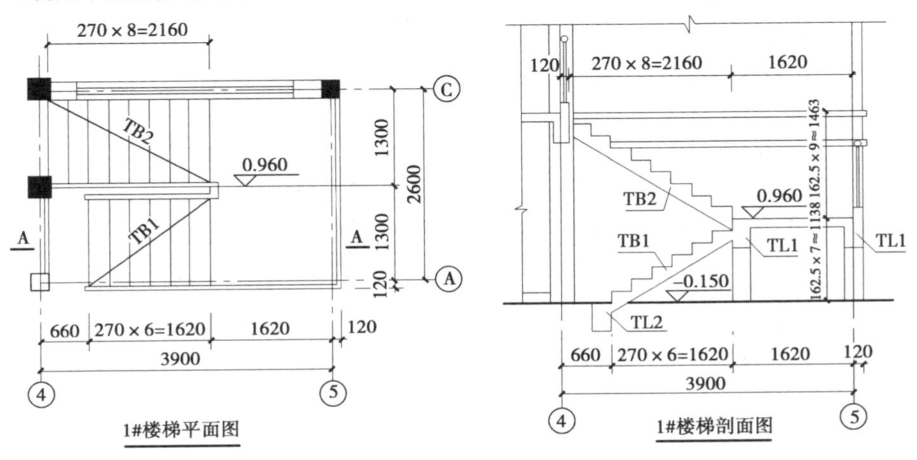

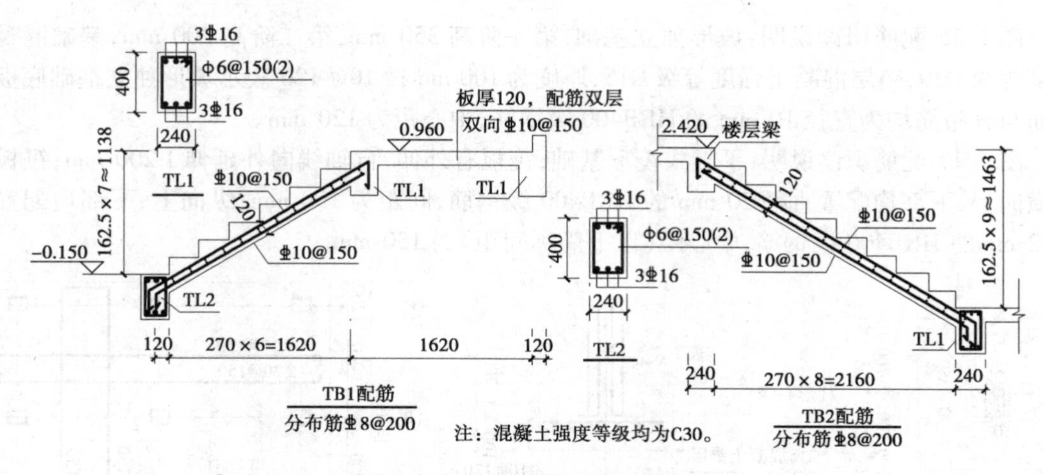

图 1.18　1#楼梯配筋示意图

想一想

1. 建筑工程施工图有什么作用？分为哪几种类型？

2. 建筑工程施工图编排顺序是怎样的？在实际工程施工中，钢筋工程施工主要是识读什么施工图？

3. 基础、柱、墙、梁、板及楼梯传统配筋图是采用什么方式来表达的？各种构件传统配筋图表达的主要内容有哪些？

练一练

1. 识读图 1.19 中 KL1 配筋图，试说出 KL1 中各编号钢筋的含义。

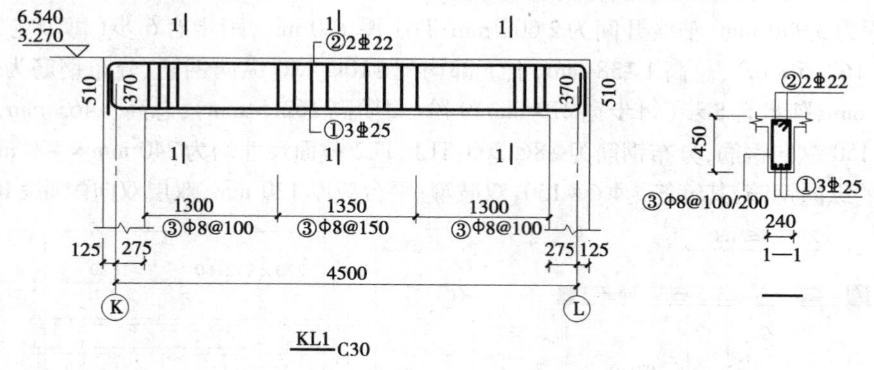

图 1.19　KL1 配筋图

2. 识读图 1.20 钢筋混凝土现浇板配筋图，试说出板中各编号钢筋的含义。

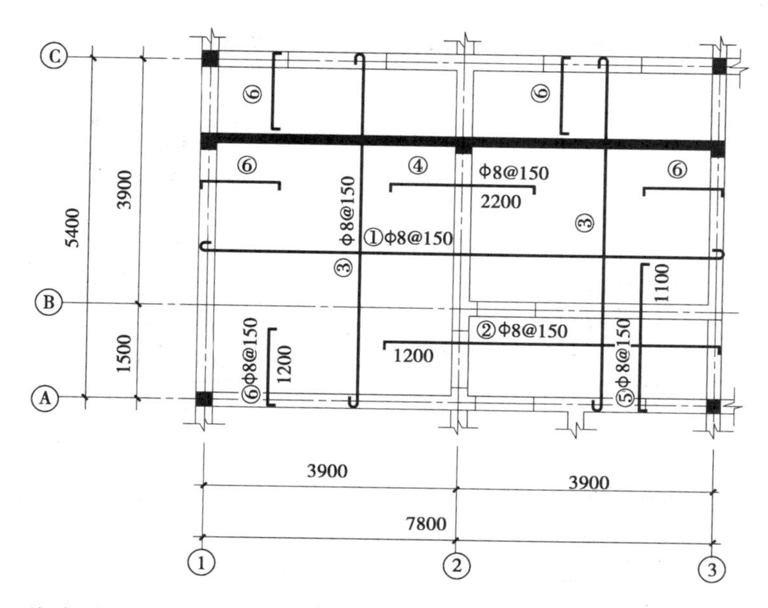

注：板厚 $h=120$ mm，负筋分布筋为Φ8@250，梁截面尺寸为300 mm×450 mm。

图1.20 钢筋混凝土现浇板配筋图

3. 识读图1.21中独立基础配筋图，试说出独立基础中各钢筋的含义。

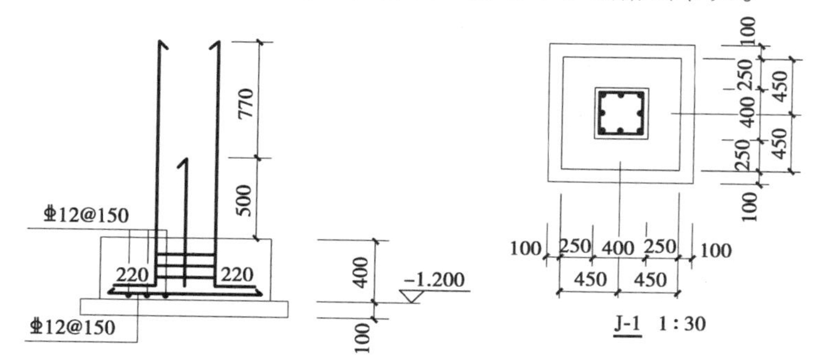

图1.21 独立基础配筋图

4. 识读图1.22中独立承台基础配筋图，试说出独立承台基础中各钢筋的含义。

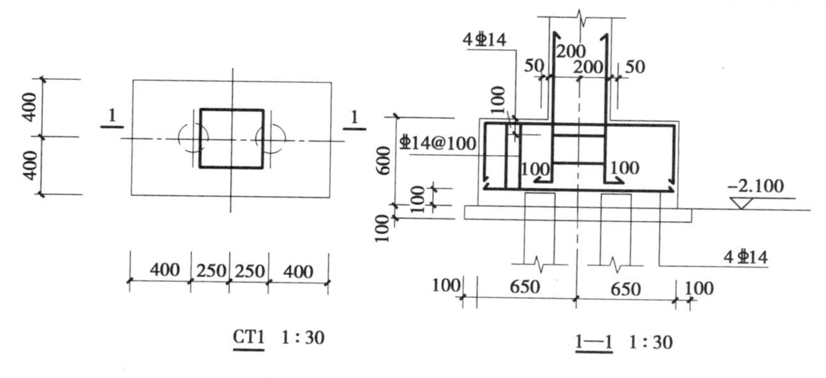

图1.22 独立承台基础配筋图

5. 识读图1.23中1—1条形基础配筋图(局部),试说出条形基础中各钢筋的含义。

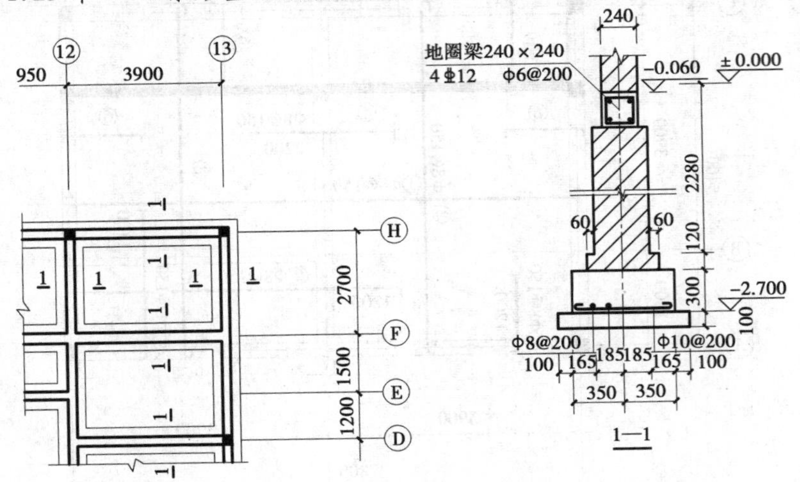

图1.23 1—1条形基础配筋图(局部)

任务2　钢筋工程平法施工图识读

问题引入

图2.1是什么构件的配筋图？图中各种数字与符号表示什么含义？它是按照什么制图规则和表达方式绘制的？

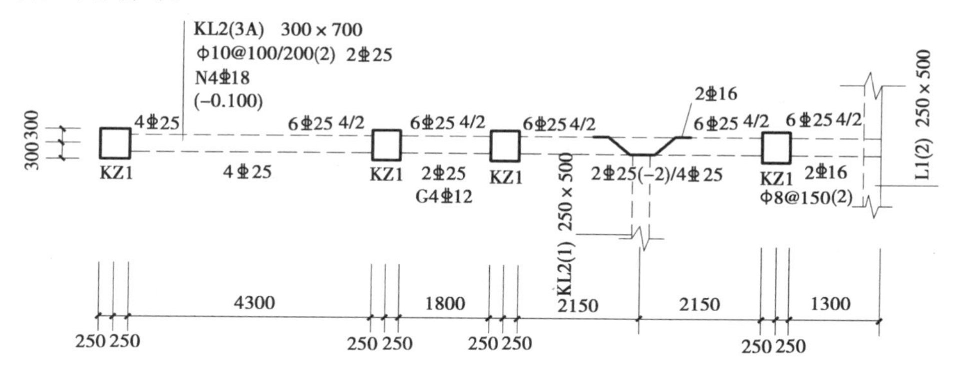

图2.1　KL2(3A)平法配筋图

2.1　平法施工图识读学习方法

2.1.1　平法施工图设计原理

1)什么是平法设计

建筑结构施工图平面整体设计方法，简称平法，是对我国混凝土结构设计方法的重大改进。概括来讲，平法是把结构构件的尺寸和配筋等，按照平面整体表示方法制图规则，整体直接表达在各类构件的结构平面布置图上(见图2.2)，再与标准构造详图相配合(见图2.3)，使之构成一套完整的结构设计施工图。

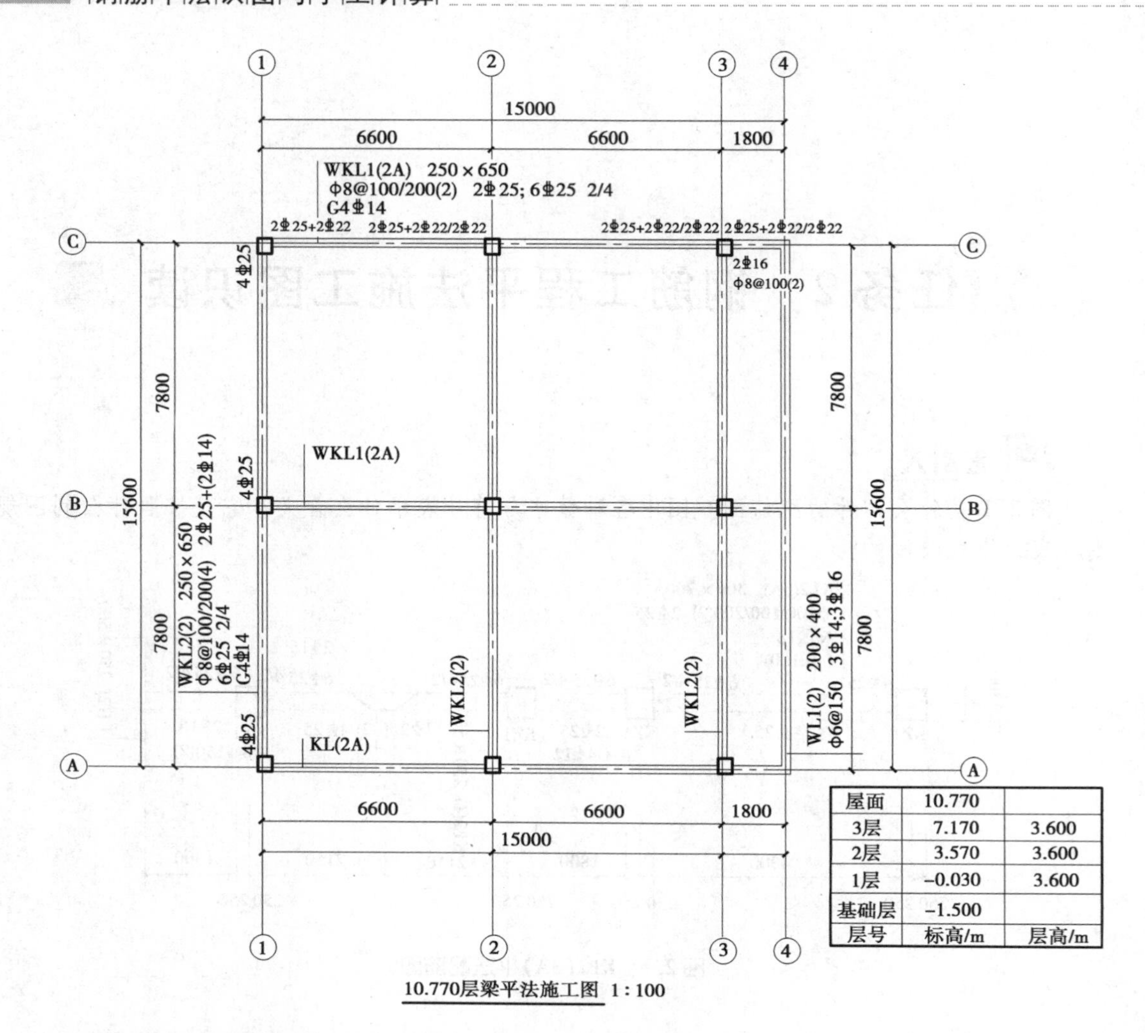

图 2.2　10.770 m 层梁平法施工图

应用平法设计方法，取消了传统设计方法中的钢筋构造标注内容，将钢筋构造标准化，从而形成 G101 系列国家建筑标准设计构造图集。

2）平法结构施工图设计的表达方式

按平法设计绘制的施工图，在平面布置图上表示各构件尺寸和配筋的方式，分为平面注写方式、列表注写方式和截面注写方式 3 种。采用的一般原则是以平面注写方式为主，列表注写方式和截面注写方式为辅，其表达内容见表 2.1。各类构件常采用的平法表达方式见表2.2。平法结构施工图的出图编排顺序宜按结构设计总说明、基础、柱、剪力墙、梁、板、楼梯及其他构件的顺序排列。

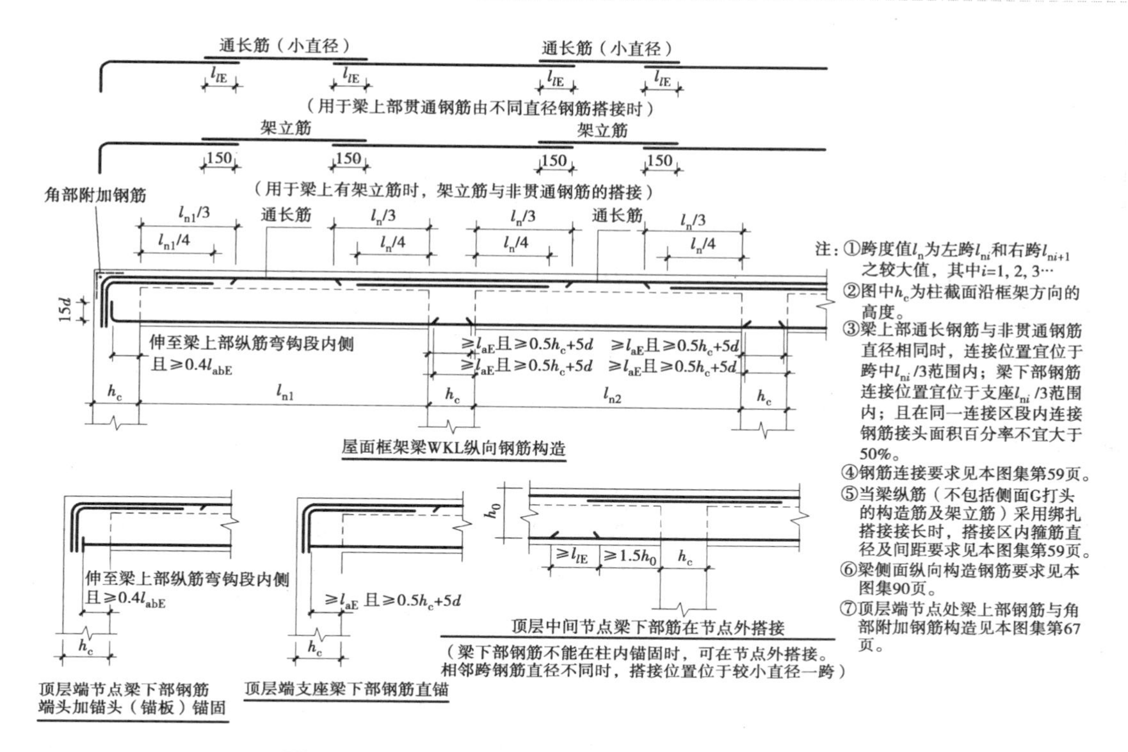

图 2.3 16G101—1 中屋面框架梁 WKL 纵向钢筋构造

表 2.1 平法设计绘制结构施工图的表达方式

表达方式	内 容	特 点
平面注写方式	平面注写方式系在结构平面布置图上，相同编号的构件任选一处注写构件编号、截面尺寸和配筋等具体数值的表达方式，如图 2.1、图 2.2 所示	原位表达，信息量大且集中，易平衡、易校审、易修改、易读图，故作为主要表达方式
列表注写方式	列表注写方式系在结构平面图上（布置不下时用多张图纸），相同编号的构件选择一个以表格形式注写构件编号、几何尺寸和配筋等具体数值的表达方式，如图 2.6 所示	信息量大且集中，但非原位表达，对设计内容的平衡、校审、修改、读图欠直观，故作为辅助表达方式
截面注写方式	截面注写方式系在结构平面布置图上，相同编号的构件任选一个截面以放大绘制断面图的形式直接注写构件编号、截面尺寸和配筋等具体数值的表达方式，如图 2.7 所示	适用于构件形状比较复杂或为异形构件的情况

表 2.2 各类构件常采用的平法表达方式

结构构件	表达方式
梁、现浇混凝土板式楼梯、现浇混凝土楼面及屋面板、筏形基础、独立基础、条形基础、桩基承台	平面注写方式

续表

结构构件	表达方式
柱、剪力墙、现浇混凝土板式楼梯	列表注写方式
柱、剪力墙、梁、独立基础、条形基础、桩基承台	截面注写方式

平法的各种表达方式有相同的注写顺序，依次为：构件编号及整体特征（如梁的跨数及有无悬挑等）→截面尺寸→截面配筋→必要说明（见图2.1、图2.2）。

按平法设计绘制结构施工图时，应明确以下几个方面的内容：

①必须根据具体工程设计，按照各类构件的平法制图规则，在按结构（标准）层绘制的平面布置图上直接表示各构件的尺寸、配筋。

②应将各结构构件进行编号，编号中含有类型代号和序号等。其中，类型代号的主要作用是指明所选用的标准构造详图；在标准构造详图上，已经按其所属构件类型注明代号，以明确该详图与平法施工图中相同构件的互补关系，使两者结合构成完整的结构设计图。

③应当用表格或其他方式注明包括地下和地上各层的结构层楼（地）面标高、结构层高及相应的结构层号。

其结构层楼面标高和结构层高在单项工程中必须统一，以保证基础、柱与墙、梁、板、楼梯等用同一标准竖向定位。为施工方便，应将统一的结构层楼面标高和结构层高分别放在柱、墙、梁等各类构件的平法施工图中。

（注：结构层楼面标高系指将建筑图中的各层地面和楼面标高值扣除建筑面层及垫层做法厚度后的标高，结构层号应与建筑楼层号对应一致。）

④为了确保施工人员准确无误地按平法结构施工图进行施工，在具体工程的施工图中必须写明以下与平法施工图密切相关的内容：

a. 注明所选用平法标准图的图集号。

b. 写明混凝土结构的设计使用年限。

c. 应写明抗震设防烈度及抗震等级，以明确选用相应抗震等级的标准构造详图。

d. 写明各类构件在不同部位所选用的混凝土强度等级和钢筋级别，以确定相应纵向受拉钢筋的最小锚固长度及最小搭接长度等。

e. 当标准构造详图有多种可选择的构造做法时，写明在何部位选用何种构造做法。当未写明时，则为设计人员自动授权施工人员可以任选一种构造做法进行施工。

f. 写明柱（包括墙柱）纵筋、墙身分布筋、梁上部通长筋等在具体工程中需接长时所采用的连接形式及有关要求。必要时，尚应注明对接头的性能要求。

g. 写明结构不同部位所处的环境类别。

h. 注明上部结构的嵌固部位位置。

⑤对钢筋的混凝土保护层厚度、钢筋的搭接长度和锚固长度，除在结构施工图中另有注明外，均需按G101系列图集标准构造详图中的有关构造规定执行。

2.1.2 平法施工图识读方法

1)G101 系列图集识图学习方法

G101 系列图集由“制图规则”和“构造详图”两部分组成,通过学习制图规则来识图,学习构造详图来了解钢筋的构造及计算(见表 2.3),并对图集中的各类构件进行梳理和前后对照。

表 2.3 平法学习内容

内 容	目 的	方 法
学习识图	能看懂平法施工图	学习 G101 系列平法图集的“制图规则”
理解标准构造	理解平法设计和各构件的各钢筋的锚固、连接、根数排列的构造	学习 G101 系列平法图集的“构造详图”
整理出钢筋算量的具体计算公式	在理解平法设计的钢筋构造基础上,整理出具体的计算公式,比如KL 上部通长筋端支座弯锚长度 $=h_c-C+15d$	对 G101 系列平法图集按照系统思考的方法进行整理

制图规则的学习,可以总结为以下三方面内容(见图 2.4):一是构件按平法制图规则有哪几种表达方式;二是该构件有哪些标注数据项;三是这些数据项具体如何标注。

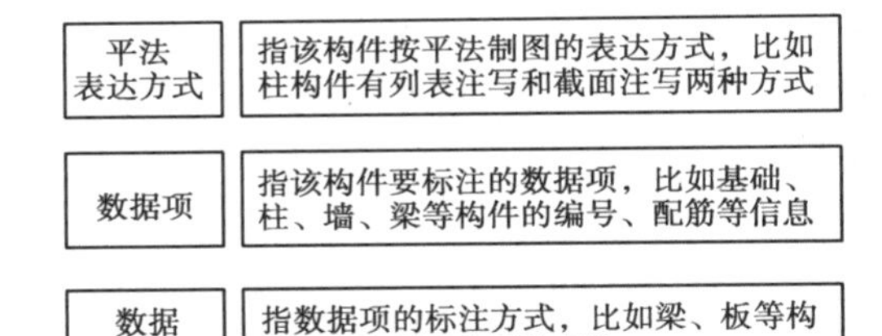

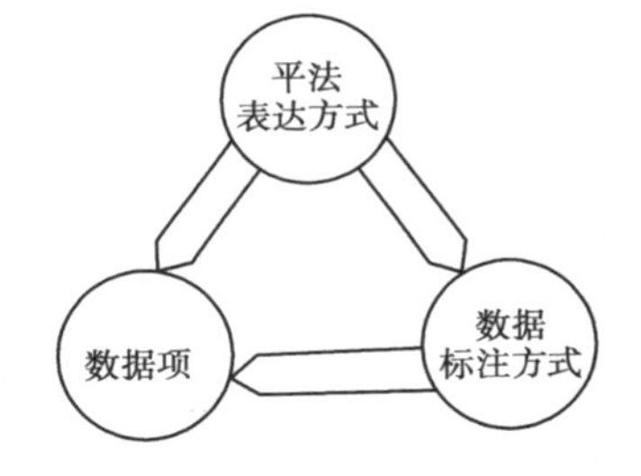

图 2.4 G101 系列图集识图学习方法

2)G101 系列图集中各类构件代号

在 G101 系列图集中,基础、柱、墙、梁、板等各类构件均由一定字母来代替,一般由汉语拼音第一个大写字母来表示,其各类构件代号见表 2.4。

表 2.4 平法设计绘制结构施工图的各类构件代号

结构构件类型		代 号	构件序号	所在图集
柱	框架柱	KZ	××	16G101—1 第 8 ~ 12 页、第 63 ~ 70 页、第 96 页
	转换柱	ZHZ	××	
	芯柱	XZ	××	
	梁上柱	LZ	××	
	剪力墙上柱	QZ	××	

续表

结构构件类型			代　号	构件序号	所在图集
剪力墙	墙柱	约束边缘构件	YBZ	××	16G101—1 第 13 ~ 25 页、第 71 ~ 83 页
		构造边缘构件	GBZ	××	
		非边缘暗柱	AZ	××	
		扶壁柱	FBZ	××	
	墙梁	连梁	LL	××	
		连梁(对角暗撑配筋)	LL(JC)	××	
		连梁(交叉斜筋配筋)	LL(JX)	××	
		连梁(集中对角斜筋配筋)	LL(DX)	××	
		连梁(跨高比不小于5)	LLk	××	
		暗梁	AL	××	
		边框梁	BKL	××	
	墙身	墙身	Q	××	
		地下室外墙	DWQ	××	
梁		楼层框架梁	KL	××	16G101—1 第 26 ~ 38 页、第 84 ~ 98 页
		楼层框梁扁梁	KBL	××	
		屋面框架梁	WKL	××	
		框支梁	KZL	××	
		托柱转换梁	TZL	××	
		非框架梁	L	××	
		悬挑梁	XL	××	
		井字梁	JZL	××	
板	有梁板	楼面板	LB	××	16G101—1 第 39 ~ 44 页、第 99 ~ 103 页
		屋面板	WB	××	
		悬挑板	XB	××	
	无梁板	柱上板带	ZSB	××	16G101—1 第 45 ~ 48 页、第 104 ~ 106 页
		跨中板带	KZB	××	
		暗梁	AL	××	
	相关构造	纵筋加强带	JQD	××	16G101—1 第 49 ~ 55 页、第 100 ~ 115 页
		后浇带	HJD	××	
		柱帽	ZMx	××	
		局部升降板	SJB	××	
		板加腋	JY	××	
		板开洞	BD	××	
		板翻边	FB	××	

续表

<table>
<tr><th colspan="3">结构构件类型</th><th>代 号</th><th>构件序号</th><th>所在图集</th></tr>
<tr><td rowspan="5">板</td><td rowspan="5">相关构造</td><td>角部加强筋</td><td>Crs</td><td>××</td><td rowspan="5">16G101—1 第 49 ~ 55 页、第 100 ~ 115 页</td></tr>
<tr><td>悬挑板阴角附加筋</td><td>Cis</td><td>××</td></tr>
<tr><td>悬挑板阳角放射筋</td><td>Ces</td><td>××</td></tr>
<tr><td>抗冲切箍筋</td><td>Rh</td><td>××</td></tr>
<tr><td>抗冲切弯起筋</td><td>Rb</td><td>××</td></tr>
<tr><td colspan="2" rowspan="14">板式楼梯</td><td>一跑梯板</td><td>AT</td><td>××</td><td rowspan="14">16G101—2</td></tr>
<tr><td>有低端平板的一跑梯板</td><td>BT</td><td>××</td></tr>
<tr><td>有高端平板的一跑梯板</td><td>CT</td><td>××</td></tr>
<tr><td>有低端和高端平板的一跑梯板</td><td>DT</td><td>××</td></tr>
<tr><td>有中位平板的一跑梯板</td><td>ET</td><td>××</td></tr>
<tr><td>有层间和楼层平板的双跑楼梯(全部平板三边支承)</td><td>FT</td><td>××</td></tr>
<tr><td>有层间和楼层平板的双跑楼梯(楼层平板三边支承;层间平台三边支承)</td><td>GT</td><td>××</td></tr>
<tr><td>有层间平板的双跑楼梯(层间平台三边支承)</td><td>HT</td><td>××</td></tr>
<tr><td>一跑楼梯(低端梯梁上设滑动支座)</td><td>ATa</td><td>××</td></tr>
<tr><td>一跑楼梯(低端梯梁挑板上设滑动支座)</td><td>ATb</td><td>××</td></tr>
<tr><td>一跑楼梯(参与框架结构整体抗震计算)</td><td>ATc</td><td>××</td></tr>
<tr><td>梯梁</td><td>TL</td><td>××</td></tr>
<tr><td>平台板</td><td>PTB</td><td>××</td></tr>
<tr><td colspan="2" rowspan="4">独立基础</td><td>普通阶形</td><td>DJ_J</td><td>××</td><td rowspan="4">16G101—3 第 7 ~ 20 页、第 67 ~ 75 页</td></tr>
<tr><td>普通坡形</td><td>DJ_P</td><td>××</td></tr>
<tr><td>杯口阶形</td><td>BJ_J</td><td>××</td></tr>
<tr><td>杯口坡形</td><td>BJ_P</td><td>××</td></tr>
<tr><td colspan="2" rowspan="3">条形基础</td><td>基础梁</td><td>JL</td><td>××</td><td rowspan="3">16G101—3 第 21 ~ 29 页、第 76 ~ 81 页</td></tr>
<tr><td>坡形底板</td><td>TJB_P</td><td>××</td></tr>
<tr><td>阶形底板</td><td>TJB_J</td><td>××</td></tr>
</table>

续表

结构构件类型			代　号	构件序号	所在图集
筏形基础	梁板式	基础主梁(柱下)	JL	××	16G101—3 第 30 ~ 37 页、第 81 ~ 89 页
		基础次梁	JCL	××	
		梁板式筏形基础平板	LPB	××	
	平板式	柱下板带	ZXB	××	16G101—3 第 38 ~ 43 页、第 90 ~ 93 页
		跨中板带	KZB	××	
		平板式筏形基础平板	BPB	××	
桩基础	灌注桩	灌注桩(不扩底)	GZH	××	16G101—3 第 44 ~ 46 页、第 102 ~ 104 页
		扩底灌注	GZH_K	××	
	桩基承台	独立阶形承台	CT_J	××	16G101—3 第 46 ~ 51 页、第 94 ~ 101 页
		独立坡形承台	CT_P	××	
		承台梁	CTL	××	
基础相关构造		基础联系梁	JLL	××	16G101—3 第 52 ~ 56 页、第 105 ~ 111 页
		后浇带	HJD	××	
		上柱墩	SZD	××	
		下柱墩	XZD	××	
		基坑(沟)	JK	××	
		窗井墙	CJQ	××	
		防水板	FBPB	××	

注:①表中梁、基础联系梁、柱上(下)板带、跨中板带的构件序号如标注有“(××)”为无悬挑,标注有“(××A)”为一端有悬挑,标注有“(××B)”为两端有悬挑,悬挑不计入跨数。

②上柱墩位于筏板顶部混凝土柱根部位,下柱墩位于筏板底部混凝土柱或钢柱柱根水平投影部位,均根据筏形基础受力与构造需要而设。

活动建议

到建筑书店或网上购买 16G101—1、16G101—2、16G101—3 等国家建筑标准设计图集,并学习各类构件平法制图规则。

2.2 柱平法施工图识读

问题引入

图 2.5 中承台上柱子插筋在平法施工图中是采用什么方式来表达的?施工人员又是按照什么方式来施工的呢?

图 2.5 承台上柱子插筋

柱平法施工图系在柱平面布置图上采用列表注写方式或截面注写方式表达。在柱平法施工图中，应注明柱的编号、柱段起止标高、截面尺寸、箍筋类型和间距、全部纵筋或角部纵筋、b 边一侧中部纵筋、h 边一侧中部纵筋，各结构层的楼面标高、结构层高及相应的结构层号，尚应注明上部结构嵌固部位位置（嵌固部位在基础顶面时无须注明，见图 2.6），其平法识图知识体系见表 2.5。

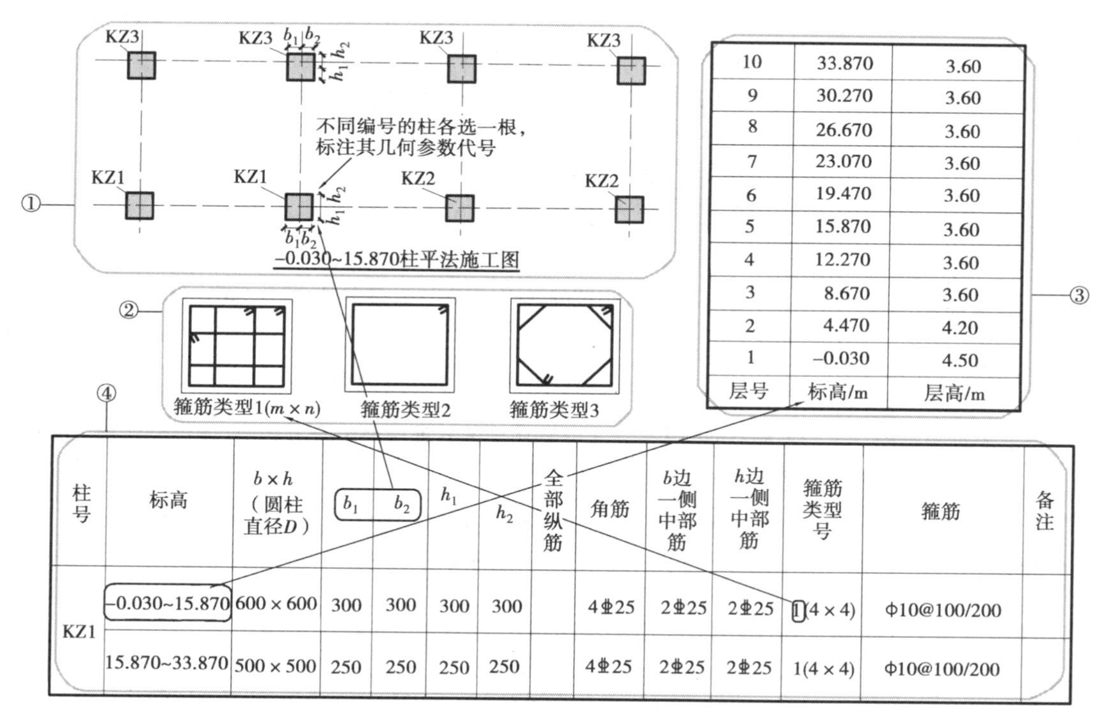

层号	标高/m	层高/m
10	33.870	3.60
9	30.270	3.60
8	26.670	3.60
7	23.070	3.60
6	19.470	3.60
5	15.870	3.60
4	12.270	3.60
3	8.670	3.60
2	4.470	4.20
1	−0.030	4.50

柱号	标高	$b\times h$（圆柱直径D）	b_1	b_2	h_1	h_2	全部纵筋	角筋	b边一侧中部筋	h边一侧中部筋	箍筋类型号	箍筋	备注
KZ1	−0.030~15.870	600×600	300	300	300	300		4⏀25	2⏀25	2⏀25	1(4×4)	ϕ10@100/200	
	15.870~33.870	500×500	250	250	250	250		4⏀25	2⏀25	2⏀25	1(4×4)	ϕ10@100/200	

图 2.6 柱平法施工图列表注写方式示例

表 2.5 柱平法识图知识体系

平法表达方式	列表注写方式
	截面注写方式

续表

数据项	几何元素	编号	
		各段柱的起止标高	
		截面尺寸	
		柱与轴线关系的具体数值	
	配筋元素	纵筋	
		箍筋(钢筋级别、直径、间距、肢数与箍筋类型号)	
	补充注解	如柱上部结构嵌固部位	
数据标注方式	列表注写	在单独的列表注写柱各数据项	编号、各段柱的起止标高、截面尺寸、纵筋、箍筋及箍筋类型号与箍筋肢数
	截面注写	在同一编号的柱中选择一个截面直接注写各数据项	编号、截面尺寸、角筋或全部纵筋、箍筋、柱与轴线关系的具体数值

2.2.1 列表注写方式

列表注写方式(见图2.6④),系在柱平面布置图上,分别在同一编号的柱中选择一个(需要时可选择几个)截面标注几何参数代号,在柱表中注写柱编号、柱段起止标高、几何尺寸(含柱截面对轴线的偏心情况)与配筋的具体数值,并配以各种柱截面形状(见图2.6①)及其箍筋类型图(见图2.6②)的方式来表达柱平法施工图,其内容规定见表2.6。

表2.6　柱列表注写方式表达内容

序　号	内　容	说　明
1	柱平面图(见图2.6①)	柱平面图上注明本图适用的标高范围,如图2.6①中注明 -0.030 ~ 15.870 的标高范围,根据标高范围,结合层高与标高表(见图2.6③),就能知道柱构件在标高上位于哪些楼层
2	层高与标高表(见图2.6③)	层高与标高表用于与柱平面图、柱列表对照使用
3	箍筋类型图(见图2.6②)	箍筋类型图表示本工程要用到的各种箍筋组合方式,具体每个柱采用哪种方式,需要在列表中注明
4	柱列表(见图2.6④)	柱列表用于表达柱的各个数据,包括截面尺寸、标高与配筋值等

①注写柱编号:柱编号由类型代号和序号组成,具体规定按表2.7执行。

表2.7　柱编号

柱类型	代号	序号	特　征	柱类型	代号	序号	特　征
框架柱	KZ	××	主要承受竖向压力,将来自框架梁的荷载向下传递,是框架结构中承力最大构件	芯柱	XZ	××	由柱内内侧钢筋围成的柱称为芯柱,它不是一根独立的柱子,从建筑外表是看不见的,隐藏在柱内

续表

柱类型	代号	序号	特　征	柱类型	代号	序号	特　征
转换柱	ZHZ	××	出现在框架结构向剪力墙结构转换层，柱的上层变为剪力墙时该柱定义为转换柱	剪力墙上柱	QZ	××	柱的生根不在基础上而在墙上的柱
梁上柱	LZ	××	柱的生根不在基础上而在梁上的柱，主要出现在建筑物上下结构或建筑布局发生变化时				

注：编号时，当柱的总高、分段截面尺寸和配筋均对应相同，仅截面与轴线的关系不同时，仍可将其编为同一柱号，但应在图中注明截面与轴线的关系。

②注写各段柱的起止标高：自柱根部往上以变截面位置或截面未变但配筋改变处为界分段注写。框架柱和转换柱的根部标高系指基础顶面标高。芯柱的根部标高系指根据结构实际需要而定的起始位置标高。梁上柱的根部标高系指梁顶面标高。剪力墙上柱的根部标高为墙顶面标高。

③注写柱截面尺寸：对于矩形柱，注写柱截面尺寸 $b \times h$ 及与轴线关系的几何参数代号 b_1、b_2 和 h_1、h_2 的具体数值，须对应于各段柱分别注写，其中 $b = b_1 + b_2$、$h = h_1 + h_2$，如图 2.7 所示。当截面的某一边收缩变化至与轴线重合或偏到轴线的另一侧时，b_1、b_2、h_1、h_2 中的某项为零或为负值。

对于圆柱，表中 $b \times h$ 一栏改用在圆柱直径数字前加 D 表示。为表达简单，圆柱截面与轴线的关系也用 b_1、b_2 和 h_1、h_2 表示，并使 $D = b_1 + b_2 = h_1 + h_2$，如图 2.7 所示。

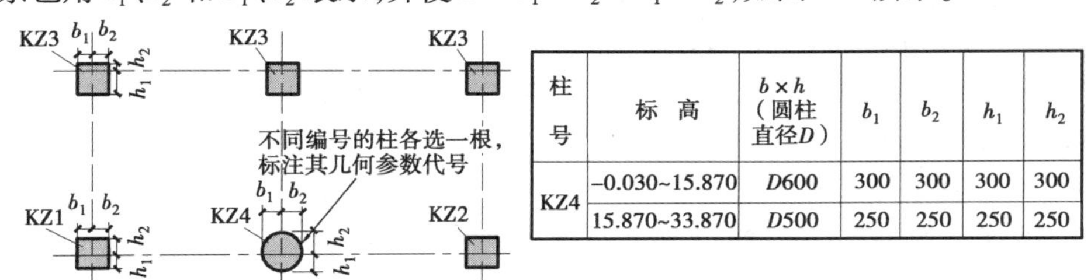

柱号	标　高	$b \times h$（圆柱直径D）	b_1	b_2	h_1	h_2
KZ4	−0.030~15.870	D600	300	300	300	300
	15.870~33.870	D500	250	250	250	250

图 2.7　柱截面尺寸注写

对于芯柱，根据结构需要，可以在某些框架柱的一定高度范围内，在其内部的中心位置分别引注其柱编号。芯柱中心应与柱中心重合，截面尺寸按构造确定，并按标准构造详图施工，设计不注；当设计者采用与本构造详图不同的做法时，应另行注明。芯柱定位随框架柱，不需要注写其与轴线的几何关系，如图 2.8 所示。

柱号	标　高	$b \times h$（圆柱直径 D）	b_1	b_2	h_1	h_2	全部纵筋	角　筋	b 边一侧中部筋	h 边一侧中部筋	箍　筋
KZ3	−0.030~15.870	600×600	300	300	300	300		4⌀25	2⌀25	2⌀25	
XZ1	−0.030~8.670						8⌀25				Φ10@200

图 2.8　芯柱截面尺寸注写

④注写柱纵筋：当柱纵筋直径相同，各边根数也相同时（包括矩形柱、圆柱和芯柱），将纵筋注写在全部纵筋一栏中；除此之外，柱纵筋分角筋、截面 b 边中部筋和 h 边中部筋三项分别注写（对于采用对称配筋的矩形截面柱，可仅注写一侧中部筋，对称边省略不注），如图 2.9 所示。

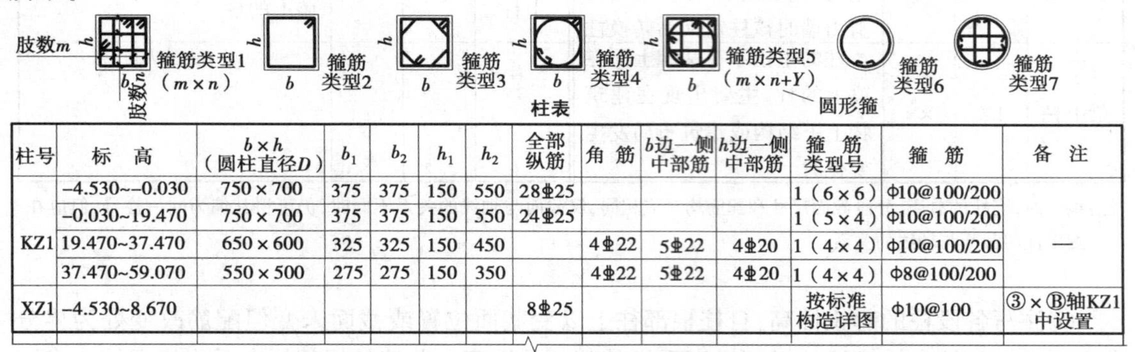

柱号	标　高	$b\times h$（圆柱直径D）	b_1	b_2	h_1	h_2	全部纵筋	角 筋	b边一侧中部筋	h边一侧中部筋	箍筋类型号	箍　筋	备　注
KZ1	-4.530~-0.030	750×700	375	375	150	550	28⌀25				1（6×6）	Φ10@100/200	—
	-0.030~19.470	750×700	375	375	150	550	24⌀25				1（5×4）	Φ10@100/200	
	19.470~37.470	650×600	325	325	150	450		4⌀22	5⌀22	4⌀20	1（4×4）	Φ10@100/200	
	37.470~59.070	550×500	275	275	150	350		4⌀22	5⌀22	4⌀20	1（4×4）	Φ8@100/200	
XZ1	-4.530~8.670						8⌀25				按标准构造详图	Φ10@100	③×Ⓑ轴KZ1中设置

图 2.9　柱纵筋表和箍筋类型

⑤注写箍筋类型及箍筋肢数：在柱表的上部或图中的适当位置，画出所设计的柱截面形状、各类箍筋类型图以及箍筋复合的具体方式，并在其上标注与表中相应的 b、h 和箍筋类型号，如图 2.9 所示。

⑥注写柱箍筋：包括钢筋级别、直径与间距。用斜线“/”区分柱端箍筋加密区与柱身非加密区长度范围内箍筋的不同间距。当箍筋沿柱全高为一种间距时，则不使用斜线“/”，如图 2.9所示。

【例 2.1】　图 2.9 中标注为Φ10@100/200，表示柱箍筋采用 HPB300 级钢筋，直径为 10 mm，加密区箍筋间距为 100 mm，非加密区箍筋间距为 200 mm。

当图中标注为Φ10@100/200（Φ12@100），表示柱中箍筋采用 HPB300 级钢筋，直径为 10 mm，加密区箍筋间距为 100 mm，非加密区箍筋间距为 200 mm；框架节点核心区箍筋为 HPB300 级钢筋，直径为 12 mm，间距为 100 mm。

图 2.13（e）标注为 LΦ10@100/200，表示柱采用螺旋箍筋，HPB300 级钢筋，直径为 10 mm，加密区箍筋间距为 100 mm，非加密区箍筋间距为 200 mm。

柱平法施工图列表注写方式示例见图 2.6 和图 2.10。为了进一步熟悉柱平法施工图列表注写方式的规则，下面以图 2.10 柱 KZ1 为例，识读如下：

图 2.10 表中第一行：表示 KZ1 柱在 -0.800 ~ 15.870 标高段的截面尺寸为 700 mm × 700 mm，即表示柱截面宽 $b=700$ mm，柱截面高 $h=700$ mm，柱截面宽度方向两侧距建筑平面轴线的距离均为 350 mm（$b_1=350$ mm、$b_2=350$ mm），柱截面高度方向一侧距建筑平面轴线的距离为 120 mm，另一侧距建筑平面轴线的距离为 580 mm（$h_1=120$ mm、$h_2=580$ mm）；柱截面全部纵筋为 24 ⌀22，即柱截面 4 个角部各配置 1 ⌀22 的纵筋，中部每边都均匀配置了 5 ⌀22 的纵筋；柱箍筋为Φ10，加密区箍筋间距为 100 mm，非加密区箍筋间距为 150 mm（Φ10@100/150），柱截面高度方向为 5 肢箍，柱截面宽度方向为 4 肢箍。

图 2.10 表中第二行：表示 KZ1 柱在 15.870 ~ 30.270 标高段的截面尺寸为 600 mm × 600 mm，即表示柱截面宽 $b=600$ mm，柱截面高 $h=600$ mm，柱截面宽度方向两侧距建筑平面轴线的距离均为 300 mm（$b_1=300$ mm、$b_2=300$ mm），柱截面高度方向一侧距建筑平面轴线的

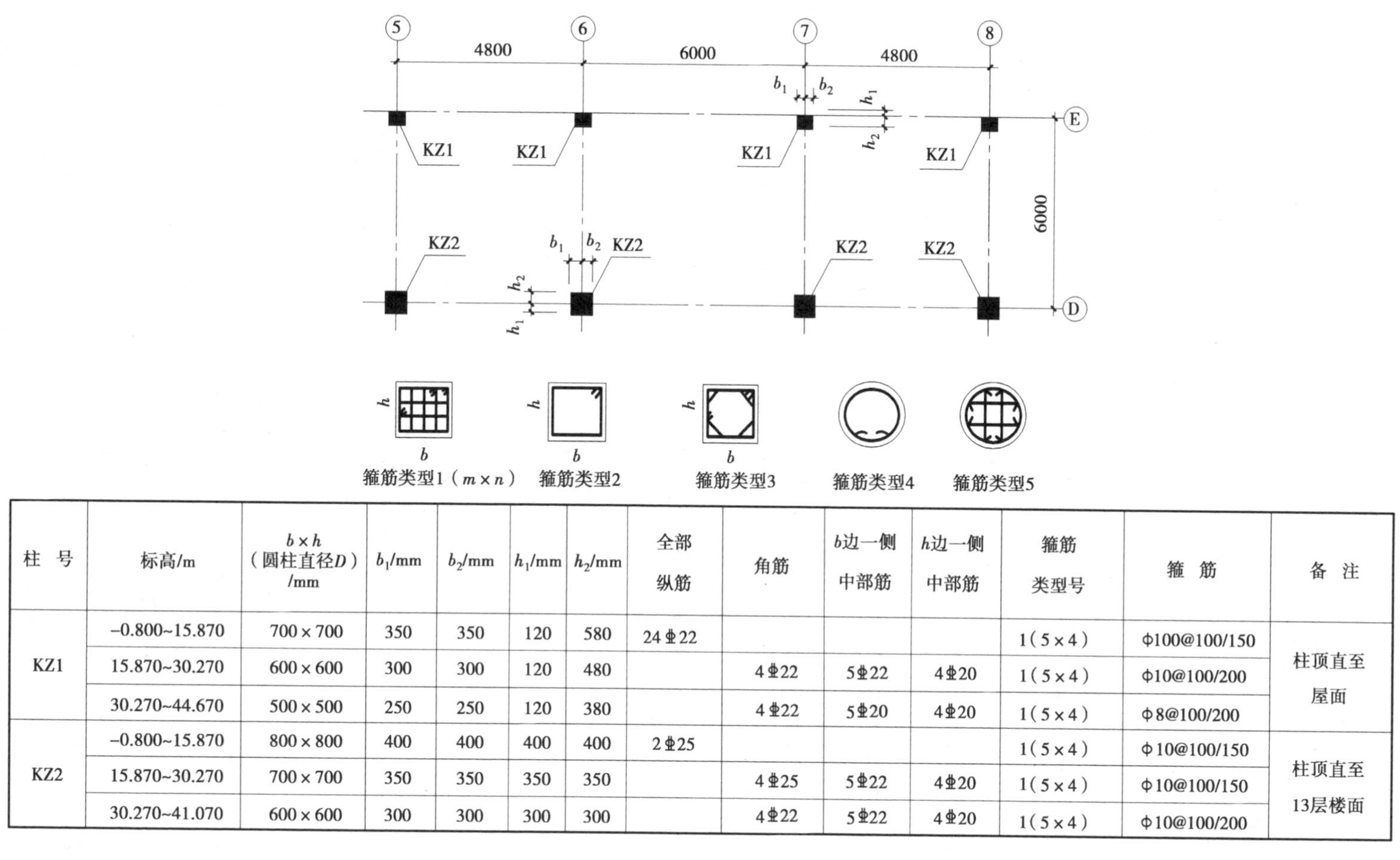

柱号	标高/m	$b\times h$（圆柱直径D）/mm	b_1/mm	b_2/mm	h_1/mm	h_2/mm	全部纵筋	角筋	b边一侧中部筋	h边一侧中部筋	箍筋类型号	箍筋	备注
KZ1	−0.800~15.870	700×700	350	350	120	580	24⌀22				1（5×4）	ф100@100/150	柱顶直至屋面
	15.870~30.270	600×600	300	300	120	480		4⌀22	5⌀22	4⌀20	1（5×4）	ф10@100/200	
	30.270~44.670	500×500	250	250	120	380		4⌀22	5⌀20	4⌀20	1（5×4）	ф8@100/200	
KZ2	−0.800~15.870	800×800	400	400	400	400	2⌀25				1（5×4）	ф10@100/150	柱顶直至13层楼面
	15.870~30.270	700×700	350	350	350	350		4⌀25	5⌀22	4⌀20	1（5×4）	ф10@100/150	
	30.270~41.070	600×600	300	300	300	300		4⌀22	5⌀22	4⌀20	1（5×4）	ф10@100/200	

图2.10 柱平法施工图列表注写方式

距离为 120 mm，另一侧距建筑平面轴线的距离为 480 mm（h_1 =120 mm、h_2 =480 mm）；柱截面每个角各配置 1 ⌀22 的纵筋（4 ⌀22），柱截面 b 向两对边中部各配有 5 ⌀22 的纵筋，柱截面 h 向两对边中部各配有 4 ⌀20 的纵筋，柱截面中共配有 14⌀22 +8⌀20 的纵筋；柱箍筋为Φ10，加密区箍筋间距为 100 mm，非加密区箍筋间距为 200 mm（Φ10@100/200），柱截面高度方向为 5 肢箍，柱截面宽度方向为 4 肢箍。

图 2.10 表中第三行：表示 KZ1 柱在 30.270 ~44.670 标高段的截面尺寸为 500 mm×500 mm，即表示柱截面宽 b =500 mm，柱截面高 h =500 mm，柱截面宽度方向两侧距建筑平面轴线的距离均为 250 mm（b_1 =250 mm、b_2 =250 mm），柱截面高度方向一侧距建筑平面轴线的距离为 120 mm，另一侧距建筑平面轴线的距离为 380 mm（h_1 =120 mm、h_2 =380 mm）；柱截面每个角各配 1 ⌀22 的纵筋（4 ⌀22），柱截面 b 向两对边中部各配有 5 ⌀20 的纵筋，柱截面 h 向两对边中部各配有 4 ⌀20 的纵筋，柱截面中共配有 4 ⌀22 +18 ⌀20 的纵筋；柱箍筋为Φ8，加密区箍筋间距为 100 mm，非加密区箍筋间距为 200 mm（Φ8@100/200），柱截面高度方向为 5 肢箍，柱截面宽度方向为 4 肢箍。

2.2.2 截面注写方式

柱截面注写方式系在柱平面布置图的柱截面上，分别在同一编号的柱中选择一个截面，以直接注写截面尺寸和配筋具体数值的方式来表达柱平法施工图。对于其他相同编号的柱，仅需标注编号和偏心尺寸。截面配筋图在原位需适当放大倍数，同时应满足视图需要（见图 2.12）。采用截面注写方式，在柱截面配筋图上直接引注的内容有柱编号、有芯柱的起止标高（见图 2.12）、截面尺寸、纵向钢筋、箍筋等（见图 2.11），其配筋信息识图要点见表 2.8，柱截面配筋各种标注示例如图 2.13 所示。

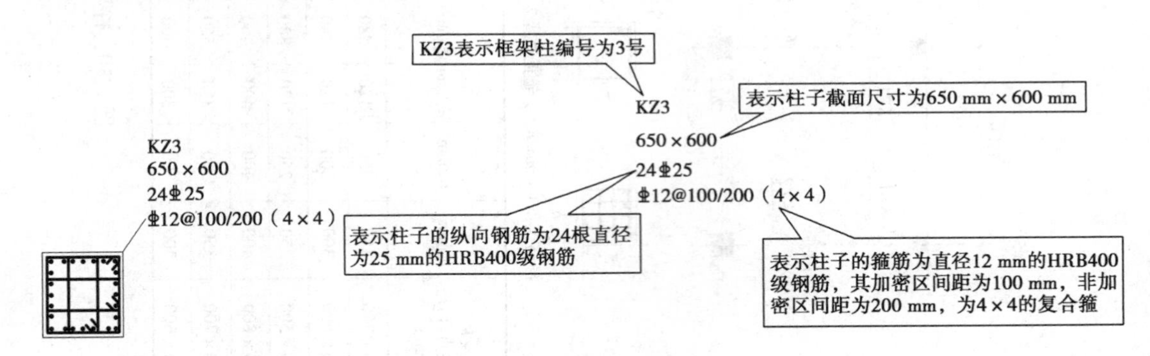

图 2.11 柱截面标注内容及识读方式

具体做法是：按表 2.7 的规定进行柱编号，从相同编号的柱中选择一个截面，按另一种比例原位放大绘制柱截面配筋图，并在各配筋图上继其编号后再注写截面尺寸 $b\times h$、角筋或全部纵筋（当纵筋采用一种直径且能够图示清楚时）、箍筋的具体数值，以及在柱截面配筋图上标注柱截面与轴线关系 b_1、b_2、h_1、h_2 的具体数值。

当纵筋采用两种直径时，需再注写截面各边中部筋的具体数值（对于采用对称配筋的矩形截面柱，可仅在一侧注写中部筋，对称边省略不注）。在截面注写方式中，如柱的分段截面尺寸和配筋均相同，仅截面与轴线的关系不同时，可将其编为同一柱号，但此时应在未画配筋的柱截面上注写该柱截面与轴线关系的具体尺寸(见图 2.12)。

表 2.8 柱截面注写方式配筋识图要点

<table>
<tr><th>表示方法</th><th>识 图</th><th>表示方法</th><th>识 图</th></tr>
<tr><td> 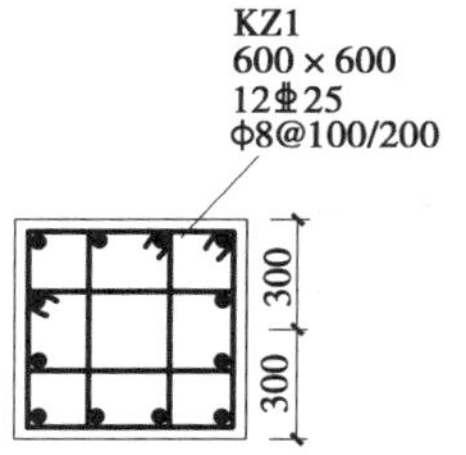KZ1
600×600
12Φ25
ϕ8@100/200
300
300</td><td>当纵筋采用一种直径且能够图示清楚时,可以注写全部纵筋数</td><td rowspan="2"> 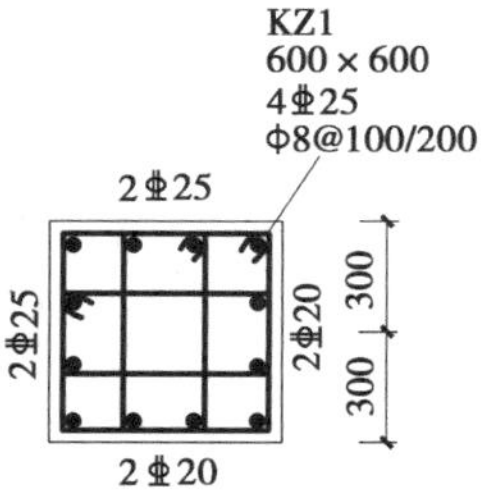KZ1
600×600
4Φ25
ϕ8@100/200
2Φ25
2Φ25
2Φ20
2Φ20
300
300</td><td rowspan="2">对于采用非对称配筋的矩形截面柱,则每边都要注写中部筋</td></tr>
<tr><td> 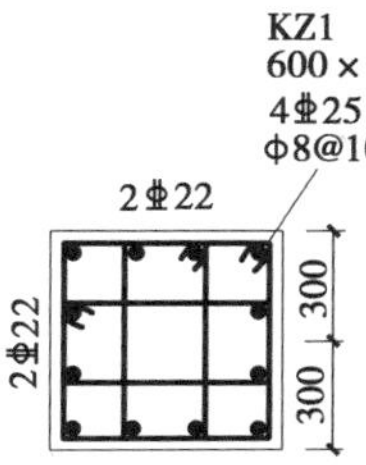KZ1
600×600
4Φ25
ϕ8@100/200
2Φ22
2Φ22
300
300</td><td>当纵筋采用两种直径时,先引出注写角筋,再注写截面各边中部筋的具体数值;对于采用对称配筋的矩形截面柱,可仅在一侧注写中部筋,对称边省略不注</td></tr>
</table>

①注写柱编号:柱编号由类型代号和序号组成,具体规定按表 2.7 执行。

②有芯柱时注写芯柱的起止标高:根据结构需要,可以在某些框架柱的一定高度范围内设置芯柱,并注写框架柱内芯柱的起止标高[见图 2.13(c)]。

③注写柱截面尺寸:对于矩形柱[见图 2.13(b)],注写柱截面尺寸 $b \times h$ 及与轴线关系的几何参数代号 b_1、b_2 和 h_1、h_2 的具体数值。

对于圆柱[见图 2.13(e)],$b \times h$ 改用直径数字前加 D 表示。

对于芯柱[见图 2.13(c)],其截面尺寸按构造确定,并按标准构造详图施工,设计不注;当设计者采用与本构造详图不同的做法时,应另行注明。芯柱定位随框架柱,不需要注写其与轴线的几何关系。当柱子截面为异形时,其截面尺寸标注见图 2.13(f)。

④注写柱纵筋:当柱纵筋直径相同,各边根数也相同时(包括矩形柱、圆柱和芯柱),均注写全部纵筋[见图 2.13(d)和(e)];除此之外,柱纵筋分角筋、截面 b 边中部筋和 h 边中部筋三项分别注写[见图 2.13(b)],对于采用对称配筋的矩形截面柱,可仅注写一侧中部筋,对称边省略不注[见图 2.13(g)]。

⑤注写柱箍筋:包括钢筋级别、直径与间距,当为抗震设计时,用斜线"/"区分柱端箍筋加密区与柱身非加密区长度范围内箍筋的不同间距;当箍筋沿柱全高为一种间距时,则不使用斜线"/"。当圆柱采用螺旋箍时,需在箍筋前加"L"[见图 2.13(e)]。柱箍筋肢数的识读如图 2.13(i)所示。

层号	标高/m	层高/m
屋面2	65.670	
塔层2	62.370	3.30
屋面1 (塔层1)	59.070	3.30
16	55.470	3.60
15	51.870	3.60
14	48.270	3.60
13	44.670	3.60
12	41.070	3.60
11	37.470	3.60
10	33.870	3.60
9	30.270	3.60
8	26.670	3.60
7	23.070	3.60
6	19.470	3.60
5	15.870	3.60
4	12.270	3.60
3	8.670	3.60
2	4.470	4.20
1	-0.030	4.50
-1	-4.530	4.50
-2	-9.030	4.50

结构层楼面标高
结构层高

上部结构嵌固部位：
-4.530

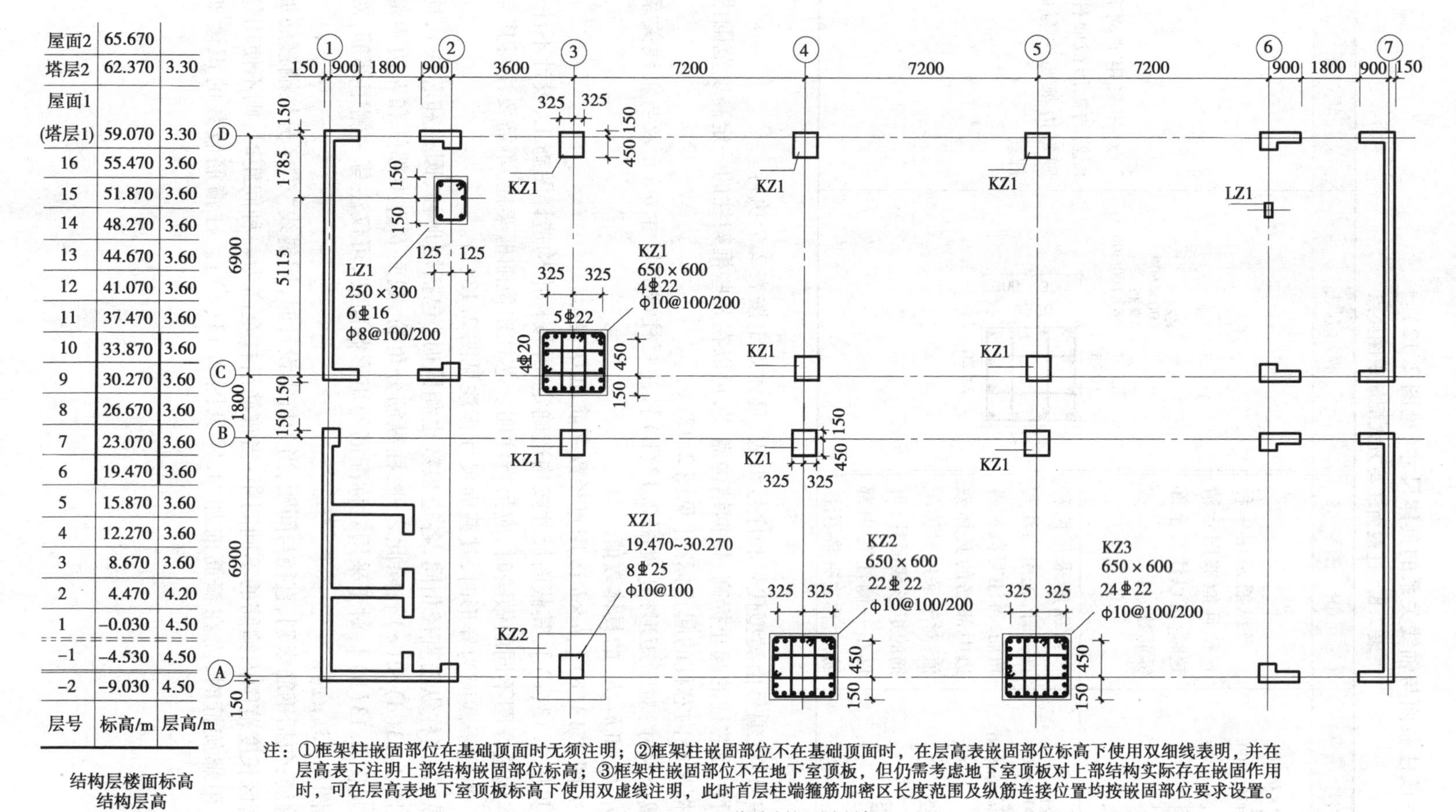

注：①框架柱嵌固部位在基础顶面时无须注明；②框架柱嵌固部位不在基础顶面时，在层高表嵌固部位标高下使用双细线表明，并在层高表下注明上部结构嵌固部位标高；③框架柱嵌固部位不在地下室顶板，但仍需考虑地下室顶板对上部结构实际存在嵌固作用时，可在层高表地下室顶板标高下使用双虚线注明，此时首层柱端箍筋加密区长度范围及纵筋连接位置均按嵌固部位要求设置。

19.470~37.470 m柱平法施工图(局部)

图 2.12　柱平法施工图截面注写方式示例

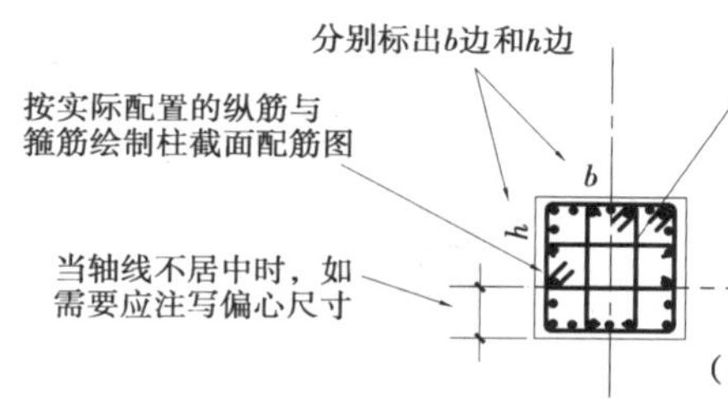

(a)柱截面配筋图上直接引注的内容

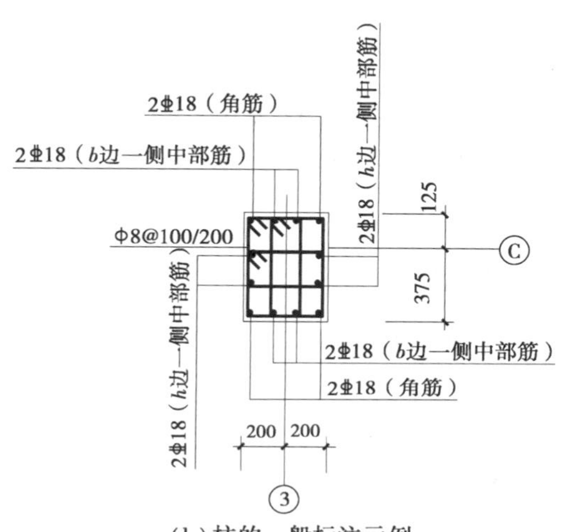

(b)柱的一般标注示例

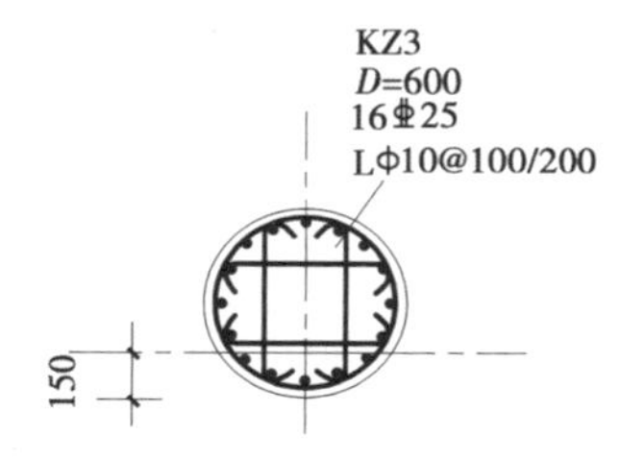

(c)柱中有芯柱的标注示例

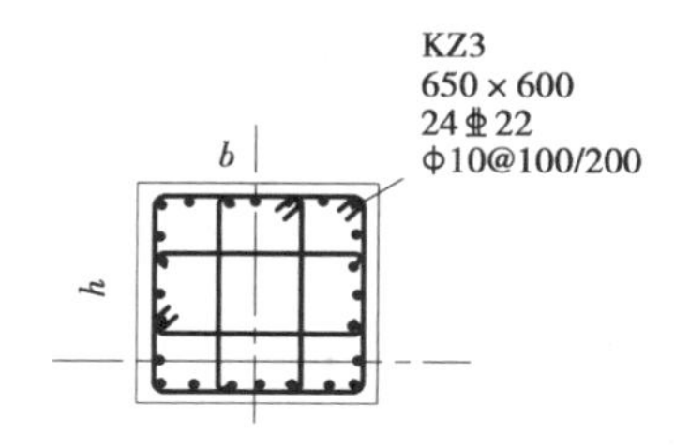

(d)柱全部纵筋集中标注示例

KZ3
D=600
16⌀25
LΦ10@100/200
150

(e)圆柱纵筋标注示例

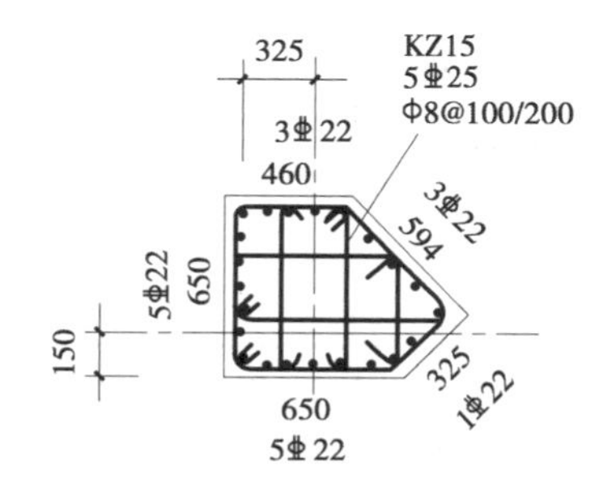

(f)异形柱纵筋标注示例

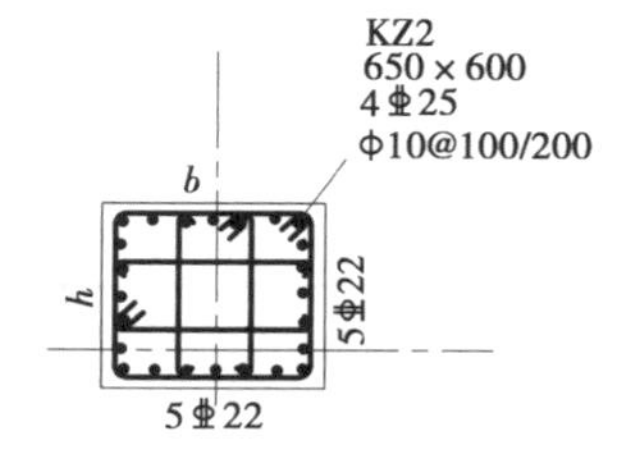

(g)柱中对称配筋示例

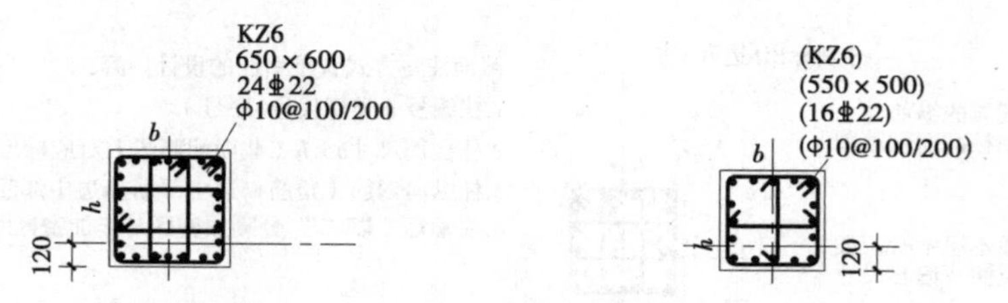

(h) KZ6在19.470 m、23.070 m的不同几何尺寸与配筋示例

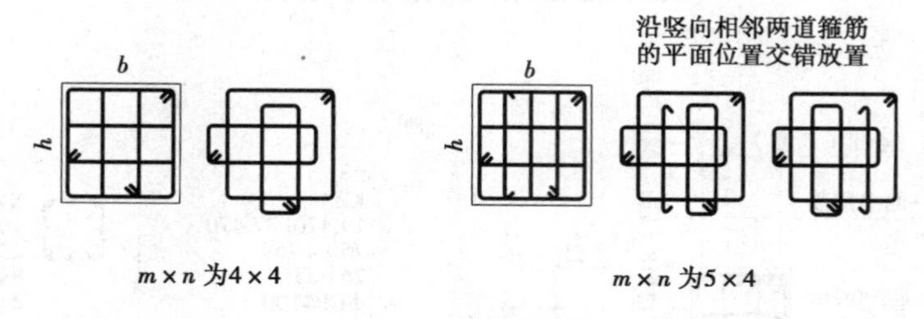

(i) 柱箍筋肢数标注示例

图 2.13 柱中配筋截面标注示例

1. 识读图 2.14、图 2.15、图 2.16 柱配筋图，并说出图中各数据项的含义。

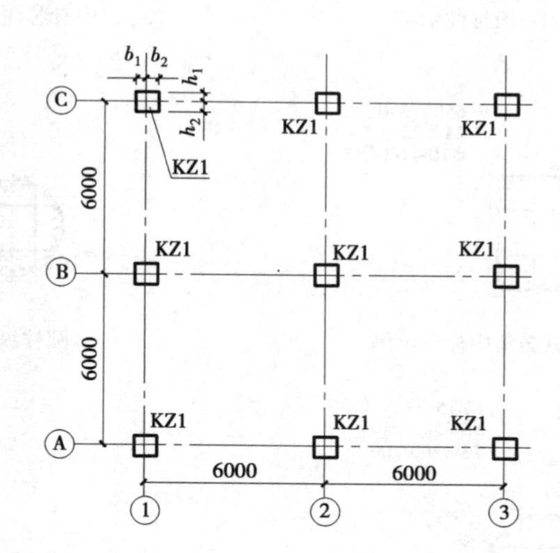

柱号	标　高	$b\times h$	b_1	b_2	h_1	h_2	全部纵筋	角筋	b 边一侧中部筋	h 边一侧中部筋	箍筋类型号	箍　筋
KZ1	−4.530～15.870	750×700	375	375	350	350		4⌀25	5⌀25	5⌀25	1(5×4)	Φ10@100/200

图 2.14　KZ1 柱平法列表注写方式

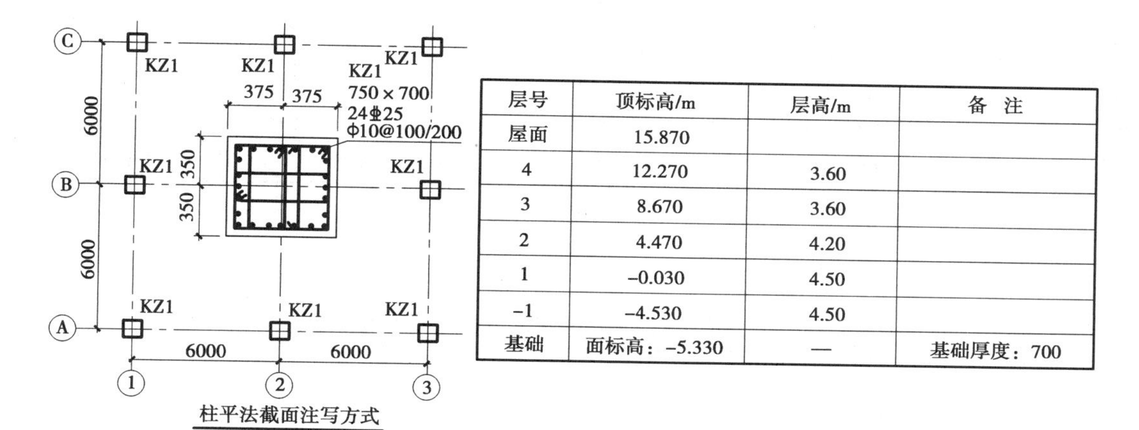

层号	顶标高/m	层高/m	备 注
屋面	15.870		
4	12.270	3.60	
3	8.670	3.60	
2	4.470	4.20	
1	–0.030	4.50	
–1	–4.530	4.50	
基础	面标高：–5.330	—	基础厚度：700

图 2.15 KZ1 柱平法截面注写方式

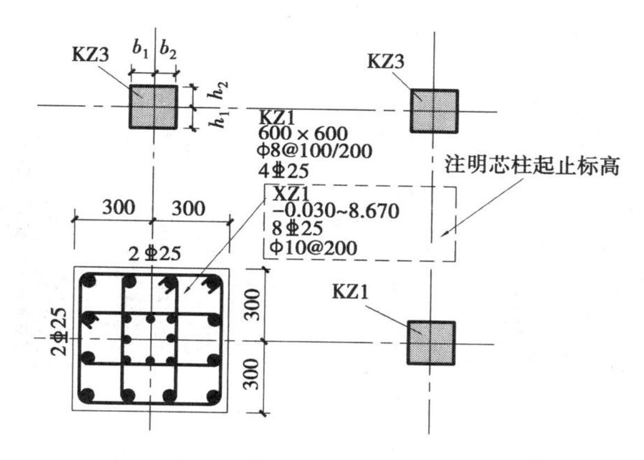

图 2.16 芯柱平法施工图

2. 绘制图 2.17 中 KZ1 在各楼层中的断面图与剖面图。

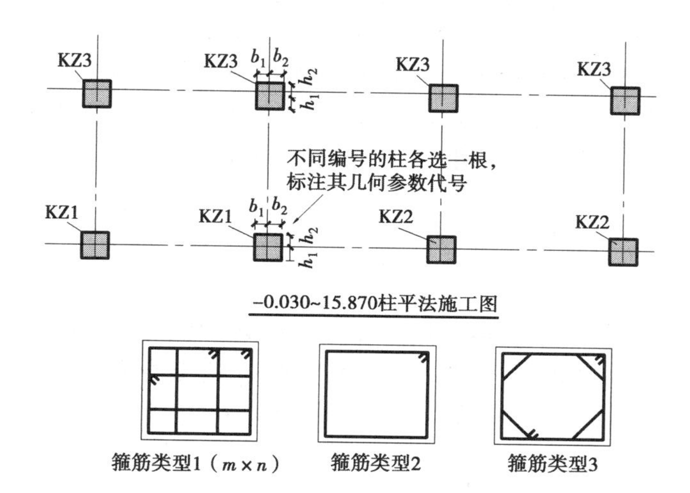

10	33.870	3.60
9	30.270	3.60
8	26.670	3.60
7	23.070	3.60
6	19.470	3.60
5	15.870	3.60
4	12.270	3.60
3	8.670	3.60
2	4.470	4.20
1	–0.030	4.50
层号	标高/m	层高/m

柱号	标　高	$b\times h$（圆柱直径 D）	b_1	b_2	h_1	h_2	全部纵筋	角筋	b 边一侧中部筋	h 边一侧中部筋	箍筋类型号	箍　筋	备注
KZ1	-0.030 ~ 15.870	600 × 600	300	300	300	300		4⌀25	2⌀25	2⌀25	1(4 × 4)	Φ10@100/200	
	15.870 ~ 33.870	500 × 500	300	200	300	200		4⌀25	2⌀25	2⌀25	1(4 × 4)	Φ10@100/200	

图 2.17　柱平法施工图

2.3　剪力墙平法施工图识读

问题引入

图 2.18 是什么构件的钢筋？在平法施工图中是采用什么方式来表达的？

图 2.18　剪力墙钢筋

什么是剪力墙？剪力墙有什么作用呢？其实，高楼大厦的电梯间内的墙体就是钢筋混凝土剪力墙。在框架结构中，在梁柱之间的矩形空间设置一道现浇钢筋混凝土墙，以加强框架的空间刚度和抗剪能力，这面墙称为剪力墙，这样的结构称为框架-剪力墙结构，简称框剪结构。

剪力墙平法施工图，系在剪力墙平面布置图上采用列表注写方式或截面注写方式表达。其平面布置图也可以与柱或梁平面布置图合并绘制，图上应注明各结构层的楼面标高、结构层高及相应的结构层号，尚应注明上部结构嵌固部位位置，使一张图纸上所表达的信息尽量完整。对于轴线未居中的剪力墙（包括端柱），应标注其偏心定位尺寸，如图 2.19 所示。

剪力墙平法识图知识体系见表 2.9。

2.3.1　列表注写方式

为简便、表达清楚，剪力墙可视为由剪力墙柱、剪力墙身和剪力墙梁（以下简称墙柱、墙身、墙梁）三类构件构成。剪力墙列表注写方式，系分别在剪力墙柱表、剪力墙身表和剪力墙梁表中，对应于剪力墙平面图上的编号，用绘制截面配筋图并注写几何尺寸和配筋具体数值的方式来表达剪力墙平法施工图，如图 2.20 所示。

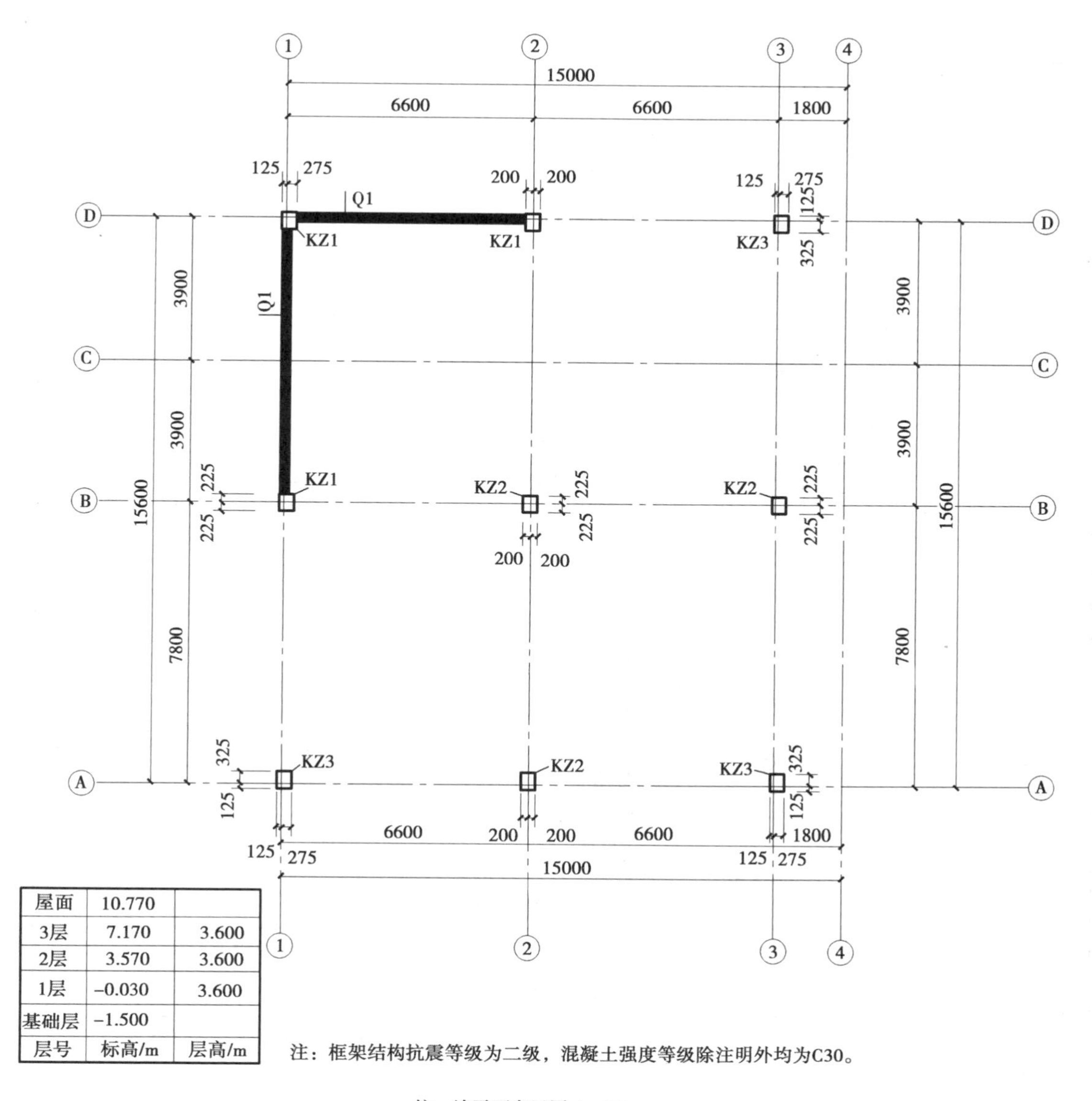

屋面	10.770	
3层	7.170	3.600
2层	3.570	3.600
1层	-0.030	3.600
基础层	-1.500	
层号	标高/m	层高/m

注：框架结构抗震等级为二级，混凝土强度等级除注明外均为C30。

柱、墙平面布置图 1:100

柱 表

柱号	标 高	全部纵筋	角筋	b边一侧中部筋	h边一侧中部筋	箍 筋	箍筋类型号	混凝土等级
KZ1	基础~10.770	8⌀25				Φ10@100/200	1(3×3)	C30
KZ2	基础~10.770		4⌀25	1⌀22	1⌀22	Φ10@100/200	1(3×3)	C30
KZ3	基础~10.770		4⌀25	1⌀20	1⌀20	Φ10@100/200	1(3×3)	C30

墙 表

编号	标 高	墙厚/mm	水平分布筋	竖向分布筋	拉筋（矩形）
Q1	基础~3.570	250	⌀12@200	⌀12@200	Φ6@600@600

柱箍筋类型（3×3）

图2.19 柱、墙平法施工图

表 2.9 剪力墙平法识图知识体系

<table>
<tr><td rowspan="2">平法表达方式</td><td colspan="3">列表注写方式</td></tr>
<tr><td colspan="3">截面注写方式</td></tr>
<tr><td rowspan="14">数据项</td><td rowspan="4">墙柱</td><td rowspan="2">几何元素</td><td>墙柱编号</td></tr>
<tr><td>各段墙柱起止标高</td></tr>
<tr><td>配筋元素</td><td>纵向钢筋和箍筋</td></tr>
<tr><td>补充注解</td><td>如上部结构嵌固部位</td></tr>
<tr><td rowspan="4">墙身</td><td rowspan="2">几何元素</td><td>墙身编号(含水平与竖向分布筋的排数)</td></tr>
<tr><td>各段墙身起止标高</td></tr>
<tr><td>配筋元素</td><td>水平分布钢筋、竖向分布钢筋和拉筋</td></tr>
<tr><td>补充注解</td><td>如上部结构嵌固部位、拉筋的布置方式等</td></tr>
<tr><td rowspan="6">墙梁</td><td rowspan="4">几何元素</td><td>墙梁编号</td></tr>
<tr><td>所在楼层号</td></tr>
<tr><td>顶面标高高差</td></tr>
<tr><td>截面尺寸</td></tr>
<tr><td>配筋元素</td><td>上部纵筋、下部纵筋和箍筋</td></tr>
<tr><td>补充注解</td><td>如墙梁侧面纵筋的配置、附加箍筋(对角暗撑、交叉斜筋和集中对角斜筋)等</td></tr>
<tr><td rowspan="12">列表注写方式</td><td rowspan="3">墙柱</td><td>墙柱平面图</td><td>墙柱编号</td></tr>
<tr><td rowspan="2">墙柱表</td><td>各段墙柱起止标高</td></tr>
<tr><td>纵向钢筋和箍筋</td></tr>
<tr><td rowspan="3">墙身</td><td>墙身平面图</td><td>墙身编号(含水平与竖向分布钢筋的排数)</td></tr>
<tr><td rowspan="2">墙身表</td><td>各段墙身起止标高</td></tr>
<tr><td>水平分布钢筋、竖向分布钢筋和拉筋</td></tr>
<tr><td rowspan="6">墙梁</td><td>墙梁平面图</td><td>墙梁编号</td></tr>
<tr><td rowspan="5">墙梁表</td><td>所在楼层号</td></tr>
<tr><td>顶面标高高差(选注)</td></tr>
<tr><td>截面尺寸</td></tr>
<tr><td>配筋(上部纵筋、下部纵筋和箍筋)</td></tr>
<tr><td>墙梁侧面纵筋的配置、附加箍筋(选注)</td></tr>
<tr><td>截面注写数据标注方式</td><td colspan="3">在分标准层绘制的剪力墙平面布置图上,以直接在墙柱、墙身、墙梁上注写截面尺寸和配筋具体数值的方式来表达剪力墙平法施工图</td></tr>
<tr><td>洞口</td><td colspan="3">无论采用列表注写方式还是截面注写方式,剪力墙上的洞口均可在剪力墙平面布置图上原位表达,表达的内容包括:洞口编号、洞口几何尺寸、洞口中心相对标高、洞口每边补强钢筋</td></tr>
</table>

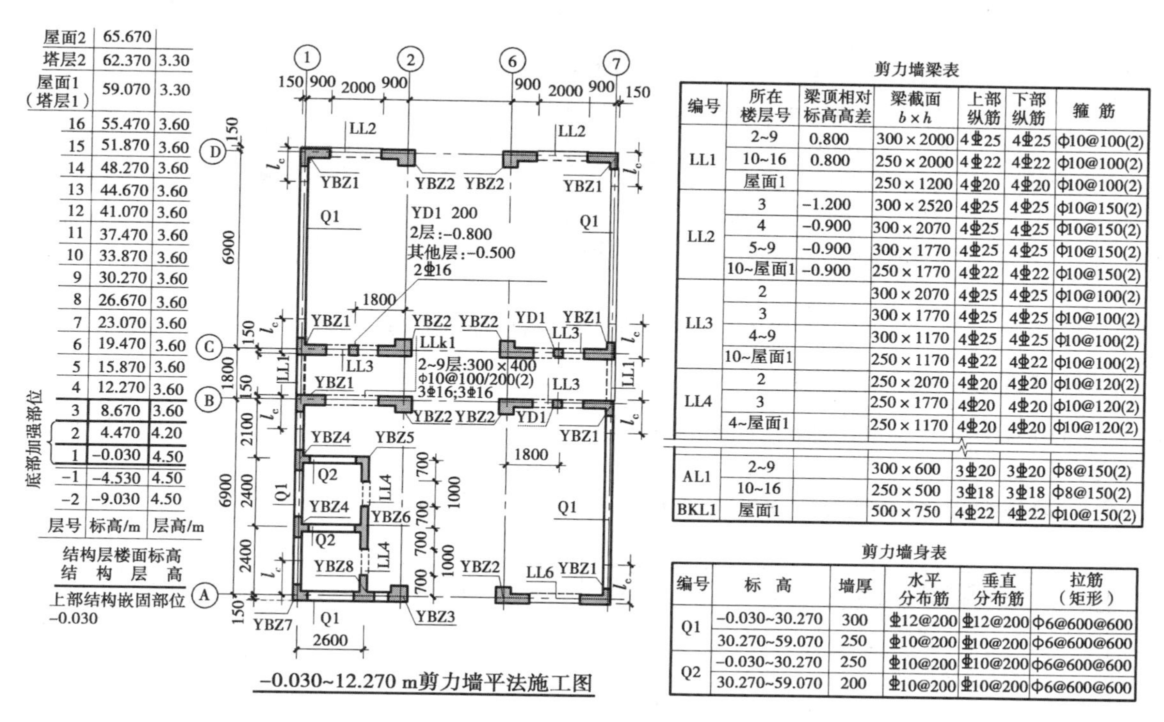

剪力墙梁表

编号	所在楼层号	梁顶相对标高高差	梁截面 $b \times h$	上部纵筋	下部纵筋	箍筋
LL1	2~9	0.800	300×2000	4⏀25	4⏀25	ϕ10@100(2)
	10~16	0.800	250×2000	4⏀22	4⏀22	ϕ10@100(2)
	屋面1		250×1200	4⏀20	4⏀20	ϕ10@100(2)
LL2	3	-1.200	300×2520	4⏀25	4⏀25	ϕ10@150(2)
	4	-0.900	300×2070	4⏀25	4⏀25	ϕ10@150(2)
	5~9	-0.900	300×1770	4⏀25	4⏀25	ϕ10@150(2)
	10~屋面1	-0.900	250×1770	4⏀22	4⏀22	ϕ10@150(2)
LL3	2		300×2070	4⏀25	4⏀25	ϕ10@100(2)
	3		300×1770	4⏀25	4⏀25	ϕ10@100(2)
	4~9		300×1170	4⏀25	4⏀25	ϕ10@100(2)
	10~屋面1		250×1170	4⏀22	4⏀22	ϕ10@100(2)
LL4	2		250×2070	4⏀20	4⏀20	ϕ10@120(2)
	3		250×1770	4⏀20	4⏀20	ϕ10@120(2)
	4~屋面1		250×1170	4⏀20	4⏀20	ϕ10@120(2)
AL1	2~9		300×600	3⏀20	3⏀20	ϕ8@150(2)
	10~16		250×500	3⏀18	3⏀18	ϕ8@150(2)
BKL1	屋面1		500×750	4⏀22	4⏀22	ϕ10@150(2)

剪力墙身表

编号	标高	墙厚	水平分布筋	垂直分布筋	拉筋（矩形）
Q1	-0.030~30.270	300	⏀12@200	⏀12@200	ϕ6@600@600
	30.270~59.070	250	⏀10@200	⏀10@200	ϕ6@600@600
Q2	-0.030~30.270	250	⏀10@200	⏀10@200	ϕ6@600@600
	30.270~59.070	200	⏀10@200	⏀10@200	ϕ6@600@600

-0.030~12.270 m剪力墙平法施工图

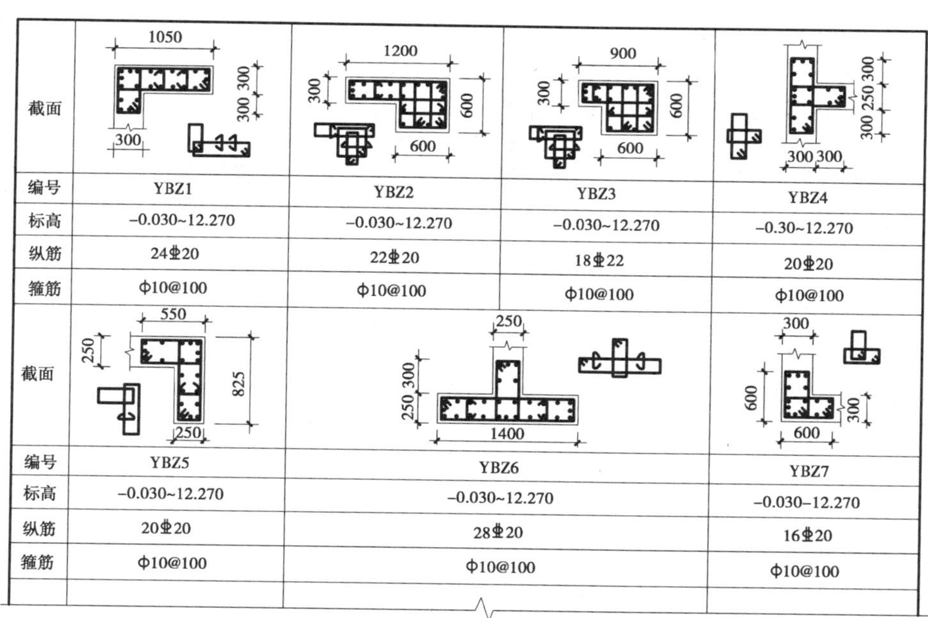

截面	（图）	（图）	（图）	（图）
编号	YBZ1	YBZ2	YBZ3	YBZ4
标高	-0.030~12.270	-0.030~12.270	-0.030~12.270	-0.30~12.270
纵筋	24⏀20	22⏀20	18⏀22	20⏀20
箍筋	ϕ10@100	ϕ10@100	ϕ10@100	ϕ10@100

截面	（图）	（图）	（图）
编号	YBZ5	YBZ6	YBZ7
标高	-0.030~12.270	-0.030~12.270	-0.030~12.270
纵筋	20⏀20	28⏀20	16⏀20
箍筋	ϕ10@100	ϕ10@100	ϕ10@100

-0.030~12.270 m剪力墙平法施工图（部分剪力墙柱表）

图2.20　剪力墙平法施工图列表注写方式示例

剪力墙的列表注写方式识读，就是剪力墙中的墙身表、墙柱表与墙梁表的对照阅读，如图2.21所示。

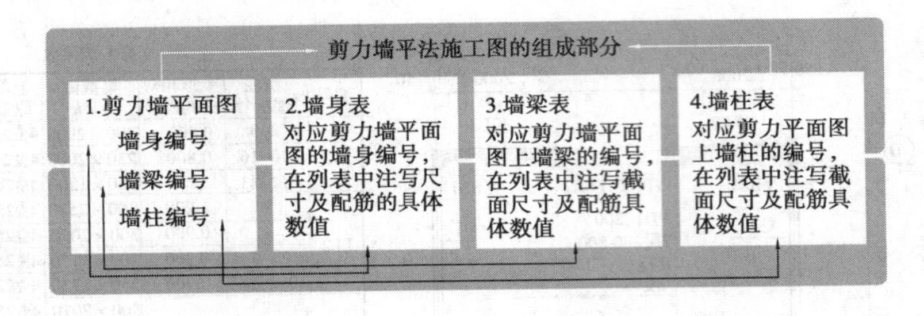

图 2.21　剪力墙列表注写方式识图方法

1)剪力墙各构件编号规定

将剪力墙按剪力墙柱、剪力墙身、剪力墙梁(简称为墙柱、墙身、墙梁)三类构件分别编号。编号规定如下:

①墙柱编号:由墙柱类型代号和序号组成,表达形式见表 2.10。

表 2.10　墙柱编号

墙柱类型	代　号	序　号	墙柱类型	代　号	序　号
约束边缘构件	YBZ	××	非边缘暗柱	AZ	××
构造边缘构件	GBZ	××	扶壁柱	FBZ	××

②墙身编号:由墙身代号(Q)、序号(××)以及墙身配置的水平与竖向分布钢筋的排数(×排)组成,即 Q××(×排),其具体注写形式见图 2.20。

③墙梁编号:由墙梁类型代号和序号组成,表达形式见表 2.11。

表 2.11　墙梁编号

墙梁类型	代　号	序　号	墙梁类型	代　号	序　号
连梁	LL	××	连梁(跨高比小于 5)	LLk	××
连梁(对角暗撑配筋)	LL(JC)	××	暗梁	AL	××
连梁(交叉斜筋配筋)	LL(JX)	××	边框梁	BKL	××
连梁(集中对角斜筋配筋)	LL(DX)	××			

注:①在具体工程中,当某些墙身需设置暗梁或边框梁时,宜在剪力墙平法施工图中绘制暗梁或边框梁的平面布置图并编号,以明确其具体位置。

②跨高比不小于 5 的连梁按框架梁设计时,代号为 LLk。

2)剪力墙柱表内容

①墙柱编号、墙柱的几何尺寸以及截面配筋图。

②各段墙柱起止标高。自墙柱根部往上,以变截面位置或截面未变但配筋改变处为界分段注写。墙柱根部标高一般指基础顶面标高(部分框支剪力墙结构,则为框支梁顶面标高)。

③各段墙柱的纵向钢筋和箍筋,注写值应与在表中绘制的截面配筋图对应一致。纵向钢筋注总配筋值,墙柱箍筋的注写方式与柱箍筋相同。

【例 2.2】　如图 2.22 所示,编号为 YBZ1 的约束边缘端柱,截面形状为 L 形,尺寸见图,在标高 −0.030 ~ 12.270 m,截面共配置 24 根直径 20 mm 的 HRB400 级纵向钢筋,箍筋为直径

10 mm 的 HPB300 级钢筋，间距均为 100 mm。

【例 2.3】　如图 2.23 所示，编号为 GBZ1 的构造边缘端柱，截面形状为 L 形，尺寸见图，在标高 12.270 ~ 15.270 m，截面共配置 12 根直径 20 mm 的 HRB400 级纵向钢筋，箍筋为直径 8 mm 的 HPB300 级钢筋，间距均为 200 mm。

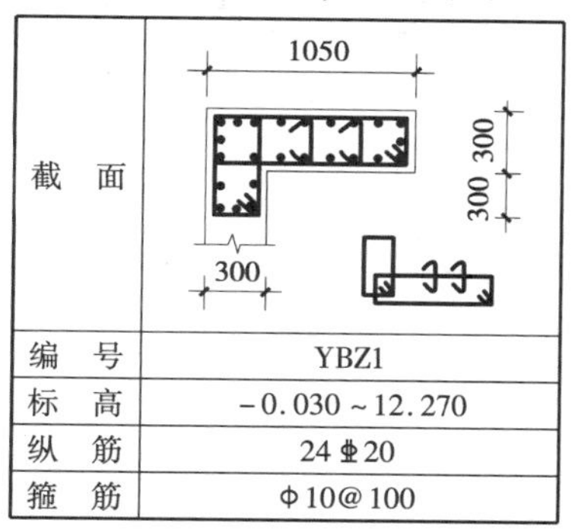

截　面	
编　号	YBZ1
标　高	-0.030 ~ 12.270
纵　筋	24 ⌀20
箍　筋	Φ10@100

图 2.22　约束边缘柱列表注写形式

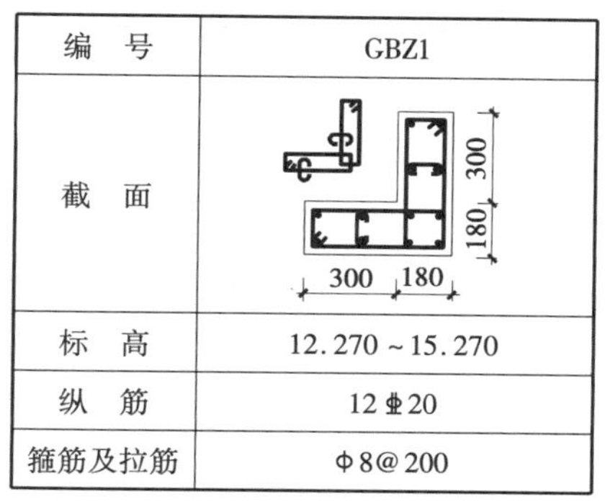

编　号	GBZ1
截　面	
标　高	12.270 ~ 15.270
纵　筋	12 ⌀20
箍筋及拉筋	Φ8@200

图 2.23　构造边缘柱列表注写形式

3) 剪力墙身表内容

①墙身编号。例如：图 2.24(c) 中 Q1 墙身表中的“Q1(2 排)”表示编号为 Q1 的剪力墙墙身，由 2 排水平和竖向分布钢筋组成。

②各段墙身起止标高，注写方式同剪力墙柱。

③墙身厚度。

④水平分布钢筋、竖向分布钢筋和拉筋的具体数值。

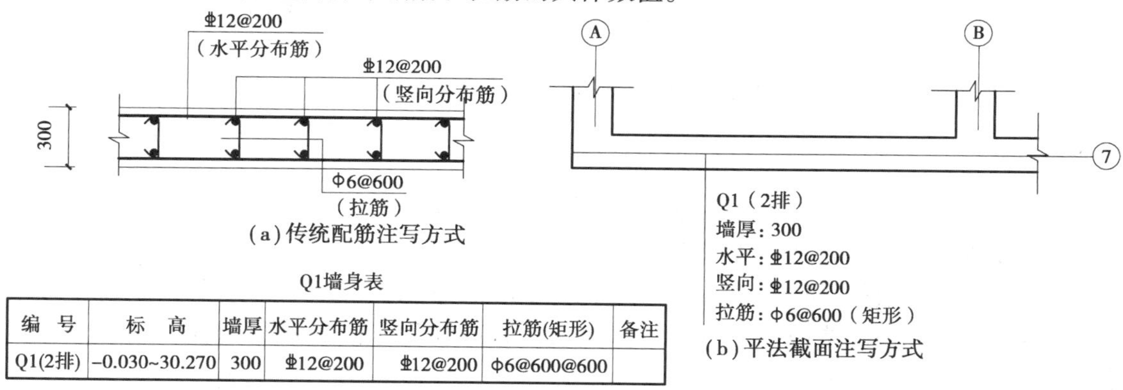

编　号	标　高	墙厚	水平分布筋	竖向分布筋	拉筋(矩形)	备注
Q1(2排)	-0.030~30.270	300	⌀12@200	⌀12@200	Φ6@600@600	

(c) 平法列表注写方式

图 2.24　墙身配筋注写方式

【例 2.4】　如图 2.24(c) 中 Q1 墙身表所示，编号为 Q1 的剪力墙身，由 2 排水平和竖向分布钢筋组成。在标高 -0.030 ~ 30.270 m，墙厚为 300 mm，水平分布钢筋为直径 12 mm 的 HRB400 级钢筋，间距为 200 mm；竖向分布钢筋为直径 12 mm 的 HRB400 级钢筋，间距为 200 mm；拉筋为直径 6 mm 的 HPB300 级钢筋，水平和竖向均为间距 600 mm 设置一道。

4) 剪力墙梁表内容

【例 2.5】　剪力墙梁表注写方式和表达内容见表 2.12，其平法截面注写方式和与之对应的传统注写方式如图 2.25 所示。

表 2.12　剪力墙梁表表达内容

编　号	所在楼层号	梁顶相对标高高差/m	梁截面 $b \times h$/mm	上部纵筋	下部纵筋	箍　筋
LL1	2 ~ 9	0.800	300 × 2 000	4 ⌀22	4 ⌀22	ϕ10@100(2)

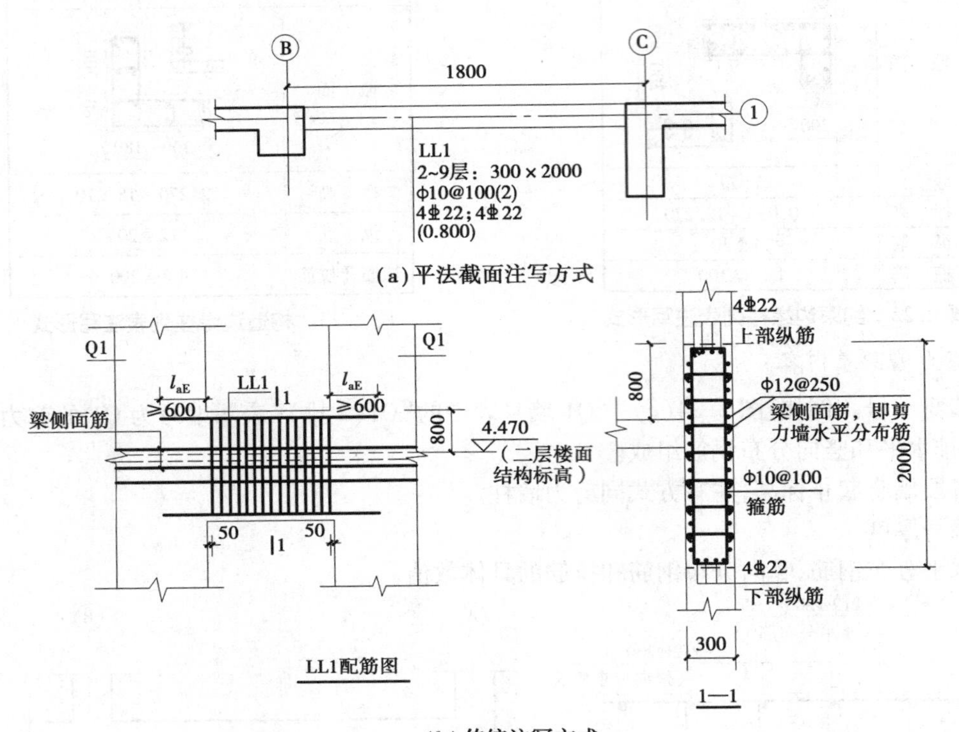

图 2.25　剪力墙连梁配筋注写示例

①墙梁编号：如“LL1”表示编号为 LL1 的剪力墙连梁。

②墙梁所在楼层号：如“2 ~ 9”表示该墙梁位于第 2 ~ 9 层。

③墙梁顶面标高高差：如 0.800 表示该墙梁顶面高出楼面结构标高 0.8 m。此项未注则表示墙梁顶与该楼层同标高。

④墙梁截面尺寸 $b \times h$，上部纵筋、下部纵筋及箍筋的具体数值。剪力墙梁表中未注明的侧面构造纵筋，参照 16G101—1 标准构造详图配置。

2.3.2　截面注写方式

剪力墙截面注写方式，系在分标准层绘制的剪力墙平面布置图上，以直接在墙柱、墙身、墙梁上注写截面尺寸和配筋具体数值的方式来表达剪力墙平法施工图。墙柱、墙身、墙梁的编号与剪力墙列表注写方式相同，如图 2.26 所示。

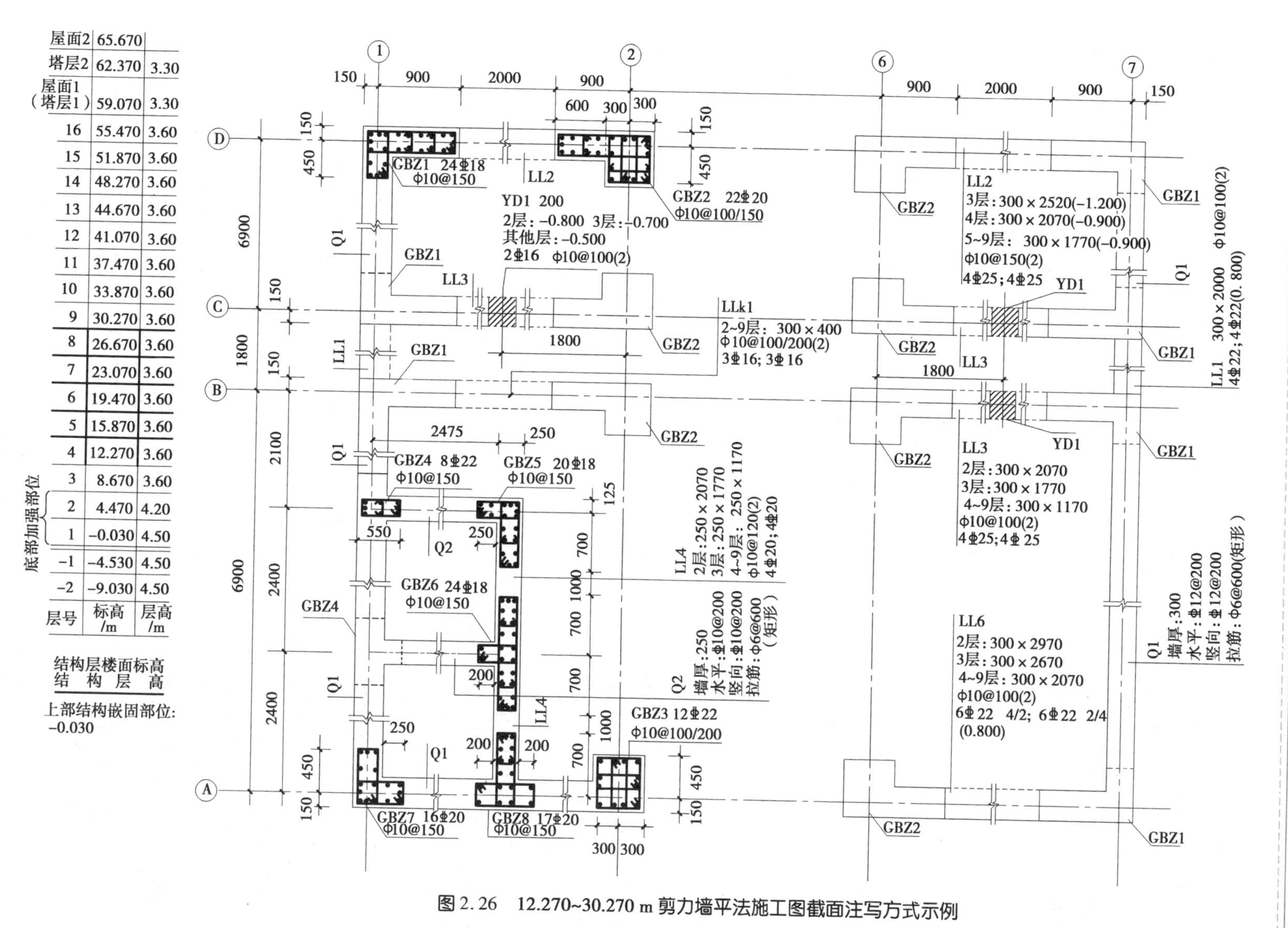

图2.26 12.270~30.270 m 剪力墙平法施工图截面注写方式示例

1)墙柱注写内容

①从相同编号的墙柱中选择一个截面,注明几何尺寸,标注全部纵筋及箍筋的具体数值。

②凡标准构造详图中没有具体数值的各类墙柱尺寸,均需在该截面上注明。

【例2.6】 如图2.27所示,①/Ⓓ轴注写为GBZ1 24⌀18 ϕ10@150,表示编号为GBZ1的构造边缘转角墙(柱),共配有24根直径为18 mm的HRB400级纵向钢筋,箍筋为直径10 mm的HPB300级钢筋,间距为150 mm。

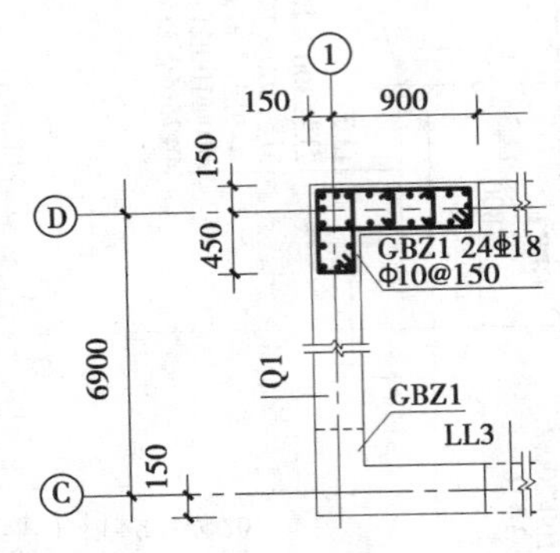

图2.27 剪力墙柱截面注写示例

2)墙身注写内容

从编号相同的墙身中选择一道墙身,按顺序引注以下内容:墙身编号、墙厚尺寸、水平及竖向分布钢筋的具体数值、拉筋的具体数值及拉筋布置方式。图2.24(b)所示为剪力墙Q1墙身截面注写方式示例,对应的配筋图如图2.24(a)所示。

3)墙梁注写内容

从编号相同的墙梁中选择一根墙梁,按顺序引注以下内容:墙梁编号、墙梁截面尺寸$b \times h$、墙梁箍筋、上部纵筋、下部纵筋、墙梁顶面标高高差(无标高高差则不注)的具体数值,如图2.25(a)所示。

2.2.3 剪力墙洞口表示方法

无论采用列表注写方式还是截面注写方式,剪力墙上的洞口均可在剪力墙平面布置图上原位表达。

洞口的具体表示方法:

①在剪力墙平面布置图上绘制洞口示意,并标注洞口中心的平面定位尺寸;

②在洞口中心位置引注下列4项内容,见表2.13。如图2.28所示为剪力墙(墙梁)洞口平法截面注写方式与传统注写方式的对比。

表2.13 洞口的注写内容

注写内容	备 注
洞口编号	矩形洞口为JD××(××为序号,下同),圆形洞口为YD××
洞口几何尺寸	矩形洞口为洞宽×洞高($b \times h$),圆形洞口为洞口直径D

续表

注写内容	备 注
洞口中心相对标高	系相对于结构层楼(地)面标高的洞口中心高度。当其高于结构层楼面时为正值,反之为负值
洞口每边补强钢筋	注写补强钢筋的直径、数量和间距,主要分以下两种情况: ①当矩形洞口的洞宽、洞高均不大于 800 mm 时,此项注写为洞口每边补强钢筋的具体数值,见【例 2.7】;当洞宽、洞高方向补强钢筋不一致时,分别注写洞宽方向、洞高方向补强钢筋,以"/"分隔,见【例 2.8】。 ②当矩形或圆形洞口的洞宽或直径大于 800 mm 时,在洞口上、下需设置补强暗梁,此项注写为洞口上、下每边暗梁的纵筋与箍筋的具体数值(在标准构造详图中,补强暗梁梁高一律定为 400 mm,施工时按标准构造详图取值,设计不注。当设计者采用与该构造详图不同的做法时,应另行注明),圆形洞口时尚需注明环向加强钢筋的具体数值,见【例 2.9】;当洞口上、下边为剪力墙连梁时,此项免注;洞口竖向两侧设置边缘构件时,亦不在此项表达

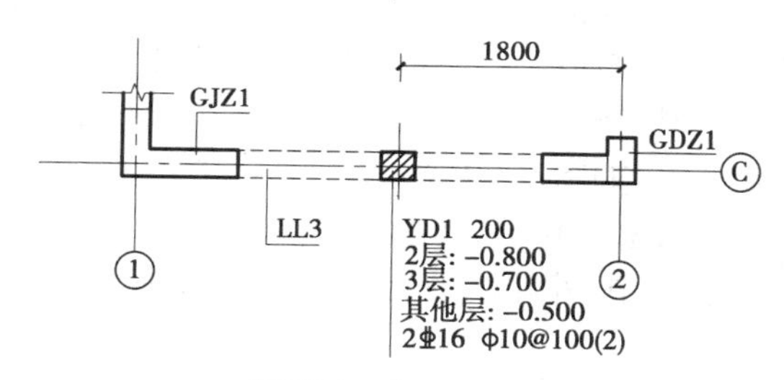

(a)圆形洞口截面注写方式

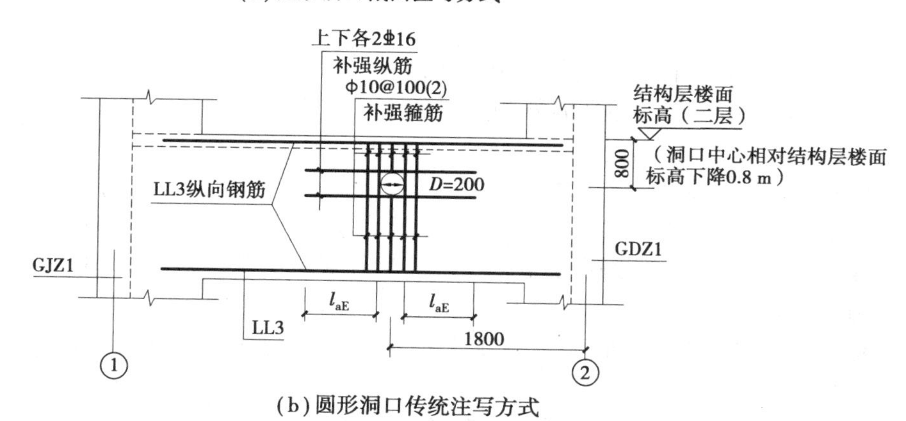

(b)圆形洞口传统注写方式

图 2.28 剪力墙洞口的注写形式

【例 2.7】 JD1 400×300 +3.100 3⌀14,表示 1 号矩形洞口,洞宽 400 mm,洞高 300 mm,洞口中心距本结构层楼面 3 100 mm,洞口每边补强钢筋为 3⌀14。

JD2 400×300 +3.100,表示 2 号矩形洞口,洞宽 400 mm,洞高 300 mm,洞口中心距本结构层楼面 3 100 mm,洞口每边补强钢筋按 16G101—1 图集的构造配置。

【例 2.8】 JD3 800×300 +3.100 3⌀18/3⌀14,表示 3 号矩形洞口,洞宽 800 mm,

洞高300 mm,洞口中心距本结构层楼面3 100 mm,洞宽方向补强钢筋为3 ⌀18,洞高方向补强钢筋为3 ⌀14。

【例2.9】 JD4 1 800×2 100 +1.800 6 ⌀20 ϕ8@150,表示4号矩形洞口,洞宽1 800 mm,洞高2 100 mm,洞口中心距本结构层楼面1 800 mm,洞口上下设补强暗梁,每边暗梁纵向钢筋为6 ⌀20,箍筋为ϕ8@150。

YD5 1 000 +1.800 6 ⌀20 ϕ8@150 2 ⌀16,表示5号圆形洞口,直径1 000 mm,洞口中心距本结构层楼面1 800 mm,洞口上下设补强暗梁,每边暗梁纵筋为6 ⌀20,箍筋为ϕ8@150,环向加强钢筋为2 ⌀16。

【例2.10】 如图2.28(a)中标注,表示1号圆形洞口,直径为200 mm;洞口在2层时,其中心比2层楼面结构标高低800 mm;在3层时,其中心比3层楼面结构标高低700 mm;在其他层时,其中心比本层楼面结构标高低500 mm;洞口上下设补强暗梁,洞口每边补强钢筋为2 ⌀16,箍筋为ϕ10@100,双肢箍。

2.3.4 地下室外墙的表示方法

地下室外墙平面注写方式,包括集中标注(墙体编号、厚度、贯通筋、拉筋等)和原位标注附加非贯通筋(外墙外侧配置的水平非贯通筋和竖向非贯通筋)两部分内容。

①注写地下室外墙编号,包括代号、序号、墙身长度(注为××~××轴),如图2.29所示。

②注写地下室外墙厚度 b_w = ×××,如图2.29所示。

③注写地下室外墙外侧、内侧贯通筋和拉筋,如图2.29所示。

a. 以OS代表外墙外侧贯通筋。其中,外侧水平贯通筋以H打头注写,外侧竖向贯通筋以V打头注写。

b. 以IS代表外墙内侧贯通筋。其中,内侧水平贯通筋以H打头注写,内侧竖向贯通筋以V打头注写。

c. 以tb打头注写拉筋直径、强度等级及间距,并注明“矩形”或“梅花”。

④外墙原位标注,主要表示在外墙外侧配置的水平非贯通筋和竖向非贯通筋,如图2.29所示。

【例2.11】 如图2.29所示标注有:

“DWQ1(①~⑥),b_w=250”表示1号外墙,长度为①~⑥轴,墙厚250 mm;

“OS:H ⌀18@200 V ⌀20@200”表示地下室外墙外侧水平贯通筋为⌀18@200,外侧竖向贯通筋为⌀20@200;

“IS:H ⌀16@200 V ⌀18@200”表示地下室外墙内侧水平贯通筋为⌀16@200,内侧竖向贯通筋为⌀18@200;

“tb ϕ6@400@400 矩形”表示矩形拉筋为ϕ6,水平间距为400,竖向间距为400 mm;

“$\frac{①H ⌀18@200}{2400}$”表示地下室Ⓓ/①~⑥轴外墙外侧配置有①号水平非贯通筋为⌀18@200,长度为2400 mm;

“$\frac{②H ⌀18@200}{2000}$”表示地下室Ⓓ/③轴外墙外侧配置有②号水平非贯通筋为⌀18@200,自支座中线向两边的伸出长度分别为2 000 mm。

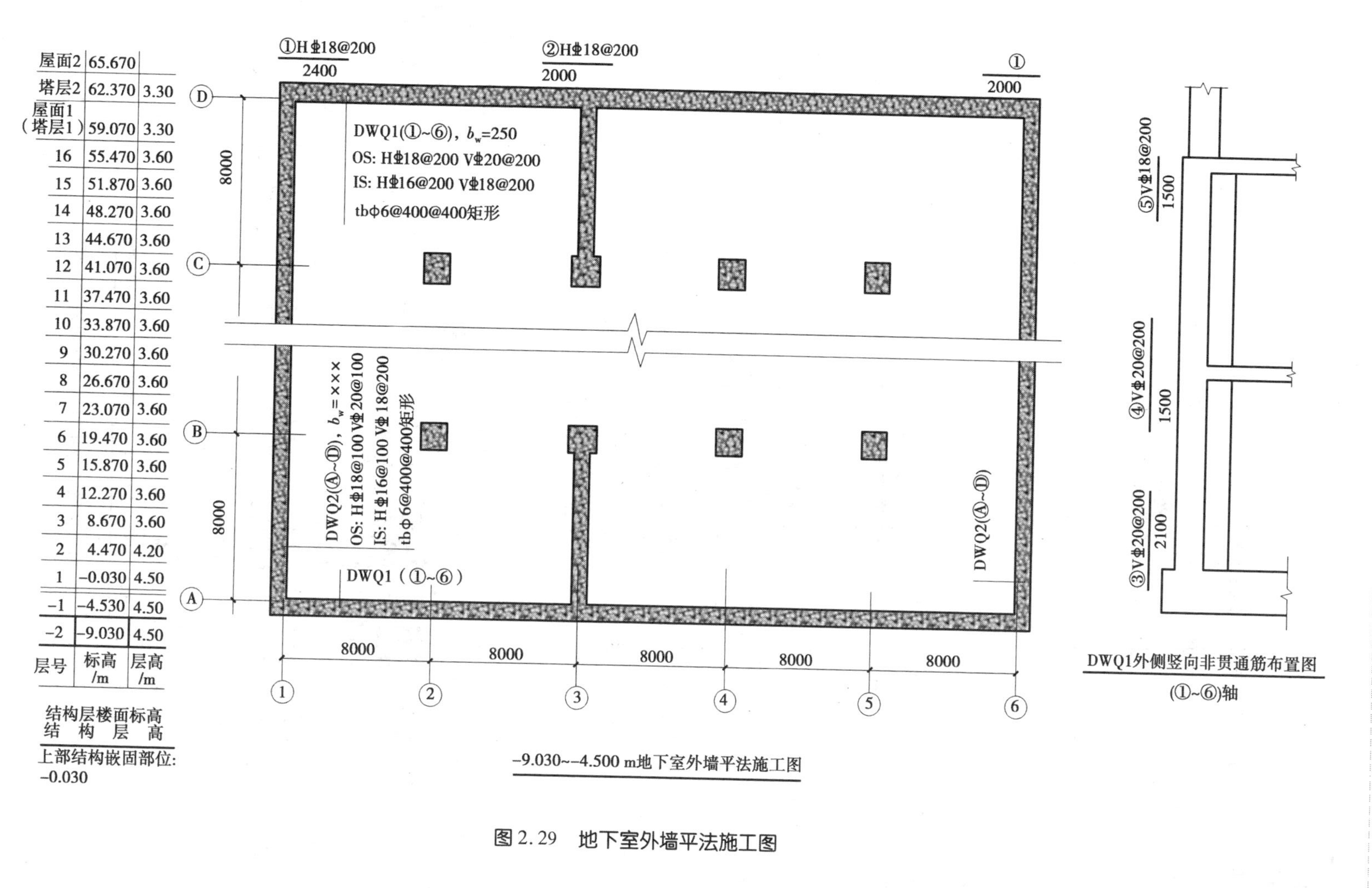

层号	标高/m	层高/m
屋面2	65.670	
塔层2	62.370	3.30
屋面1（塔层1）	59.070	3.30
16	55.470	3.60
15	51.870	3.60
14	48.270	3.60
13	44.670	3.60
12	41.070	3.60
11	37.470	3.60
10	33.870	3.60
9	30.270	3.60
8	26.670	3.60
7	23.070	3.60
6	19.470	3.60
5	15.870	3.60
4	12.270	3.60
3	8.670	3.60
2	4.470	4.20
1	-0.030	4.50
-1	-4.530	4.50
-2	-9.030	4.50

结构层楼面标高
结构层高
上部结构嵌固部位:
-0.030

图2.29 地下室外墙平法施工图

识读图2.30中剪力墙身、墙柱配筋图，并说出各数据项表达的含义。

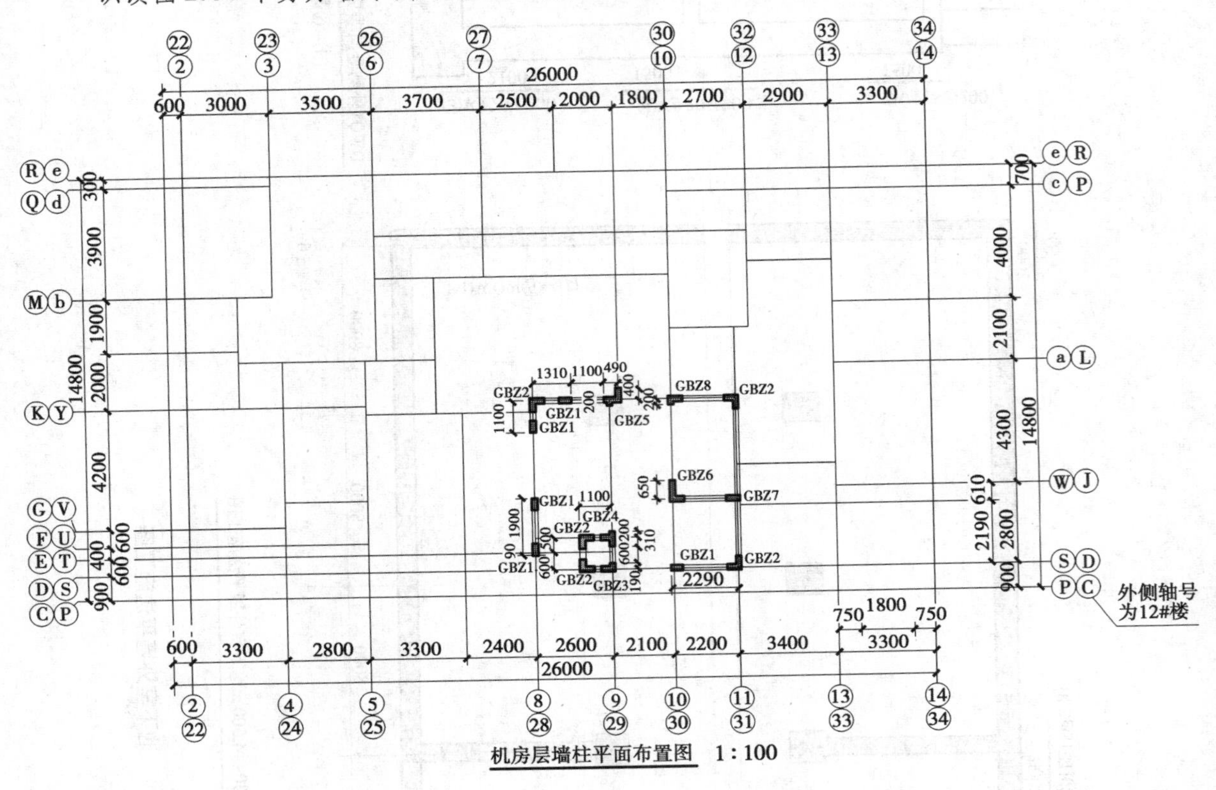

剪力墙柱表

编 号	GBZ1	GBZ2	GBZ3	GBZ4	GBZ5	GBZ6	GBZ7	GBZ8
截 面	400 180	300 180 180 300	300 180 180 160	300 180 220 180 110	180 100 180 300 180 310	560 180 180 300	180 490	110 180 180 300
标 高	机房层	机房层	机房层	机房层	机房层	机房层	机房层	机房层
纵 筋	6Φ12	12Φ12	10Φ12	14Φ12	16Φ12	14Φ12	8Φ12	10Φ12
未注明的箍筋及拉筋	Φ8@200	Φ8@200	Φ8@200	Φ8@200	Φ8@200	Φ8@200	Φ8@200	Φ8@200

剪力墙身表

编号	标高	墙厚	水平分布筋	竖向分布筋	拉筋(矩形)	备注
Q1	机房层	180	Φ8@200	Φ10@200	Φ6@400@400	

图2.30 某建筑物机房层墙柱平法施工图

2.4 梁平法施工图识读

问题引入

图2.31是什么构件的钢筋三维图？在平法施工图中是采用什么方式来表达的？

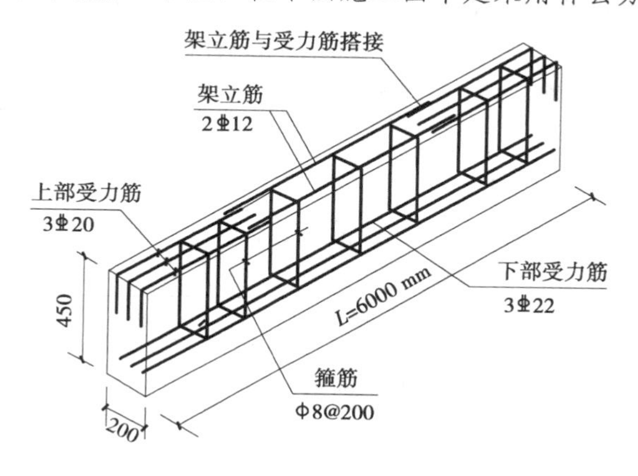

图2.31 梁钢筋三维图

梁平法施工图系在梁平面布置图上采用平面注写方式或截面注写方式表达。在梁平法施工图中，应当用表格或其他方式注明各结构层的顶面标高、结构层高及相应的结构层号。对于轴线未居中的梁，应注明其偏心定位尺寸(贴柱边的梁可不注)。在现行的16G101系列图集中，梁构件由“制图规则”和“构造详图”两部分组成，其制图规则的平法施工图识读可分为两个层次进行，见表2.14。

表2.14 梁平法施工图的识读层次

层 次	识图内容	识图方法	识图举例
第一个层次	在梁平法施工图上，区分同一轴线由几根梁构成	通过梁构件的编号(包括其中注明的跨数)来识别由几根梁构成	如图2.32(a)所示，KL5和KL6位于同一轴线，通过其编号与跨数就能识别
第二个层次	就具体的一根梁，识别其集中标注与原位标注所表达的内容	通过集中标注和原位标注的每一个符号的含义进行识别	如图2.32(b)所示

梁构件平法施工图识图知识体系见表2.15，梁编号见表2.16。

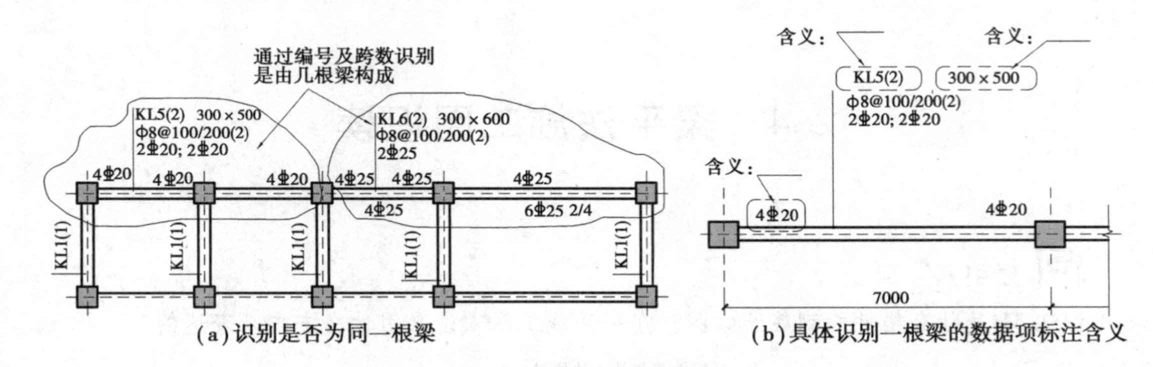

(a)识别是否为同一根梁　　(b)具体识别一根梁的数据项标注含义

图 2.32　梁构件的识读方法

表 2.15　梁构件平法施工图识图知识体系

平法表达方式	平面注写方式	
	截面注写方式	
数据项	几何元素	梁编号
		截面尺寸
		顶面标高高差
	配筋元素	箍筋
		上部纵筋
		下部纵筋
		侧面纵向构造钢筋或受扭钢筋
		附加箍筋或吊筋
	补充注解	如轴线为居中的梁,应标注其偏心定位尺寸
平面注写方式	集中标注	梁编号(必注)
		截面尺寸(必注)
		箍筋(必注)
		上部通长筋或架立筋(必注)
		侧面纵向构造钢筋或受扭钢筋(必注)
		顶面标高高差(选注)
	原位标注	梁支座上部纵筋
		梁下部纵筋
		附加箍筋或吊筋
		与集中标注不同的数据项

续表

<table>
<tr><td rowspan="7">截面注写方式</td><td rowspan="7">在分标准层绘制的梁平面布置图上，分别在不同编号的梁中各选择一根梁，用剖面号引出配筋图，并在其上注写截面尺寸和配筋具体数值的方式来表达梁的平法施工图</td><td>梁编号（注写在平面图上）</td><td rowspan="2">当某梁的顶面标高与结构层的楼面标高不同时，尚应继其梁编号后注写梁顶面标高高差）</td></tr>
<tr><td>剖面号（单边截面号，注写在平面图上）</td></tr>
<tr><td rowspan="5">截面配筋详图</td><td>截面尺寸</td></tr>
<tr><td>上部筋</td></tr>
<tr><td>下部筋</td></tr>
<tr><td>侧面构造钢筋或受扭钢筋</td></tr>
<tr><td>箍筋</td></tr>
</table>

表 2.16　梁编号

梁类型	代号	序号	跨数及是否带有悬挑	备注
楼层框架梁	KL	××	(××)、(××A)或(××B)	16G101—1 中梁平法施工图制图规则
楼层框架扁梁	KBL	××	(××)、(××A)或(××B)	
屋面框架梁	WKL	××	(××)、(××A)或(××B)	
框支梁	KZL	××	(××)、(××A)或(××B)	
托柱转换梁	TZL	××	(××)、(××A)或(××B)	
非框架梁	L	××	(××)、(××A)或(××B)	
井字梁	JZL	××	(××)、(××A)或(××B)	
悬挑梁	XL	××	(××)、(××A)或(××B)	

注：①(××A)为一端有悬挑，(××B)为两端有悬挑，悬挑不计入跨数。

②楼层框架扁梁节点核心区代号 KBH；

③在 16G101—1 图集中，非框架梁 L、井字梁 JZL 表示端支座为铰接；当非框架梁 L、井字梁 JZL 端支座上部纵筋为充分利用钢筋的抗拉强度时，在梁代号后加“g”。例如，Lg7(5)表示第 7 号非框架梁，5 跨，端支座上部纵筋为充分利用钢筋的抗拉强度。

2.4.1　平面注写方式

梁平面注写方式，系在梁平面布置图上，分别在不同编号的梁中各选一根梁，在其上注写截面尺寸和配筋具体数值的方式来表达梁平法施工图。平面注写包括集中标注与原位标注，集中标注表达梁的通用数值，原位标注表达梁的特殊数值，如图 2.33 所示。当集中标注中的某项数值不适用于梁的某部位时，则将该项数值原位标注。施工时，原位标注取值优先于集中标注，即该部位梁按原位标注的截面尺寸和配筋数值进行施工，如图 2.34 所示。

1）集中标注

集中标注通常是将梁的通用数值从梁的任意截面集中注写在结构平面图中距梁线较远的一侧。集中标注的内容有 5 项必注值及 1 项选注值，其集中标注可以从梁的任意一跨引出，如图 2.36(a)所示，具体识读如图 2.36(b)所示。

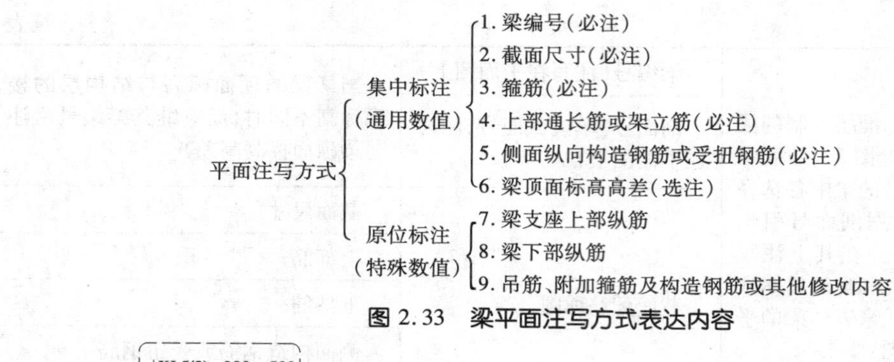

图 2.33　梁平面注写方式表达内容

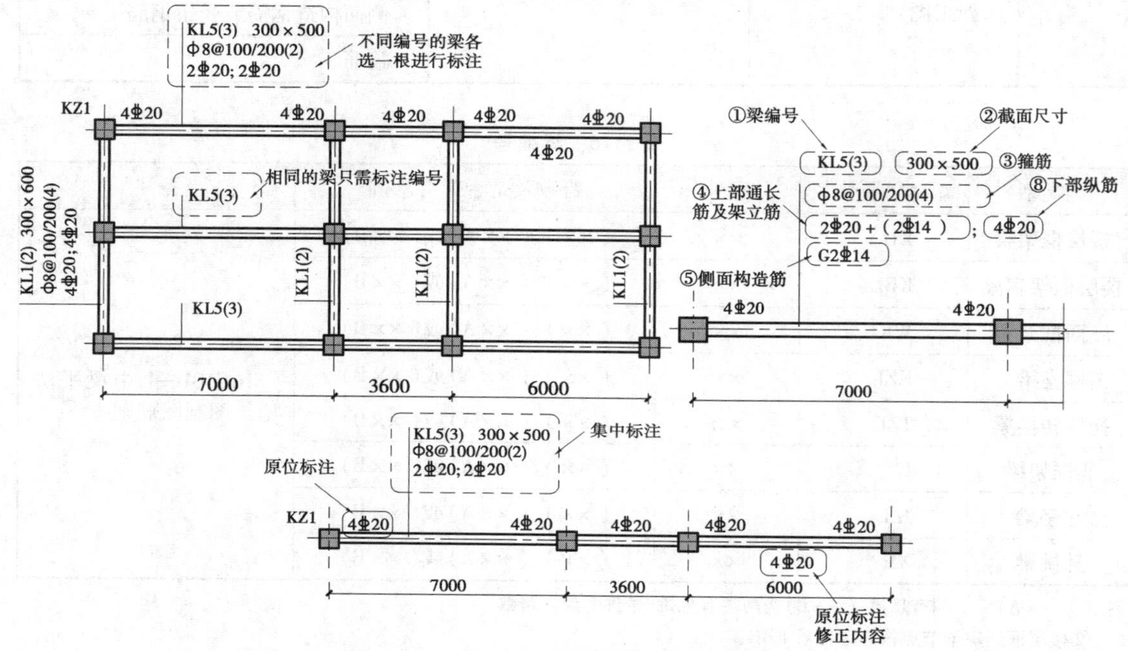

图 2.34　梁平面注写方式示例

(1)梁编号

梁的编号由类型代号、序号、跨数及有无悬挑组成,见表 2.16 和图 2.35。

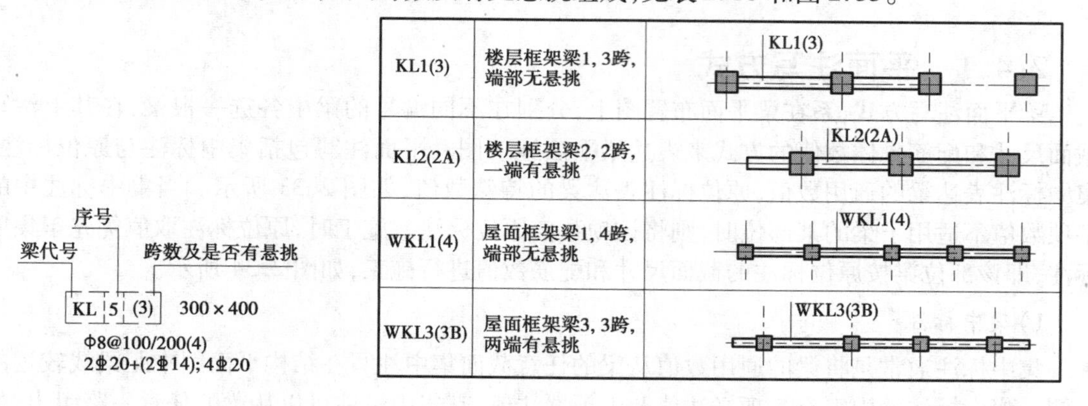

KL1(3)	楼层框架梁1, 3跨,端部无悬挑	KL1(3)
KL2(2A)	楼层框架梁2, 2跨,一端有悬挑	KL2(2A)
WKL1(4)	屋面框架梁1, 4跨,端部无悬挑	WKL1(4)
WKL3(3B)	屋面框架梁3, 3跨,两端有悬挑	WKL3(3B)

图 2.35　梁编号识读

【例 2.12】 如图 2.36(a)所示,KL2(2A)表示第 2 号框架梁,2 跨,“A”表示一端有悬挑,如为“B”则表示两端有悬挑。L9(7B)表示第 9 号非框架梁,7 跨,两端有悬挑。

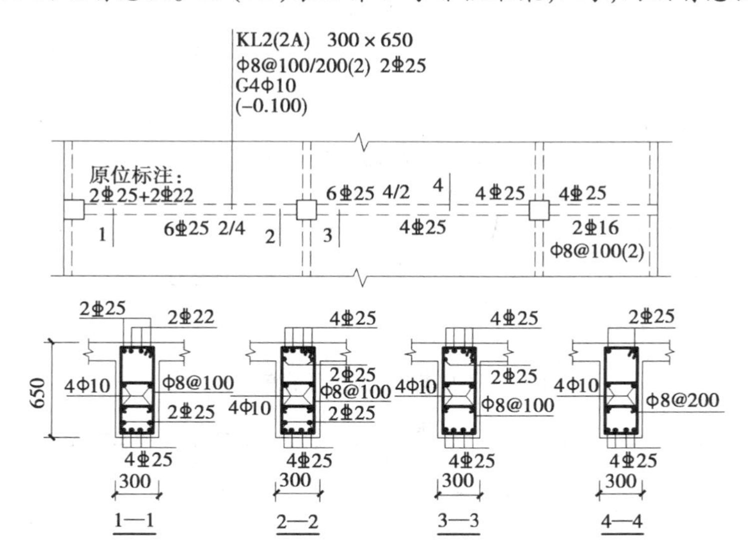

注:本图4个梁截面系采用传统表示方法绘制,用于对比按平面注写方式表达的同样内容。实际采用平面注写方式表达时,则不需绘制梁截面配筋图和图中的相应截面号。

(a)梁平面注写方式与传统表示方法示例

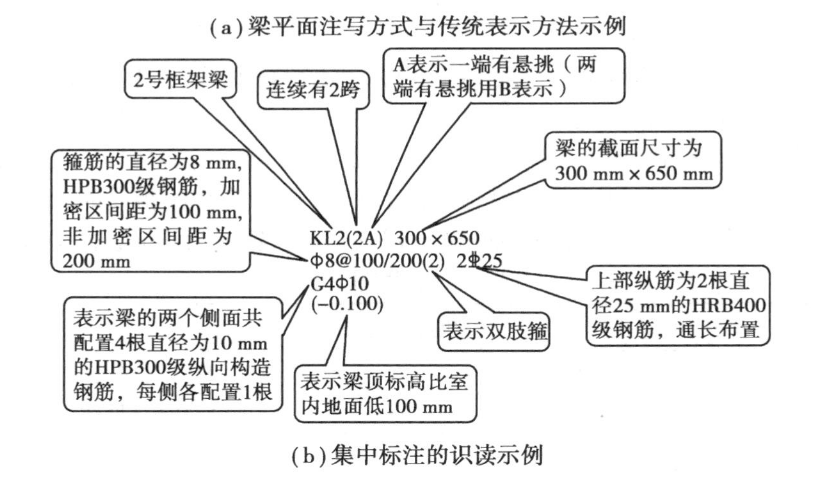

(b)集中标注的识读示例

图 2.36 梁配筋集中标注的识读

(2)截面尺寸

当为等截面梁时,用 $b \times h$ 表示,其中 b 表示梁截面宽度,h 表示梁截面高度。

当为竖向加腋梁时,用 $b \times h$ Y$c_1 \times c_2$ 表示,其中 c_1 为腋长,c_2 为腋高;当为水平加腋梁时,一侧加腋时用 $b \times h$ PY $c_1 \times c_2$ 表示,其中 c_1 为腋长,c_2 为腋宽,如图 2.37(a)、(b)所示。

当有悬挑梁且根部和端部的高度不同时,用“/”分隔根部与端部的高度值,即为 $b \times h_1/h_2$,h_1 为梁根部截面高度,h_2 为梁端部截面高度,如图 2.37(c)所示。

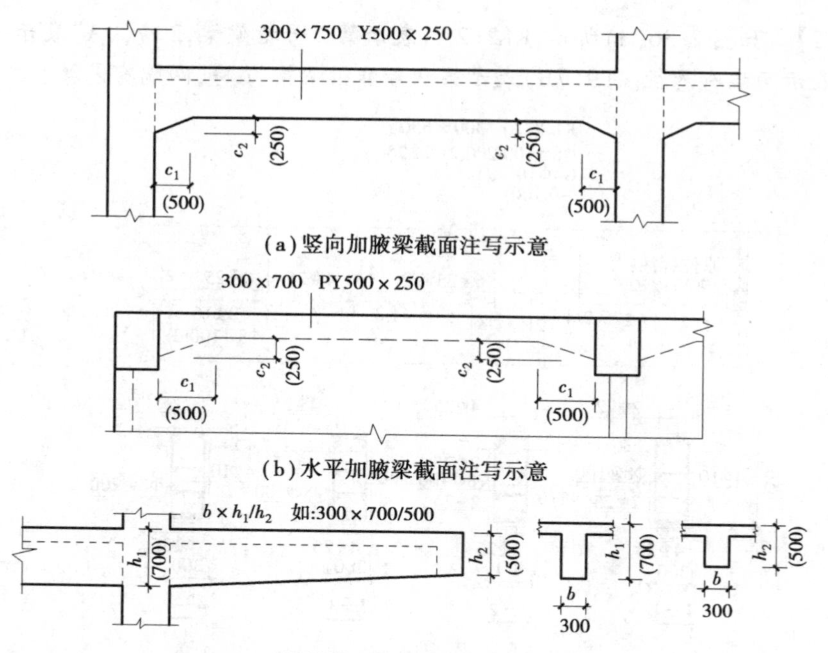

图 2.37 梁截面尺寸注写示意

(3)梁箍筋

该项为必注值,包括钢筋级别、直径、加密区与非加密区间距及箍筋肢数。箍筋加密区与非加密区的不同间距及肢数需用"/"分隔,"/"前面的间距及肢数适用于加密区,后面的间距及肢数适用于非加密区;当梁箍筋为同一种间距及肢数时,则不需要用"/"分隔;箍筋肢数注写在箍筋间距数值后面的括号内;当加密区与非加密区的箍筋肢数相同时,则将肢数注写1次,括号内数值一般为2或4,"2"表示双肢箍,"4"表示四肢箍。梁箍筋识图见表2.17。

表 2.17 梁箍筋识图

		箍筋表示方法	识 图
设箍筋加密区的梁构件	KL、WKL	Φ8@100/200(2)	100指加密区间距为100 mm,200指非加密区间距为200 mm
设箍筋加密区的梁构件	框支梁KZL	Φ8@100/200(2)	加密区长度和非加密区长度按图集16G101—1第88页确定
			如果加密区和非加密区的箍筋肢数不同,可分别表示,例如:Φ8@100(4)/200(2)
	箍筋非加密区 箍筋加密区		

续表

<table>
<tr><th></th><th></th><th>箍筋表示方法</th><th>识 图</th></tr>
<tr><td rowspan="2">不设箍筋加密区的梁构件</td><td>KL、WKL</td><td rowspan="2">箍筋有两种情况：
(1)Φ8@200(2)
(2)5Φ8@150/200(2)，表示梁的两端各有5根间距为150 mm的箍筋，梁跨中部分间距为200 mm，均为双肢箍</td><td rowspan="2">这些不设箍筋加密区的梁构件，一般只有一种箍筋间距；
如果设两种箍筋间距，从两端往中间依次注写</td></tr>
<tr><td>非框架梁L、悬挑梁XL、井字梁JZL</td></tr>
</table>

【例2.13】 如标注为Φ8@100/200(2)，表示箍筋为HPB300级钢筋，直径为8 mm，加密区间距为100 mm，非加密区间距为200 mm，均为双肢箍。

如标注为Φ8@200(2)，表示箍筋为HPB300级钢筋，直径为8 mm，双肢箍，间距为200 mm，不分加密区与非加密区。

如标注为Φ10@100(4)/150(2)，表示箍筋为HPB300级钢筋，直径为10 mm，加密区间距为100 mm，四肢箍；非加密区间距为150 mm，双肢箍。

非框架梁、悬挑梁、井字梁采用不同的箍筋间距及肢数时，也用"/"将其分隔开来。注写时，先注写梁支座端部箍筋，包括箍筋的箍数、钢筋级别、直径、间距及肢数；然后在斜线后注写梁跨中部分的箍筋间距及肢数。

【例2.14】 如标注为13Φ10@100(4)/150(2)，表示箍筋为HPB300级钢筋，直径为10 mm，梁的两端各有13根四肢箍，间距为100 mm；梁跨中部分间距为150 mm，双肢箍。

如标注为13Φ10@100/150(4)，表示箍筋为HPB300级钢筋，直径为10 mm，梁的两端各有13根四肢箍，间距为100 mm；梁跨中部分间距为150 mm，四肢箍。

(4)梁上部通长筋或架立筋

通长筋可为相同或不同直径的钢筋采用搭接连接、机械连接或焊接的钢筋。该项为必注值，所注规格与根数应根据结构受力要求及箍筋肢数等构造要求而定。当同排纵筋中既有通长筋又有架立筋时，应用"+"将通长筋和架立筋相连。注写时，必须将通长筋(常用作角部纵筋)写在加号的前面，架立筋写在加号后面的括号内，以示不同直径及与通长筋的区别。

【例2.15】 如梁集中标注为2Ф22+(2Ф12)，表示用于四肢箍，其中2Ф22为通长筋，用于角部，2Ф12为架立筋，钢筋长度按构造要求确定；如集中标注为2Ф25，则表示用于双肢箍，通长筋。如非框架梁L的上部纵筋标注为"(2Ф14)"时，表示梁上部纵筋为2Ф14的架立筋。

当梁的上部纵筋和下部纵筋为全跨相同，且多数跨配筋相同时，此项可加注下部纵筋的配筋值，用";"将上部与下部纵筋的配筋值分隔开来，分号前面表示梁上部配置的通长筋，分号后面表示梁下部配置的通长筋。

【例2.16】 如标注为3Ф20;3Ф22，表示梁的上部配置3Ф20的通长筋，梁的下部配置3Ф22的通长筋。

(5)梁侧面纵向构造钢筋或受扭钢筋

该项为必注值,当梁腹板高度 $h_w \geq 450$ mm 时,需配置纵向构造钢筋,所注规格与根数应符合规范规定。此项注写值以大写字母“G”打头,接续注写设置在梁两个侧面的总配筋值且对称配置。当梁侧面需配置受扭纵向钢筋时,此项注写值以大写字母“N”打头,接续注写设置在梁两个侧面的总配筋值且对称配置,其识读见表2.18。

【例2.17】 如图2.36中KL2(2A)梁上标注为G4ф10,表示梁的两个侧面共配置4ф10的构造钢筋,梁每侧各配置2ф10;如图2.38中KL7(3)梁上标注为N4⏀18,表示梁的两个侧面共配置4⏀18的纵向受扭钢筋,梁每侧各配置2⏀18。

表2.18 梁侧面钢筋识读

梁侧面钢筋表示方法	识 图
G2⏀14	KL4(2) 300×400 ф8@100/200(2) 2⏀20 G2⏀14 表示侧面构造钢筋
N2⏀14	KL4(2) 300×400 ф8@100/200(2) 2⏀20 N2⏀14 表示侧面受扭钢筋

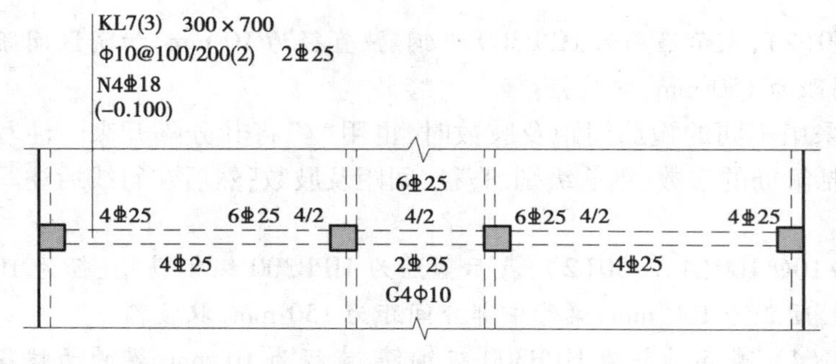

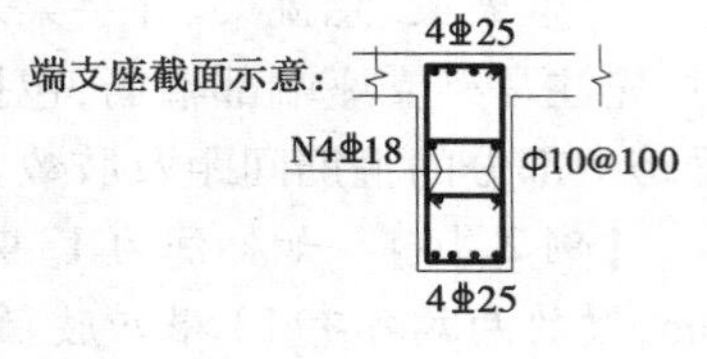

注:小跨是指其净长小于左右两大跨之和的1/3的跨。

图2.38 大小跨梁的注写示例

(6)梁顶面标高高差

梁顶面标高高差是指相对于结构层楼面标高的高差值。对于位于结构夹层的梁,则指相对于结构夹层楼面标高的高差。有高差时,需将其写入括号内,正值表示“高于楼面”,负值表示“低于”楼面,无高差时不注。如梁的顶面标高高于结构层楼面标高100 mm时,注写(0.100),反之则注写(-0.100),如图2.38所示。梁的实际标高应为梁所在结构层的楼面标高与所注梁顶面标高高差的代数和。

2)原位标注

原位标注通常是将梁某一跨的截面尺寸、配筋等注写在结构平面图中梁线附近一侧。原位标注的内容规定如下:

(1)梁支座上部纵筋

梁支座上部纵筋指该部位含通长筋在内的所有纵筋。当上部纵筋多于一排时,用“/”将各排纵筋自上而下分开。当同排纵筋有两种直径时,用“+”将两种直径的纵筋相连,注写时将角部纵筋写在加号前面。当梁中间支座两边的上部纵筋相同时,可仅在支座的一边标注配筋值,另一边省去不注(见图2.36与图2.39);当梁中间支座两边的上部纵筋不同时,须在支座两边分别标注。对于支座两边不同配筋值的上部纵筋,宜尽可能选用相同直径(不同根数),使其贯穿支座,避免支座两边不同直径的上部纵筋均在支座内锚固。

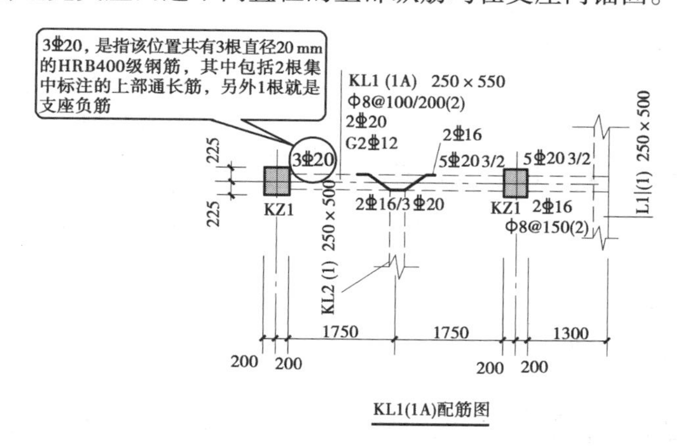

图2.39　梁支座上部纵筋识读

【例2.18】　图2.39中KL1(1A)支座上部纵筋注写为3Φ20,表示KL1(1A)左支座上部纵筋共为3Φ20,其中包括2根集中标注的上部通长筋,另外1根就是该部位的支座负筋。

【例2.19】　表2.19中KL6(2)支座上部纵筋注写为6Φ20 4/2,表示上部纵筋共为6Φ20,双排布置,其中上一排纵筋为4Φ20,下一排纵筋为2Φ20;如其他施工图中标注为9Φ25 4/3/2,表示上部纵筋共为9Φ25,三排布置,其中梁上部第一排纵筋为4Φ25,第二排纵筋为3Φ25,第三排纵筋为2Φ25。

【例2.20】　表2.19中梁KL6(2)支座上部纵筋注写为2Φ25+2Φ20,表示上部共有4根钢筋,单排布置,2Φ25放在角部,2Φ22放在中部。

【例2.21】　如梁上部原位标注为2Φ22+(2Φ12),表示用于四肢箍,其中2Φ22为通长筋,用于角部,2Φ12为架立筋,钢筋长度按构造要求确定;如原位标注为2Φ25,表示用于双肢箍,通长筋。

其余梁构件上部纵筋识读见表2.19。

表2.19　梁上部支座纵筋识读

表示方法	识　图
KL6(2)　300×500 φ8@100/200(2) 4Φ20; 2Φ20 6Φ20 4/2　6Φ20 4/2　6Φ20 4/2 4000　4000	①上下两排,上排4Φ20是上部通长筋,下排2Φ20是支座负筋; ②中间支座两边配筋相同时,只标注在一侧

续表

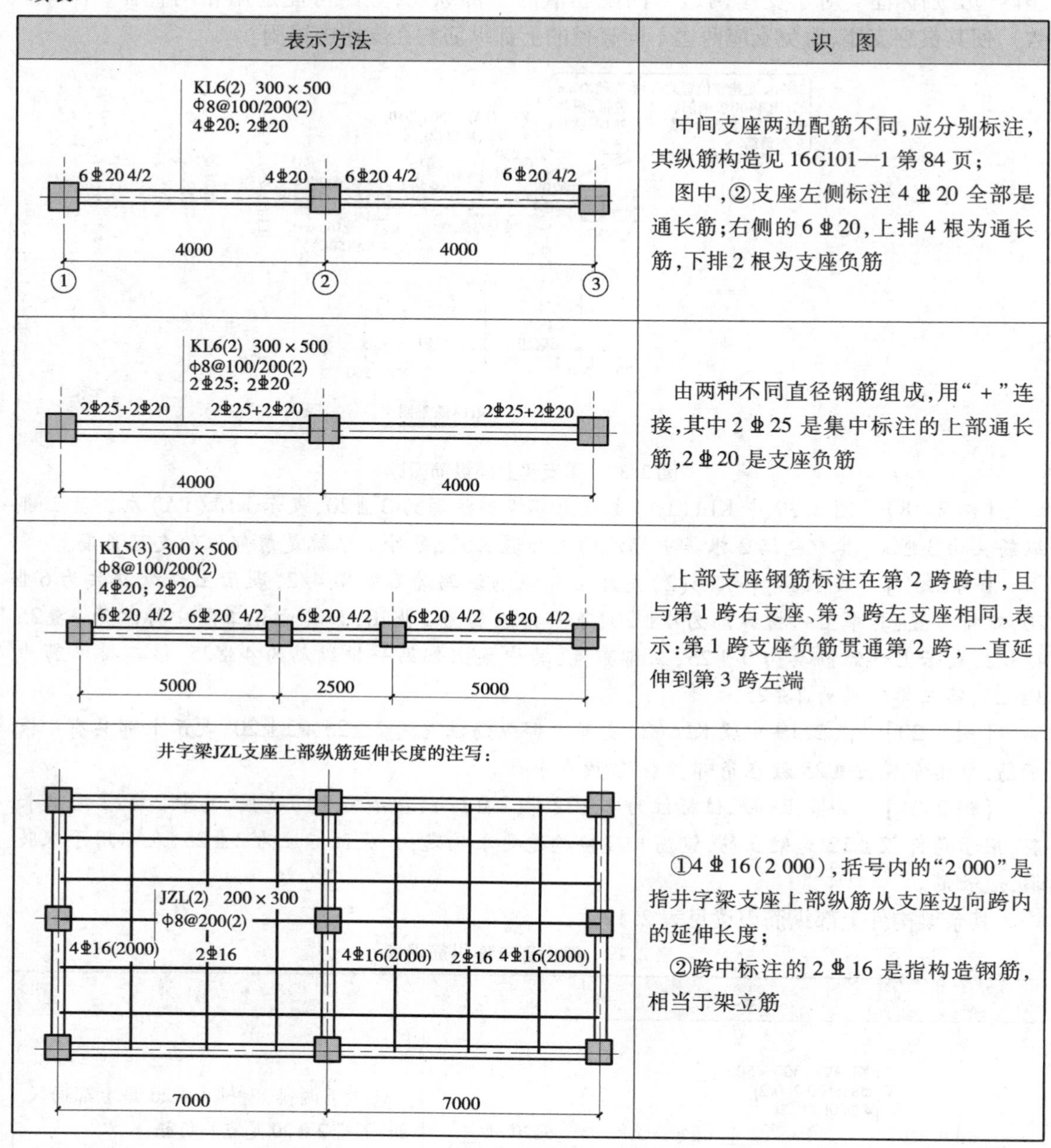

表示方法	识　图
KL6(2) 300×500 Φ8@100/200(2) 4⌀20; 2⌀20 6⌀20 4/2　4⌀20　6⌀20 4/2　6⌀20 4/2 4000　4000 ①　②　③	中间支座两边配筋不同，应分别标注，其纵筋构造见16G101—1第84页； 图中，②支座左侧标注4⌀20全部是通长筋；右侧的6⌀20，上排4根为通长筋，下排2根为支座负筋
KL6(2) 300×500 Φ8@100/200(2) 2⌀25; 2⌀20 2⌀25+2⌀20　2⌀25+2⌀20　2⌀25+2⌀20 4000　4000	由两种不同直径钢筋组成，用“+”连接，其中2⌀25是集中标注的上部通长筋，2⌀20是支座负筋
KL5(3) 300×500 Φ8@100/200(2) 4⌀20; 2⌀20 6⌀20 4/2　6⌀20 4/2　6⌀20 4/2　6⌀20 4/2　6⌀20 4/2 5000　2500　5000	上部支座钢筋标注在第2跨跨中，且与第1跨右支座、第3跨左支座相同，表示：第1跨支座负筋贯通第2跨，一直延伸到第3跨左端
井字梁JZL支座上部纵筋延伸长度的注写： JZL(2) 200×300 Φ8@200(2) 4⌀16(2000)　2⌀16　4⌀16(2000)　2⌀16　4⌀16(2000) 7000　7000	①4⌀16(2 000)，括号内的“2 000”是指井字梁支座上部纵筋从支座边向跨内的延伸长度； ②跨中标注的2⌀16是指构造钢筋，相当于架立筋

(2)梁下部纵筋

当梁下部纵筋多于一排时，用“/”将各排纵筋自上而下分开；当同排纵筋有两种直径时，用“+”将两种直径的纵筋相连，注写时角筋写在前面；当梁下部纵筋不全部伸入支座时，将梁支座下部纵筋减少的数量写在括号内，无此项标注时，则表示梁下部纵筋全部伸入支座；当梁的集中标注已分别注写了梁上部和下部均为通长的纵筋值时，则不需在梁下部重复做原位标注。

【例2.22】 梁下部纵筋注写为6⌀25 2/4，表示梁下部纵筋共为6⌀25，双排布置，其中上一排纵筋为2⌀25，下一排纵筋为4⌀25，6⌀25全部伸入支座。

【例2.23】 梁下部纵筋注写为2⌀25+3⌀22(-3)/5⌀25，表示上排纵筋为2⌀25和3⌀22，下一排纵筋为5⌀25，其中上排纵筋3⌀22不伸入支座，其余7⌀25全部伸入支座。

(3)附加箍筋或吊筋

在主次梁相交处，在主梁内有次梁作用的位置，应加设附加箍筋或吊筋，将其直接画在平面图中的主梁上，用线引注总配筋值(附加箍筋的肢数注在括号内)，如图2.39、图2.40所示。当多数附加箍筋或吊筋相同时，可在梁平法施工图上统一注明，少数与统一注明值不同时，再原位标注。附加箍筋或吊筋的几何尺寸应按照标准构造详图，结合其所在位置的主梁和次梁的截面尺寸而定。

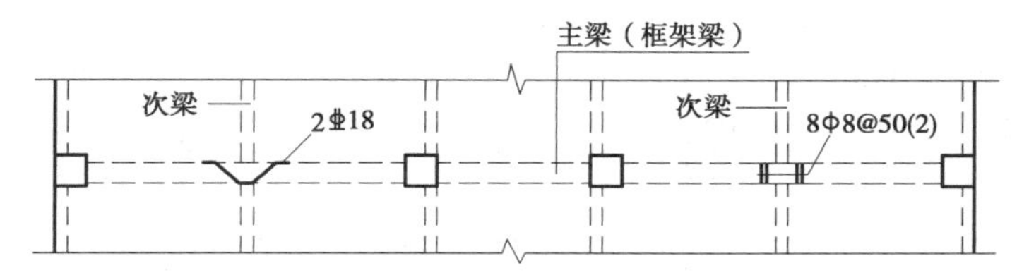

图2.40 附加箍筋和吊筋的画法示例

(4)特殊梁跨

当梁上集中标注的内容不适用于某跨或某悬挑部分时，则将其不同数值原位标注在该跨或该悬挑部位，施工时应按原位标注数值取用，如图2.38、图2.41所示。

当在多跨梁的集中标注已注明加腋，而该梁某跨的根部却不需要加腋时，则应在该跨原位标注等截面的$b \times h$，以修正集中标注中的加腋信息，如图2.41所示。

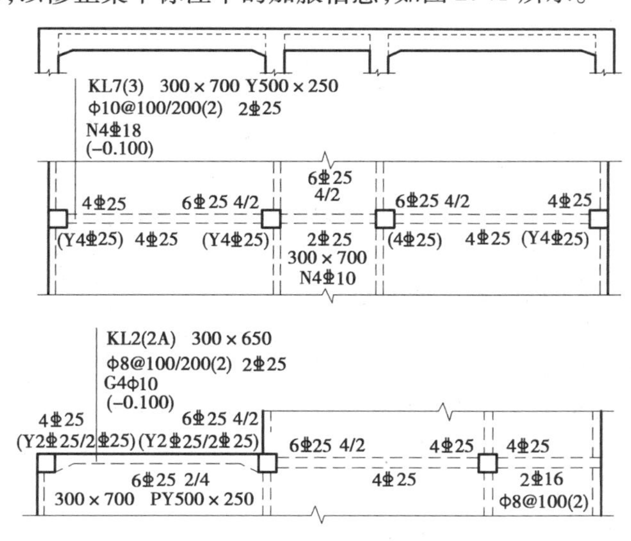

图2.41 梁加腋平面注写方式表达示例

3)井字梁平面注写方式

井字梁通常由非框架梁构成，并以框架梁为支座(特殊时以专门设置的非框架大梁为支

座)。为明确区分井字梁与作为井字梁支座的梁,井字梁用单粗虚线表示(当井字梁顶面高出板面时可用单粗实线表示),作为井字梁支座的梁用双细虚线表示(当梁顶面高出板面时可用双细实线表示),如图2.43所示。对某根井字梁编号时,其跨数为其总支座数减1;在该梁的任意两个支座中间,无论有几根同类梁与其相交,均不作为支座。

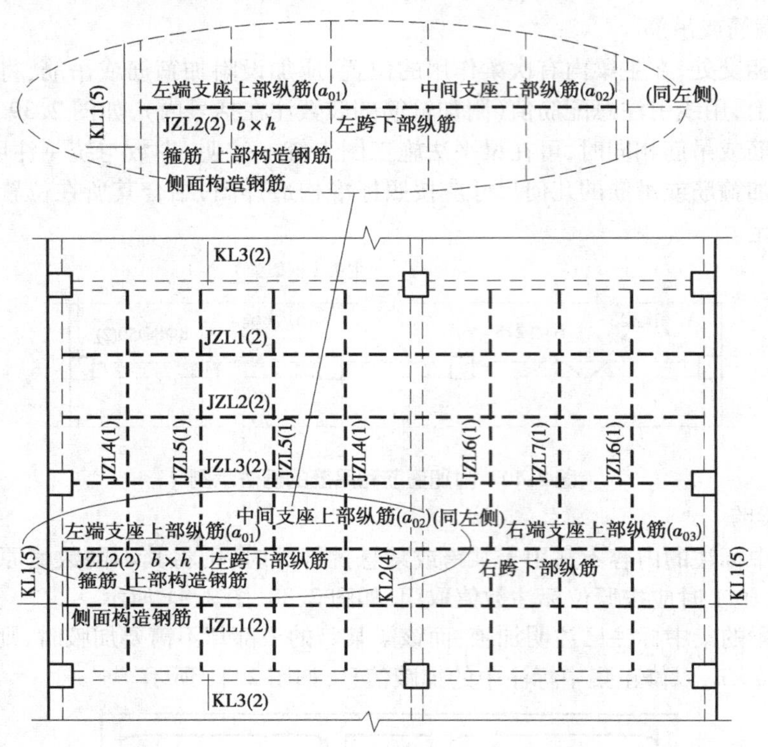

图2.42　井字梁平面注写方式示例

井字梁的端部支座和中间支座上部纵筋的伸出长度a_0值,应由设计者在原位加注具体数值予以注明。当采用平面注写方式时,则在原位标注的支座上部纵筋后面括号内加注具体伸出长度值,如图2.42所示;当为截面注写方式时,则在梁端截面配筋图上注写的上部纵筋后面括号内加注具体伸出长度值,如图2.43所示。

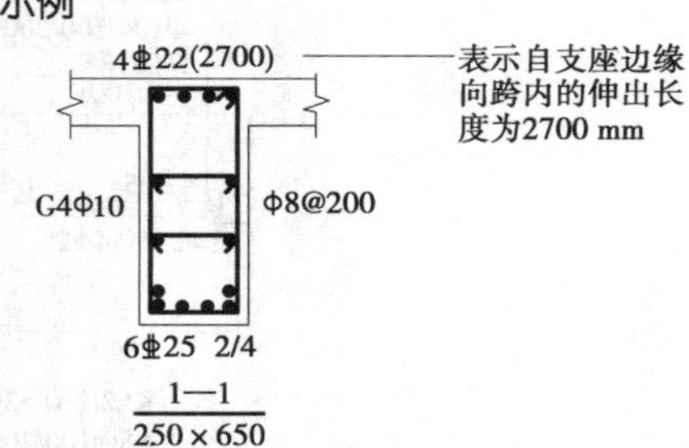

图2.43　井字梁截面注写方式示例

【例2.24】　如某井字梁中间支座上部纵筋注写为6⌀25 4/2(3 200/2 400),表示该位置上部纵筋设置两排,上一排纵筋为4⌀25,自支座边缘向跨内伸出长度为3 200 mm;下一排纵筋为2⌀25,自支座边缘向跨内伸出长度为2 400 mm。

4)框架扁梁平面注写方式

框架扁梁的注写规则同框架梁,对于上部纵筋和下部纵筋,尚需注明未穿过柱截面的纵向受力钢筋根数,如图2.44所示。

【例2.25】 图2.44中KBL2(3)支座处上部纵筋原位注写为10⌀25(4)，表示KBL2有4根上部纵向受力钢筋未穿过柱截面，柱两侧各2根；图中KBL2(3)在其集中标注中下部纵筋注写为10⌀25(4)，表示KBL2有4根下部纵向受力钢筋未穿过柱截面，柱两侧各2根；施工时，应注意采用相应的构造做法。

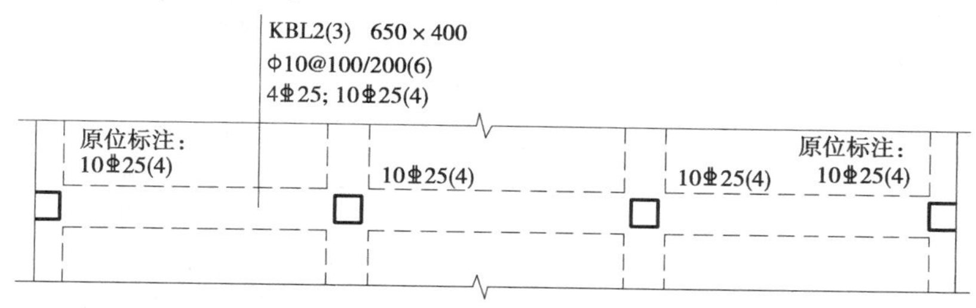

图2.44 框架扁梁截面注写方式示例

框架扁梁节点核心区代号为KBH，包括柱内核心区和柱外核心区两部分。框架扁梁节点核心区钢筋注写包括柱外核心区竖向拉筋及节点核心区附加纵向钢筋，端支座节点核心区尚需注写附加U形箍筋。柱内核心区箍筋见框架柱钢筋。柱外核心区竖向拉筋，注写其钢筋级别与直径；端支座柱外核心区尚需注写附加U形箍筋的钢筋级别、直径及根数。附加纵向钢筋以大写字母“F”打头，注写其设置方向（X向或Y向）、层数、每层的钢筋根数、钢筋级别、直径及未穿过柱截面的纵向受力钢筋根数，如图2.45所示。

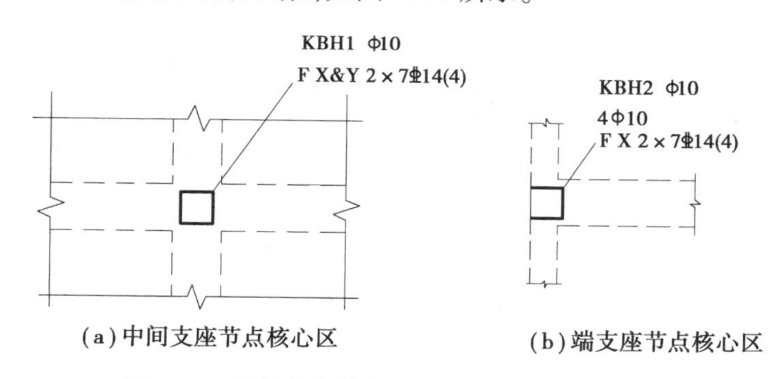

(a)中间支座节点核心区 (b)端支座节点核心区

图2.45 框架扁梁节点核心区附加钢筋注写示意

【例2.26】 图2.45(a)中框架扁梁中间支座节点核心区KBH1 Φ10，F X&Y 2×7⌀14(4)，表示框架扁梁中间支座节点核心区：柱外核心区竖向拉筋Φ10；沿框架扁梁X向(Y向)配置两层7⌀14附加纵向钢筋，每层有4根纵向受力钢筋未穿过柱截面，柱两侧各2根；附加纵向钢筋沿梁高度范围均匀布置。图2.45(b)中框架扁梁端支座节点核心区KBH2 Φ10，4Φ10，F X 2×7⌀14(4)，表示框架扁梁端支座节点核心区：柱外核心区竖向拉筋Φ10；附加U形箍筋共4道，柱两侧各2道；沿框架扁梁X向配置两层7⌀14附加纵向钢筋，有4根纵向受力钢筋未穿过柱截面，柱两侧各2根；附加纵向钢筋沿梁高度范围均匀布置。

2.4.2 截面注写方式

梁截面注写方式，系在分标准层绘制的梁平面布置图上，分别在不同编号的梁中各选择一根梁用剖面号引出配筋图，并在其上注写截面尺寸和配筋具体数值的方式来表达梁平法施工图。

在截面配筋图上注写截面尺寸 $b \times h$、上部筋、下部筋、侧面构造筋或受扭筋和箍筋的具体数值时,其表达形式与平面注写方式相同。以图 2.47 中⑤轴线上的梁为例进行识读,如图2.46 所示。

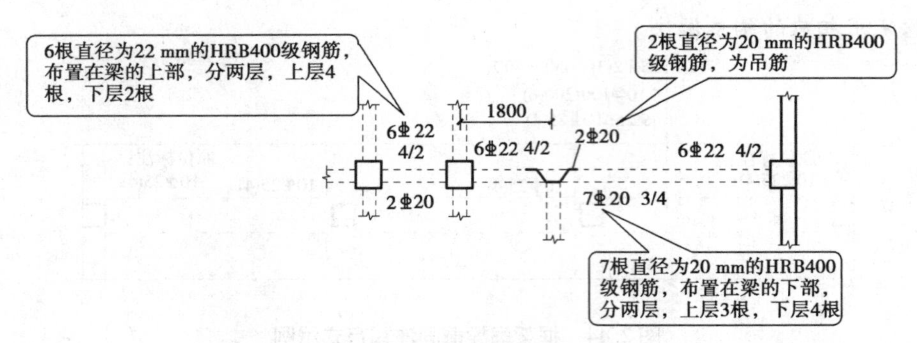

图 2.46 梁的配筋标注的识读

截面注写方式既可以单独使用,也可以与平面注写方式结合使用。梁平法施工图截面注写方式示例如图 2.47 所示。

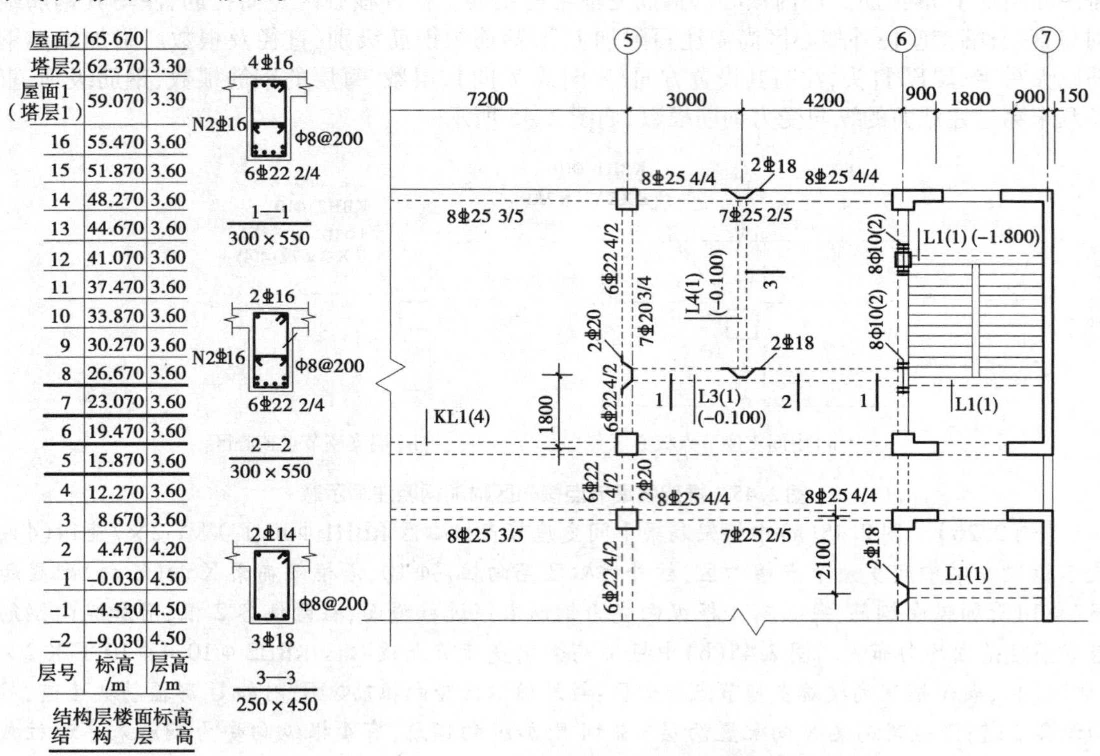

图 2.47 梁平法施工图截面注写方式示例

梁中配筋可以按表 2.20 进行理解,纵向钢筋根据位置不同可以分为上、侧、下、左、中、右钢筋。现将 16G101—1 中梁构件制图规则的识读总结于表 2.21 中。

表 2.20 梁中配筋形式

纵向钢筋	上	上部通长钢筋(或架立筋)
	侧	腰部钢筋(构造钢筋或受扭钢筋)
	下	下部纵筋(通长或不通长)
	左	左端支座钢筋(支座负筋)
	中	跨中钢筋(架立筋,连续梁时还有中间支座负筋)
	右	右端支座钢筋(支座负筋)
箍筋	加密区、非加密区箍筋和附加箍筋	
附加钢筋	吊筋、拉筋等	

表 2.21 16G101—1 中梁构件制图规则的识读

注写方法	注写内容	注写形式	可能出现的情况
集中标注	梁编号	类型代号+序号+(跨数及是否带有悬挑)	KL;WKL;KZL;L;XL;JZL
	梁截面尺寸	$b \times h$	$b \times h$(300×700) $b \times h$ Y(PY)$c_1 \times c_2$(如300×750 Y500×250) $b \times h_1/h_2$(300×700/500)
	箍筋	Φ8@100/200(2)	Φ8@100/200(2) Φ10@100(4)/150(2) 13Φ8@100/200(2) 18Φ10@100(4)/150(2)
	上部通长筋或架立筋		2⌀25(上部通长筋) 2⌀22(角部)+2⌀20(中部) 2⌀22+(2⌀12)(架立筋) 3⌀20;3⌀22(上部通长筋;下部纵筋)
	侧面构造钢筋或受扭钢筋	注写总数,对称配置	G2Φ10 侧面构造钢筋 N4⌀18 侧面受扭钢筋
	梁顶面标高高差	相对于结构层楼面标高	(−0.100)
原位标注	梁支座上部纵筋	该部位含通长筋在内的所有钢筋	4⌀25 6⌀25 4/2 2⌀25(角部)+2⌀22
	梁下部纵筋		4⌀25 6⌀25 2/4 2⌀22(角部)+(2⌀12) 2⌀25+3⌀22(−3)/5⌀25
	附加箍筋或吊筋	直接引注总配筋数	箍筋:8Φ8(2);吊筋:2⌀18

学学做做

1. 识读图 2.48 中 3.570 ~ 7.170 m 梁平法施工图，按照图集 16G101—1 并参照表2.21列出 3.570 ~ 7.170 m KL1 ~ KL4 的配筋注写值。

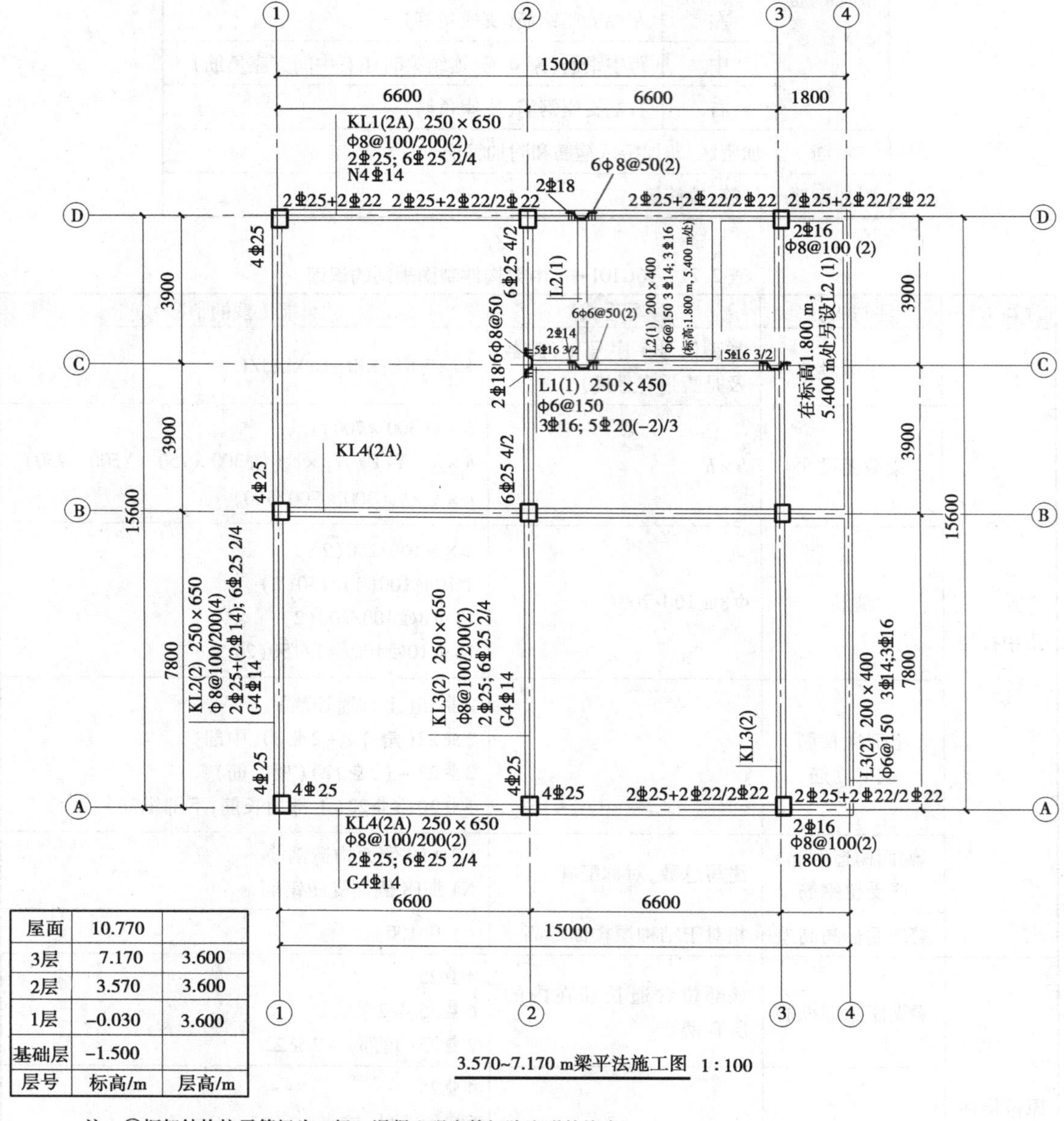

屋面	10.770	
3层	7.170	3.600
2层	3.570	3.600
1层	-0.030	3.600
基础层	-1.500	
层号	标高/m	层高/m

注：①框架结构抗震等级为二级，混凝土强度等级除注明外均为C30；
②框架结构钢筋采用HRB400E级钢筋；
③除墙、板钢筋采用绑扎搭接外，其余钢筋直径>14 mm的采用直螺纹套筒连接，直径≤14 mm的采用焊接连接；
④节点构造施工时按16G101系列图集；
⑤在③/Ⓒ—Ⓓ轴，标高在1.800 m、5.400 m处另增设L2(1)和在③/Ⓒ轴增设LZ1，其L2(1)和LZ1增设范围、高度和配筋同前的L2(1)和LZ1。

图 2.48 3.570 ~ 7.170 m 梁平法施工图

2. 识读图2.49中屋面框架梁平法施工图，按照图集16G101—1列出各标注数据项的含义。

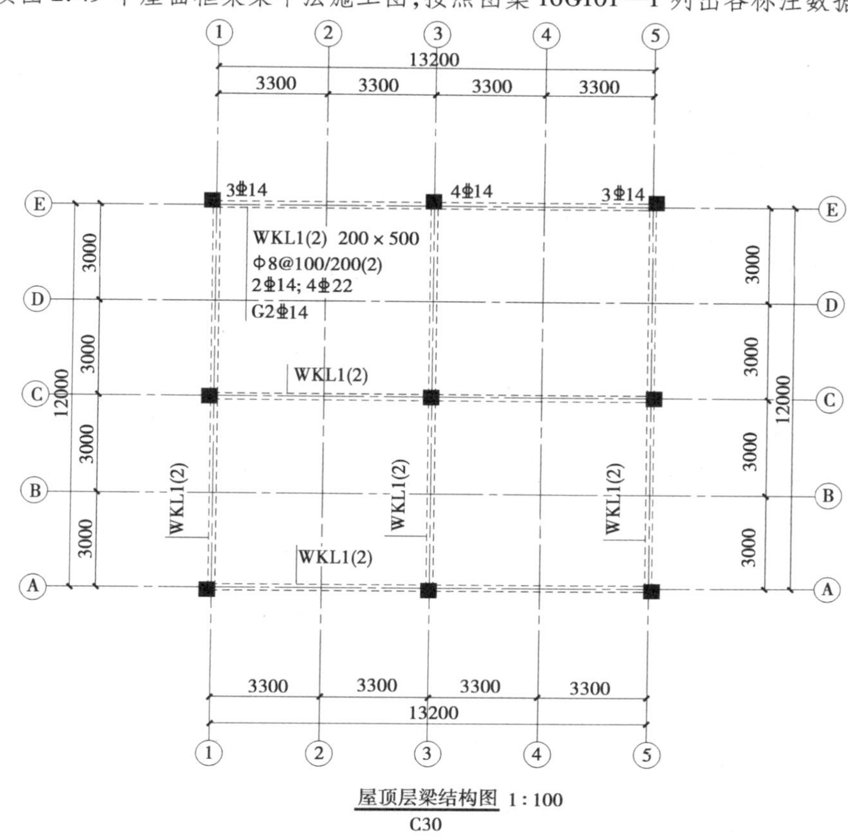

图2.49 屋面框架梁平法施工图

2.5 板平法施工图识读

问题引入

图2.50是现浇钢筋混凝土楼板钢筋施工照片，结构设计师在平法结构设计中采用什么样的形式来表达楼板钢筋呢？

图2.50 某现浇钢筋混凝土楼板钢筋

板按所在标高位置,可分为楼面板和屋面板;根据板的平面位置,可分为普通板和悬挑板;按组成形式,可分为有梁楼盖板和无梁楼盖板。现浇混凝土楼(屋)面板平法施工图不像梁构件那样分为平面注写和截面注写两种方式,板平法表达只有平面注写方式。即在板平面布置图上,直接标注板的各数据项,分为板块(带)集中标注和板(带)支座原位标注,如图 2.51 所示。板的平法识图知识体系见表 2.22。

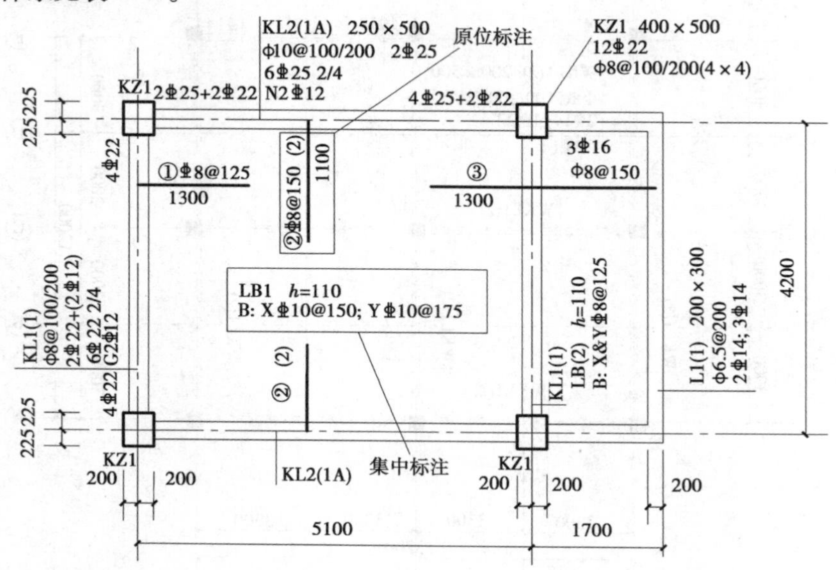

图 2.51 楼板 LB1、LB2 平法施工图(负筋分布筋Φ8@250,混凝土强度等级 C30)

表 2.22 板平法识图知识体系

平法表达方式	平面注写表达方式(注板构件只有一种表达方式)	
数据项	几何元素	板块或板带编号
		板厚或板带厚与板带宽
		板面标高高差(无梁楼盖板中的板面标高高差不同时,还应注写分布范围)
	配筋元素	上部贯通纵筋
		上部非贯通纵筋
		下部纵筋
	补充注解	如未注明的分布筋
有梁楼盖板数据标注方式	集中标注	板块编号
		板厚
		上部贯通纵筋
		下部纵筋
		板面标高不同时的标高高差(选注)

续表

有梁楼盖板数据标注方式	原位标注		板支座上部非贯通纵筋（支座负筋）
			悬挑板上部受力钢筋（选注）
无梁楼盖板数据标注方式	板带	集中标注	板带编号
			板带厚、板带宽
			贯通纵筋（上部和下部贯通纵筋分别注写）
		原位标注	板带支座上部非贯通纵筋
	暗梁	集中标注	暗梁编号
			暗梁截面尺寸（暗梁外皮宽度×板厚）
			暗梁箍筋
			暗梁上部通长筋或架立筋
		原位标注	梁支座上部纵筋
			梁下部纵筋
			集中标注内容不适用于某跨或悬挑端时，将其不同数值标注在该跨或悬挑端
相关构造	纵筋加强带、后浇带、柱帽、局部升降板、板加腋、板开洞、板翻边、板挑檐、局部加强筋、悬挑板阴角附加筋、悬挑板阳角放射筋、抗冲切箍筋、抗冲切弯起筋		

2.5.1　有梁楼盖板

有梁楼盖板平法施工图，系在楼面板和屋面板布置图上，采用平面注写的表达方式。板平面注写方式主要包括板块集中标注和板支座原位标注。

为方便设计表达和施工识图，规定结构平面的坐标方向为：当两向轴网正交布置时，图面从左至右为X向，从下至上为Y向；当轴网转折时，局部坐标方向顺轴网转折角度做相应转折；当轴网向心布置时，切向为X向，径向为Y向。此外，对于平面布置比较复杂的区域，如轴网转折交界区域、向心布置的核心区域等，其平面坐标方向由设计者另行规定并在图上明确表示。

1）板块集中标注

图2.51和图2.52是现浇钢筋混凝土楼面板平法施工图平面注写示例。

板块集中标注的内容：板块编号、板厚、上部贯通纵筋、下部纵筋，以及当板面标高不同时的标高高差，如图2.53所示。

①板块编号，见表2.23。

表2.23　板块编号

板类型	代　号	序　号	板类型	代　号	序　号
楼面板	LB	××	悬挑板	XB	××
屋面板	WB	××			

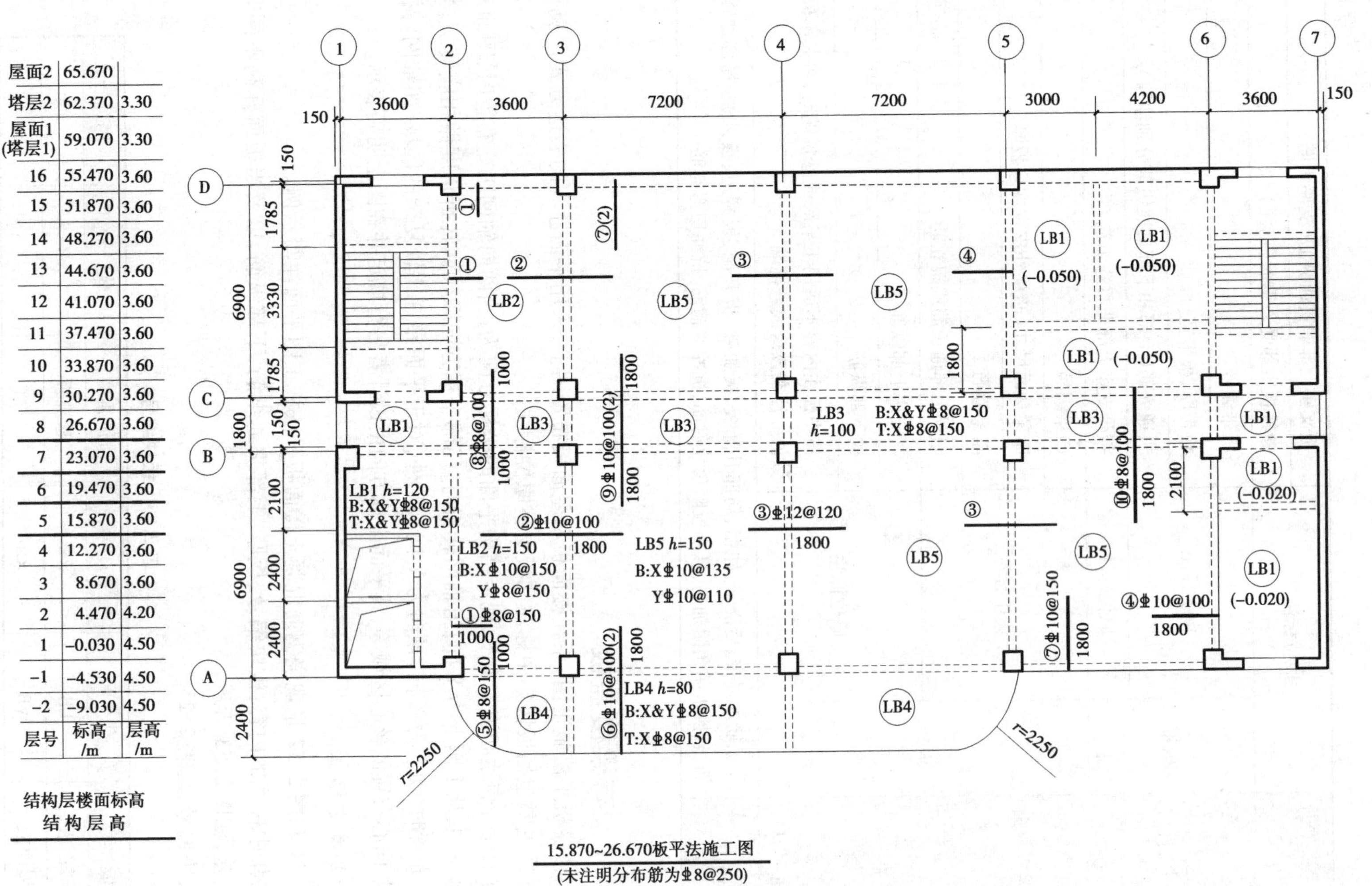

层号	标高/m	层高/m
屋面2	65.670	
塔层2	62.370	3.30
屋面1(塔层1)	59.070	3.30
16	55.470	3.60
15	51.870	3.60
14	48.270	3.60
13	44.670	3.60
12	41.070	3.60
11	37.470	3.60
10	33.870	3.60
9	30.270	3.60
8	26.670	3.60
7	23.070	3.60
6	19.470	3.60
5	15.870	3.60
4	12.270	3.60
3	8.670	3.60
2	4.470	4.20
1	-0.030	4.50
-1	-4.530	4.50
-2	-9.030	4.50

结构层楼面标高
结构层高

15.870~26.670板平法施工图
(未注明分布筋为Φ8@250)

图2.52　楼面板平法施工图平面注写示例

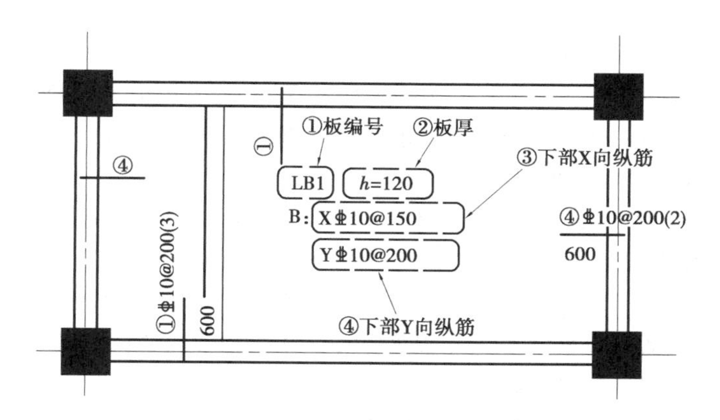

图 2.53 板块集中标注内容示例

②板厚 h。板厚注写为 h = ×××(为垂直于板面的厚度);当悬挑板的端部改变截面厚度时,用"/"分隔根部与端部的高度值,注写为 h = ×××/×××;当设计已在图中统一注明板厚时,此项可不注。

③纵筋。纵筋按板块的下部纵筋和上部贯通纵筋分别注写(当板块上部不设贯通纵筋时则不注),有"单层/双层"、"单向/双向",其纵筋有以下几种设置(见表 2.24),并以下列符号分别代表不同部位的纵筋:

B——板的下部纵筋;

T——板的上部贯通纵筋;

B&T——板的上部与下部纵筋配置相同;

X——板的 X 向纵筋;

Y——板的 Y 向纵筋;

X&Y——板的 X 向和 Y 向纵筋配置相同。

当为单向板时,分布筋可不必注写,而在图中统一注明。当在某些板内(例如在悬挑板 XB 的下部)配置有构造钢筋时,则 X 向以"Xc"、Y 向以"Yc"打头注写。当 Y 向采用放射配筋时(切向为 X 向,径向为 Y 向),设计者应注明配筋间距的定位尺寸。

表 2.24 板的纵筋设置情况

情 况	纵筋表示方法	识 图
情况 1	B:X ⌀ 10@150 Y ⌀ 10@180	①单层配筋,只有下部纵筋,没有板上部贯通纵筋; ②双向配筋,X 和 Y 向均有下部纵筋
情况 2	B:X&Y ⌀ 10@150	①单层配筋,只有下部纵筋,没有板上部贯通纵筋; ②双向配筋,X 和 Y 向均有下部纵筋; ③X 和 Y 向配筋相同,用"&"连接
情况 3	B:X&Y ⌀ 10@150 T:X&Y ⌀ 10@150	①双层配筋,既有板下部纵筋,又有板上部贯通纵筋; ②双向配筋,下部和上部均为双向配筋
情况 4	B:X&Y ⌀ 10@150 T:X ⌀ 10@150	①双层配筋,既有板下部纵筋,又有板上部贯通纵筋; ②板下部为双向配筋; ③板上部为单向配筋,只有 X 向板上部贯通纵筋

在表 2.24 情况 4 中，板上部只有 X 向贯通纵筋，那么 Y 向呢？这些 X 向钢筋如何连接起来呢？这就需要用“分布筋”。在图 2.52 示例中“未注明分布筋为⌀8@250”，在其他实际工程中都会注明板分布筋规格。因此，在板中，如果 X 向和 Y 向上部纵筋没有相互贯通，就需要在没有贯通的纵筋方向用分布筋来形成钢筋网片。

④板面标高高差。板面标高高差系指相对于结构层楼面标高的高差，应将其注写在括号内，有高差时则注，无高差不注，见图 2.52 中 LB1(－0.050)。

【例 2.27】 图 2.51 中标注为 LB1 $h=110$　B:X⌀10@150；Y⌀10@175，表示 1 号楼面板，板厚 110 mm，板下部配置的纵筋 X 向为⌀10@150，Y 向为⌀10@175；板上部未配置贯通纵筋。

同一编号板块的类型、板厚和纵筋均应相同，但板面标高、跨度、平面形状以及板支座上部非贯通纵筋可以不同，如同一编号板块的平面形状可为矩形、多边形及其他形状等。

单向或双向连续板的中间支座上部同向贯通纵筋，不应在支座位置连接或分别锚固。当相邻两跨的板上部贯通纵筋配置相同，且跨中部位有足够空间连接时，可在两跨任意一跨的跨中连接部位连接；当相邻两跨的上部贯通纵筋配置不同时，应将配置较大者越过其标注的跨数终点或起点伸至相邻跨的跨中连接区域连接。

2)板支座原位标注

板支座原位标注的内容：板支座上部非贯通纵筋和悬挑板上部受力钢筋(见图 2.51)。

板支座原位标注的钢筋，应在配置相同跨的第一跨表达(当在梁悬挑部位单独配置时则在原位表达)。在配置相同跨的第一跨(或梁悬挑部位)，垂直于板支座(梁或墙)绘制一段适宜长度的中粗实线(当该钢筋通长设置在悬挑板或短跨板上部时，实线段应画至对边或贯通短跨)，以该线段代表支座上部非贯通纵筋，并在线段上方注写钢筋编号(如①、②等)、配筋值、横向连续布置的跨数(注写在括号内，且当为一跨时可不注)，以及是否横向布置到梁的悬挑端，即：

- (××)——横向布置的跨数；
- (××A)——横向布置的跨数及一端的悬挑梁部位；
- (××B)——横向布置的跨数及两端的悬挑梁部位。

板支座上部非贯通筋自支座中线向跨内的伸长出度，注写在线段的下方位置。当中间支座上部非贯通纵筋向支座两侧对称伸出时，可仅在支座一侧线段下方标注伸出长度，另一侧不注，如图 2.54(a)所示。当向支座两侧非对称伸出时，应分别在支座两侧线段下方注写伸出长度，如图 2.54(b)所示。

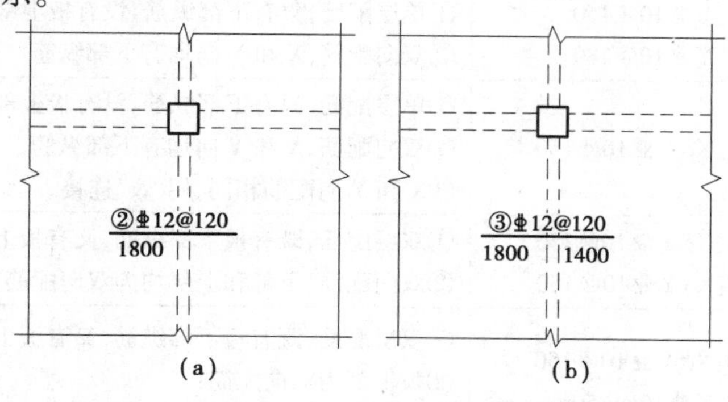

图 2.54　板中间支座上部非贯通筋原位注写示例

对线段画至对边贯通全跨或贯通全悬挑长度的上部通长纵筋，贯通全跨或伸出至全悬挑一侧的长度值不注，只注明非贯通筋另一侧的伸出长度值，如图2.55所示。

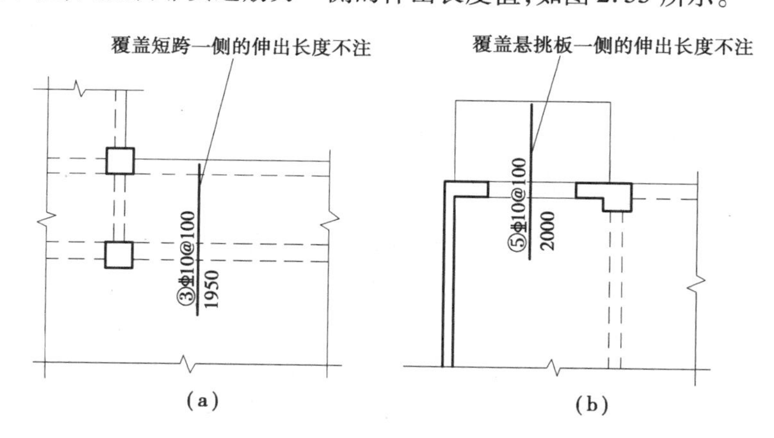

图2.55　板支座非贯通筋贯通全跨或伸出至悬挑端的注写示例

当板支座为弧形，支座上部非贯通纵筋呈放射状分布时，设计者应注明配筋间距的度量位置并加注“放射分布”四字，必要时应补绘平面配筋图，如图2.56所示。

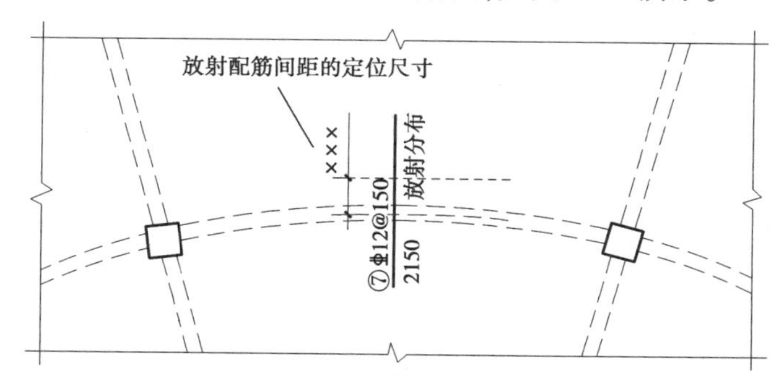

图2.56　弧形支座处放射配筋注写示例

关于悬挑板的注写方式如图2.57、图2.58所示。

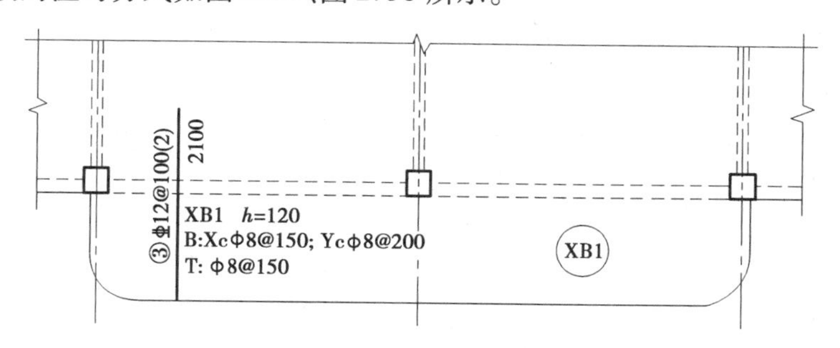

图2.57　悬挑板支座非贯通筋(跨内延伸)

【例2.28】　图2.57中标注为XB1 $h=120$　B:Xc φ8@150;Yc φ8@200　T:X φ8@150，表示1号悬挑板，板厚120 mm，板下部配置构造钢筋，X向为φ8@150，Y向为φ8@200；板上部配置X向纵筋为φ8@150。

图2.58中标注为XB2 $h=120/80$　B:Xc φ8@150;Yc φ8@200　T:X φ8@150，表示2号

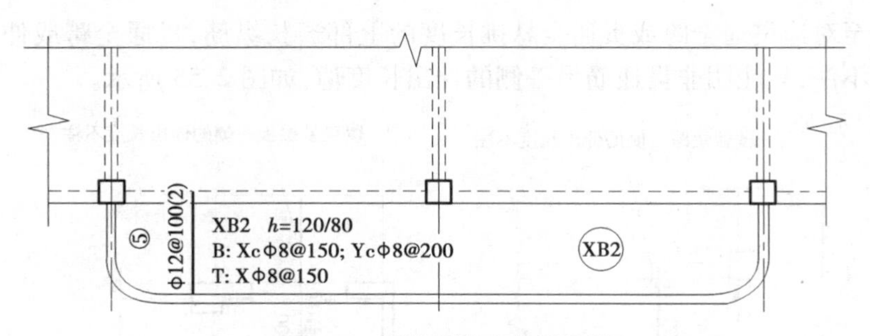

图 2.58 悬挑板支座非贯通筋

悬挑板,板厚根部为 120 mm,端部为 80 mm,板下部配置构造钢筋,X 向为Φ8@150,Y 向为Φ8@200;板上部配置 X 向纵筋为Φ8@150。

在板平面布置图中,不同部位的板支座上部非贯通纵筋及悬挑板上部受力钢筋,可仅在一个部位注写,对其他相同者则仅需在代表钢筋的线段上注写编号及横向连续布置的跨数(当为一跨时可不注)即可。

【例 2.29】 图 2.52 中,横跨支承梁绘制的对称线段上注有②⏀10@100 和 1 800,表示支座上部②号非贯通纵筋为⏀10@100,本跨布置,该筋自支座中线向两侧跨内的伸出长度均为 1 800 mm;如其他图上注有④⏀10@100(3A)和 1 500,表示支座上部④号非贯通纵筋为⏀10@100,从该跨起沿支承梁连续布置 3 跨加梁一端的悬挑端,该筋自支座中线向两侧跨内的伸出长度均为 1 500 mm;如在同一板平面布置图的另一部位横跨梁支座绘制的对称线段上注有④(2B)者,系表示该筋同④号纵筋,沿支承梁连续布置 2 跨加梁的两个悬挑端。

与板支座上部非贯通纵筋垂直且绑扎在一起的构造钢筋或分布钢筋,应由设计者在图中注明。

当板的上部已配置有贯通纵筋,但需增配板支座上部非贯通纵筋时,应结合已配置的同向贯通纵筋的直径与间距采取"隔一布一"方式配置。"隔一布一"方式,为非贯通纵筋的标注间距与贯通纵筋相同,两者组合后的实际间距为各自标注间距的 1/2。当设定贯通纵筋为纵筋总截面面积的 50% 时,两种钢筋应取相同直径;当设定贯通纵筋大于或小于总截面面积的 50% 时,两种钢筋则取不同直径,其实际配筋效果图如图 2.59 所示。

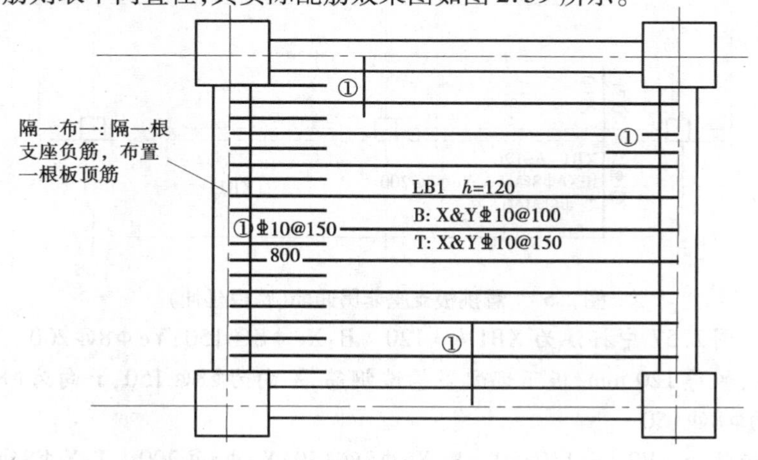

图 2.59 板"隔一布一"方式效果图

【例2.30】 板上部已配置贯通纵筋⌀10@150,该跨同向配置的上部支座非贯通纵筋为①⌀10@150,表示在该支座上部设置的纵筋实际为⌀10@75,其中1/2为贯通纵筋,1/2为①号非贯通纵筋(见图2.59)。

施工时应注意,当支座一侧设置了上部贯通纵筋(在板集中标注中以T打头),而在支座另一侧仅设置了上部非贯通纵筋时,如果支座两侧设置的纵筋直径、间距相同,应将二者连通,避免各自在支座上部分别锚固。

2.5.2 无梁楼盖板

无梁楼盖板平法施工图,系在楼面板和屋面板布置图上,采用平面注写的表达方式。其主要内容有板带集中标注和板带支座原位标注,如图2.60所示。

1)板带集中标注

板带集中标注应在板带贯通纵筋配置相同跨的第一跨(X向为左端跨,Y向为下端跨)注写。相同编号的板带可选择其一做集中标注,其他仅注写板带编号(注写在圆圈内)。板带集中标注的具体内容:板带编号、板带厚及板带宽和贯通纵筋。

①板带编号,见表2.25。

表2.25 板带编号

板带类型	代号	序号	跨数及有无悬挑
柱上板带	ZSB	××	(××)、(××A)或(××B)
跨中板带	KZB	××	(××)、(××A)或(××B)

注:①跨数按柱网轴线计算(两相邻柱轴线之间为一跨);
②(××A)为一端有悬挑,(××B)为两端有悬挑,悬挑不计入跨数。

②板带厚与板带宽。板带厚注写为h=×××,板带宽注写为b=×××。当无梁楼盖整体厚度和板带宽度已在图中注明时,此项可不注。

③贯通纵筋。贯通纵筋按板带下部和上部分别注写,即:

- B——板的下部贯通纵筋;
- T——板的上部贯通纵筋;
- B & T——板的上部与下部贯通纵筋配置相同。

【例2.31】 图2.61中标注有:ZSB1(2A) b=4 000 B⌀12@125;T⌀12@125,表示1号柱上板带有2跨且一端有悬挑;板带厚见图中标注为150 mm,宽4 000 mm;板带配置贯通纵筋下部为⌀12@125,上部为⌀12@125。

【例2.32】 图2.61中标注:KZB1(2A) b=3 800 B⌀12@125;T⌀12@125,表示1号跨中板带有2跨且一端有悬挑;板带厚见图中标注为150 mm,宽3 800 mm;板带配置贯通纵筋下部为⌀12@125,上部为⌀12@125。

当局部区域的板面标高与整体不同时,应在无梁楼盖的板平法施工图上注明板面标高高差及分布范围。

2)板带支座原位标注

板带支座原位标注的具体内容:板带支座上部非贯通纵筋(见图2.60、图2.61)。

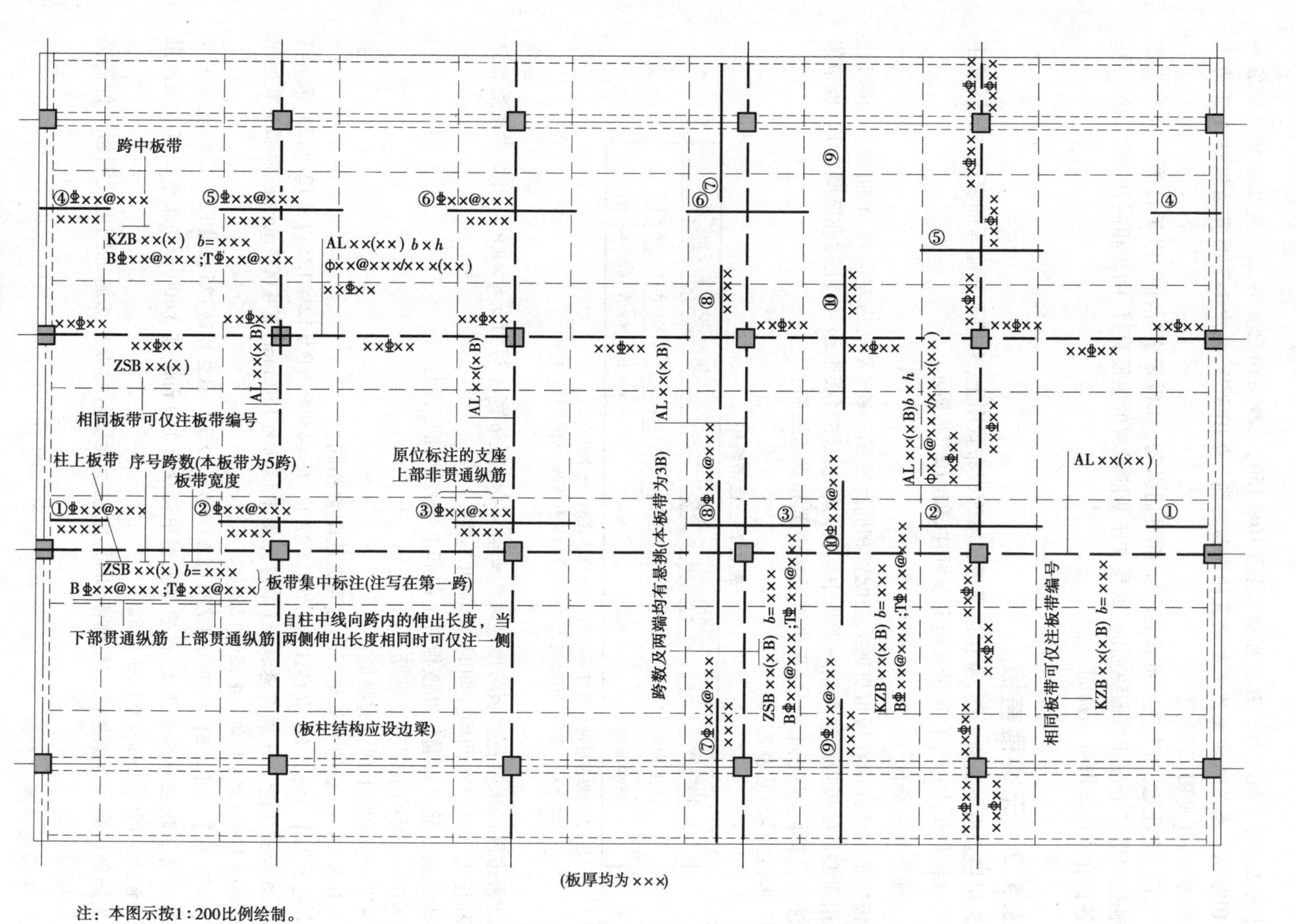

注：本图示按1:200比例绘制。

图2.60　无梁楼盖柱上板带ZSB与跨中板带KZB标注示意

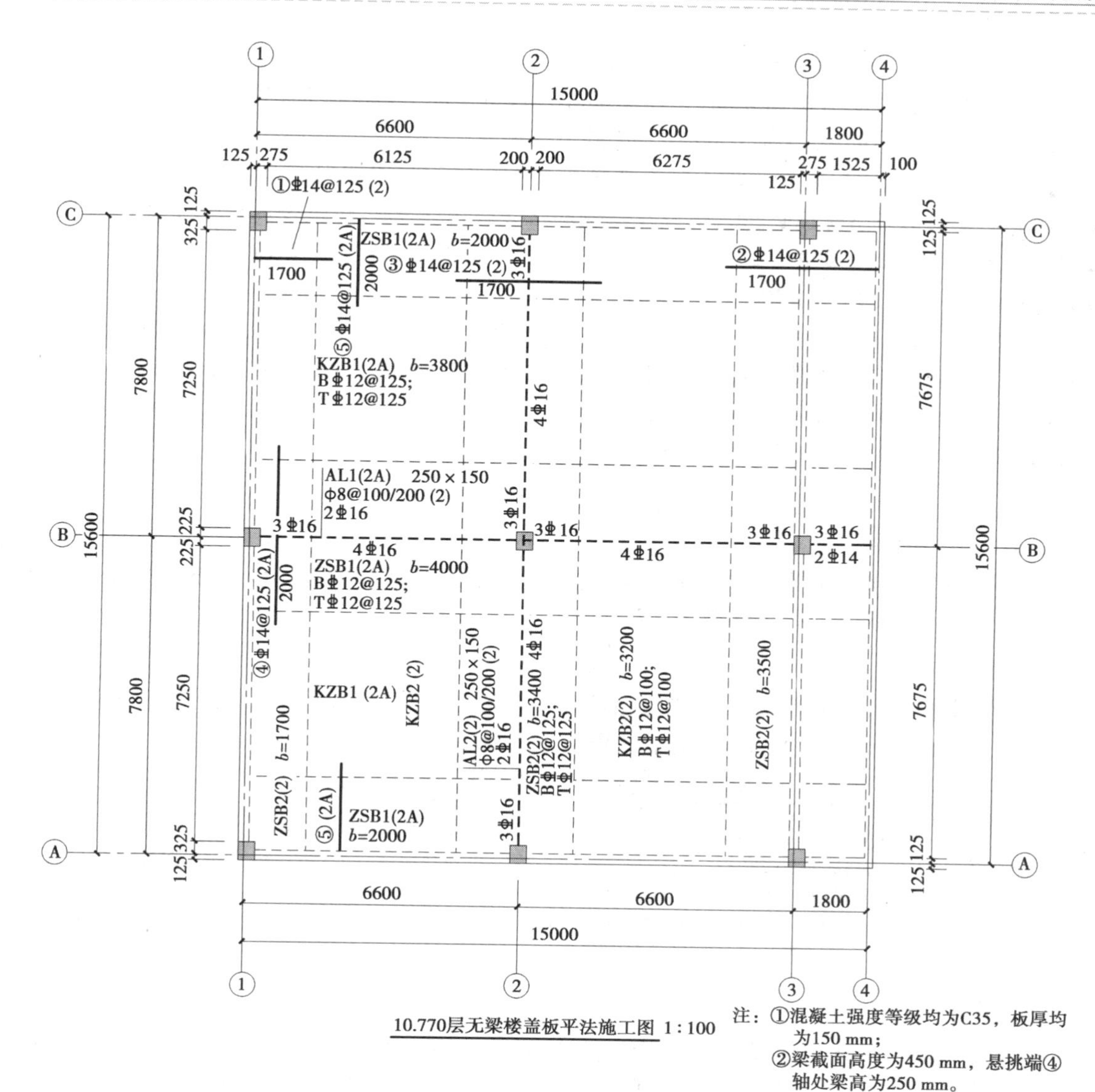

图 2.61 无梁楼盖柱上板带 ZSB 与跨中板带 KZB 平法施工图示例

以一段与板带同向的中粗实线段代表板带支座上部非贯通纵筋；对柱上板带，实线段贯穿柱上区域绘制；对跨中板带，实线段横贯柱网轴线绘制。在线段上注写钢筋编号（如①、②等）、配筋值及在线段下方注写自支座中线向两侧跨内的伸出长度。

当板带支座非贯通纵筋自支座中线向两侧对称伸出时，其伸出长度可仅在一侧标注；当配置在有悬挑端的边柱上时，该筋伸出至悬挑尽端，设计不注。当支座上部非贯通纵筋呈放射分布时，设计者应注明配筋间距的定位位置。

不同部位的板带支座上部非贯通纵筋相同者，可仅在一个部位注写，其余则在代表非贯通纵筋的线段上注写编号。

【例 2.33】 图 2.61 中②轴线柱上板带，在纵跨板带支座绘制的对称线段上注有③Φ14@125(2)，在线段一侧的下方注有1 700，即表示支座上部③号非贯通纵筋为Φ14@125，自支座中线向两侧跨内的伸出长度均为 1 700 mm。

当板带上部已经配有贯通纵筋，但需增加配置板带支座上部非贯通纵筋时，应结合已配同向贯通纵筋的直径与间距，采取“隔一步一”的方式配置。

【例 2.34】 一柱上板带上部已配置贯通纵筋⏀18@240，在纵跨板带支座绘制的对称线段上注有非贯通纵筋③⏀18@240，在线段一侧的下方注有 1 700，则板带在该位置实际配置的上部纵筋为⏀18@120，其中 1/2 为贯通筋，1/2 为③号非贯通纵筋，非贯通纵筋自支座中线向两侧跨内的伸出长度均为 1 700 mm。

【例 2.35】 图 2.61 中②轴线柱上板带上部已配置贯通纵筋⏀12@125，在纵跨板带支座绘制的对称线段上注有非贯通纵筋③⏀14@125，在线段一侧的下方注有 1 700，则板带在该位置实际配置的上部纵筋为⏀12 和⏀14 间隔布置，二者之间间距为 62.5 mm，非贯通纵筋自支座中线向两侧跨内的伸出长度均为 1 700 mm。

2.5.3 暗梁

暗梁平面注写包括暗梁集中标注、暗梁支座原位标注两部分内容。施工图中在柱轴线处画中粗虚线表示暗梁，见图 2.60、图 2.61。

1）集中标注

暗梁集中标注包括暗梁编号、暗梁截面尺寸（箍筋外皮宽度 × 板厚）、暗梁箍筋、暗梁上部通长筋或架立筋 4 部分内容。其中暗梁编号见表 2.26。

表 2.26 暗梁编号

构件类型	代 号	序 号	跨数及有无悬挑
暗梁	AL	××	(××)、(××A)或(××B)

注：①跨数按柱网轴线计算（两相邻柱轴线之间为一跨）；
②(××A)为一端有悬挑，(××B)为两端有悬挑，悬挑不计入跨数。

2）原位标注

暗梁支座原位标注包括梁支座上部纵筋、梁下部纵筋。当在暗梁上集中标注的内容不适用于某跨或某悬挑端时，则将其不同数值标注在该跨或悬挑端，施工时按原位注写取值。

当设置暗梁时，柱上板带标注的配筋仅设置在暗梁外的柱上板带范围内。暗梁中纵向钢筋连接、锚固及支座上部纵筋的伸出长度等要求同轴线处柱上板带中纵向钢筋。

【例 2.36】 图 2.61 中标注有：AL1(2A) 250 × 150 ϕ8@100/200(2) 2⏀16，表示无梁楼盖板内有编号为 1 号的暗梁，2 跨且一端有悬挑，暗梁宽 250 mm，楼板厚度 150 mm（暗梁高），箍筋为ϕ8@100/200，双肢箍，暗梁上部通长筋为 2⏀16。

2.5.4 相关构造识图

板构件的相关构造包括纵筋加强带、后浇带、柱帽、局部升降板、板加腋、板开洞、板翻边、局部加强带、悬挑板阴角附加筋、悬挑板阳角放射筋、抗冲切筋等，其平法表达方式均采用“直接引注”，就是在板平面图上直接用引出线引出标注其相关构造，如图 2.62 所示为板开洞示例，其余略。

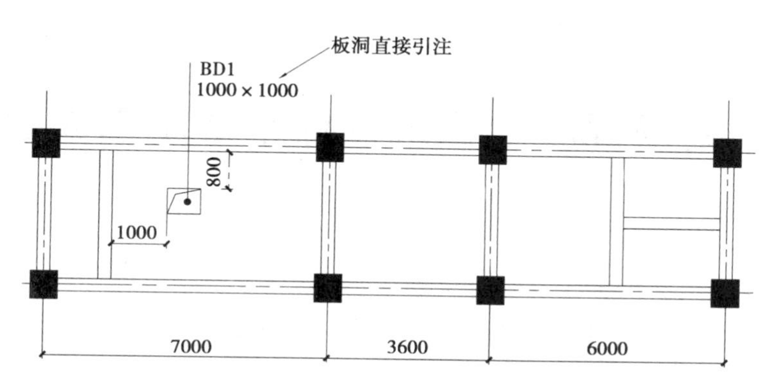

图 2.62 板洞直接引注示例

1. 按板平法制图规则识读图 2.52、图 2.61 板中配筋，并指出各标注数据项的含义。

2. 识读图 2.63 中 LB1 配筋信息，并绘制①、③号非贯通筋的布置范围(跨数)。

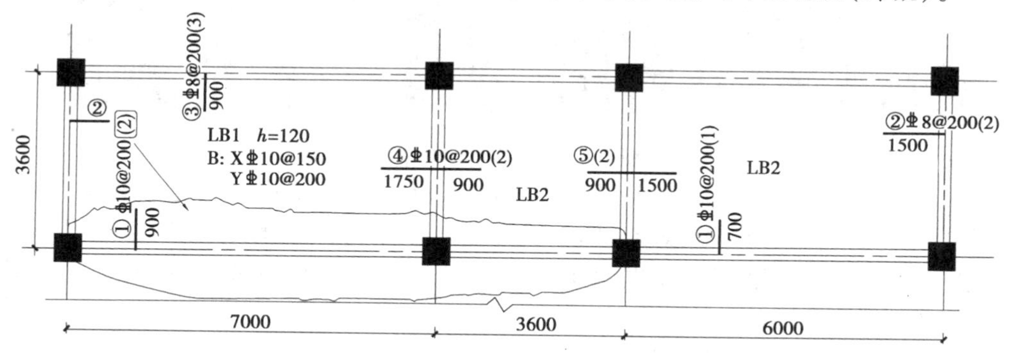

图 2.63 板支座非贯通筋的布置跨数

3. 说一说图 2.64 中板筋数据项识读是否正确。

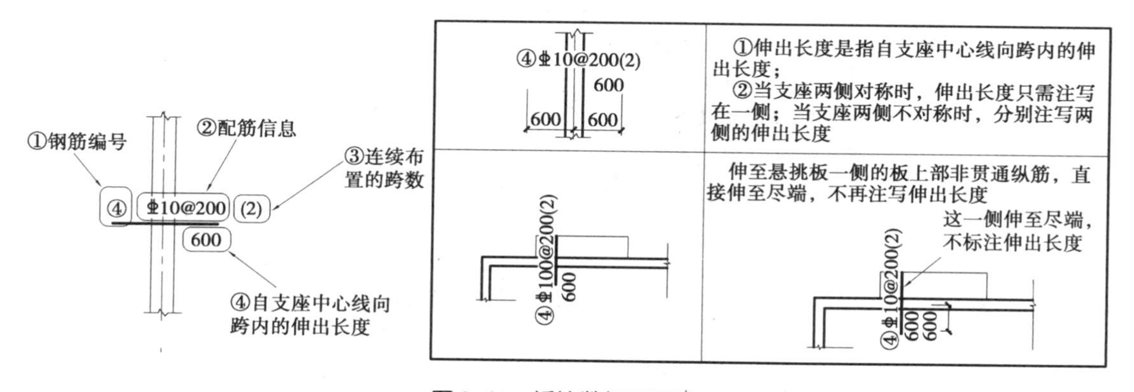

图 2.64 板筋数据项识读

2.6 钢筋混凝土板式楼梯平法施工图识读

问题引入

图 2.65 为现浇钢筋混凝土楼梯施工照片，在平法施工图中，结构设计师采用什么样的标注方式来表达呢？

图 2.65 现浇楼梯照片

钢筋混凝土楼梯形式多种多样，从结构上划分，有板式楼梯、梁式楼梯、悬挑楼梯和旋转楼梯。这里介绍常用的板式楼梯平法施工图。板式楼梯包含的构件一般有踏步段、层间梯梁、层间平板、楼层梯梁和楼层平板等，见图 2.66。图 2.67 所示为几种常见的板式楼梯，表 2.27 是各类板式楼梯的适用范围。

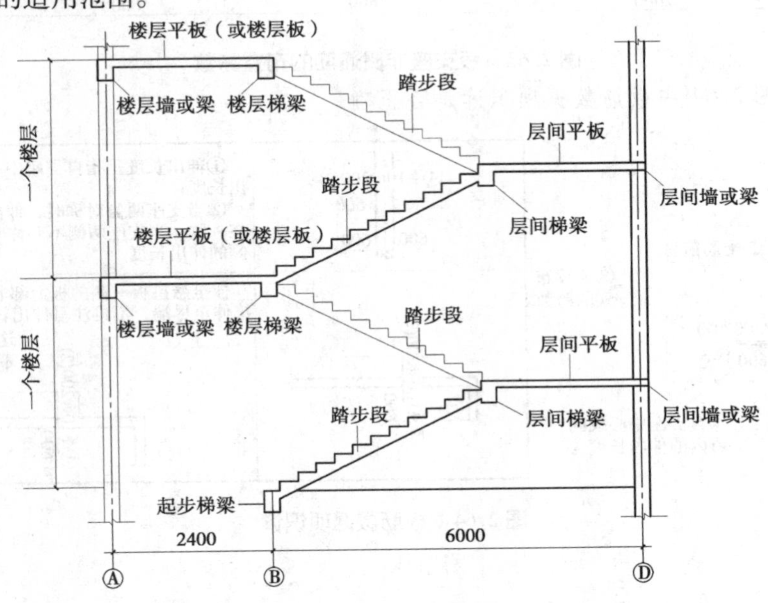

图 2.66 板式楼梯构成

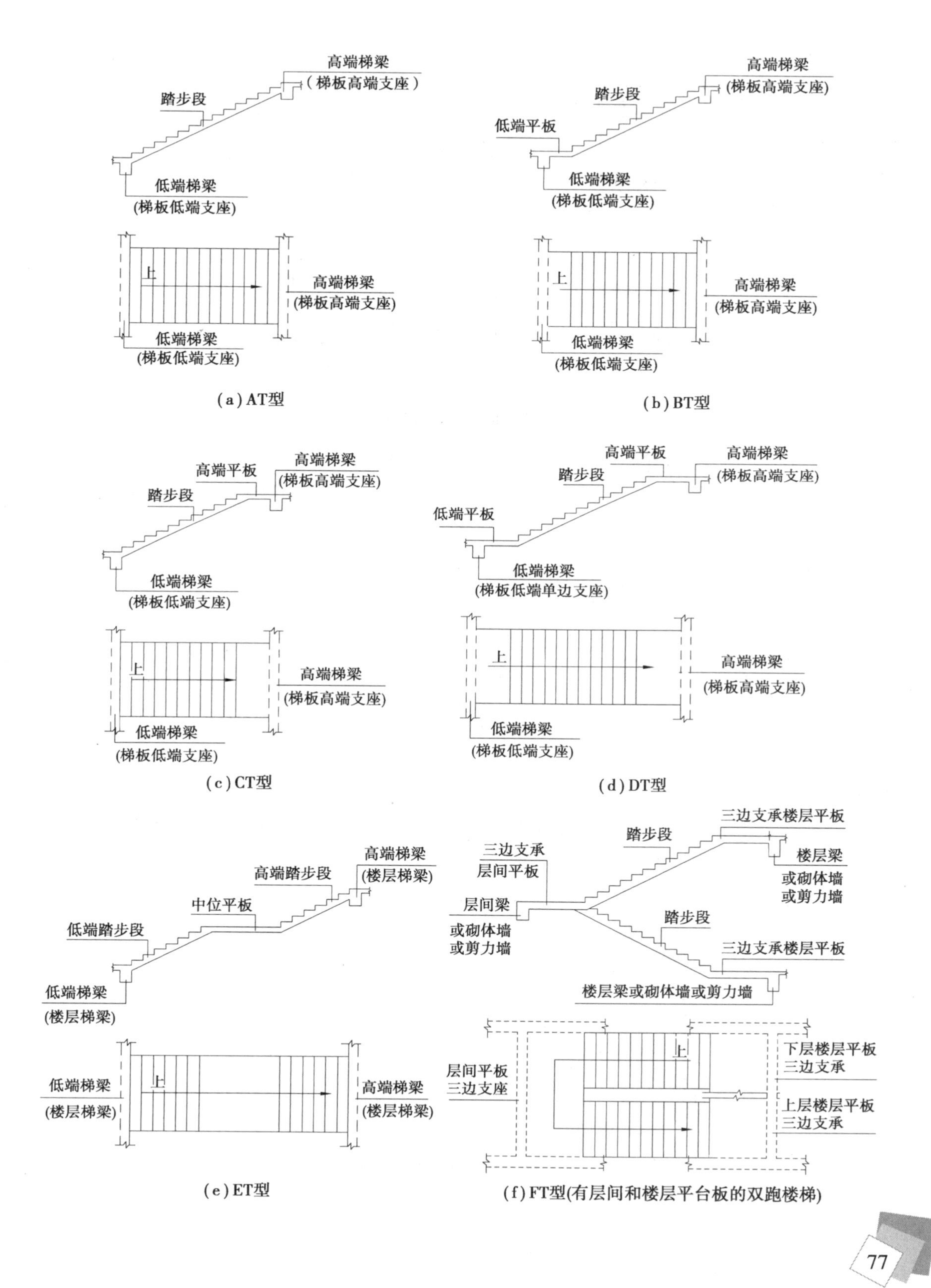
高端梯梁
（梯板高端支座）
踏步段
低端梯梁
(梯板低端支座)
上
高端梯梁
(梯板高端支座)
低端梯梁
(梯板低端支座)
(a) AT型
高端梯梁
(梯板高端支座)
踏步段
低端平板
低端梯梁
(梯板低端支座)
上
高端梯梁
(梯板高端支座)
低端梯梁
(梯板低端支座)
(b) BT型
高端梯梁
高端平板
(梯板高端支座)
踏步段
低端梯梁
(梯板低端支座)
上
高端梯梁
(梯板高端支座)
低端梯梁
(梯板低端支座)
(c) CT型
高端平板
高端梯梁
踏步段
(梯板高端支座)
低端平板
低端梯梁
(梯板低端单边支座)
上
高端梯梁
(梯板高端支座)
低端梯梁
(梯板低端支座)
(d) DT型
高端梯梁
高端踏步段
(楼层梯梁)
中位平板
低端踏步段
低端梯梁
(楼层梯梁)
上
低端梯梁
(楼层梯梁)
高端梯梁
(楼层梯梁)
(e) ET型
三边支承楼层平板
踏步段
三边支承
层间平板
楼层梁
或砌体墙
或剪力墙
层间梁
或砌体墙
或剪力墙
踏步段
三边支承楼层平板
楼层梁或砌体墙或剪力墙
层间平板
三边支座
上
下层楼层平板
三边支承
上层楼层平板
三边支承
(f) FT型(有层间和楼层平台板的双跑楼梯)

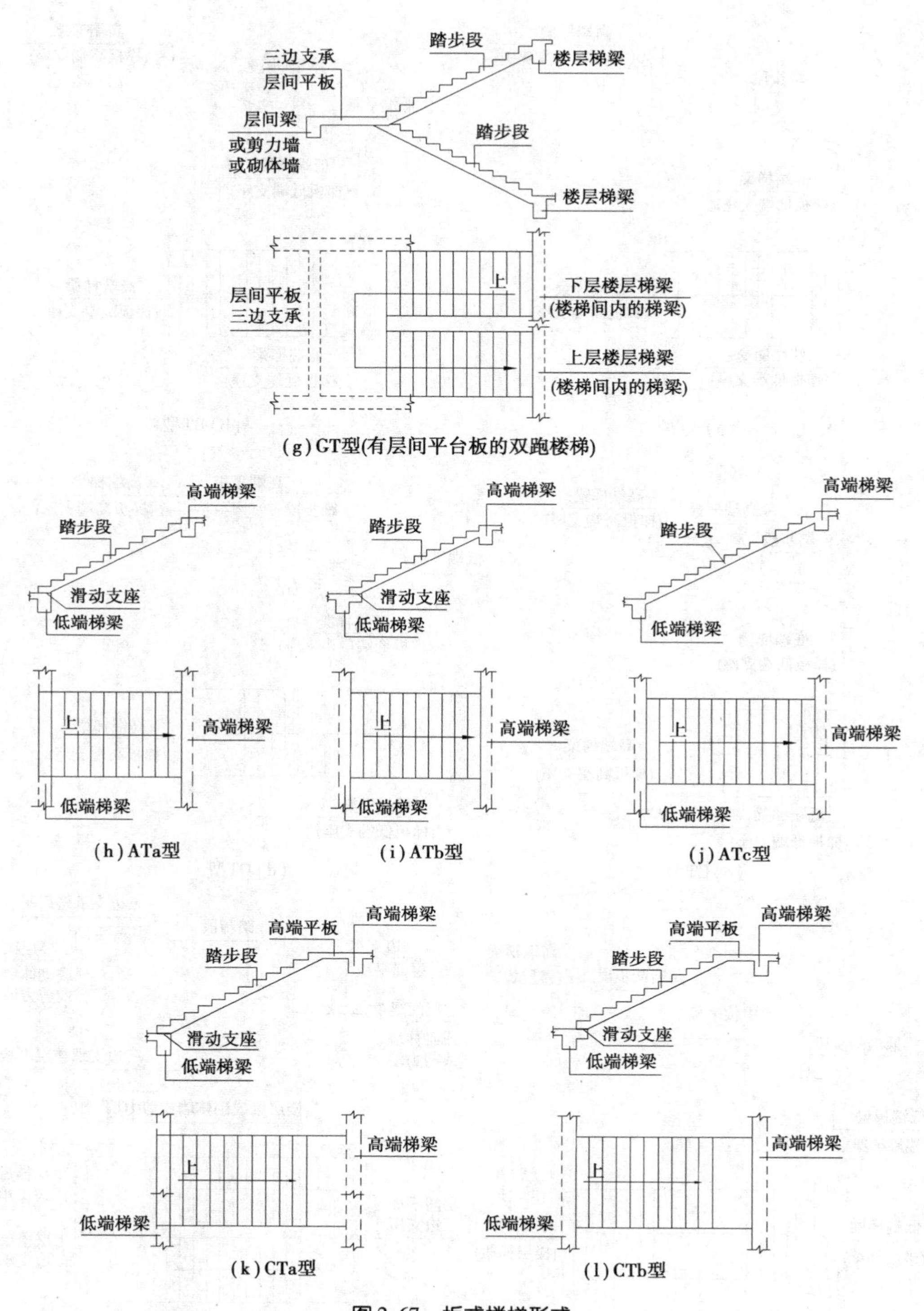
踏步段
三边支承
层间平板
楼层梯梁
层间梁
或剪力墙
或砌体墙
踏步段
楼层梯梁
层间平板
三边支承
上
下层楼层梯梁
(楼梯间内的梯梁)
上层楼层梯梁
(楼梯间内的梯梁)
(g) GT型(有层间平台板的双跑楼梯)
高端梯梁
踏步段
滑动支座
低端梯梁
上
高端梯梁
低端梯梁
(h) ATa型
高端梯梁
踏步段
滑动支座
低端梯梁
上
高端梯梁
低端梯梁
(i) ATb型
高端梯梁
踏步段
低端梯梁
上
高端梯梁
低端梯梁
(j) ATc型
高端平板
高端梯梁
踏步段
滑动支座
低端梯梁
上
高端梯梁
低端梯梁
(k) CTa型
高端平板
高端梯梁
踏步段
滑动支座
低端梯梁
上
高端梯梁
低端梯梁
(l) CTb型

图 2.67　板式楼梯形式

表 2.27　各类板式楼梯的类型及适用范围

梯板代号	适用范围		是否参与结构整体抗震计算	示意图所在页码	注写及构造图所在页码
	抗震构造措施	适用结构			
AT	无	剪力墙、砌体结构	不参与	11	23、24
BT				11	25、26
CT	无	剪力墙、砌体结构	不参与	12	27、28
DT				12	29、30
ET	无	剪力墙、砌体结构	不参与	13	31、32
FT				13	33、34、35、39
GT	无	剪力墙、砌体结构	不参与	14	36、37、38、39
ATa	有	框架结构、框剪结构中框架部分	不参与	15	40、41、42
ATb			不参与	15	40、43、44
ATc			参与	15	45、46
CTa	有	框架结构、框剪结构中框架部分	不参与	16	41、47、48
CTb			不参与	16	43、47、49

注：ATa、CTa 低端设滑动支座支承在梯梁上，ATb、CTb 低端设滑动支座支承在挑板上。

板式楼梯平法施工图有平面注写、剖面注写和列表注写 3 种表达方式，设计者可根据具体情况任选一种。16G101—2 主要表述梯板的表达方式，与楼梯相关的平台板、梯梁、梯柱的注写方式参见 16G101—1，其平法识图知识体系见表 2.28。

表 2.28　板式楼梯平法识图知识体系

平法表达方式	平面注写方式		
	剖面注写方式		
	列表注写方式		
数据项	几何元素		楼梯编号（梯板代号和序号）
			梯板厚度
			踏步段总高度和踏步级数
	配筋元素		梯板支座上部纵筋、下部纵筋
			梯板分布筋
	补充注解		梯板外围标注
数据注写方式	平面注写方式	集中标注	梯板类型代号和序号
			梯板厚度
			踏步段总高度和踏步级数
			梯板支座上部纵筋、下部纵筋
			梯板分布筋
			ATc 型楼梯尚应注明梯板两侧边缘构件纵向钢筋及箍筋

续表

数据注写方式	平面注写方式	外围标注	楼梯间平面尺寸、楼层结构标高、层间结构标高、楼梯上下方向、梯板平面几何尺寸、平台板配筋、梯梁及梯柱配筋
	剖面注写方式	平面注写	楼梯间平面尺寸、楼层结构标高、层间结构标高、楼梯上下方向、梯板平面几何尺寸、梯板类型及编号、平台板配筋、梯梁及梯柱配筋
		剖面注写	梯板的集中标注(梯板类型及编号、梯板厚度、梯板配筋、梯板分布筋)、梯梁及梯柱编号、梯板水平及竖向尺寸、楼层结构标高、层间结构标高
	列表注写方式		系用列表方式注写梯板截面尺寸和配筋具体数值的方式

1)板式楼梯组成

板式楼梯由以下几个部分组成,见表 2.29 及图 2.66。

表 2.29 板式楼梯的组成

组成部分	表达内容
踏步段	素混凝土踏步 + 钢筋混凝土斜板
楼梯平板	楼层平板和层间平板(休息平台),两跑楼梯包含楼层和层间平板,而一跑楼梯则没有层间平板
楼梯梁	楼层梁和层间梁(或剪力墙或砌体墙)

注:板式楼梯踏步段由素混凝土踏步和钢筋混凝土斜板整体浇筑而成,钢筋混凝土斜板是受力构件,故称为板式楼梯。

2)板式楼梯的特征

板式楼梯分 5 组形式,第一组有 AT、BT、CT、DT、ET 型 5 种;第二组有 FT、GT 型 2 种;第三组有 ATa、ATb 型 2 种;第四组有 ATc 型 1 种;第五组有 CTa、CTb 型 2 种。其中,AT、BT、CT、DT、ET 型具备表 2.30 的特征,其他两组具备的特征见 16G101—2 图集。

表 2.30 板式楼梯特征

组别	梯板类型	特 征
第一组	AT、BT、CT、DT、ET 型	①AT ~ ET 型板式楼梯代号代表一段带上下支座的梯板。梯板的主体为踏步段,除踏步段之外,梯板可包括低端平板、高端平板以及中位平板。 ②AT ~ ET 各型梯板的截面形状为:AT 型梯板全部由踏步段构成;BT 型梯板由低端平板和踏步段构成;CT 型梯板由踏步段和高端平板构成;DT 型梯板由低端平板、踏步板和高端平板构成;ET 型梯板由低端踏步段、中位平板和高端踏步段构成。 ③AT ~ ET 型梯板的两端分别以(低端和高端)梯梁为支座。 ④AT ~ ET 型梯板的型号、板厚、上下部纵向钢筋及分布钢筋等内容由设计者在平法施工图中注明。梯板上部纵向钢筋向跨内伸出的水平投影长度见 16G101—2 图集相应的标准构造详图(上部纵向钢筋自支座边缘向跨内伸出的水平投影长度一般统一取≥1/4 梯板净跨),设计不注,但设计者应予以校核(见图 2.68)。当标准构造详图规定的水平投影长度不满足具体工程要求时,应由设计者另行注明

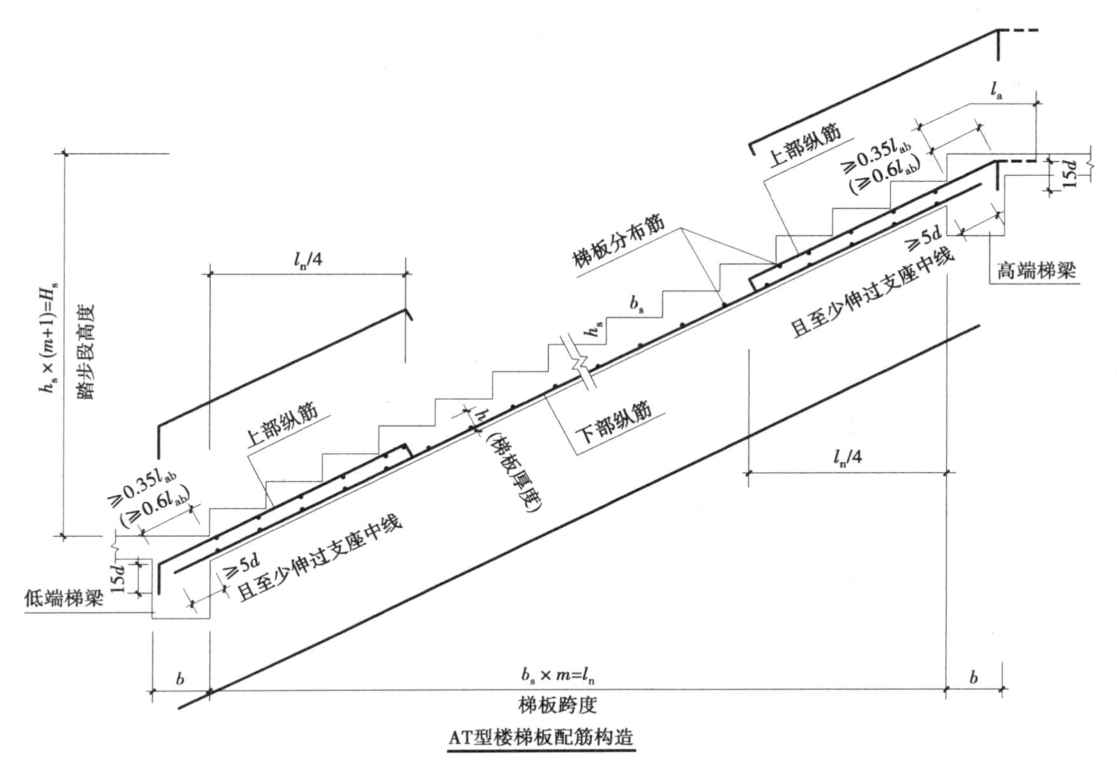

注：①图中上部纵筋锚固长度$0.35l_{ab}$用于设计按铰接的情况，括号内数据$0.6l_{ab}$用于设计考虑充分发挥钢筋抗拉强度的情况，具体工程中设计应指明采用何种情况。

②上部纵筋需伸至支座对边再向下弯折。

③上部纵筋有条件时可直接伸入平台板内锚固，从支座内边算起总锚固长度不小于l_a，如图中虚线所示。

④踏步两头高度调整见16G101—2图集第50页。

图2.68　AT型楼梯板配筋构造

3）平面注写方式

板式楼梯平面注写方式，系在楼梯平面布置图上注写截面尺寸和配筋具体数值的方式来表达楼梯施工图，包括集中标注和外围标注，如图2.69所示。板式楼梯平面注写方式表达内容见表2.31。

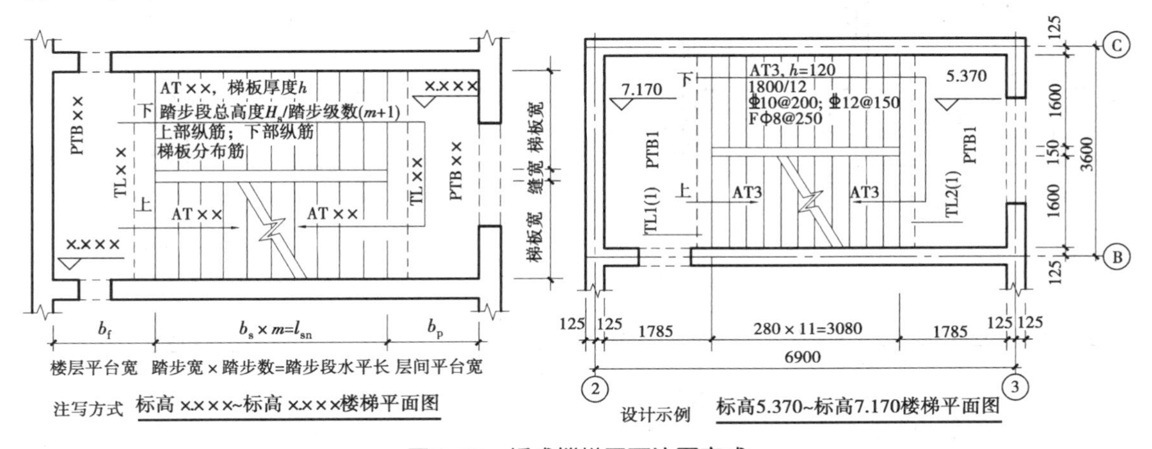

图2.69　板式楼梯平面注写方式

表 2.31　板式楼梯平面注写方式表达内容

标注形式	表达内容	注写示例	举例说明
集中标注	梯板类型代号和序号	AT1,BT1	①当为带平板的梯板且梯段板与平台板厚度不同时,可在梯段板厚度后面括号内以字母P打头注写平板厚度,如 $h=110$(P150),110表示梯段板厚度,150表示梯板平板段厚度。 ②图 2.69 集中标注表达内容:AT 类型的 3 号梯板,梯板厚120 mm,踏步段总高度 1800 mm,12 级踏步,上部纵筋为⌀10@200,下部纵筋为⌀12@150,梯板分布筋为ϕ8@250
	梯板厚度	$h=110$, $h=120$	
	踏步段总高度和踏步级数,之间以"/"分隔	1 800/12	
	梯板支座上部纵筋、下部纵筋,之间以";"分隔	⌀10@200; ⌀12@150	
	梯板分布筋,以 F 打头注写分布钢筋具体值,该项也可在图中统一说明	Fϕ8@250	
外围标注	楼梯间平面尺寸、楼层结构标高、层间结构标高、楼梯上下方向、梯板平面几何尺寸、平台板配筋、梯梁及梯柱配筋	见图 2.69	

4)剖面注写方式

剖面注写方式需在楼梯平法施工图中绘制楼梯平面布置图和楼梯剖面图,注写方式分平面注写、剖面注写两部分,如图 2.70、图 2.71 所示。板式楼梯剖面注写方式表达内容见表 2.32。

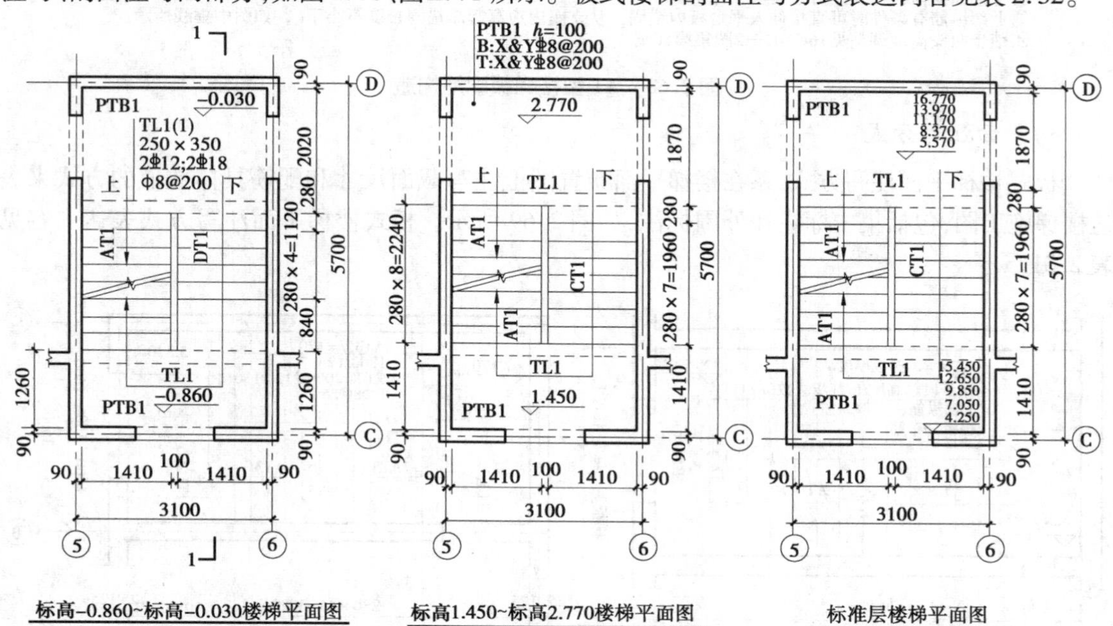

图 2.70　楼梯平法施工图剖面注写示例(平面图)

楼层平台梁配筋可绘制在楼梯平面图中,也可在各层梁配筋图中绘制;层间平台梁配筋在楼梯平面图中绘制，楼层平台板可与该层的现浇板整体设计。

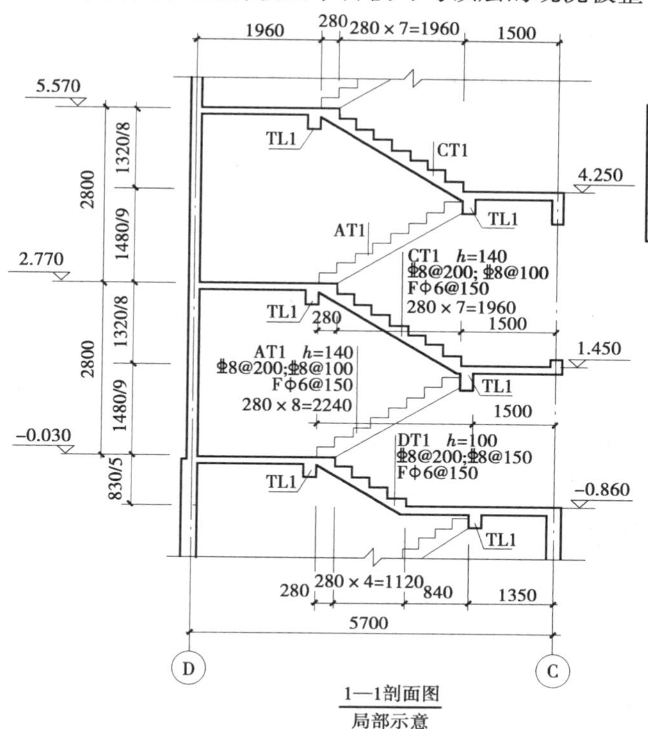

列表注写方式

梯板编号	踏步段总高度/踏步级数	板厚h	上部纵向钢筋	下部纵向钢筋	分布筋
AT1	1480/9	100	⌀8@200	⌀8@100	Φ6@150
CT1	1320/8	100	⌀8@200	⌀8@100	Φ6@150
DT1	830/5	100	⌀8@200	⌀8@150	Φ6@150

注：本示例中梯板上部钢筋在支座处考虑充分发挥钢筋抗拉强度作用进行锚固。

图 2.71 楼梯平法施工图剖面注写示例（剖面图）

表 2.32 板式楼梯剖面注写方式表达内容

标注形式		表达内容	注写示例	备 注
楼梯平面布置图		楼梯间平面尺寸、楼层结构标高、层间结构标高、楼梯上下方向、梯板平面几何尺寸、梯板类型及编号、平台板配筋、梯梁及梯柱配筋等	见图 2.70	
楼梯剖面图	集中标注	梯板类型及编号	AT1，BT1	①当梯板由踏步段和平板构成，且踏步段梯板厚度与平板厚度不同时，可在梯板厚度后面括号内以字母 P 打头注写平板厚度，如 $h=110$(P150)。 ②图 2.71 1—1 剖面图中有 AT1 h=140 ⌀8@200; ⌀8@100 FΦ6@150 其集中标注表达内容为：AT 类型的 1 号梯板，梯板厚140 mm，上部纵筋为⌀ 8@200，下部纵筋为⌀ 8@ 100，梯板分布筋为Φ6@ 150
楼梯剖面图	集中标注	梯板厚度	$h=110$，$h=120$	
楼梯剖面图	集中标注	梯板上部纵筋和下部纵筋，之间以“；”分隔	⌀ 10@ 200；⌀ 12@ 150	
楼梯剖面图	集中标注	梯板分布筋，以 F 打头注写分布筋具体值，该项也可在图中统一说明	FΦ 8@ 250	

注：因为梯梁及梯柱的配筋一般在各层梁、柱配筋图中绘制，所以本表未对梯梁、梯柱进行阐述。

5)列表注写方式

列表注写方式,系用列表方式注写梯板截面尺寸和配筋具体数值的方式来表达楼梯施工图,其具体要求同剖面注写方式,仅将剖面注写方式的梯板配筋注写项改为列表注写项即可。

识读图2.72中AT1型梯板平法施工图,并说出AT1型梯板各标注数据项所表达的含义。

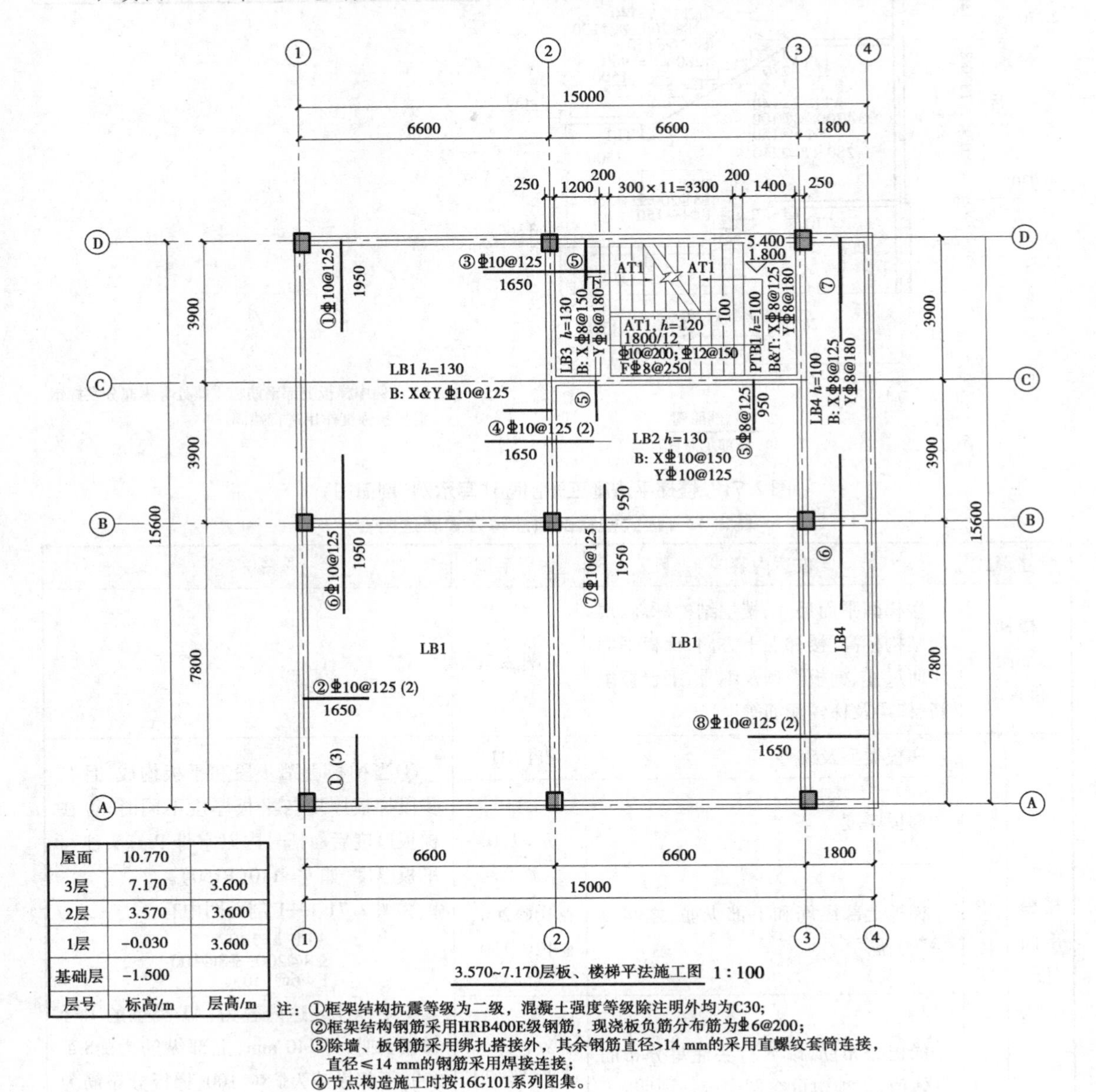

图2.72 板、楼梯平法施工图示例

2.7 基础平法施工图识读

问题引入

图 2.73 所示是什么基础的钢筋？在平法施工图中，采用什么样的标注方式来表达呢？

图 2.73 独立基础钢筋

基础平法施工图是在平面图上表示基础尺寸和配筋的结构图，以平面注写方式为主，截面注写方式为辅。在基础平法施工图中，应注明基础构件的类型代号和序号等，其主要作用是指明所选用的标准构造详图。在标准构造详图上，应按照其所属构件类型注明代号，以明确该详图与平法施工图中相同构件的互补关系，使两者结合构成完整的基础结构施工图。根据 16G101—3 图集，基础平法设计类型见表 2.33。

表 2.33 基础平法设计类型

类 型		备 注
独立基础		普通独立基础（坡形 DJ_P、阶形 DJ_J）
		杯口独立基础（坡形 BJ_P、阶形 BJ_J）
		基础联系梁 JLL
筏形基础	梁板式基础	基础主梁 JL、基础次梁 JCL
		梁板筏基础平板 LPB
	平板式基础	柱下板带 ZXB、跨中板带 KZB
		平板筏基础平板 BPB

类 型	备 注
条形基础	基础梁 JL、基础联系梁 JLL
	条形基础底板（坡形 TJB_P、阶形 TJB_J）
桩基础	灌注桩（GZH、GZHk）
	独立承台（坡形 CT_P、阶形 CT_J）
	承台梁 CTL
	基础联系梁 JLL

2.7.1 独立基础

独立基础平法施工图有平面注写与截面注写两种表达方式。当绘制独立基础平面布置图时，设计者可根据具体工程情况选择一种或两种方式相结合进行独立基础的施工图设计，同时应将独立基础平面与基础所支承的柱一起绘制。当设置基础联系梁时，可根据图面的疏密情况，将基础联系梁与基础平面布置图一起绘制，或将基础联系梁布置图单独绘制。在独立基础平面布置图上应标注基础定位尺寸，当独立基础的柱中心线或杯口中心线与建筑轴线不重合时，应标注其定位尺寸。编号相同且定位尺寸相同的基础，可仅选择一个进行标注。

独立基础平法识图知识体系见表2.34。

表2.34　是独立基础平法识图知识体系

平法表达方式	平面注写方式		
	截面注写方式		
数据项	几何元素		类型及编号
			截面尺寸
			基础底面标高
	配筋元素		配筋
	补充注解		必要的文字注解（如基础底板配筋长度是否采用减短方式）
数据注写方式	平面注写方式	集中标注	类型及编号
			截面竖向尺寸
			配筋
			基础底面标高（选注）
			必要的文字注解（选注）
		原位标注	截面平面尺寸
			多柱独立基础的基础梁配筋
	截面注写方式	截面标注	对单个基础进行截面标注的内容和形式，与传统“单构件正投影表示方法”基本相同。对于已在基础平面布置图上原位标注清楚的平面几何尺寸，在截面图上可不再重复表达
		列表注写	类型及编号（在基础平面布置图上进行编号）
			截面几何尺寸
			配筋

1）独立基础类型及编号（表2.35）

表2.35　独立基础类型及编号

类　型	基础底板截面形状	代号	序号	形　状
普通独立基础	阶形	DJ_J	××	DJ_J
	坡形	DJ_P	××	DJ_P
杯口独立基础	阶形	BJ_J	××	BJ_J
	坡形	BJ_P	××	BJ_P

2）独立基础的平面注写

独立基础的平面注写方式分为集中标注和原位标注两部分内容，其注写内容如图2.74所示，示意图如图2.75所示。

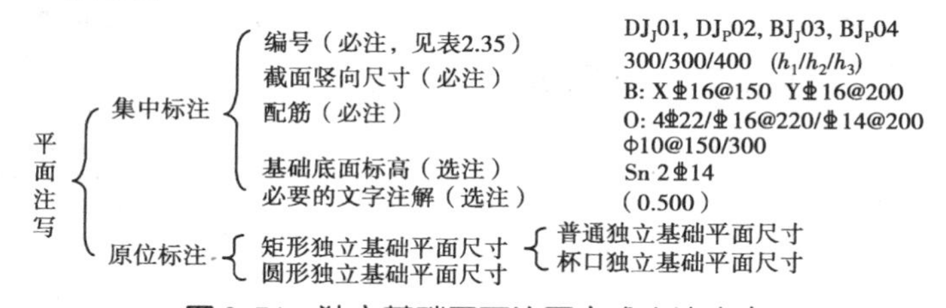

图2.74　独立基础平面注写方式表达内容

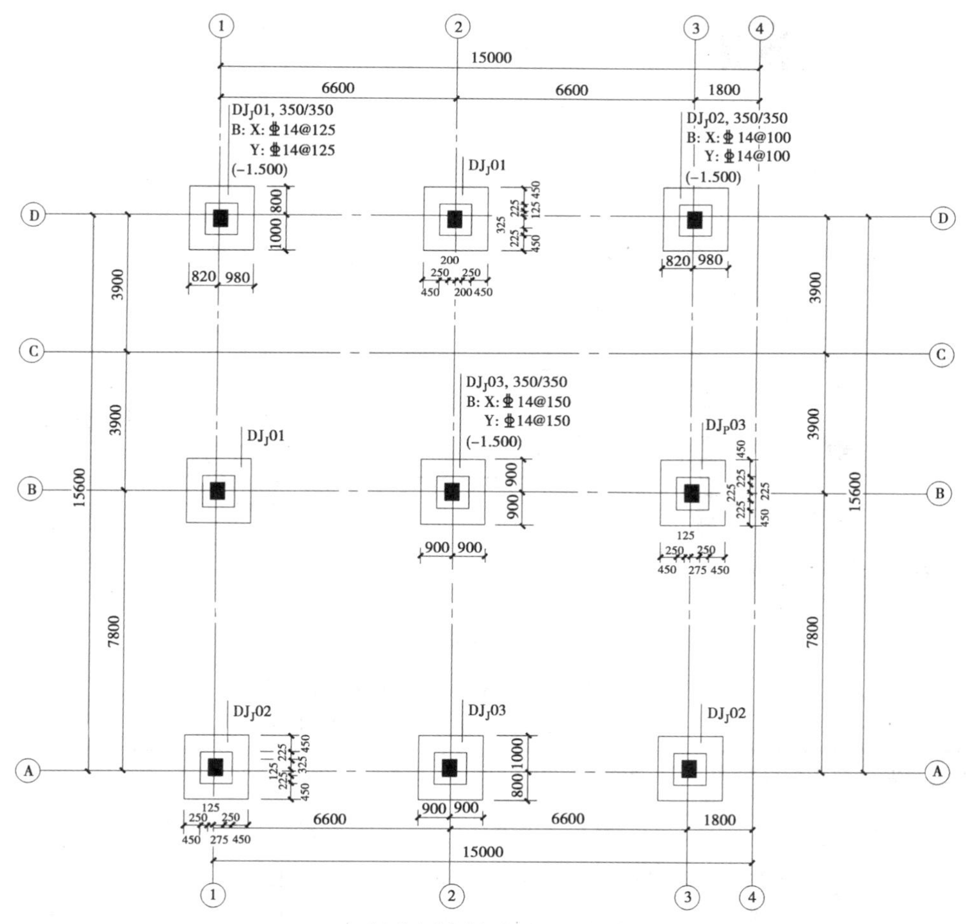

注：①基础持力层为中风化砂岩，其嵌入中风化砂岩深度≥300 mm；
②混凝土强度等级除注明外，均为C30；
③独立基础和条形基础底均有C15混凝土垫层，其尺寸为基础每边尺寸+100 mm，厚为100 mm；
④本工程为某学校钢筋计算练习工程，不属于实际工程，请勿照图施工；
⑤本工程构造要求参照16G101系列图集施工。

阶形独立基础几何尺寸及配筋表

基础底板编号/截面号	截面几何尺寸				底部配筋(B)	
	x, y	x_c, y_c	x_1, y_1	h_1/h_2	X向	Y向
DJ_J01	1800, 1800	400, 450	450, 450	350/250	⌀14@125	⌀14@125
DJ_J02	1800, 1800	400, 450	450, 450	350/250	⌀14@100	⌀14@100
DJ_J03	1800, 1800	400, 450	450, 450	350/250	⌀14@150	⌀14@150

图2.75　独立基础的平面注写方式示意

(1)集中标注

普通独立基础和杯口独立基础的集中标注,系在基础平面图上集中引注基础编号、截面竖向尺寸、配筋三项必注内容,以及基础底面标高(与基础底面基准标高不同时)和必要的文字注解两项选注内容,见表2.36和图2.76。素混凝土普通独立基础的集中标注,除无基础配筋内容外,均与钢筋混凝土普通独立基础相同。

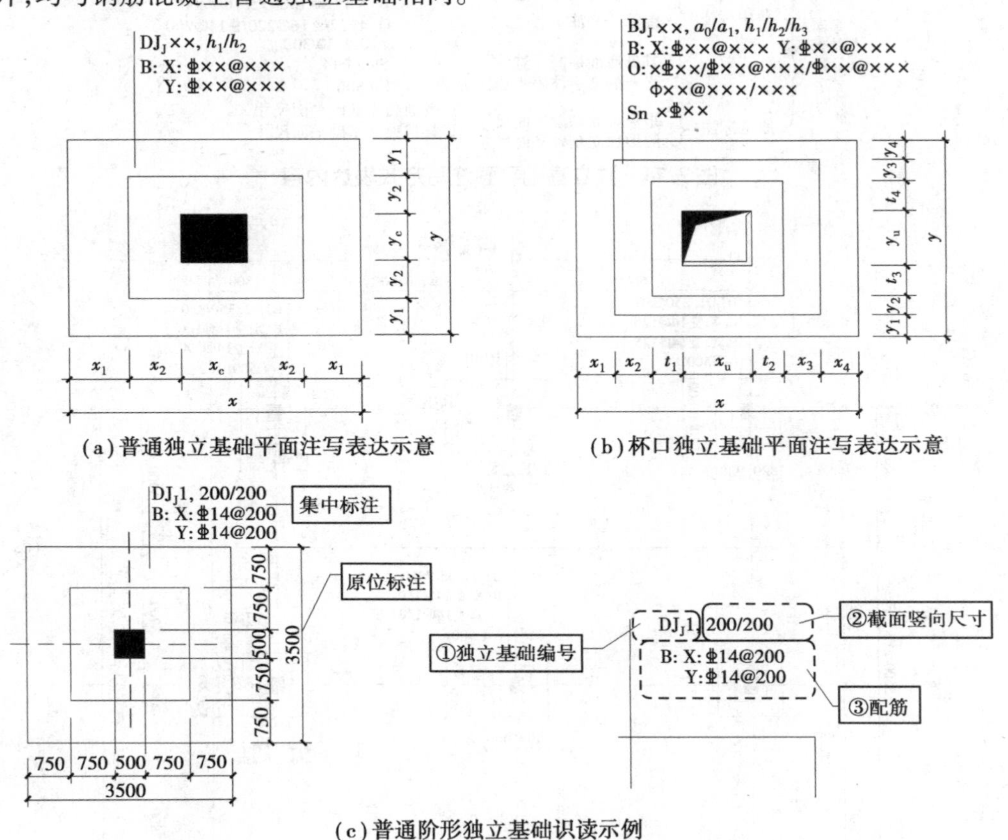

图2.76 独立基础集中标注与原位标注示例

表2.36 独立基础的平面注写方式说明

集中标注说明:集中标注见图2.75、图2.76		
注写形式	表达内容	附加说明
DJ_J ××、BJ_J ×× DJ_P ××、BJ_P ××	独立基础编号,具体内容见表2.35,包括代号(形状)和序号	①单阶截面即为平板独立基础; ②坡形截面基础底板可为四坡、三坡、双坡及单坡; ③阶形截面编号下标为“J”,坡形截面编号下标为“P”
$h_1/h_2/h_3$	普通独立基础截面竖向尺寸	图2.77(a)为普通独立基础阶形截面竖向尺寸(当为单阶时注为h_1),图2.77(b)为普通独立基础坡形截面竖向尺寸

续表

注写形式	表达内容	附加说明
$a_0/a_1,h_1/h_2/h_3/\cdots$	杯口独立基础截面竖向尺寸，a_0/a_1 表示杯口内尺寸；$h_1/h_2/h_3/\cdots$表示杯口外尺寸，两组尺寸用“,”分开	图2.78(a)、(c)为杯口独立基础阶形截面竖向尺寸，(b)、(d)为杯口独立基础坡形截面竖向尺寸。杯口深度 a_0 为柱插入杯口的尺寸加50 mm
B:X ⊈××@×××，Y ⊈××@×××	独立基础底板配筋，“B”代表各种独立基础底板的底部配筋；“X ⊈××@×××”表示独立基础X向钢筋级别、直径和分布间距；“Y ⊈××@ ×××”表示独立基础Y向钢筋级别、直径和分布间距(见图2.79)	当两向配筋相同或圆形独立基础采用双向正交配筋时，以X&Y打头注写，见图2.89(b)；当圆形独立基础采用放射状配筋时，以 R_S 打头，先注写径向受力钢筋(间距以径向排列钢筋的最外端度量)，并在“/”后注写环向配筋，见图2.89(c)
Sn××⊈××	以“Sn”打头引注杯口独立基础顶部焊接钢筋网的各边钢筋，表示杯口顶部每边配置钢筋的根数、强度等级及直径(见图2.80)	当为双杯口独立基础顶部钢筋网的标注时，表示杯口每边和双杯口中间杯壁的顶部配置的钢筋根数、强度等级及直径，见图2.80(b)。当双杯口独立基础中间杯壁厚度小于400 mm时，在中间杯壁中配置构造钢筋见相应标准构造详图，设计不注。图2.80(a)中表示杯口顶部每边配置2根HRB400级直径14 mm的焊接钢筋网
O:××⊈××/⊈××@×××/⊈××@×××Φ××@×××/×××	以“O”代表高杯口独立基础短柱配筋。先注写短柱纵筋，再注写箍筋。注写为：角筋/长边中部筋/短边中部筋，箍筋(两种间距)；当短柱水平截面为正方形时，注写为：角筋/x边中部筋/y边中部筋，箍筋(两种间距，短柱杯口壁内箍筋间距/短柱其他部位箍筋间距)	当单高杯口独立基础注写“O:4 ⊈20/⊈16@220/⊈16@200 Φ10@150/300”，表示高杯口独立基础的短柱，竖向为4 ⊈20角筋，其长边中部筋为⊈16@220，短边中部筋为⊈16@200，横向箍筋为Φ10，短柱杯口壁内间距为150 mm，短柱其他部位间距为300 mm，见图2.81(a)。对于双高杯口独立基础的短柱配筋，注写形式与单高杯口相同，施工区别在于短柱配筋将同时环住两个杯口的外壁，见图2.81(b)。当双高杯口独立基础中间杯壁厚度小于400mm时，在中间杯壁中配置构造钢筋见相应标准构造详图，设计不注

续表

注写形式	表达内容	附加说明
DZ ××⌀××/⌀××@×××/ ⌀××@××× ϕ××@×××/××× −×.×××～×.×××	普通独立基础带短柱竖向尺寸及配筋见图2.88。当短柱水平截面为正方形时，注写为：角筋/x边中部筋/y边中部筋，箍筋，短柱标高范围，见【例2.39】	当独立基础埋深较大，设置短柱时，短柱配筋应注写在独立基础中，以“DZ”代表普通独立基础短柱，先注写短柱纵筋，再注写箍筋，最后注写短柱标高范围
（−×.×××）	基础底面标高	当独立基础的底面标高与基础底面基准标高不同时注写
原位标注说明：原位标注见图2.75、图2.76		
x、y，x_c、y_c（d_c），x_i、y_i，i＝1,2,3…	矩形（圆形）普通独立基础平面尺寸	x、y为普通独立基础两向边长，x_c、y_c为柱截面尺寸，d_c为圆柱直径，x_i、y_i为阶宽或坡形平面尺寸。图2.82（a）、（c）为阶形，（b）、（d）为坡形。当设置短柱时，尚应标注短柱的截面尺寸，见图2.82（e）
x、y，x_u、y_u，t_i，x_i、y_i，i＝1,2,3…	杯口独立基础平面尺寸。杯口上口尺寸x_u、y_u按柱截面边长两侧双向各加75 mm；杯口下口尺寸按标准构造详图（为插入杯口的相应柱截面边长尺寸，每边各加50 mm），设计不注	x、y为杯口独立基础两向边长；x_u、y_u为杯口上口尺寸；t_i为杯壁厚度；x_i、y_i为阶宽或坡形截面尺寸。图2.83（a）、（c）为阶形，（b）、（d）为坡形
D，d_c（x_c、y_c），b_i，i＝1,2,3…	圆形独立基础平面尺寸。D为圆形独立基础的外环直径，d_c为圆柱直径（或为矩形柱截面边长x_c、y_c），b_i为阶宽或坡形截面尺寸（见图2.84）	阶形截面与坡形截面圆形独立基础的平面图，系通过编号DJ_J、BJ_J（阶形）和DJ_P、BJ_P（坡形）以及集中标注的截面竖向尺寸加以区别

注：有关标注的其他规定详见16G101—3相应制图规则。

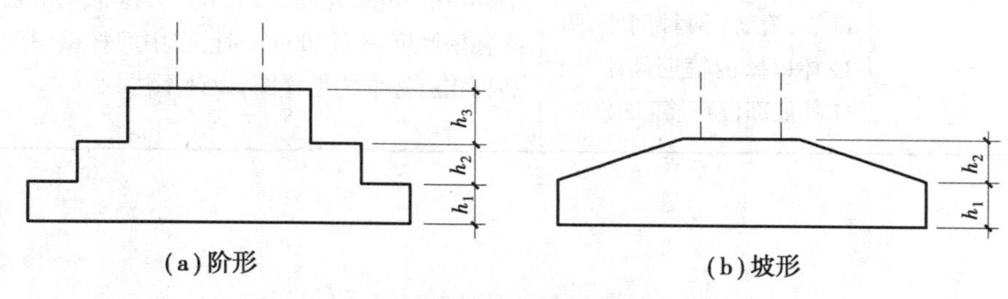

图2.77 普通独立基础截面竖向尺寸标注

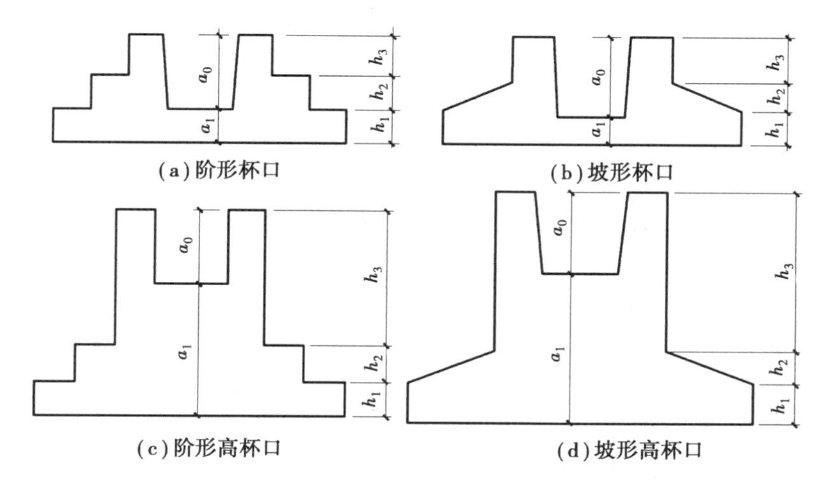

图 2.78 杯口独立基础截面竖向尺寸标注

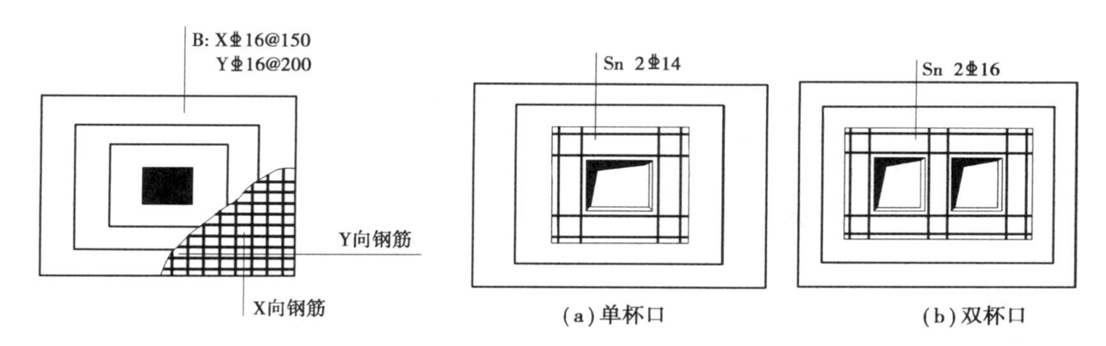

图 2.79 独立基础(矩形)底板的配筋标注

图 2.80 杯口独立基础顶部焊接钢筋网示意

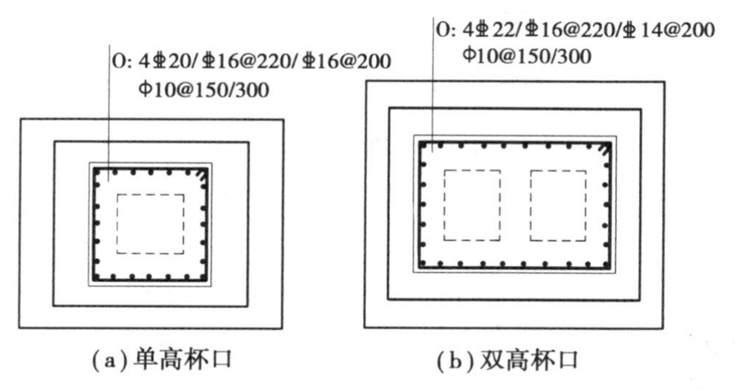

图 2.81 高杯口独立基础杯壁配筋示意(短柱)

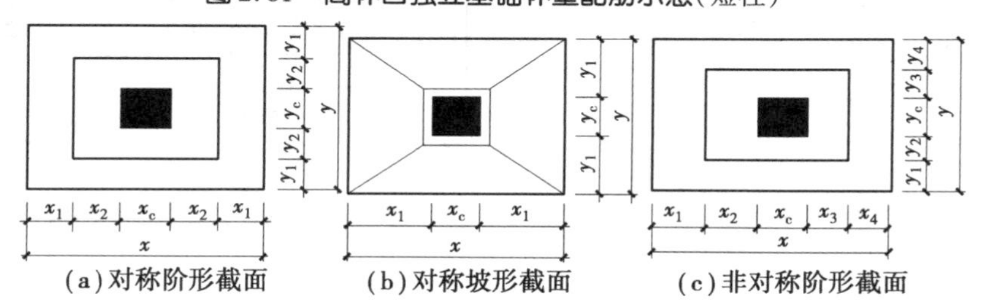

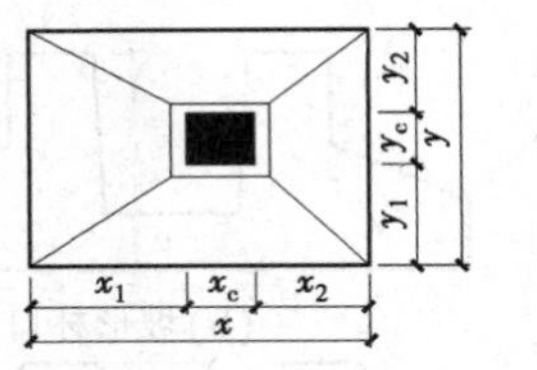

(d)非对称坡形截面

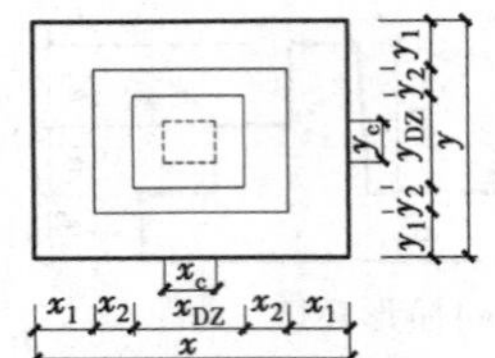

(e)设置短柱坡形截面

图 2.82　矩形普通独立基础平面尺寸原位标注

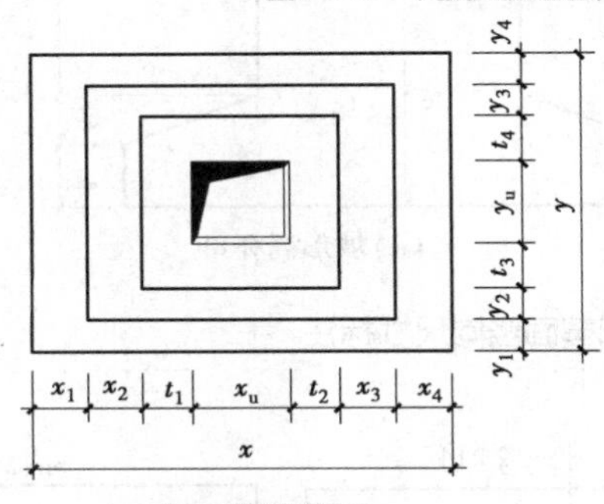

(a)每边等阶截面

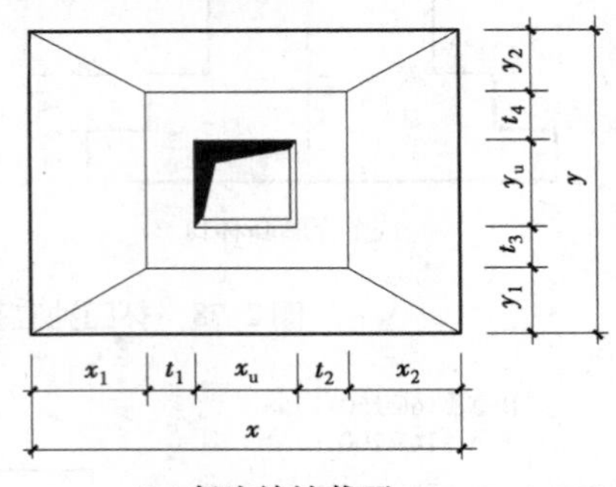

(b)每边放坡截面

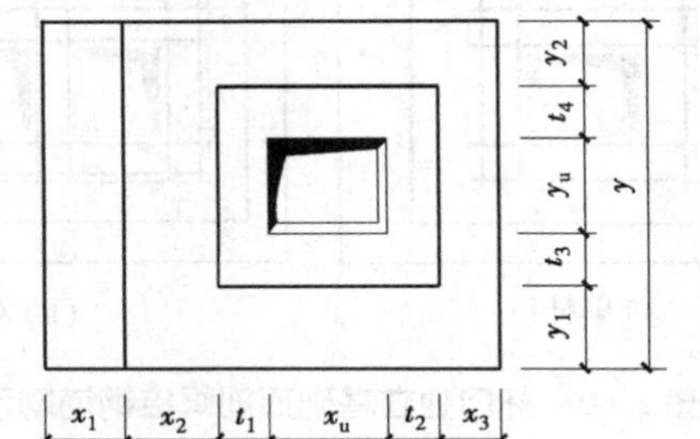

(c)基础底板一边比其他三边多一阶截面

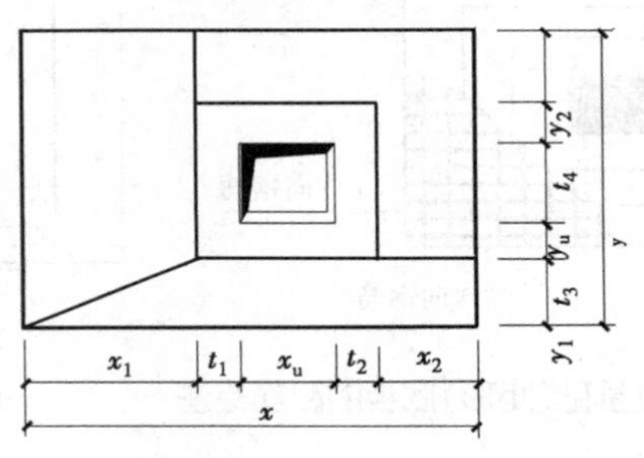

(d)基础底板有两边不放坡截面

图 2.83　杯口独立基础平面尺寸原位标注

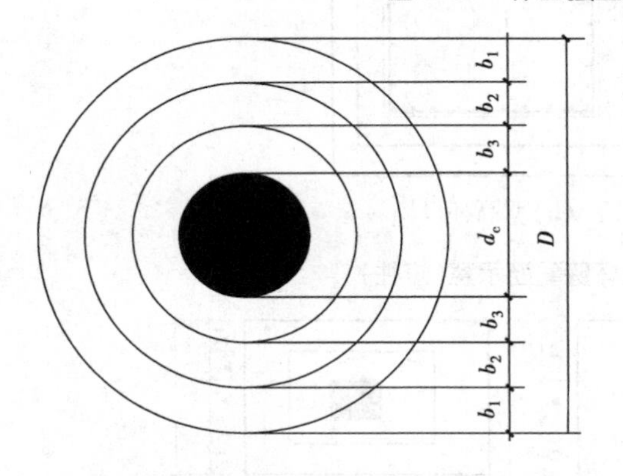

图 2.84　阶形截面圆形独立基础原位标注

图 2.85　双柱独立基础顶部配筋示意

(2)原位标注

普通独立基础和杯口独立基础的原位标注,系在基础平面布置图上标注独立基础的平面尺寸。对相同编号的基础,可选择一个进行原位标注;当平面图形较小时,可将所选定进行原位标注的基础按比例适当放大;其他相同编号者仅注编号。

独立基础通常为单柱独立基础,也可为多柱独立基础(双柱或四柱等)。多柱独立基础的编号、几何尺寸和配筋的标注方法与单柱独立基础相同。当为双柱独立基础并且柱距较小时,通常仅配置基础底部钢筋;当柱距较大时,除基础底部配筋外,尚须在两柱间配置基础顶部钢筋(见图2.85)或设置基础梁(见图2.86);当为四柱独立基础时,通常可设置两道平行的基础梁,需要时可在两道基础梁之间配置基础顶部钢筋。

①注写双柱独立基础底板顶部配筋。双柱独立基础的顶部配筋,通常对称分布在双柱中心线两侧,以大写字母"T"打头,注写为:双柱间纵向受力钢筋/分布钢筋。当纵向受力钢筋在基础底板顶面非满布时,应注明其总根数,见【例2.37】。

【例2.37】　图2.85中"T:9⏀18@100/Φ10@200",表示独立基础顶部配置纵向受力钢筋HRB400级,直径为18 mm,设置9根,间距100 mm;分布筋HPB300级,直径为10 mm,分布间距200 mm。

②注写双柱独立基础的基础梁配筋。当双柱独立基础为基础底板与基础梁相结合时,注写基础梁的编号、几何尺寸和配筋(见图2.86)。通常情况下,双柱独立基础宜采用端部有外伸的基础梁,基础底板则采用受力明确、构造简单的单向受力配筋与分布筋。基础梁宽度宜比柱截面宽出不小于100 mm(每边不小于50 mm)。基础梁的注写规定与"2.7.2条形基础"的基础梁注写规定相同。

③注写双柱独立基础的底板配筋。双柱独立基础底板配筋注写,可以按条形基础底板的注写规定,也可以按独立基础底板的注写规定。

④注写配置两道基础梁的四柱独立基础底板顶部配筋。当四柱独立基础已设置两道平行的基础梁时,根据内力需要可在双梁之间以及梁的长度范围内配置基础顶部钢筋,注写为:梁间受力钢筋/分布钢筋,见图2.87和【例2.38】。平行设置两道基础梁的四柱独立基础底板配筋,也可以按照双梁条形基础底板配筋的注写规定。

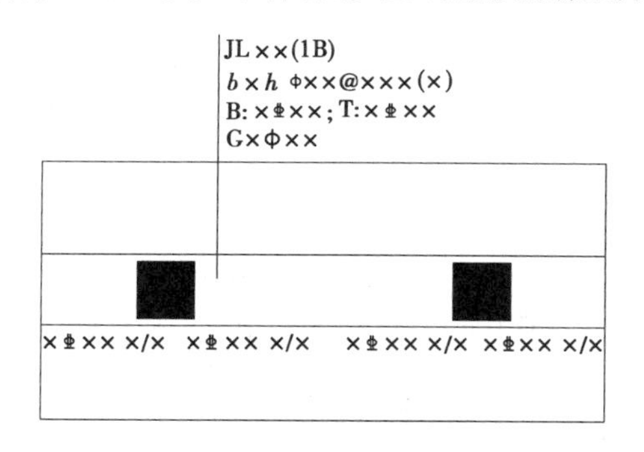

图2.86　双柱独立基础的基础梁配筋注写示意

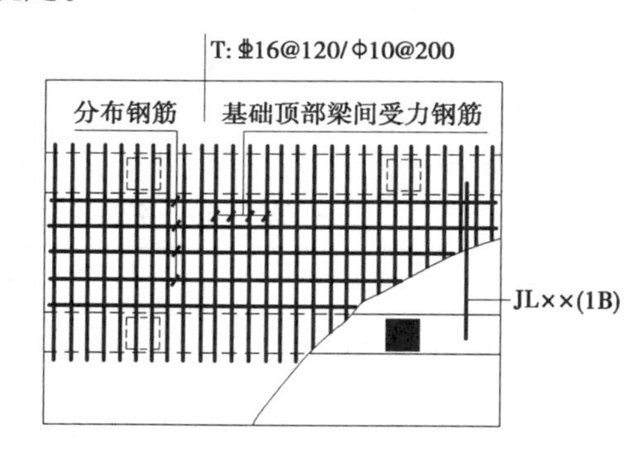

图2.87　四柱独立基础底板顶部基础梁间配筋注写示意

【例2.38】　图2.87中"T:⏀16@120/Φ10@200",表示在四柱独立基础顶部两道基础梁之间配置受力钢筋HRB400级,直径为16 mm,间距120 mm;分布筋HPB300级,直径为10 mm,分布间距200 mm。

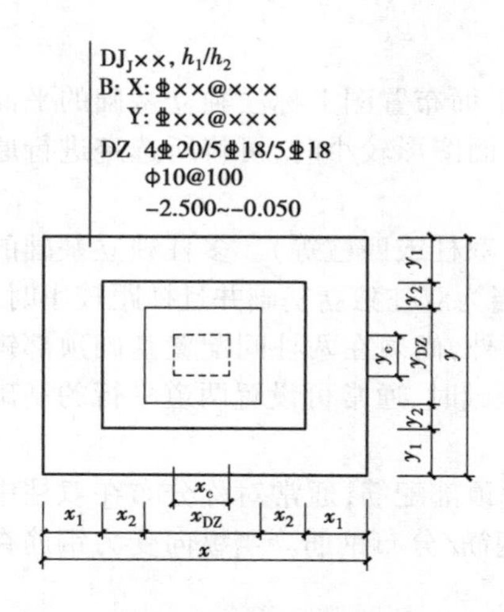

图 2.88　独立基础带短柱配筋示例

【例 2.39】　图 2.88 中：DZ 4⌀20/5⌀18/5⌀18

ϕ10@100

-2.500～-0.050

表示独立基础的短柱设置在 -2.500～-0.050 m 高度内，配置 HRB400 级竖向钢筋和 HPB300 级箍筋。其竖向钢筋为：角筋 4⌀20、x 边中部筋 5⌀18 和 y 边中部筋 5⌀18；其箍筋直径为 10 mm，间距 100 mm。

3）独立基础的截面注写

独立基础的截面注写方式，可分为截面标注和列表注写（结合截面示意图）两种表达方式。采用截面注写方式，应在基础平面布置图上对所有基础进行编号，见表 2.35。

对单个基础进行截面标注的内容和形式，与传统"单构件正投影表示方法"基本相同。对于已在基础平面布置图上原位标注清楚的该基础的平面几何尺寸，在截面图上可不再重复表达，具体表达内容可参照 16G101—3 图集中相应的标准构造。对多个同类型基础，可采用列表注写（结合截面示意图）的方式进行集中表达。标注在表中的内容为基础截面的几何数据和配筋等，在截面示意图上应标注与表中栏目相对应的代号。列表的具体内容规定如下。

（1）普通独立基础

普通独立基础列表集中注写栏目见表 2.37。

表 2.37　普通独立基础几何尺寸和配筋表

基础编号/截面号	截面几何尺寸/mm				底部配筋（B）	
	x、y	x_c、y_c	x_i、y_i	h_1/ h_2/…	X 向	Y 向
DJ_J01	2200、1800	400、300	300、250	300/300/300	⌀16@150	⌀16@200
DJ_P04	1200、1200	400、400	—	350/300	⌀16@150	⌀16@200

注：表中可根据实际情况增加栏目。表中的符号含义、注写形式与平面注写方式的含义、注写形式相同，如底部配筋情况：B：X：⌀16@120，Y：⌀16@200。

（2）杯口独立基础

杯口独立基础列表集中注写栏目见表 2.38。

表 2.38　杯口独立基础几何尺寸和配筋表

基础编号/截面号	截面几何尺寸/mm				底部配筋（B）		杯口顶部钢筋网（Sn）	短柱配筋（O）	
	x、y	x_c、y_c	x_i、y_i	a_0、a_1，h_1/h_2/h_3…	X 向	Y 向		角筋/长边中部筋/短边中部筋	杯口壁箍筋/其他部位箍筋
BJ_J01	2200、1800	400、300	300、250	500、1000，500/500/500	⌀16@150	⌀16@200	2⌀14	4⌀20/⌀16@220/⌀16@200	ϕ10@150/300
BJ_P04	2200、1800	400、300	300、250	500、1000，500/500/500	⌀16@150	⌀16@200	2⌀14	4⌀20/⌀16@220/⌀16@200	ϕ10@150/300

注：表中可根据实际情况增加栏目。表中的符号含义、注写形式与平面注写方式的含义、注写形式相同，如高杯口独立基础短柱配筋标注为：O：4⌀20/⌀16@220/⌀16@200，ϕ10@150/300。

学学做做

1. 识读图2.89中各种类型独立基础配筋图,说一说各标注数据项的含义。

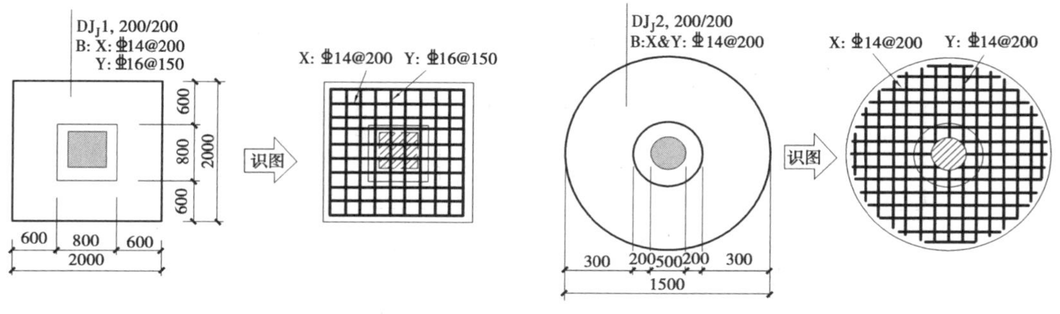

(a)普通阶形独立基础

(b)圆形阶形独立基础(正交配筋)

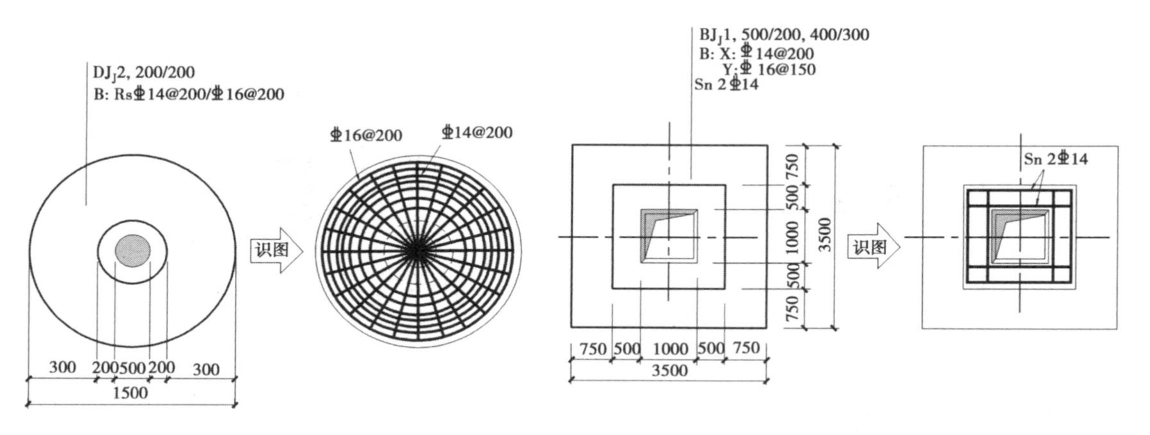

(c)圆形阶形独立基础(放射配筋)

(d)杯口阶形独立基础

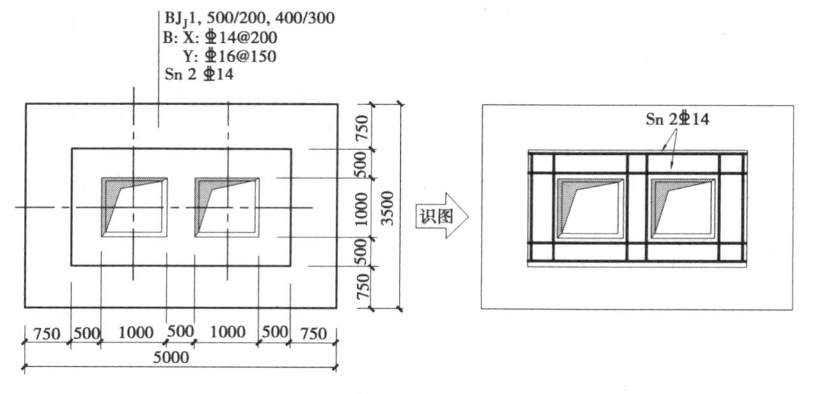

(e)双杯口独立基础

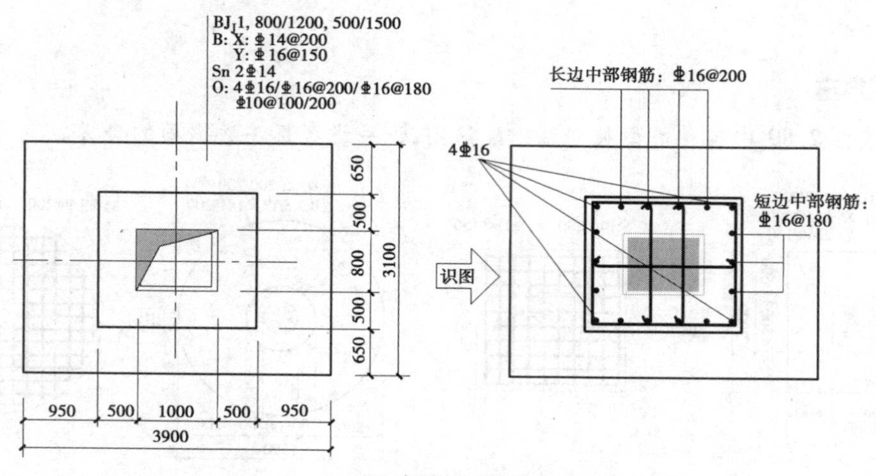

(f)高单杯口独立基础

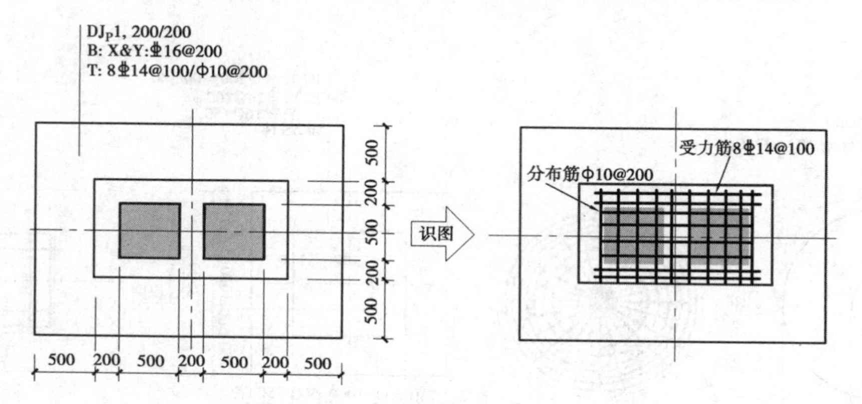

(g)双柱独立基础

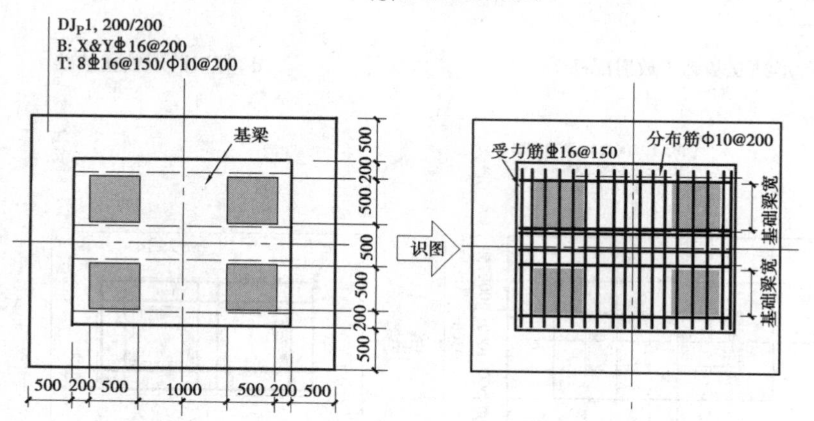

(h)四柱独立基础

图2.89 独立基础配筋图

2. 识读图 2.90 中坡形独立基础，并绘制其配筋图。

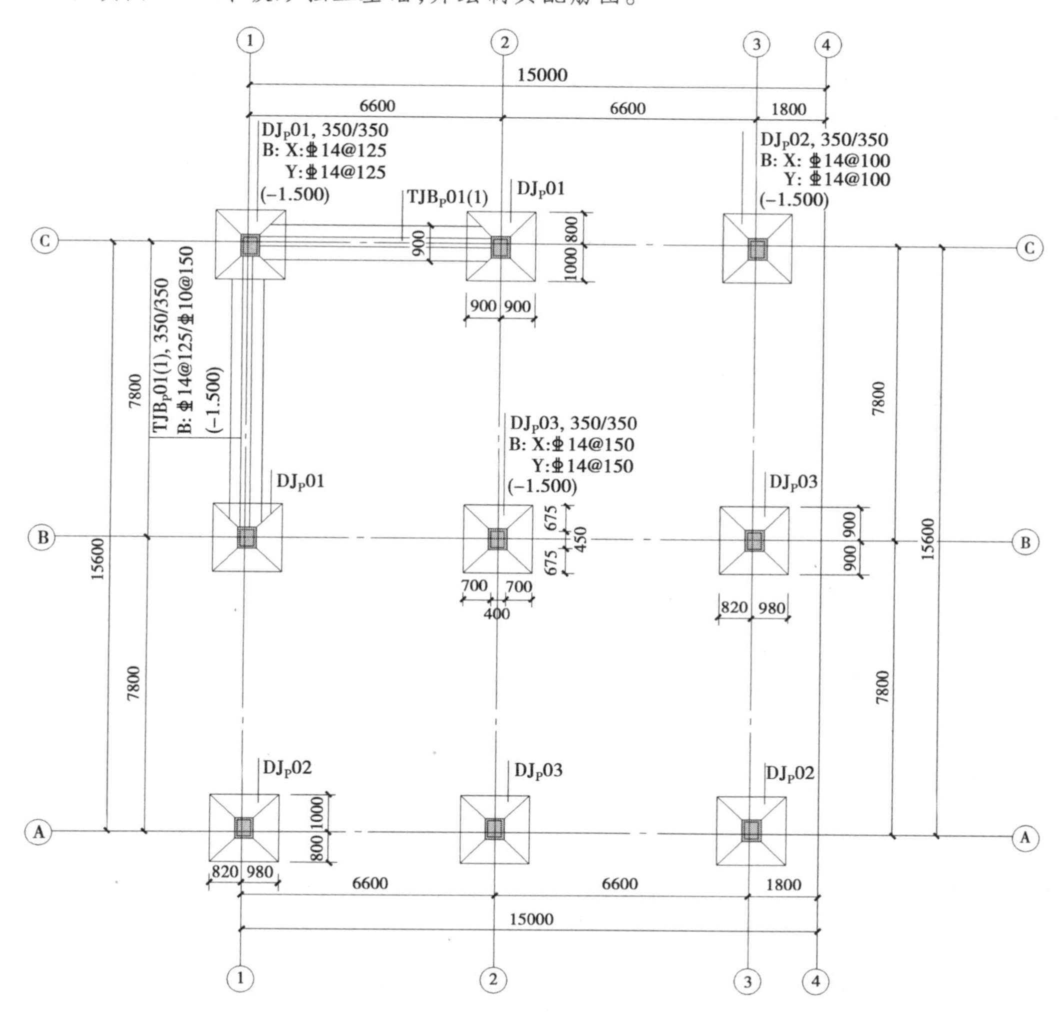

基础平面布置图 1:100

注：①基础持力层为中风化砂岩，其嵌入中风化砂岩深度≥300 mm;
②混凝土强度等级除注明外，均为C30;
③独立基础和条形基础底均有C15混凝土垫层，其尺寸为基础每边尺寸+100 mm,厚为100 mm。

图 2.90　坡形独立基础平法施工图示例

2.7.2　条形基础

条形基础平法施工图有平面注写与截面注写两种表达形式，设计者可根据具体工程情况选择一种或两种方式相结合进行条形基础的施工图设计，同时应将条形基础平面与基础所支承的上部结构的柱、墙一起绘制。当基础底面标高不同时，需注明与基础底面基准标高不同之处的范围和标高。

条形基础整体上可分为梁板式条形基础与板式条形基础。当梁板式基础梁中心或板式条形基础板中心与建筑定位轴线不重合时，应标注其定位尺寸；对于编号相同的条形基础，可仅选择一个进行标注。

图 2.91 和图 2.92 所示为条形基础采用平面注写方式施工图示例，其平法识图知识体系见表 2.39。

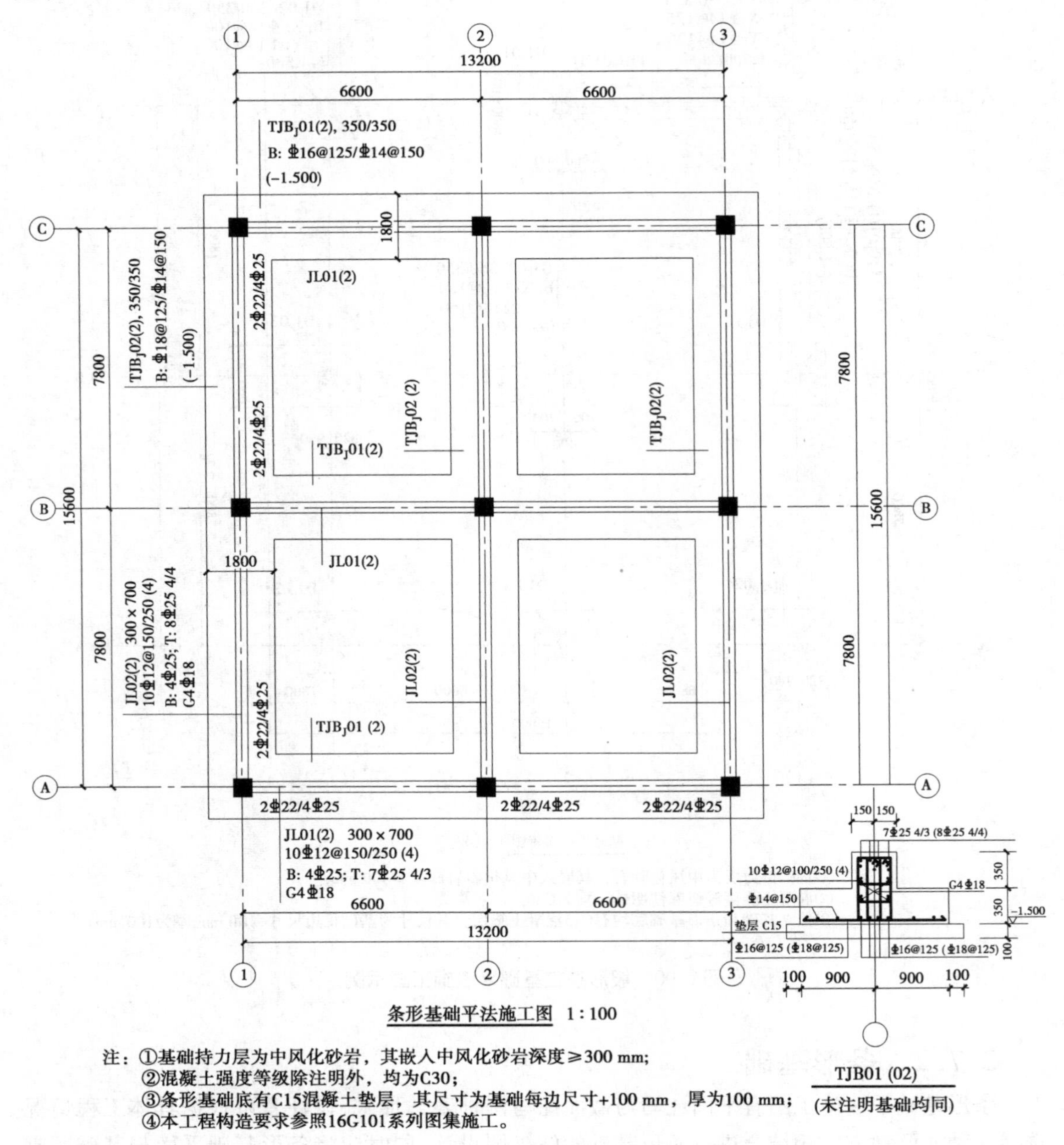

图 2.91 阶形条形基础平法施工图平面注写方式示例

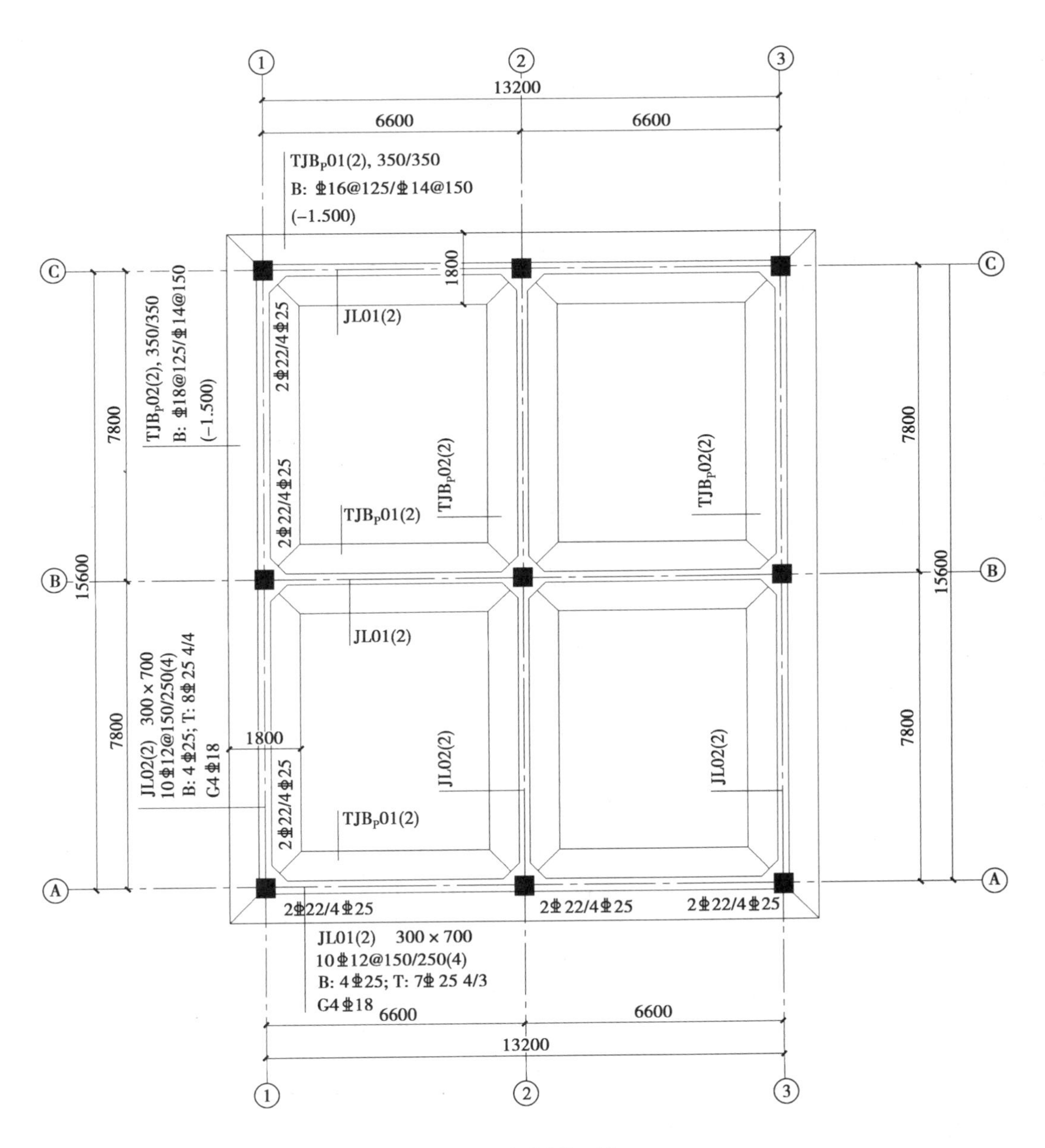

条形基础平法施工图 1:100

注：①基础持力层为中风化砂岩，其嵌入中风化砂岩深度≥300 mm;
②混凝土强度等级除注明外，均为C30;
③条形基础底有C15混凝土垫层，其尺寸为基础每边尺寸+100 mm，厚为100 mm;
④本工程构造要求参照16G101系列图集施工。

图2.92 坡形条形基础平法施工图平面注写方式示例

表 2.39 条形基础平法识图知识体系

<table>
<tr><td rowspan="2">平法表达方式</td><td colspan="3">平面注写方式</td></tr>
<tr><td colspan="3">截面注写方式</td></tr>
<tr><td rowspan="5">数据项</td><td colspan="2" rowspan="3">几何元素</td><td>类型及编号</td></tr>
<tr><td>截面尺寸</td></tr>
<tr><td>底面标高</td></tr>
<tr><td colspan="2">配筋元素</td><td>配筋</td></tr>
<tr><td colspan="2">补充注解</td><td>必要的文字注解</td></tr>
<tr><td rowspan="17">数据注写方式</td><td rowspan="7">条形基础底板平面注写方式</td><td rowspan="5">集中标注</td><td>条形基础底板类型及编号</td></tr>
<tr><td>截面竖向尺寸</td></tr>
<tr><td>配筋</td></tr>
<tr><td>条形基础底板底面标高(选注)</td></tr>
<tr><td>必要的文字注解(选注)</td></tr>
<tr><td rowspan="2">原位标注</td><td>条形基础底板的平面尺寸</td></tr>
<tr><td>原位注写修正内容</td></tr>
<tr><td rowspan="10">基础梁(平面注写方式)</td><td rowspan="6">集中标注</td><td>基础梁编号</td></tr>
<tr><td>截面尺寸</td></tr>
<tr><td>配筋</td></tr>
<tr><td>基础梁底面标高(选注)</td></tr>
<tr><td>必要的文字注解(选注)</td></tr>
<tr><td>原位注写修正内容</td></tr>
<tr><td rowspan="4">原位标注</td><td>基础梁支座的底部纵筋</td></tr>
<tr><td>基础梁的附加箍筋或(反扣)吊筋</td></tr>
<tr><td>基础梁外伸部位的变截面高度尺寸</td></tr>
<tr><td>原位注写修正内容</td></tr>
</table>

1)条形基础的编号

条形基础编号分为基础梁和条形基础底板编号,见表 2.40。

表 2.40 条形基础梁及底板编号

<table>
<tr><td colspan="2">类 型</td><td>代 号</td><td>序 号</td><td>跨数及有否外伸</td></tr>
<tr><td colspan="2">基础梁</td><td>JL</td><td>××</td><td rowspan="3">(××)端部无外伸
(××A)一端有外伸
(××B)两端有外伸</td></tr>
<tr><td rowspan="2">条形基础底板</td><td>坡形</td><td>TJB_P</td><td>××</td></tr>
<tr><td>阶形</td><td>TJB_J</td><td>××</td></tr>
</table>

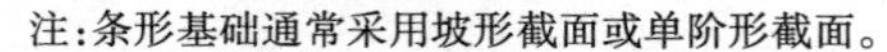
注:条形基础通常采用坡形截面或单阶形截面。

2)基础梁的平面注写方式

基础梁的平面注写方式分集中标注和原位标注两部分内容。集中标注内容为:基础梁编号、截面尺寸、配筋三项必注内容,以及基础梁底面标高(与基础底面基准标高不同时)和必要的文字注解两项选注内容。原位标注内容为:基础梁支座的底部纵筋、基础梁的附加箍筋或(反扣)吊筋(见图2.93)、基础梁外伸部位的变截面高度尺寸和原位注写的其他修正内容(当在基础梁上集中标注的某项内容不适用于某跨或某外伸部位时,将其修正内容原位标注在该跨或该外伸部位,施工时原位标注取值优先)。基础梁平面注写具体内容见表2.41。

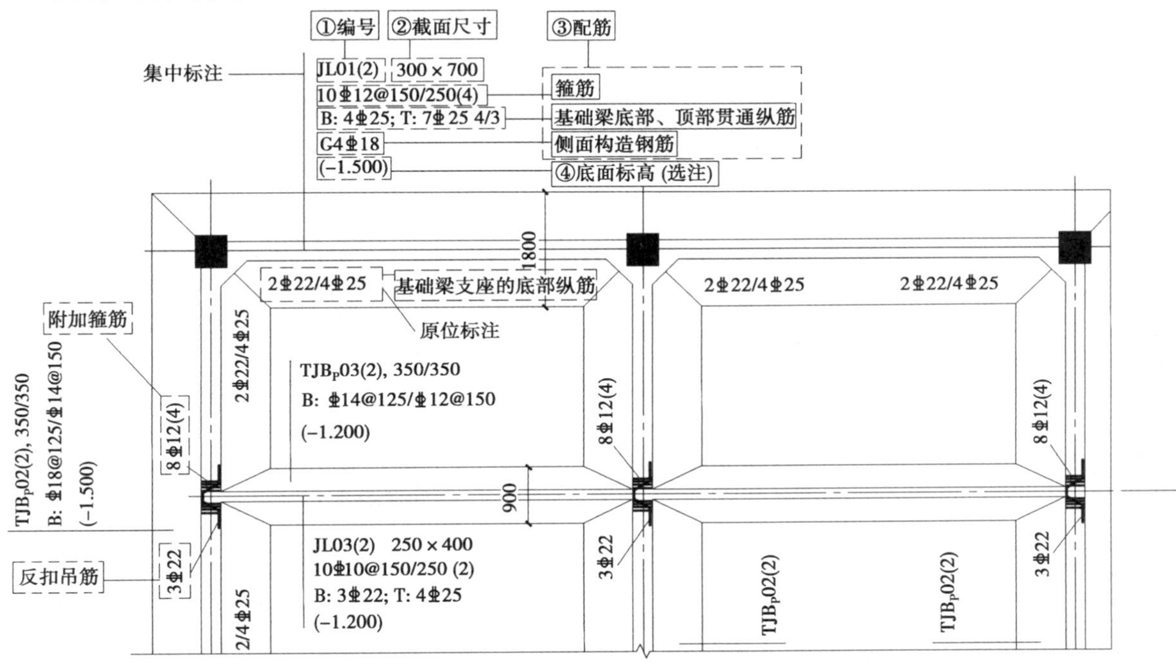

图2.93 基础梁集中标注与原位标注内容示例

表2.41 基础梁JL的平面注写方式说明

集中标注说明:集中标注示例见图2.93		
注写形式	表达内容	附加说明
JL01(2)或JL1(1A)	基础梁编号,具体内容见表2.40,包括:代号、序号和有无外伸	(××)端部无外伸;(××A)一端有外伸;(××B)两端有外伸
$b \times h$(300×700)	基础梁截面尺寸:梁宽×梁高	当竖向加腋时,用 $b \times h$ Y$c_1 \times c_2$,其中 c_1 为腋长,c_2 为腋高
⌀10@250(2)或10⌀12@150/250(4)	基础梁箍筋,注写箍筋道数、钢筋级别、直径、间距与肢数	箍筋肢数写在括号内,下同

续表

注写形式	表达内容	附加说明
B:4 ⏀25 或 8 ⏀25 4/4 或 4 ⏀25 +(4 ⏀16)	以"B"打头注写基础梁底部贯通纵筋(不应少于梁底部受力钢筋总截面面积的 1/3),包括钢筋级别、直径和根数	当跨中所注钢筋根数少于箍筋肢数时,需要在跨中增设梁底部架立筋以固定箍筋,采用"+"将贯通纵筋与架立筋相连,架立筋注写在加号后面括号内,如 B:4 ⏀25 +(4 ⏀16)。当梁底部贯通纵筋多于一排时,用"/"将各排纵筋自上而下分开
T:4 ⏀25 或 T:7 ⏀25 4/3	以"T"打头注写梁顶部贯通纵筋,包括钢筋级别、直径和根数	当梁顶部贯通纵筋多于一排时,用"/"将各排纵筋自上而下分开,如 T:7 ⏀25 4/3
G4 ⏀18	以"G"打头注写梁两侧面对称设置的纵向构造钢筋的总配筋值	当梁腹板高度 h_w ≥450 mm 时,根据需要配置,如 G4 ⏀18,表示梁每个侧面配置纵向构造钢筋 2 ⏀18,共配置 4 ⏀18
(-1.500)	基础梁底面标高	当条形基础的底面标高与基础底面基准标高不同时,将条形基础底面标高注写在"(　)"内
原位标注说明:原位标注示例见图 2.93		
4 ⏀25 +2 ⏀22 或 2 ⏀22/4 ⏀25	基础梁支座的底部纵筋,包含贯通纵筋与非贯通纵筋在内的所有纵筋	当多于一排时,用"/"将各排纵筋自上而下分开。当同排纵筋有两种直径时,采用"+"将两种直径的纵筋相连
$b \times h_1/h_2$(300 ×500/400)	基础梁外伸部位的变截面高度尺寸	h_1 为根部截面高度,h_2 为尽端截面高度
8 ⏀12(4)	附加箍筋	注写附加箍筋总根数
3 ⏀22	注写反扣吊筋	注写反扣吊筋总根数

注:条形基础梁的平面注写同样适用于独立基础的基础梁和桩基承台的基础梁。

3)条形基础底板的平面注写方式

条形基础底板的平面注写方式分集中标注和原位标注两部分内容。集中标注的内容包括:条形基础底板编号、截面竖向尺寸、配筋三项必注内容,以及条形基础底板底面标高(与基础底面基准标高不同时)、必要的文字注解两项选注内容。原位标注一般注写条形基础底板的平面尺寸以及原位注写修正内容,如图 2.94 所示。

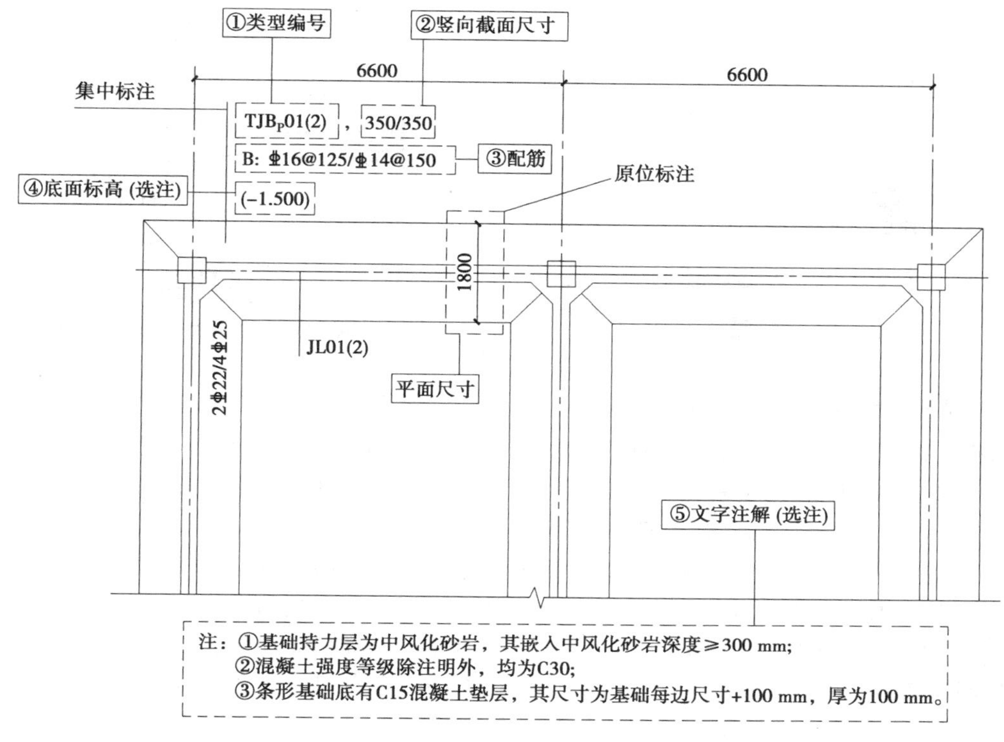

图 2.94 条形基础底板集中标注与原位标注内容

(1)集中标注

①注写条形基础底板编号,具体内容见表 2.40。

②注写条形基础底板截面竖向尺寸(见图 2.94、图 2.95),当为多阶基础底板时,各阶尺寸按自下而上注写为 $h_1/h_2/\cdots$。

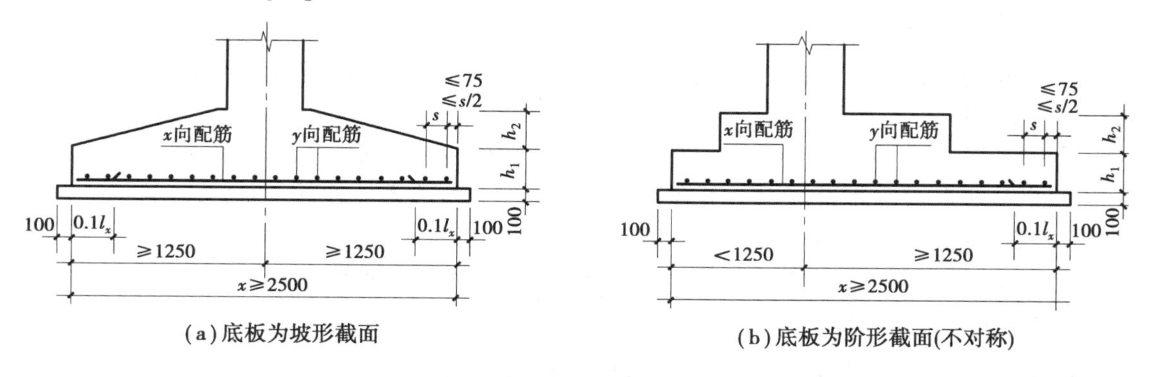

(a)底板为坡形截面　　(b)底板为阶形截面(不对称)

图 2.95 条形基础底板截面竖向尺寸注写示意

③注写条形基础底板底部及顶部配筋。以“B”打头注写条形基础底板底部的横向受力钢筋;以“T”打头注写条形基础底板顶部的横向受力钢筋;注写时用“/”分隔条形基础底板的横向受力钢筋和纵向分布钢筋,如图 2.96、图 2.97 所示。

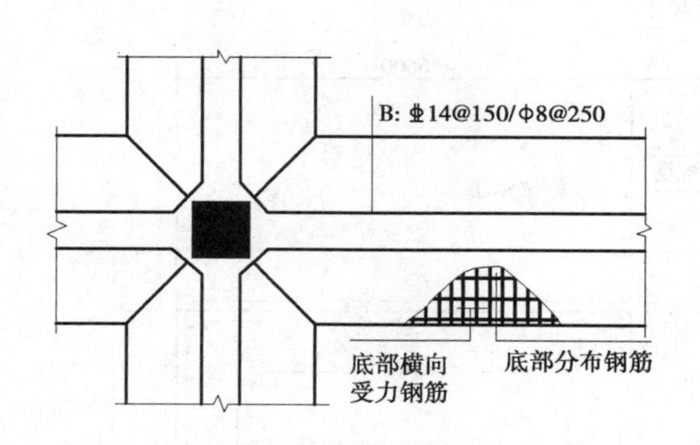

图 2.96　条形基础底板底部配筋示意

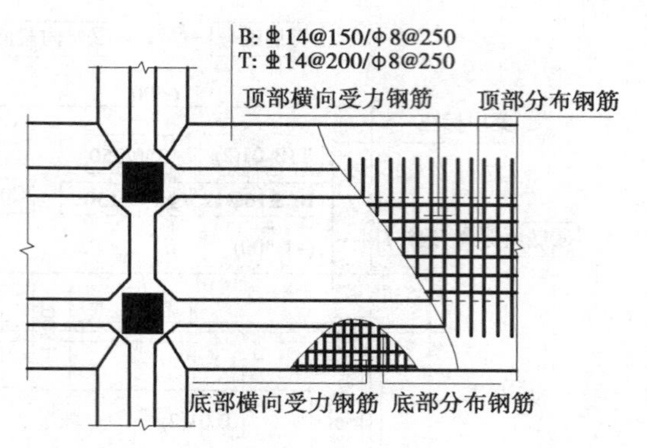

图 2.97　双梁条形基础底板配筋示意

【例 2.40】　图 2.96 中条形基础底板配筋标注为：B:⊈14@150/ϕ8@250，表示条形基础底板底部配置 HRB400 级横向受力钢筋，直径为 14 mm，分布间距为 150 mm；配置 HPB300 级纵向分布钢筋，直径为 8 mm，分布间距为 250 mm。

【例 2.41】　图 2.97 中双梁条形基础底板配筋标注为：B:⊈14@150/ϕ8@250　T:⊈14@200/ϕ8@250，表示条形基础底板底部配置 HRB400 级横向受力钢筋，直径为 14 mm，分布间距为 150 mm；配置 HPB300 级纵向分布钢筋，直径为 8 mm，分布间距为 250 mm。同时，条形基础底板顶部配置 HRB400 级横向受力钢筋，直径为 14 mm，分布间距为 200 mm；配置 HPB300 级纵向分布钢筋，直径为 8 mm，分布间距为 250 mm。

④注写条形基础底板底面标高（选注）。当条形基础底板的底面标高与条形基础底面基准标高不同时，应将条形基础底板底面标高注写在“（　）”内（见图 2.94）。

⑤必要的文字注解（选注）。当条形基础底板有特殊要求时，应增加必要的文字注解（见图2.94）。

（2）原位标注

①注写条形基础底板的平面尺寸。原位标注 b、b_i，$i=1,2,\cdots$。其中，b 为基础底板总宽度，b_i 为基础底板台阶的宽度。当基础底板采用对称于基础梁的坡形截面或单阶截面时，b_i 可不注（见图 2.94）。对于相同编号的条形基础底板，可仅选择一个进行标注。

②原位注写修正内容。当在条形基础底板上集中标注的某项内容，如底板截面竖向尺寸、底板配筋、底板底面标高等，不适用于条形基础底板的某跨或某外伸部分时，可将其修正内容原位标注在该跨或该外伸部位，施工时原位标注取值优先。

素混凝土条形基础底板的原位标注与钢筋混凝土条形基础底板相同。

4）条形基础的截面注写方式

条形基础的截面注写方式可分为截面标注和列表注写（结合截面示意图）两种表达方式。采用截面注写方式，应在基础平面布置图上对所有条形基础进行编号，见图 2.98 及表2.42、表2.43。

对条形基础进行截面标注的内容和形式，与传统“单构件正投影表示方法”基本相同。对于已在基础平面布置图上原位标注清楚的该条形基础梁和条形基础底板的水平尺寸，可不在截面图上重复表达。对多个条形基础，可采用列表注写（结合截面示意图）的方式进行集中表达。表中内容为条形基础截面的几何数据和配筋，截面示意图上应标注与表中栏目相对应的代号。

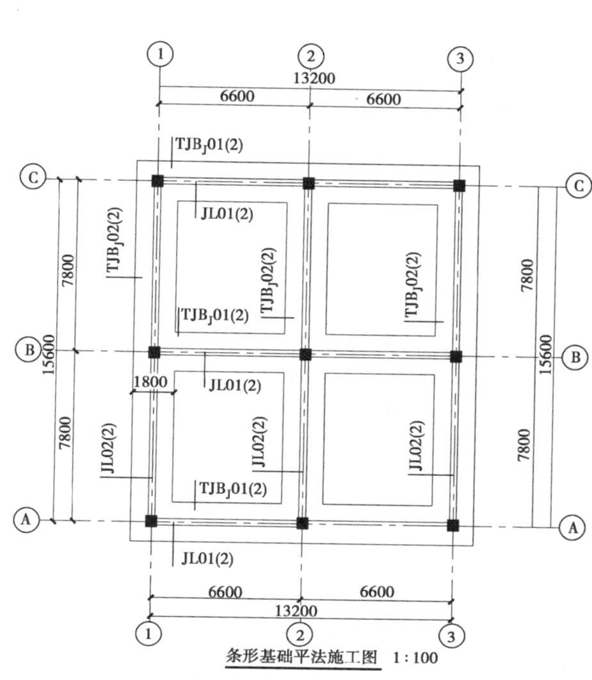

150 150
7⌀25 4/3 (8⌀25 4/4)
10⌀12@100/250 (4)
⌀14@150
G4⌀18
垫层 C15
⌀16@125 (⌀18@125)
4⌀25
350
350
−1.800
100
100 900 900 100
TJB01(02)
(未注明基础均同)

基础梁几何尺寸和配筋表

基础梁编号/截面号	截面几何尺寸		配 筋	
	$b\times h$	加腋 $c_1\times c_2$	底部贯通纵筋+非贯通纵筋，顶部贯通纵筋	第一种箍筋/第二种箍筋
JL01 (2)	300×700	—	B: 4⌀25+2⌀22 T: 7⌀25 4/3 G4⌀18	10⌀12@150/250 (4)
JL02 (2)	300×700	—	B: 4⌀25+2⌀22 T: 8⌀25 4/4 G4⌀18	10⌀12@150/250 (4)

条形基础底部几何尺寸和配筋表

基础底板编号/截面号	截面几何尺寸			配 筋	
	b	b_i	h_1/h_2	横向受力钢筋	纵向分布钢筋
TJB$_J$01 (2)	1800	725	350/350	B: ⌀16@125	B: ⌀14@150
TJB$_J$02 (2)	1800	725	350/350	B: ⌀18@125	B: ⌀14@150

注：表中可根据实际情况增加栏目，如增加上部配筋、基础底板底面标高等。

注：①条形基础底标高为−1.800 m，基础持力层为中风化砂岩，其嵌入中风化砂岩深度≥300 mm；
②混凝土强度等级除注明外，均为C30；
③条形基础底有C15混凝土垫层，其尺寸为基础每边尺寸+100 mm，厚为100 mm；
④本工程构造要求参照16G101—3图集施工。

图 2.98 条形基础截面注写方式示例

(1)基础梁

基础梁列表注写格式见表 2.42。

表 2.42 基础梁几何尺寸和配筋表

基础梁编号/截面号	截面几何尺寸/mm		配 筋	
	$b\times h$ 梁宽×梁高	加腋 $c_1\times c_2$ 腋长×腋高	底部贯通纵筋 + 非贯通纵筋,顶部贯通纵筋	第一种箍筋/第二种箍筋
JL1(2)	300×700	—	B:4⌀20 T:6⌀20 4/2	10⌀12@150/250(4)
JL2(2A 或 2B)	300×700	—	B:4⌀20 T:6⌀20 4/2	10⌀12@150/250(4)

注:表中可根据实际情况增加栏目,如增加基础梁底面标高等。

(2)条形基础底板

条形基础底板列表注写格式见表 2.43。

表 2.43 条形基础底板几何尺寸和配筋表

基础底板编号/截面号	截面几何尺寸/mm			底部配筋(B)	
	b	b_i	h_1/h_2	横向受力钢筋	纵向分布钢筋
TJB$_P$01(2A 或 2B)	1800	725	350/350	⌀16@125	⌀14@120
TJB$_J$01(2)	1800	725	350/350	⌀16@125	⌀14@150

注:表中可根据实际情况增加栏目,如增加上部配筋、基础底板底面标高(与基础底板底面基准标高不一致时)等。

学学做做

1. 说一说图 2.99 中各数据项标注及其含义是否正确。

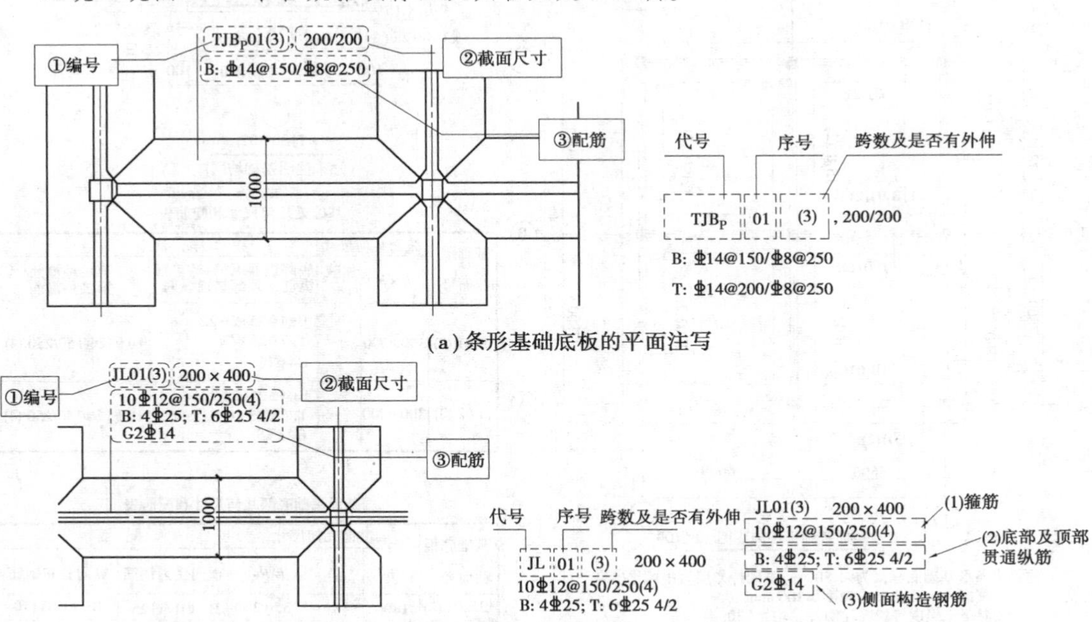

(a) 条形基础底板的平面注写

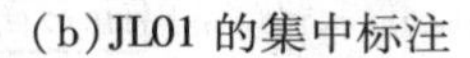

(b) JL01 的集中标注

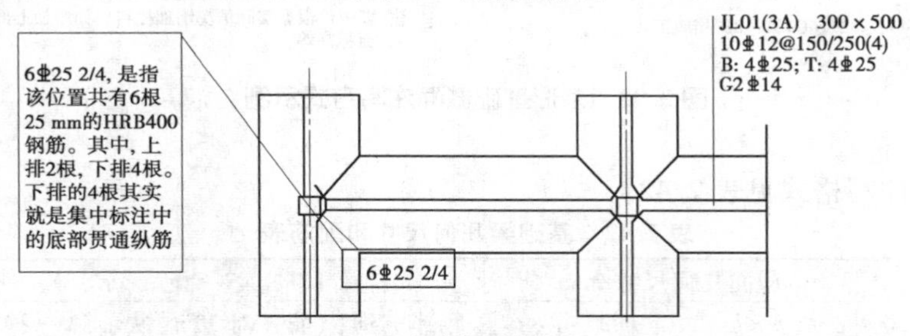

(c) 基础梁的原位标注

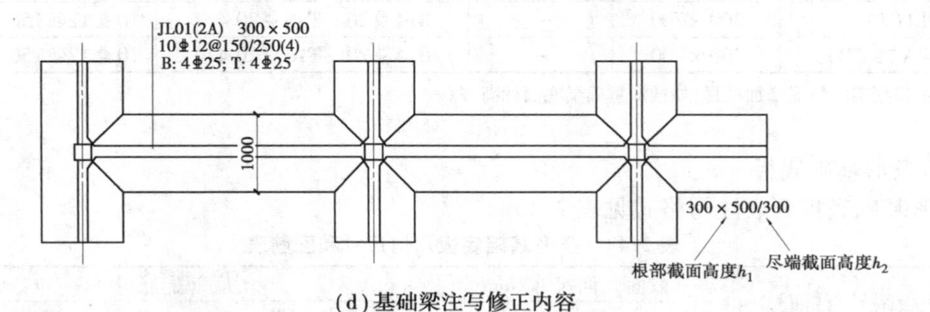

(d) 基础梁注写修正内容

图 2.99 条形基础平面注写

2. 识读图 2.100 中条形基础各标注数据项的含义。

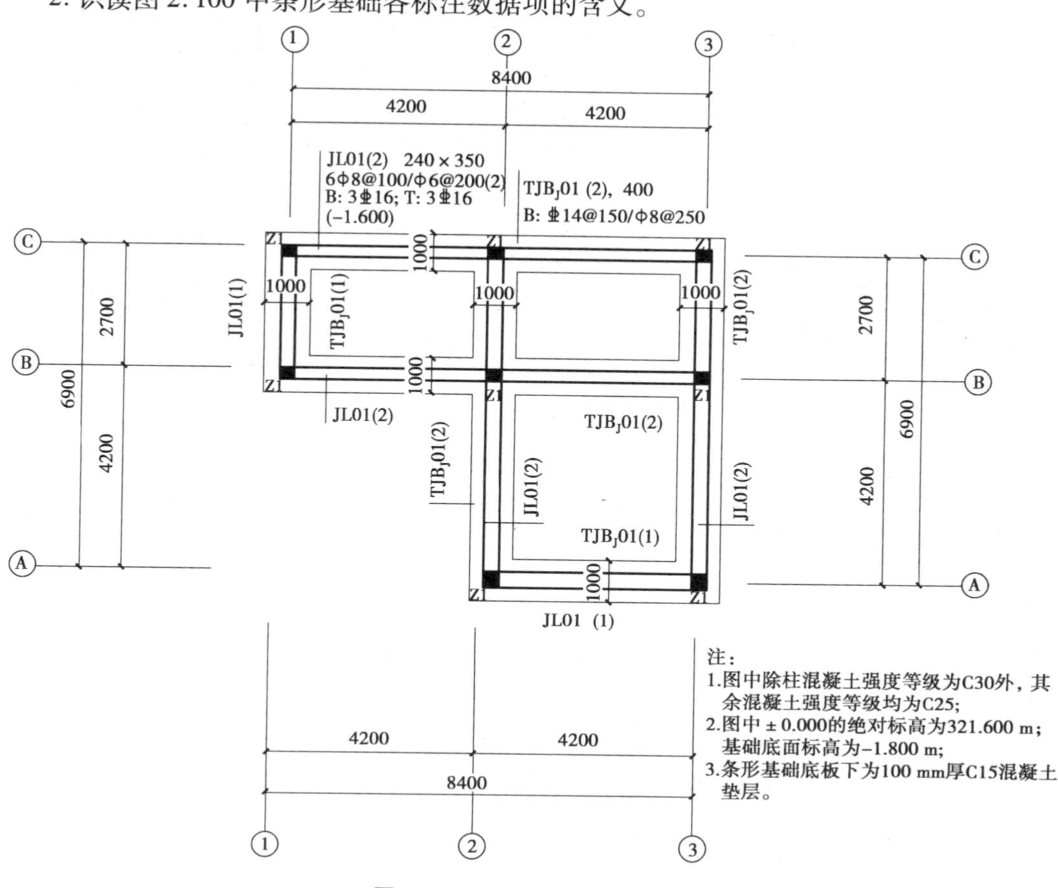

图 2.100 TJB$_J$01 平法注写示例

2.7.3 筏形基础

筏形基础也称为满堂基础，按照国家建筑标准设计图集 16G101—3 分为梁板式筏形基础和平板式筏形基础。二者主要区别是前者有肋梁，后者无肋梁。

1）梁板式筏形基础

梁板式筏形基础主要由基础主梁、基础次梁和基础平板等构成，如图 2.101 所示。其平法施工图系在基础平面布置图上采用平面注写方式进行表达。当绘制基础平面布置图时，应将梁板式筏形基础与其所支承的柱、墙平面一起绘制。当基础底面标高不同时，需注明与基础底面基准标高不同之处的范围和标高。通过选注基础梁底面与基础平板底面的标高高差来表达两者之间的位置关系，若是基础梁顶面与基础板顶一平，称为上梁式，在平法中称为“高板位”；若是基础梁底与基础板底一平，称为下梁式，在平法中称为“低板位”；若是基础平板在基础梁的中部，在平法中称为“中板位”。

梁板式筏形基础平法施工图包括基础主梁 JL、基础次梁 JCL 和梁板筏基础平板 LPB 的平法标注，其平面标注方式分为集中标注和原位标注两部分内容，如图 2.102 所示。梁板式筏形基础平法识图知识体系见表 2.44。

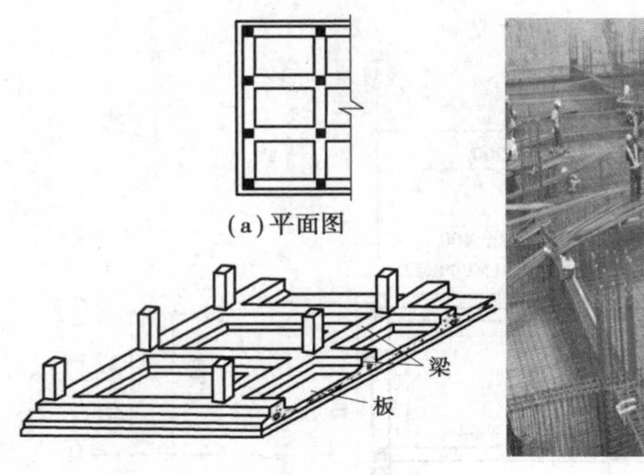

(a)平面图

(b)轴测图

(c)现场施工图

图 2.101　梁板式筏形基础

表 2.44　梁板式筏形基础平法识图知识体系

平法表达方式	平面注写方式		
数据项	几何元素		类型及编号
			截面尺寸
			底面标高高差
	配筋元素		配筋
	补充注解		必要的文字注解
数据注写方式	基础梁(JL、JCL)平面注写方式	集中标注	基础梁类型及编号
			基础梁截面尺寸
			基础梁配筋(箍筋,底部、顶部及侧面纵向钢筋)
			基础梁底面标高(选注)
			必要的文字注解(选注)
		原位标注	基础梁支座底部纵筋
			基础梁附加箍筋和吊筋
			基础梁外伸部位变截面高度(当外伸部位有变截面时)
			原位注写修正内容
	梁板式筏形基础平板(LPB)平面注写方式	集中标注	基础平板编号
			基础平板截面尺寸
			基础平板底部与顶部贯通纵筋及其跨数与外伸情况
		原位标注	板底部附加非贯通纵筋
			原位注写修正内容

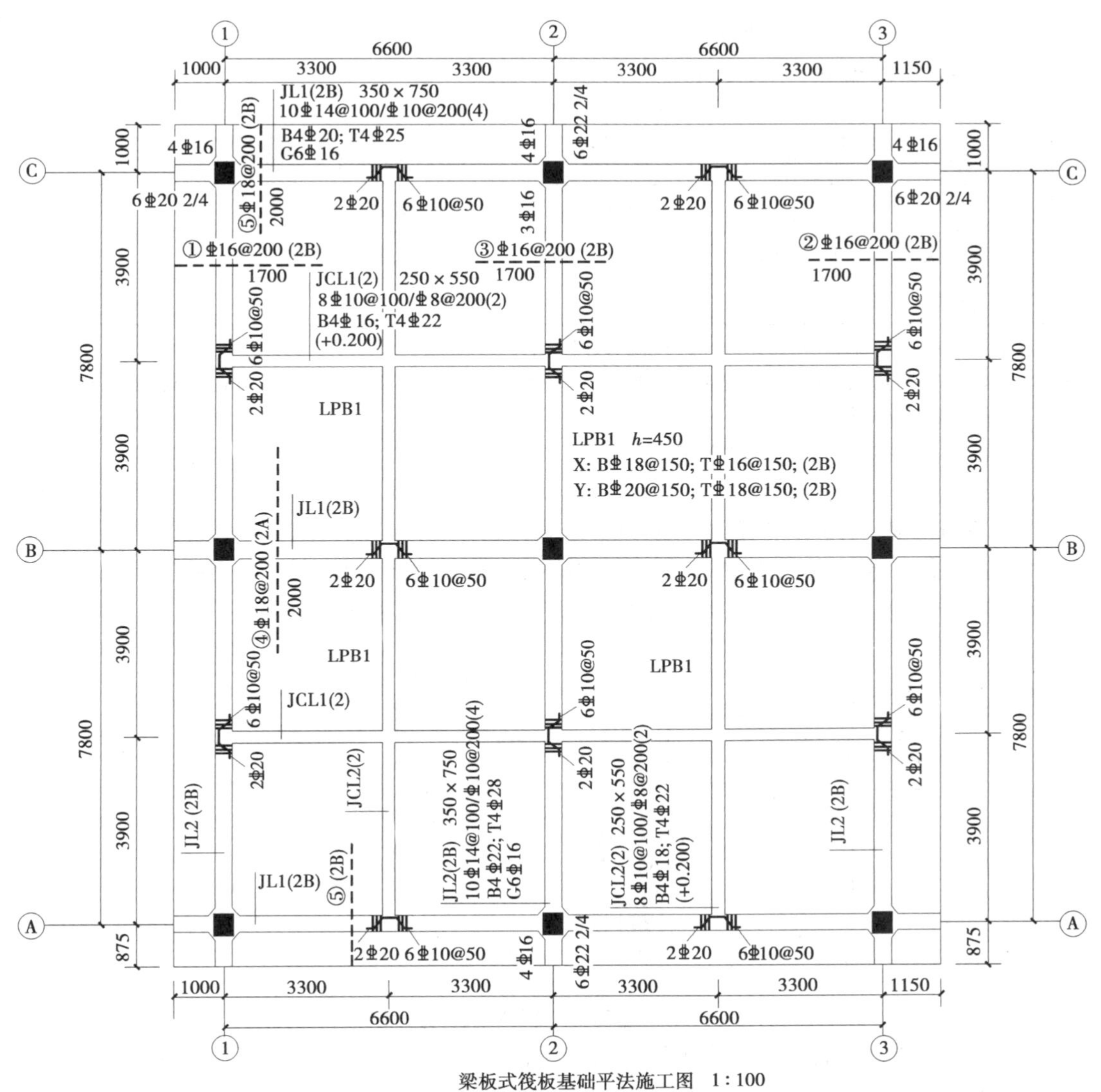

梁板式筏板基础平法施工图 1 : 100

注：①除垫层混凝土等级为C15外，其余混凝土强度等级均为C35；
垫层宽度为基础平板每边宽度+100 mm，厚度100 mm。
②梁板式筏形基础平板垫层底标高为-3.600 m。
③基础梁相交时，位于同一层面纵筋，X向钢筋在下，Y向钢筋在上。

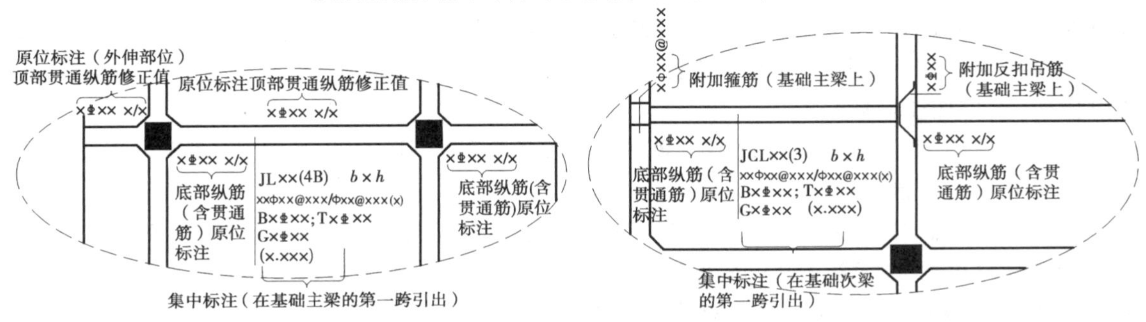

图2.102 梁板式筏形基础平法施工图及注写方式

(1)基础主梁和基础次梁集中标注

①注写基础梁的编号,见表2.45。

表2.45 基础梁类型

梁类型	代 号	序 号	跨数及是否带外伸
基础主梁	JL	××	(××)、(××A)或(××B)
基础次梁	JCL	××	(××)、(××A)或(××B)
梁板筏基础平板	LPB	××	

注:①(××A)为一端有外伸,(××B)为两端有外伸,外伸不计入跨数;

②梁板式筏形基础平板跨数及是否有外伸分别在X、Y两向的贯通纵筋之后表达,图面从左至右为X向,从下至上为Y向;

③梁板式筏形基础主梁与条形基础梁编号与标准构造详图一致。

【例2.42】 图2.103中标注有JL01(3)表示第1号基础主梁,3跨,无外伸;如标注有JL02(2A)表示第2号基础主梁,2跨,一端有外伸;如标注有JCL07(5B)表示第7号基础次梁,5跨,两端有外伸;标注有LPB09表示梁板式筏形基础的第9号基础平板。

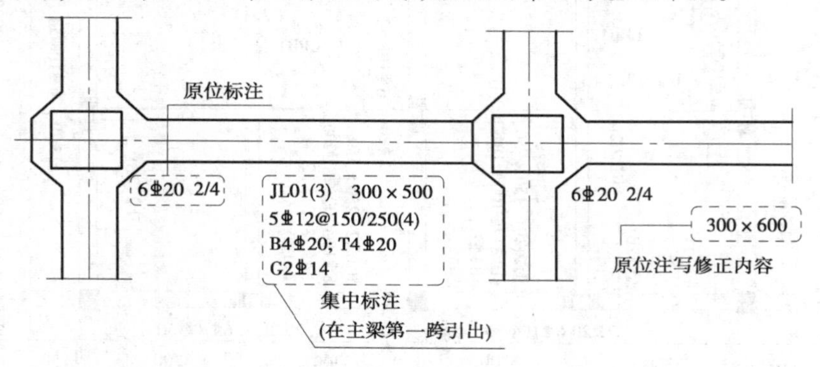

图2.103 基础主/次梁平法标注示例

②注写基础梁的截面尺寸。当为矩形截面梁时,用$b \times h$表示,其中b表示梁截面宽度,h表示梁截面高度;当为竖向加腋梁时,用$b \times h$ $Yc_1 \times c_2$表示,其中c_1为腋长,c_2为腋高,如图2.104所示。图2.103标注为300×500,表示梁截面宽度为300 mm,梁截面高度为500 mm。

③注写基础梁箍筋。基础梁箍筋的标注与框架梁相似。当采用1种箍筋时,需注写箍筋的钢筋级别、直径、间距和肢数(写在括号内);当采用2种箍筋时,用"/"分隔不同箍筋,按照从基础梁两端向跨中的顺序注写。先注写第1段箍筋(在前面加注箍数),在斜线后再注写第2段箍筋(不再加注箍数)。

【例2.43】 如某基础梁标注⌀8@200(4),表示箍筋为HPB300级钢筋,直径为8 mm,间距为200 mm,为4肢箍。

图2.103中JL01(3)标注5⌀12@150/250(4),表示箍筋为HRB400级钢筋,直径为12 mm,从梁两端向跨中设置,间距150 mm,每端各设5道(@150箍筋在本跨基础梁两端向跨中分布范围均为150 mm×4=600 mm),其余范围间距为250 mm,均为4肢箍。

④注写基础梁的底部与顶部纵筋。以"B"打头,先注写梁底部贯通纵筋(不应少于底部受

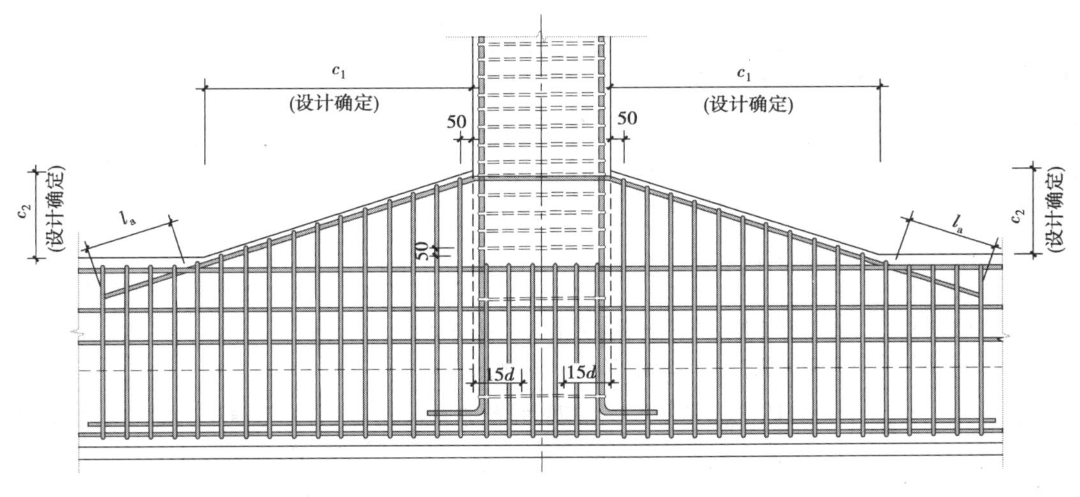

图 2.104 基础梁加腋示例

力钢筋总截面面积的 1/3)。当跨中所注根数少于箍筋肢数时,需要在跨中加设架立筋以固定箍筋,注写时,用"+"将贯通纵筋与架立筋相连,架立筋注写在加号后面的括号内。

以"T"打头,注写顶部贯通纵筋配筋值。注写时用分号";"将底部与顶部纵筋分隔开,如有个别跨与其不同,按原位标注的规定处理。

当梁底部或顶部贯通纵筋多于一排时,用"/"将各排纵筋自上而下分开。

【例 2.44】 图 2.103 中 JL01(3)标注 B4 ⌀20;T4 ⌀20,表示梁的底部和顶部都各配置 4 ⌀20的贯通纵筋。

【例 2.45】 如基础梁标注有 B6 ⌀20 2/4,表示梁的底部配置 6 ⌀20 贯通纵筋,其中上一排纵筋为 2 根,下一排纵筋为 4 根。

⑤注写基础梁侧面纵向钢筋。当梁腹板高度 $h_w \geq 450$ mm 时,根据需要配置纵向构造钢筋,所注规格与根数应符合设计规范要求。此项注写值以"构"字的汉语拼音的第一个字母"G"(大写)打头,接着注写对称设置在基础梁两个侧面的纵向构造钢筋的总配筋值。

【例 2.46】 图 2.103 中 JL01(3)标注为 G2 ⌀14,表示梁的两个侧面共配置 2 ⌀14 的构造纵向钢筋,梁每侧各配置 1 ⌀14。

当需要配置抗扭纵向钢筋时,梁两个侧面设置的抗扭纵向钢筋以"N"打头。

【例 2.47】 如某基础梁标注为 N8 ⌀16,表示梁的两个侧面共配置 8 ⌀16 的纵向抗扭钢筋,梁每侧各配置 4 ⌀16。

⑥注写基础梁底面标高高差。该项为选注值,基础梁底面标高高差系指相对于筏形基础平板底面标高的高差值。有高差时,需将高差写入括号内(如"高板位"与"中板位"基础梁的底面与基础平板底面标高的高差值),无高差时不注(如"低板位"筏形基础的基础梁)。

基础主梁和基础次梁的标注说明见表 2.46。

(2)基础主梁与基础次梁原位标注

①注写梁支座的底部纵筋,系指包含贯通纵筋与非贯通纵筋在内的所有纵筋。当底部纵筋多于一排时,用"/"将各排纵筋自上而下分开;当两排纵筋有两种直径时,用"+"将两种直径的纵筋相连。

表 2.46　基础主/次梁(JL、JCL)标注说明

注写形式	表达内容	附加说明
集中标注说明:集中标注应在第一跨引出(见图 2.103)		
JL01(3)或 JCL07(5B)	基础主梁 JL 和基础次梁 JCL 编号,具体包括:代号、序号、(跨数及外伸状况)	(××A):一端有外伸;(××B):两端有外伸;无外伸则仅注跨数(××)
$b \times h(300 \times 500)$	截面尺寸:梁宽×梁高	当为竖向加腋梁时,用 $b \times h$　$\mathrm{Y}c_1 \times c_2$,其中 c_1 为腋长,c_2 为腋高
ф8@200(4) 5 ⌀12@150/250(4)	箍筋强度等级、直径、间距;第 1 种箍筋道数、强度等级、直径、间距/第 2 种箍筋(肢数)	—
B 4 ⌀20; T 4 ⌀20	底部(B)贯通纵筋根数、强度等级、直径;顶部(T)贯通纵筋根数、强度等级、直径	底部纵筋应有不少于 1/3 贯通全跨,顶部纵筋全部连通
G2 ⌀14	梁侧面纵向构造钢筋根数、强度等级、直径	为梁两个侧面纵筋的总根数
(0.500)	梁底面相对于基准标高的高差	高者前加"+"号,低者加"-"号,无高差不注
原位标注(含贯通筋)的说明:		
6 ⌀20 2/4	基础主梁柱下与基础次梁支座区域底部纵筋根数、强度等级、直径,以及用"/"分隔的各排筋根数	为该区域底部包括贯通纵筋与非贯通纵筋在内的全部纵筋
6 ⌀10@50	附加箍筋总根数(两侧均分)、规格、直径及间距	在主次梁相交处的主梁上引出
其他原位标注	某部位与集中标注不同的内容	一经原位标注,原位标注取值优先

注:相同的基础主梁或次梁只标注一根,其他仅注编号。有关标注的其他规定详见 16G101—3 图集。在基础梁相交处位于同一层面的纵筋相交叉时,设计应注明何梁纵筋在下,何梁纵筋在上。

【例 2.48】　图 2.103 中 JL01(3)左端底部纵筋标注为 6 ⌀20 2/4,表示上一排纵筋为 2 ⌀20,下一排纵筋为 4 ⌀20。

【例 2.49】　如某基础梁梁端(支座)区域底部纵筋标注为 4 ⌀28 +2 ⌀25,则表示一排纵筋由两种不同直径钢筋组成。

当梁中间支座两边的底部纵筋配置不同时,需在支座两边分别标注;当梁中间支座两边的底部纵筋相同时,可仅在支座一边标注配筋值。当梁端(支座)区域的底部全部纵筋与集中注写的贯通纵筋相同时,可不再重复做原位标注。

【例 2.50】　图 2.103 中 JL01(3)中间支座底部右端纵筋标注为 6 ⌀20 2/4,而左端未标注,表示 JL01 在本支座处左右两端底部纵筋相同,上一排纵筋为 2 ⌀20,下一排纵筋为 4 ⌀20。

竖向加腋梁的加腋部位钢筋,需在设置加腋的支座处以"Y"打头注写在括号内。

【例 2.51】　竖向加腋梁端(支座)处注写为 Y4 ⌀25,表示竖向加腋部位斜纵筋为 4 ⌀25。

②注写基础梁的附加箍筋或(反扣)吊筋。当有基础主梁与基础次梁相交,附加箍筋或(反扣)吊筋直接画在平面图中的主梁上,用线引注总配筋值(附加箍筋的肢数注在括号内,见

图 2.102)，构造样式如图 2.105 所示。当多数附加箍筋或(反扣)吊筋相同时，可在基础平法施工图上统一注明，少数与统一注明值不同时，再原位引注。

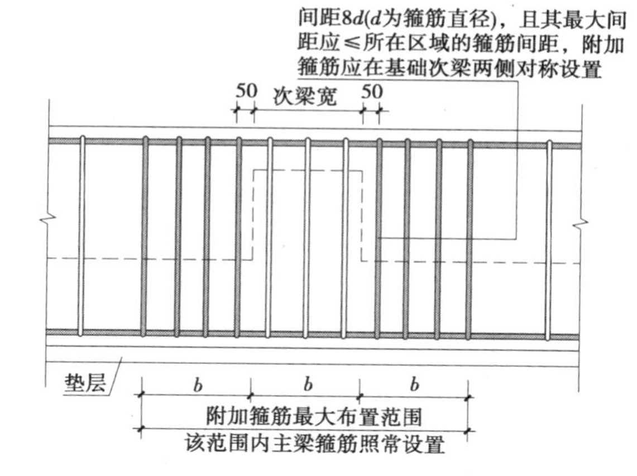

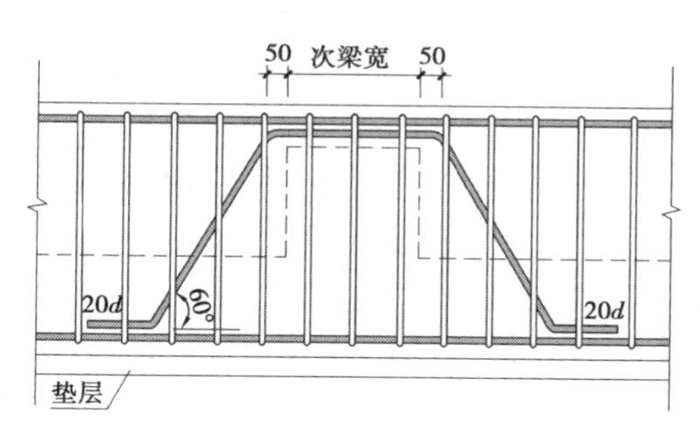

图 2.105　附加箍筋或(反扣)吊筋示例

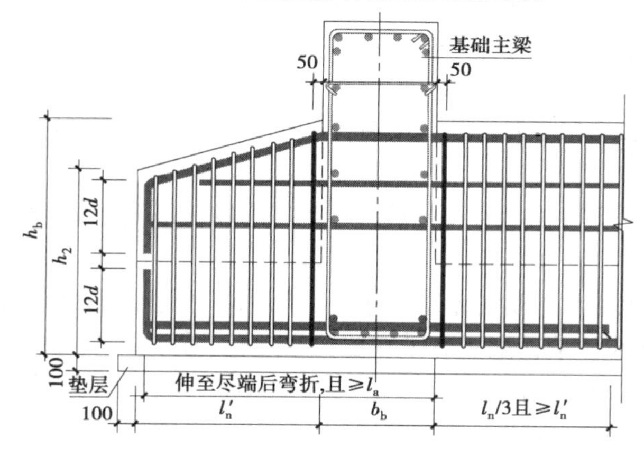

图 2.106　基础梁外伸部位变截面示例

③当基础梁外伸部位变截面高度时，在该部位原位注写 $b \times h_1/h_2$，h_1 为根部截面高度，h_2 为尽端截面高度，如图 2.106 所示。

④注写修正内容。当基础梁上集中标注的某项内容(如梁截面尺寸、箍筋、底部与顶部贯通纵筋或架立筋、梁侧面纵向构造箍筋、梁底面标高高差等)不适用于某跨或某外伸部分时，则将其修正内容原位标注在该跨或外伸部位，施工时原位标注取值优先(见图 2.103)。当在多跨基础梁的集中标注中已注明竖向加腋，而该梁某跨根部不需要竖向加腋时，则应在该跨原位标注等截面的 $b \times h$，以修正集中标注中的加腋信息。

(3)梁板式筏形基础平板的平面注写

梁板式筏形基础平板 LPB 的平面注写，分为平板底部与顶部贯通纵筋的集中标注与平板底部附加非贯通纵筋的原位标注两部分内容。当仅设置贯通纵筋而未设置附加非贯通纵筋时，则仅集中标注。

①集中标注。

梁板式筏形基础平板 LPB 贯通纵筋的集中标注，应在所表达的板区双向均为第一跨

(X与Y双向首跨)的板上引出。板区划分条件:板厚相同、基础平板底部与顶部贯通纵筋配置相同的区域为同一板区。集中标注的内容规定如下:

a. 注写基础平板的编号,如LPB ××;

b. 注写基础平板的截面尺寸,注写 h = ××× 表示板厚;

c. 注写基础平板的底部与顶部贯通纵筋及其跨数及外伸情况。先注写X向底部(B打头)贯通纵筋与顶部(T打头)贯通纵筋及其跨数及外伸情况;再注写Y向底部(B打头)贯通纵筋与顶部(T打头)贯通纵筋及其跨数及外伸情况。贯通纵筋的跨数及外伸情况注写在括号中,注写方式为"跨数及有无外伸",其表达形式为:(××)(无外伸)、(××A)(一端有外伸)或(××B)(两端有外伸)。

【例2.52】 LPB1 X:B⌀22@150;T⌀20@150;(5B)
Y:B⌀20@200;T⌀18@200;(7A)

表示1号基础平板X向底部配置⌀22、间距150 mm的贯通纵筋,顶部配置⌀20、间距150 mm的贯通纵筋,共5跨两端有外伸;Y向底部配置⌀20、间距200 mm的贯通纵筋,顶部配置⌀18、间距200 mm的贯通纵筋,共7跨一端有外伸。

当贯通纵筋采用两种规格钢筋"隔一布一"方式时,表达为 $\phi xx/yy$@×××,表示直径 xx 的钢筋和直径 yy 的钢筋间距分别为×××的2倍。

【例2.53】 ⌀10/12@100,表示贯通纵筋为⌀10、⌀12隔一布一,彼此之间间距为100 mm。

②原位标注。

梁板式筏形基础平板LPB的原位标注,主要表达板底部附加非贯通纵筋,其表达内容见表2.47。

a. 原位注写位置及内容。板底部原位标注的附加非贯通纵筋,应在配置相同跨的第一跨表达(当在基础梁悬挑部位单独配置时则在原位表达)。在配置相同跨的第一跨(或基础梁外伸部位),垂直于基础梁绘制一段中粗虚线(当该钢筋通长设置在外伸部位或短跨板下部时,应画至对边或贯通短跨),在虚线上注写编号(如①、②等)、配筋值、横向布置的跨数及是否布置到外伸部位。

板底部附加非贯通纵筋自支座中线向两边跨内的伸出长度值注写在线段的下方位置。当该钢筋向两侧对称伸出时,可仅在一侧标注,另一侧不注;当布置在边梁下时,向基础平板外伸部位一侧的伸出长度与方式按标准构造,设计不注。底部附加非贯通纵筋相同者,可仅注写一处,其他只注写编号。

横向连续布置的跨数及是否布置到外伸部位,不受集中标注贯通纵筋的板区限制。

【例2.54】 在基础平板第一跨原位注写底部附加非贯通纵筋⌀18@300(4A),表示在第1跨至第4跨板且包括基础梁外伸部位横向配置⌀18@300底部附加非贯通纵筋,伸出长度值略。

原位注写的底部附加非贯通纵筋与集中标注的底部贯通钢筋,宜采用"隔一布一"的方式布置,即基础平板(X向或Y向)底部附加非贯通纵筋与贯通纵筋间隔布置,其标注间距与底部贯通纵筋相同(两者实际组合后的间距为各自标注间距的1/2)。

【例2.55】 原位注写的基础平板底部附加非贯通纵筋为④⌀22@300(3),该3跨范围集中标注的底部贯通纵筋为B⌀22@300,在该3跨支座处实际横向设置的底部纵筋合计为

⌀22@150。其他与④号筋相同的底部附加非贯通纵筋可仅注写编号④。

【例2.56】 原位注写的基础平板底部附加非贯通纵筋为②⌀25@300(4),该4跨范围集中标注的底部贯通纵筋为B⌀22@300,表示该4跨支座处实际横向设置的底部纵筋为⌀25和⌀22间隔布置,彼此间距为150 mm。

b.注写修正内容。当集中标注的某项内容不适用于梁板式筏形基础平板某板区的某一板跨时,应由设计者在该板跨内注明,施工时应按注明内容取用。

c.当若干基础梁下基础平板的底部附加非贯通纵筋配置相同时(其底部、顶部的贯通纵筋可以不同),可仅在一根基础梁下做原位注写,并在其他梁上注明"该梁下基础平板底部附加非贯通纵筋同××基础梁"。

梁板式筏形基础平板LPB的平面注写规定,同样适用于钢筋混凝土墙下的基础平板。

梁板式筏形基础平板LPB的平面注写方式如图2.107所示,注写示例见图2.102。

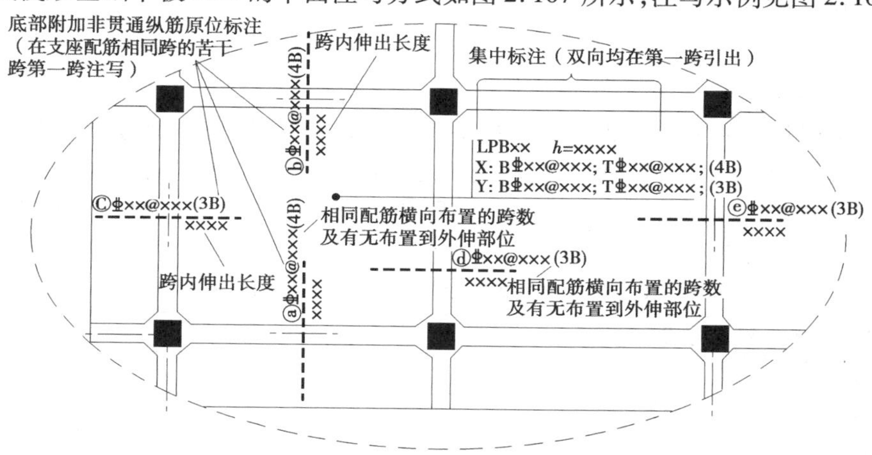

图2.107　梁板式筏形基础平板LPB的平面注写方式

上述内容汇总于表2.47中。

表2.47　梁板式筏形基础平板LPB标注说明

集中标注说明:集中标注应在双向均为第一跨引出(见图2.102)		
注写形式	表达内容	附加说明
LPB1	基础平板编号,包括代号、序号	为梁板式基础的1号基础平板
h=450	基础平板厚度	基础平板厚度为450 mm
X:B⌀18@150;T⌀16@150;(2B) Y:B⌀20@150;T⌀18@150;(2B)	X向底部(B)与顶部(T)贯通纵筋强度等级、直径、间距(跨数及外伸情况) Y向底部(B)与顶部(T)贯通纵筋强度等级、直径、间距(跨数及外伸情况)	①底部纵筋应有不少于1/3贯通全跨,注意与非贯通纵筋组合设置的具体要求,详见16G101—3图集制图规则; ②(××A)为一端有外伸,(××B)为两端均有外伸,无外伸则仅注跨数(××); ③图面从左至右为X向,从下至上为Y向

续表

板底部附加非贯通筋的原位标注说明:原位标注应在基础梁下相同配筋跨的第一跨下注写		
⊗Φ××@×××(×、×A、×B) ×××× 基础梁	底部附加非贯通纵筋编号、强度等级、直径、间距(相同配筋横向布置的跨数及有否布置到外伸部位);自梁中心线分别向两边跨内的伸出长度值	当向两侧对称伸出时,可只在一侧标注伸出长度值,外伸部位一侧的伸出长度与方式按标准构造,设计不注。相同非贯通纵筋可只注写一处,其他仅在中粗虚线上注写编号。与贯通纵筋组合设置时具体要求详见16G101—3图集相应制图规则
修正内容原位注写	某部位与集中标注不同的内容	原位标注的修正内容取值优先

注:板底支座处实际配筋为集中标注的板底贯通纵筋与原位标注的板底附加非贯通纵筋之和。图中注明的其他内容见16G101—3图集第4.6.2条;有关标注的其他规定详见制图规则。

2)平板式筏形基础

平板式筏形基础平法施工图,系在基础平面布置图上采用平面注写方式表达。当绘制基础平面布置图时,应将平板式筏形基础与其所支撑的柱、墙一起绘制。当基础底面标高不同时,需注明与基础底面基准标高不同之处的范围和标高,如图2.108所示。平板式筏形基础平法识图知识体系见表2.48。

表2.48　平板式筏形基础平法识图知识体系

平法表达方式	平面注写方式		
数据项	几何元素		类型及编号
			截面尺寸
	配筋元素		配筋(底部与顶部贯通纵筋、底部附加非贯通纵筋)
	补充注解		必要的文字注解(如基础底面标高不同时,需注明与基础底面基准标高不同之处的范围和标高)
数据注写方式	柱下板带(ZXB)与跨中板带(KZB)平面注写方式	集中标注	类型及编号
			截面尺寸
			底部与顶部贯通纵筋
		原位标注	底部附加非贯通纵筋
			原位注写修正内容
	平板式筏形基础平板(BPB)平面注写方式	集中标注	基础平板编号
			基础平板截面尺寸
			基础平板底部与顶部贯通纵筋及其跨数与外伸情况
		原位标注	板底部附加非贯通纵筋
			原位注写修正内容
	后浇带(HJD)、基坑(JK)、上柱墩(SZD)、下柱墩(XZD)注写方式	直接引注	类型及编号
			截面尺寸
			配筋

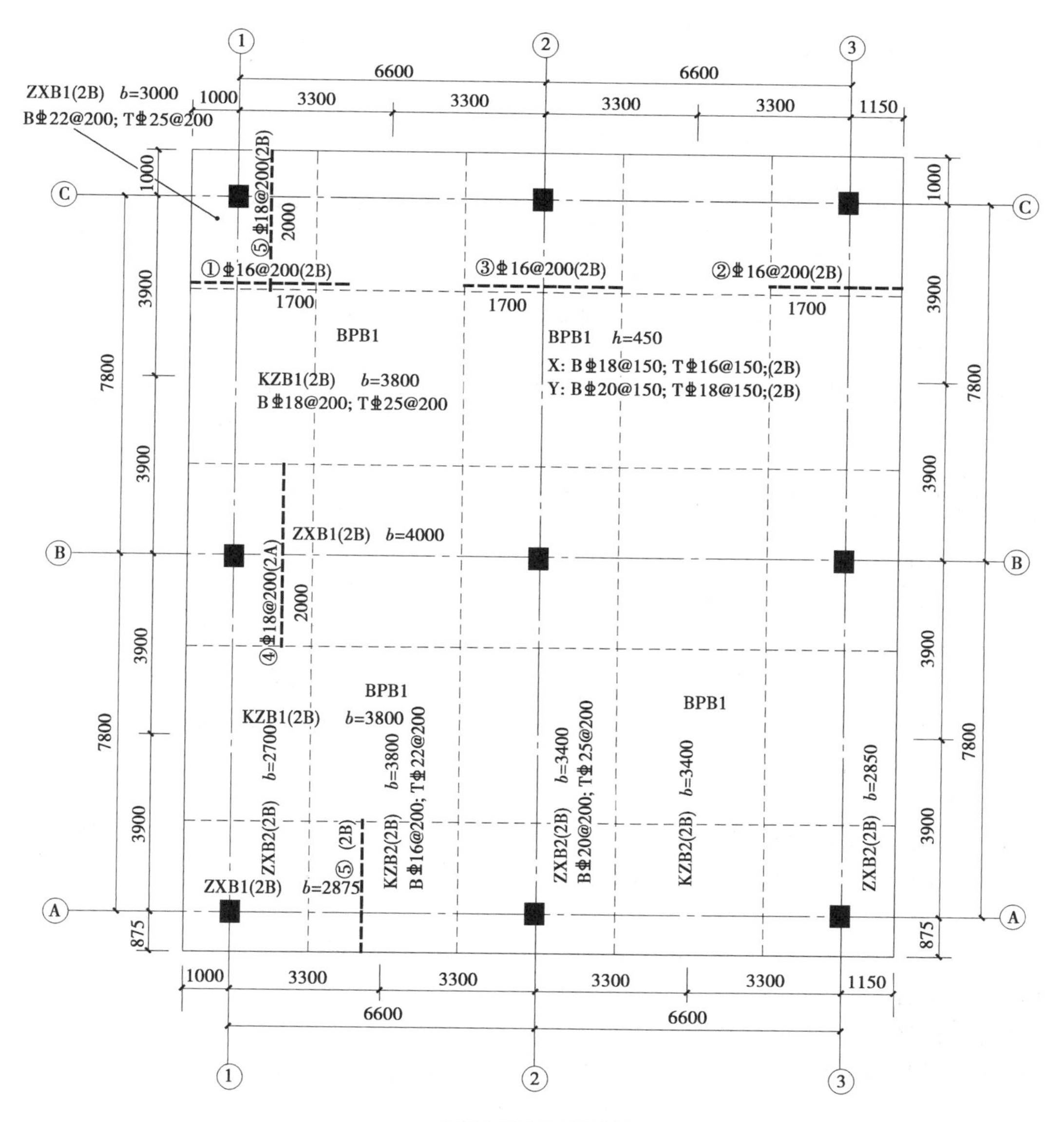

平板式筏形基础平法施工图 1:100

注:①除垫层混凝土强度等级为C15外,其余混凝土强度等级均为C35;
垫层宽度为基础平板每边宽度+100 mm,厚度100 mm。
②平板式筏形基础平板垫层底标高为-3.600 m。

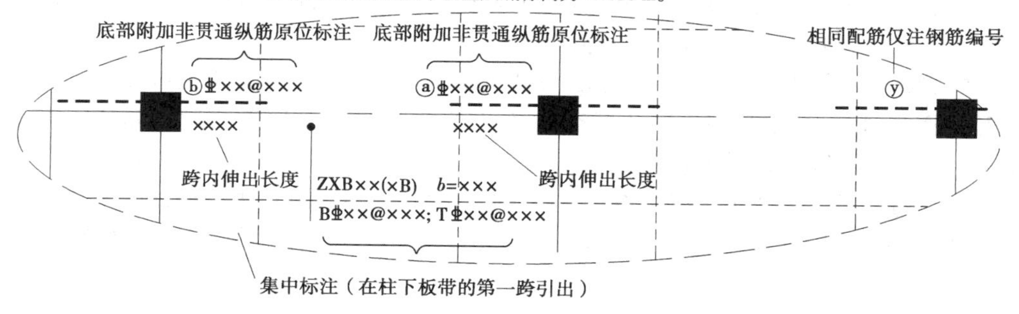

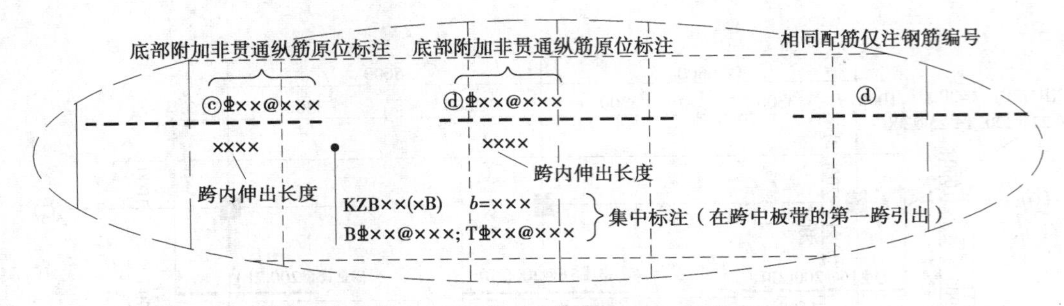

图 2.108 平板式筏形基础平法施工图与注写示例

(1)平板式筏形基础构件的类型与编号

平板式筏形基础由柱下板带、跨中板带构成;也可不分板带,按基础平板进行表达。平板式筏形基础构件的类型与编号见表 2.49。

表 2.49 平板式筏形基础构件编号

构件类型	代　号	序　号	跨数及是否带外伸
柱下板带	ZXB	××	(××)或(××A)或(××B)
跨中板带	KZB	××	(××)或(××A)或(××B)
平板式筏形基础平板	BPB	××	

注:①(××)无外伸,(××A)为一端有外伸,(××B)为两端有外伸,外伸不计入跨数;

②平板式筏形基础基础平板,其跨数及是否有外伸分别在 X、Y 两向的贯通纵筋之后表达,图面从左至右为 X 向,从下至上为 Y 向。

【例 2.57】 图 2.108 中 ZXB1(2B),表示第 1 号柱下板带,两跨,两端有外伸;KZB1(2B),表示第 1 号跨中板带,两跨,两端有外伸;BPB1,表示第 1 号平板式筏形基础平板。

(2)柱下板带与跨中板带的平面注写方式

柱下板带 ZXB(视其为无箍筋的宽扁梁)与跨中板带 KZB 的平面注写,分集中标注与原位标注两部分内容。

①集中标注。

柱下板带与跨中板带的集中标注,应在第一跨(X 向为左端跨,Y 向为下端跨)引出。具体规定如下:

a. 注写编号,见表 2.49。

b. 注写截面尺寸,注写 b = ××× 表示板带宽度(在图注中注明基础平板厚度)。当柱下板带宽度确定后,跨中板带宽度亦随之确定(即相邻两平行柱下板带之间的距离)。当柱下板带中心线偏离柱中心线时,应在平面图上标注其定位尺寸。

c. 注写底部与顶部贯通纵筋。注写底部贯通纵筋(B 打头)与顶部贯通纵筋(T 打头)的规格与间距,用分号";"将其隔开。柱下板带的柱下区域,通常在其底部贯通纵筋的间隔插空设有(原位注写)底部附加非贯通纵筋。

【例 2.58】 图 2.108 中 ZXB1(2B) b = 3 000 B⏀22@200;T⏀25@200,表示 1 号柱下板带,两跨,两端有外伸,板带宽 3 000 mm,板带底部配置⏀22、间距 200 mm 的贯通纵筋,板带顶部配置⏀25、间距 200 mm 的贯通纵筋。

【例2.59】　图2.108中KZB1(2B)　b=3 800　B⌀18@200;T⌀25@200,表示1号跨中板带,两跨,两端有外伸,板带宽3 800 mm,板带底部配置⌀18、间距200 mm的贯通纵筋,板带顶部配置⌀25、间距200 mm的贯通纵筋。

柱下板带与跨中板带的底部贯通纵筋,可在跨中1/3净跨长度范围内采用搭接连接、机械连接或焊接;柱下板带及跨中板带的顶部贯通纵筋,可在柱网轴线附近1/4净跨长度范围内采用搭接连接、机械连接或焊接。

②原位标注。

柱下板带与跨中板带原位标注的内容主要为底部附加非贯通纵筋。具体规定如下:

以一段与板带同向的中粗虚线代表附加非贯通纵筋;柱下板带:贯穿其柱下区域绘制;跨中板带:横贯柱中线绘制。在虚线上注写底部附加非贯通纵筋的编号(如①、②等)、钢筋级别、直径、间距,以及自柱中线分别向两侧跨内的伸出长度值。当向两侧对称伸出时,长度值可仅在一侧标注,另一侧不注。外伸部位的伸出长度与方式按标准构造,设计不注。对同一板带中底部附加非贯通纵筋相同者,可仅在一根钢筋上注写,其他可仅在中粗虚线上注写编号。原位标注的底部附加非贯通纵筋与集中标注的底部贯通纵筋,宜采用"隔一布一"的方式布置,即柱下板带或跨中板带底部附加非贯通纵筋与贯通纵筋交错插空布置,其标注间距与底部贯通纵筋相同(两者实际组合后的间距为各自标注间距的1/2)。

【例2.60】　某平板式筏形基础柱下区域原位注写基础平板底部附加非贯通纵筋为④⌀22@300(3),且在该3跨范围又集中标注有底部贯通纵筋为B⌀22@300,则在该3跨支座处实际横向设置的底部纵筋为⌀22@150。

【例2.61】　图2.108中原位注写的基础平板底部附加非贯通纵筋为①⌀16@200(2B),该2跨范围集中标注的底部贯通纵筋为B⌀20@200,表示该2跨及外伸端支座处实际横向设置的底部纵筋为⌀16和⌀20间隔布置,彼此间距为100 mm。

柱下板带ZXB和跨中板带KZB标注说明见表2.50。

表2.50　柱下板带ZXB与跨中板带KZB标注说明

集中标注说明:集中标注应在第一跨引出(见图2.108)		
注写形式	表达内容	附加说明
ZXB1(3B)或KZB2(3A)	柱下板带或跨中板带编号,具体包括:代号、序号、(跨数及外伸状况)	(××A)为一端有外伸,(××B)为两端均有外伸,无外伸则仅注跨数(××)
b=3000	板带宽度(在图注中应注明板厚)	板带宽度取值与设置部位应符合规范要求
B⌀18@200; T⌀25@200	底部(B)贯通纵筋强度等级、直径、间距; 顶部(T)贯通纵筋强度等级、直径、间距	底部纵筋应有不少于1/3贯通全跨,注意与非贯通纵筋组合设置的具体要求,详见16G101—3中制图规则

续表

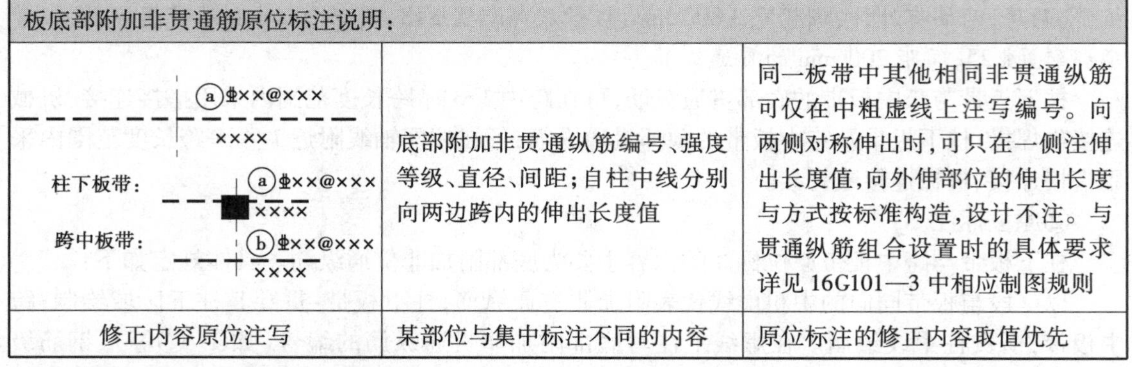

板底部附加非贯通筋原位标注说明：		
ⓐΦ××@××× ×××× 柱下板带：ⓐΦ××@××× ×××× 跨中板带：ⓑΦ××@××× ××××	底部附加非贯通纵筋编号、强度等级、直径、间距；自柱中线分别向两边跨内的伸出长度值	同一板带中其他相同非贯通纵筋可仅在中粗虚线上注写编号。向两侧对称伸出时，可只在一侧注伸出长度值，向外伸部位的伸出长度与方式按标准构造，设计不注。与贯通纵筋组合设置时的具体要求详见16G101—3中相应制图规则
修正内容原位注写	某部位与集中标注不同的内容	原位标注的修正内容取值优先

注：相同的柱下或跨中板带只标注一条，其他仅注写编号；有关标注的其他规定详见16G101—3中相应制图规则。

(3)平板式筏形基础平板BPB的平面注写方式

平板式筏形基础平板BPB的平面注写分集中标注与原位标注两部分内容。当仅设置底部与顶部贯通纵筋而未设置底部附加非贯通纵筋时，则仅做集中标注。

①集中标注。

平板式筏形基础平板BPB的集中标注应在所表达的板区双向均为第一跨(X与Y双向首跨)的板上引出(图面从左至右为X向，从下到上为Y向)。板区划分条件：板厚相同、基础平板底部与顶部贯通纵筋配置相同的区域为同一板区。集中标注的内容规定如下：

a.注写基础平板的编号，如BPB××，见表2.49；

b.注写基础平板的截面尺寸，注写 h = ××× 表示板厚，见表2.51；

c.注写基础平板的底部与顶部贯通纵筋及其跨数及外伸情况。先注写X向底部(B打头)贯通纵筋与顶部(T打头)贯通纵筋及其跨数及外伸情况；再注写Y向底部(B打头)贯通纵筋与顶部(T打头)贯通纵筋及其跨数及外伸情况(图面从左至右为X向，从下到上为Y向)。贯通纵筋的跨数及外伸情况注写在括号中，注写方式为"跨数及有无外伸"，其表达形式为：(××)无外伸、(××A)为一端有外伸，(××B)为两端有外伸，见表2.51。

【例2.62】 图2.108中 BPB1 h = 450
X：BΦ18@150；TΦ16@150；(2B)
Y：BΦ20@150；TΦ18@150；(2B)

表示1号基础平板X向底部配置Φ18、间距150 mm的贯通纵筋，顶部配置Φ16、间距150 mm的贯通纵筋，共2跨且两端均有外伸；Y向底部配置Φ20、间距150 mm的贯通纵筋，顶部配置Φ18、间距150 mm的贯通纵筋，共2跨且两端均有外伸。

当某向底部贯通纵筋或顶部贯通纵筋的配置在跨内有两种不同间距时，先注写跨内两端的第一种间距，并在前面加注纵筋根数(以表示其分布范围)，再注写跨中部的第二种间距(不需加注根数)，两者用"/"分隔。

【例2.63】 X：B12Φ22@150/200；T10Φ20@150/200，表示基础平板X向底部配置Φ22的贯通纵筋，跨两端间距为150 mm各配12根，跨中间距为200 mm；X向顶部配置Φ20的贯通纵筋，跨两端间距为150 mm各配10根，跨中间距为200 mm(纵向总长度略)。

②原位标注。

平板式筏形基础平板 BPB 的原位标注主要表达横跨柱中心线下的底部附加非贯通纵筋。注写规定如下：

a. 原位注写位置及内容。在配置相同的若干跨的第一跨，垂直于柱中线绘制一段中粗虚线代表底部附加非贯通纵筋，见图 2.108。当柱中心线下的底部附加非贯通纵筋（与柱中心线正交）沿柱中心线连续若干跨配置相同时，则在该连续跨的第一跨下原位标注，且将同规格配筋连续布置的跨数注在括号内；当有些跨配置不同时，则应分别原位注写。外伸部位的底部附加非贯通纵筋应单独注写（当与跨内某筋相同时仅注写钢筋编号）。

当底部附加非贯通纵筋横向布置在跨内有两种不同间距的底部贯通纵筋区域时，其间距应分别对应为两种，其注写形式应与贯通纵筋保持一致，即先注写跨内两端的第一种间距，并在前面加注纵筋根数，再注写跨中部的第二种间距（不需加注根数），两者用“/”分隔。

b. 当某些柱中心线下的基础平板底部附加非贯通纵筋横向配置相同时（其底部、顶部的贯通纵筋可以不同），可仅在一条中心线下做原位注写，并在其他柱中心线上注明“该柱中心线下基础平板底部附加非贯通纵筋同 ×× 柱中心线”。

平板式筏形基础平板 BPB 标注说明见表 2.51。

表 2.51 平板式筏形基础平板 BPB 标注说明

集中标注说明：集中标注应在双向均为第一跨引出（见图 2.108、图 2.109）		
注写形式	表达内容	附加说明
BPB1	基础平板编号，包括：代号、序号	为平板式筏形基础的基础平板
$h=450$	基础平板厚度	
X：B ⏀18@150；T ⏀16@150；(2B) Y：B ⏀20@150；T ⏀18@150；(2B)	X 向底部（B）与顶部（T）贯通纵筋强度等级、直径、间距（跨数及外伸情况） Y 向底部（B）与顶部（T）贯通纵筋强度等级、直径、间距（跨数及外伸情况）	①底部纵筋应有不少于 1/3 贯通全跨，注意与非贯通纵筋组合设置的具体要求，详见 16G101—3 制图规则；顶部纵筋应全跨贯通。 ②（××A）为一端有外伸，（××B）为两端均有外伸，无外伸则仅注跨数（××）。 ③图面从左至右为 X 向，从下至上为 Y 向
板底部附加非贯通筋的原位标注说明：原位标注应在基础梁下相同配筋跨的第一跨下注写		
Ⓧ ⏀××@×××(×, ×A, ×B) ×××× 柱中线	底部附加非贯通纵筋编号、强度等级、直径、间距（相同配筋横向布置的跨数及有无布置到外伸部位）；自梁中心线分别向两边跨内的伸出长度值	当向两侧对称伸出时，可只在一侧注伸出长度值。外伸部位一侧的伸出长度与方式按标准构造，设计不注。相同非贯通纵筋可只注写一处，其他仅在中粗虚线上注写编号。与贯通纵筋组合设置时的具体要求详见 16G101—3 中相应制图规则
修正内容原位注写	某部位与集中标注不同的内容	原位标注的修正内容取值优先

注：板底支座处实际配筋为集中标注的板底贯通纵筋与原位标注的板底附加非贯通纵筋之和。图注中注明的其他内容详见 16G101—3 第 5.5.2 条；有关标注的其他规定详见 16G101—3 中相应制图规则。

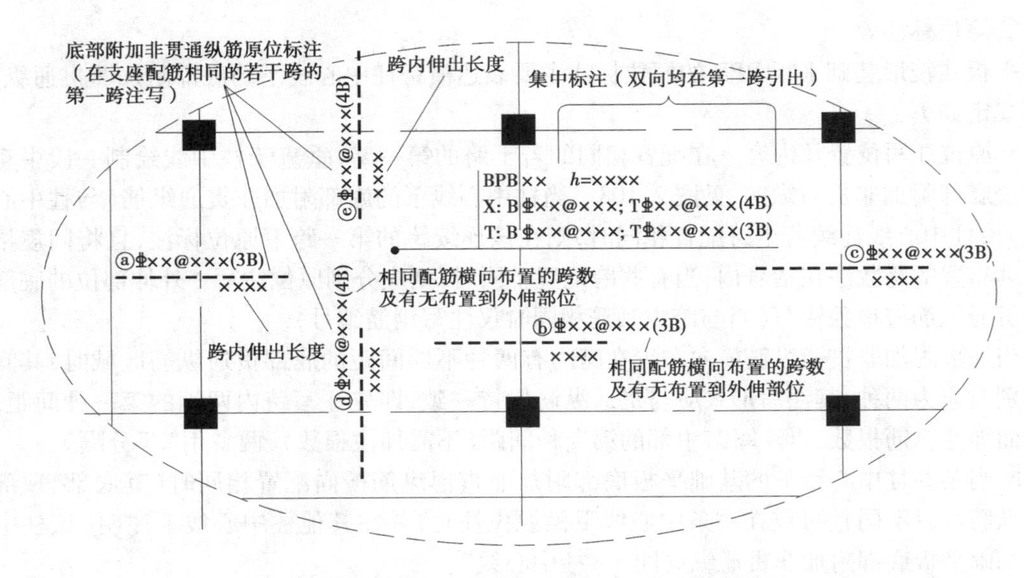

图 2.109　平板式筏形基础平板 BPB 的平面注写

3)筏形基础相关构造类型与编号

与平板式筏形基础相关的后浇带、上柱墩、下柱墩、基坑(沟)等构造类型与编号,见表 2.52。

表 2.52　筏形基础相关构造类型与编号

构造类型	代　号	序　号	说　明
上柱墩	SZD	××	用于平板筏基础
下柱墩	XZD	××	用于梁板、平板筏基础
基坑(沟)	JK	××	用于梁板、平板筏基础
后浇带	HJD	××	用于梁板、平板筏基础,条形基础

注:上柱墩在混凝土柱根部位,下柱墩在混凝土柱或钢柱柱根投影部位,均根据筏形基础受力与构造需要而设。

(1)基础平板上柱墩 SZD(图 2.110)

基础平板上柱墩 SZD 系根据平板式筏形基础受剪或受冲切承载力的需要,在板顶面以上混凝土柱的根部设置的混凝土墩。上柱墩直接引注的内容规定如下:

①注写上柱墩编号 SZD××,见表 2.52。

②注写几何尺寸。按"柱墩向上凸出基础平板高度 h_d/柱墩顶部出柱边缘宽度 c_1/柱墩底部出柱边缘宽度 c_2"的顺序注写,其表达形式为 $h_d/c_1/c_2$。当为棱柱形柱墩 $c_1=c_2$ 时,c_2 不注,表达形式为 h_d/c_1。无论 SZD 所包框架柱截面形状为矩形、圆形或多边形,c_1 与 c_2 分别环绕柱截面等宽。

③注写配筋。按"竖向($c_1=c_2$)或斜竖向($c_1 \neq c_2$)纵筋的总根数、强度等级与直径/箍筋强度等级、直径、间距与肢数(X 向排列肢数 m×Y 向排列肢数 n)"的顺序注写(当分两行注写时,则可不用斜线"/")。具体如下:当所注纵筋总根数环正方形柱截面均匀分布,环非正方形

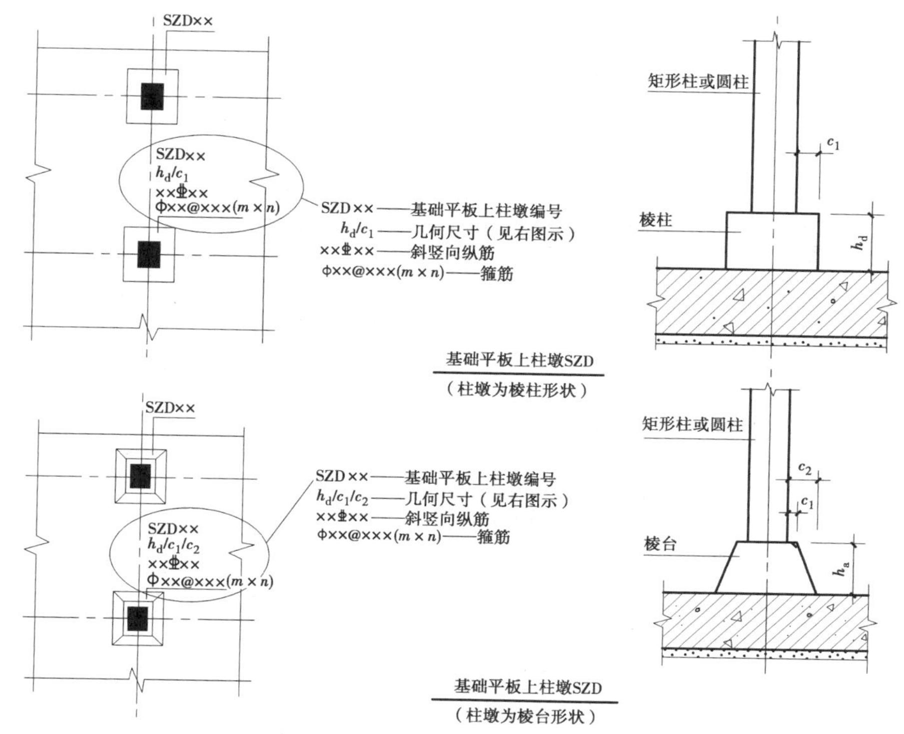

注：①斜向钢筋标注注解：××⏀××，××表示钢筋总根数，⏀××表示钢筋级别与直径；

②箍筋标注注解：Φ××@×××（$m\times n$），Φ××表示钢筋级别与直径，@×××表示箍筋间距，m表示X向箍筋肢数，n表示Y向箍筋肢数。

图2.110　基础平板上柱墩SZD直接引注图示

柱截面相对均匀分布（先放置柱角筋，其余按柱截面相对均匀分布），其表达形式为：××⏀××\Φ××@×××。

【例2.64】　SZD3，600/50/350，14⏀16/Φ10@100（4×4），表示3号棱台状上柱墩，凸出基础平板顶面高度为600 mm，底部每边出柱边缘宽度为350 mm，顶部每边出柱边缘宽度为50 mm；共配置14根⏀16斜向纵筋；箍筋Φ10，间距100 mm，X向与Y向各为4肢。

（2）基础平板下柱墩XZD（见图2.111）

下柱墩XZD系根据平板式筏形基础受剪或受冲切承载力的需要，在柱的所在位置、基础平板底面以下设置的混凝土墩。下柱墩直接引注的内容规定如下：

①注写下柱墩编号XZD××，见表2.52。

②注写几何尺寸。按“柱墩向下凸出基础平板深度h_d/柱墩顶部出柱投影宽度c_1/柱墩底部出柱投影宽度c_2”的顺序注写，其表达形式为$h_d/c_1/c_2$。当为倒棱柱形柱墩$c_1=c_2$时，c_2不注，表达形式为h_d/c_1。

③注写配筋。倒棱柱下柱墩，按“X方向底部纵筋/Y方向底部纵筋/水平箍筋”的顺序注写（图面从左至右为X向，从下至上为Y向），其表达形式为：X⏀××@××/Y⏀××@×××/Φ××@×××。

当下柱墩的水平截面为不等截面（倒棱台）时，其斜侧面由两向纵筋覆盖，不必配置水平箍筋，则其表达形式为：X⏀××@×××/Y⏀××@×××。

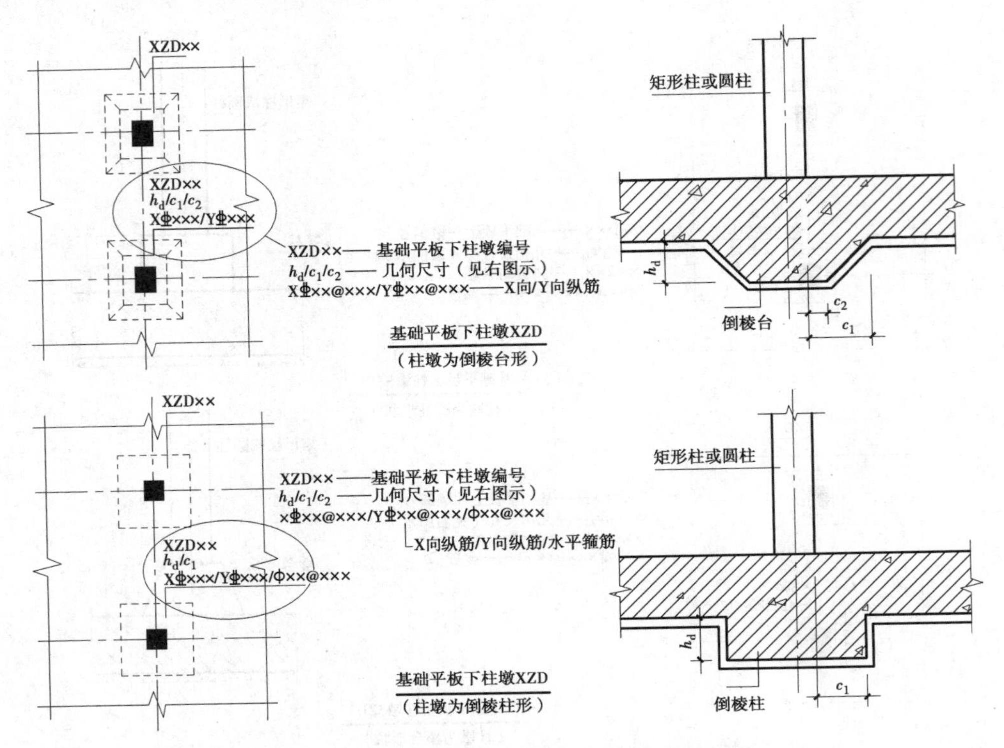

图 2.111 基础平板下柱墩 XZD 直接引注图示

(3)基坑 JK

①注写基坑编号 JK××，见表 2.52。

②注写几何尺寸。按“基坑深度 h_k/基坑平面尺寸 $x \times y$”的顺序注写，其表达形式为：$h_k/x \times y$。x 为 X 向基坑宽度，y 为 Y 向基坑宽度(图面从左至右为 X 向，从下至上为 Y 向)。当为圆形基坑时，按“基坑深度 h_k/基坑直径 D = ×××”的顺序注写。在平面布置图上还应标注基坑的平面定位尺寸。

基坑 JK 引注图示如图 2.112 所示。

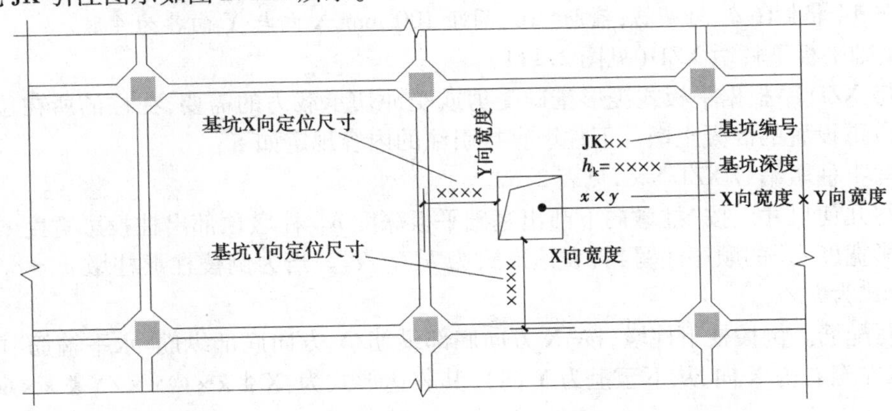

图 2.112 基坑 JK 引注图示

(4)后浇带 HJD

后浇带 HJD 直接引注的内容如图 2.113 所示,其构造如图 2.114 所示。其直接引注的内容规定如下:

①后浇带编号及留筋方式代号。后浇带编号HJD ××。留筋方式有两种,分别为贯通和100%搭接。

②后浇混凝土的强度等级C ××。宜采用补偿收缩混凝土,设计应注明相关施工要求。

③后浇带区域内,留筋方式或后浇混凝土强度等级不一致时,设计者应在图中注明与图示不一致的部位及做法。

贯通留筋的后浇带宽度通常取大于或等于 800 mm;100% 搭接留筋的后浇带宽度通常取 800 mm 与(l_l +60 mm)的较大值。

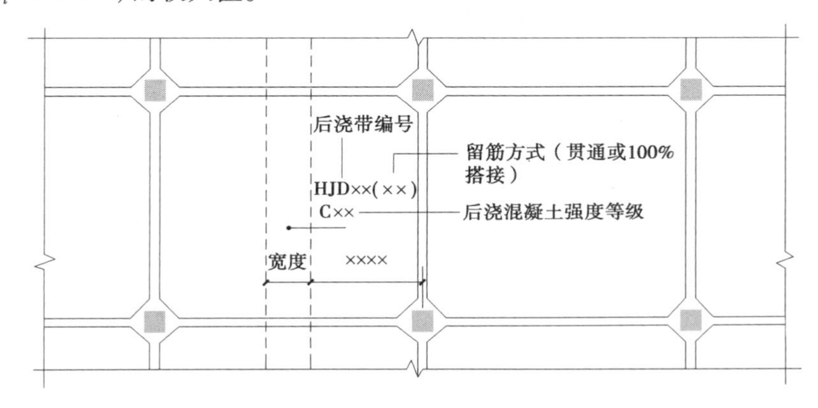

图 2.113 后浇带 HJD 引注图示

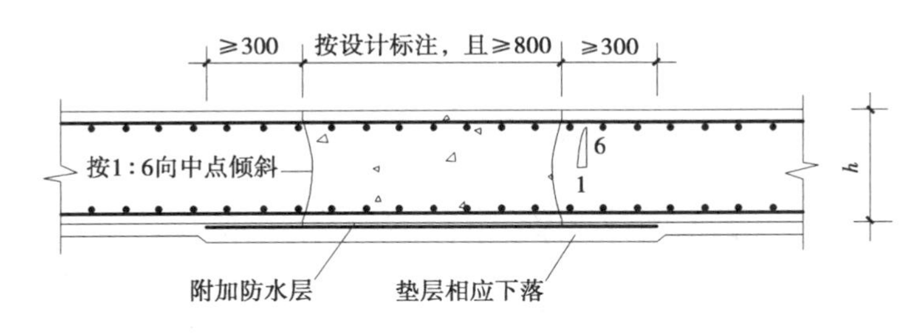

注:①后浇带留筋采用贯通方式,后浇混凝土强度等级等要求详见具体工程的设计说明。
②后浇混凝土宜在两侧混凝土浇筑两个月后再进行浇筑。后浇带两侧可采用钢筋支架单层钢丝网或单层钢板网隔断,后浇混凝土时必须将其表面浮浆剔除。

图 2.114 后浇带构造

1. 识读图 2.115 中筏形基础各标注数据项的注解是否正确。

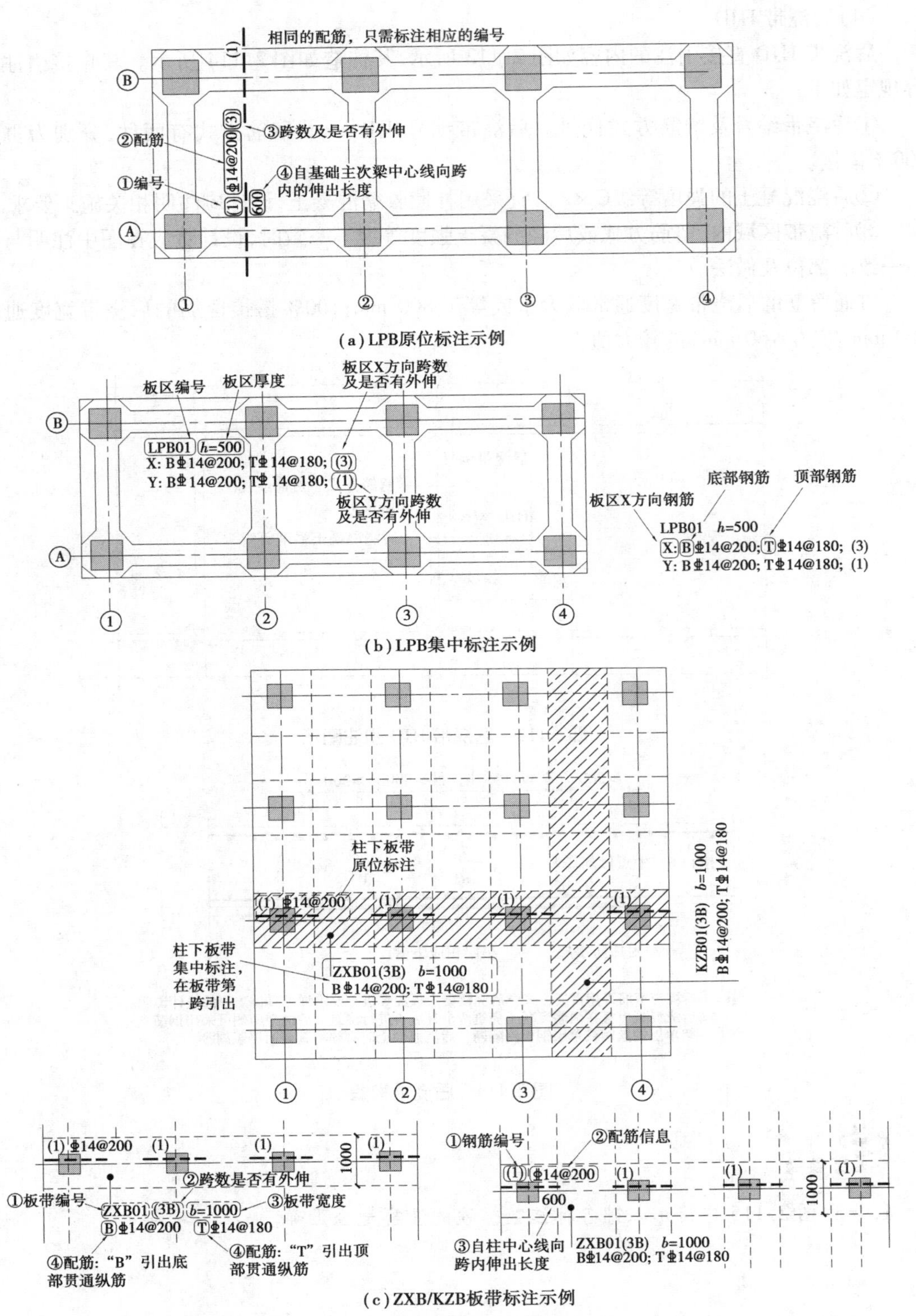

图 2.115　筏形基础平面注写示例

2. 识读图2.102、图2.108中梁板式筏形基础和平板式筏形基础平法施工图,并指出图中各标注数据项的含义。

2.7.4 桩基础

1)桩基承台基础

桩基承台平法施工图有平面注写与截面注写两种表达方式,设计者可根据具体工程情况选择一种或将两种方式相结合进行桩基承台施工图设计。当绘制桩基承台平面布置图时,应将承台下的桩位和承台所支承的柱、墙一起绘制。当设置基础联系梁时,可根据图面的疏密情况,将基础联系梁与基础平面布置图一起绘制,或将基础联系梁布置图单独绘制。图2.116所示为桩基承台施工现场照片。

图2.116 桩基承台施工

当桩基承台的柱中心线或墙中心线与建筑定位轴线不重合时,应标注其定位尺寸。对于编号相同的桩基承台,可仅选择一个进行标注。表2.53为桩基承台基础平法识图知识体系。

表2.53 桩基承台基础平法识图知识体系

<table>
<tr><td rowspan="2">平法表达方式</td><td colspan="3">平面注写方式</td></tr>
<tr><td colspan="3">截面注写方式</td></tr>
<tr><td rowspan="5">数据项</td><td colspan="2" rowspan="3">几何元素</td><td>类型及编号</td></tr>
<tr><td>截面尺寸</td></tr>
<tr><td>底面标高</td></tr>
<tr><td colspan="2">配筋元素</td><td>配筋</td></tr>
<tr><td colspan="2">补充注解</td><td>必要的文字注解</td></tr>
<tr><td rowspan="6">数据注写方式</td><td rowspan="6">独立承台
平面注
写方式</td><td rowspan="5">集中标注</td><td>独立承台编号</td></tr>
<tr><td>独立承台截面竖向尺寸</td></tr>
<tr><td>独立承台配筋(底部与顶部配筋)</td></tr>
<tr><td>承台板底面标高(选注)</td></tr>
<tr><td>必要的文字注解(选注)</td></tr>
<tr><td>原位标注</td><td>平面尺寸</td></tr>
</table>

续表

数据注写方式	独立承台截面注写方式	截面标注	桩基承台的截面注写方式可分为截面标注和列表注写（结合截面示意图）两种表达方式，可参照独立基础及条形基础的截面注写方式
		列表注写（结合截面示意图）	
	承台梁平面注写方式	集中标注	承台梁编号
			承台梁截面尺寸
			承台梁配筋（底部、顶部及侧面纵向钢筋，箍筋）
			承台梁底面标高（选注）
			必要的文字注解（选注）
		原位标注	承台梁附加箍筋或（反扣）吊筋
			外伸部位的变截面高度尺寸
			原位注写修正内容

（1）桩基承台编号

桩基承台分为独立承台和承台梁，编号分别见表 2.54 和表 2.55。

表 2.54　桩基独立承台

类　型	独立承台截面形状	代　号	序　号	说　明
独立承台	阶形	CT_J	××	单阶截面即为平板式独立承台
	坡形	CT_P	××	

注：杯口独立承台代号可为 BCT_J 和 BCT_P，设计注写方式可参照杯口独立基础。

表 2.55　承台梁编号

类　型	代　号	序　号	说　明
承台梁	CTL	××	（××）端部无外伸；（××A）一端有外伸；（××B）两端有外伸

（2）独立承台的平面注写方式

独立承台的平面注写方式分为集中标注和原位标注两部分内容。平法施工图示例如图 2.117 所示。

①集中标注。

独立承台的集中标注系在承台平面上集中引注独立承台编号、截面竖向尺寸、配筋三项必注内容，以及承台板底面标高（与承台底面基准标高不同时）和必要的文字注解两项选注内容。具体规定如下：

a. 注写独立承台编号，见表 2.54。阶形截面，编号加下标“J”，如CT_J ××；坡形截面，编号加下标“P”，如CT_P ××。

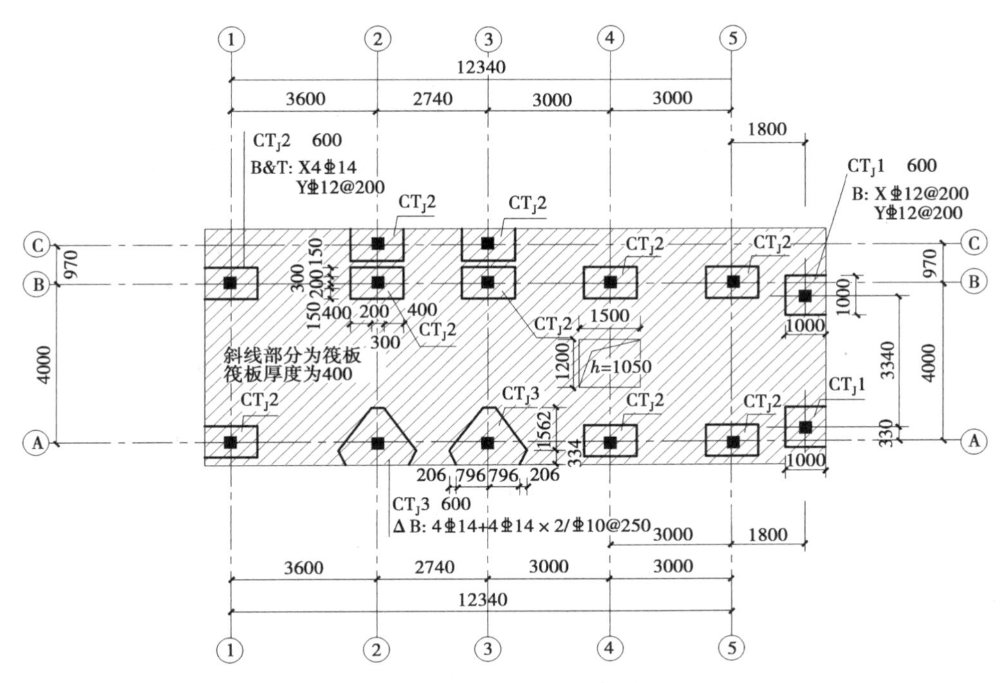

图 2.117　独立承台平法施工图示例

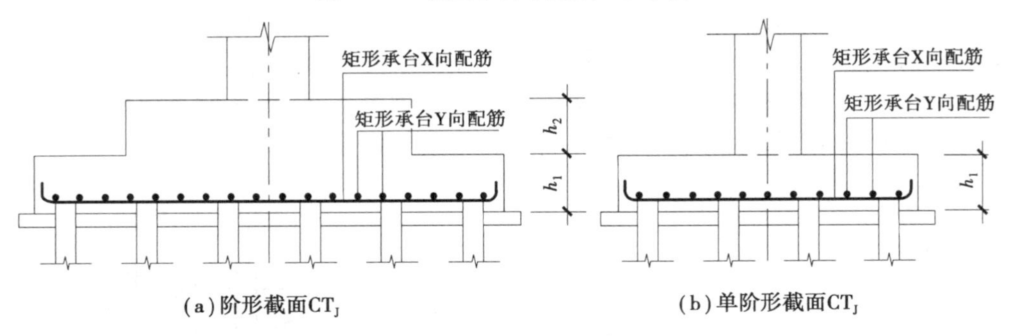

图 2.118　阶形截面独立承台竖向尺寸注写图

b. 注写独立承台截面竖向尺寸。注写 $h_1/h_2/\cdots$，具体标注为：当独立承台为阶形截面时，其标注形式如图 2.118 所示，当为多阶时各阶尺寸自下而上用“/”分隔注写；当阶形截面独立承台为单阶时，截面竖向尺寸仅为一个，且为独立承台总高度。当独立承台为坡形截面时，截面竖向尺寸注写为 h_1/h_2（见图 2.119）。

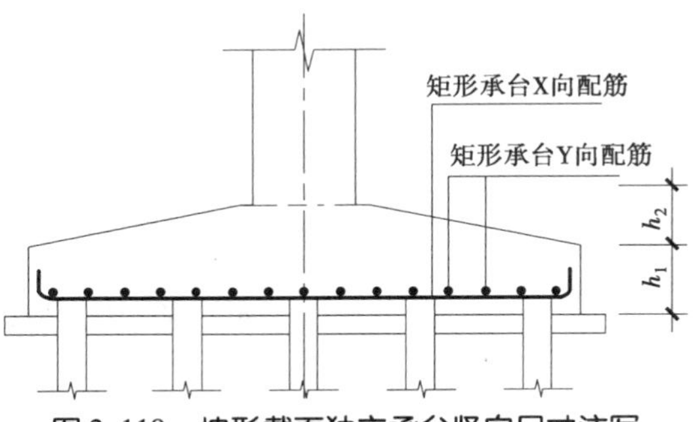

图 2.119　坡形截面独立承台竖向尺寸注写

c. 注写独立承台配筋。底部与顶部双

向配筋应分别注写，顶部配筋仅用于双柱或四柱等独立承台。当独立承台顶部无配筋时则不注顶部配筋内容。注写规定如下：

Ⅰ.以“B”打头注写底部配筋，以“T”打头注写顶部配筋。

Ⅱ.矩形承台X向配筋以“X”打头，Y向配筋以“Y”打头；当两向配筋相同时，则以“X&Y”打头。

Ⅲ.当为等边三桩承台时，以“△”打头，注写三角布置的各边受力钢筋（注明根数并在配筋值后注写“×3”），在“/”后注写分布钢筋，例如：△××⏀××@×××3/φ××@×××。不设分布钢筋时可不注写。

Ⅳ.当为等腰三桩承台时，以“△”打头注写“等腰三角形底边的受力钢筋+两对称斜边的受力钢筋”（注明根数并在两对称配筋值后注写“×2”），在“/”后注写分布钢筋。例如：△××⏀××@×××+××⏀××@×××2/φ××@×××。不设分布钢筋时可不注写。

Ⅴ.当为多边形（五边形或六边形）承台或异形独立承台，且采用X向和Y向正交配筋时，注写方式与矩形独立承台相同。两桩承台可按承台梁进行标注。

d.注写基础底面标高。当独立承台的底面标高与桩基承台底面基准标高不同时，应将独立承台底面标高注写在括号内。

e.必要的文字注解。当独立承台的设计有特殊要求时，宜增加必要的文字注解。例如，当独立承台底部和顶部均配置钢筋时，注明承台板侧面是否采用钢筋封边以及采用何种形式的封边构造等。

②原位标注。

独立承台的原位标注系在桩基承台平面布置图上标注独立承台的平面尺寸。相同编号的独立承台可仅选择一个进行标注，其他相同者仅注编号。注写规定如下：

a.矩形独立承台。矩形独立承台原位标注x、y，x_c、y_c（或圆柱直径d_c），x_i、y_i，a_i、b_i，$i=1,2,3\cdots$。其中x、y为独立承台两向边长，x_c、y_c为柱截面尺寸，x_i、y_i为阶宽或坡形平面尺寸，a_i、b_i为桩的中心矩及边距（a_i、b_i根据具体情况可不注），如图2.120所示。

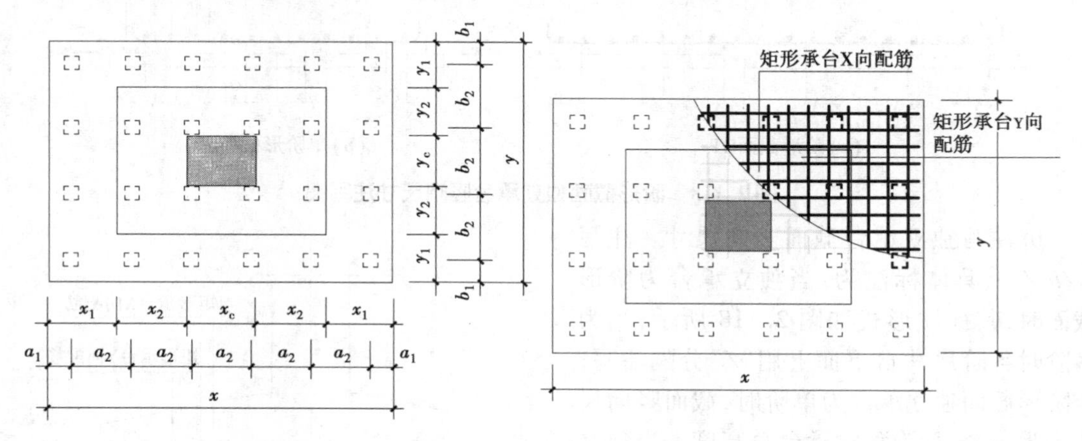

图2.120　矩形独立承台平面原位标注

b. 三桩承台。三桩承台结合 X、Y 双向定位，原位标注 x 或 y，x_c 或 y_c（或圆柱直径 d_c），x_i、y_i，$i=1,2,3\cdots$，a。其中，x 或 y 为三桩独立承台平面垂直于底边的高度，x_c 或 y_c 为柱截面尺寸，x_i、y_i 为承台分尺寸和定位尺寸，a 为桩中心距切角边缘的距离。等边三桩独立承台平面原位标注如图 2.121 所示，等腰三桩独立承台平面原位标注如图 2.122 所示。

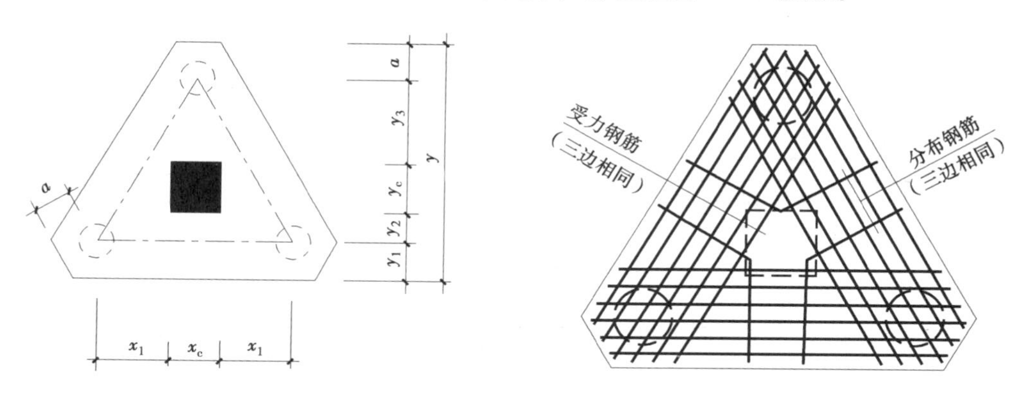

图 2.121　等边三桩独立承台平面原位标注

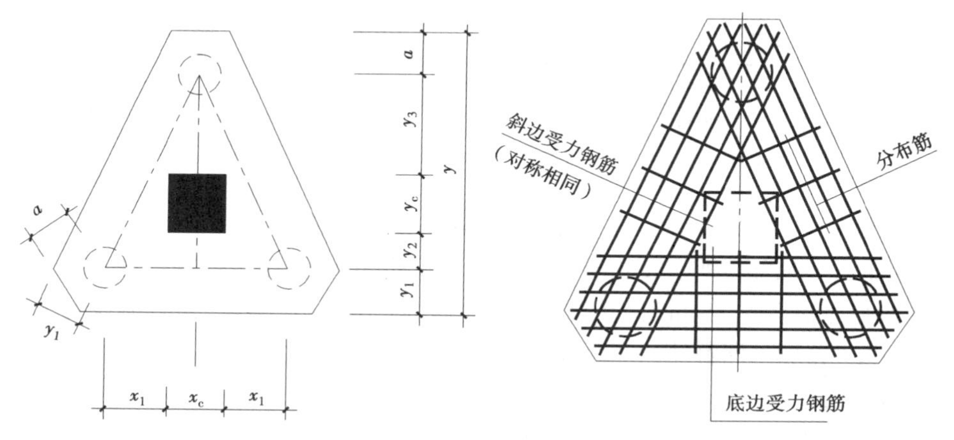

图 2.122　等腰三桩独立承台平面原位标注

c. 多边形独立承台。多边形独立承台结合 X、Y 双向定位，原位标注 x 或 y，x_c 或 y_c（或圆柱直径 d_c），x_i、y_i，a_i，$i=1,2,3\cdots$。具体设计时，可参照矩形独立承台或三桩独立承台的原位标注规定。

（3）承台梁的平面注写方式

承台梁 CTL 的平面注写方式分集中标注和原位标注两部分内容。平法施工图示例如图 2.123 和图 2.124 所示。

①集中标注。

a. 注写承台梁编号，见表 2.55，如 CTL(3)。

b. 注写承台梁截面尺寸。注写为 $b \times h$，表示梁截面宽度与高度。

c. 注写承台梁配筋。

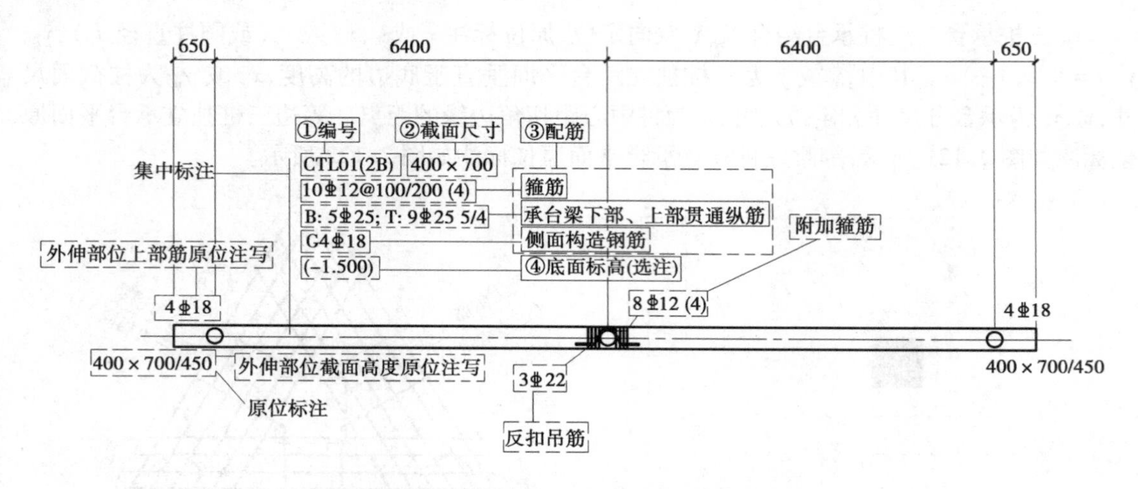

图 2.123　圆桩承台梁平法施工图示例

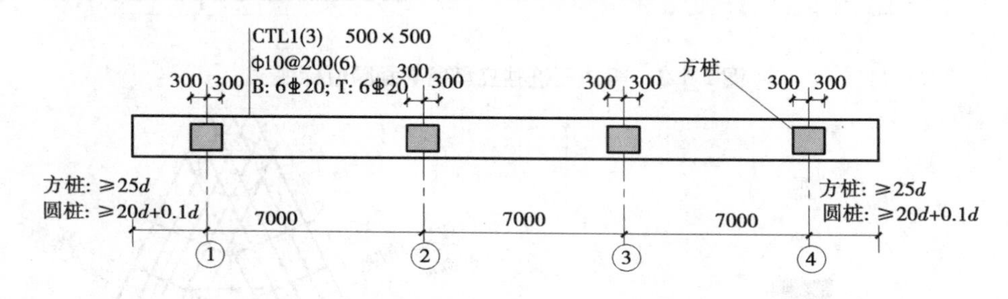

图 2.124　方桩承台梁平法施工图示例

Ⅰ. 注写承台梁箍筋。当具体设计仅采用一种箍筋间距时，注写钢筋级别、直径、间距与肢数(箍筋肢数写在括号内，下同)，如图2.124中注写为Φ10@200(6)。当具体设计采用两种箍筋间距时，用“/”分隔不同箍筋的间距及肢数。此时，设计应指定其中一种箍筋间距的布置范围，如图 2.123 注写为 10Φ12@100/200(4)。

Ⅱ. 注写承台梁底部、顶部及侧面纵向钢筋。以“B”打头注写承台梁底部贯通纵筋，以“T”打头注写承台梁顶部贯通纵筋。如图 2.124 中 B:6Φ20;T:6Φ20，表示承台梁底部配置贯通纵筋 6Φ20，顶部配置贯通纵筋 6Φ20。当梁底部或顶部贯通纵筋多于一排时，用“/”将各排纵筋自上而下分开，如图 2.123 中 T:9Φ25 5/4。

当承台梁的腹板净高 h_w≥450 mm 时，根据需要在梁侧面对称配置纵向构造钢筋，以“G”打头，如图 2.123 中 G4Φ18，表示梁每个侧面配置纵向构造钢筋 2Φ18，共配置 4Φ18。

d. 注写承台梁底面标高。当承台梁底面标高与桩基承台底面基准标高不同时，将承台梁底面标高注写在“(　)”内(见图 2.123)。

②原位标注。

原位标注内容如图 2.123 所示。

a. 原位标注承台梁附加箍筋或(反扣)吊筋。当需要设置附加箍筋或(反扣)吊筋时，将附加箍筋或(反扣)吊筋直接画在平面图中的承台梁上时，原位直接引注总配筋值(附加箍筋的肢数注在括号内)。当多数梁的附加箍筋或(反扣)吊筋相同时，可在桩基承台平法施工图上统一注明,少数与统一注明值不同时,再原位直接引注。

b. 原位注写修正内容。当承台梁上集中标注的某项内容(如截面尺寸、箍筋、底部与顶部贯通纵筋或架立筋、梁侧面纵向构造钢筋、梁底面标高等)不适用于某跨或某外伸部位时,将其修正内容原位标注在该跨或该外伸部位,施工时原位标注取值优先(见图 2.123)。

(4)桩基承台的截面注写方式

桩基承台的截面注写方式可分为截面标注和列表注写(结合截面示意图)两种表达方式。采用截面注写方式,应在桩基平面布置图上对所有桩基承台进行编号。其截面注写方式,可参照独立基础及条形基础的截面注写方式。

独立承台截面注写方式示例如图 2.125 所示。

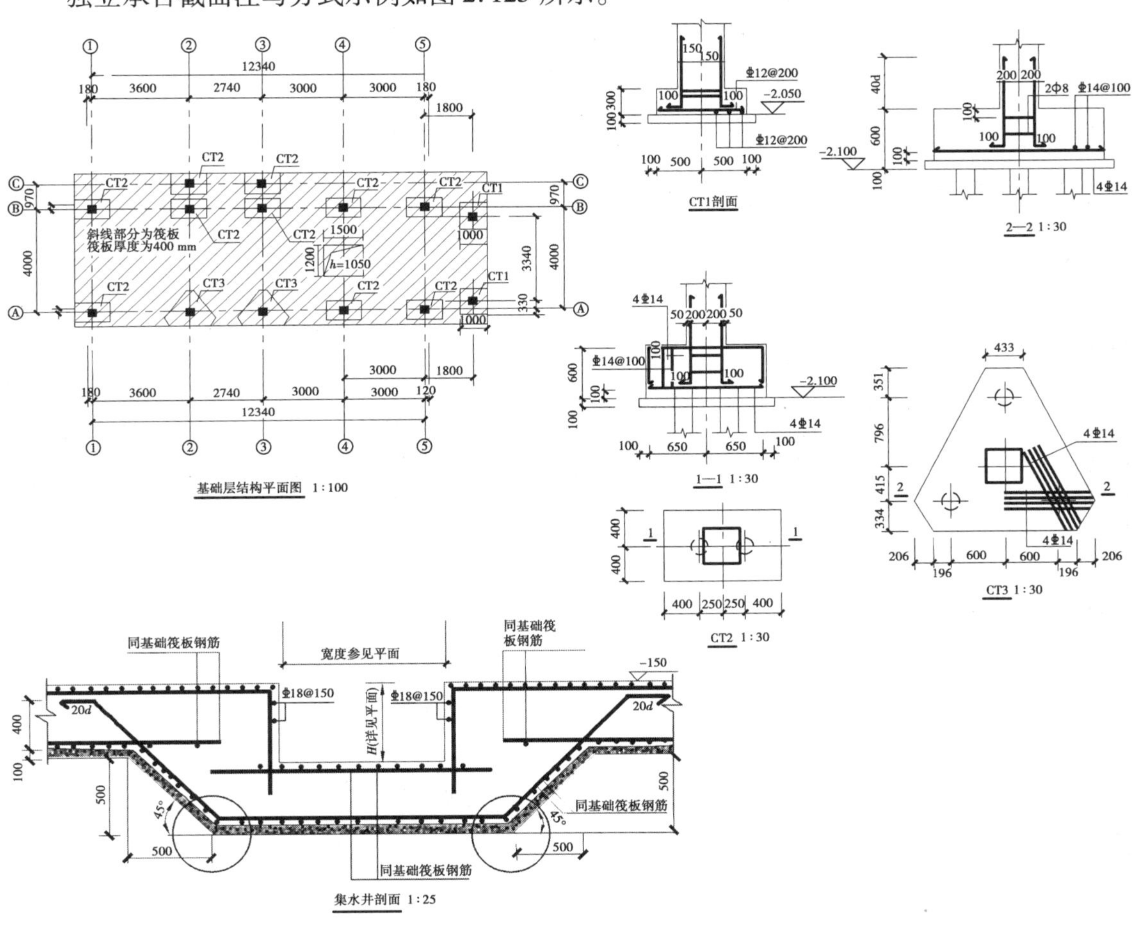

图 2.125　独立承台截面注写方式示例

2)灌注桩

灌注桩平法施工图系在灌注桩平面布置图上采用列表注写方式或平面注写方式进行表达。灌注桩平面布置图可采用适当比例单独绘制,并标注其定位尺寸。图 2.126 所示为灌注桩施工照片,表 2.56 为灌注桩基础平法识图知识体系。

(a)冲击成孔灌注桩

(b)灌注桩钢筋笼

图 2.126　灌注桩施工

表 2.56　灌注桩基础平法识图知识体系

<table>
<tr><td rowspan="2">平法表达方式</td><td colspan="3">列表注写方式</td></tr>
<tr><td colspan="3">平面注写方式</td></tr>
<tr><td rowspan="7">数据项</td><td colspan="2" rowspan="4">几何元素</td><td>桩定位尺寸</td></tr>
<tr><td>类型及编号</td></tr>
<tr><td>桩尺寸</td></tr>
<tr><td>桩顶标高</td></tr>
<tr><td colspan="2" rowspan="2">配筋元素</td><td>纵筋</td></tr>
<tr><td>螺旋箍筋</td></tr>
<tr><td colspan="2">补充注解(平面注写方式)</td><td>单桩竖向承载力特征值</td></tr>
<tr><td rowspan="14">数据注写方式</td><td colspan="2" rowspan="7">列表注写方式</td><td>桩定位尺寸(灌注桩平面布置图上分别标注定位尺寸)</td></tr>
<tr><td>桩编号</td></tr>
<tr><td>桩尺寸</td></tr>
<tr><td>纵筋</td></tr>
<tr><td>螺旋箍筋</td></tr>
<tr><td>桩顶标高</td></tr>
<tr><td>单桩竖向承载力特征值</td></tr>
<tr><td rowspan="7">平面注写方式</td><td rowspan="6">集中标注(在灌注桩平面布置图上)</td><td>桩定位尺寸</td></tr>
<tr><td>桩编号</td></tr>
<tr><td>桩尺寸</td></tr>
<tr><td>纵筋</td></tr>
<tr><td>螺旋箍筋</td></tr>
<tr><td>桩顶标高</td></tr>
<tr><td>补充注解</td><td>单桩竖向承载力特征值</td></tr>
</table>

(1)列表注写方式

列表注写方式，系在灌注桩平面布置图上，分别标注定位尺寸；在桩表中注写桩编号、桩尺寸、纵筋、螺旋箍筋、桩顶标高、单桩竖向承载力特征值。灌注桩桩表注写内容见表 2.57。

表 2.57 灌注桩桩表

桩 号	桩径 $D\times$桩长 L /(mm×m)	通长等截面配筋（全部纵筋）	箍 筋	桩顶标高/m	单桩竖向承载力特征值/kN
GZH1	800×16.700	10⏀18	L⏀8@100/200	-3.400	2400

注：表中可根据实际情况增加栏目。例如：当采用扩底灌注桩时，增加扩底端尺寸。

①注写桩编号。桩编号由类型和序号组成，见表 2.58。如桩编号为“GZH1”，表示 1 号灌注桩，不扩底；如桩编号为“GZH_K2”，表示 2 号灌注桩，需扩底。

表 2.58 灌注桩编号

类 型	代 号	序 号
灌注桩	GZH	××
扩底灌注桩	GZH_K	××

②注写桩尺寸，包括桩径 $D\times$桩长 L。当为扩底灌注桩时，还应在括号内注写扩底端尺寸 $D_0/h_b/h_c$ 或 $D_0/h_b/h_{c1}/h_{c2}$。其中，D_0 表示扩底端直径，h_b 表示扩底端锅底形矢高，h_c 表示扩底端高度，如图 2.127 所示。

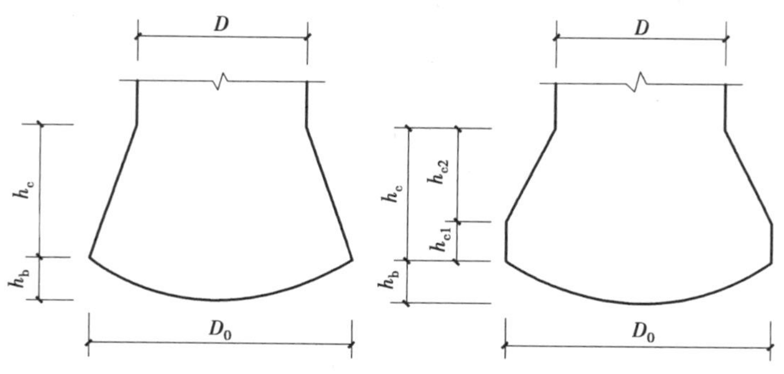

图 2.127 扩底灌注桩扩底端示意

【例 2.65】 表 2.57 中注写有“800×16.700”，表示灌注桩桩身直径为 800 mm，桩长为 16.700 m；如注写有“800×16.700(1 100/300/800)”，表示灌注桩桩身直径为 800 mm，扩底端直径为 1 100 mm，桩长为 16.700 m，扩底端锅底形矢高为 300 mm，扩底端高度为 800 mm。

③注写桩纵筋，包括桩周均布的纵筋根数、钢筋强度级别、从桩顶起算的纵筋配置长度。

a. 通长等截面配筋：注写全部纵筋，如××⏀××。

b. 部分长度配筋：注写桩纵筋，如××⏀××/L_1，其中 L_1 表示从桩顶起算的入桩长度。

c. 通长变截面配筋：注写桩纵筋包括通长纵筋××⏀××；非通长纵筋××⏀××/L_1，其中 L_1 表示从桩顶起算的入桩长度。通长纵筋与非通长纵筋沿桩周间隔均匀布置。

【例 2.66】 表 2.57 中注写有“10⏀18”，表示灌注桩通长纵筋为 10⏀18，通长纵筋均匀布置于桩周。如注写有“15⏀20，15⏀18/6 000”，表示灌注桩通长纵筋为 15⏀20；灌注桩非通长纵筋为 15⏀18，从桩顶起算的入桩长度为 6 000 mm。实际桩上段纵筋为 15⏀20+15⏀18，通长纵筋与非通长纵筋间隔均匀布置于桩周。

④以大写字母“L”打头，注写桩螺旋箍筋，包括钢筋强度级别、直径与间距。

a. 用斜线“/”区分桩顶箍筋加密区与桩身箍筋非加密区长度范围内箍筋的间距。16G101—3 图集中箍筋加密区为桩顶以下 $5D$（D 为桩身直径），若与实际工程情况不同，设计者需在图中注明。

b. 当桩身位于液化土层范围内时，箍筋加密区长度应由设计者根据具体工程情况注明，或者箍筋全长加密。

c. 当钢筋笼长度超过 4 m 时，应每隔 2 m 设一道直径 12 mm 的焊接加劲箍，焊接加劲箍也可由设计另行注明。桩顶进入承台高度 h，桩径 <800 mm 时取 50 mm，桩径 ≥800 mm 时取 100 mm。

【例 2.67】 表 2.57 中注写有“L⌀8@100/200”，表示灌注桩为螺旋箍筋，箍筋强度级别为 HRB400 级钢筋，直径为 8 mm，加密区间距为 100 mm，非加密区间距为 200 mm。如注写有“L⌀8@100”，表示灌注桩为螺旋箍筋，沿桩身纵筋范围内箍筋均为 HRB400 级钢筋，直径为 8 mm，间距为 100 mm。

⑤注写桩顶标高。表 2.57 中注写有“ －3.400”，表示灌注桩桩顶标高为 －3.400 m。

⑥注写单桩竖向载力特征值。表 2.57 中注写有“2 400 kN”，表示灌注桩单桩竖向载力特征值为 2 400 kN。

(2)平面注写方式

灌注桩平面注写方式的规则同列表注写方式，将表格中内容除单桩竖向承载力特征值以外集中标注在灌注桩上，如图 2.128 所示。

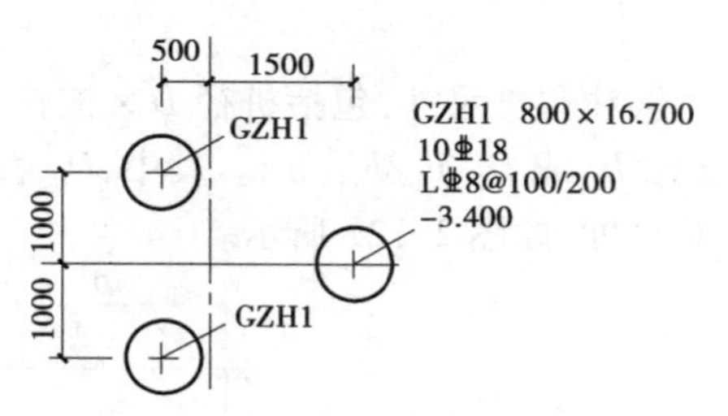

图 2.128 灌注桩平面注写示例

想一想

1. 什么是平法施工图？其与传统的结构施工图有哪些区别与联系？

2. 平法施工图的注写方式有几种？

3. 图 2.129 中的附加箍筋和(反扣)吊筋(在基础梁或承台梁中)，与框架梁中的附加箍筋和吊筋有什么不同？

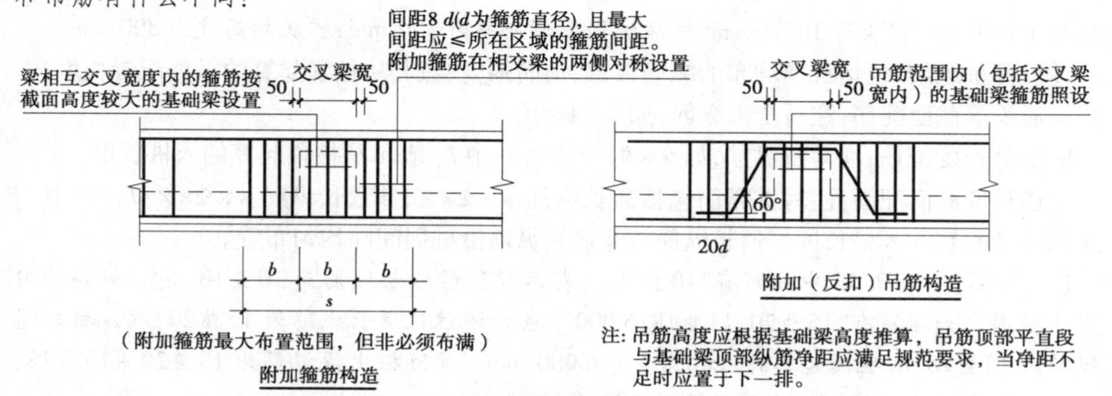

图 2.129 附加箍筋和(反扣)吊筋构造

平法结构施工图的识读

1. 训练目的：识读平法结构施工图。

2. 训练要求：做好记录。

3. 训练所需资源：以图 2.130 至图 2.136 某工程结构施工图及 16G101 系列图集进行识读。

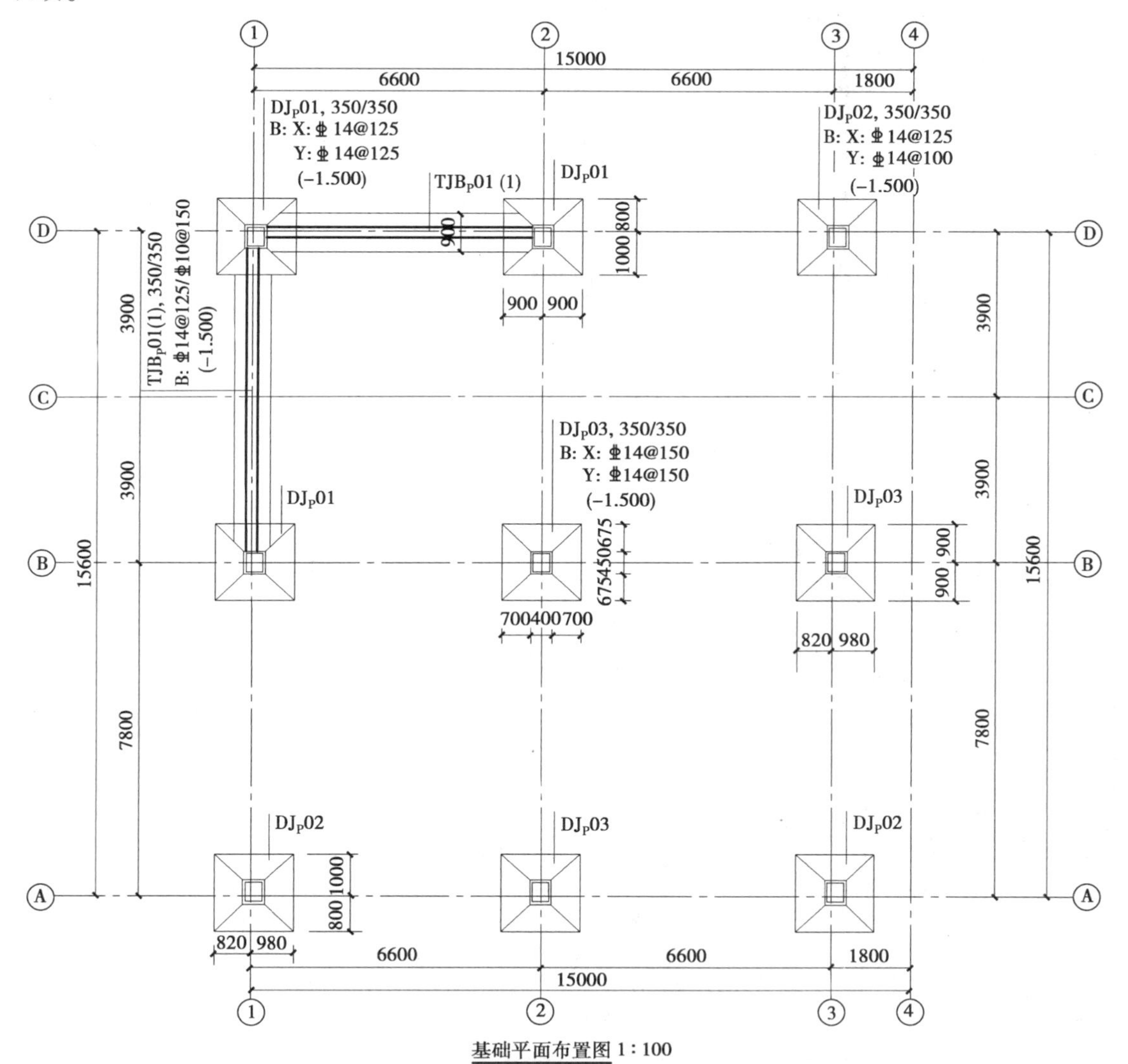

注：①基础持力层为中风化砂岩，其嵌入中风化砂岩深度≥300 mm；

②混凝土强度等级除注明外均为C30；

③独立基础和条形基础底均有C15混凝土垫层，其尺寸为基础每边尺寸+100 mm，厚为100 mm；

④本工程为某学校钢筋计算练习工程，不属于实际工程，请勿照图施工；

⑤本工程构造要求参照16G101系列图集施工。

图 2.130　某工程独立基础平法施工图

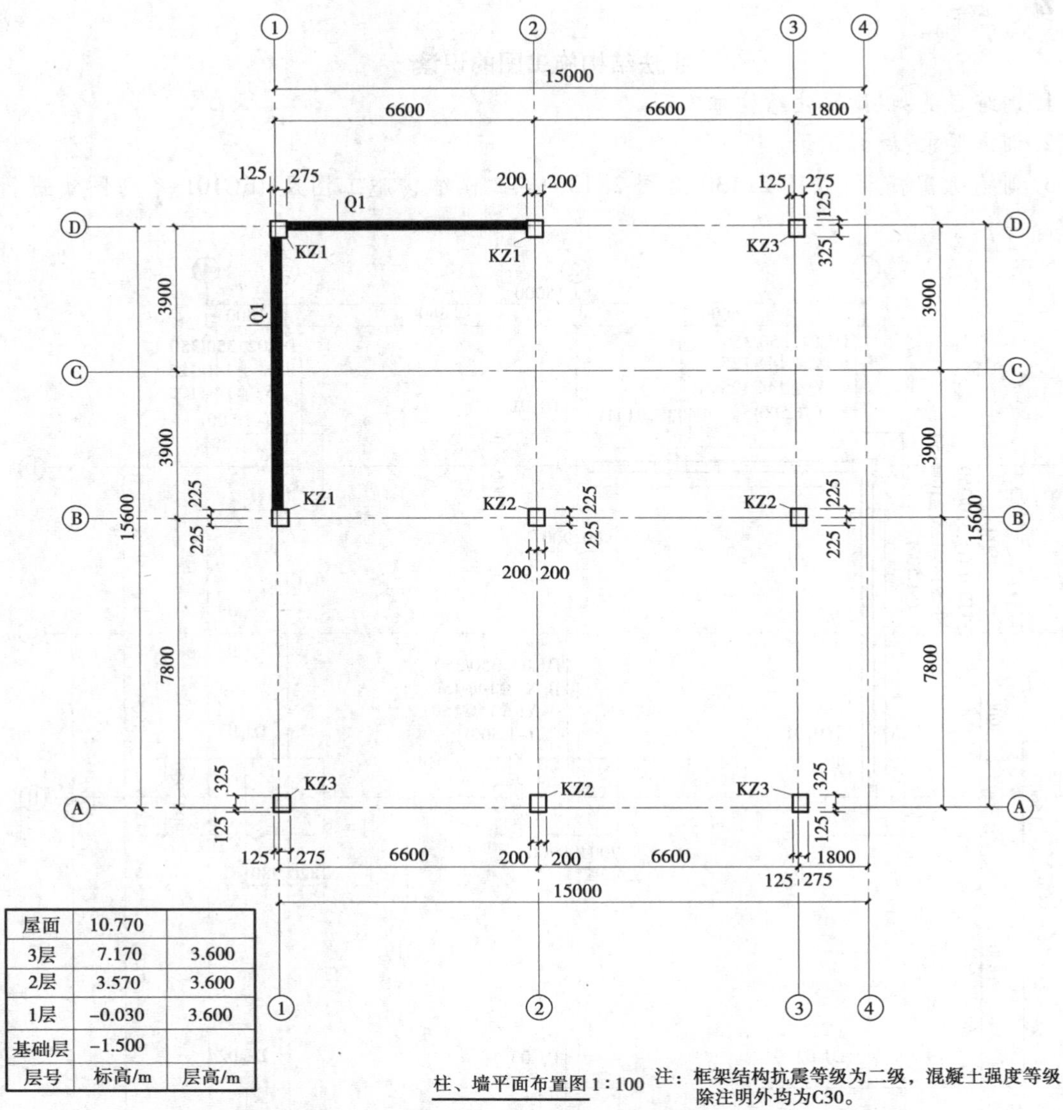

屋面	10.770	
3层	7.170	3.600
2层	3.570	3.600
1层	-0.030	3.600
基础层	-1.500	
层号	标高/m	层高/m

柱、墙平面布置图 1:100

注：框架结构抗震等级为二级，混凝土强度等级除注明外均为C30。

柱号	标高	全部纵筋			h边一侧中部筋	箍筋	箍筋类型号	混凝土强度等级
KZ1	基础~10.770	8⌀25				Φ10@100/200	1(3×3)	C30
KZ2	基础~10.770				1⌀22	Φ10@100/200	1(3×3)	C30
KZ3	基础~10.770				1⌀20	Φ10@100/200	1(3×3)	C30

墙 表

编号	标高	墙厚(mm)	水平分布筋	竖向分布筋	拉筋(矩形)
Q1	基础~3.570	250	⌀12@200	⌀12@200	Φ6@600/600

柱箍筋类型1(3×3)

图 2.131　某工程柱、墙平法施工图

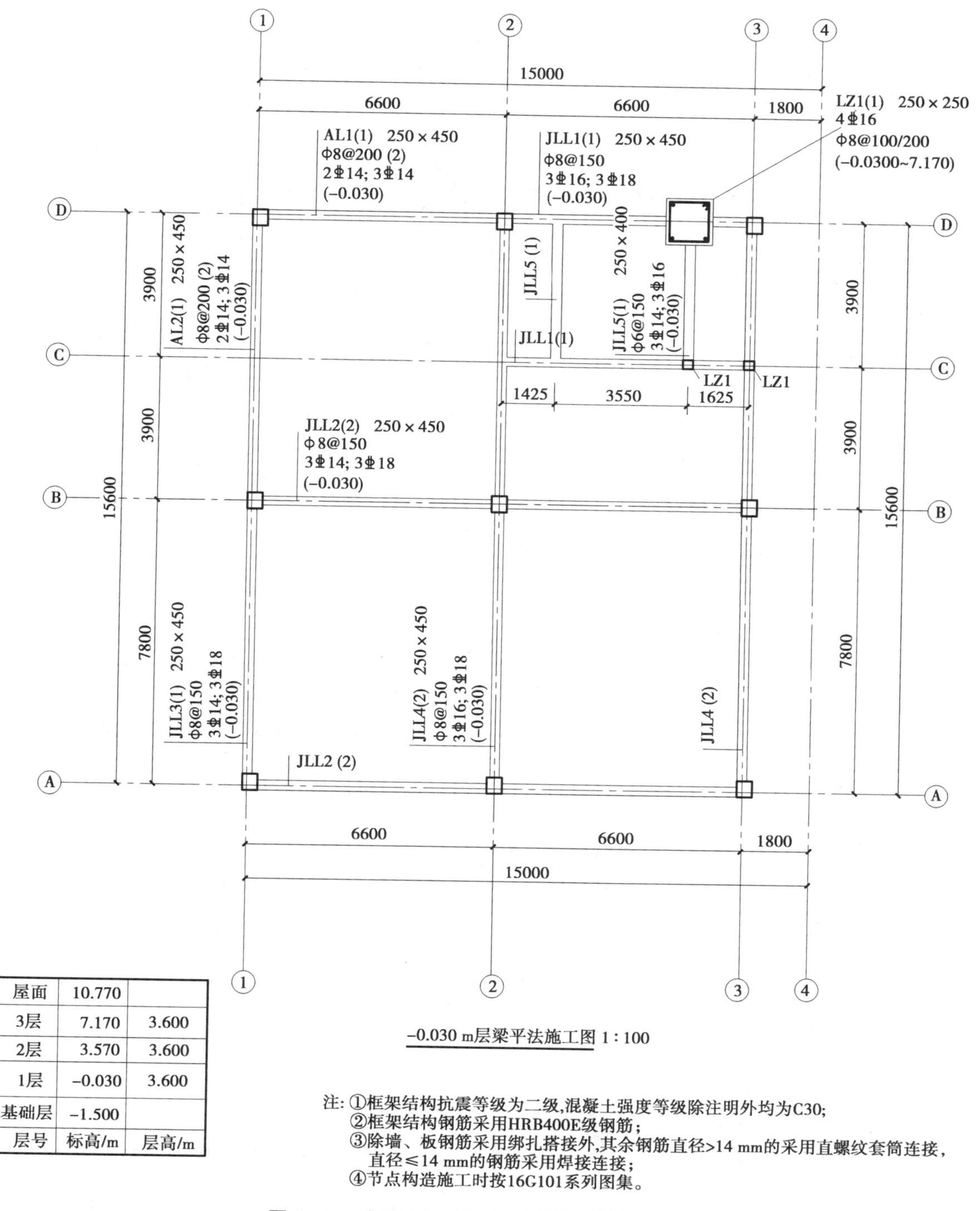

屋面	10.770	
3层	7.170	3.600
2层	3.570	3.600
1层	-0.030	3.600
基础层	-1.500	
层号	标高/m	层高/m

注：①框架结构抗震等级为二级，混凝土强度等级除注明外均为C30；
②框架结构钢筋采用HRB400E级钢筋；
③除墙、板钢筋采用绑扎搭接外，其余钢筋直径>14 mm的采用直螺纹套筒连接，直径≤14 mm的钢筋采用焊接连接；
④节点构造施工时按16G101系列图集。

图2.132 某工程-0.030 m层梁平法施工图

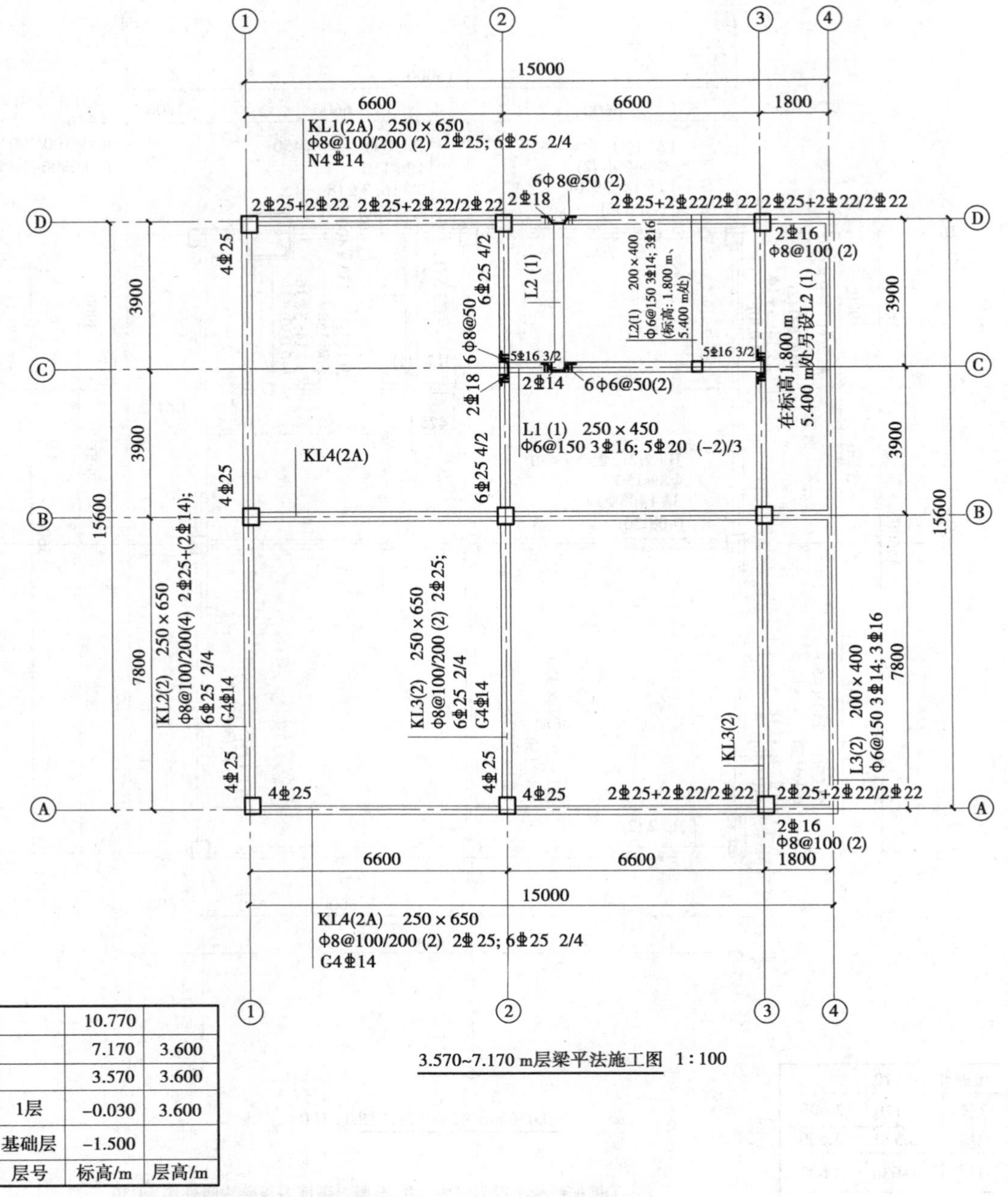

层号	标高/m	层高/m
	10.770	
	7.170	3.600
	3.570	3.600
1层	–0.030	3.600
基础层	–1.500	

注: ①框架结构抗震等级为二级，混凝土强度等级除注明外均为C30;
②框架结构钢筋采用HRB400E级钢筋;
③除墙、板钢筋采用绑扎搭接外，其余钢筋直径>14 mm的采用直螺纹套筒连接，直径≤14 mm的钢筋采用焊接连接;
④节点构造施工时按16G101系列图集;
⑤在③/Ⓒ~Ⓓ轴，标高在1.800 m、5.400 m处另增设L2 (1)和在③/Ⓒ轴增设LZ1,其L2 (1)和LZ1增设范围、高度和配筋同前的L2 (1)和LZ1。

图 2.133 某工程 3.570 ~ 7.170 层梁平法施工图

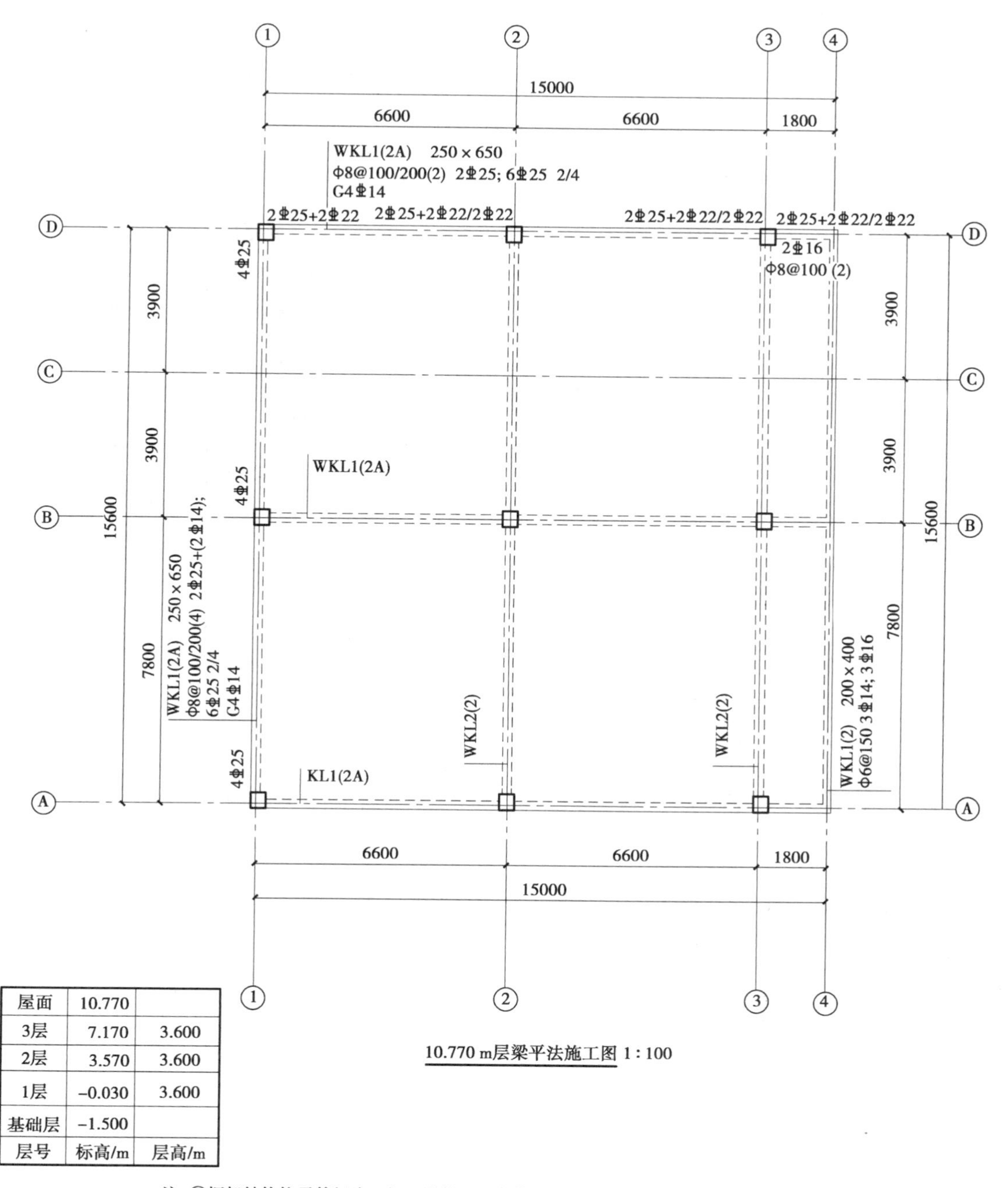

屋面	10.770	
3层	7.170	3.600
2层	3.570	3.600
1层	−0.030	3.600
基础层	−1.500	
层号	标高/m	层高/m

注：①框架结构抗震等级为二级，混凝土强度等级除注明外均为C30;
②框架结构钢筋采用HRB400E钢筋；
③除墙、板钢筋采用绑扎搭接外，其余钢筋直径>14 mm的采用直螺纹套筒连接，直径≤14 mm的钢筋采用焊接连接；
④节点构造施工时按16G101系列图集。

图2.134　某工程10.770 m层梁平法施工图

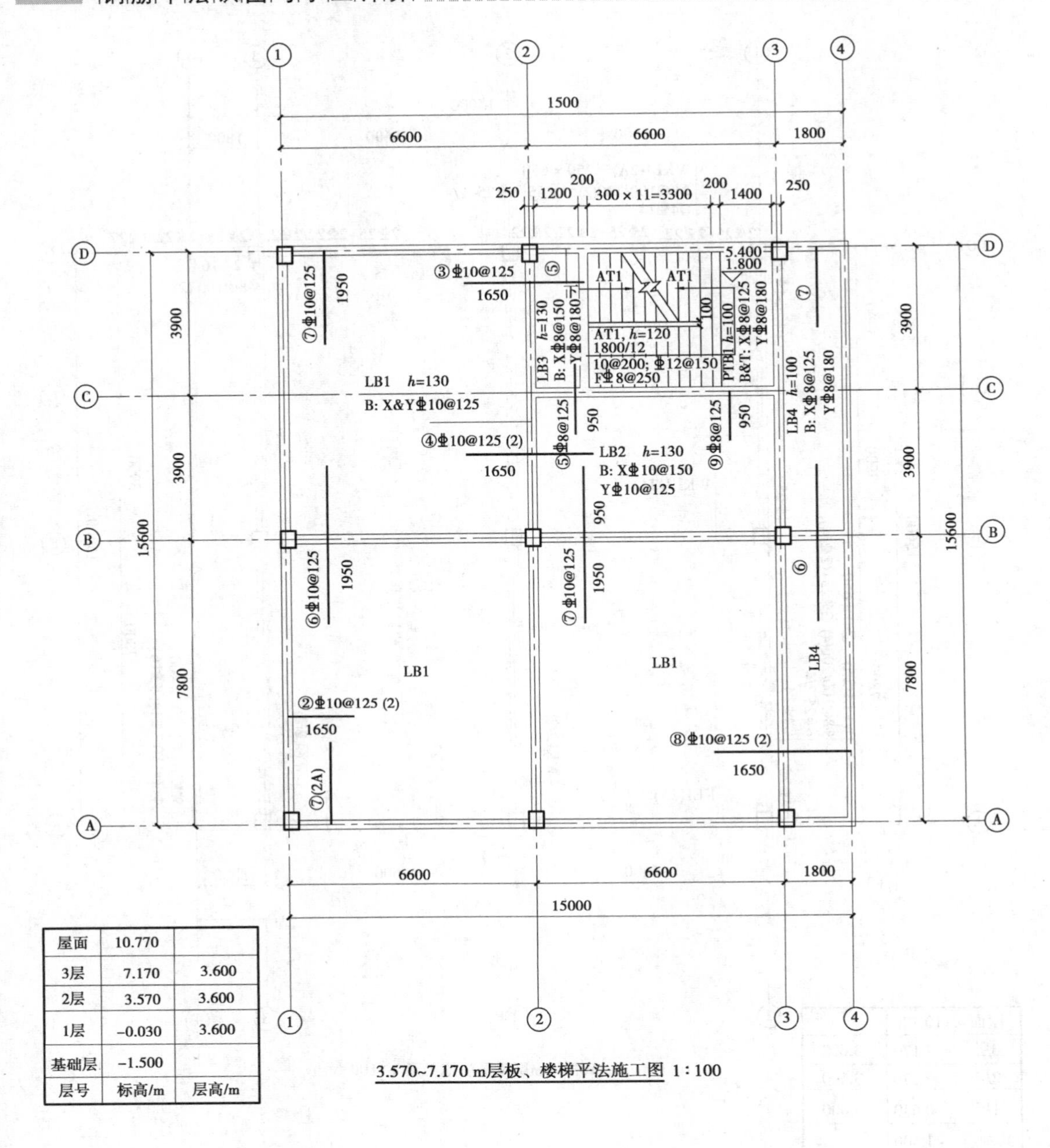

屋面	10.770	
3层	7.170	3.600
2层	3.570	3.600
1层	−0.030	3.600
基础层	−1.500	
层号	标高/m	层高/m

注：①框架结构抗震等级为二级，混凝土强度等级除注明外均为C30；
②框架结构钢筋采用HRB400E级钢筋，现浇板负筋分布筋为⏀6@200；
③除墙、板钢筋采用绑扎搭接外，其余钢筋直径>14 mm的采用直螺纹套筒连接，直径≤14 mm的钢筋采用焊接连接；
④节点构造施工时按16G101系列图集。

图 2.135 某工程 3.570 ~ 7.170 m 层板、楼梯平法施工图

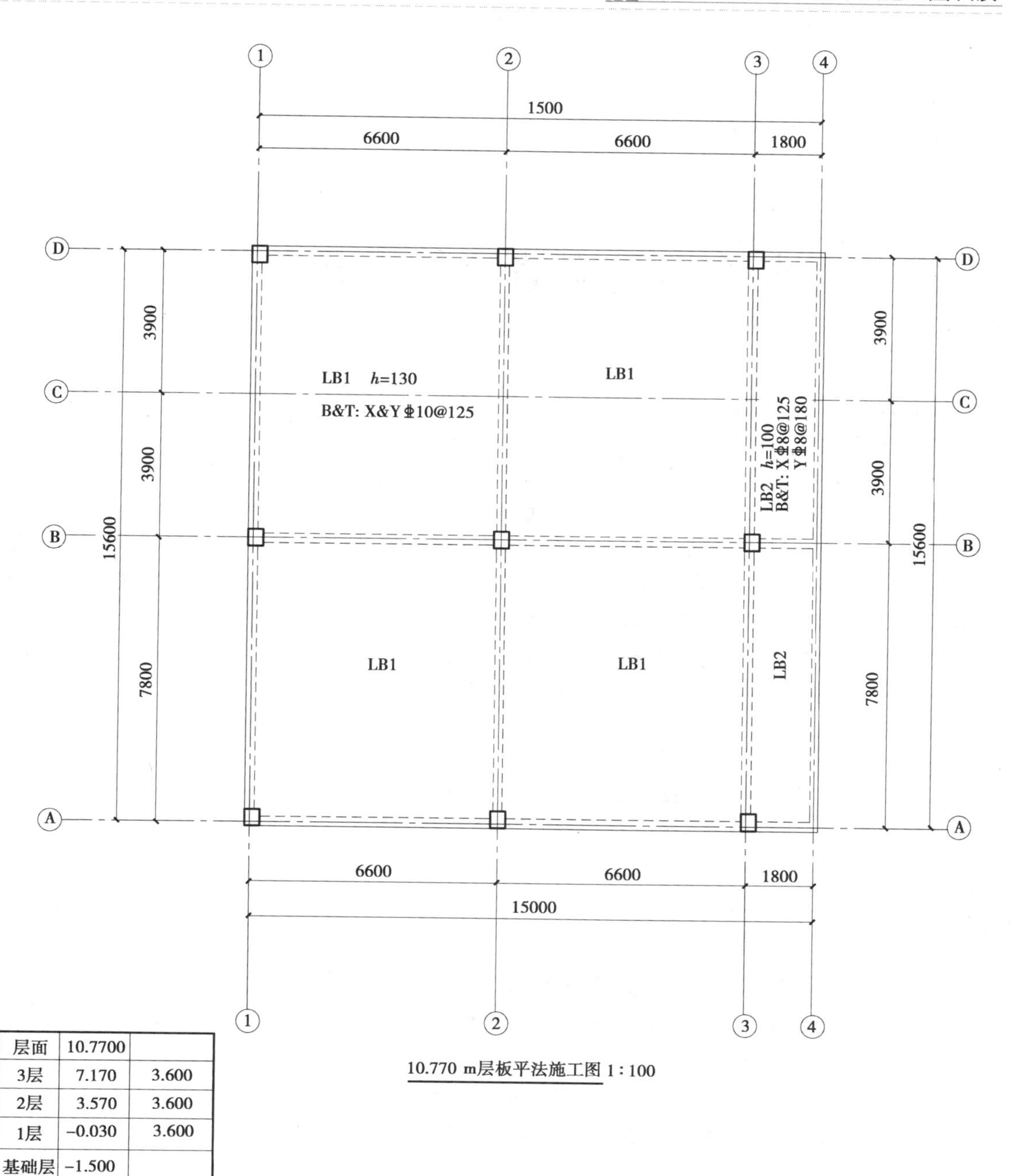

层面	10.7700	
3层	7.170	3.600
2层	3.570	3.600
1层	-0.030	3.600
基础层	-1.500	
层号	标高/m	层高/m

注: ①框架结构抗震等级为二级，混凝土强度等级除注明外均为C30；
②框架结构钢筋采用HRB400E级钢筋；
③除墙、板钢筋采用绑扎搭接外，其余钢筋直径>14 mm的采用直螺纹套筒连接，直径≤14 mm的钢筋采用焊接连接；
④节点构造施工时按16G101系列图集。

图2.136 某工程10.770 m层板平法施工图

任务3 钢筋计算基础知识

问题引入

一个建设项目从设计到竣工验收，可分为设计、工程施工招投标、施工、竣工结算和竣工决算等几个阶段，而每个阶段都需要确定造价。现阶段的建筑工程均离不开现浇或预制钢筋混凝土构件，均需要对钢筋进行计算，因而钢筋计算是贯穿整个建设过程，确定钢筋用量及造价的重要环节。钢筋计算一般有两类：一类是确定工程造价而计算钢筋，称为钢筋算量；一类是现场施工下料计算钢筋，称为钢筋翻样。本书主要围绕确定工程造价的手工计算钢筋进行讲解，使工程造价相关专业人员掌握钢筋计算的基本技能。那么，在计算钢筋工程量前，需要掌握哪些基础知识呢？下面，就来学习钢筋计算的基础知识。

3.1 “平法”钢筋计算基本原理

1)“平法”基本原理

“平法”视全部设计过程与施工过程为一个完整的主系统，主系统由多个子系统构成，分别是基础结构、柱墙结构、梁结构、板结构，各子系统有明确的层次性、关联性和相对完整性。

①层次性：基础→柱、墙→梁→板，均为完整的子系统。

②关联性：柱、墙以基础为支座，柱、墙与基础关联；梁以柱为支座，梁与柱关联；板以梁为支座，板与梁关联(见图3.1)。

③相对完整性：a. 基础自成体系，仅有自身的设计内容而无柱或墙的设计内容；b. 柱、墙自成体系，仅有自身的设计内容(包括在支座内的锚固纵筋)而无梁的设计内容；c. 梁自成体系，仅有自身的设计内容(包括在支座内的锚固纵筋)而无板的设计内容；d. 板自成体系，仅有板自身的设计内容(包括在支座内的锚固纵筋)。

④平法设计规则：a. 平面注写方式、列表注写方式与截面注写方式相结合；b. 集中标注与原位标注相结合；c. 特殊构造不属于标准化内容。

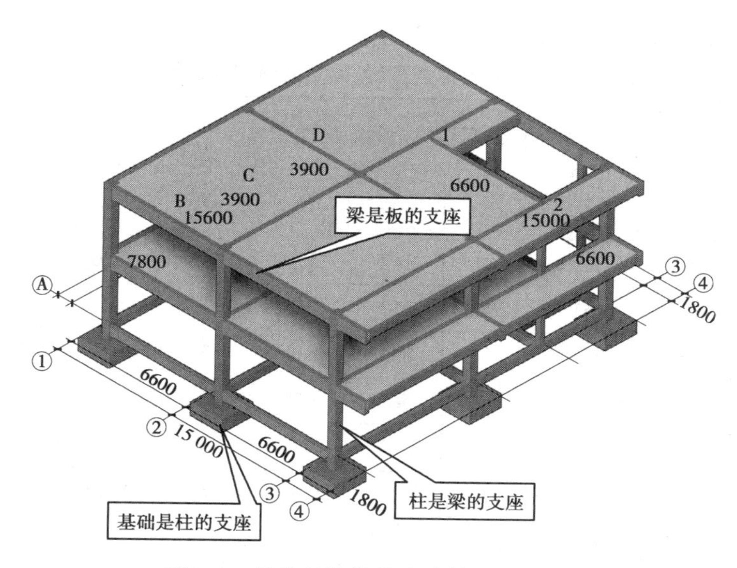

图3.1 结构各构件的连接关系（支座）

2）“平法”应用原理

①将结构设计分为“创造性设计”内容与“重复性”（非创造性）设计内容两部分，两部分为对应互补关系，合并构成完整的结构设计；

②设计工程师以数字化、符号化的平面整体设计制图规则完成其创造性设计内容部分；

③重复性设计内容部分：主要是节点构造和杆件构造，以广义标准化方式编制成国家建筑标准设计图集。

正是由于“平法”设计的图纸拥有这样的特性，所以在计算钢筋工程量时需要先结合“平法”的基本原理准确理解数字化、符号化的内容，才能正确计算钢筋工程量。

3）钢筋计算原理

在计算钢筋工程量时，其最终原理是计算钢筋的长度。钢筋工程量计算原理如下：

钢筋质量 = 钢筋设计长度 × 根数 × 理论质量

钢筋设计长度 = 净长 + 节点锚固长度 + 搭接长度 + 弯钩长度（构件受拉钢筋为 HPB300 级钢筋）

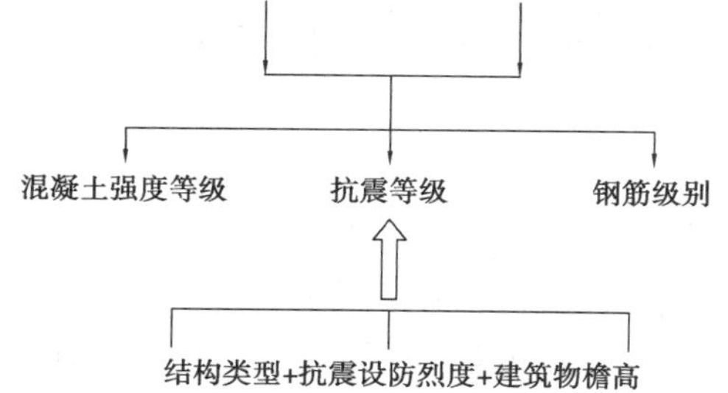

钢筋的理论质量可按表3.1取值。

钢筋的净长可按设计构件尺寸进行计算，而节点锚固长度（或称为收头）、搭接（连接）长度、根数等是钢筋算量的核心内容，也是平法设计与传统设计的最大区别（传统设计已把锚固和搭接构造内容在施工图中表达清楚）。因此，只有准确理解平法图集中的构造节点详图，准确把握标准构造做法，才能快速、准确地计算出钢筋工程量。

表 3.1　钢筋的公称直径、公称截面面积及理论质量

公称直径/mm	不同根数钢筋的公称截面面积/mm^2									单根钢筋理论质量/($kg \cdot m^{-1}$)
	1	2	3	4	5	6	7	8	9	
6	28.3	57	85	113	142	170	198	226	255	0.222
8	50.3	101	151	201	252	302	352	402	453	0.395
10	78.5	157	236	314	393	471	550	628	707	0.617
12	113.1	226	339	452	565	678	791	904	1 017	0.888
14	153.9	308	461	615	769	923	1 077	1 231	1 385	1.21
16	201.1	402	603	804	1 005	1 206	1 407	1 608	1 809	1.58
18	254.5	509	763	1 017	1 272	1 527	1 781	2 036	2 290	2.00(2.11)
20	314.2	628	942	1 256	1 570	1 884	2 199	2 513	2 827	2.47
22	380.1	760	1 140	1 520	1 900	2 281	2 661	3 041	3 421	2.98
25	490.9	982	1 473	1 964	2 454	2 945	3 436	3 927	4 418	3.85(4.10)
28	615.8	1 232	1 847	2 463	3 079	3 695	4 310	4 926	5 542	4.83
32	804.2	1 609	2 413	3 217	4 021	4 826	5 630	6 434	7 238	6.31(6.65)
36	1 017.9	2 036	3 054	4 072	5 089	6 107	7 125	8 143	9 161	7.99
40	1 256.6	2 513	3 770	5 027	6 283	7 540	8 796	10 053	11 310	9.87(10.34)
50	1 963.5	3 928	5 892	7 856	9 820	11 784	13 748	15 712	17 676	15.42(16.28)

注：每米钢筋的质量也可按$0.006\,17 \times d^2$ 进行计算（d 为钢筋直径，单位为 mm），计算结果的单位为 kg/m。如：Φ 10 钢筋，$0.006\,17 \times 10^2 = 0.617$ kg/m。括号内为预应力螺纹钢筋的数值。

3.2　“平法”钢筋计算基本知识

1）混凝土结构的抗震等级与抗震设防烈度的关系

钢筋混凝土房屋应根据设防类别、烈度、结构类型和房屋高度采用不同的抗震等级，并应符合相应的计算和构造措施要求。钢筋混凝土房屋的抗震等级划分为四级，以表示其很严重、严重、较严重及一般 4 个级别，见表 3.2。

表 3.2　现浇钢筋混凝土房屋的抗震等级

<table>
<tr><th colspan="3" rowspan="2">结构类型</th><th colspan="10">设防烈度</th></tr>
<tr><th colspan="2">6</th><th colspan="3">7</th><th colspan="3">8</th><th colspan="2">9</th></tr>
<tr><td rowspan="3">框架结构</td><td colspan="2">高度/m</td><td>≤24</td><td>>24</td><td>≤24</td><td colspan="2">>24</td><td>≤24</td><td colspan="2">>24</td><td colspan="2">≤24</td></tr>
<tr><td colspan="2">框架</td><td>四</td><td>三</td><td>三</td><td colspan="2">二</td><td>二</td><td colspan="2">一</td><td colspan="2">一</td></tr>
<tr><td colspan="2">大跨度框架</td><td colspan="2">三</td><td colspan="3">二</td><td colspan="3">一</td><td colspan="2">一</td></tr>
<tr><td rowspan="3">框架-抗震墙结构</td><td colspan="2">高度/m</td><td>≤60</td><td>>60</td><td>≤24</td><td>25～60</td><td>>60</td><td>≤24</td><td>25～60</td><td>>60</td><td>≤24</td><td>25～50</td></tr>
<tr><td colspan="2">框架</td><td>四</td><td>三</td><td>四</td><td>三</td><td>二</td><td>三</td><td>二</td><td>一</td><td>二</td><td>一</td></tr>
<tr><td colspan="2">抗震墙</td><td colspan="2">三</td><td>三</td><td colspan="2">二</td><td>二</td><td colspan="2">一</td><td colspan="2">一</td></tr>
<tr><td rowspan="2">抗震墙结构</td><td colspan="2">高度/m</td><td>≤80</td><td>>80</td><td>≤24</td><td>25～80</td><td>>80</td><td>≤24</td><td>25～80</td><td>>80</td><td>≤24</td><td>25～60</td></tr>
<tr><td colspan="2">剪力墙</td><td>四</td><td>三</td><td>四</td><td>三</td><td>二</td><td>三</td><td>二</td><td>一</td><td>二</td><td>一</td></tr>
<tr><td rowspan="4">部分框支抗震墙结构</td><td colspan="2">高度/mm</td><td>≤80</td><td>>80</td><td>≤24</td><td>25～80</td><td>>80</td><td>≤24</td><td>25～80</td><td rowspan="4"></td><td colspan="2" rowspan="4"></td></tr>
<tr><td rowspan="2">抗震墙</td><td>一般部位</td><td>四</td><td>三</td><td>四</td><td>三</td><td>二</td><td>三</td><td>二</td></tr>
<tr><td>加强部位</td><td>三</td><td>二</td><td>三</td><td>二</td><td>一</td><td>二</td><td>一</td></tr>
<tr><td colspan="2">框支层框架</td><td colspan="2">二</td><td colspan="2">二</td><td>一</td><td colspan="2">一</td></tr>
<tr><td rowspan="2">框架-核心筒结构</td><td colspan="2">框架</td><td colspan="2">三</td><td colspan="3">二</td><td colspan="3">一</td><td colspan="2">一</td></tr>
<tr><td colspan="2">核心筒</td><td colspan="2">二</td><td colspan="3">二</td><td colspan="3">一</td><td colspan="2">一</td></tr>
<tr><td rowspan="2">筒中筒结构</td><td colspan="2">外筒</td><td colspan="2">三</td><td colspan="3">二</td><td colspan="3">一</td><td colspan="2">一</td></tr>
<tr><td colspan="2">内筒</td><td colspan="2">三</td><td colspan="3">二</td><td colspan="3">一</td><td colspan="2">一</td></tr>
<tr><td rowspan="3">板柱-抗震墙结构</td><td colspan="2">高度/m</td><td>≤35</td><td>>35</td><td>≤35</td><td colspan="2">>35</td><td>≤35</td><td colspan="2">>35</td><td colspan="2" rowspan="3"></td></tr>
<tr><td colspan="2">框架、板柱的柱</td><td>三</td><td>二</td><td>二</td><td colspan="2">二</td><td colspan="3">一</td></tr>
<tr><td colspan="2">抗震墙</td><td>二</td><td>二</td><td>二</td><td colspan="2">一</td><td>二</td><td colspan="2">一</td></tr>
</table>

注：①建筑场地为Ⅰ类时，除 6 度外应允许按表内降低一度所对应的抗震等级采取抗震构造措施，但相应的计算要求不应降低；

②接近或等于高度分界时，应允许结合房屋不规则程度及场地、地基条件确定抗震等级；

③大跨度框架指跨度不小于 18 m 的框架；

④高度不超过 60 m 的框架-核心筒结构按框架-抗震墙的要求设计时，应按表中框架-抗震墙结构的规定确定其抗震等级。

地震烈度是指某一地区地面和各类建筑物遭受一次地震影响破坏的强烈程度。同一次地震发生后，不同地区受地震影响的破坏程度不同，烈度也不同。受地震影响破坏越大的地区，烈度越高。判断烈度的大小，是根据人的感觉、家具及物品振动的情况、房屋及建筑物破坏的程度以及地面出现的破坏现象等。

设防烈度是按照国家规定的权限批准作为一个地区抗震设防依据的地震烈度，一般情况取 50 年内超越概率 10% 的地震烈度。确定了抗震设防烈度就确定了设计基本地震加速度和设计特征周期、设计地震动参数。通俗地讲，就是建筑物需要抵抗地震波对建筑物的破坏程度，要区别于地震震级。在《建筑抗震设计规范》（GB 50011—2010，2016 年版）中指出了地震加速度值与设防烈度的对应关系。

2）混凝土保护层厚度

在16G101系列图集中均规定了钢筋混凝土的最小保护层厚度，即构件最外层钢筋（箍筋、构造筋、分布筋等）外边缘至混凝土表面的距离。混凝土保护层的最小厚度见表3.3，本书用C_{min}表示混凝土最小保护层厚度。构件中受力钢筋混凝土保护层厚度不应小于钢筋的公称直径，其作用主要是防止钢筋不被锈蚀，同时保证钢筋与混凝土之间的黏结力。

表3.3　混凝土保护层的最小厚度 C_{min}　　单位：mm

环境类别	板、墙		梁、柱		基础梁（顶面和侧面）		独立基础、条形基础、筏形基础（顶面和侧面）	
	≤C25	≥C30	≤C25	≥C30	≤C25	≥C30	≤C25	≥C30
一	20	15	25	20	25	20	—	—
二a	25	20	30	25	30	25	25	20
二b	30	25	40	35	40	35	30	25
三a	35	30	45	40	45	40	35	30
三b	45	40	55	50	55	50	45	40

注：①表中混凝土保护层厚度指最外层钢筋外边缘至混凝土表面的距离，适用于设计使用年限为50年的混凝土结构。

②构件中受力钢筋的保护层厚度不应小于钢筋的公称直径d。

③一类环境中，设计使用年限为100年的结构最外层钢筋的保护层厚度不应小于表中数值的1.4倍；二、三类环境中，设计使用年限为100年的结构应采取专门的有效措施。

④钢筋混凝土基础宜设置混凝土垫层，基础底部的钢筋的混凝土保护层厚度应从垫层顶面算起，且不应小于40 mm；无垫层时，不应小于70 mm。

⑤桩基承台及承台梁：承台底面钢筋的混凝土保护层厚度，当有混凝土垫层时，不应小于50 mm，无垫层时不应小于70 mm；此外尚不应小于桩头嵌入承台内的长度。

各种混凝土构件的最小保护层厚度C_{min}示意图如图3.2所示。影响混凝土保护层厚度的因素有环境类别、构件类型、混凝土强度等级和结构设计年限，混凝土结构的环境类别见表3.4。

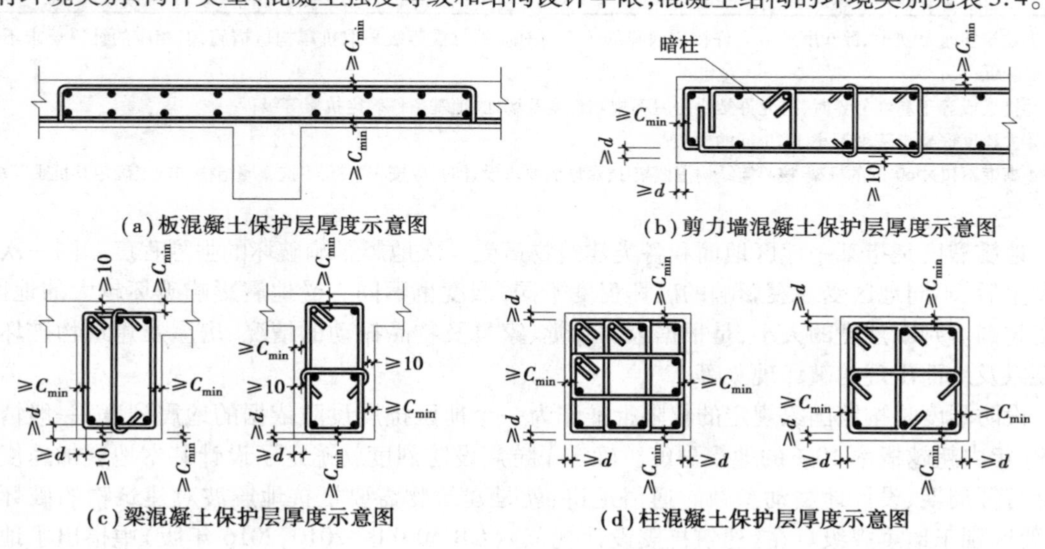

（a）板混凝土保护层厚度示意图

（b）剪力墙混凝土保护层厚度示意图

（c）梁混凝土保护层厚度示意图

（d）柱混凝土保护层厚度示意图

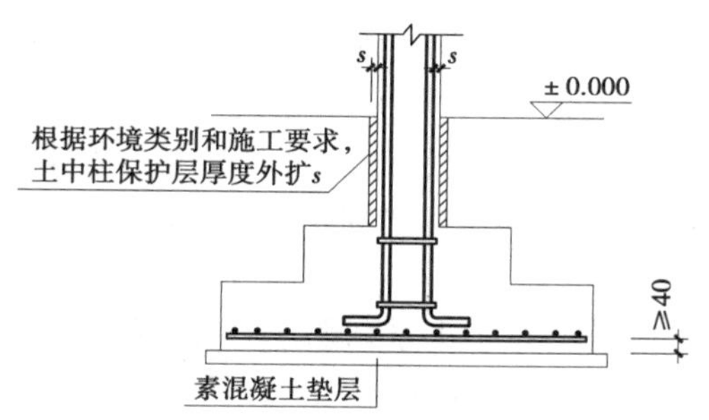

(e)独立基础混凝土保护层厚度示意图

图3.2 各种构件混凝土保护层厚度示意图

表3.4 混凝土结构的环境类别

环境类别	条件
一	室内干燥环境； 无侵蚀性静水浸没环境
二 a	室内潮湿环境； 非严寒和非寒冷地区的露天环境； 非严寒和非寒冷地区与无侵蚀性的水或土壤直接接触的环境； 严寒和寒冷地区的冰冻线以下与无侵蚀性的水或土壤直接接触的环境
二 b	干湿交替环境； 水位频繁变动环境； 严寒和寒冷地区的露天环境； 严寒和寒冷地区冰冻线以上与无侵蚀性的水或土壤直接接触的环境
三 a	严寒和寒冷地区冬季水位变动区环境； 受除冰盐影响环境； 海风环境
三 b	盐渍土环境； 受除冰盐作用环境； 海岸环境
四	海水环境
五	受人为或自然的侵蚀性物质影响的环境

注：①室内潮湿环境是指构件表面经常处于结露或湿润状态的环境。

②严寒和寒冷地区的划分应符合现行国家标准《民用建筑热工设计规范》(GB 50176)的有关规定。

③海岸环境和海风环境宜根据当地情况，考虑主导风向及结构所处迎风、背风部位等因素的影响，由调查研究和工程经验确定。

④受除冰盐影响环境是指受到除冰盐盐雾影响的环境；受除冰盐作用环境是指被除冰盐溶液溅射的环境以及使用除冰盐地区的洗车房、停车楼等建筑。

⑤暴露的环境是指混凝土结构表面所处的环境。

3)钢筋锚固值

钢筋混凝土结构中钢筋能够受力，主要依靠钢筋和混凝土之间的黏结锚固作用，因此钢筋的锚固是混凝土结构受力的基础。如锚固失效,则结构将丧失承载能力并由此导致结构破坏。钢筋的锚固长度取值与钢筋的种类、强度等级、直径大小及外形有关,同时与混凝土的强度等级、保护层厚度、施工条件及结构抗震等级有关。《混凝土结构设计规范》(GB 50010—2010,2015 年版)中关于受拉钢筋锚固,包括基本锚固长度 l_{ab}、锚固长度 l_a、抗震锚固长度 l_{aE} 以及抗震设计基本锚固长度 l_{abE}。其中 l_a、l_{aE} 用于钢筋直锚或总锚固长度情况,l_{ab}、l_{abE} 用于钢筋弯折锚固或机械锚固情况,施工中应按 16G101 系列图集中标准构造详图所标注的长度进行下料。在计算受拉钢筋锚固长度时,可根据 16G101—1 图集第 57 页、58 页查表进行取值。受拉钢筋的基本锚固长度 l_{ab}、锚固长度 l_a、抗震锚固长度 l_{aE} 以及抗震设计基本锚固长度 l_{abE} 见表 3.5 至表 3.8(注:根据《钢筋混凝土用钢　第 2 部分:热轧带肋钢筋》(GB/T 1499.1—2018)的规定,已取消 335 MPa 级钢筋,因此表中删除了 HRB335 的内容)。

表 3.5　受拉钢筋基本锚固长度 l_{ab}　　单位:mm

钢筋种类	混凝土强度等级								
	C20	C25	C30	C35	C40	C45	C50	C55	≥C60
HPB300	39*d*	34*d*	30*d*	28*d*	25*d*	24*d*	23*d*	22*d*	21*d*
HRB400、HRBF400、RRB400	—	40*d*	35*d*	32*d*	29*d*	28*d*	27*d*	26*d*	25*d*
HRB500、HRBF500	—	48*d*	43*d*	39*d*	36*d*	34*d*	32*d*	31*d*	30*d*

表 3.6　受拉钢筋锚固长度 l_a　　单位:mm

钢筋种类	混凝土强度等级																
	C20	C25		C30		C35		C40		C45		C50		C55		≥C60	
	d≤25	*d*≤25	*d*>25	*d*≤25	*d*>25	*d*≤25	*d*>25	*d*≤25	*d*>25	*d*≤25	*d*>25	*d*≤25	*d*>25	*d*≤25	*d*>25	*d*≤25	*d*>25
HPB300	39*d*	34*d*	—	30*d*	—	28*d*	—	25*d*	—	24*d*	—	23*d*	—	22*d*	—	21*d*	—
HRB400、HRBF400 RRB400	—	40*d*	44*d*	35*d*	39*d*	32*d*	35*d*	29*d*	32*d*	28*d*	31*d*	27*d*	30*d*	26*d*	29*d*	25*d*	28*d*
HRB500、HRBF500	—	48*d*	53*d*	43*d*	47*d*	39*d*	43*d*	36*d*	40*d*	34*d*	37*d*	32*d*	35*d*	31*d*	34*d*	30*d*	33*d*

表 3.7　受拉钢筋抗震锚固长度 l_{aE}　　单位:mm

钢筋种类及抗震等级		混凝土强度等级																
		C20	C25		C30		C35		C40		C45		C50		C55		≥C60	
		d≤25	*d*≤25	*d*>25	*d*≤25	*d*>25	*d*≤25	*d*>25	*d*≤25	*d*>25	*d*≤25	*d*>25	*d*≤25	*d*>25	*d*≤25	*d*>25	*d*≤25	*d*>25
HPB300	一、二级	45*d*	39*d*	—	35*d*	—	32*d*	—	29*d*	—	28*d*	—	26*d*	—	25*d*	—	24*d*	—
	三级	41*d*	36*d*	—	32*d*	—	29*d*	—	26*d*	—	25*d*	—	24*d*	—	23*d*	—	22*d*	—

续表

钢筋种类及抗震等级		混凝土强度等级																
		C20	C25		C30		C35		C40		C45		C50		C55		≥C60	
		$d \leqslant 25$	$d \leqslant 25$	$d > 25$	$d \leqslant 25$	$d > 25$	$d \leqslant 25$	$d > 25$	$d \leqslant 25$	$d > 25$	$d \leqslant 25$	$d > 25$	$d \leqslant 25$	$d > 25$	$d \leqslant 25$	$d > 25$	$d \leqslant 25$	$d > 25$
HRB400 HRBF400	一、二级	—	46*d*	51*d*	40*d*	45*d*	37*d*	40*d*	33*d*	37*d*	32*d*	36*d*	31*d*	35*d*	30*d*	33*d*	29*d*	32*d*
	三级	—	42*d*	46*d*	37*d*	41*d*	34*d*	37*d*	30*d*	34*d*	29*d*	33*d*	28*d*	32*d*	27*d*	30*d*	26*d*	29*d*
HRB500 HRBF500	一、二级	—	55*d*	61*d*	49*d*	54*d*	45*d*	49*d*	41*d*	46*d*	39*d*	43*d*	37*d*	40*d*	36*d*	39*d*	35*d*	38*d*
	三级	—	50*d*	56*d*	45*d*	49*d*	41*d*	45*d*	38*d*	42*d*	36*d*	39*d*	34*d*	37*d*	33*d*	36*d*	32*d*	35*d*

注：①当为环氧树脂涂层带肋钢筋时，表中数据尚应乘以 1.25。

②当纵向受拉钢筋在施工过程中易受扰动时，表中数据尚应乘以 1.1。

③当锚固长度范围内纵向受力钢筋周边保护层厚度为 3*d*、5*d*（*d* 为锚固钢筋的直径）时，表中数据可分别乘以 0.8、0.7；中间时按内插值。

④当纵向受拉普通钢筋锚固长度修正系数（注①～注③）多于一项时，可按连乘计算。

⑤受拉钢筋的锚固长度 l_a、l_{aE} 计算值不应小于 200 mm。

⑥四级抗震时，$l_{aE}=l_a$。

⑦当锚固钢筋的保护层厚度不大于 5*d* 时，锚固钢筋长度范围内应设置横向构造钢筋，其直径不应小于 *d*/4（*d* 为锚固钢筋的最大直径）；对梁、柱等构件间距不应大于 5*d*，对板、墙等构件间距不应大于 10*d*，且均不应大于 100 mm（*d* 为锚固钢筋的最小直径）。

⑧HPB300 级钢筋末端应做 180°弯钩，做法详见 16G101—1 图集第 57 页。

表 3.8 抗震设计时受拉钢筋基本锚固长度 l_{abE} 单位：mm

钢筋种类		混凝土强度等级								
		C20	C25	C30	C35	C40	C45	C50	C55	≥C60
HPB300	一、二级	45*d*	39*d*	35*d*	32*d*	29*d*	28*d*	26*d*	25*d*	24*d*
	三级	41*d*	36*d*	32*d*	29*d*	26*d*	25*d*	24*d*	23*d*	22*d*
HRB400 HRBF400	一、二级	—	46*d*	40*d*	37*d*	33*d*	32*d*	31*d*	30*d*	29*d*
	三级	—	42*d*	37*d*	34*d*	30*d*	29*d*	28*d*	27*d*	26*d*
HRB500 HRBF500	一、二级	—	55*d*	49*d*	45*d*	41*d*	39*d*	37*d*	36*d*	35*d*
	三级	—	50*d*	45*d*	41*d*	38*d*	36*d*	34*d*	33*d*	32*d*

注：①四级抗震时，$l_{abE}=l_{ab}$。

②当锚固钢筋的保护层厚度不大于 5*d* 时，锚固钢筋长度范围内应设置横向构造钢筋，其直径不应小于 *d*/4（*d* 为锚固钢筋的最大直径）；对梁、柱等构件间距不应大于 5*d*，对板、墙等构件间距不应大于 10*d*，且均不应大于 100 mm（*d* 为锚固钢筋的最小直径）。

在 16G101 系列图集中，纵向受拉钢筋还规定了弯钩锚固及机械锚固形式，如图 3.3 所示。同时规定了钢筋 90°弯折锚固时必须要保证平直段长度，即纵向受拉钢筋锚固时，当不能满足直锚要求时，可采用在钢筋端部设置 90°弯钩的形式。16G101 系列图集中纵向受力钢筋采用 90°弯折锚固形式的主要有：

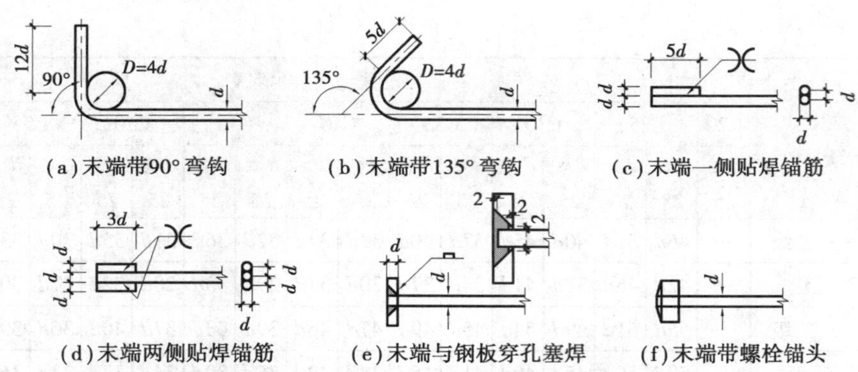

注:①当纵向受拉普通钢筋末端采用弯钩或机械锚固措施时,包括弯钩或锚固端头在内的锚固长度(投影长度)可取为基本锚固长度的60%。

②焊缝和螺纹长度应满足承载力的要求;螺栓锚头的规格应符合相关标准的要求。

③螺栓锚头和焊接钢板的承压面积不应小于锚固钢筋截面积的4倍。

④螺栓锚头和焊接锚板的钢筋净间距不宜小于$4d$,否则应考虑群锚效应的不利影响。

⑤截面角部的弯钩和一侧贴焊锚筋的布筋方向宜向截面内侧偏置。

⑥受压钢筋不应采用末端弯钩和一侧贴焊的锚固形式。

图3.3　纵向钢筋弯钩与机械锚固形式

①平直段长度$\geqslant 0.6l_{abE}$($0.6l_{ab}$),弯折段长度$15d$,要求平直段宜伸至支座尽端,用于直锚长度不足且充分利用钢筋抗拉强度的情况,如图3.4所示。

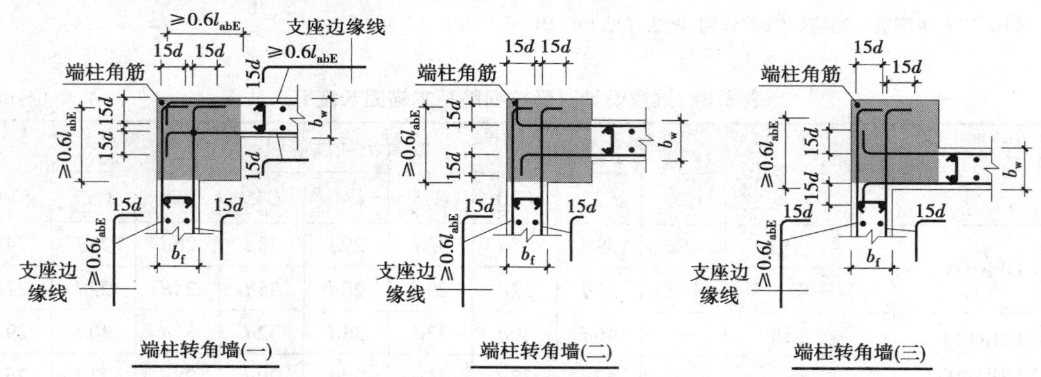

图3.4　剪力墙端柱转角墙构造

②平直段长度$\geqslant 0.4l_{abE}$($0.4l_{ab}$),弯折段长度$15d$,要求平直段应伸至支座尽端,当锚固钢筋承受充分竖向压力作用时,平直段长度可适当减少,该种情况是情况①的特殊形式,如框支梁端支座节点,如图3.5所示。

③平直段长度$\geqslant 0.35l_{ab}$,弯折段长度$15d$,要求平直段宜伸至支座尽端,用于梁、板筒支端上部钢筋的锚固,如图3.6、图3.7所示。

④框架顶层中柱柱顶纵向受力钢筋从梁底算起平直段长度$\geqslant 0.5l_{abE}$,弯折段长度$12d$,要求竖直段伸至柱顶,如图3.8所示。

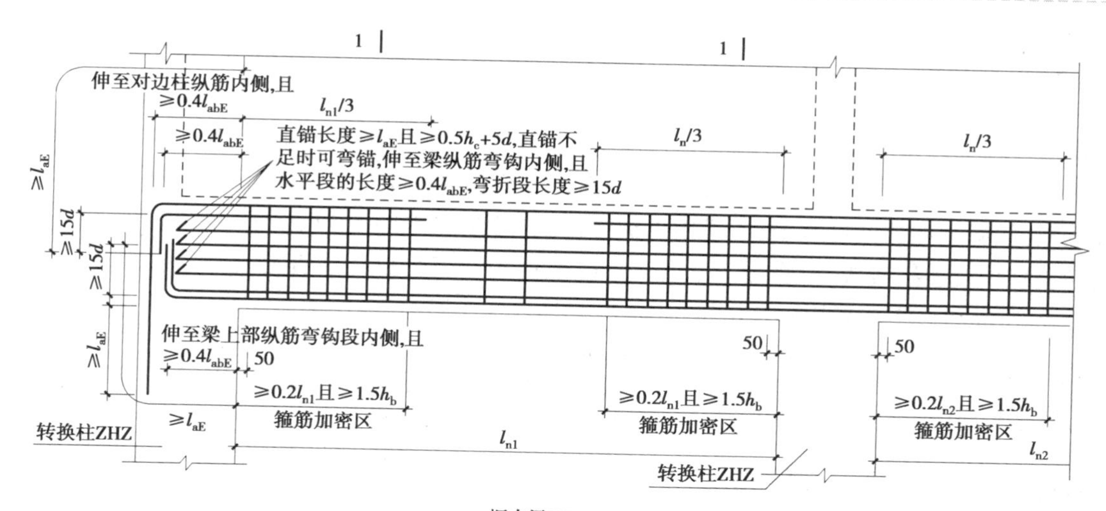

图 3.5 框支梁配筋构造

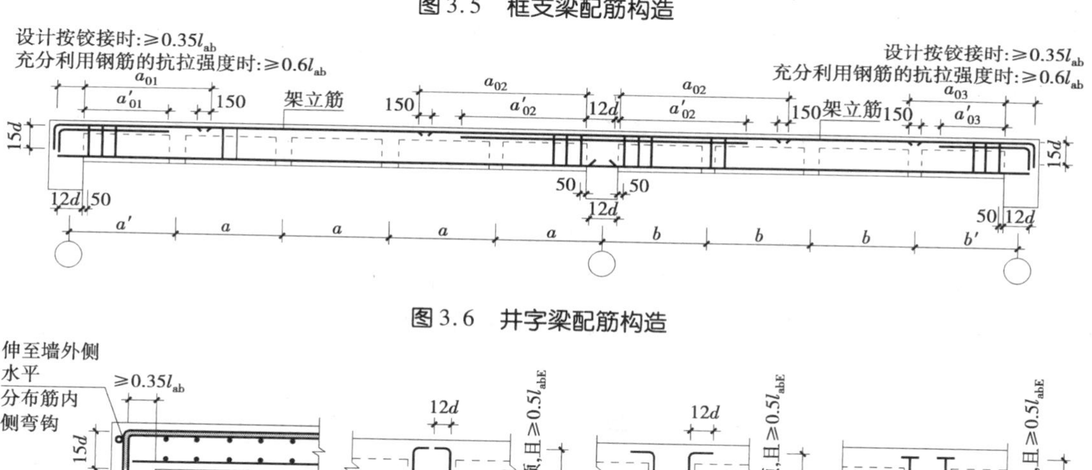

图 3.6 井字梁配筋构造

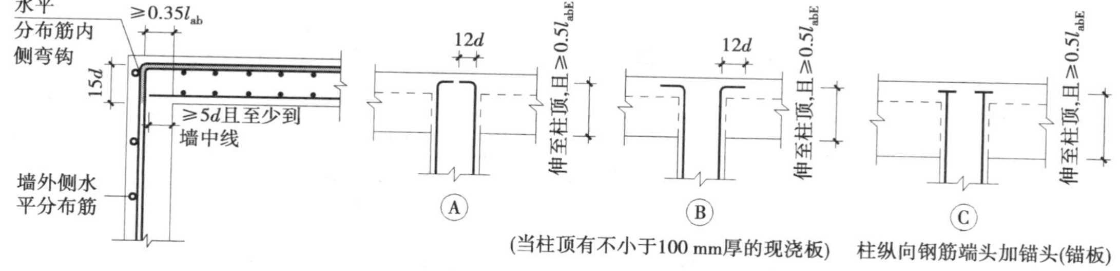

图 3.7 板在端部支座的锚固配筋构造

图 3.8 KZ 中柱柱顶纵向钢筋构造

在实际工程中,由于支座长度限制,造成无法满足平直段的情况,有些人认为这种情况下平直段短些,弯折段长些,总的长度满足锚固长度 l_{aE} 或 l_a 就可以了,实际上这种做法是不允许的。弯折锚固是利用受力钢筋端部90°弯钩对混凝土的局部挤压作用加大锚固承载力,从而保证钢筋不会发生锚固拔出破坏,弯折段的长度按图集要求已能满足要求,过长则浪费。弯折锚固要求弯钩之前必须有一定的直段锚固长度,是为了控制锚固钢筋的滑移,使构件不致发生较大的裂缝和变形。

4)钢筋连接

钢筋连接方式主要有绑扎搭接、机械连接及焊接连接,其特点见表3.9。机械连接接头和焊接接头的类型及质量应符合国家现行有关标准的规定。纵向受力钢筋的接头宜设置在受力较小处,应避开结构受力较大的关键部位。纵向受力钢筋连接位置宜避开梁端、柱端箍筋加密区范围,如必须在该区域连接,应采用机械连接或焊接。在同一跨度或同一层高内的同一受力钢筋上宜少设连接接头,不宜设2个或2个以上接头。当受拉钢筋直径>25 mm及受压钢筋直径>28 mm时,不宜采用绑扎搭接接头。

表3.9　绑扎搭接、机械连接及焊接连接的特点

类　型	机　理	优　点	缺　点
绑扎搭接	利用钢筋与混凝土之间的黏结锚固作用实现传力	应用广泛,连接形式简单	对于直径较粗的受力钢筋,绑扎搭接长度较长,施工不方便,且连接区域容易发生过宽的裂缝
机械连接	利用钢筋与连接件的机械咬合作用或钢筋端面的承压作用实现钢筋连接	比较简便、可靠	机械连接接头连接件的混凝土保护层厚度以及连接件间的横向净距将减小
焊接连接	利用热熔融金属实现钢筋连接	节省钢筋,接头成本低	焊接接头往往需要人工操作,因此连接质量的稳定性较差

(1)同一构件中相邻纵向受力钢筋的搭接接头宜相互错开

①钢筋绑扎搭接接头。钢筋为绑扎搭接接头时,连接区段的长度为1.3倍搭接长度 l_l 或 $1.3l_{lE}$,凡搭接接头中点位于该连接区段长度内的搭接接头均属于同一连接区段,如图3.9所示。

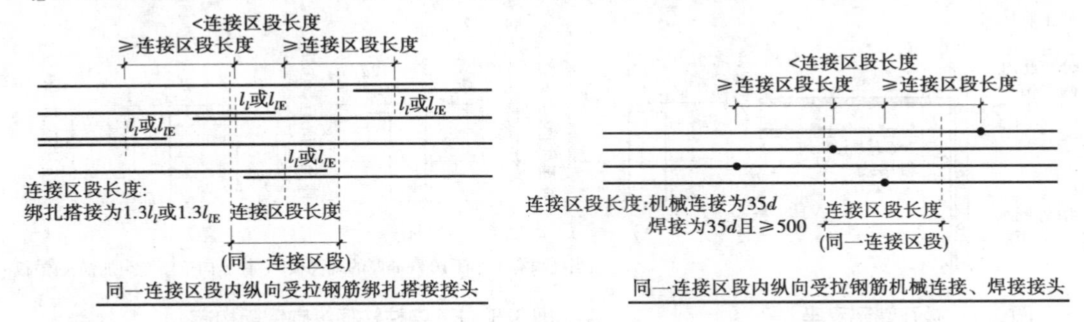

注:①d 为相互连接两根钢筋中较小直径;当同一构件内不同连接钢筋计算连接区段长度不同时取大值。

②图中所示同一连接区段内的接头钢筋直径相同时,钢筋接头面积百分率为50%。

图3.9　同一连接区段内的纵向受拉钢筋绑扎搭接接头、机械连接和焊接接头

位于同一连接区段内的纵向受拉钢筋绑扎搭接接头面积百分率:对梁类、板类及墙类构件,不宜大于25%;对柱类构件,不宜大于50%。当工程中确有必要增大纵向受拉钢筋搭接接头面积百分率时,对梁类构件,不应大于50%;对板类、墙类及柱类构件,可根据实际情况放宽。

②钢筋机械连接接头。钢筋为机械连接接头时,连接区段的长度为35d(d 为纵向受力钢

筋的较大直径)，凡接头中点位于该连接区段长度内的机械连接接头均属于同一连接区段(见图3.9)。在受力较大处设置机械连接接头时，位于同一连接区段内的纵向受拉钢筋接头面积百分率不宜大于50%，纵向受压钢筋的接头面积百分率可不受限制。

③钢筋焊接接头。钢筋为焊接接头时，连接区段的长度为$35d$(d为纵向受力钢筋的较大直径)且不小于500 mm，凡接头中点位于该连接区段长度内的焊接接头均属于同一连接区段(见图3.9)。位于同一连接区段内纵向受力钢筋的焊接接头面积百分率，对纵向受拉钢筋接头，不应大于50%；纵向受压钢筋的接头面积百分率可不受限制。

同一连接区段内纵向钢筋搭接接头面积百分率，为该区段内有连接接头的纵向受力钢筋截面面积与全部纵向钢筋截面面积的比值。

(2)纵向受拉钢筋搭接长度l_l和抗震搭接长度l_{lE}

在16G101—1中分别给出了纵向受拉钢筋搭接长度l_l和纵向受拉钢筋抗震搭接长度l_{lE}，见表3.10和表3.11。

表3.10　纵向受拉钢筋搭接长度l_l

单位：mm

钢筋种类及同一区段内搭接钢筋面积百分率		混凝土强度等级																
		C20	C25		C30		C35		C40		C45		C50		C55		C60	
		$d\leq 25$	$d\leq 25$	$d>25$	$d\leq 25$	$d>25$	$d\leq 25$	$d>25$	$d\leq 25$	$d>25$	$d\leq 25$	$d>25$	$d\leq 25$	$d>25$	$d\leq 25$	$d>25$	$d\leq 25$	$d>25$
HPB300	≤25%	$47d$	$41d$	—	$36d$	—	$34d$	—	$30d$	—	$29d$	—	$28d$	—	$26d$	—	$25d$	—
	50%	$55d$	$48d$	—	$42d$	—	$39d$	—	$35d$	—	$34d$	—	$32d$	—	$31d$	—	$29d$	—
	100%	$62d$	$54d$	—	$48d$	—	$45d$	—	$40d$	—	$38d$	—	$37d$	—	$35d$	—	$34d$	—
HRB400 HRBF400 RRB400	≤25%	—	$48d$	$53d$	$42d$	$47d$	$38d$	$42d$	$35d$	$38d$	$34d$	$37d$	$32d$	$36d$	$31d$	$35d$	$30d$	$34d$
	50%	—	$56d$	$62d$	$49d$	$55d$	$45d$	$49d$	$41d$	$45d$	$39d$	$43d$	$38d$	$42d$	$36d$	$41d$	$35d$	$39d$
	100%	—	$64d$	$70d$	$56d$	$62d$	$51d$	$56d$	$46d$	$51d$	$45d$	$50d$	$43d$	$48d$	$42d$	$46d$	$40d$	$45d$
HRB500 HRBF500	≤25%	—	$58d$	$64d$	$52d$	$56d$	$47d$	$52d$	$43d$	$48d$	$41d$	$44d$	$38d$	$42d$	$37d$	$41d$	$36d$	$40d$
	50%	—	$67d$	$74d$	$60d$	$66d$	$55d$	$60d$	$50d$	$56d$	$48d$	$52d$	$45d$	$49d$	$43d$	$48d$	$42d$	$46d$
	100%	—	$77d$	$85d$	$69d$	$75d$	$62d$	$69d$	$58d$	$64d$	$54d$	$59d$	$51d$	$56d$	$50d$	$54d$	$48d$	$53d$

注：①表中数值为纵向受拉钢筋绑扎搭接接头的搭接长度。

②两根不同直径钢筋搭接时，表中d取较细钢筋直径。

③当为环氧树脂涂层带肋钢筋时，表中数据尚应乘以1.25。

④当纵向受拉钢筋在施工过程中易受扰动时，表中数据尚应乘以1.1。

⑤当搭接长度范围内纵向受力钢筋周边保护层厚度为$3d$、$5d$(d为搭接钢筋的直径)时，表中数据尚可分别乘以0.8、0.7；中间时按内插值。

⑥当上述修正系数(注③~注⑤)多于一项时，可按连乘计算。

⑦任何情况下，搭接长度不应小于300 mm。

表 3.11　纵向受拉钢筋抗震搭接长度 l_{lE}　　单位:mm

钢筋种类及同一区段内搭接钢筋面积百分率			混凝土强度等级																
			C20	C25		C30		C35		C40		C45		C50		C55		C60	
			$d \le 25$	$d \le 25$	$d > 25$	$d \le 25$	$d > 25$	$d \le 25$	$d > 25$	$d \le 25$	$d > 25$	$d \le 25$	$d > 25$	$d \le 25$	$d > 25$	$d \le 25$	$d > 25$	$d \le 25$	$d > 25$
一、二级抗震等级	HPB300	≤25%	54*d*	47*d*	—	42*d*	—	38*d*	—	35*d*	—	34*d*	—	31*d*	—	30*d*	—	29*d*	—
		50%	63*d*	55*d*	—	49*d*	—	45*d*	—	41*d*	—	39*d*	—	36*d*	—	35*d*	—	34*d*	—
	HRB400 HRBF400	≤25%	—	55*d*	61*d*	48*d*	54*d*	44*d*	48*d*	40*d*	44*d*	38*d*	43*d*	37*d*	42*d*	36*d*	40*d*	35*d*	38*d*
		50%	—	64*d*	71*d*	56*d*	63*d*	52*d*	56*d*	46*d*	52*d*	45*d*	50*d*	43*d*	49*d*	42*d*	46*d*	41*d*	45*d*
	HRB500 HRBF500	≤25%	—	66*d*	73*d*	59*d*	65*d*	54*d*	59*d*	49*d*	55*d*	47*d*	52*d*	44*d*	48*d*	43*d*	47*d*	42*d*	46*d*
		50%	—	77*d*	85*d*	69*d*	76*d*	63*d*	69*d*	57*d*	64*d*	55*d*	60*d*	52*d*	56*d*	50*d*	55*d*	49*d*	53*d*
三级抗震等级	HPB300	≤25%	49*d*	43*d*	—	38*d*	—	35*d*	—	31*d*	—	30*d*	—	29*d*	—	28*d*	—	26*d*	—
		50%	57*d*	50*d*	—	45*d*	—	41*d*	—	36*d*	—	35*d*	—	34*d*	—	32*d*	—	31*d*	—
	HRB400 HRBF400	≤25%	—	50*d*	55*d*	44*d*	49*d*	41*d*	44*d*	36*d*	41*d*	35*d*	40*d*	34*d*	38*d*	32*d*	36*d*	31*d*	35*d*
		50%	—	59*d*	64*d*	52*d*	57*d*	48*d*	52*d*	42*d*	48*d*	41*d*	46*d*	39*d*	45*d*	38*d*	42*d*	36*d*	41*d*
	HRB500 HRBF500	≤25%	—	60*d*	67*d*	54*d*	59*d*	49*d*	54*d*	46*d*	50*d*	43*d*	47*d*	41*d*	44*d*	40*d*	43*d*	38*d*	42*d*
		50%	—	70*d*	78*d*	63*d*	69*d*	57*d*	63*d*	53*d*	59*d*	50*d*	55*d*	48*d*	52*d*	46*d*	50*d*	45*d*	49*d*

注:①四级抗震等级时,$l_{lE}=l_l$,详见表 3.10。
②其余表注同表 3.10。

5)钢筋的弯钩及弯折角度

①《混凝土结构工程施工质量验收规范》(GB 50204—2015)中规定,受力钢筋的弯钩及弯折应符合下列规定:

a. 光圆钢筋末端应做 180°弯钩,其弯弧内直径不应小于钢筋直径的 2.5 倍,弯钩的平直段长度不应小于钢筋直径的 3 倍,如图 3.10(a)所示。

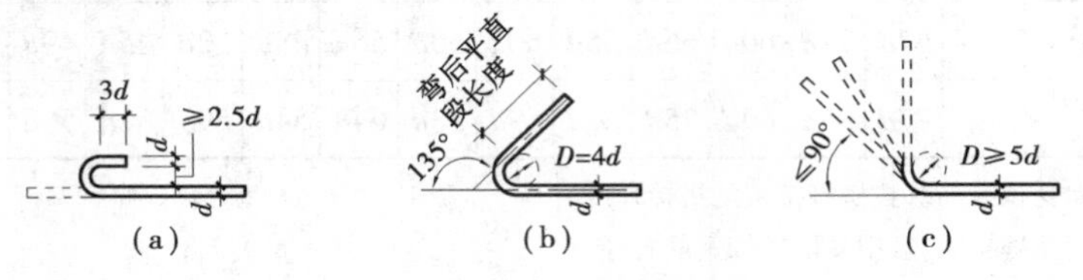

图 3.10　钢筋的弯钩和弯折

b. 当设计要求钢筋末端需做 135°弯钩时,400MPa 级带肋钢筋的弯弧内直径不应小于钢筋直径的 4 倍,弯钩的平直段长度应符合设计要求,如图 3.10(b)所示。

c. 钢筋做不大于 90°的弯折时,弯折处弯弧内直径不应小于钢筋直径的 5 倍,如图 3.10(c)所示。

②《混凝土结构工程施工质量验收规范》(GB 50204—2015)中规定,除焊接封闭式箍筋外,箍筋的末端应做弯钩,弯钩形式应符合设计要求;当设计无具体要求时,应符合下列

规定：

a. 箍筋弯钩的弯弧内直径除应满足上述①条的规定外，尚应不小于纵向受力钢筋的直径。

b. 箍筋弯钩的弯折角度：对一般结构构件，不应小于 90°；对有抗震设防要求或设计有专门要求的结构构件，不应小于 135°。

c. 箍筋弯折后平直段长度：对一般结构构件，不应小于箍筋直径的 5 倍；对有抗震设防要求或设计有专门要求的结构构件，不应小于箍筋直径的 10 倍和 75 mm 的较大值（见图 3.11）。螺旋箍筋的构造和弯钩弯后平直段长度不宜小于箍筋直径的 10 倍，如图 3.12 所示。

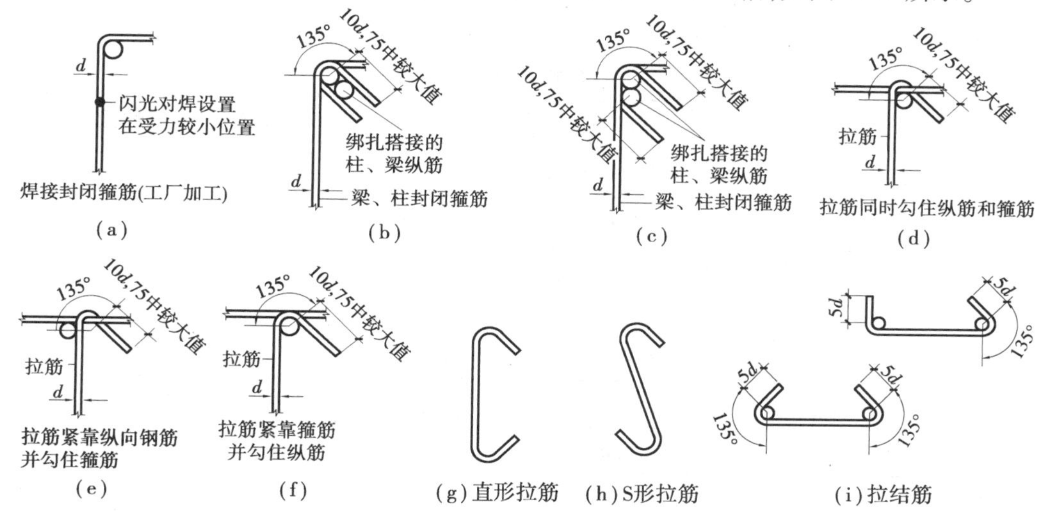

注：①图中(a)～(f)为封闭箍筋及拉筋弯钩构造；(g)～(i)用于剪力墙分布钢筋的拉结，宜同时勾住外侧水平及竖向分布钢筋；

②非框架梁以及不考虑地震作用的悬挑梁、基础构件的箍筋及拉筋弯钩平直段长度可为 $5d$，当其受扭时应为 $10d$。

图 3.11　梁、柱、剪力墙、基础构件箍筋和拉筋弯钩构造

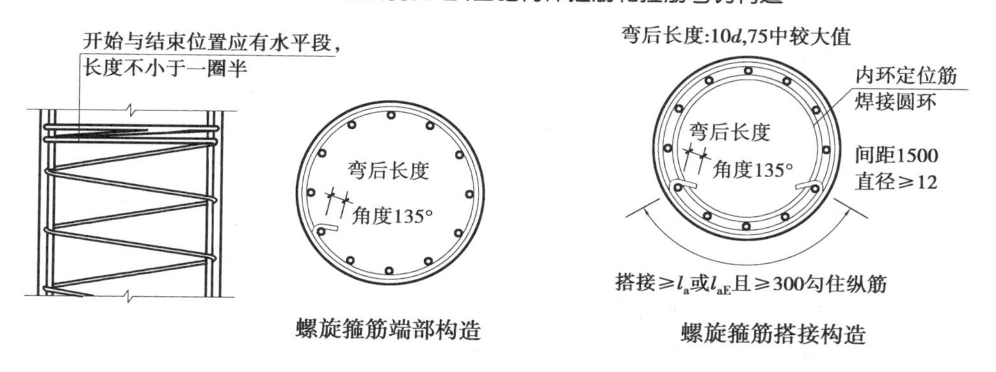

图 3.12　螺旋箍筋构造

（圆柱环状箍筋搭接构造同螺旋箍筋）

③17G101—11 中指出：光圆钢筋系指 HPB300 级钢筋，由于钢筋表面光滑，主要靠摩阻力锚固，锚固强度很低，一旦发生滑移即被拔出，因此光圆钢筋末端应做 180°弯钩，弯后平直段长度不应小于 $3d$，但作受压钢筋时可不做弯钩；板中分布钢筋（不作为抗温度收缩筋使用），或者按构造详图已经设有 ≤$15d$ 直钩时，可不再设 180°弯钩，如图3.13所示。

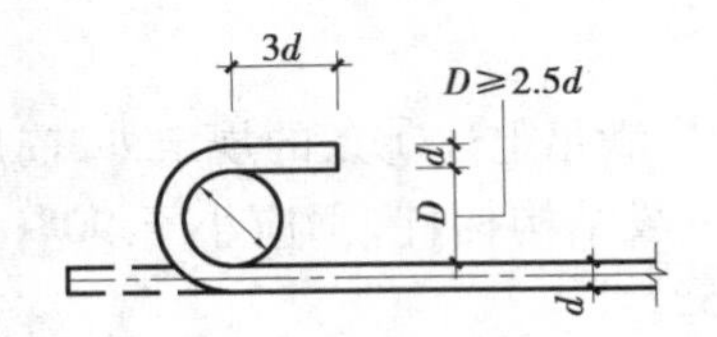

图 3.13　HPB300 级钢筋
末端 180°弯钩

④箍筋的平直段长度和直钢筋弯钩增加长度及弯曲调整值可参考表 3.12、表 3.13、表 3.14的数据（箍筋的直径为 d，弯曲直径为 D，即 $D=4d$）。

表 3.12　箍筋的弯钩增加长度值

弯钩形式（$D=4d$）	弯钩平直段长度	箍筋一个弯钩增加长度值
90°	≥5d（无抗震要求）	≥6.2d
135°	≥10d 或≥75（有抗震要求）	≥12d（或 11.9d）

注：箍筋弯钩增加长度值已包含弯钩平直段长度内，在 16G101 中弯钩平直段长度为 max（10d，75）。

表 3.13　钢筋弯曲调整值

弯折角度（$D=4d$）	30°	45°	60°	90°	135°
弯曲调整值	0.35d	0.55d	0.85d	2d	2.5d

表 3.14　直钢筋的弯钩增加长度值

弯钩形式	弯钩平直段长度	弯钩增加长度值
90°（$D=5d$）	符合设计要求	3.5d + 平直段长度
135°（$D=4d$，400MPa 级）	符合设计要求	4.9d（或 5d）+ 平直段长度
180°（$D=2.5d$，300MPa 级）	3d	6.25d（已包括平直段长度）

6）纵向钢筋间距

（1）梁纵向钢筋间距

梁上部纵向钢筋水平方向的净间距（钢筋外边缘之间的最小距离）不应小于 30 mm 和 1.5d（d 为钢筋的最大直径，下同）；下部纵向钢筋水平方向的净间距不应小于 25 mm 和 d。梁的下部纵向钢筋配置多于两层时，两层以上钢筋水平方向的中距应比下面两层的中距增大 1 倍。各层钢筋之间的净间距不应小于 25 mm 和 d，如图 3.14 所示。

当梁的腹板高度 h_w≥450 mm 时，在梁的两个侧面应沿高度配置纵向构造钢筋，其间距 a 不宜大于 200 mm。图 3.14 中 s 为梁底至梁下部纵向受拉钢筋合力点距离。当梁下部纵筋为一排时，s 取至钢筋中心位置；当梁下部纵筋为两排时，s 可近似取值为 60 mm。当设计注明梁侧面纵向钢筋为抗扭钢筋时，侧面纵向钢筋应均匀布置。

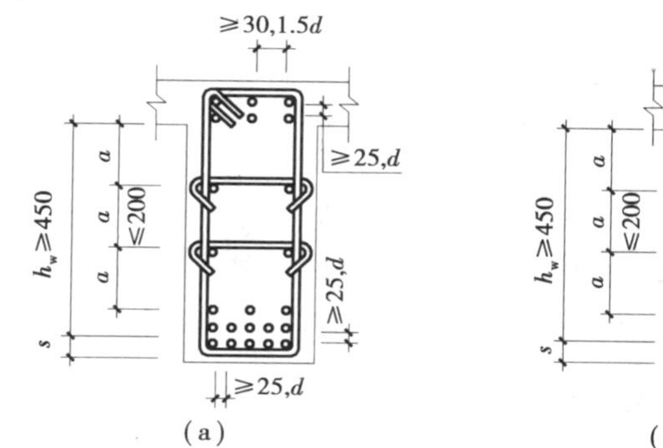

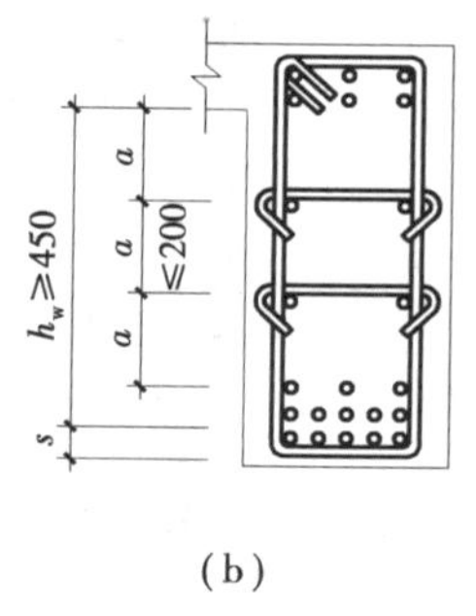

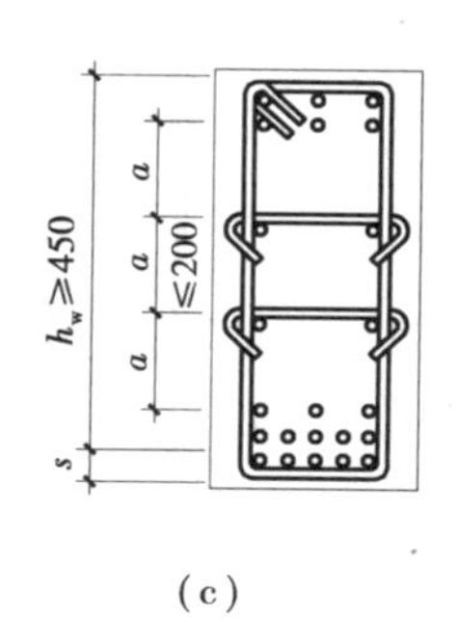

图 3.14　梁纵向钢筋间距

(2)柱纵向钢筋间距

柱中纵向受力钢筋的净间距不应小于 50 mm(图 3.15),且不宜大于300 mm;截面尺寸大于 400 mm 的柱,纵向钢筋的间距不宜大于 200 mm。

(3)剪力墙分布钢筋间距

剪力墙水平分布钢筋及竖向分布钢筋间距(中心距)不应大于 300 mm,如图 3.16 所示。

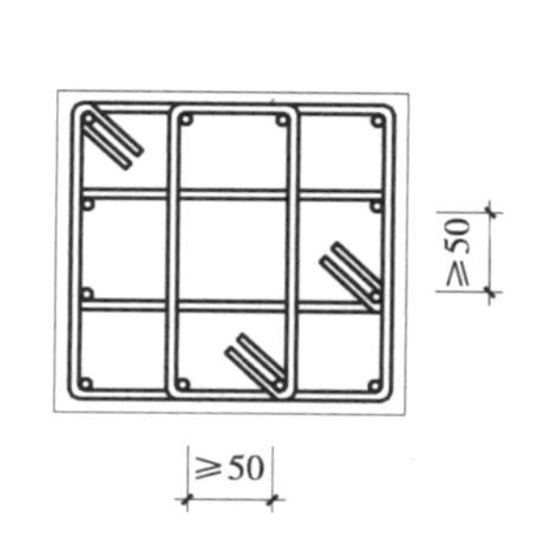

图 3.15　柱纵向钢筋间距

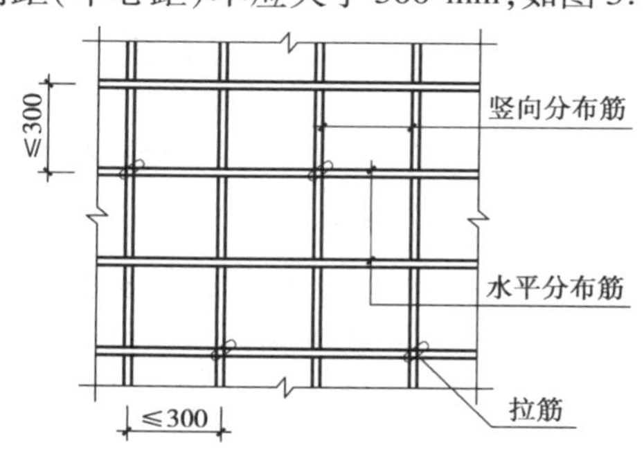

图 3.16　剪力墙分布钢筋间距

(4)筏形基础纵向钢筋间距

筏形基础中纵向受力钢筋的间距(中心距)不应小于 150 mm,宜为 200 ~ 300 mm。当基础筏板厚度大于 2 m 时,宜在板厚度方向中间部位设置直径不小于 12 mm、间距不大于 200 mm 的双向钢筋网。

(5)并筋钢筋间距

由 2 根单独钢筋组成的并筋可按竖向或横向的方式布置,由 3 根单独钢筋组成的并筋宜按品字形布置(见图 3.17)。直径≤28 mm 的钢筋并筋数量不应超过 3 根;直径 32 mm 的钢筋并筋数量宜为 2 根;直径≥36 mm 的钢筋不应采用并筋。梁、柱中并筋的混凝土保护层厚度、钢筋间距要求如图 3.18、图 3.19 所示。

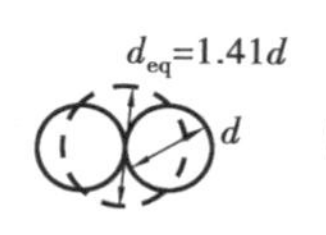

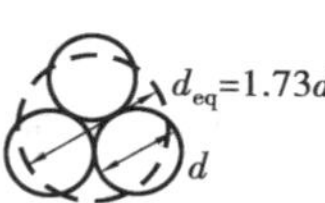

图 3.17　并筋形式图

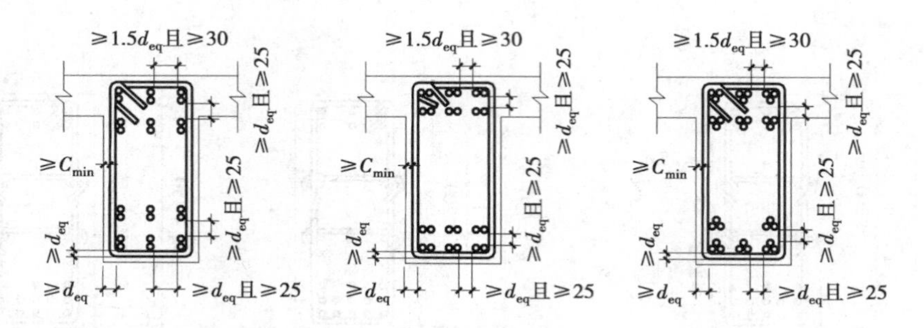

图 3.18　梁井筋的混凝土保护层厚度、钢筋间距

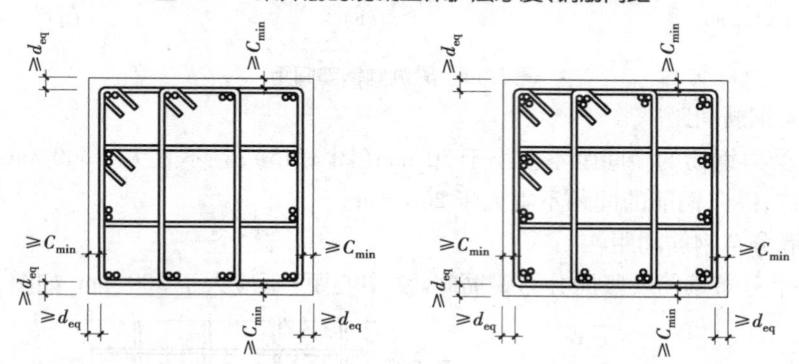

图 3.19　柱中井筋的混凝土保护层厚度、钢筋间距

7）结构中钢筋类别的选用

在有抗震设防要求结构中，对材料的要求分为强制性和非强制性。按一、二、三级抗震等级设计的框架和斜撑构件（这类构件包括框架梁、框架柱、框支梁、板柱-抗震墙的柱，以及伸臂桁架的斜撑、框架中楼梯的梯段等）中纵向受力普通钢筋强屈比、超强比和均匀伸长率方面必须满足下列要求：

①强屈比：钢筋的抗拉强度实测值与屈服强度实测值的比值不应小于 1.25。这是为了保证当构件某个部位出现塑性铰以后，塑性铰处有足够的转动能力和耗能能力，大变形下具有必要的强度潜力。

②超强比：钢筋屈服强度实测值与标准值的比值不应大于 1.30。这是为了保证按设计要求实现"强柱弱梁""强剪弱弯"的效果，不会因钢筋强度离散性过大而受到干扰。

③均匀伸长率：钢筋在最大拉力的总伸长率实测值不应小于 9%。这是为了保证在抗震大变形的条件下，钢筋具有足够的塑性变形能力。

其他普通钢筋应满足设计要求，宜优先采用延性、韧性和焊接性较好的钢筋。带肋钢筋包括普通热轧钢筋（HRB400、HRB500、HRB600）和细晶粒热轧钢筋（HRBF400、HRBF500），在《钢筋混凝土用钢　第 2 部分：热轧带肋钢筋》（GB/T 1499.2—2018）中还提供了牌号带"E"的钢筋：HRB400E、HRB500E、HRBF400E、HRBF500E。这些牌号带"E"的钢筋在强屈比、超强比和均匀伸长率方面均满足上述要求，抗震结构的关键部位及重要构件宜优先选用。

8）符号说明

在本书的讲解中要用到相关符号，其代表含义见表 3.15。

表3.15　符号说明

代　号	含　义	代　号	含　义
l_{ab}	受拉钢筋基本锚固长度	l_{abE}	抗震设计时受拉钢筋基本锚固长度
l_a	受拉钢筋锚固长度	l_{aE}	受拉钢筋抗震锚固长度
l_l	纵向受拉钢筋搭接长度	l_{lE}	纵向受拉钢筋抗震搭接长度
C_{min}	混凝土保护层最小厚度	C	受力钢筋的混凝土保护层厚度
max	最大值	min	最小值
d	钢筋直径	ϕ	直径符号
h_b、b_b	梁截面高度与宽度	l_0	梁、基础类梁、板轴线跨长
h_c、b_c	柱(支座)截面高度与宽度	l_n	梁跨净跨长(左跨 l_{ni} 和右跨 l_{ni+1} 之较大值)、梯板净跨长(水平投影长度)
h	板、梯板厚度	H_n	所在楼层柱净高
c	梁、柱变截面高差	l_w	箍筋、拉筋弯钩长度
h_j	基础底面至基础顶面高度	s	板筋间距或基础底板筋间距
a	墙、柱基础插筋在基础底板内的弯折长度		

注:h_c 在计算柱钢筋时为柱截面长边尺寸(圆柱为截面直径 D),在计算梁钢筋时为柱截面沿框架方向的高度。

想一想

1."平法"钢筋计算的基本原理有哪些?

2."平法"钢筋计算应具备哪些基本知识?

练一练

阅读16G101系列国家建筑标准设计图集

1.训练目的:理解平法钢筋计算的相关知识。

2.训练要求:作好记录。

3.训练所需资源:《混凝土结构设计规范》(GB 50010—2010,2015年版)、《建筑抗震设计规范》(GB 50011—2010,2016年版),以及16G101—1、16G101—2、16G101—3、18G901—1、18G901—2、18G901—3和17G101—11等图集。

任务4 框架柱钢筋计算

问题引入

柱中钢筋平法设计的表达方式有列表注写方式和截面注写方式两种。在工程造价中，柱需要计算哪些钢筋呢？如图4.1所示，钢筋计算所需参数：①基础层层高；②柱所在楼层高度；③柱所在楼层位置；④柱所在平面位置；⑤柱截面尺寸；⑥节点高度（梁、板等）；⑦搭接形式（绑扎、焊接或机械连接）；⑧结构抗震等级；⑨构件的使用环境；⑩钢筋级别（牌号及直径）及混凝土强度等级。

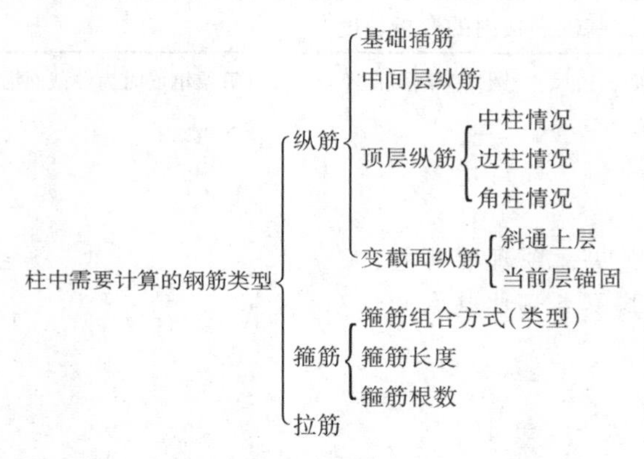

图4.1 柱中需要计算的钢筋类型

4.1 框架柱钢筋构造及计算规则

1）基础插筋长度计算

图4.2为柱基础插筋三维示例，图4.3为柱基础插筋施工示例。基础插筋长度计算见表4.1。

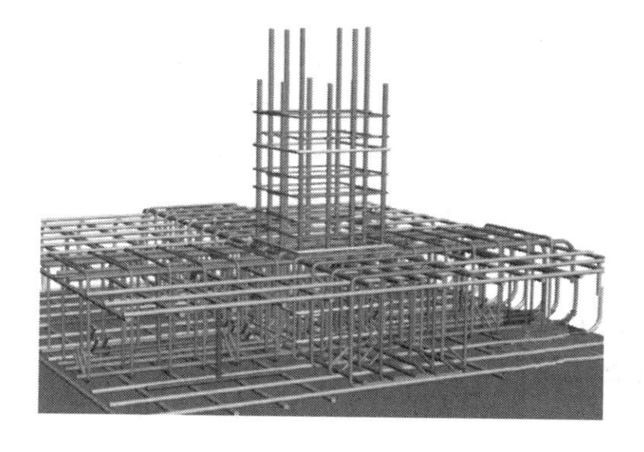

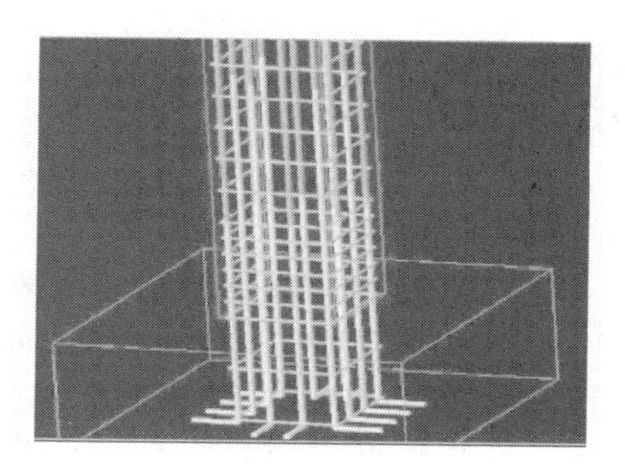

图4.2 柱基础插筋三维示例

图4.3 柱基础插筋施工示例

表4.1 基础插筋长度计算表

钢筋部位及其名称	计算公式	说明	附图
基础插筋(独立基础、条形基础、基础梁、筏板基础和桩基承台中)	①基础插筋长度(低)=基础高度-保护层厚度C+基础弯折长度a+伸出基础顶面的纵筋外露长度$H_n/3$或$H_n/6$+与上层纵筋搭接长度l_{lE}(如采用焊接、机械连接时,搭接长度为0,但相邻两根钢筋应错开搭接); ②基础插筋长度(高)=基础高度-保护层厚度C+基础弯折长度a+伸出基础顶面的纵筋外露长度$H_n/3$或max(h_c,$H_n/6$,500)+与低位纵筋错开搭接长度$2.3l_{lE}$[如采用焊接时,与低位纵筋错开连接长度为max(35d,500);如采用机械连接时,与低位纵筋错开连接长度为35d]	①详见16G101—3第66页柱纵向钢筋在基础中的构造; ②柱插筋在基础内的竖直锚固长度与弯折长度a对照表,见表4.2; ③柱相邻插筋连接接头应相互错开,位于同一连接区段插筋接头面积百分率不大于50%; ④伸出基础顶面纵筋外露长度(搭接或连接点)应大于等于箍筋加密区(非连接区)长,即≥$H_n/3$或max(h_c,$H_n/6$,500)[首层柱,有嵌固部位:$H_n/3$;无嵌固部位:max(h_c,$H_n/6$,500)],以下余同	图4.4 图4.6 图4.7 图4.8 图4.13

续表

钢筋部位及其名称	计算公式	说 明	附 图
基础插筋（独立基础、条形基础、基础梁、筏板基础和桩基承台中）	当筏形基础或平板基础中部设置构造钢筋网片时： ①柱四角基础插筋长度 = 基础高度 − 保护层厚度 C + 基础弯折长度 a + 伸出基础顶面的纵筋外露长度 $H_n/3$ 或 $\max(h_c, H_n/6, 500)$ + 与上层纵筋搭接长度 l_{lE}（如采用焊接、机械连接时，搭接长度为0，但相邻两根钢筋应错开搭接）； ②其余柱基础插筋长度 = l_{aE} + 伸出基础顶面的纵筋外露长度 $H_n/3$ 或 $\max(h_c, H_n/6, 500)$ + 与低位纵筋错开搭接长度 $2.3l_{lE}$[如采用焊接时，与低位纵筋错开连接长度为 $\max(35d, 500)$；如采用机械连接时，与低位纵筋错开连接长度为 $35d$]	①当筏形基础或平板基础中部设置构造钢筋网片时，柱插筋可仅将柱的四角钢筋伸至筏板底部的钢筋网片上，其余钢筋在筏板内满足锚固长度 l_{aE} 即可； ②详见 18G901—3 第 1-11 页筏形基础有中间钢筋网片时柱插筋排布构造； ③柱插筋在基础内的竖直锚固长度与弯折长度 a 对照表，见表 4.2	图 4.5 图 4.6 图 4.7 图 4.8 图 4.13
基础插筋（基础厚度大于 2000 mm 时）	①四角插筋和其他伸入基础底面部分插筋长度 = 基础高度 − 保护层厚度 C + 基础弯折长度 a + 伸出基础顶面的纵筋外露长度 $H_n/3$ 或 $\max(h_c, H_n/6, 500)$ + 与上层纵筋搭接长度 l_{lE}（如采用焊接、机械连接时，搭接长度为0，但相邻两根钢筋应错开搭接）； ②其余柱基础插筋长度 = l_{aE} + 伸出基础顶面的纵筋外露长度 $H_n/3$ 或 $\max(h_c, H_n/6, 500)$ + 与低位纵筋错开搭接长度 $2.3l_{lE}$[如采用焊接时，与低位纵筋错开连接长度为 $\max(35d, 500)$；如采用机械连接时，与低位纵筋错开连接长度为 $35d$]	①当柱为轴心受压或小偏心受压，独立基础、条形基础高度不小于 1200 mm，或当柱为大偏心受压，独立基础、条形基础高度不小于 1400 mm 时，可将四角钢筋和其他部分钢筋伸至底板钢筋网片上（伸至钢筋网片上的柱插筋间距不应大于 1000 mm），其他钢筋满足锚固长度 l_{aE} 即可； ②柱插筋在基础内的竖直锚固长度与弯折长度 a 对照表，见表 4.2	图 4.6 图 4.7 图 4.8 图 4.13

表 4.2　柱插筋在基础内的竖直锚固长度与弯折长度 a 对照表（插入基础内）

竖直长度	柱插筋在基础内保护层厚度	柱插筋在基础内弯折长度 a/mm
$h_j \geq l_{aE}$	$>5d, \leq 5d$	$6d$ 且 ≥ 150
$h_j < l_{aE}$	$>5d, \leq 5d$	$15d$

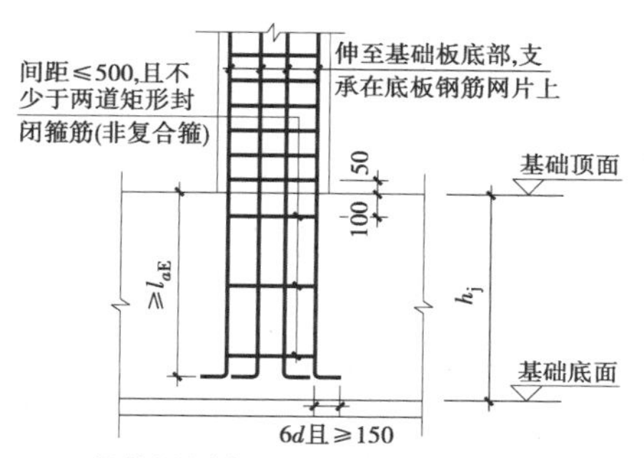

(a)保护层厚度>5d,基础高度满足直锚

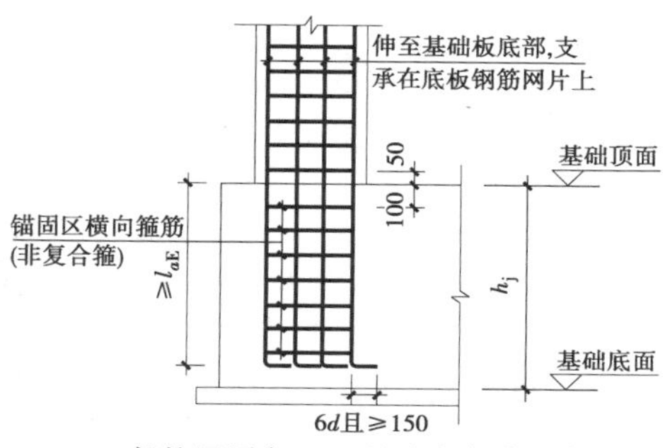

(b)保护层厚度≤5d,基础高度满足直锚

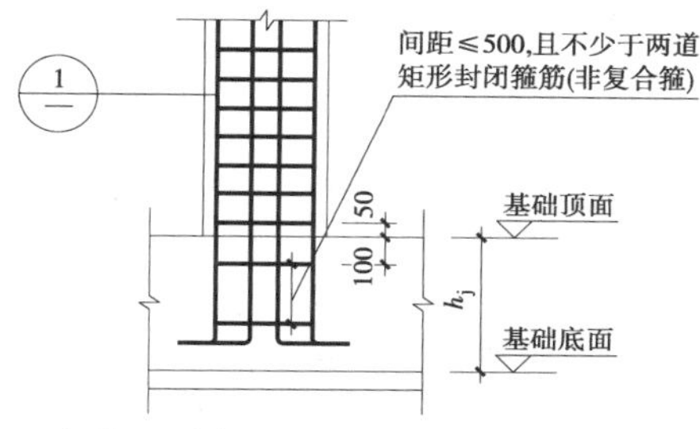

(c)保护层厚度>5d,基础高度不满足直锚

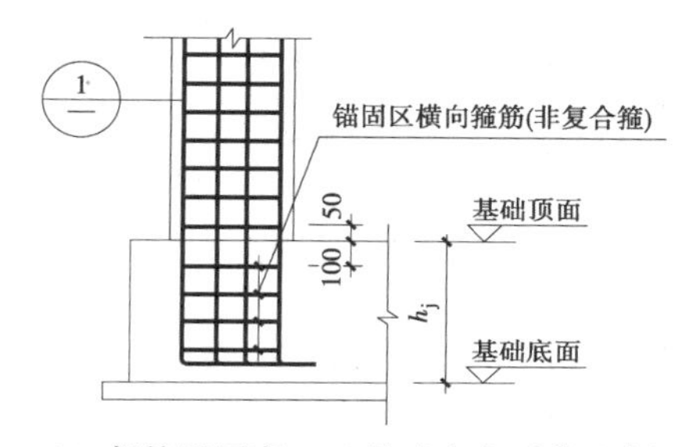

(d)保护层厚度≤5d,基础高度不满足直锚

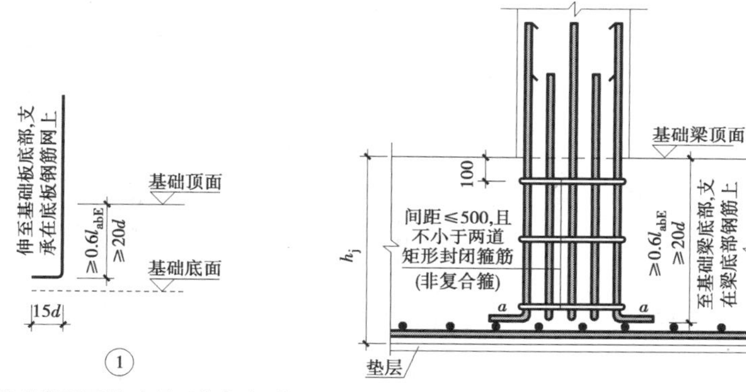

注:①表或图中 h_j 为基础底面至基础顶面的高度,柱下为基础梁时,h_j 为梁底面至顶面的高度。当柱两侧基础梁标高不同时取较低标高。

②锚固区横向箍筋应满足直径≥d/4(d 为纵筋最大直径),间距≤5d(d 为纵筋最小直径)且≤100 mm 的要求。

③当柱纵筋在基础中保护层厚度不一致时(如纵筋部分位于梁中,部分位于板内),保护层厚度不大于5d 的部分应设置锚固区横向钢筋。

④当柱为轴心受压或小偏心受压,基础高度或基础顶面至中间层钢筋网片顶面距离不小于1 200 mm 时,或当柱为大偏心受压,基础高度或基础顶面至中间层钢筋网片顶面距离不小于1 400 mm 时,可仅将柱四角纵筋伸至底板钢筋网片上或者筏形基础中间层钢筋网片上(伸至钢筋网片上的柱纵筋间距不应大于1 000 mm),其余纵筋锚固在基础顶面下 l_{aE} 即可。

⑤表或图中基础可为独立基础、条形基础、基础梁、筏板基础和桩基承台。

⑥图中 d 为柱纵筋直径。

图4.4　柱纵向钢筋在基础中的构造

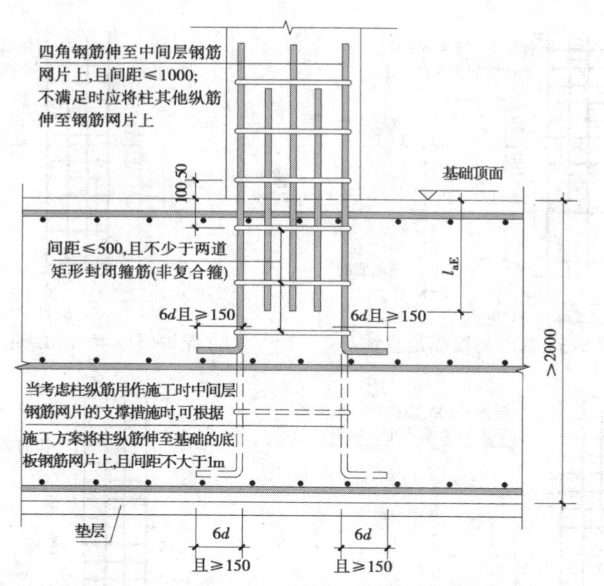

图 4.5 筏形基础有中间钢筋网片时柱插筋排布构造

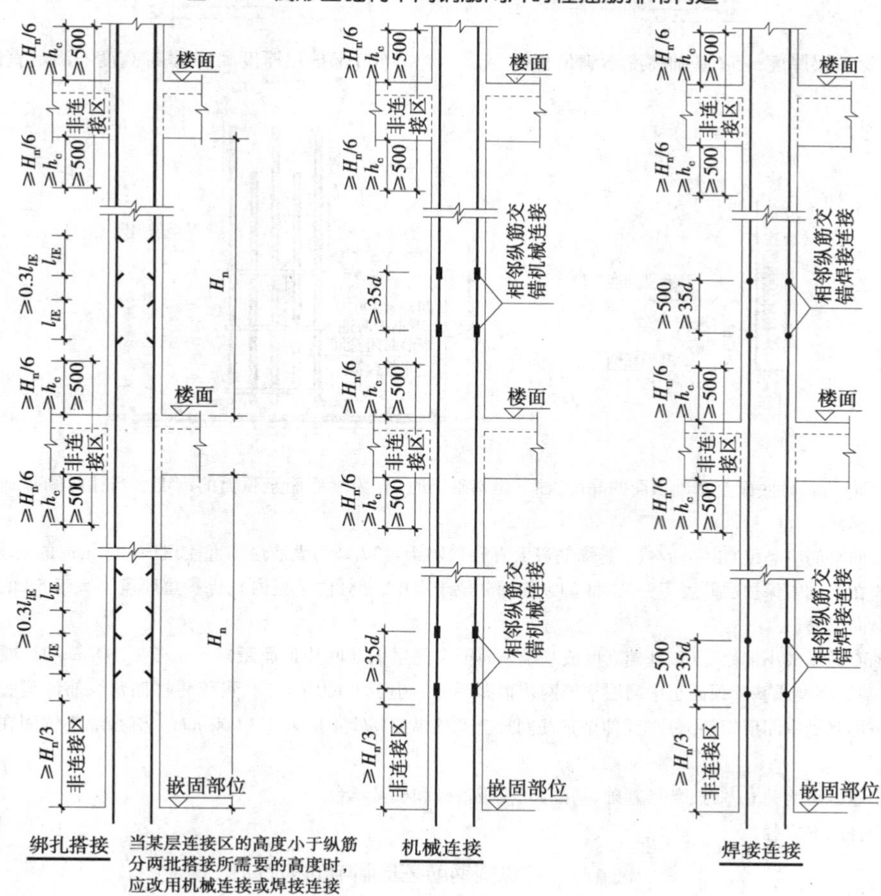

图 4.6 KZ 纵向钢筋连接构造

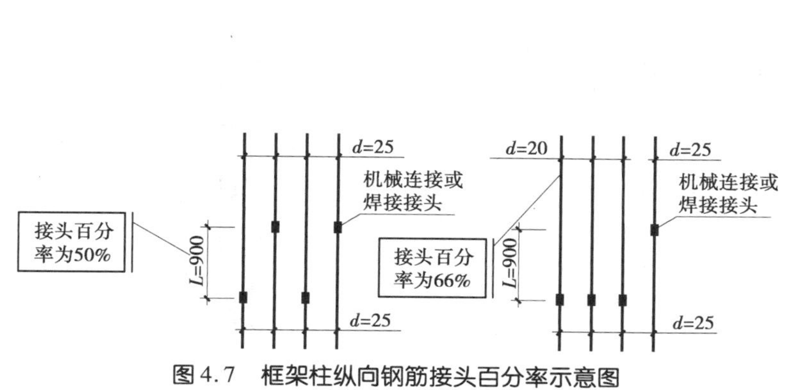

图4.7 框架柱纵向钢筋接头百分率示意图

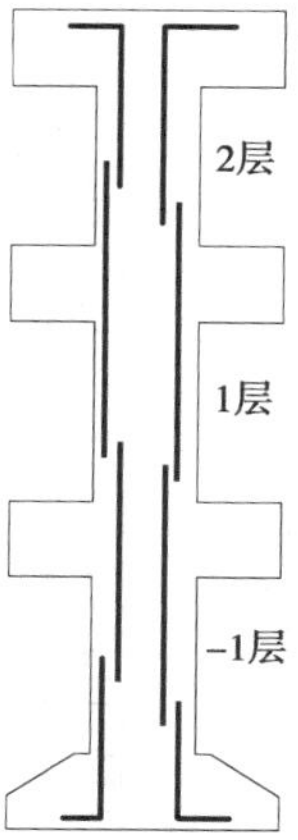

2层
1层
-1层

图4.8 柱钢筋断点示意图

2)柱嵌固部位确定

嵌固部位是结构计算时底层柱计算长度的起始位置,16G101—1 中要求在竖向构件(柱、墙)平法施工图中明确标注上部结构嵌固部位。当框架柱嵌固部位在基础顶面时,无需注明;当框架柱嵌固部位不在基础顶面时,在层高表嵌固部位标高下使用双细线注明,并在层高表下注明上部结构嵌固部位标高;当框架柱嵌固部位不在地下室顶板,但仍需考虑地下室顶板对上部结构实际存在嵌固作用时,可在层高表地下室顶板标高下使用双虚线注明,此时首层柱端箍筋加密区长度范围及纵筋连接位置均按嵌固部位要求设置(见图 2.12)。基础顶面和嵌固部位之间的关系如下:

①无地下室时,浅埋扩展基础上的框架柱嵌固部位一般为基础顶面,其嵌固部位和箍筋加密区范围如图 4.9 所示;墙或梁上柱嵌固部位和箍筋加密区范围如图 4.10 所示。

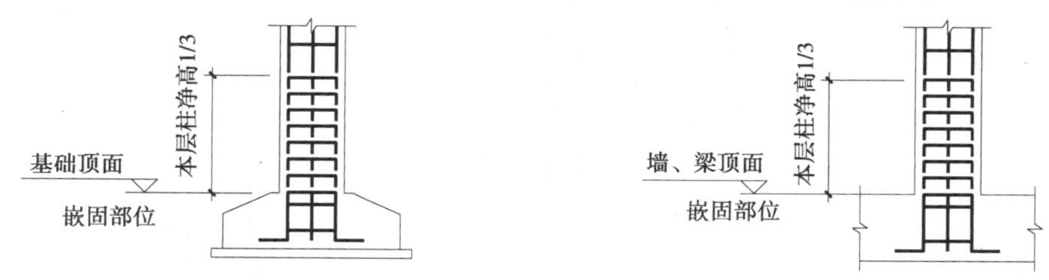

图4.9 无地下室柱嵌固部位和箍筋加密区范围　　图4.10 墙或梁上柱嵌固部位和箍筋加密区范围

当扩展基础埋藏较深时,基础顶面至首层板顶面高差较大,此时可在首层地面处设置地下框架梁,若地下框架梁底至基础顶面的框架柱为短柱,设计应注写短柱箍筋全长加密,箍筋加密区范围和嵌固部位如图 4.11 所示。

②有地下室时,需要根据实际工程情况由设计者指定嵌固部位,如图 4.12、图 4.15 所示。

③框架柱柱端应设置箍筋加密区,嵌固部位处柱下端 1/3 柱净高的范围内是箍筋加密区(见图 4.9、图 4.10、图 4.11、图 4.12),高度大于其他层(1/6 柱净高 H_n、柱长边尺寸 h_c、500 mm三者最大值)是增强柱嵌固端抗剪能力和提高框架柱延性的构造措施,如图 4.13 所示。

④当嵌固部位不在基础顶面时,按《建筑抗震设计规范》(GB 50010—2010,2016 年版)规定,地下一层柱截面每侧纵向钢筋不应小于地上一层柱对应纵向钢筋的 1.1 倍,并对梁端配筋也提出了相应要求。柱中多出钢筋不应伸至嵌固部位以上进行锚固,如图 4.12 节点 A 所示。

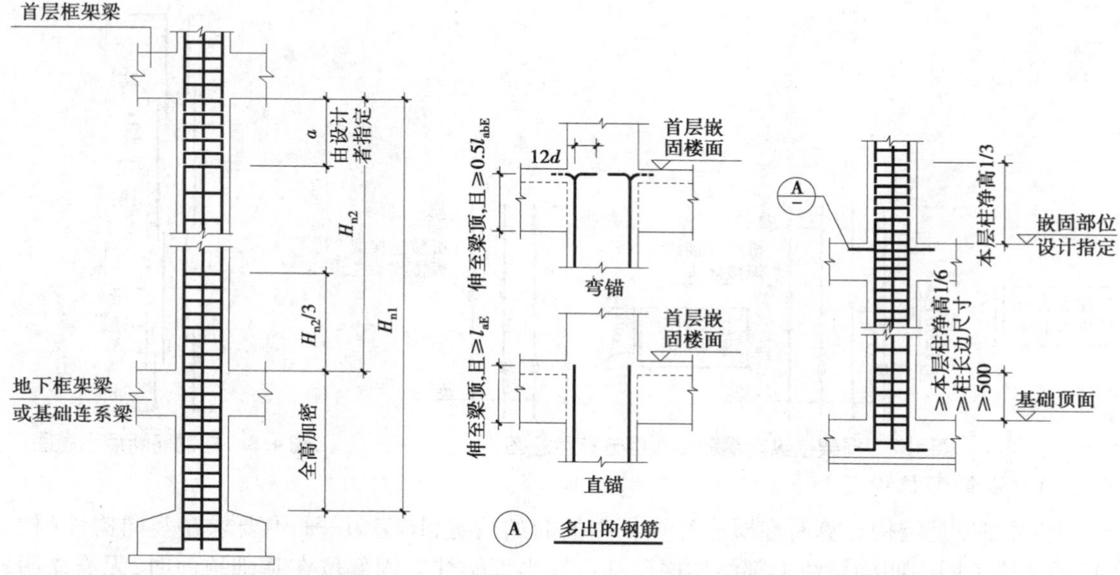

图 4.11　无地下室设有地下框架梁或基础连系梁时柱嵌固部位

图 4.12　设有地下室且嵌固部位不在基础顶面的情况

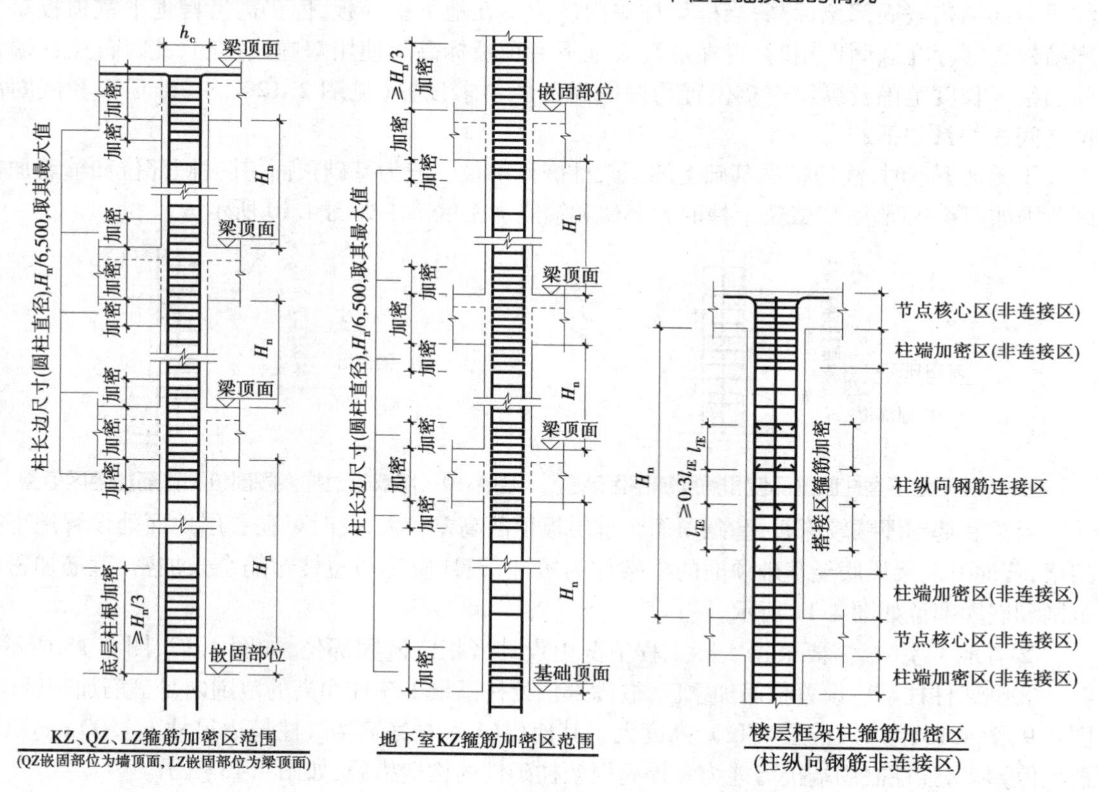

图 4.13　柱箍筋加密区范围

⑤有刚性地面时,除柱端和节点处需加密箍筋外,尚应在刚性地面上、下各 500 mm 的高度内加密箍筋,如图 4.14 所示。

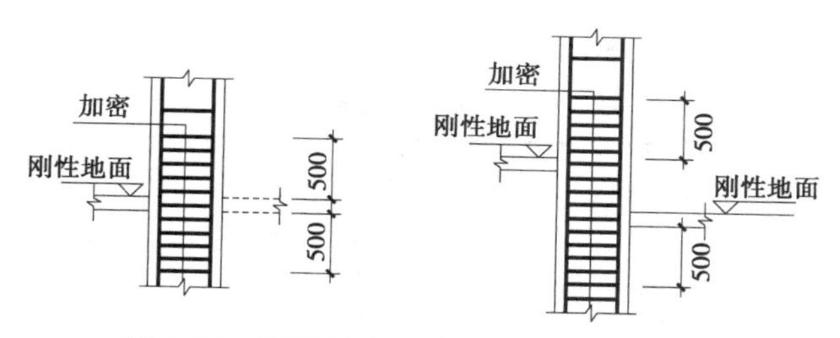

图 4.14 底层刚性地面上下各加密 500 mm

知识拓展

底层柱净高

有地下室时的底层柱净高是指基础顶面或基础梁顶面至相邻基础层的顶板梁下皮的高度或首层楼面到顶板梁下皮的高度。无地下室无基础梁时的底层柱净高是指从基础顶面至首层顶板梁下皮的高度。无地下室有基础梁时的底层柱净高是指基础梁顶面至首层顶板梁下皮的高度。

3）地下室层柱纵筋计算（见表 4.3）

表 4.3 地下室层柱纵筋计算表

钢筋部位及其名称	计算公式	说　明	附　图
地下室层柱纵筋长度	长度 = 地下室层高 − 本层净高 $H_n/3$ 或 max(h_c,$H_n/6$,500) + 首层楼层净高 $H_n/3$ 或 max(h_c,$H_n/6$,500) + 与首层纵筋搭接长度 l_{lE}（如采用焊接、机械连接时，搭接长度为 0，但相邻两根钢筋应错开搭接）	①详见 16G101—1 第 64 页。 ②当纵筋采用绑扎搭接且某个楼层连接区的高度小于纵筋分两批搭接所需要的高度时，应改用机械连接或焊接。 ③基础纵筋外露长度（搭接或连接点）应大于等于箍筋加密区（非连接区）长，即≥$H_n/3$ 或 max(h_c,$H_n/6$,500)［地下室首层柱，设计者指定有嵌固部位：纵筋外露长度为 $H_n/3$；无嵌固部位：纵筋外露长度为 max(h_c,$H_n/6$,500)］，以下余同	图 4.15 图 4.16

4）首层柱纵筋计算（见表 4.4）

表 4.4 首层柱纵筋计算表

钢筋部位及其名称	计算公式	说　明	附　图
首层柱纵筋长度	长度 = 首层层高 − 首层净高 $H_n/3$ 或 max(h_c,$H_n/6$,500) + max［二层楼层净高 $H_n/6$, 500, 柱截面长边尺寸 h_c（或圆柱直径 D）］+ 与二层纵筋搭接长度 l_{lE}（如采用焊接、机械连接时，搭接长度为 0，但相邻两根钢筋应错开搭接）	①详见 16G101—1 第 63 页； ②当纵筋采用绑扎搭接且某个楼层连接区的高度小于纵筋分两批搭接所需要的高度时，应改用机械连接或焊接	图 4.6 图 4.16

5)中间层柱纵筋计算(见表4.5)

表4.5　中间层柱纵筋计算表

钢筋部位及其名称	计算公式	说　明	附　图
中间层柱纵筋长度	①二层柱纵筋长度＝二层层高－max[二层楼层净高$H_n/6$,500,柱截面长边尺寸h_c(或圆柱直径D)]＋max[三层楼层净高$H_n/6$,500,柱截面长边尺寸h_c(或圆柱直径D)]＋与三层纵筋搭接长度l_{lE}(如采用焊接、机械连接时,搭接长度为0,但相邻两根钢筋应错开搭接)。 ②中间层柱纵筋长度＝中间层层高－当前层非连接区长度＋(当前层＋1)非连接区长度＋搭接长度l_{lE};非连接区长度＝max(h_c,$H_n/6$,500)	①详见16G101—1第63页(中间其他层纵筋长度计算相同); ②当纵筋采用绑扎搭接且某个楼层连接区的高度小于纵筋分两批搭接所需要的高度时,应改用机械连接或焊接; ③变截面柱钢筋连续通过	图4.6 图4.16

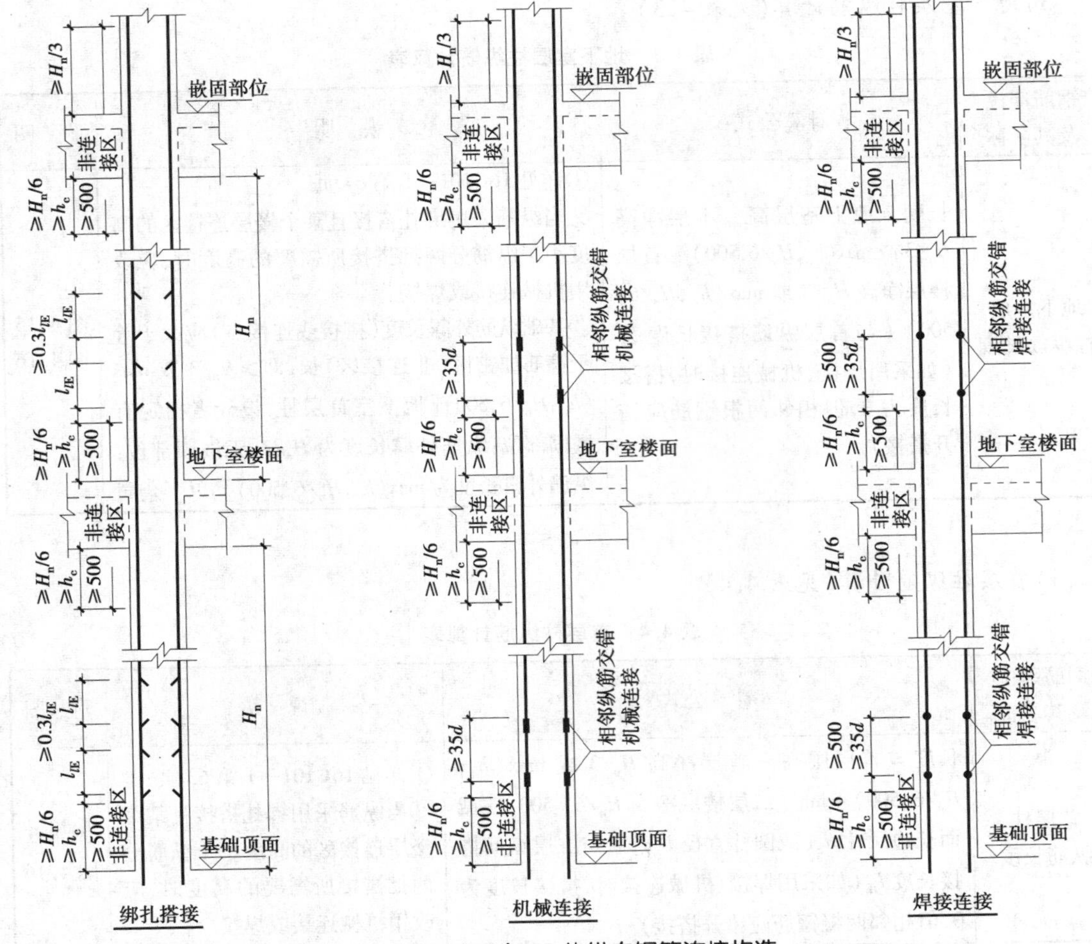

图4.15　地下室KZ的纵向钢筋连接构造

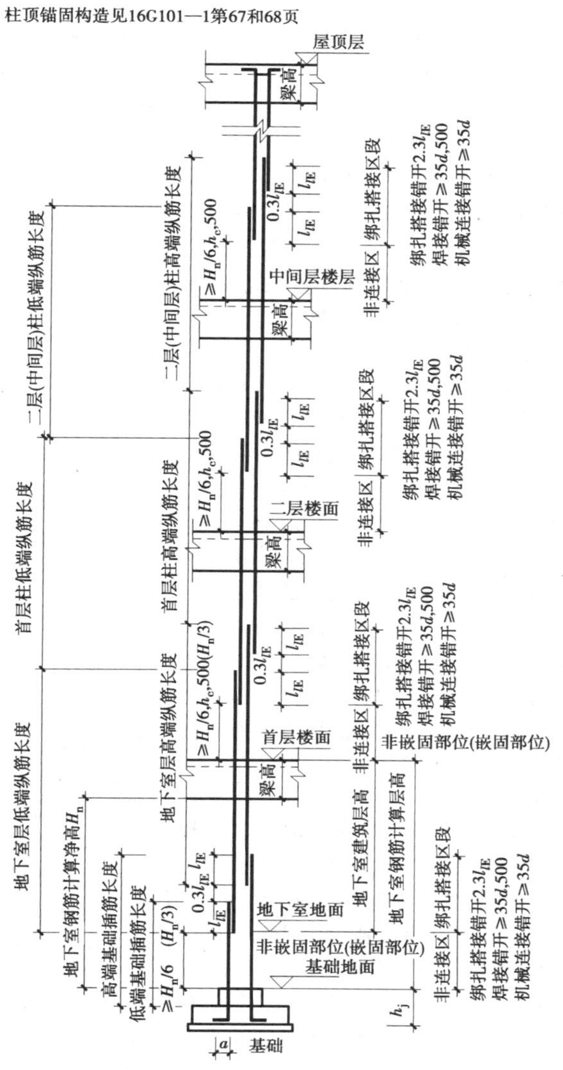

图 4.16　柱纵筋计算示意图

6) 顶层柱纵筋计算(见表4.6)

表4.6　顶层柱纵筋计算表

钢筋部位及其名称	计算公式	说　明	附　图
边、角柱纵筋长度	(1)外侧钢筋①长度计算 ①外侧钢筋①(低)长度 = 顶层层高 - max[顶层楼层净高 $H_n/6$,500,柱截面长边尺寸 h_c(或圆柱直径 D)] - 梁高 + 1.5l_{abE}[注:外侧钢筋①(低)为与柱外侧低端纵筋搭接的外侧钢筋,钢筋①的截面积不应小于柱外侧纵筋全部面积的65%,见图4.19];		

续表

钢筋部位及其名称	计算公式	说　明	附　图
边、角柱纵筋长度	②外侧钢筋①(高)长度 = 顶层层高 - max[顶层楼层净高 $H_n/6$,500,柱截面长边尺寸 h_c(或圆柱直径 D)] - 梁高 - 1.3l_{lE}[如采用焊接时,则 - max(35d,500);如采用机械连接时,则 -35d] + 1.5l_{abE}[注:外侧钢筋①(高)为与柱外侧高端纵筋搭接的外侧钢筋,钢筋①的截面积不应小于柱外侧纵筋全部面积的65%,见图4.19]。 (2)外侧钢筋②a长度计算 ①外侧钢筋②a(低)长度 = 顶层层高 - max[顶层楼层净高 $H_n/6$,500,柱截面长边尺寸 h_c(或圆柱直径 D)] - 梁高 + 锚固长度(锚固长度 = 梁高 - 保护层厚度 C + 柱宽 - 2 × 保护层厚度 C + 8d)[注:外侧钢筋②a(低)为与柱外侧低端纵筋搭接的除外侧钢筋①的其余钢筋,见图4.19]; ②外侧钢筋②a(高)长度 = 顶层层高 - max[顶层楼层净高 $H_n/6$,500,柱截面长边尺寸 h_c(或圆柱直径 D)] - 梁高 - 1.3l_{lE}[如采用焊接时,则 - max(35d,500);如采用机械连接时,则 -35d] + 锚固长度(锚固长度 = 梁高 - 保护层厚度 C + 柱宽 - 2 × 保护层厚度 C + 8d)[注:外侧钢筋②a(高)为与柱外侧高端纵筋搭接的除外侧钢筋①的其余钢筋,见图4.19]。 (3)外侧钢筋②b长度计算 ①外侧钢筋②b(低)长度 = 顶层层高 - max[顶层楼层净高 $H_n/6$,500,柱截面长边尺寸 h_c(或圆柱直径 D)] - 梁高 + 锚固长度(锚固长度 = 梁高 - 保护层厚度 C + 柱宽 - 保护层厚度 C)[注:外侧钢筋②b(低)为与柱外侧低端纵筋搭接的除外侧钢筋①的其余钢筋,见图4.19]; ②外侧钢筋长度②b(高) = 顶层层高 - max[顶层楼层净高 $H_n/6$,500,柱截面长边尺寸 h_c(或圆柱直径 D)] - 梁高 - 1.3l_{lE}[如采用焊接时,则 - max(35d,500);如采用机械连接时,则 -35d] + 锚固长度(锚固长度 = 梁高 - 保护层厚度 C + 柱宽 - 保护层厚度 C)[注:外侧钢筋②b(高)为与柱外侧高端纵筋搭接的除外侧钢筋①的其余钢筋,见图4.19]。 (4)内侧钢筋长度计算 ①内侧钢筋(低)长度 = 顶层层高 - max[顶层楼层净高 $H_n/6$,500,柱截面长边尺寸 h_c(或圆柱直径 D)] - 梁高 + 锚固长度; ②内侧钢筋(高)长度 = 顶层层高 - max[顶层楼层净高 $H_n/6$,500,柱截面长边尺寸 h_c(或圆柱直径 D)] -1.3l_{lE}[如采用焊接时,则 - max(35d,500);如采用机械连接时,则 -35d] - 梁高 + 锚固长度。	①以常见的② + ④节点结合为例(详见16G101—1第67页); ②具体注解见17G101—11第2-8页、第2-9页; ③柱顶部外侧直线搭接锚固构造见图4.20,柱外侧钢筋弯入梁内作梁筋构造见图4.21	图4.17 图4.19 图4.20 图4.21

续表

钢筋部位及其名称	计算公式	说明	附图
边、角柱纵筋长度	其中锚固长度取值为： 当柱纵筋伸入梁内的直段长 $< l_{aE}$ 且 $\geqslant 0.5l_{abE}$ 时，则使用弯锚形式：柱纵筋伸至柱顶后弯折 $12d$，锚固长度 = 梁高 - 保护层厚度 $C+12d$； 当柱纵筋伸入梁内的直段长 $\geqslant l_{aE}$ 时，则使用直锚形式：柱纵筋伸至柱顶后截断，锚固长度 = 梁高 - 保护层厚度 C		图 4.17 图 4.19 图 4.20 图 4.21
中柱纵筋长度	①中柱纵筋（低）长度 = 顶层层高 - max［顶层楼层净高 $H_n/6$，500，柱截面长边尺寸 h_c（或圆柱直径 D）］ - 梁高 + 锚固长度； ②中柱纵筋（高）长度 = 顶层层高 - max［顶层楼层净高 $H_n/6$，500，柱截面长边尺寸 h_c（或圆柱直径 D）］ - $1.3l_{lE}$［如采用焊接时，则 - max（$35d$，500）；如采用机械连接时，则 $-35d$］ - 梁高 + 锚固长度。 其中锚固长度取值为： 当柱纵筋伸入梁内的直段长 $< l_{aE}$ 且 $\geqslant 0.5l_{abE}$ 时，则使用弯锚形式：柱纵筋伸至柱顶后弯折 $12d$，锚固长度 = 梁高 - 保护层厚度 $C+12d$； 当柱纵筋伸入梁内的直段长 $\geqslant l_{aE}$ 时，则使用直锚形式：柱纵筋伸至柱顶后截断，锚固长度 = 梁高 - 保护层厚度 C	详见 16G101—1 第 68 页	图 4.22

注：①层高是指上下两层楼面之间的垂直距离。建筑物最底层的层高，有基础底板的是指基础底板上表面结构标高至上层楼面的结构标高之间的垂直距离；没有基础底板的是指地面标高至上层楼面结构标高之间的垂直距离。最上一层的层高是指楼面结构标高至屋面板最低处板面结构标高之间的垂直距离。

②净高是指楼面或地面至上部楼板底面或吊顶底面之间的垂直距离。此处柱的净高（H_n）是指本层楼面结构顶面标高至上层楼面结构底部标高的垂直距离。

③当 KZ 边柱、角柱等截面伸出屋面时，纵向钢筋伸出屋面构造如图 4.18 所示，设计时应根据具体伸出长度采取相应节点做法。

④柱顶柱帽处的纵向钢筋构造如图 4.23 所示。

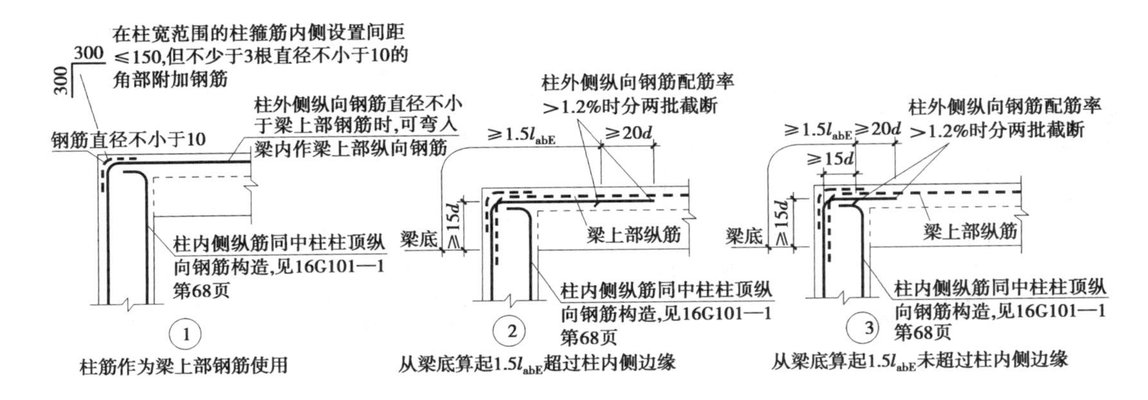

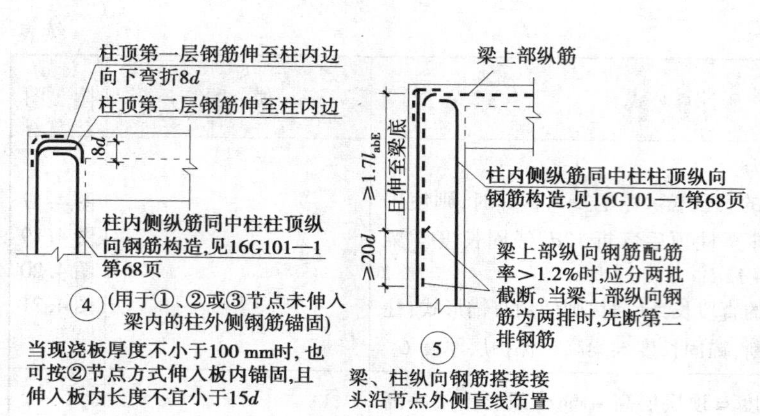

注:①节点①、②、③、④应配合使用,节点④不应单独使用(仅用于未伸入梁内的柱外侧纵筋锚固),伸入梁内的柱外侧纵筋不宜少于柱外侧全部纵筋面积的65%。可选择②+④或③+④或①+②+④或①+③+④的做法。

②节点⑤用于梁、柱纵向钢筋接头沿节点柱顶外侧直线布置的情况,可与节点①组合使用。

图 4.17　KZ 边柱和角柱柱顶纵向钢筋构造

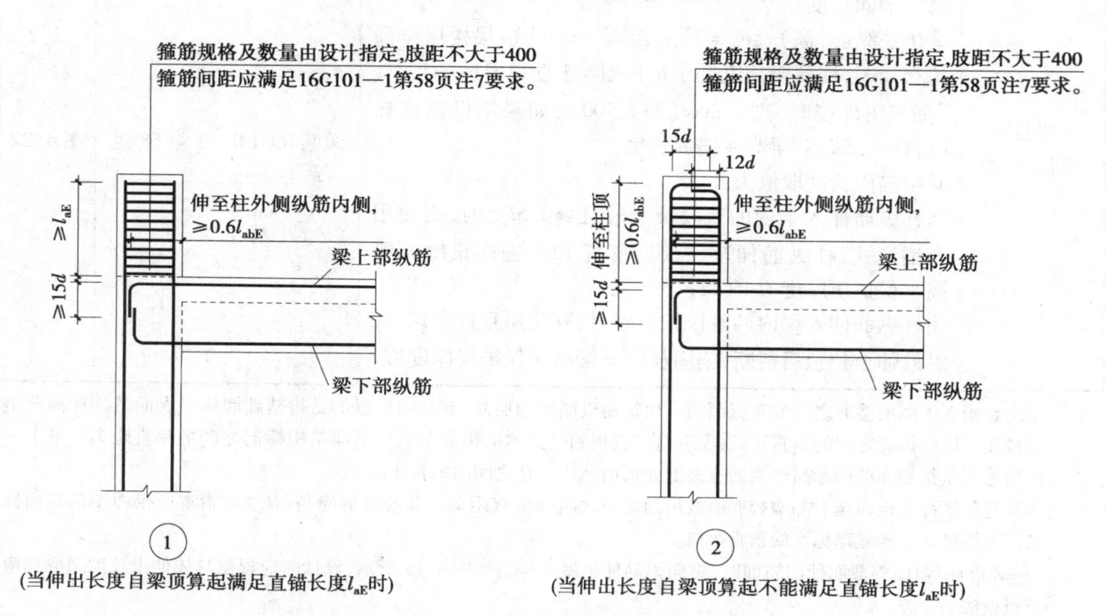

图 4.18　KZ 边柱、角柱柱顶等截面伸出时纵向钢筋构造

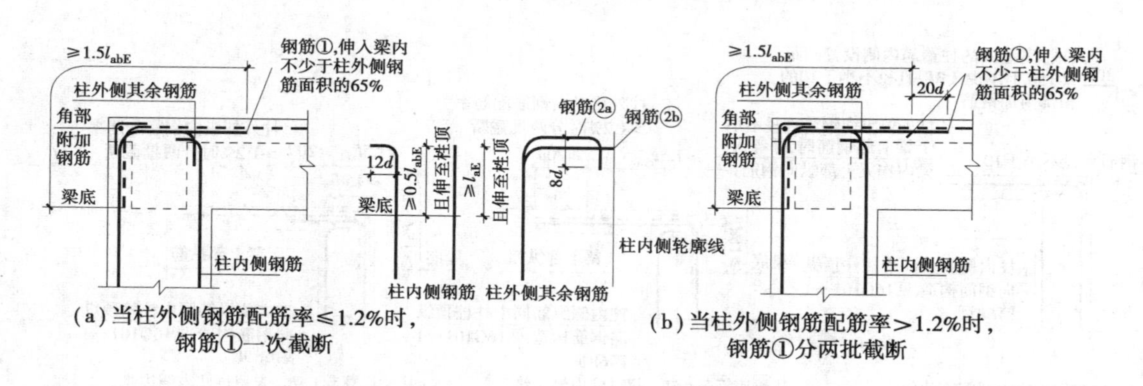

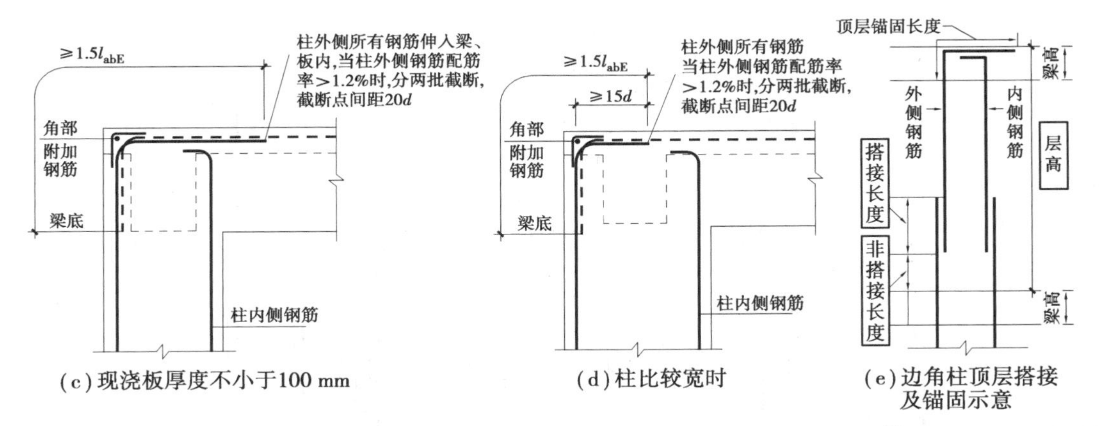

(c)现浇板厚度不小于100 mm　　(d)柱比较宽时　　(e)边角柱顶层搭接及锚固示意

注:①号纵筋长度 = 顶层层高 - 顶层非连接区长度 - 梁高 + 1.5l_{abE}(不少于柱外侧钢筋的 65%);②a号纵筋长度 = 顶层层高 - 顶层非连接区长度 - 梁高 + 锚固长度(梁高 - 保护层厚度 C + 柱宽 - 2 × 保护层厚度 C + 8d);②b号纵筋长度 = 顶层层高 - 顶层非连接区长度 - 梁高 + 锚固长度(梁高 - 保护层厚度 C + 柱宽 - 保护层厚度 C);柱内侧钢筋:(当梁高 - 保护层厚度 C) ≥ l_{aE}时,纵筋长度为 = 顶层层高 - 顶层非连接区长度 - 保护层厚度 C;(当梁高 - 保护层厚度 C) < l_{aE}时且≥ 0.5l_{abE}时,纵筋长度为 = 顶层层高 - 顶层非连接区长度 - 保护层厚度 C + 12d。

图 4.19　柱节点外侧和梁端顶面 90°搭接构造

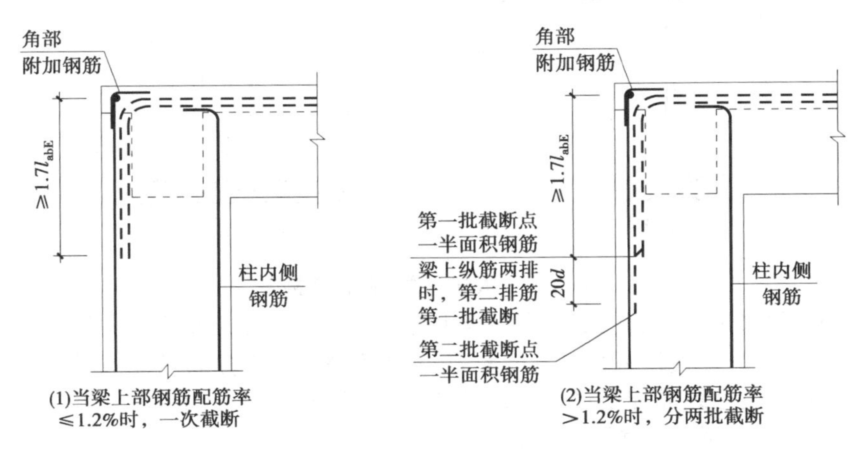

(1)当梁上部钢筋配筋率≤1.2%时，一次截断　　(2)当梁上部钢筋配筋率>1.2%时，分两批截断

图 4.20　柱顶部外侧直线搭接

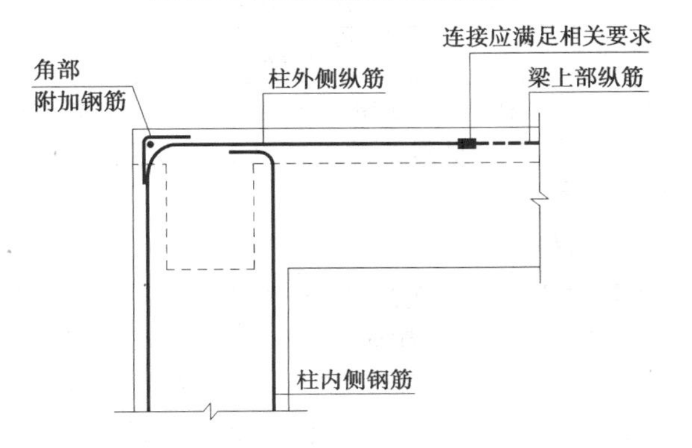

图 4.21　柱外侧纵筋弯入梁内作梁筋

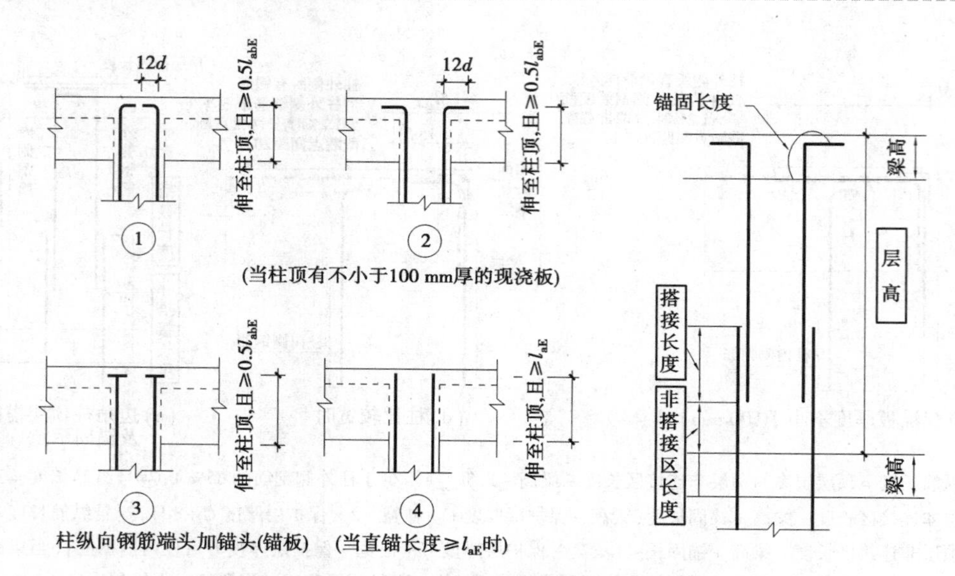

图 4.22　顶层中柱纵向钢筋构造及计算

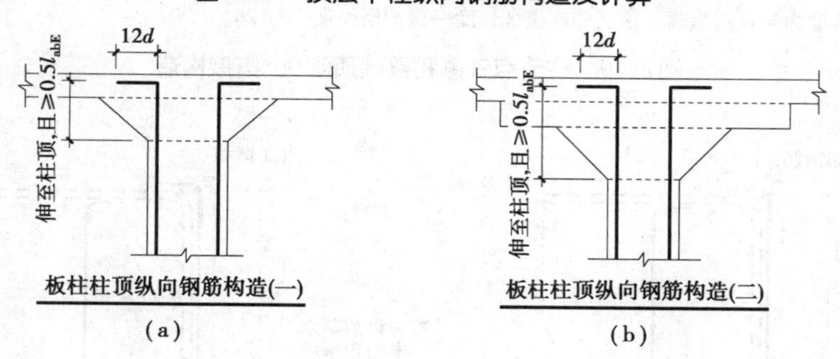

图 4.23　板柱柱顶纵向钢筋构造

图 4.22 中:顶层中柱主筋(纵筋)长度 = 顶层层高 - 顶层非连接区长度 - 梁高 + (梁高 - 保护层厚度 C) + 12d;非连接区长度 = max(H_n/6,500,h_c)。当柱纵筋伸入梁内的直段长≥l_{aE}时,则使用直锚形式:柱纵筋伸至柱顶后截断,锚固长度 = 梁高 - 保护层厚度 C。

7)柱箍筋计算(见表 4.7 和表 4.8)

表 4.7　柱箍筋长度计算表

钢筋部位及其名称	计算公式	附　图
箍筋形式	常见的箍筋形式有焊接封闭箍筋(详见 17G101—11 第 1-18 页)、非焊接矩形箍筋两种。非焊接矩形箍筋形式又有非复合箍筋和复合箍筋,详见 16G101—1 第 70 页	图 4.24 图 4.25 图 4.26 图 3.11
2×2 箍筋长度	箍筋长度 = (b_c + h_c) ×2 - 8 × 保护层厚度 C - 4d + 2l_w(弯钩长度)	
3×3 箍筋长度	外矩形箍筋长度 = (b_c + h_c) ×2 - 8 × 保护层厚度 C - 4d + 2l_w 纵向内箍筋长度(一字形箍筋①) = h_c - 2 × 保护层厚度 C - d + 2l_w 横向内箍筋长度(一字形箍筋②) = b_c - 2 × 保护层厚度 C - d + 2l_w	
4×3 箍筋长度	外矩形箍筋长度 = (b_c + h_c) ×2 - 8 × 保护层厚度 C - 4d + 2l_w	

续表

钢筋部位及其名称	计算公式	附图
4×3 箍筋长度	内矩形箍筋长度 = $[(b_c - 2 \times$ 保护层厚度 $C - 4D)/3 + 2D + 1d + (h_c - 2 \times$ 保护层厚度 $C - 1d)] \times 2 + 2l_w$ 横向一字形箍筋长度 = $b_c - 2 \times$ 保护层厚度 $C - d + 2l_w$	
4×4 箍筋长度	外矩形箍筋长度 = $(b_c + h_c) \times 2 - 8 \times$ 保护层厚度 $C - 4d + 2l_w$ 横向内矩形箍筋长度 = $[(h_c - 2 \times$ 保护层厚度 $C - 4D)/3 + 2D + 1d + (b_c - 2 \times$ 保护层厚度 $C - 1d)] \times 2 + 2l_w$ 纵向内矩形箍筋长度 = $[(b_c - 2 \times$ 保护层厚度 $C - 4D)/3 + 2D + 1d + (h_c - 2 \times$ 保护层厚度 $C - 1d)] \times 2 + 2l_w$	
5×4 箍筋长度	外矩形箍筋长度 = $(b_c + h_c) \times 2 - 8 \times$ 保护层厚度 $C - 4d + 2l_w$ 横向内矩形箍筋长度 = $[(h_c - 2 \times$ 保护层厚度 $C - 4D)/3 + 2D + 1d + (b_c - 2 \times$ 保护层厚度 $C - 1d)] \times 2 + 2l_w$ 纵向内矩形箍筋长度 = $[(b_c - 2 \times$ 保护层厚度 $C - 4D)/4 + 2D + 1d + (h_c - 2 \times$ 保护层厚度 $C - 1d)] \times 2 + 2l_w$ 纵向内一字形箍筋长度 = $h_c - 2 \times$ 保护层厚度 $C - d + 2l_w$	
5×5 箍筋长度	外矩形箍筋长度 = $(b_c + h_c) \times 2 - 8 \times$ 保护层厚度 $C - 4d + 2l_w$ 横向内矩形箍筋长度 = $[(h_c - 2 \times$ 保护层厚度 $C - 4D)/4 + 2D + 1d + (b_c - 2 \times$ 保护层厚度 $C - 1d)] \times 2 + 2l_w$ 横向内一字形箍筋长度 = $b_c - 2 \times$ 保护层厚度 $C - d + 2l_w$ 纵向内矩形箍筋长度 = $[(b_c - 2 \times$ 保护层厚度 $C - 4D)/4 + 2D + 1d + (h_c - 2 \times$ 保护层厚度 $C - 1d)] \times 2 + 2l_w$ 纵向内一字形箍筋长度 = $h_c - 2 \times$ 保护层厚度 $C - d + 2l_w$	图 4.24 图 4.25 图 4.26 图 3.11
6×6 箍筋长度	外矩形箍筋长度 = $(b_c + h_c) \times 2 - 8 \times$ 保护层厚度 $C - 4d + 2l_w$ 2 个横向内矩形箍筋单个长度 = $[(h_c - 2 \times$ 保护层厚度 $C - 4D)/5 + 2D + 1d + (b_c - 2 \times$ 保护层厚度 $C - 1d)] \times 2 + 2l_w$ 2 个纵向内矩形箍筋单个长度 = $[(b_c - 2 \times$ 保护层厚度 $C - 4D)/5 + 2D + 1d + (h_c - 2 \times$ 保护层厚度 $C - 1d)] \times 2 + 2l_w$	
箍筋弯钩长度 l_w	l_w 与 $1.9d$ 来源于《混凝土结构工程施工质量验收规范》(GB 50204—2015)弯钩计算 5.3.1 条、5.3.2 条及 16G101—1 第 62 页 当箍筋、拉筋端部弯钩为 135°时：$l_w = \max(11.9d, 1.9d + 75)$； 当箍筋、拉筋端部弯钩为 180°时：$l_w = 13.25d$； 当箍筋、拉筋端部弯钩为 90°时：$l_w = 10.5d$；	

注：①本书中箍筋按"中心线长度"计算，式中的"$4d$"是指计算至箍筋中心线。

②其余箍筋长度可参见上述箍筋长度公式进行计算。

③表中"d"为箍筋或拉筋直径，"D"为柱纵向钢筋直径。

④圆形箍筋如图 4.27 所示。

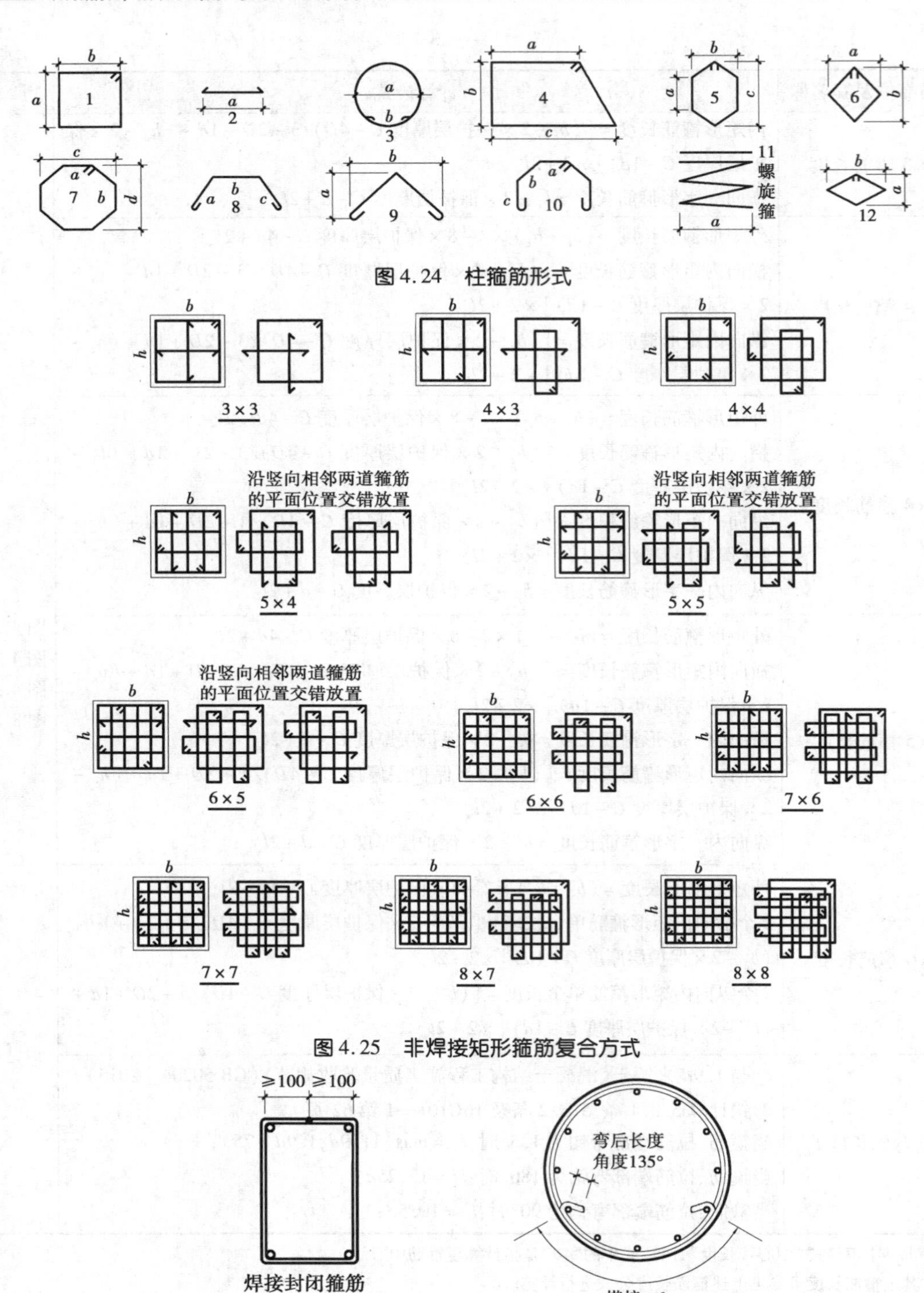

图 4.24 柱箍筋形式

图 4.25 非焊接矩形箍筋复合方式

图 4.26 柱矩形箍筋复合方式

图 4.27 圆形箍筋

表4.8 柱箍筋个数计算表

<table>
<tr><th>钢筋部位及其名称</th><th>计算公式</th><th>说明</th><th>附图</th></tr>
<tr><td rowspan="4">箍筋个数计算</td><td>基础层箍筋个数：通常为间距≤500 mm，且不少于两道矩形封闭箍筋（非复合箍）</td><td>详见 16G101—3 第66页，18G901—3 第1-10、1-11、1-12、1-13页</td><td>图4.4
图4.5</td></tr>
<tr><td>首层柱箍筋个数＝[（本层柱净高 H_n/3－50）/加密区间距＋1]＋{[max（本层柱净高 H_n/6，500，h_c）＋节点高－50]/加密区间距＋1}＋[（柱高度－加密区长度）/非加密区间距－1]（嵌固部位在基础时）</td><td rowspan="3">①详见 16G101—1 第64、65页；
②当柱纵筋采用绑扎搭接时，应在柱纵筋搭接长度范围内均按≤5d（d 为搭接钢筋较小直径）及≤100 mm的间距加密箍筋；
③图中所包含的柱箍筋加密区范围及构造适用于抗震与非抗震框架柱、剪力墙上柱、梁上柱；
④嵌固部位应由设计者在图中注明其部位；
⑤柱箍筋加密区即为柱非连接区段；
⑥h_c 为柱长边尺寸，圆柱时为柱直径</td><td rowspan="3">图4.13
图4.14</td></tr>
<tr><td>中间层及顶层柱箍筋个数（每层）＝{[max（本层柱净高 H_n/6，500，h_c）－50]/加密区间距＋1}＋{[max（本层柱净高 H_n/6，500，h_c）＋节点高－50]/加密区间距＋1}＋[（柱高度－加密区长度）/非加密区间距－1]</td></tr>
<tr><td>当有地下室，嵌固部位在基础时：
首层地下室柱箍筋个数＝[（本层柱净高 H_n/3－50）/加密区间距＋1]＋{[max（本层柱净高 H_n/6，500，h_c）＋节点高－50]/加密区间距＋1}＋[（柱高度－加密区长度）/非加密区间距－1]
当有地下室，嵌固部位不在基础时：
首层地下室柱箍筋个数＝{[max（本层柱净高 H_n/6，500，h_c）－50]/加密区间距＋1}＋{[max（本层柱净高 H_n/6，500，h_c）＋节点高]/加密区间距＋1}＋[（柱高度－加密区长度）/非加密区间距－1]</td></tr>
</table>

注：①基础内箍筋的个数，在梁板式筏形基础、平板式筏形基础、独立基础、条形基础、桩基承台中间距≤500 mm设置一道，且不少于两道矩形封闭箍（非复合箍）。

②表中“50”为柱箍筋起步距离，见图4.31（详见 18G901—1 第2-9页）；柱纵筋搭接长度范围内的箍筋间距≤5d（d 为搭接钢筋较小直径）且≤100 mm，见图4.32（详见 18G901—1 第2-9页）。

③箍筋个数应取整数。

当柱插筋（即柱纵向钢筋，余同）的保护层厚度均大于5d（d 为锚固钢筋的最大直径）时，且当基础高度 h_j 或基础顶面与中间层钢筋网片的距离小于1 200 mm时，采用如图4.28所示的柱插筋锚固方式。

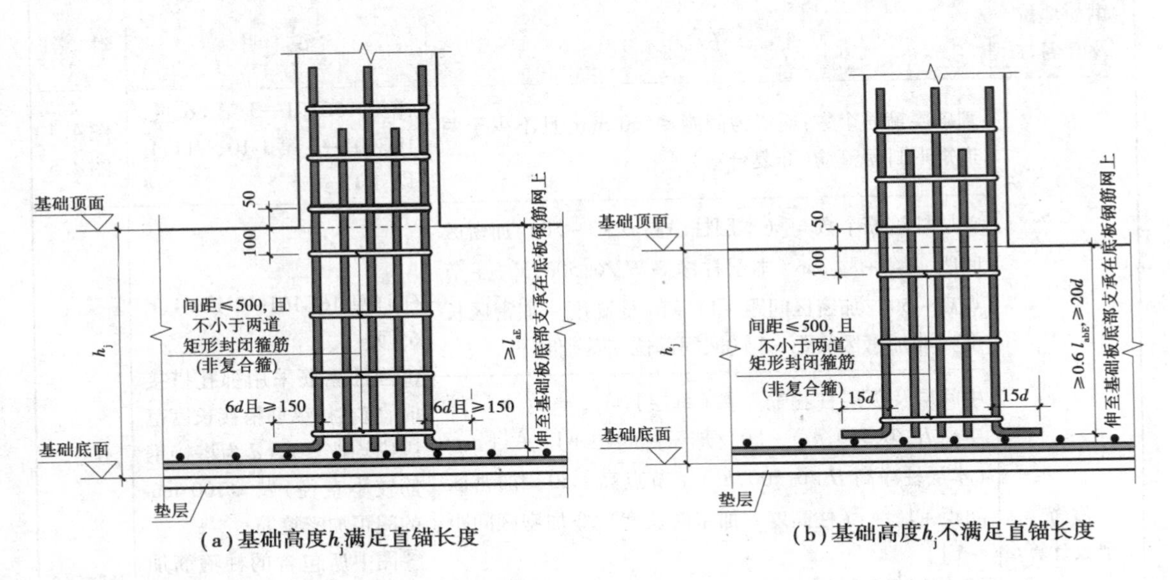

(a)基础高度h_j满足直锚长度　　(b)基础高度h_j不满足直锚长度

注：①图中基础可为独立基础、条形基础、基础梁、筏板基础和桩基承台；

②基础高度 h_j 为基础底面至基础顶面的高度。柱下为基础梁时，h_j 为梁底面至顶面的高度。当柱两侧基础梁标高不同时，取较低标高。

图 4.28　柱插筋在基础中的排布构造
（当基础高度 h_j 或基础顶面与中间层
钢筋网片的距离小于 1 200 mm 时）

当柱插筋的保护层厚度均大于 $5d$（d 为锚固钢筋的最大直径）时，且当基础高度 h_j 或基础顶面与中间层钢筋网片的距离大于 1 400 mm 时，采用如图 4.29 所示的柱插筋锚固方式。

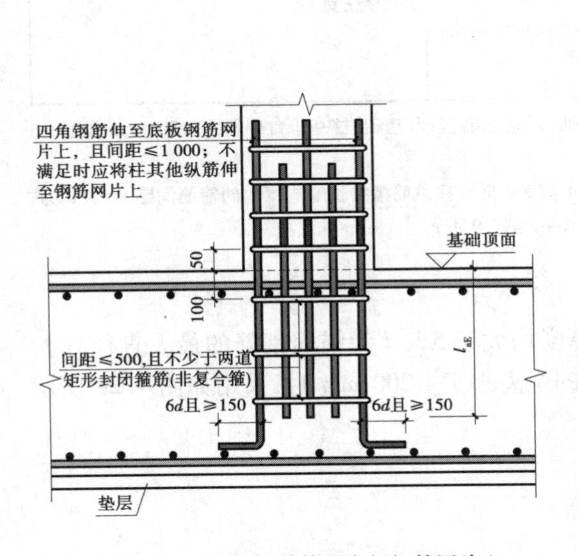

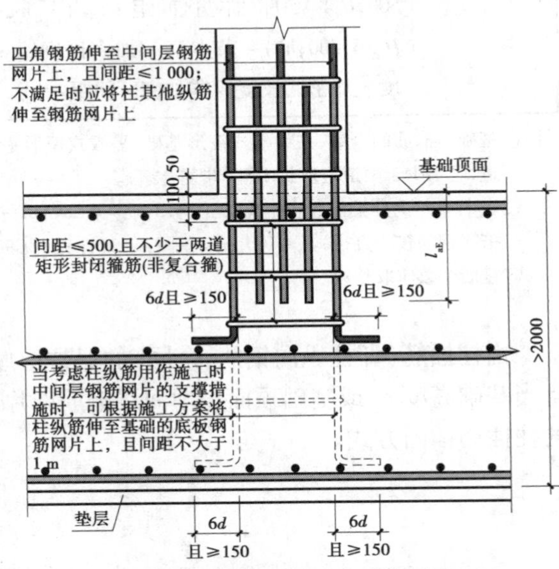

(a)柱四角纵筋伸至底板钢筋网片上　　(b)柱四角纵筋伸至筏形基础中间网片上

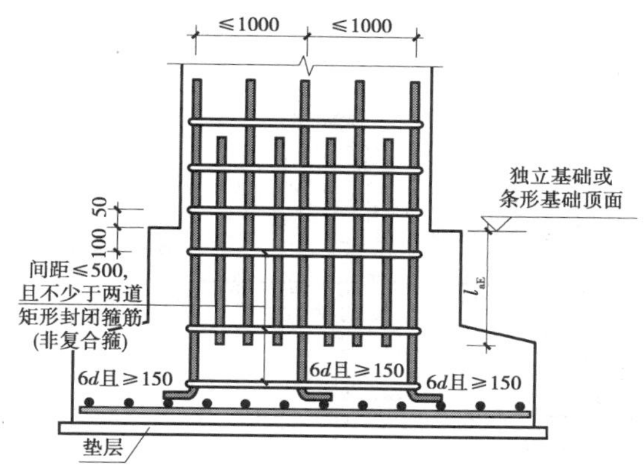

(c)独立基础或条形基础柱插筋在基础中的排布构造

图 4.29　柱插筋在基础中的排布构造

（当基础高度 h_j 或基础顶面与中间层钢筋网片的距离大于 1 400 mm 时）

当柱插筋的保护层厚度均大于 $5d$（d 为锚固钢筋的最大直径）时，且当基础高度 h_j 或基础顶面与中间层钢筋网片的距离为 1 200 ~ 1 400 mm 时，柱插筋的锚固方式由设计确定。

柱部分插筋的保护层厚度不大于 $5d$（d 为锚固钢筋的最大直径）的部位应设置锚固区横向钢（箍）筋，如图 4.30 所示。锚固区横向钢（箍）筋应满足直径不小于 $d/4$（d 为纵筋最大直径），间距不大于 $5d$（d 为纵筋最小直径）且不大于 100 mm 的要求。

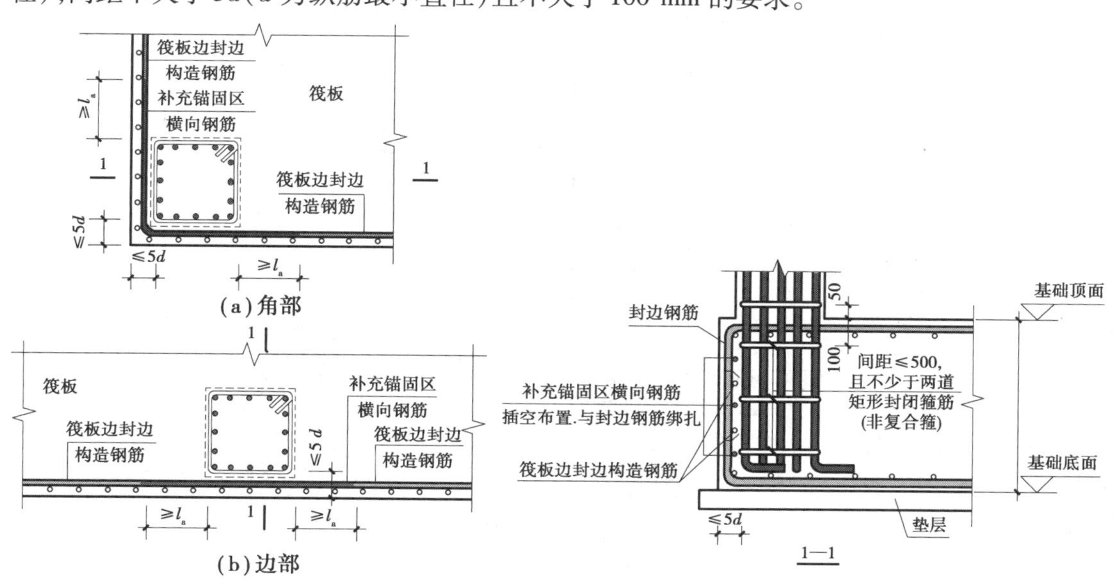

图 4.30　插筋在基础中的排布构造

（当柱部分插筋的保护层厚度不大于 $5d$ 时）

柱箍筋排布构造详图如图 4.31 所示。柱纵筋搭接区箍筋排布构造如图 4.32 所示。

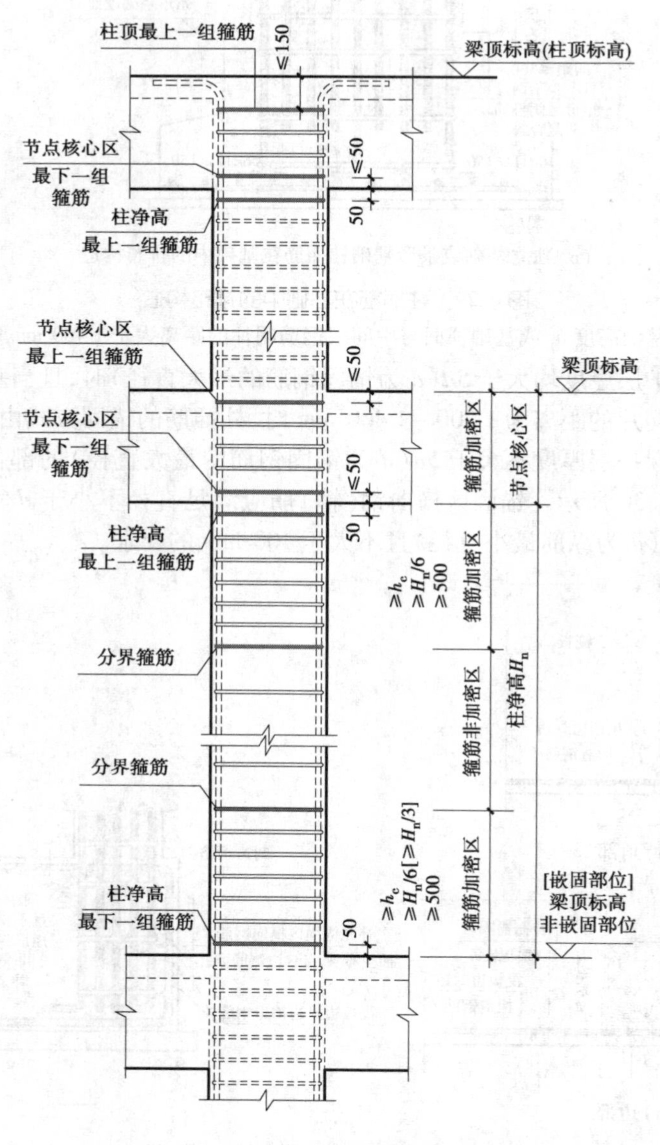

柱箍筋排布构造详图

(柱高范围箍筋间距相同时，无加密区、非加密区划分)

图 4.31　柱箍筋排布构造详图

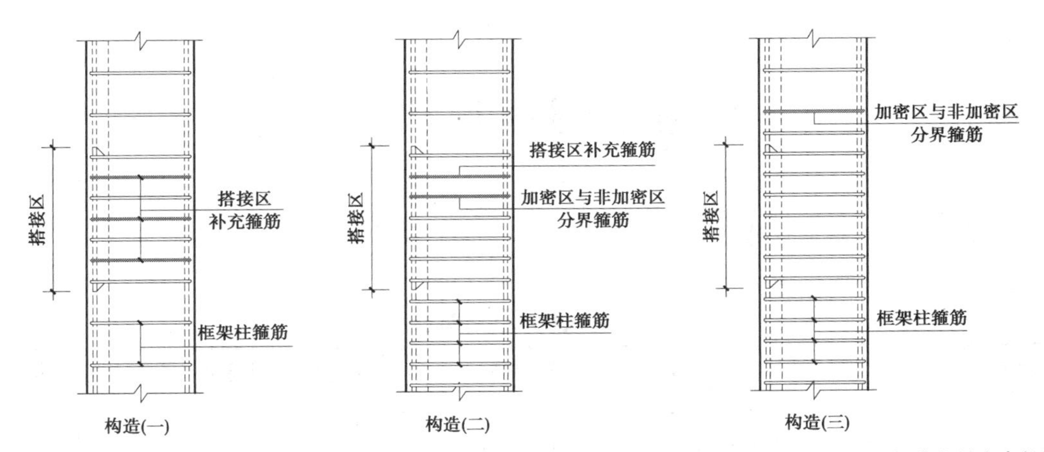

注:①搭接区内的箍筋直径不小于 $d/4$(d 为搭接钢筋的最大直径),间距不应大于 100 mm 及 $5d$(d 为钢筋的最小直径)。
②纵筋搭接区范围内的补充箍筋可采用开口箍或封闭箍。封闭箍的弯钩设置同框架柱箍筋,开口箍的开口方向不应设在纵筋的搭接位置处。

图 4.32 柱纵筋搭接区箍筋排布构造

8)柱变截面处理(见表 4.9)

表 4.9 柱变截面搭接长度计算表

钢筋部位及其名称	计算公式	说 明	附 图
柱纵筋绑扎搭接	当截面宽度差值 $\Delta/h_b \leq 1/6$ 时,可以忽略变截面导致的柱纵向钢筋长度变化	①详见 16G101—1 第 68 页; ②表中的计算条件为:(梁高 h_b - 保护层厚度 C) ≥ $0.5l_{abE}$	图 4.33
	当截面宽度差值 $\Delta/h_b > 1/6$ 时: ①柱变截面下层竖向钢筋长度 = 层高 - 下层钢筋露出长度 max[$H_n/6$,500,h_c(或圆柱直径 D)] - 节点梁高 + 锚固长度(锚固长度 = 梁高 - 保护层厚度 $C+12d$); ②柱变截面插筋长度 = $1.2l_{aE}$ + 本层露出长度 + 与上层钢筋搭接长度 l_{lE}		
柱纵筋机械连接或焊接	当截面宽度差值 $\Delta/h_b \leq 1/6$ 时,可以忽略变截面导致的纵向钢筋长度变化		
	当截面宽度差值 $\Delta/h_b > 1/6$ 时: ①柱变截面下层竖向钢筋长度 = 层高 - 下层钢筋露出长度 max[$H_n/6$,500,h_c(或圆柱直径 D)] - 节点梁高 + 锚固长度(锚固长度 = 梁高 - 保护层厚度 $C+12d$); ②柱变截面插筋长度 = $1.2l_{aE}$本层露出长度 + [焊接:max($35d$,500);机械连接:$35d$]		

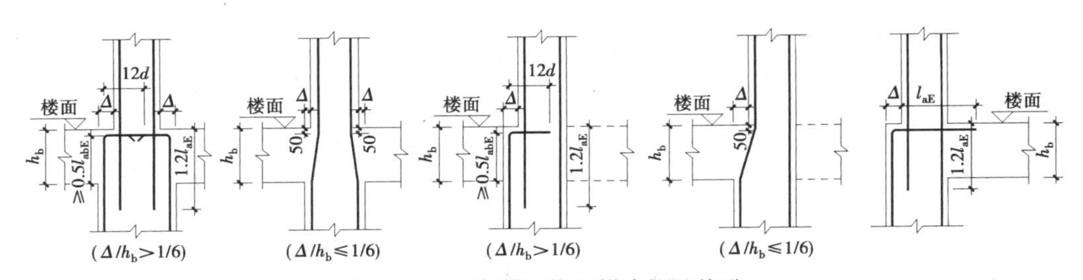

图 4.33 柱变截面位置纵向钢筋构造

4.2 框架柱钢筋计算实例

1)框架柱 KZ1 钢筋计算

①已知条件见表 4.10。

表 4.10 框架柱 KZ1 计算已知条件

混凝土强度等级	保护层厚度 C/mm	钢筋连接方式	抗震等级	钢筋定尺长度	每层楼板厚
C30	基础(独立基础):40; 柱:20;梁:20	剥肋滚轧直螺纹 套筒连接	四级抗震	9 000 mm	110 mm

②KZ1 平法施工图如图 4.34 所示。KZ1 基础插筋三维图如图 4.35 所示。

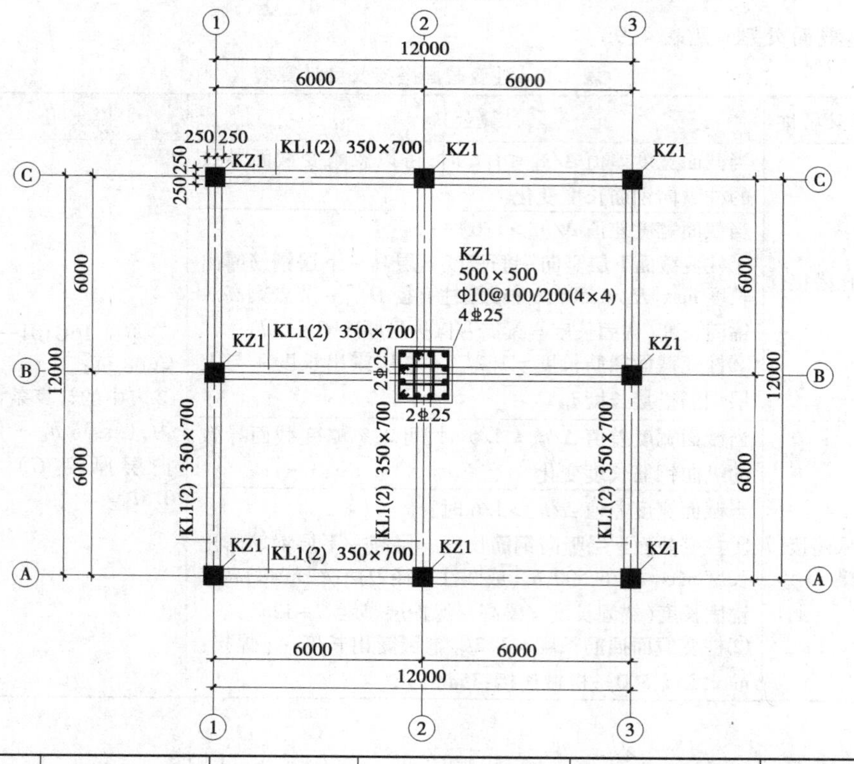

层 号	顶标高/m	层高/m	梁宽×梁高/mm	设计嵌固部位	备 注
4	15.900	3.6	350×700	基础顶面	梁轴线居中
3	12.300	3.6	350×700		
2	8.700	4.2	350×700		
1	4.500	4.5	350×700		
基础	-0.800	—	基础厚度:500		

图 4.34 柱平法施工图

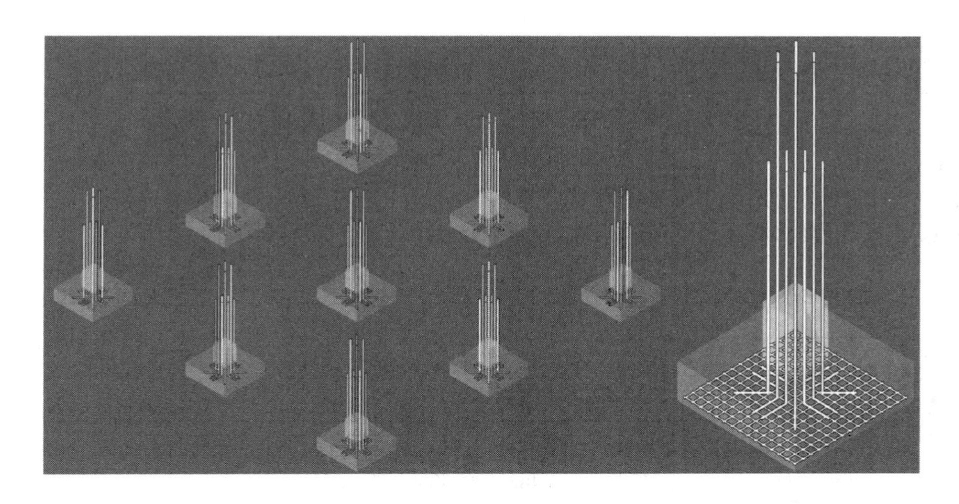

图 4.35 KZ1 基础插筋三维图

③计算过程见表 4.11(只计算单根钢筋长度)。

表 4.11 框架柱 KZ1 钢筋计算过程

部 位	内 容	计算过程	备 注
基础插筋(伸出 1 层非连接区)	计算公式	基础底部弯折长度 a + 基础内高度 + 基础顶面非连接区高度(相邻钢筋错开连接) + 搭接长度(机械连接为 0)	机械连接时:错开连接 ≥35d,具体计算详见 16G101—3 第 63 页
	基础底部弯折长度(查表 4.2)	首先判断 a 的取值:查表 3.6,$l_{aE}=l_a=35d=35\times25=875$(mm);基础厚度:$h_j=500$ mm;$h_j<l_{aE}$且柱插筋保护层厚度 $>5d$,故 $a=15d=15\times25=375$(mm)	
	基础顶面非连接区高度	$H_n/3=(4\ 500+800-700)/3\approx1\ 533$(mm)	
	机械连接错开长度	$35d=35\times25=875$(mm)	
	基础内高度	$500-40=460$(mm)	
	该根钢筋总长	$L_{低}=460+375+1\ 533=2\ 368$(mm) $L_{高}=460+375+1\ 533+875=3\ 243$(mm)	
一层纵筋(伸出 2 层非连接区)	计算公式	层高 − 本层非连接区高度(基础插筋伸入) + 伸入上层非连接区高度	基础插筋高标高钢筋错开搭接 35d(到 1 层),1 层高标高钢筋要错开搭接 35d(到 2 层),基础插筋低标高与高标高同理,因此 $L_{高}=L_{低}$
	本层非连接区高度	$H_n/3=(4\ 500+800-700)/3\approx1\ 533$(mm)	
	伸入上层非连接区高度	$\max(H_n/6,500,h_c)=\max[(4\ 200-700)/6,500,500]=\max(583,500,500)=583$(mm)	
	该根钢筋总长	$L_{低}=4\ 500+800-1\ 533+583=4\ 350$(mm) $L_{高}=4\ 500+800-1\ 533+583=4\ 350$(mm)	

续表

部位	内容	计算过程	备注
2层纵筋（伸出3层非连接区）	计算公式	层高－本层非连接区高度(1层插筋伸入)＋伸入上层非连接区高度	基础插筋高标高钢筋错开搭接35d（到1层），1层高标高钢筋已错开搭接35d（到2层），因此$L_{高}=L_{低}$
	伸入上层非连接区高度	$\max(H_n/6,500,h_c)=\max[(3\,600-700)/6,500,500]=\max(483,500,500)=500$(mm)	
	该根钢筋总长	$L_{低}=4\,200-583+500=4\,117$(mm) $L_{高}=4\,200-583+500=4\,117$(mm)	
3层纵筋（伸出4层非连接区）	计算公式	层高－本层非连接区高度(2层插筋伸入)＋伸入上层非连接区高度	
	伸入上层非连接区高度	$\max(H_n/6,500,h_c)=\max[(3\,600-700)/6,500,500]=\max(483,500,500)=500$(mm)	
	该根钢筋总长	$L_{低}=3\,600-500+500=3\,600$(mm) $L_{高}=3\,600-500+500=3\,600$(mm)	
4层中柱纵筋	计算公式	净高－本层非连接区高度＋锚固长度	计算中柱顶层钢筋，其锚固构造按图4.22进行计算。详见16G101—1第68页②节点中柱柱顶纵向钢筋构造
	伸入顶层梁锚固长度	梁高－保护层厚度$C=700-20=680$(mm)$<l_{aE}=875$(mm) 故锚固长度＝梁高－保护层厚度$C+12d=700-20+12\times25=980$(mm)	
	该根钢筋总长	$L_{低}=3\,600-700-500+980=3\,380$(mm) $L_{高}=3\,600-700-500+980-875=2\,505$(mm)	
4层角柱纵筋	计算公式	净高－本层非连接区高度＋锚固长度	4根角柱顶层钢筋，其锚固构造按图4.17、图4.19进行计算。详见16G101—1第67页②、④节点边角柱柱顶纵向钢筋构造
	内侧钢筋伸入顶层梁锚固长度	梁高－保护层厚度$C=700-20=680$(mm)$<l_{aE}=875$(mm) 故锚固长度＝梁高－保护层厚度$C+12d=700-20+12\times25=980$(mm)	
	角柱内侧钢筋总长	$L_{低}=3\,600-700-500+980=3\,380$(mm) $L_{高}=3\,600-700-500+980-875=2\,505$(mm)	
	外侧钢筋伸入顶层梁锚固长度（中间两根）	查表3.5，$l_{abE}=l_{ab}=35d=35\times25=875$(mm) 故锚固长度＝$1.5l_{abE}=1.5\times875\approx1\,313$(mm)	
	外侧钢筋总长度（中间两根）	$L_{低}=3\,600-700-500+1\,313=3\,713$(mm) $L_{高}=3\,600-700-500+1\,313-875=2\,838$(mm)	
	外侧钢筋伸入顶层梁锚固长度（角部钢筋）	锚固长度＝梁高－保护层厚度C＋柱宽－2×保护层厚度$C+8d=700-20+500-2\times20+8\times25=1\,340$(mm)	
	外侧钢筋总长度（角部钢筋）	$L_{低}=3\,600-700-500+1\,340=3\,740$(mm) $L_{高}=3\,600-700-500+1\,340-875=2\,865$(mm)	

续表

部位	内容	计算过程	备注
4层边柱纵筋	计算公式	净高 − 本层非连接区高度 + 锚固长度	4根边柱钢筋，其锚固构造按图4.17、图4.19进行计算。详见16G101—1第67页②、④节点边角柱柱顶纵向钢筋构造
	内侧钢筋伸入顶层梁锚固长度	梁高 − 保护层厚度 $C = 700 - 20 = 680$(mm) < $l_{aE} = 875$(mm) 故锚固长度 = 梁高 − 保护层厚度 $C + 12d = 700 - 20 + 12 \times 25 = 980$(mm)	
	边柱内侧钢筋总长	$L_{低} = 3\,600 - 700 - 500 + 980 = 3\,380$(mm) $L_{高} = 3\,600 - 700 - 500 + 980 - 875 = 2\,505$(mm)	
	外侧钢筋伸入顶层梁锚固长度(中间两根)	查表3.5，$l_{abE} = 35d = 35 \times 25 = 875$(mm) 故锚固长度 $= 1.5l_{abE} = 1.5 \times 875 \approx 1\,313$(mm)	
	外侧钢筋总长度(中间两根)	$L_{低} = 3\,600 - 700 - 500 + 1\,313 = 3\,713$(mm) $L_{高} = 3\,600 - 700 - 500 + 1\,313 - 875 = 2\,838$(mm)	
	外侧钢筋伸入顶层梁锚固长度(角部钢筋)	锚固长度 = 梁高 − 保护层厚度 C + 柱宽 − 2 × 保护层厚度 $C + 8d = 700 - 20 + 500 - 2 \times 20 + 8 \times 25 = 1\,340$(mm)	
	外侧钢筋总长度(角部钢筋)	$L_{低} = 3\,600 - 700 - 500 + 1\,340 = 3\,740$(mm) $L_{高} = 3\,600 - 700 - 500 + 1\,340 - 875 = 2\,865$(mm)	
箍筋	外大矩形箍筋长度	计算公式:外大矩形箍筋长度 $= (b_c + h_c) \times 2 - 8 \times$ 保护层厚度 $C - 4d + 2 \times \max(11.9d, 1.9d + 75)$	
		$(500 + 500) \times 2 - 8 \times 20 - 4 \times 10 + 2 \times 11.9 \times 10 = 2\,038$(mm)	
	内小矩形箍筋长度(横、纵各1个)	计算公式:横向内小矩形箍筋长度 $= [(h_c - 2 \times$ 保护层厚度 $C - 4D)/3 + 2D + 1d + (b_c - 2 \times$ 保护层厚度 $C - 1d)] \times 2 + 2 \times \max(11.9d, 1.9d + 75)$	500 500
		$[(500 - 2 \times 20 - 4 \times 25)/3 + 2 \times 25 + 10 + (500 - 2 \times 20 - 10)] \times 2 + 2 \times 11.9 \times 10 = 1\,498$(mm)	
		计算公式:纵向内小矩形箍筋长度 $= [(h_c - 2 \times$ 保护层厚度 $C - 4D)/3 + 2D + 1d + (b_c - 2 \times$ 保护层厚度 $C - 1d)] \times 2 + 2 \times \max(11.9d, 1.9d + 75)$	
		$[(500 - 2 \times 20 - 4 \times 25)/3 + 2 \times 25 + 10 + (500 - 2 \times 20 - 10)] \times 2 + 2 \times 11.9 \times 10 = 1\,498$(mm)	
	基础中箍筋个数	通常为间距≤500 mm且不少于两道矩形箍(非复合箍)，即$(500 - 40)/500 + 1$，因此该KZ1在基础内箍筋为2个矩形非复合箍筋	见图4.4、图4.5

续表

部　位	内　容	计算过程	备　注
箍筋	第1层箍筋个数	下部加密区高度：$H_n/3=(4\,500+800-700)/3\approx 1\,533(\mathrm{mm})$	外大矩形箍筋、内横向和纵向矩形箍筋个数相同，因此只计算其中一种箍筋个数
		上部加密区高度＋节点高度： $\max(H_n/6,500,h_c)+h_b=\max[(4\,500+800-700)/6,500,500]+700=\max(767,500,500)+700=1\,467(\mathrm{mm})$	
		加密区个数＝$(1\,533-50)/100+1+(1\,467-50)/100+1\approx 32$(个) 非加密区个数＝$[4\,500+800-100\times(32-2)]/200-1\approx 11$(个) 合计：$32+11=43$(个)	
	第2层箍筋个数	上、下部加密区高度： $\max(H_n/6,500,h_c)=\max[(4\,200-700)/6,500,500]=\max(583,500,500)=583(\mathrm{mm})$ 节点高度：700 mm	
		加密区个数＝$583/100+1+(583+700)/100+1\approx 21$(个) 非加密区个数＝$[4\,200-100\times(21-2)]/200-1\approx 11$(个) 合计：$21+11=32$(个)	
	第3、4层箍筋个数	上、下部加密区高度： $\max(H_n/6,500,h_c)=\max[(3\,600-700)/6,500,500]=\max(483,500,500)=500(\mathrm{mm})$ 节点高度：700 mm	
		加密区个数＝$500/100+1+(500+700)/100+1=19$(个) 非加密区个数＝$[3\,600-100\times(19-2)]/200-1\approx 9$(个) 合计：$19+9=28$(个)	
计算KZ1钢筋质量： ①Φ25纵筋，共有108根，总长＝$(2\,368+4\,350+4117+3\,600+3\,380)\times 40+(2\,368+4\,350+4\,117+3\,600+3\,713)\times 40+(2\,368+4\,350+4\,117+3\,600+3\,740)\times 28=1\,947\,420(\mathrm{mm})=1\,947.42(\mathrm{m})$ 总重：$0.006\,17\times d^2\times$总长$=0.006\,17\times 25\times 25\times 1\,947.42\approx 7\,509.74(\mathrm{kg})$ ②箍筋Φ10@100/200(4×4)，总个数：$(43+32+56)\times 9=1\,179$(个)；基础内矩形非复合箍$2\times 9=18$(个)，总长＝$(2\,038+1\,498\times 2)\times 1\,179+2\,038\times 18=5\,971\,770(\mathrm{mm})=5\,971.77(\mathrm{m})$ 总重：$0.006\,17\times d^2\times$总长$=0.006\,17\times 10\times 10\times 5\,971.77\approx 3\,684.58(\mathrm{kg})$			

注：①若此例中的搭接形式为绑扎搭接时，还须把搭接长度加上；箍筋形式应大箍筋套住小箍筋，因此大箍筋和小箍筋的根数应相同。

②在16G101—1图集中，四级抗震时，$l_{abE}=l_{ab}$，$l_{aE}=l_a$。

2）框架柱 KZ2 钢筋计算

①已知条件见表 4.12。

表 4.12 框架柱 KZ2 计算已知条件

混凝土强度等级	保护层厚度 C/mm	钢筋连接方式	抗震等级	钢筋定尺长度	每层楼板厚
C30	基础（独立基础）:40；柱:20；梁:20	直螺纹套筒连接	二级抗震	9 000 mm	110 mm

②KZ2 平法施工图如图 4.36 所示。

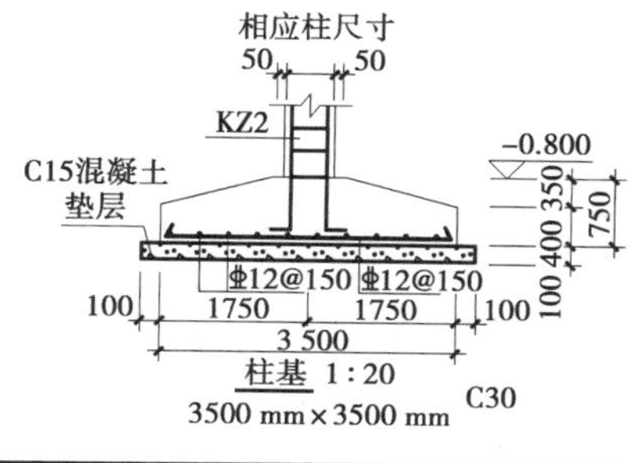

层号	顶标高/m	层高/m	梁截面尺寸/mm	备注
屋顶层	10.770	3.300	250×500	
2	7.470	3.300	250×500	
1	4.170	4.200	250×500	
±0.00	面标高-0.060		250×400	JLL1,≤25
基础	面标高-0.800			柱下均有基础

注:①框架按二级抗震等级设计，施工时严格按照16G101系列图集施工；
②混凝土强度等级除注明外均为C30；
③钢筋连接采用直螺纹套筒连接，定尺长度为9 m；
④板中负筋分布筋为Φ8@250；
⑤基础联系梁JLL1沿轴线居中设置。

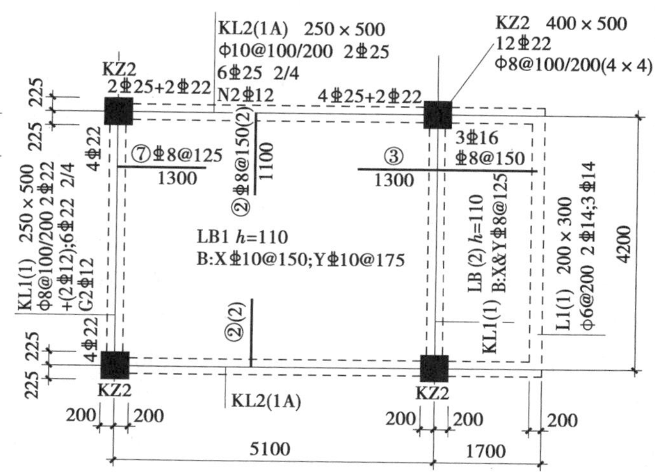

某工程4.170~10.770梁、板、柱配筋图 1:100

图 4.36 某工程 4.170～10.770 梁、板、柱配筋图

③计算过程见表 4.13（只计算单根钢筋长度）。

表 4.13 框架柱 KZ2 钢筋计算过程

部位	内容	计算过程	备注
基础插筋（伸出 1 层非连接区）	计算公式	基础底部弯折长度 a + 基础内高度 + 基础顶面非连接区高度（相邻钢筋错开连接 $35d$）+ 搭接长度（机械连接为 0）	机械连接时：错开连接为 $\geqslant 35d$，JLL 下短柱箍筋设置和柱嵌固部位见图 4.37（短柱箍筋按柱加密区箍筋间距进行计算）。具体计算详见 16G101—3 第 66 页、第 105 页
	基础底部弯折长度（查表 4.2）	首先判断 a 的取值：查表 3.7，$l_{aE}=40d=40\times22=880$（mm）；基础厚度：$h_j=750$ mm；$h_j<l_{aE}$，且柱插筋保护层厚度 $>5d$，故 $a=15d=15\times22=330$（mm）	
	基础顶面非连接区高度	短柱高度 + $H_n/3=800+(4\ 200-500)/3\approx2\ 033$（mm）	

续表

部位	内容	计算过程	备注
基础插筋（伸出1层非连接区）	机械连接错开长度	$35d = 35 \times 22 = 770$(mm)	
	基础内高度	$400 + 350 - 40 = 710$(mm)	
	该根钢筋总长	$L_{低} = 710 + 330 + 2\,033 = 3\,073$(mm) $L_{高} = 710 + 330 + 2\,033 + 770 = 3\,843$(mm)	
1层纵筋（伸出2层非连接区）	计算公式	层高－本层非连接区高度（基础插筋伸入）＋伸入上层非连接区高度	基础插筋高标高钢筋错开搭接35d（到1层），1层高标高钢筋要错开搭接35d（到2层），基础插筋低标高与高标高同理，因此$L_{高} = L_{低}$
	本层非连接区高度	$H_n/3 = (4\,200 - 500)/3 \approx 1\,233$(mm)	
	伸入上层非连接区高度	$\max(H_n/6, 500, h_c) = \max[(3\,300 - 500)/6, 500, 450] = \max(467, 500, 450) = 500$(mm)	
	该根钢筋总长	$L_{低} = 4\,200 - 1\,233 + 500 = 3\,467$(mm) $L_{高} = 4\,200 - 1\,233 + 500 = 3\,467$(mm)	
2层纵筋（伸出3层非连接区）	计算公式	层高－本层非连接区高度（基础插筋伸入）＋伸入上层非连接区高度	
	伸入上层非连接区高度	$\max(H_n/6, 500, h_c) = \max[(3\,300 - 500)/6, 500, 450] = \max(467, 500, 450) = 500$(mm)	
	该根钢筋总长	$L_{低} = 3\,300 - 500 + 500 = 3\,300$(mm) $L_{高} = 3\,300 - 500 + 500 = 3\,300$(mm)	
3层角柱纵筋	计算公式	净高－本层非连接区高度＋锚固长度	4根角柱顶层钢筋，其锚固构造按图4.18、图4.20进行计算。详见16G101—1第67页②、④节点边角柱柱顶纵向钢筋构造
	内侧钢筋伸入顶层梁锚固长度	梁高－保护层厚度 $C = 500 - 20 = 480$(mm) $<$ $l_{aE} = 880$(mm) 锚固长度＝梁高－保护层厚度 $C + 12d = 500 - 20 + 12 \times 22 = 744$(mm)	
	角柱内侧钢筋总长	$L_{低} = 3\,300 - 500 - 500 + 744 = 3\,044$(mm) $L_{高} = 3\,300 - 500 - 500 + 744 - 770 = 2\,274$(mm)	
	外侧钢筋伸入顶层梁锚固长度（中间两根）	查表3.8，$l_{abE} = 40d = 40 \times 22 = 880$(mm) 锚固长度＝$1.5\,l_{abE} = 1.5 \times 880 = 1\,320$(mm)	
	外侧钢筋总长度（中间两根）	$L_{低} = 3\,300 - 500 - 500 + 1\,320 = 3620$(mm) $L_{高} = 3\,300 - 500 - 500 + 1\,320 - 770 = 2\,850$(mm)	
	外侧钢筋不能伸入顶层梁锚固长度（外侧角部纵筋）	锚入横向梁内角柱纵筋锚固长度＝梁高－保护层厚度 C＋柱宽－2×保护层厚度 $C + 8d = 500 - 20 + 400 - 2 \times 20 + 8 \times 22 = 1\,016$(mm) 锚入纵向梁内角柱纵筋锚固长度＝梁高－保护层厚度 C＋柱宽－2×保护层厚度 $C + 8d = 500 - 20 + 450 - 2 \times 20 + 8 \times 22 = 1\,066$(mm)	

续表

部 位	内 容	计算过程	备 注
3 层角柱纵筋	外侧钢筋不能伸入顶层梁总长度（外侧角部纵筋）	锚入横向梁内角柱纵筋长度： $L_{低}$ = 3 300 − 500 − 500 + 1 016 = 3 316(mm) $L_{高}$ = 3 300 − 500 − 500 + 1 016 − 770 = 2 546(mm) 锚入纵向梁内角柱纵筋长度： $L_{低}$ = 3 300 − 500 − 500 + 1 066 = 3 366(mm) $L_{高}$ = 3 300 − 500 − 500 + 1 066 − 770 = 2 596(mm)	
箍筋	外大矩形箍筋长度	计算公式：外大矩形箍筋长度 = $(b_c + h_c) \times 2 - 8 \times$ 保护层厚度 $C - 4d + 2 \times \max(11.9d, 1.9d + 75)$	
		$(400 + 450) \times 2 - 8 \times 20 - 4 \times 8 + 2 \times 11.9 \times 8 \approx$ 1 698(mm)	
	内小矩形箍筋长度（横、纵各 1 个）	横向计算公式：横向内小矩形箍筋长度 = $[(h_c - 2 \times$ 保护层厚度 $C - 4D)/3 + 2D + 1d + (b_c - 2 \times$ 保护层厚度 $C - 1d)] \times 2 + 2 \times \max(11.9d, 1.9d + 75)$	
		$[(450 - 2 \times 20 - 4 \times 22)/3 + 2 \times 22 + 8 + (400 - 2 \times 20 - 8)] \times 2 + 2 \times 11.9 \times 8 \approx$ 1 213(mm)	
		纵向计算公式：纵向内小矩形箍筋长度 = $[(h_c - 2 \times$ 保护层厚度 $C - 4D)/3 + 2D + 1d + (b_c - 2 \times$ 保护层厚度 $C - 1d)] \times 2 + 2 \times \max(11.9d, 1.9d + 75)$	
		$[(400 - 2 \times 20 - 4 \times 22)/3 + 2 \times 22 + 8 + (450 - 2 \times 20 - 8)] \times 2 + 2 \times 11.9 \times 8 \approx$ 1 280(mm)	
	基础中箍筋个数	通常为间距≤500 mm 且不少于两道矩形箍（非复合箍），即 $(400 + 350 - 40)/500 + 1$，因此该 KZ2 在基础内箍筋为 3 个矩形非复合箍筋（取整数加 1）	见图 4.4、图 4.5、图4.6、图 4.37
	第 1 层箍筋个数（包括基础联系梁节点及以下短柱箍筋，短柱箍筋按柱加密区间距进行计算）	下部加密区高度：短柱高度 + $H_n/3$ = 800 + (4 200 − 500)/3 ≈ 2 033(mm)	外大矩形箍筋、内横和纵向矩形箍筋个数相同，因此只计算其中一种箍筋个数，箍筋计算向上取整数
		上部加密区高度 + 节点高度：$\max(H_n/6, 500, h_c) + h_b = \max[(4\ 200 - 500)/6, 500, 450] + 500 = \max(617, 500, 450) + 500 = 617 + 500 = 1\ 117$(mm)	
		加密区个数 = (2 033 − 50)/100 + 1 + (1 117 − 50)/100 + 1 ≈ 33(个) 非加密区个数 = [4 200 + 800 − 100 × (33 − 2)]/200 − 1 ≈ 9(个) 合计：33 + 9 = 42(个)	
	第 2 层箍筋个数	上、下部加密区高度： $\max(H_n/6, 500, h_c) = \max[(3\ 300 - 500)/6, 500, 450] = \max(467, 500, 450) = 500$(mm) 节点高度：500 mm	

续表

部　位	内　容	计算过程		备　注
箍筋	第2层箍筋个数	加密区个数＝［(500/100＋1)＋(500＋500)/100＋1］＝17(个) 非加密区个数＝［3 300－100×(17－2)］/200－1＝8(个) 合计:17＋8＝25(个)		外大矩形箍筋、内横和纵向矩形箍筋个数相同,因此只计算其中一种箍筋个数,箍筋计算向上取整数
	第3层箍筋个数	上、下部加密区高度: $\max(H_n/6, 500, h_c) = \max[(3\ 300-500)/6, 500, 450] = \max(467, 500, 450) = 500$(mm) 节点高度:500 mm		
		加密区个数＝［(500/100＋1)＋(500＋500)/100＋1］＝17(个) 非加密区个数＝［3 300－100×(17－2)］/200－1＝8(个) 合计:17＋8＝25(个)		
计算KZ2钢筋质量: ①⌀22纵筋,共有48根,总长＝(3 073＋3 467＋3 300＋3 044)×20＋(3 073＋3 467＋3 300＋3 620)×16＋(3 073＋3 467＋3 300＋3 316)×4＋(3 073＋3 467＋3 300＋3 366)×8＝631 312(mm)≈631.31(m) 总重:$0.006\ 17 \times d^2 \times$总长＝$0.006\ 17\times22\times22\times631.31\approx1\ 885.27$(kg) ②箍筋φ8@100/200(4×4),总个数＝(42＋25＋25)×4＝368(个);基础内矩形非复合箍3×4＝12(个),总长＝(1 698＋1 213＋1 280)×368＋1 698×12＝1 559 720(mm)＝1 559.72(m) 总重:$0.006\ 17 \times d^2 \times$总长＝$0.006\ 17\times8\times8\times1\ 559.72\approx615.90$(kg)				

注:若此例中的搭接形式为绑扎搭接时,还须把搭接长度加上;箍筋形式应大箍筋套住小箍筋,因此大箍筋和小箍筋的根数应相同。

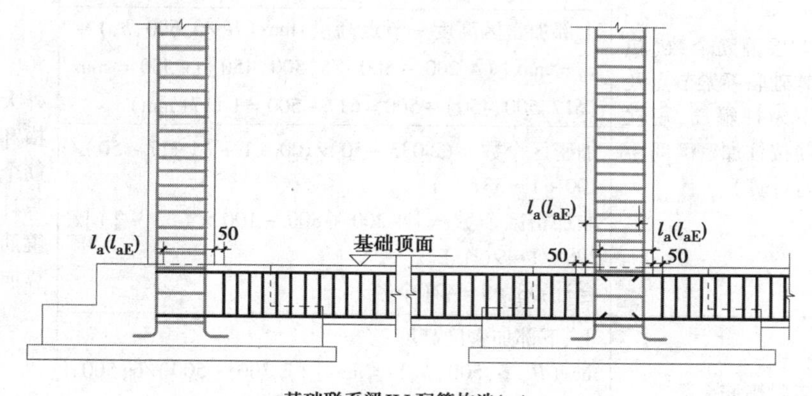

基础联系梁JLL配筋构造(一)

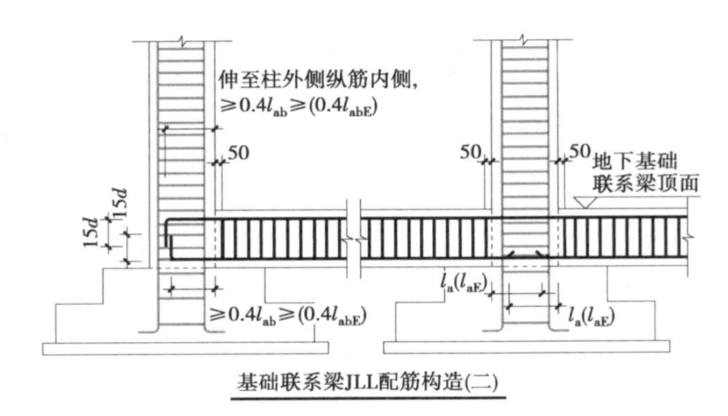

注:基础联系梁用于独立基础、条形基础及桩基础。

图4.37　基础联系梁JLL配筋构造

想一想

1. 框架柱KZ中需要计算哪些钢筋?其在柱顶与梁锚固有哪几种情况?如何计算?
2. 框架柱KZ的嵌固部位如何确定?
3. 框架柱KZ在基础中锚固有哪几种情况?如何计算其锚固长度?
4. 框架柱KZ的箍筋如何区分加密区与非加密区?箍筋个数怎样计算?

练一练

1. 计算图2.130至图2.136某工程结构施工图中柱子钢筋工程量,已知条件见表4.14。

表4.14　框架柱KZ计算已知条件

保护层厚度 C/mm	钢筋连接方式	抗震等级	钢筋定尺长度
基础(独立基础):40;柱:20;梁:20	竖向电渣压力焊接	二级抗震	9 000 mm

2. 计算图4.38中框架柱KZ1钢筋工程量,已知条件见表4.15。

层　号	顶标高/m	层高/m	顶梁高/mm
3	10.80	3.6	700
2	7.20	3.6	700
1	3.60	4.2	700
-1	±0.00	4.2	700
筏板基础	-4.20	基础厚800 mm	—

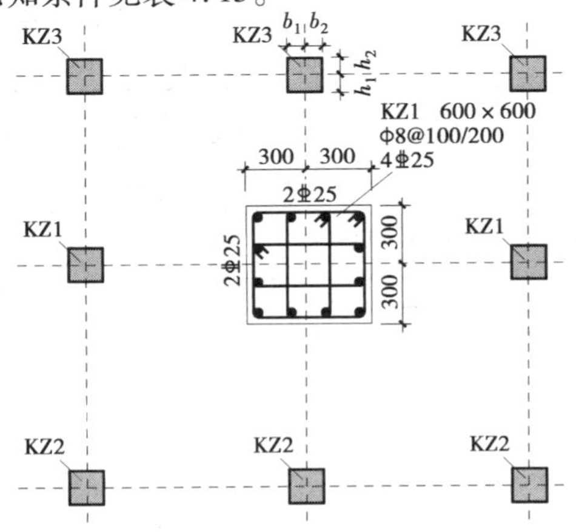

图4.38　KZ1平法施工图

表 4.15　图 4.38 中 KZ1 钢筋工程量计算条件

层　号	纵筋连接方式	抗震等级	梁宽×梁高/mm	设计嵌固部位	混凝土强度等级	保护层厚度 C/mm
3	平螺纹套筒连接	一级	350×700	筏板基础处	C35	基础:40
2	平螺纹套筒连接	一级	350×700			柱:20
1	平螺纹套筒连接	一级	350×700	筏板基础处	C35	梁:20
无梁筏板基础	—	—	基础厚度:800			板:15

3. 计算图 4.39 中 KZ1 钢筋工程量,已知条件见表 4.16。

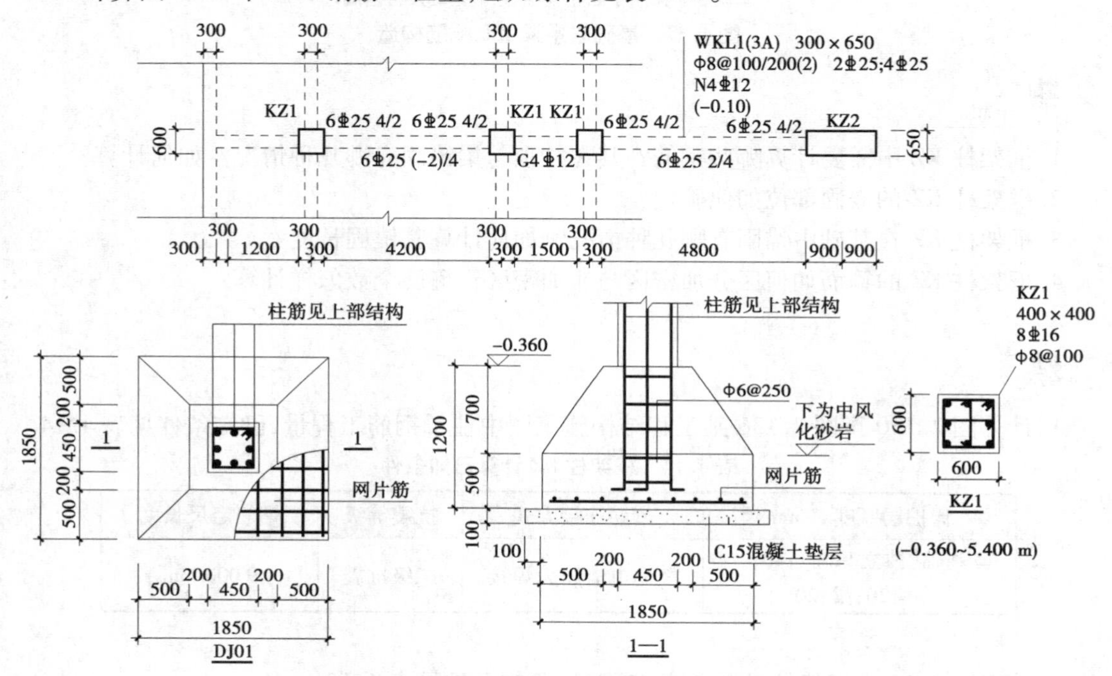

图 4.39　某工程结构平法施工图(局部)

表 4.16　图 4.39 中 KZ1 钢筋工程量计算条件

层　号	纵筋连接方式	抗震等级	梁宽×梁高/mm	设计嵌固部位	混凝土强度等级	保护层厚度 C/mm
1	平螺纹套筒连接	四级抗震	300×650(每个方向WKL尺寸均相同)	独立基础处	C30	基础:40;柱:20;梁:20;板:15
独立基础	—	—	基础厚度:800			

任务5　梁钢筋计算

问题引入

梁构件中有哪些钢筋？分别在梁中的哪些部位？在工程量计算时需要计算哪些部位的钢筋呢？见图5.1和表5.1。计算梁中钢筋所需参数:①梁所在平面位置及楼层(楼层梁或屋面层梁);②梁截面尺寸及配筋;③梁所在支座截面尺寸;④搭接形式(绑扎、焊接或机械连接);⑤结构抗震等级;⑥构件所使用环境;⑦钢筋级别(牌号及直径)及混凝土强度等级。

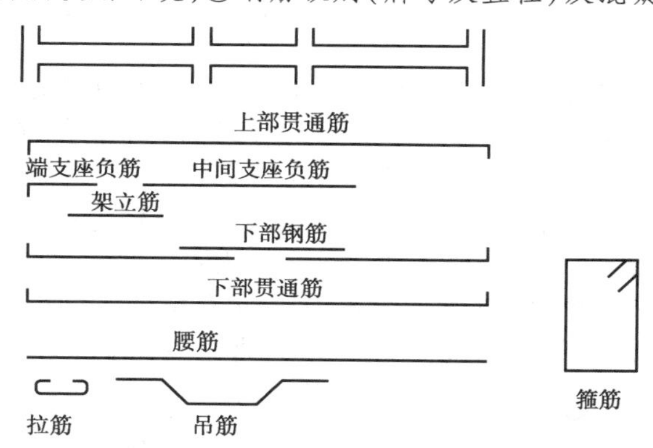

图5.1　梁中需要计算的钢筋类型

(图中腰筋为梁侧面构造钢筋或受扭钢筋)

表5.1　梁中钢筋的部位和形式

类　型	部　位	名　称
纵向钢筋	上	上部钢筋(上部通长筋或架立筋)
	侧	侧部钢筋(构造钢筋或受扭钢筋)
	下	下部钢筋(通长或不通长)
	左	左端支座钢筋(左支座负筋)
	中	跨中钢筋(架立筋,连续跨时有中间支座负筋)
	右	右端支座钢筋(右支座负筋)
箍　筋		加密区箍筋、非加密区箍筋及附加箍筋
附加钢筋		吊筋、拉筋等

5.1 梁钢筋构造及计算规则

1)楼层框架梁钢筋计算

(1)楼层框架梁上部钢筋计算

①楼层框架梁上部纵筋计算,见表5.2。

表5.2 楼层框架梁上部纵筋计算表

钢筋部位及其名称	计算公式	说明	附图
上部通长筋	长度=各跨净跨长l_{ni}之和+中间支座截面宽度+左端支座锚固长度+右端支座锚固长度	①详见16G101—1第84页楼层框架梁KL纵向钢筋构造; ②如果存在搭接情况,还需要把搭接长度加进去(搭接长度×搭接个数); ③中间支座两侧梁如变高度或变截面,按图5.2(d)计算其长度(锚固长度)	图5.2 图5.3

左、右支座锚固长度的取值判断:当支座宽度不足以设置直锚时(直锚段长度必须≥0.4l_{abE},当不满足要求时,应与设计方协商,在满足强度要求前提下,可减少钢筋直径,使直锚段长度≥0.4l_{abE}),须将纵筋伸至柱外侧纵筋内侧,再弯折,其弯折长度为15d;当支座宽度满足设置直锚时,其锚固长度为max(l_{aE},0.5h_c+5d),见图5.2。具体为:

a.当h_c-保护层厚度C(即直锚段长度)≥l_{aE}时,锚固长度=max(l_{aE},0.5h_c+5d)(此处需要减去支座内钢筋直径和弯折钢筋的最小距离,即≥d且≥25 mm),见图5.2(e)。

b.当h_c-保护层厚度C(即直锚段长度)<l_{aE}且直锚段长度≥0.4l_{abE},必须弯锚,弯折段为15d,锚固长度=h_c-保护层厚度C+15d,见图5.2(a)。

根据《混凝土结构设计规范》(GB 50010—2010,2015年版)的规定,当框架梁上部纵筋在中间层端支座处锚固时,其直锚段长度都要满足≥0.4l_{abE}且≥0.5h_c+5d,即必须伸入到支座的竖向锚固带,也即支座截面的一半加上5d再弯折15d,见图5.2。即梁上部纵向钢筋弯锚时,梁上部纵向钢筋在框架梁中间层端节点内的锚固长度为“h_c-保护层厚度C+15d”较为合理(为弯锚时),同时也需满足上述直锚段长度≥0.4l_{abE}的要求;梁上部纵向钢筋直锚时,梁上部纵向钢筋在框架梁中间层端节点内的锚固长度为max(l_{aE},0.5h_c+5d),同时也需满足上述直锚段长度的要求。

②楼层框架梁上部支座负筋、架立筋计算,见表5.3。

表5.3 楼层框架梁上部支座负筋、架立筋计算表

钢筋部位及其名称	计算公式	说明	附图
端支座负筋	第1排钢筋长度=本跨净跨长l_{ni}/3+锚固长度	①详见16G101—1第84页楼层框架梁KL纵向钢筋构造; ②锚固形式同梁上部通长筋端支座锚固; ③当梁的支座负筋有3排时,第3排钢筋的长度计算同第2排(或按设计要求)	图5.2 图5.3 图5.4
	第2排钢筋长度=本跨净跨长l_{ni}/4+锚固长度		

续表

钢筋部位及其名称	计算公式	说 明	附 图
中间支座负筋	第1排钢筋长度 $=2\times l_n/3+$ 支座宽度 第2排钢筋长度 $=2\times l_n/4+$ 支座宽度	①详见16G101—1第84页楼层框架梁KL纵向钢筋构造； ②当梁的支座负筋有3排时，第3排钢筋的长度计算同第2排（或按设计要求）； ③l_n 为相邻梁跨大跨的净跨长	图5.2 图5.3 图5.4
架立筋	长度 = 本跨净跨长 l_{ni} − 左侧负筋伸入长度 − 右侧负筋伸入长度 + 搭接长度 ×2	当梁上部既有通长筋又有架立筋时，搭接长度为150 mm	

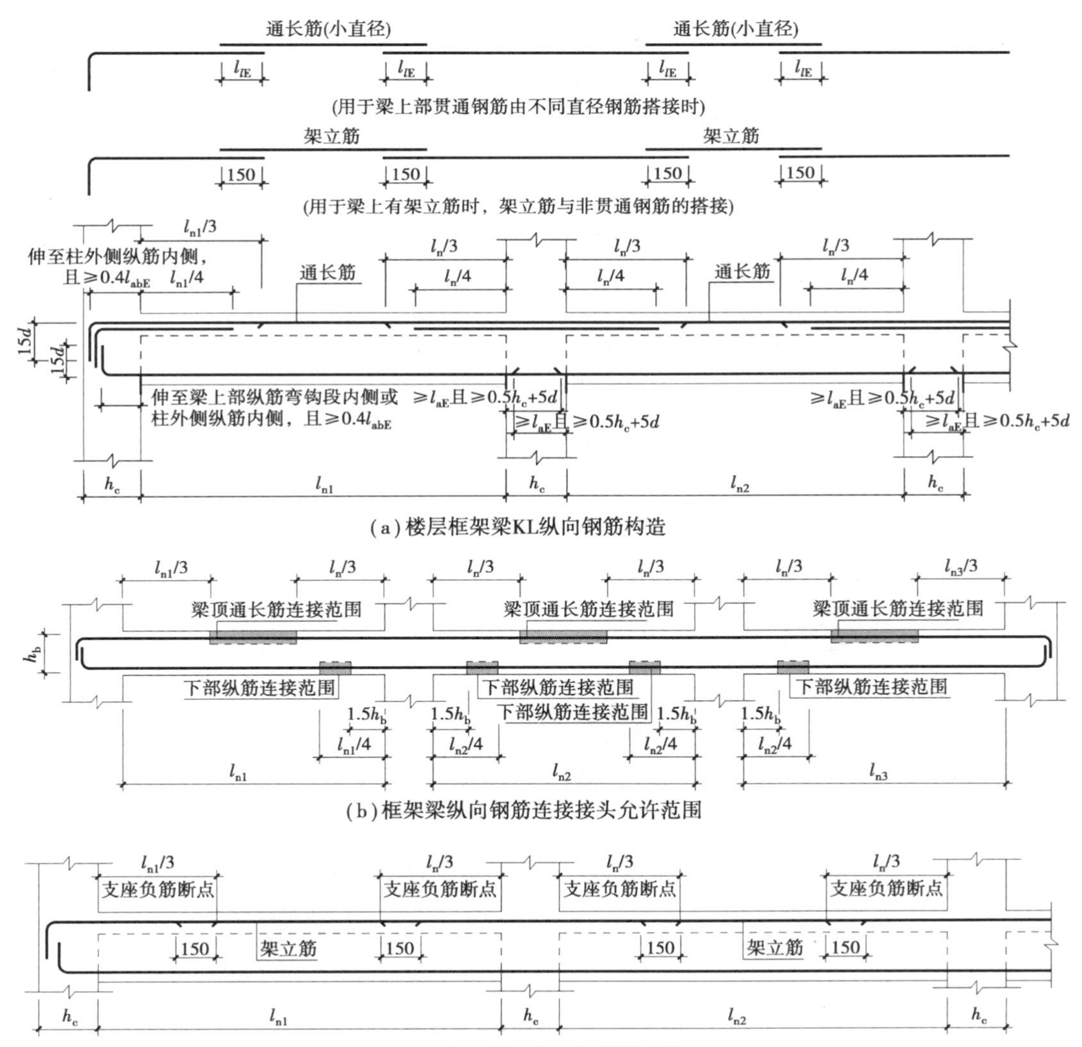

(a)楼层框架梁KL纵向钢筋构造

(b)框架梁纵向钢筋连接接头允许范围

(c)架立筋与支座负筋的连接

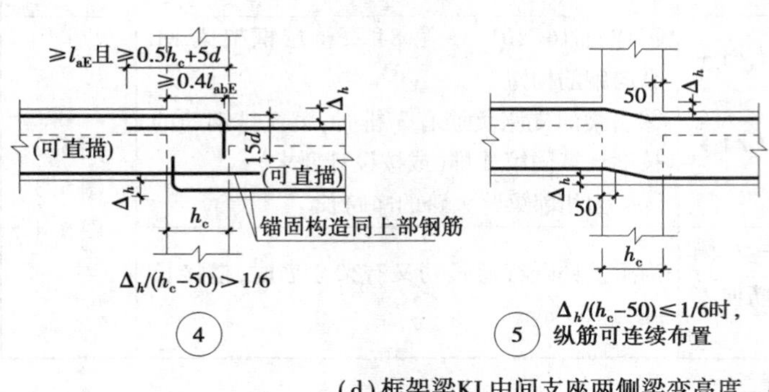

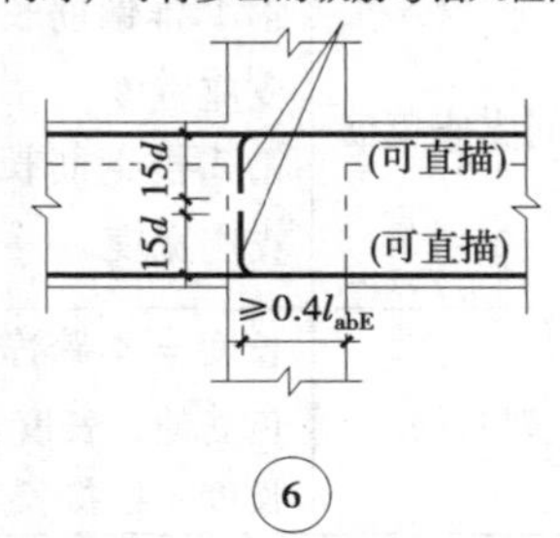

(d)框架梁KL中间支座两侧梁变高度、变截面纵向钢筋构造

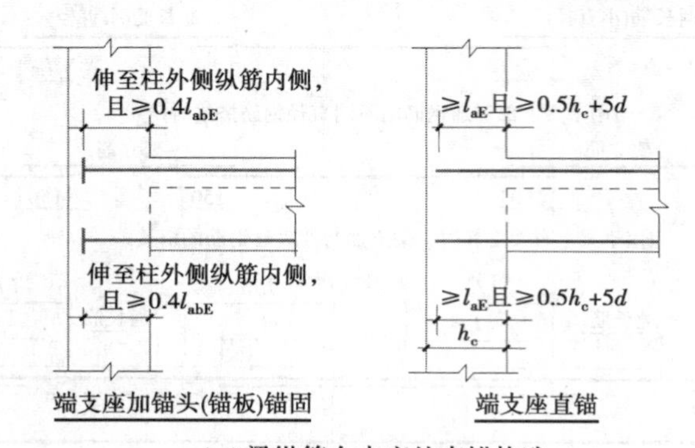

(e)梁纵筋在支座处直锚构造

图5.2　框架梁钢筋计算图

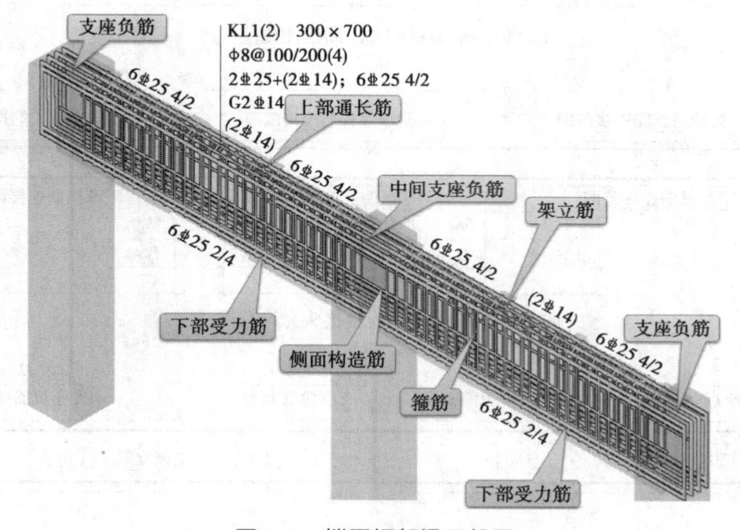

图5.3　楼层框架梁三维图

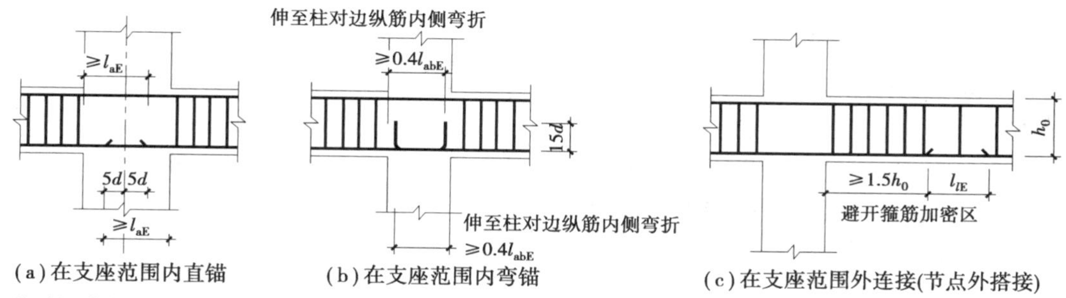

(a)在支座范围内直锚　(b)在支座范围内弯锚　(c)在支座范围外连接(节点外搭接)

注:梁下部钢筋不能在柱内锚固时,可在节点外搭接,相邻跨钢筋直径不同时,搭接位置位于较小直径一跨。

图5.4　楼层框架梁中间节点梁下部筋构造

(2)楼层框架梁下部纵筋计算(见表5.4)

表5.4　楼层框架梁下部纵筋计算表

钢筋部位及其名称	计算公式	说　明	附　图
下部通长(贯通)筋	长度=各跨净跨长l_{ni}之和+中间支座截面宽(l_{aE})+左端支座锚固长度+右端支座锚固长度(框架梁下部纵向受力钢筋在中间支座范围内应尽量拉通,当不能拉通时,可按图5.4的方式进行处理,见17G101—11第4-6页第4.5条)	①详见16G101—1第84页楼层框架梁KL纵向钢筋构造及17G101—11第4-6页; ②端支座锚固长度取值同框架梁上部钢筋取值,如果存在搭接情况,还需要把搭接长度加进去(搭接长度×搭接个数); ③中间支座两侧梁如变高度或变截面,按图5.2(d)计算其长度(锚固长度)	图5.2 图5.3
下部非通长(非贯通)筋	长度=净跨长l_{ni}+左端支座锚固长度+右端支座锚固长度	①详见16G101—1第84页楼层框架梁KL纵向钢筋构造; ②下部非通长(非贯通)筋指贯通一跨,其余跨钢筋直径大小发生变化或该直径钢筋无,但该梁截面未改变; ③端部锚固长度取值同框架梁上部钢筋取值;中间支座锚固长度为max(l_{aE},0.5h_c+5d),见图5.2	图5.2 图5.3
下部不伸入支座筋	净跨长l_{ni}-2×0.1l_{ni}(l_{ni}为本跨净跨长)	详见16G101—1第90页不伸入支座的梁下部纵向钢筋断点位置,在梁下部筋的第2排才能设置	图5.5

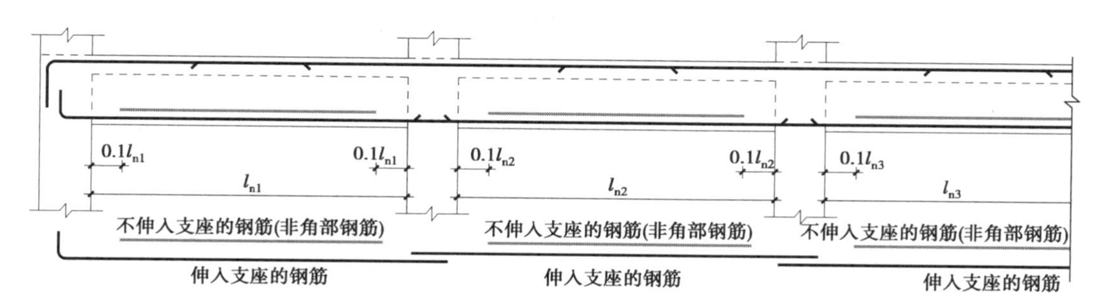

图5.5　不伸入支座的梁下部纵筋断点位置

(3)楼层框架梁附加钢筋计算(见表5.5)

表5.5　楼层框架梁附加钢筋计算表

钢筋部位及其名称	计算公式	说　明	附　图
侧面纵向构造钢筋(以“G”打头注写)	当 $h_w \geq 450$ mm 时,需要在梁的两个侧面沿高度配置纵向构造钢筋,间距 $a \leq 200$ mm; 长度 = 净跨长 + $15d \times 2$	①详见16G101—1第28、29、90页梁侧面纵向构造筋和拉筋; ② h_w 指梁的腹板高度; ③梁侧面构造纵筋和受扭纵筋的搭接与锚固长度取值可参见16G101—1第90页,即:梁侧面构造钢筋其搭接与锚固长度可取为 $15d$,梁侧面受扭纵向钢筋其搭接长度为 l_l 或 l_{lE},其锚固长度为 l_a 或 l_{aE},锚固方式同框架梁下部纵筋	图5.2 图5.6
侧面纵向抗扭钢筋(以“N”打头注写)	长度 = 净跨长 l_{ni} + 左端支座锚固长度 + 右端支座锚固长度		
拉　筋	长度 = 梁宽 − 2 × 保护层厚度 $C + d + 2l_w$(弯钩长度) 根数计算:如果图中没有给定拉筋的布筋间距,那么拉筋的根数 = [净跨长 l_{ni}/(非加密区箍筋间距 ×2) +1] ×(构造筋根数/2);如果给定了拉筋的布筋间距,那么拉筋的根数 =(净跨长 l_{ni}/布筋间距 +1) ×(构造筋根数/2)	①当梁宽≤350 mm时,拉筋直径为6 mm;梁宽>350 mm时,拉筋直径为8 mm。拉筋间距为非加密区箍筋间距的2倍。当设有多排拉筋时,上下两排拉筋竖向错开设置,详见16G101—1第90页。 ② $l_w = 1.9d + \max(10d, 75)$,详见16G101—1第62页	
附加吊筋	长度 = $2 \times 20d + 2 \times$ 斜段长度 + 次梁宽度 + 2 × 50 mm	①详见16G101—1第90页。 ②斜段长度取值:当主梁高>800 mm,吊筋角度为60°;当主梁高≤800 mm,吊筋角度为45°	图5.7
附加箍筋	附加箍筋长度等于主梁箍筋计算长度; 附加箍筋根数等于主梁上引注附加箍筋总配筋值	①在主次梁相交处,在主梁两侧用线引注附加箍筋总配筋值; ②在次梁宽度范围内,主梁箍筋或加密区箍筋照设	图5.8
加腋钢筋	加腋长度 = 加腋斜长 + $2l_{aE}$	①详见16G101—1第86页: ②梁结构平法施工图中,水平加腋部位的配筋设计未给出时,其梁腋上下部斜纵筋(仅设置第1排)直径分别同梁内上下纵筋,水平间距不宜大于200 mm;水平加腋部位侧面纵向构造钢筋的设置及构造要求同梁内侧面纵向构造筋; ③梁结构平法施工图中,当加腋部位的配筋未注明时,其梁腋的下部斜纵筋为伸入支座的梁下部纵筋根数 n 的 $n-1$ 根(且不少于两根),并插空放置,其箍筋与梁端部的箍筋配置相同	图5.9

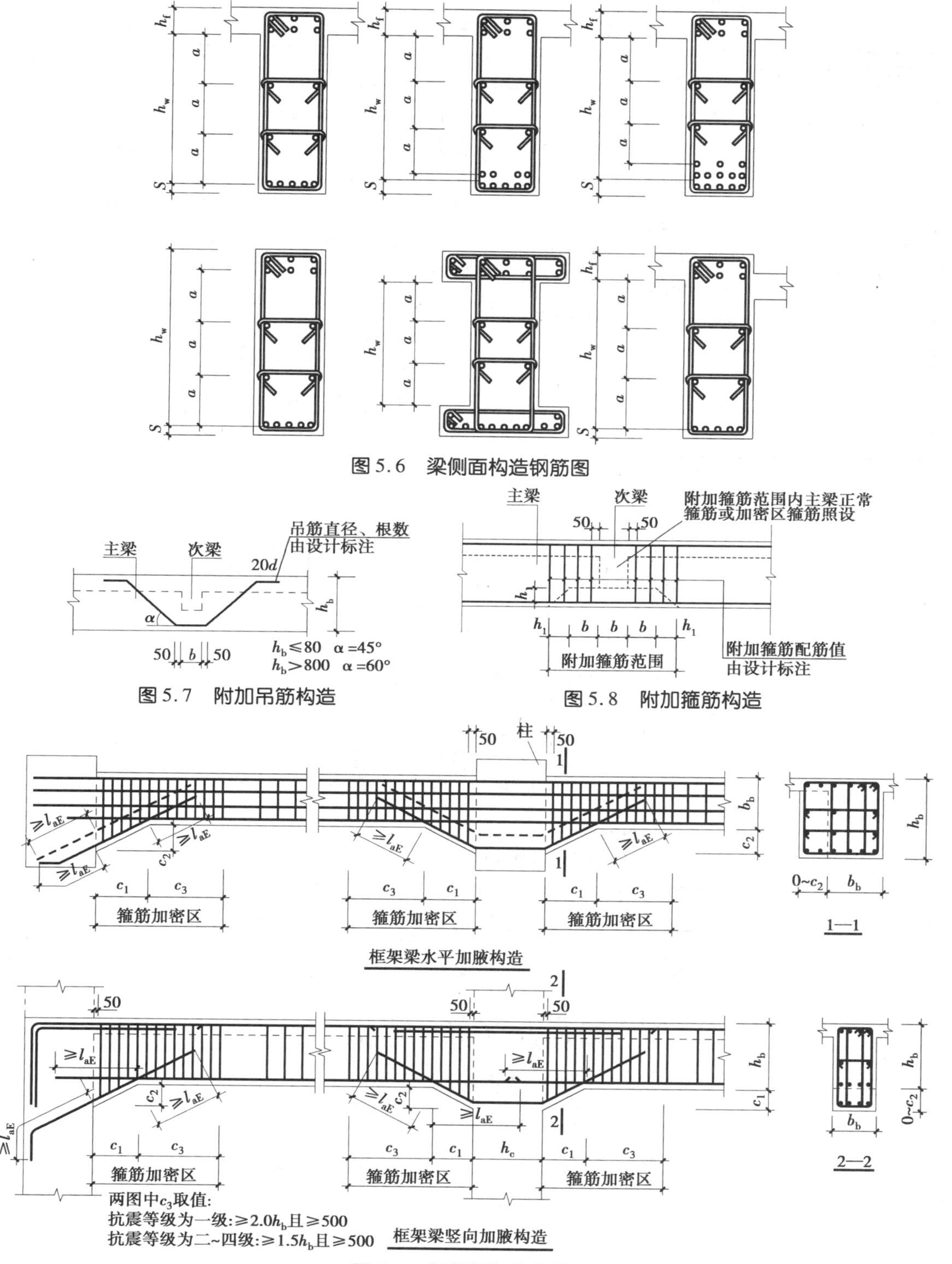

图 5.6 梁侧面构造钢筋图

图 5.7 附加吊筋构造

图 5.8 附加箍筋构造

图 5.9 框架梁加腋构造

(4)楼层框架梁箍筋计算(见表5.6)

表5.6　楼层框架梁箍筋计算表

钢筋部位及其名称	计算公式	说　明	附　图
箍筋计算	长度计算同柱箍筋计算 根数 = 2 × [(加密区长度 - 50)/加密区间距 + 1] + (非加密区长度/非加密区间距 - 1)	①详见16G101—1第62、第88页。 ②楼层及屋面框架梁箍筋加密区长度取值:当结构抗震等级为一级时,加密区长度为max(2 × 梁高,500);当结构抗震等级为二～四级时,加密区长度为max(1.5 × 梁高,500);当框架梁(KL、WKL)某尽端支座为梁时,此端箍筋构造可不设加密区,梁端箍筋规格及数量由设计确定。 ③箍筋布置的起始位置距支座50 mm,见图5.10;梁与方柱斜交,或与圆柱相交时箍筋起始位置按图5.11进行布置	图5.10 图5.11

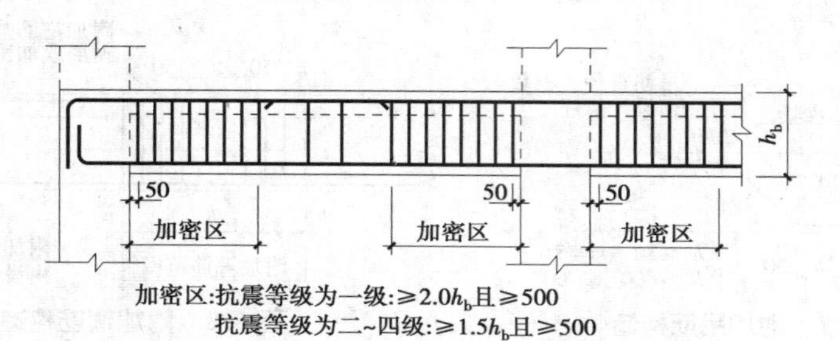

框架梁(KL、WKL)箍筋加密区范围(一)
(弧形梁沿梁中心线展开,箍筋间距沿凸面线量度。h_b为梁截面高度)

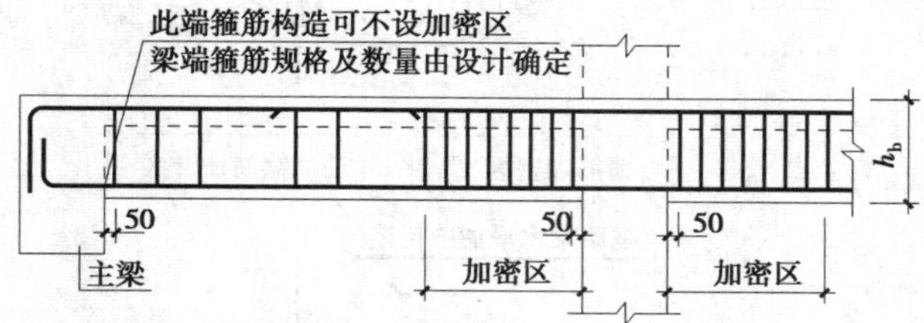

框架梁(KL、WKL)箍筋加密区范围(二)
(弧形梁沿梁中心线展开,箍筋间距沿凸面线量度。h_b为梁截面高度)

图5.10　框架梁(KL、WKL)箍筋加密区范围

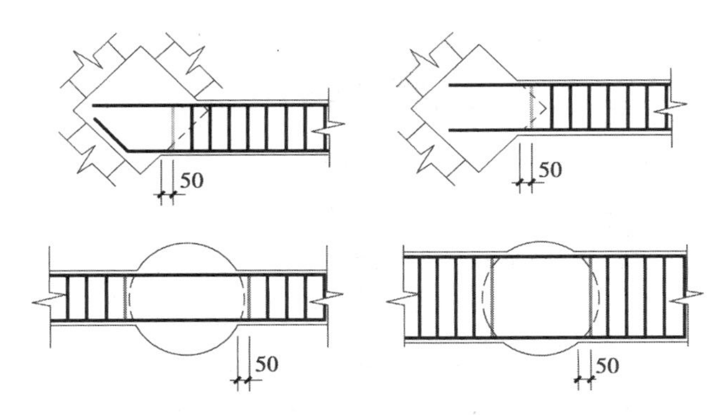

图 5.11　梁与方柱斜交，或与圆柱相交时箍筋位置

（为便于施工，梁在柱内的箍筋在现场可用两个半套箍筋搭接或焊接）

2）屋面框架梁（WKL）钢筋计算（见表 5.7）

表 5.7　屋面框架梁（WKL）钢筋计算表

钢筋部位及其名称	计算公式	说　明	附　图
上部通长筋	长度 = 各跨净跨长 l_{ni} 之和 + 中间支座截面宽度 + 左端支座锚固长度 + 右端支座锚固长度 端支座锚固长度 =（支座宽度 h_c − 保护层厚度 C）+ max（梁高 h_b − 保护层厚度 C，≥15d）	①以 16G101—1 第 67 页②节点 + ④节点配合为例，节点构造见图 4.17。 ②竖向弯折长度：当（梁高 h_b − 保护层厚度 C）≥ 15d 时，取“梁高 h_b − 保护层厚度 C”；当（梁高 h_b − 保护层厚度 C）< 15d 时，取 15d，见图 4.17 ②节点。 ③如果存在搭接情况，还需要把搭接长度加进去（搭接长度 × 搭接个数）。 ④中间支座两侧梁如变高度或变截面，按图5.13 计算其长度（锚固长度）	图 5.12 图 5.13 图 5.14
	长度 = 各跨净跨长 l_{ni} 之和 + 中间支座截面宽度 + 左端支座锚固长度 + 右端支座锚固长度 端支座锚固长度 =（支座宽度 h_c − 保护层厚度 C）+ 1.7l_{abE}	①以 16G101—1 第 67 页⑤节点为例，节点构造见图 5.14（b）。 ②竖向弯折长度 = 1.7l_{abE}，见图 4.17⑤节点，当梁上部纵向钢筋配筋率 > 1.2% 时，应分成两批截断，错开距离 20d。当梁上部纵向钢筋为两排时，先断第 2 排钢筋。 ③如果存在搭接情况，还需要把搭接长度加进去（搭接长度 × 搭接个数）。 ④中间支座两侧梁如变高度或变截面，按图 5.13 计算其长度（锚固长度）	

注：屋面框架梁 WKL 其余钢筋计算与楼层框架梁相同。

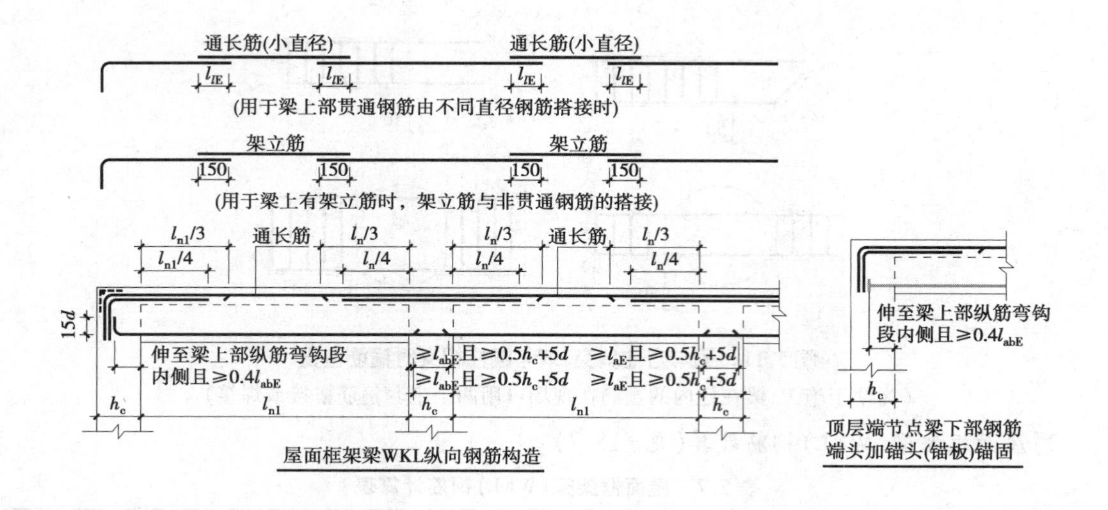

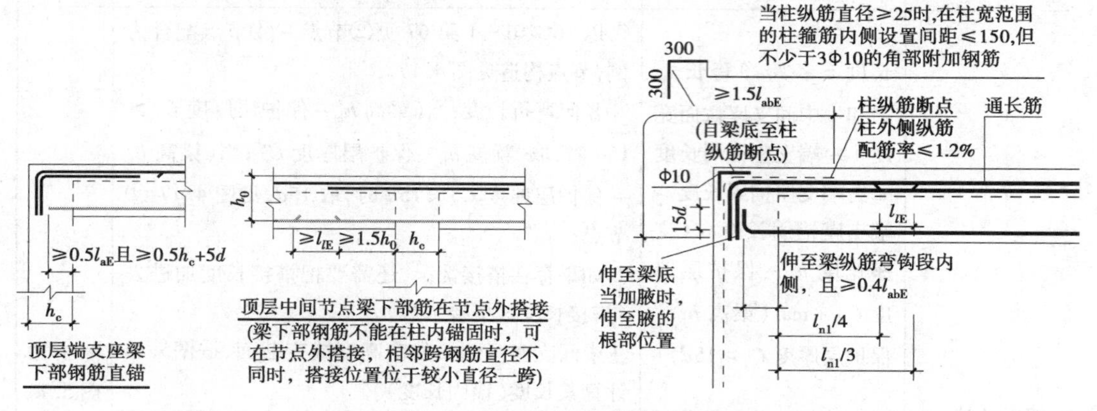

图 5.12 屋面框架梁纵向钢筋构造

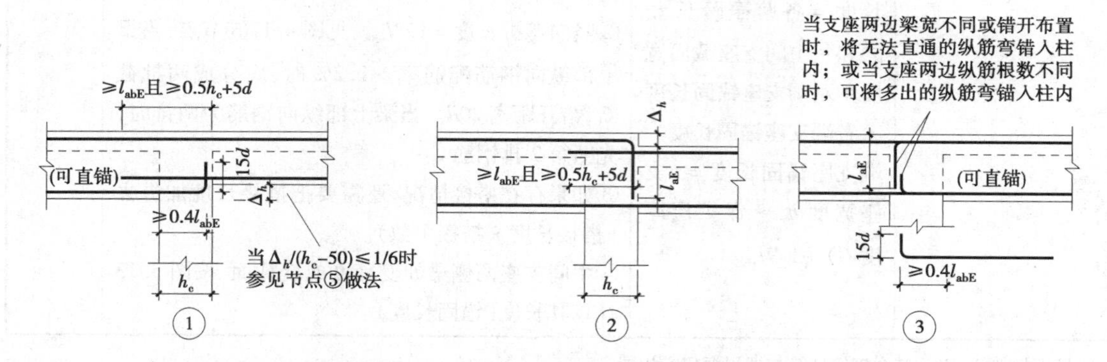

图 5.13 屋面框架梁 WKL 中间支座两侧梁变高度、变截面纵向钢筋构造

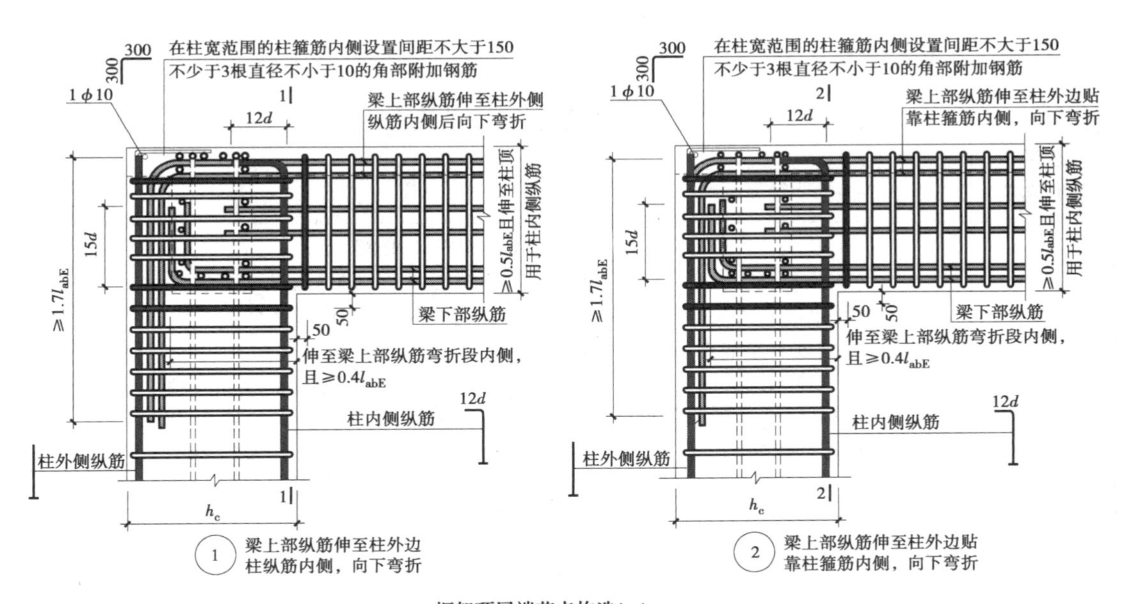

框架顶层端节点构造(一)

柱顶外侧搭接方式(梁上部纵筋配筋率≤1.2%)

(a)

在柱宽范围的柱箍筋内侧设置间距不大于150，不少于3根直径不小于10的角部附加钢筋

梁内纵筋(包括梁上部纵筋、柱外侧纵筋)间距需满足18G901—1第1-2页相关要求，不少于柱外侧全部纵筋面积的65%伸入梁内，其余柱外侧纵筋伸至柱内边向下弯折8d

梁底至柱纵筋断点≥1.5l_{abE}

水平段长度≥15d(注6)

① 梁上部纵筋伸至柱外边柱纵筋内侧，向下弯折到梁底标高

② 梁上部纵筋伸至柱外边贴靠柱箍筋内侧，向下弯折到梁底标高

框架顶层端节点构造(二)

梁端及顶部搭接方式(柱外侧纵筋配筋率≤1.2%)

梁宽范围以外的柱外侧纵筋伸至柱内边向下弯折8d

(b)

图 5.14 框架顶层端节点构造

3）非框架梁L钢筋计算（见表5.8）

表5.8　非框架梁L钢筋计算表

钢筋部位及其名称		计算公式	说　明	附　图
上部通长筋		长度＝各跨净跨长 l_{ni} 之和＋中间支座截面宽度＋左端支座锚固长度＋右端支座锚固长度； 端支座锚固长度＝（支座宽度 h_c－保护层厚度 C）＋15d	①详见16G101—1第89页。 ②支座内直段长度应满足：当设计按铰接时≥0.35l_{ab}；当设计充分利用钢筋的抗拉强度时≥0.6l_{ab}。 ③纵筋在端支座应伸至主梁外侧纵筋内侧后弯折15d，当直段长度不小于 l_a 时可不弯折，见图5.17（a）和（b）。 ④如果存在搭接情况，还需要把搭接长度加进去（搭接长度×搭接个数）	图5.15 图5.16 图5.17
上部支座负筋		①端支座负筋长度＝本跨净跨长 l_{ni}/3（或 l_{ni}/5）＋端支座锚固长度； 端支座锚固长度＝（支座宽度 h_c－保护层厚度 C）＋≥15d。 ②中间支座负筋长度＝左右相邻跨大跨的净跨长 l_n/3（或5）×2＋中间支座宽度	①详见16G101—1第89页。 ②支座内直段长度应满足：当设计按铰接时≥0.35l_{ab}；当设计充分利用钢筋的抗拉强度时≥0.6l_{ab}。 ③支座处伸进梁内长度：当设计按铰接时，为 l_{ni}/5；当设计充分利用钢筋的抗拉强度时，为 l_{ni}/3。 ④纵筋在端支座应伸至主梁外侧纵筋内侧后弯折15d，当直段长度不小于 l_a 时可不弯折，见图5.17（a）和（b）	
下部通长筋	普通非框架梁	①长度＝本跨净跨长 l_{ni}＋12d（或15d）×2（伸入支座的长度满足直锚长度12d或15d时）； ②长度＝本跨净跨长 l_{ni}＋（支座宽度 h_c－保护层厚度 C）＋≥15d（伸入支座的长度满足直锚长度12d或15d时）	①详见16G101—1第89页。 ②当梁下部纵筋采用光圆钢筋时，锚入支座内长度为12d；当梁下部纵筋采用带肋钢筋时，锚入支座内长度为15d。 ③当梁下部纵筋伸入支座的长度满足直锚长度12d或15d时，下部纵筋向上弯折135°，弯折段长度为5d，锚入支座内的平直段长度：带肋钢筋≥7.5d，光圆钢筋≥9d，见图5.16。 ④下部纵筋锚入支座，不再考虑0.5h_c＋5d的判断值	图5.15 图5.16
	受扭非框架梁	①长度＝本跨净跨长 l_{ni}＋（支座宽度 h_c－保护层厚度 C）＋≥15d； ②长度＝本跨净跨长 l_{ni}＋2l_a（伸入支座的长度满足直锚长度 l_a 时）	①详见16G101—1第89页； ②当梁中配有受扭纵向钢筋时，梁下部纵筋锚入支座的长度应为 l_a，在端支座直锚长度不足时可弯锚，直段长度≥0.6l_{ab}，锚固长度＝（支座宽度 h_c－保护层厚度 C）＋15d，如右图所示； ③下部纵筋锚入支座，不再考虑0.5h_c＋5d的判断值	图5.17 15d ≥0.6l_{ab}

续表

钢筋部位及其名称		计算公式	说　明	附　图
梁侧面纵筋	受扭非框架梁	①长度 = 本跨净跨长 l_{ni} +（支座宽度 h_c − 保护层厚度 C）+ ≥15d； ②长度 = 本跨净跨长 l_{ni} + 2l_a（伸入支座的长度满足直锚长度 l_a 时）	①详见 16G101—1 第 89 页； ②梁侧面抗扭纵筋锚固要求同梁下部纵筋	图 5.17

注：①当非框架梁 L 端支座为柱、剪力墙（在平面内连接）时，梁端部应设箍筋加密区，设计应确定加密区长度，设计未确定时取该工程框架梁加密区长度，箍筋个数及长度、架立筋的计算同楼层框架梁；

②图 5.15 中“设计按铰接时”用于代号为 L 的非框架梁，“充分利用钢筋的抗拉强度时”用于代号为 Lg 的非框架梁。

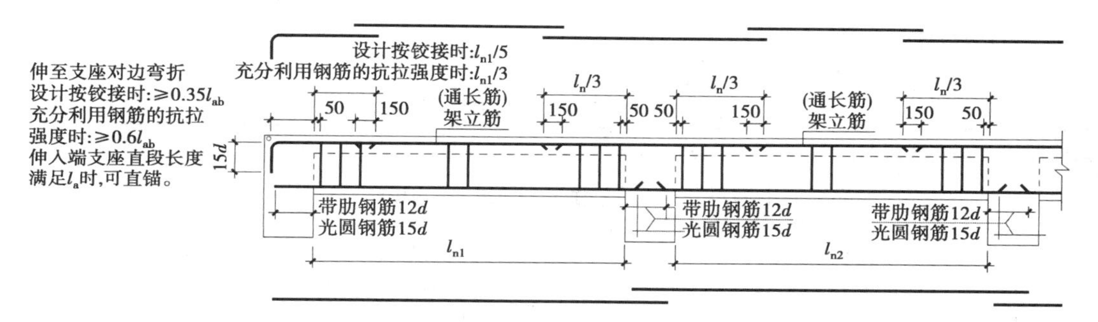

（a）非框架梁配筋构造

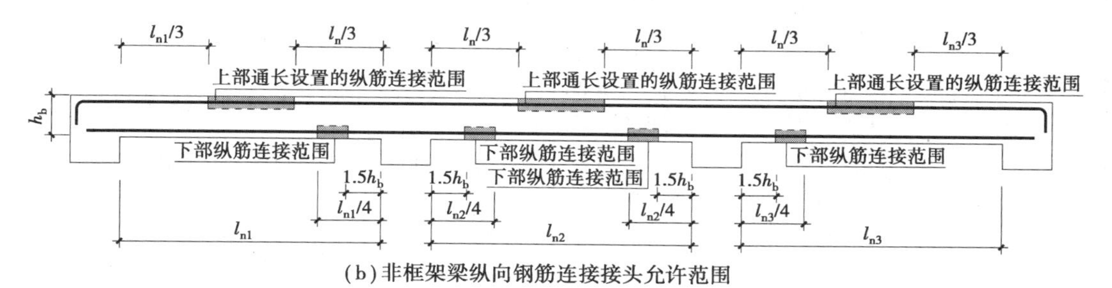

（b）非框架梁纵向钢筋连接接头允许范围

图 5.15　非框架梁纵向钢筋构造

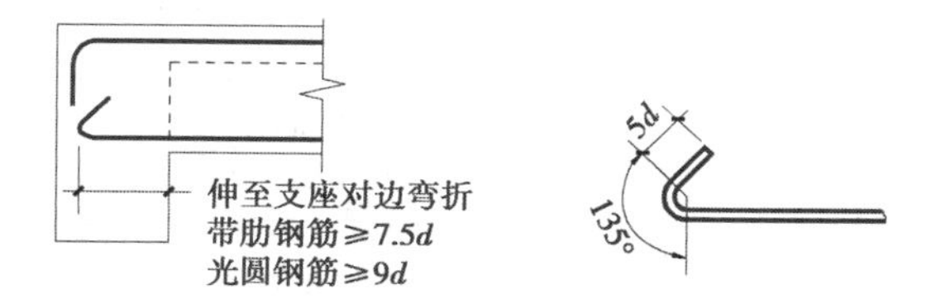

注：用于下部纵筋伸入边支座长度不满足直锚 12d（15d）要求时。

图 5.16　端支座非框架梁下部纵筋弯锚构造

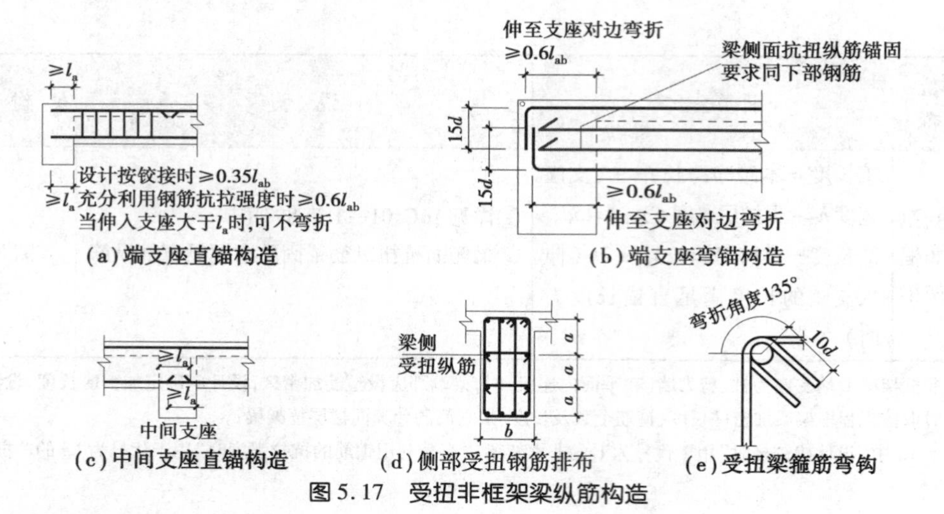

图 5.17　受扭非框架梁纵筋构造

4)悬挑梁钢筋计算

(1)纯悬挑梁 XL 钢筋计算(见表 5.9)

表 5.9　纯悬挑梁 XL 钢筋计算表

钢筋部位及其名称	计算公式	说　明	附　图
纯悬挑梁	上部第 1 排钢筋长度 = l - 保护层厚度 $C+12d$ + 支座内(柱或墙)锚固长度	①详见 16G101—1 第 92 页、18G901—1 第 65 页。 ②当上部钢筋为 1 排且 $l<4h_b$ 时,上部钢筋可不在端部弯下,伸至悬挑梁外端,向下弯折 12d;当上部钢筋为 2 排且 $l<5h_b$ 时,上部钢筋可不在端部弯下,伸至悬挑梁外端,向下弯折 12d。 ③当 $l \geq 4h_b$ 时,上部第 1 排钢筋通常为角筋,不需按图示弯起,且根数不少于第 1 排纵筋的 1/2,其余纵筋弯下,并伸至悬挑梁尽端,尽端平直段≥10d。 ④支座内(柱或墙)锚固长度 = 支座内(柱或墙)宽度 h_c - 保护层厚度 $C+15d$,当其纵向钢筋直锚长度≥l_a 且≥$0.5h_c+5d$ 时,可不必往下弯折(不考虑地震作用);当直锚伸至对边仍不足 l_a 时,则应按图示弯锚;当直锚伸至对边仍不足$0.4l_{ab}$时,则应采用较小直径的钢筋。 ⑤l 为悬挑梁净挑出长度	图 5.18
	当 $l \geq 4h_b$ 时,第 1 排至少 2 根角筋,并不少于第 1 排纵筋的 1/2,不需弯下,其余纵筋需要设置为弯起钢筋(45°)。 弯起钢筋长度 = l - 保护层厚度 C + 0.414 ×(梁高 - 2 × 保护层厚度 C) + 支座内(柱或墙)锚固长度		
	上部第 2 排钢筋长度 = 0.75l + 1.414 ×(梁高 h_b - 2 × 保护层厚度 C) + 10d + 支座内(柱或墙)锚固长度		
	上部第 3 排钢筋,其伸出长度由设计者注明		
	下部纵筋长度 = l - 保护层厚度$C+15d$	当悬挑梁下部根部与尽端为变截面高度悬挑梁时,下部纵筋长度 =(l - 保护层厚度 C) × $k+15d$,k 为变截面悬挑梁斜度系数,即 k = 1 +(悬挑梁根部高 - 悬挑梁尽端高)$^2/l^2$	
	箍筋个数和长度计算同楼层框架梁	悬挑梁纵筋弯折构造、箍筋间距和端部附加箍筋构造由设计确定	

注:当悬挑梁考虑竖向地震作用时(由设计者明确),图 5.18 中或表 5.9 中悬挑梁钢筋锚固长度 l_a、l_{ab}应改为 l_{aE}、l_{abE},悬挑端下部钢筋伸入支座长度也应采用 l_{aE}。

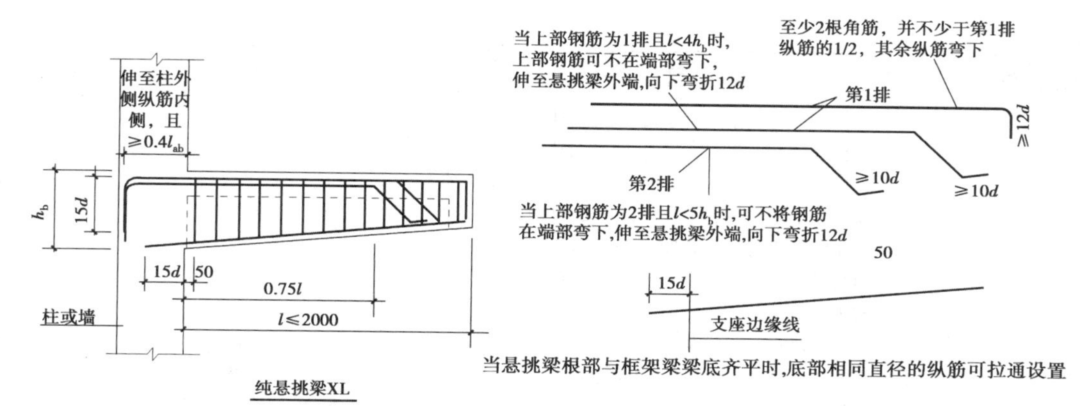

图5.18 纯悬挑梁构造

（2）延伸悬挑梁钢筋计算（见表5.10）

表5.10 延伸梁悬挑梁钢筋计算表

钢筋部位及其名称	计算公式	说明	附图
延伸悬挑梁	①上部第1排钢筋长度 = l - 保护层厚度 C + 12d + 后部梁内长度，按16G101—1第92页①节点（后部梁顶标高与延伸悬挑梁顶标高未改变情况）计算； ②上部第1排钢筋长度 = l - 保护层厚度 C + 12d + max(l_a, 0.5h_c + 5d)（后部梁内直锚的直锚长度），按16G101—1第92页②、⑥节点（延伸悬挑梁顶标高低于后部梁顶标高情况）计算； ③上部第1排钢筋长度 = l - 保护层厚度 C + 12d + 后部支座内锚固长度（后部支座内锚固长度 = 支座宽度 h_c - 保护层厚度 C + 15d），按16G101—1第92页④节点（延伸悬挑梁顶标高高于后部梁顶标高且直段长度 < l_a 且 ≥ 0.4l_{ab} 情况）计算； ④上部第1排钢筋长度 = l - 保护层厚度 C + 12d + 后部支座内锚固长度[后部支座内锚固长度 = 支座宽度 h_c - 保护层厚度 C + max(l_a, 梁高 - 保护层厚度 C)]，按16G101—1第92页⑦节点（延伸悬挑梁顶标高高于后部梁顶标高且直段长度 < l_a 并 ≥ 0.6l_{ab}、Δ_h ≤ h_b/3时情况）计算 当 l ≥ 4h_b 时，第1排至少2根角筋，并不少于第1排纵筋的1/2，不需弯下，其余纵筋需要设置为弯起钢筋（45°）： ①长度 = l - 保护层厚度 C + 0.414 ×（梁高 - 2 × 保护层厚度 C）+ 后部梁内长度，按16G101—1第92页①节点（后部梁顶标高与延伸悬挑梁顶标高未改变情况）计算； ②长度 = l - 保护层厚度 C + 0.414 ×（梁高 - 2 × 保护层厚度 C）+ max(l_a, 0.5h_c + 5d)（后部梁内可直锚的直锚长度），按16G101—1第92页②、⑥节点（延伸悬挑梁顶标高低于后部梁顶标高情况）计算； ③长度 = l - 保护层厚度 C + 0.414 ×（梁高 - 2 × 保护层厚度 C）+ 后部支座内锚固长度（后部支座内锚固长度 = 支座宽度 h_c - 保护层厚度 C + 15d），按16G101—1第92页④节点（延伸悬挑梁顶标高高于后部梁顶标高且直段长度 < l_a 并 ≥ 0.4l_{ab} 情况）计算；	①详见16G101—1第92页、18G901—1第65页。 ②当上部钢筋为1排且 l < 4h_b 时，上部钢筋可不在端部弯下，伸至悬挑梁外端，向下弯折12d；当上部钢筋为2排且 l < 5h_b 时，上部钢筋可不在端部弯下，伸至悬挑梁外端，向下弯折12d。 ③当 l ≥ 4h_b 时，上部第1排钢筋通常为角筋，不需按图示弯起，且根数不少于第1排纵筋的1/2，其余纵筋弯下，并伸至悬挑梁尽端，尽端平直段长度 ≥ 10d。 ④当延伸悬挑梁顶标高与后部梁顶标高差值 Δ_h/(h_c - 50) ≤ 1/6时，上部纵筋连续布置，见图5.19③、⑤节点。 ⑤当悬挑梁根部与框架梁梁底齐平时，底部相同钢筋可拉通设置。 ⑥l 为悬挑梁净挑出长度	图5.19

续表

钢筋部位及其名称	计算公式	说　明	附　图
	④长度 = l - 保护层厚度 C + 0.414 ×（梁高 - 2 × 保护层厚度 C）+ 后部支座内锚固长度［后部支座内锚固长度 = 支座宽度 h_c - 保护层厚度 C + max（l_a，梁高 - 保护层厚度 C）］，按 16G101—1 第 92 页⑦节点（延伸悬挑梁顶标高高于后部梁顶标高且直段长度 $< l_a$ 并 $\geqslant 0.6l_{ab}$、$\Delta_h \leqslant h_b/3$ 时情况）计算		
延伸悬挑梁	①上部第 2 排钢筋长度 = $0.75l + 1.414$ ×（梁高 - 2 × 保护层厚度 C）+ $10d$ + 锚入根部梁内长度； ②上部第 2 排钢筋长度 = $0.75l + 1.414$ ×（梁高 - 2 × 保护层厚度 C）+ $10d$ + max（l_a，$0.5h_c + 5d$）	公式①适用于按 16G101—1 第 92 页①节点的方式；公式②适用于按 16G101—1 第 92 页②、⑥节点的方式，其中 max（l_a，$0.5h_c + 5d$）为锚入根部梁内的直锚长度	图 5.19
	上部第 3 排钢筋，其伸出长度由设计者注明		
	下部纵筋长度 = l - 保护层厚度 $C + 15d$	当悬挑梁下部根部与尽端为变截面高度悬挑梁时，下部纵筋长度 =（l - 保护层厚度 C）× $k + 15d$，k 为变截面悬挑梁斜度系数，即 $k = 1 +$（悬挑梁根部高 - 悬挑梁尽端高）$^2/l^2$	
	箍筋个数和长度计算同楼层框架梁	悬挑梁纵筋弯折构造、箍筋间距和端部附加箍筋构造由设计确定	

注：当悬挑梁考虑竖向地震作用时（由设计者明确），图 5.19 中或表 5.10 中悬挑梁钢筋锚固长度 l_a、l_{ab} 应改为 l_{aE}、l_{abE}，悬挑端下部钢筋伸入支座长度也应采用 l_{aE}。

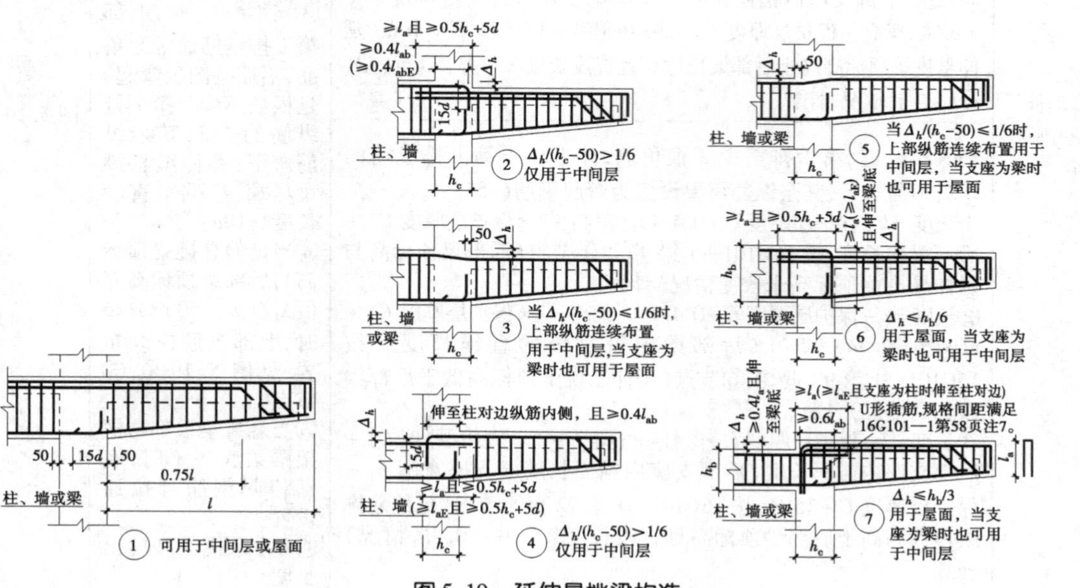

图 5.19　延伸悬挑梁构造

5)井字梁 JZL 钢筋计算(见表 5.11)

表 5.11 井字梁 JZL 钢筋计算表

钢筋部位及其名称	计算公式	说 明	附 图
上部纵筋	通长筋长度 = 各跨净跨长 l_{ni} 之和 + 中间支座宽度(主梁) + (左端支座宽度 - 保护层厚度 C) + (右端支座宽度 - 保护层厚度 C) + $15d \times 2$	①详见 16G101—1 第 98 页。 ②纵筋在端支座应伸至主梁外侧纵筋内侧后弯折,当直段长度不小于 l_a 时可不弯折。 ③如果存在搭接情况,还需要把搭接长度加进去(搭接长度×搭接个数)。 ④井字梁在柱子的纵筋锚固及箍筋加密要求同框架梁。 ⑤设计无具体说明时,井字梁上下部纵筋均短跨在下,长跨在上;短跨梁箍筋在相交范围内通长设置;相交处两侧各附加 3 道箍筋,间距 50 mm,箍筋直径及肢数同梁内箍筋。 ⑥当梁中纵筋采用光面钢筋时,图 5.20 中和本表中 $12d$ 应改为 $15d$	图 5.20
	支座负筋长度由设计者注明		
	架立筋长度 = 本跨净跨长 l_{ni} - 左端支座负筋长度 - 右端支座负筋长度 + 150 × 2		
下部纵筋	长度 = 本跨净跨长 l_{ni} + $12d \times 2$		
箍筋	长度计算同楼层框架梁箍筋,个数 = (本跨净跨长 l_{ni} - 50 × 2)/间距 + 1(附加箍筋个数)(井字梁相交的短跨井字梁)		

注:梁侧面构造钢筋要求见 16G101—1 第 90 页。

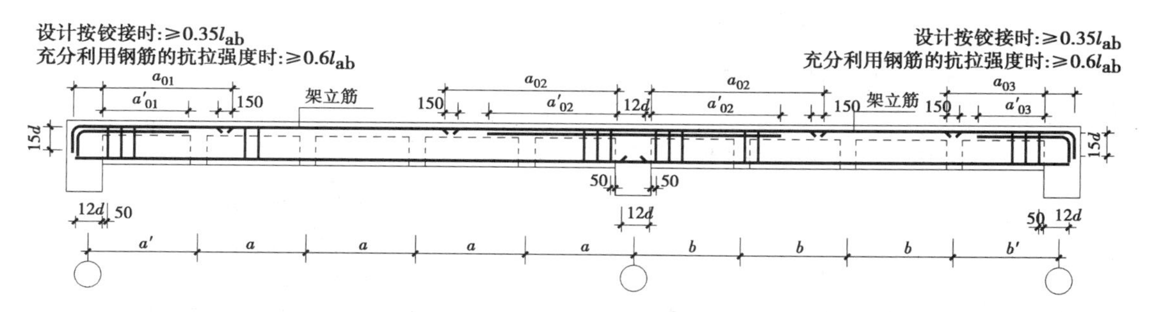

注:图中"设计按铰接时"用于代号为 TZL 的井字梁,"充分利用钢筋抗拉强度时"用于代号为 TZLg 的井字梁。

图 5.20 井字梁配筋构造

6)框支梁 KZL 钢筋计算(见表 5.12)

表 5.12 框支梁 KZL 钢筋计算表

<table>
<tr><th>钢筋部位及其名称</th><th>计算公式</th><th>说 明</th><th>附 图</th></tr>
<tr><td rowspan="3">上部纵筋</td><td>上部第 1 排通长筋长度 = 各跨净跨长 l_{ni}之和 + 中间支座宽度 + 左端锚固长度 + 右端锚固长度
左(右)端锚固长度 = 转换柱 ZHZ 截面宽度 h_c − 保护层厚度 C + 框支梁 KZL 截面高 h_b − 保护层厚度 $C + l_{aE}$</td><td rowspan="5">①详见 16G101—1 第 96 页。
②框支梁 KZL 上下部纵筋在端支座锚入转换柱 ZHZ 内的平直段长度≥$0.4l_{abE}$。
③h_b 为梁截面的宽度;h_c 为转换柱 ZHZ 截面沿转换框架梁方向的高度。
④对托柱转换梁的托柱部位或上部的墙体开洞部位,梁的箍筋应加密,加密区范围可取梁上托柱边或墙边两侧各 1.5 倍转换梁高度,具体做法见 16G101—1 第 97 页</td><td rowspan="5">图 5.21</td></tr>
<tr><td>第 2 排端支座负筋长度 = 本跨净跨长 $l_{ni}/3$ + 锚固长度
锚固长度 = max(l_{aE},转换柱 ZHZ 截面宽度 h_c − 保护层厚度 $C + 15d$)</td></tr>
<tr><td>第 2 排中间支座负筋长度 = 相邻左右跨最大跨净跨长 $l_n/3 \times 2$ + 中间转换柱 ZHZ 截面宽度 h_c</td></tr>
<tr><td>下部纵筋</td><td>下部纵筋长度 = 各跨净跨长 l_{ni}之和 + 中间支座宽度 + 左端锚固长度 + 右端锚固长度
左(右)端锚固长度 = max(l_{aE},转换柱 ZHZ 截面宽度 h_c − 保护层厚度 $C + 15d$)</td></tr>
<tr><td>梁侧面纵筋</td><td>梁侧面纵筋长度 = 各跨净跨长 l_{ni}之和 + 中间支座宽度 + 左端锚固长度 + 右端锚固长度
①满足直锚时:
左(右)端锚固长度 = max(l_{aE}, $0.5h_c + 15d$)
②不满足直锚时:
左(右)端锚固长度 = 转换柱 ZHZ 截面宽度 h_c − 保护层 $C + 15d$(横向弯折 $15d$)</td></tr>
<tr><td>箍筋</td><td>箍筋长度计算同楼层框架梁箍筋。
个数 = {[max(本跨净跨长 $l_{ni} \times 0.2$, $1.5h_b$) − 50]/加密区间距 + 1} × 2 + (非加密区长度/非加密区间距 − 1)</td><td></td><td></td></tr>
<tr><td>拉筋</td><td>拉筋长度计算同楼层框架梁拉筋。
梁侧面一排个数 = (本跨净跨长 l_{ni} − 50 × 2)/(非加密区间距 × 2) + 1</td><td>拉筋直径不宜小于箍筋直径两个规格,水平间距为非加密区箍筋间距的 2 倍,竖向沿梁高间距≤200mm,上下相邻两排拉筋错开设置</td><td></td></tr>
</table>

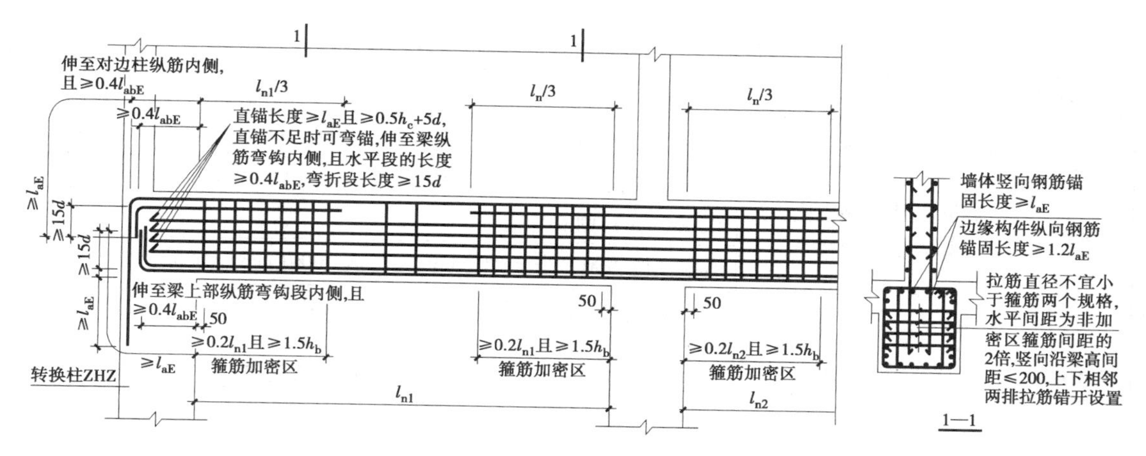

图 5.21 框支梁 KZL 配筋构造

（也可用于托柱转换梁 TZL）

5.2 梁钢筋计算实例

1）楼层框架梁 KL 钢筋计算

（1）楼层框架梁 KL1（3）钢筋计算

①已知条件见表 5.13。

表 5.13 KL1（3）计算已知条件

混凝土强度等级	支座/梁保护层厚度 C	抗震等级	l_{aE}（d≤25）	l_{abE}（d≤25）	连接方式	钢筋定尺长度
C30	20 mm/20 mm	二级抗震	HPB300：35d；HRB400：40d	HPB300：35d；HRB400：40d	剥肋滚轧直螺纹套筒连接	9 000 mm

②计算 KL1（3）钢筋工程量。

a. KL1（3）钢筋平法图如图 5.22 所示。

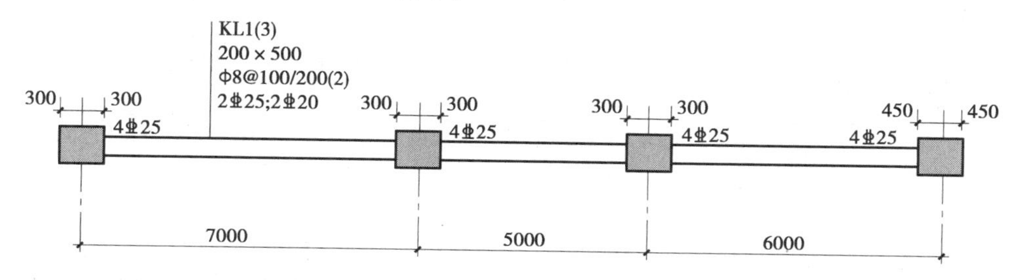

图 5.22 KL1 平法施工图

b. KL1（3）计算过程（计算单根钢筋长度）见表 5.14 至表 5.17。

表5.14　上部通长筋(2 ⌀25)计算表

步　骤	内　容	计算过程
第1步	查表得 l_{aE}(二级抗震)	查表5.13可得:$l_{aE}=40d=40\times25=1\,000$(mm)(或查表3.7可得)
第2步	判断纵筋在端支座是直锚或弯锚	左端支座:支座宽度 - 保护层厚度 $C=600-20=580$(mm) $<l_{aE}=1\,000$(mm),则需弯锚
		右端支座:$900-20=880$(mm) $<l_{aE}=1\,000$(mm),则需弯锚
第3步	计算锚固长度	左端支座锚固长度 = 支座宽度 - 保护层厚度 $C+15d=580+15\times25=955$(mm)
		右端支座锚固长度 = 支座宽度 - 保护层厚度 $C+15d=880+15\times25=1\,255$(mm)
第4步	计算上部通长筋单根长度	单根长度 = 各跨净跨长 + 中间支座宽度 + 左、右端支座锚固长度 = $7\,000+5\,000+6\,000-300-450+955+1\,255=19\,460$(mm) = 19.46(m)(机械连接,无搭接长度)
第5步	计算机械接头个数	$(19\,460/9\,000-1)\times2\approx4$(个)
第6步	计算上部通长筋总质量	总质量 = $0.006\,17\times d^2\times$ 总长 = $0.006\,17\times25\times25\times19.46\times2\approx150.09$(kg)

表5.15　上部支座负筋(2 ⌀25)计算表

步　骤	内　容	计算过程
第1步	查表得 l_{aE}(二级抗震)	查表5.13可得:$l_{aE}=40d=40\times25=1\,000$(mm)(或查表3.7可得)
第2步	判断直锚或弯锚	左端支座:支座宽度 - 保护层厚度 $C=600-20=580$(mm) $<l_{aE}=1\,000$(mm),则需弯锚
		右端支座:$900-20=880$(mm) $<l_{aE}=1\,000$(mm),则需弯锚
第3步	计算锚固长度	左端支座锚固长度 = 支座宽度 - 保护层厚度 $C+15d=580+15\times25=955$(mm)
		右端支座锚固长度 = 支座宽度 - 保护层厚度 $C+15d=880+15\times25=1\,255$(mm)
第4步	左端支座负筋长度(2 ⌀25)	左端支座负筋长度 = 第1跨净跨长/3 + 左端支座锚固长度 = $(7\,000-300-300)/3+955\approx3\,088$(mm)
第5步	右端支座负筋长度(2 ⌀25)	右端支座负筋长度 = 第3跨净跨长/3 + 右端支座锚固长度 = $(6\,000-300-450)/3+1\,255=3\,005$(mm)
第6步	中间支座负筋长度(2 ⌀25)	第1~2跨支座负筋长度 = 相邻的大跨净跨长/3×2 + 支座宽度 = $(7\,000-300-300)/3\times2+600\approx4\,867$(mm)
		第2~3跨支座负筋长度 = 相邻的大跨净跨长/3×2 + 支座宽度 = $(6\,000-300-450)/3\times2+600=4\,100$(mm)
第7步	计算支座负筋总质量	总长 = $(3\,088+3\,005+4\,867+4\,100)\times2=30\,120$(mm) = 30.12(m) 总质量 = $0.006\,17\times d^2\times$ 总长 = $0.006\,17\times25\times25\times30.12\approx116.15$(kg)

注:接头个数无。

表 5.16 下部通长筋(2 ⌀20)计算表

步 骤	内 容	计算过程
第 1 步	查表得 l_{aE}	查表 5.13 可得:$l_{aE}=40d=40\times20=800$(mm)(或查表 3.7 可得)
第 2 步	判断直锚或弯锚	左端支座:支座宽度 - 保护层厚度 $C=600-20=580$(mm) $<l_{aE}=800$(mm),则需弯锚
		右端支座:$900-20=880$(mm) $>l_{aE}=800$(mm),则需直锚
第 3 步	计算锚固长度	左端支座弯锚长度 = 支座宽度 - 保护层厚度 $C+15d=580+15\times20=580+300=880$(mm)
		右端支座直锚长度 $=\max(l_{aE},0.5h_c+5d)=\max(800,0.5\times900+5\times20)=\max(800,550)=800$(mm)
第 4 步	计算下部通长筋单根长度	单根长度 = 各跨净跨长 + 中间支座宽度 + 左、右端支座锚固长度 = 7 000 + 5 000 + 6 000 - 300 - 450 + 880 + 800 = 18 930(mm) = 18.93(m)(机械连接,无搭接长度)
第 5 步	计算接头个数	(18 930/9 000 - 1) × 2 ≈ 4(个)
第 6 步	计算下部通长筋总质量	总质量 = 0.006 17 × d^2 × 总长 = 0.006 17 × 20 × 20 × 18.93 × 2 ≈ 93.44(kg)

表 5.17 箍筋[ф8@100/200(2)]计算表

步 骤	内 容	计算过程
第 1 步	查表计算箍筋加密区长度	查图 5.10(或 16G101—1 第 88 页)可得:加密区长度 $=\max(1.5h_b,500)=\max(1.5\times500,500)=750$(mm)
第 2 步	计算各跨加密区箍筋个数	第 1 跨:[(加密区长度 - 50)/100 + 1] × 2 = [(750 - 50)/100 + 1] × 2 = 16(个)
		第 2 跨:[(加密区长度 - 50)/100 + 1] × 2 = [(750 - 50)/100 + 1] × 2 = 16(个)
		第 3 跨:[(加密区长度 - 50)/100 + 1] × 2 = [(750 - 50)/100 + 1] × 2 = 16(个)
第 3 步	计算各跨非加密区箍筋个数	第 1 跨:(净跨长 - 加密区长度 × 2)/200 - 1 = (7 000 - 300 - 300 - 750 × 2)/200 - 1 ≈ 24(个) 第 2 跨:(净跨长 - 加密区长度 × 2)/200 - 1 = (5 000 - 300 - 300 - 750 × 2)/200 - 1 ≈ 14(个) 第 3 跨:(净跨长 - 加密区长度 × 2)/200 - 1 = (6 000 - 300 - 450 - 750 × 2)/200 - 1 ≈ 18(个)
第 4 步	计算箍筋总个数	总个数:16 × 3 + 24 + 14 + 18 = 104(个)
第 5 步	计算单个箍筋长度	单个箍筋长度 = (梁宽 + 梁高) × 2 - 保护层厚度 $C\times8-4d+2\times\max(11.9d,1.9d+75)=(200+500)\times2-20\times8-4\times8+2\times\max(11.9\times8,1.9\times8+75)\approx1\ 398$(mm)

续表

步　骤	内　容	计算过程
第 6 步	计算箍筋总质量	总长 = 1 398 × 104 = 145 392(mm) ≈ 145.39(m) 总质量 = 0.006 17 × d^2 × 总长 = 0.006 17 × 8 × 8 × 145.39 ≈ 57.41(kg)

注：箍筋长度按中心线尺寸计算，计算中个数取整。

(2)楼层框架梁 KL2(3)钢筋计算

①已知条件见表 5.18。

表 5.18　KL2(3)计算已知条件

混凝土强度等级	支座/梁保护层厚度 C	抗震等级	l_{aE}(d≤25)	l_{abE}(d≤25)	连接方式	钢筋定尺长度
C30	20 mm/20 mm	二级抗震	HPB300:35d; HRB400:40d	HPB300:35d; HRB400:40d	剥肋滚轧直螺纹套筒连接	9 000 mm

②计算 KL2(3)钢筋工程量。

a. KL2(3)平法施工图如图 5.23 所示。

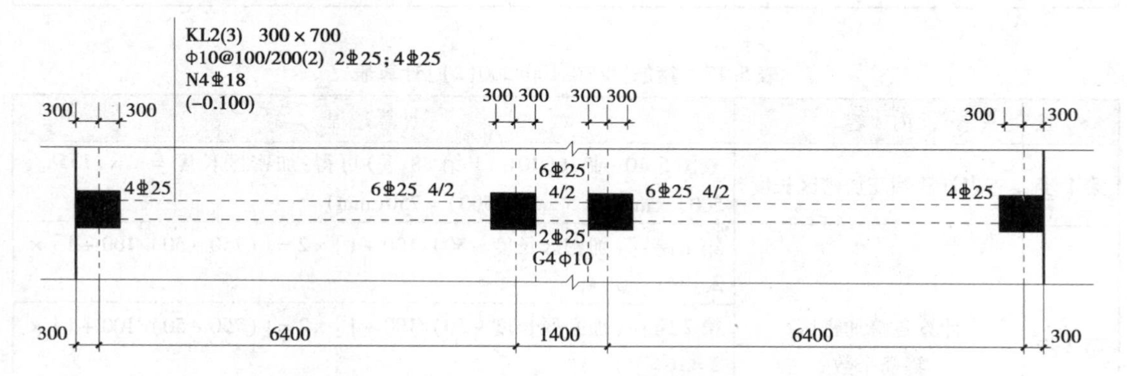

图 5.23　KL2(3)平法施工图

b. KL2(3)计算过程(计算单根钢筋长度)见表 5.19 至表 5.24。

表 5.19　上部通长筋(2 ⌀ 25)计算表

步　骤	内　容	计算过程
第 1 步	查表得 l_{aE}(二级抗震)	查表 5.18 可得:l_{aE} = 40d = 40 × 25 = 1 000(mm)(或查表 3.7 可得)
第 2 步	判断直锚或弯锚	左端支座:600 − 20 = 580(mm) < l_{aE} = 1 000(mm),则需弯锚
		右端支座:600 − 20 = 580(mm) < l_{aE} = 1 000(mm),则需弯锚
第 3 步	计算锚固长度	左(右)端支座锚固长度 = 支座宽度 − 保护层厚度 C + 15d = 600 − 20 + 15 × 25 = 955(mm)
第 4 步	计算上部通长筋单根长度	单根长度 = 各跨净跨长 + 中间支座宽度 + 左、右端支座锚固长度 = 6 400 + 1 400 + 6 400 − 300 − 300 + 955 + 955 = 15 510(mm) = 15.51(m)

续表

步　骤	内　容	计算过程
第5步	计算接头个数	$(15\ 510/9\ 000-1)\times 2\approx 2$(个)
第6步	计算总质量	总质量 $=0.006\ 17\times d^2\times$ 总长 $=0.006\ 17\times 25\times 25\times 15.51\times 2\approx 119.62$(kg)

表5.20　上部支座负筋(2⏀25)计算表

步　骤	内　容	计算过程
第1步	查表得 l_{aE}(二级抗震)	查表5.18可得:$l_{aE}=40d=40\times 25=1\ 000$(mm)(或查表3.7可得)
第2步	判断直锚或弯锚	左端支座:$600-20=580$(mm) $<l_{aE}=1\ 000$(mm),则需弯锚
		右端支座:$600-20=580$(mm) $<l_{aE}=1\ 000$(mm),则需弯锚
第3步	计算锚固长度	左(右)端支座锚固长度 = 支座宽度 − 保护层厚度 $C+15d=600-20+15\times 25=955$(mm)
第4步	左端支座负筋长度(2⏀25)	左端支座负筋长度 = 第1跨净跨长/3 + 左端支座锚固长度 $=(6\ 400-300-300)/3+955\approx 2\ 888$(mm)
第5步	右端支座负筋长度(2⏀25)	右端支座负筋长度 = 第3跨净跨长/3 + 右端支座锚固长度 $=(6\ 400-300-300)/3+955\approx 2\ 888$(mm)
第6步	中间支座负筋长度(2⏀25)(注:第2跨的支座负筋贯通设置)	中间支座第1排负筋长度 = 第1跨净跨长/3 + 第3跨净跨长/3 + 支座宽度×2 + 第2跨净跨长 $=(6\ 400-300-300)/3+(6\ 400-300-300)/3+300\times 2+1\ 400\approx 5\ 867$(mm)
		中间支座第2排负筋长度 = 第1跨净跨长/4 + 第3跨净跨长/4 + 支座宽度×2 + 第2跨净跨长 $=(6\ 400-300-300)/4+(6\ 400-300-300)/4+300\times 2+1\ 400=4\ 900$(mm)
第7步	计算总质量	总长 $=2\ 888\times 2\times 2+5\ 867\times 2+4\ 900\times 2=33\ 086$(mm) ≈ 33.09(m) 总质量 $=0.006\ 17\times d^2\times$ 总长 $=0.006\ 17\times 25\times 25\times 33.09\approx 127.60$(kg)

表5.21　下部纵筋(2⏀25)计算表

步　骤	内　容	计算过程
第1步	查表得 l_{aE}(二级抗震)	查表5.18可得:$l_{aE}=40d=40\times 25=1\ 000$(mm)(或查表3.7可得)
第2步	判断直锚或弯锚	左端支座:$600-20=580$(mm) $<l_{aE}=1\ 000$(mm),则需弯锚
		右端支座:$600-20=580$(mm) $<l_{aE}=1\ 000$(mm),则需弯锚
第3步	计算锚固长度	左(右)端支座弯锚长度 = 支座宽度 − 保护层厚度 $C+15d=600-20+15\times 25=955$(mm)
		中间支座直锚长度 $=\max(l_{aE},0.5h_c+5d)=\max(1\ 000,0.5\times 600+5\times 25)=\max(1\ 000,425)=1\ 000$(mm)(能通则通,不能通则锚固)

续表

步　骤	内　容	计算过程
第 4 步	计算下部通长筋单根长度(2 ⌀25)	单根长度 = 各跨净跨长 + 中间支座宽度 + 左、右端支座锚固长度 = 6 400 + 1 400 + 6 400 − 300 − 300 + 955 + 955 = 15 510(mm)
		计算接头个数:(15 510/9 000 − 1) × 2 ≈ 2(个)
第 5 步	计算下部非通长筋单根长度(2 ⌀25)	第 1 跨:第 1 跨净跨长 + 左端支座锚固长度 + 中间支座锚固长度 = 6 400 − 300 − 300 + 955 + 1 000 = 7 755(mm)
		第 3 跨:第 3 跨净跨长 + 中间支座锚固长度 + 右端支座锚固长度 = 6 400 − 300 − 300 + 1 000 + 955 = 7 755(mm)
第 6 步	计算总质量	总长 = 15 510 × 2 + 7 755 × 2 × 2 = 62 040(mm) = 62.04(m) 总质量 = 0.006 17 × d^2 × 总长 = 0.006 17 × 25 × 25 × 62.04 ≈ 239.24(kg)

表 5.22　箍筋[ϕ10@100/200(2)]计算表

步　骤	内　容	计算过程
第 1 步	查表计算箍筋加密区长度	查图 5.10(或 16G101—1 第 88 页)可得:加密区长度 = max(1.5h_b, 500) = max(1.5 × 700, 500) = 1 050(mm)
第 2 步	计算各跨加密区箍筋个数	第 1 跨:[(加密区长度 − 50)/100 + 1] × 2 = [(1 050 − 50)/100 + 1] × 2 = 22(个)
		第 2 跨:(净跨长 − 50 × 2)/100 + 1 = (1 400 − 300 − 300 − 50 × 2)/100 + 1 = 8(个)
		第 3 跨:[(加密区长度 − 50)/100 + 1] × 2 = [(1 050 − 50)/100 + 1] × 2 = 22(个)
第 3 步	计算各跨非加密区箍筋个数	第 1 跨:(净跨长 − 加密区长度 × 2)/200 − 1 = (6 400 − 300 − 300 − 1 050 × 2)/200 − 1 ≈ 18(个) 第 3 跨:(净跨长 − 加密区长度 × 2)/200 − 1 = (6 400 − 300 − 300 − 1 050 × 2)/200 − 1 ≈ 18(个)
第 4 步	计算箍筋总个数	22 × 2 + 8 + 18 × 2 = 88(个)
第 5 步	计算单个箍筋长度	单个箍筋长度 = (梁宽 + 梁高) × 2 − 保护层厚度 C × 8 − 4d + 2 × max(11.9d, 1.9d + 75) = (300 + 700) × 2 − 20 × 8 − 4 × 10 + 2 × max(11.9 × 10, 1.9 × 10 + 75) = 2 038(mm)
第 6 步	计算箍筋总质量	总长 = 2 038 × 88 = 179 344(mm) ≈ 179.34(m) 总质量 = 0.006 17 × d^2 × 总长 = 0.006 17 × 10 × 10 × 179.34 ≈ 110.65(kg)

注:箍筋长度按中心线尺寸计算,计算中个数取整。

表5.23 梁侧部第1和第3跨受扭钢筋(N4 ⌀18)和第2跨构造钢筋(G4 Φ10)计算表

步 骤	内 容	计算过程
计算第1和第3跨受扭钢筋N4 ⌀18		
第1步	查表得 l_{aE}(二级抗震)	查表5.18可得:$l_{aE}=40d=40\times18=720$(mm)(或查表3.7可得)
第2步	判断直锚或弯锚	左端支座:600 − 20 = 580(mm) < l_{aE} = 720(mm),则需弯锚
		右端支座:600 − 20 = 580(mm) < l_{aE} = 720(mm),则需弯锚
第3步	计算锚固长度	左(右)端支座弯锚长度 = 支座宽度 − 保护层厚度 $C+15d$ = 600 − 20 + 15 × 18 = 850(mm)
		中间支座直锚长度 = max(l_{aE},$0.5h_c+5d$) = max(720,0.5×600+5×18) = max(390,720) = 720(mm)(能通则通,不能通则锚固)
第4步	计算单根长度(4 ⌀18)	单根长度 = 本跨净跨长 + 左、右端支座锚固长度 = 6 400 − 300 − 300 + 850 + 720 = 7 370(mm)
第5步	计算总质量	总长 = 7 370 × 4 × 2 = 58 960(mm) = 58.96(m) 总质量 = 0.006 17 × d^2 × 总长 = 0.006 17 × 18 × 18 × 58.96 ≈ 117.87(kg)
计算第2跨构造钢筋(G4 Φ10)		
第1步	查图集	查16G101—1第90页可得:构造钢筋的搭接和锚固长度为 $15d$ = 15 × 10 = 150(mm)
第2步	计算构造钢筋单根长度(G4 Φ10)	单根长度 = 第2跨净跨长 + 左、右端支座锚固长度 + 弯钩长度(180°弯钩) × 2 = 1 400 − 300 − 300 + 150 + 150 + 6.25 × 10 × 2 = 1 225(mm)
第3步	计算总质量	总长 = 1 225 × 4 = 4 900(mm) = 4.90(m) 总质量 = 0:006 17 × d^2 × 总长 = 0.006 17 × 10 × 10 × 4.90 ≈ 3.02(kg)

表5.24 拉筋计算表

步 骤	内 容	计算过程
第1步	查图集	查16G101—1第90页可得:梁宽 ≤ 350 mm 时,拉筋直径为Φ6,间距为非加密区间距的2倍,当设有多排时,上下两排应竖向错开设置
第2步	计算各跨拉筋个数	第1跨:[(6 400 − 300 − 300 − 50 × 2)/400 + 1] × 2 ≈ 32(个)
		第2跨:[(1 400 − 300 − 300 − 50 × 2)/400 + 1] × 2 ≈ 6(个)
		第3跨:[(6 400 − 300 − 300 − 50 × 2)/400 + 1] × 2 ≈ 32(个)
第3步	计算拉筋总个数	32 + 32 + 6 = 70(个)
第4步	计算拉筋单根长度	单根长度 = 梁宽 − 2 × 保护层厚度 $C-d+2\times\max(11.9d,1.9d+75)$ = 300 − 2 × 20 − 6.5 + 2 × (1.9 × 6.5 + 75) ≈ 428(mm)
第5步	计算总质量	总长 = 428 × 70 = 29 960(mm) = 29.96(m) 总质量 = 0.006 17 × d^2 × 总长 = 0.006 17 × 6.5 × 6.5 × 29.96 ≈ 7.81(kg)

注:①Φ6钢筋:现阶段市场上只有Φ6.5直径的钢筋,因此计算时按Φ6.5进行计算;

②拉筋长度按中心线尺寸计算,计算中个数取整。

(3)楼层框架梁 KL3(2A)钢筋计算

①已知条件见表 5.25。

表 5.25　KL3(2A)计算已知条件

混凝土强度等级	支座/梁保护层厚度 C	抗震等级	l_{aE}(d≤25)	l_{abE}(d≤25)	连接方式	钢筋定尺长度
C30	20 mm/20 mm	二级抗震	HPB300:35d; HRB400:40d	HPB300:35d; HRB400:40d	剥肋滚轧直螺纹套筒连接	9 000 mm

②计算 KL3(2A)钢筋工程量。

a. KL3(2A)平法施工图如图 5.24 所示。

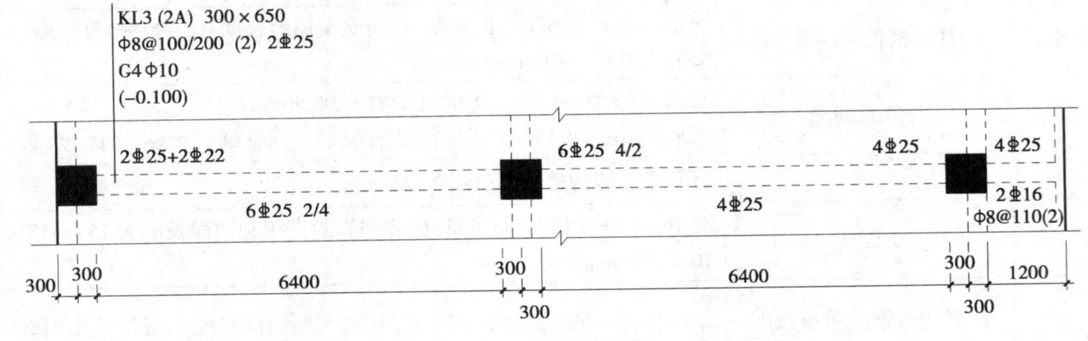

图 5.24　KL3(2A)平法施工图

b. KL3(2A)计算过程(计算单根钢筋长度)见表 5.26 至表 5.31。

表 5.26　上部筋(⌀25)计算表

步　骤	内　容	计算过程
		上部通长筋 2⌀25
第 1 步	查表得 l_{aE}(二级抗震)	查表 5.25 可得:$l_{aE}=40d=40\times25=1\,000$(mm)(或查表 3.7 可得)
第 2 步	判断直锚或弯锚	左端支座:600 − 20 = 580(mm) < l_{aE} = 1 000(mm),则需弯锚
	查 16G101—1 第 92 页(或图 5.19)	悬挑尽端弯折长度 = 12d = 12 × 25 = 300(mm)
第 3 步	计算锚固长度	左端支座锚固长度 = 支座宽度 − 保护层厚度 C + 15d = 600 − 20 + 15 × 25 = 955(mm)
第 4 步	计算上部通长筋单根长度	单根长度 = 各跨净跨长 + 中间支座宽度 + 左端支座锚固长度 + 悬挑端弯折长度 = 6 400 + 6 400 + 1 200 − 20 + 600 + 600 + 955 + 300 = 16 435(mm)
第 5 步	计算接头个数	(16 435/9 000 − 1) × 2 ≈ 2(个)
		悬挑端顶面中部筋 2⌀25
第 6 步	悬挑端顶面中部筋单根长度	悬挑端净长 l = 1 200(mm) < 4h_b = 4 × 650 = 2 600(mm),可不向下弯折。单根长度 = 第 2 跨净跨长/3 + 支座宽度 + 悬挑端净长 − 保护层厚度 C + 悬挑端弯折长度 = 6 400/3 + 600 + 1 200 − 20 + 300 ≈ 4 213(mm)

续表

步骤	内容	计算过程
第7步	计算总质量	总长=16 435×2+4 213×2=41 296(mm)≈41.30(m) 总质量=0.006 17×d^2×总长=0.006 17×25×25×41.30≈159.26(kg)

表5.27 上部支座负筋计算表

步骤	内容	计算过程
第1步	查表得l_{aE}(二级抗震)	查表5.25可得:$l_{aE}=40d=40\times22=880$(mm)(或查表3.7可得)
第2步	判断直锚或弯锚	左端支座:600－20=580(mm)＜l_{aE}=880(mm),则需弯锚
第3步	计算锚固长度	左端支座锚固长度=支座宽度－保护层厚度$C+15d$=600－20+15×22=910(mm)
第4步	左端支座负筋长度(2⌀22)	左端支座负筋长度=第1跨净跨长/3+左端支座锚固长度=6 400/3+910≈3 043(mm)
第5步	中间支座负筋长度(第1排及第2排分别为2⌀25)	中间支座第1排负筋长度=max(第1跨净跨长,第2跨净跨长)/3×2+支座宽度=6 400/3×2+600≈4 867(mm)
		中间支座第2排负筋长度=max(第1跨净跨长,第2跨净跨长)/4×2+支座宽度=6 400/4×2+600=3 800(mm)
第6步	计算总质量	⌀22:总长=3 043×2=6 086(mm)≈6.09(m) 总质量=0.006 17×d^2×总长=0.006 17×22×22×6.09≈18.19(kg) ⌀25:总长=4 867×2+3 800×2=17 334(mm)≈17.33(m) 总质量=0.006 17×d^2×总长=0.006 17×25×25×17.33≈66.83(kg)

表5.28 下部筋计算表

步骤	内容	计算过程
下部第1排钢筋(4⌀25)		
第1步	查表得l_{aE}(二级抗震)	查表5.25可得:$l_{aE}=40d=40\times25=1\,000$(mm)(或查表3.7可得)
第2步	判断直锚或弯锚	左端支座:600－20=580(mm)＜l_{aE}=1 000(mm),则需弯锚
		悬挑根部端中间支座:600－20=580(mm)＜l_{aE}=1 000(mm),则需弯锚(也可直锚)
第3步	计算锚固长度	左(右)端支座弯锚长度=支座宽度－保护层厚度$C+15d$=580+15×25=955(mm)
		中间支座直锚长度=max(l_{aE},0.5h_c+5d)=max(1 000,0.5×600+5×25)=max(1 000,425)=1 000(mm)(能通则通,不能通则锚固)
第4步	计算下部第1排钢筋单根长度(4⌀25)	单根长度=各跨净跨长+左、右端支座锚固长度+中间支座宽度=6 400+6 400+955+955+600=15 310(mm)
		计算接头个数:(15 310/9 000－1)×4≈4(个)

续表

步　骤	内　容	计算过程
		下部第 2 排钢筋(2 Φ25)
第 5 步	计算第 1 跨下部第 2 排筋单根长度	单根长度 = 第 1 跨净跨长 + 左端支座锚固长度 + 中间支座直锚长度 = 6 400 + 955 + 1 000 = 8 355(mm)
		悬挑端下部筋(2 Φ16)
第 6 步	查 16G101—1 第 92 页(或图 5.19)	悬挑端下部钢筋伸入支座内长度 15d,即 15 × 16 = 240(mm)(或图 5.19)
	悬挑端下部筋单根长度(2 Φ16)	单根长度 = 悬挑端净长 + 伸入支座长度 − 保护层厚度 C = 1 200 + 240 − 20 = 1 420(mm)
第 7 步	计算总质量	Φ25:总长 = 15 310 × 4 + 8 355 × 2 = 77 950(mm) = 77.95(m) 总质量 = 0.006 17 × d^2 × 总长 = 0.006 17 × 25 × 25 × 77.95 ≈ 300.59(kg) Φ16:总长 = 1 420 × 2 = 2 840(mm) = 2.84(m) 总质量 = 0.006 17 × d^2 × 总长 = 0.006 17 × 16 × 16 × 2.84 ≈ 4.49(kg)

表 5.29　箍筋[φ8@100/200(2)]计算表

步　骤	内　容	计算过程
第 1 步	计算箍筋加密区长度	查图5.10(或 16G101—1 第 88 页)可得:加密区长度 = max(1.5h_b, 500) = max(1.5 × 650, 500) = 975(mm)
第 2 步	计算各跨加密区箍筋个数	第 1 跨:[(加密区长度 − 50)/100 + 1] × 2 = [(975 − 50)/100 + 1] × 2 ≈ 22(个)
		第 2 跨:[(加密区长度 − 50)/100 + 1] × 2 = [(975 − 50)/100 + 1] × 2 ≈ 22(个)
		悬挑端:(悬挑端净长 − 50 × 2)/100 + 1 = (1 200 − 50 × 2)/100 + 1 = 12(个)
第 3 步	计算各跨非加密区箍筋个数	第 1 跨:(净跨长 − 加密区长度 × 2)/200 − 1 = (6 400 − 975 × 2)/200 − 1 ≈ 22(个) 第 3 跨:(净跨长 − 加密区长度 × 2)/200 − 1 = (6 400 − 975 × 2)/200 − 1 ≈ 22(个)
第 4 步	计算箍筋总个数	22 × 2 + 12 + 22 × 2 = 100(个)
第 5 步	计算单个箍筋长度	单个箍筋长度 = (梁宽 + 梁高) × 2 − 保护层厚度 C × 8 − 4d + 2 × max(11.9d, 1.9d + 75) = (300 + 650) × 2 − 20 × 8 − 4 × 8 + 2 × max(11.9 × 8, 1.9 × 8 + 75) ≈ 1 898(mm)
第 6 步	计算箍筋总质量	总长 = 1 898 × 100 = 189 800(mm) = 189.80(m) 总质量 = 0.006 17 × d^2 × 总长 = 0.006 17 × 8 × 8 × 189.80 ≈ 74.95(kg)

注:箍筋长度按中心线尺寸计算,计算中个数取整。

表5.30 梁侧部构造钢筋(G4 Φ10)计算表

步 骤	内 容	计算过程
计算第1和第2跨构造钢筋G4 Φ10		
第1步	查图集	查16G101—1第90页可得:构造钢筋的搭接和锚固长度为15d = 15 × 10 = 150(mm)
第2步	计算构造钢筋单根长度(G4 Φ10)	单根长度 = 第1跨净跨长 + 左、右端支座锚固长度 + 弯钩长度(180°) ×2 = 6 400 + 150 + 150 + 6.25 × 10 × 2 = 6 825(mm)(注:第2跨与第1跨计算相同)
计算悬挑端构造钢筋G4 Φ10		
第3步	计算悬挑端构造钢筋单根长度	单根长度 = 悬挑端净长 + 根部中间支座锚固长度 - 保护层厚度 C + 弯钩长度(180°) ×2 = 1 200 + 150 - 20 + 6.25 × 10 × 2 = 1 455(mm)
第4步	计算总质量	总长 = 6 825 × 4 × 2 + 1 455 × 4 = 60 420(mm) = 60.42(m) 总质量 = 0.006 17 × d^2 × 总长 = 0.006 17 × 10 × 10 × 60.42 ≈ 37.28(kg)

表5.31 拉筋计算表

步 骤	内 容	计算过程
第1步	查图集	查16G101—1第90页可得:梁宽≤350 mm时,拉筋直径为6 mm,间距为非加密区间距的2倍,当设有多排时,上下两排应竖向错开设置
第2步	计算各跨拉筋个数	第1跨:[(6 400 - 50 × 2)/400 + 1] × 2 ≈ 34(个)
		第2跨:[(6 400 - 50 × 2)/400 + 1] × 2 ≈ 34(个)
		悬挑端:[(1 200 - 50 × 2)/400 + 1] × 2 ≈ 8(个)
第3步	计算拉筋总个数	34 + 34 + 8 = 76(个)
第4步	计算拉筋单根长度	单根长度 = 梁宽 - 2 × 保护层厚度 C - d + 2 × max(11.9d, 1.9d + 75) = 350 - 2 × 20 - 6.5 + 2 × max(11.9 × 6.5, 1.9 × 6.5 + 75) ≈ 478(mm)
第5步	计算总质量	总长 = 478 × 76 = 36 328(mm) ≈ 36.33(m) 总质量 = 0.006 17 × d^2 × 总长 = 0.006 17 × 6.5 × 6.5 × 36.33 ≈ 9.47(kg)

注:①Φ6钢筋:现阶段市场上只有Φ6.5直径的钢筋,因此计算时按Φ6.5进行计算;
②拉筋长度按中心线尺寸计算,计算中个数取整。

(4)楼层框架梁KL4(2A)钢筋计算

①已知条件见表5.32。

表5.32 KL4(2A)计算已知条件

混凝土强度等级	支座/梁保护层厚度 C	抗震等级	$l_{aE} = l_a (d \leqslant 25)$	$l_{ab} (d \leqslant 25)$	连接方式	钢筋定尺长度
C30	20 mm/20 mm	四级抗震	HPB300:30d; HRB400:35d	HPB300:30d; HRB400:35d	剥肋滚轧直螺纹套筒连接	9 000 mm

②计算框架梁 KL4(2A)钢筋工程量。

a. KL4(2A)平法施工图如图 5.25 所示。

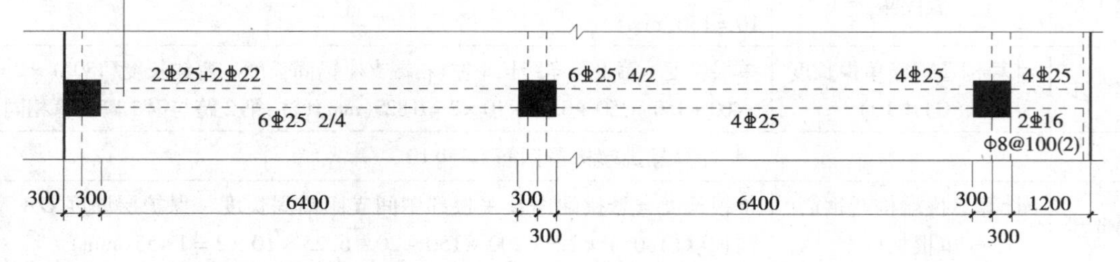

图 5.25 KL4(2A)平法施工图

b. KL4(2A)计算过程(计算单根钢筋长度)见表 5.33 至表 5.38。

表 5.33 上部筋(⌀25)计算表

步 骤	内 容	计算过程
上部通长筋 2⌀25		
第 1 步	查表得 l_{aE}	查表 5.32 可得:$l_{aE}=35d=35\times25=875$(mm)(四级抗震时 $l_{aE}=l_a$)
第 2 步	判断直锚或弯锚	左端支座:600 − 20 = 580(mm) < l_{aE} = 875(mm),则需弯锚
	查 16G101—1 第 92 页(或图 5.19)	悬挑尽端弯折长度 = 12d = 12 × 25 = 300(mm)
第 3 步	计算锚固长度	左端支座锚固长度 = 支座宽度 − 保护层厚度 C + 15d = 580 + 15 × 25 = 955(mm)
第 4 步	计算上部通长筋单根长度	单根长度 = 各跨净跨长 + 中间支座宽度 + 左端支座锚固长度 + 悬挑尽端弯折长度 = 6 400 + 6 400 + 1 200 − 20 + 600 + 600 + 955 + 300 = 16 435(mm)
第 5 步	计算接头个数	(16 435/9 000 − 1) × 2 ≈ 2(个)
悬挑端顶面中部筋 2⌀25		
第 6 步	悬挑端顶面中部筋单根长度	悬挑端净长 l = 1 200(mm) < $4h_b$ = 4 × 650 = 2 600(mm),可不向下弯折 单根长度 = 第 2 跨净跨长/3 + 支座宽度 + 悬挑端净长 − 保护层厚度 C + 悬挑尽端弯折长度 = 6 400/3 + 600 + 1 200 − 20 + 300 ≈ 4 213(mm)
第 7 步	计算总质量	总长 = 16 435 × 2 + 4 213 × 2 = 41 296(mm) ≈ 41.30(m) 总质量 = 0.006 17 × d^2 × 总长 = 0.006 17 × 25 × 25 × 41.30 ≈ 159.26(kg)

表 5.34 上部支座负筋计算表

步 骤	内 容	计算过程
第 1 步	查表得 l_{aE}	查表 5.32 可得:$l_{aE}=35d=35\times22=770$(mm)
第 2 步	判断直锚或弯锚	左端支座:$600-20=580$(mm) $<l_{aE}=770$(mm),则需弯锚
第 3 步	计算锚固长度	左端支座锚固长度 = 支座宽度 - 保护层厚度 $C+15d=580+15\times22=910$(mm)
第 4 步	左端支座负筋长度(2Φ22)	左端支座负筋长度 = 第 1 跨净跨长/3 + 左端支座锚固长度 = 6 400/3 + 910 ≈ 3 043(mm)
第 5 步	中间支座负筋长度(第 1 排和第 2 排分别为 2Φ25)	中间支座第 1 排负筋长度 = max(第 1 跨净跨长,第 2 跨净跨长)/3 × 2 + 支座宽度 = 6 400/3 × 2 + 600 ≈ 4 867(mm)
		中间支座第 2 排负筋长度 = max(第 1 跨净跨长,第 2 跨净跨长)/4 × 2 + 支座宽度 = 6 400/4 × 2 + 600 = 3 800(mm)
第 6 步	计算总质量	Φ22:总长 = 3 043 × 2 = 6 086(mm) ≈ 6.09(m) 总质量 = 0.006 17 × d^2 × 总长 = 0.006 17 × 22 × 22 × 6.09 ≈ 18.19(kg) Φ25:总长 = 4 867 × 2 + 3 800 × 2 = 17 334(mm) ≈ 17.33(m) 总质量 = 0.006 17 × d^2 × 总长 = 0.006 17 × 25 × 25 × 17.33 ≈ 66.83(kg)

表 5.35 下部筋计算表

步 骤	内 容	计算过程
下部第 1 排钢筋(4Φ25)		
第 1 步	查表得 l_{aE}	查表 5.32 可得:$l_{aE}=35d=35\times25=875$(mm)
第 2 步	判断直锚或弯锚	左端支座:$600-20=580$(mm) $<l_{aE}=875$(mm),则需弯锚
		悬挑根部端中间支座:$600-20=580$(mm) $<l_{aE}=875$(mm),则需弯锚(也可直锚)
第 3 步	计算锚固长度	左(右)端支座弯锚长度 = 支座宽度 - 保护层厚度 $C+15d=600-20+15\times25=955$(mm)
		中间支座直锚长度 = $\max(l_{aE}, 0.5h_c+5d)=\max(875, 0.5\times600+5\times25)=\max(875, 425)=875$(mm)
第 4 步	计算下部第 1 排钢筋单根长度(4Φ25)	单根长度 = 各跨净跨长 + 左、右端支座锚固长度 + 中间支座宽度 = 6 400 + 6 400 + 955 + 955 + 600 = 15 310(mm)(下部筋在中间支座直通)
		计算接头个数:(15 310/9 000 - 1) × 4 ≈ 4(个)
下部第 2 排钢筋(2Φ25)		
第 5 步	计算第 1 跨下部第 2 排钢筋单根长度	单根长度 = 第 1 跨净跨长 + 左端支座锚固长度 + 中间支座直锚长度 = 6 400 + 955 + 875 = 8 230(mm)
悬挑端下部筋(2Φ16)		
第 6 步	查 16G101—1 第 92 页(或图 5.19)	悬挑端下部钢筋伸入支座内长度 $15d$,即 15 × 16 = 240(mm)
	悬挑端下部筋单根长度(2Φ16)	单根长度 = 悬挑端净长 + 伸入支座长度 - 保护层厚度 C = 1 200 + 240 - 20 = 1 420(mm)

续表

步　骤	内　容	计算过程
第 7 步	计算总质量	⌀25：总长 = 15 310 × 4 + 8 230 × 2 = 77 700(mm) = 77.70(m) 总质量 = 0.006 17 × d^2 × 总长 = 0.006 17 × 25 × 25 × 77.70 = 299.63(kg) ⌀16：总长 = 1 420 × 2 = 2 840(mm) = 2.84(m) 总质量 = 0.006 17 × d^2 × 总长 = 0.006 17 × 16 × 16 × 2.84 ≈ 4.49(kg)

表 5.36　箍筋[ϕ8@200(2)]计算表

步　骤	内　容	计算过程
第 1 步	计算箍筋加密区长度	无箍筋加密区
第 2 步	计算各跨箍筋个数	第 1 跨：(净跨长 − 50 × 2)/200 + 1 = (6 400 − 50 × 2)/200 + 1 ≈ 33(个)
		第 2 跨：(净跨长 − 50 × 2)/200 + 1 = (6 400 − 50 × 2)/200 + 1 ≈ 33(个)
		悬挑端：(悬挑端净长 − 50 × 2)/100 + 1 = (1 200 − 50 × 2)/100 + 1 = 12(个)
第 3 步	计算箍筋总个数	33 + 33 + 12 = 78(个)
第 4 步	计算单个箍筋长度	单个箍筋长度 = (梁宽度 + 梁高度) × 2 − 保护层厚度 C × 8 − 4d + 2 × max(11.9d, 1.9d + 75) = (300 + 650) × 2 − 20 × 8 − 4 × 8 + 2 × max(11.9 × 8, 1.9 × 8 + 75) ≈ 1 898(mm)
第 5 步	计算箍筋总质量	总长 = 1 898 × 78 = 148 044(mm) ≈ 148.04(m) 总质量 = 0.006 17 × d^2 × 总长 = 0.006 17 × 8 × 8 × 148.04 ≈ 58.46(kg)

注：箍筋长度按中心线尺寸计算，计算中个数取整。

表 5.37　梁侧部构造钢筋(G4 ϕ10)计算表

步　骤	内　容	计算过程
计算第 1 和第 2 跨构造钢筋 G4 ϕ10		
第 1 步	查图集	查 16G101—1 第 90 页可得：构造钢筋的搭接和锚固长度为 15d = 15 × 10 = 150(mm)
第 2 步	计算构造钢筋单根长度(G4 ϕ10)	单根长度 = 第 1 跨净跨长 + 左、右端支座锚固长度 + 弯钩长度(180°) × 2 = 6 400 + 150 + 150 + 6.25 × 10 × 2 = 6 825(mm)(注：第 2 跨与第 1 跨计算相同)
计算悬挑端构造钢筋 G4 ϕ10		
第 3 步	计算悬挑端构造钢筋单根长度	单根长度 = 悬挑端净长 + 根部中间支座锚固长度 − 保护层厚度 C + 弯钩长度(180°) × 2 = 1 200 + 150 − 20 + 6.25 × 10 × 2 = 1 455(mm)
第 4 步	计算总质量	总长 = 6 825 × 4 × 2 + 1 455 × 4 = 60 420(mm) = 60.42(m) 总质量 = 0.006 17 × d^2 × 总长 = 0.006 17 × 10 × 10 × 60.42 ≈ 37.28(kg)

表 5.38　拉筋计算表

步　骤	内　容	计算过程
第 1 步	查图集	查 16G101—1 第 90 页可得：梁宽≤350 mm 时，拉筋直径为Φ6，间距为非加密区间距的 2 倍，当设有多排时，上下两排应竖向错开设置
第 2 步	计算各跨拉筋个数	第 1 跨：$[(6\,400-50\times2)/400+1]\times2\approx34$（个）
		第 2 跨：$[(6\,400-50\times2)/400+1]\times2\approx34$（个）
		悬挑端：$[(1\,200-50\times2)/400+1]\times2\approx8$（个）
第 3 步	计算拉筋总个数	$34+34+8=76$（个）
第 4 步	计算拉筋单根长度	单根长度 = 梁宽 − 2 × 保护层厚度 $C-d+2\times\max(11.9d,1.9d+75)$ = $350-2\times20-6.5+2\times\max(11.9\times6.5,1.9\times6.5+75)\approx478$（mm）
第 5 步	计算总质量	总长 $=478\times76=36\,328$（mm）≈36.33（m） 质量 $=0.006\,17\times d^2\times$ 总长 $=0.006\,17\times6.5\times6.5\times36.33\approx9.47$（kg）

注：①Φ6 钢筋：现阶段市场上只有Φ6.5 直径的钢筋，因此计算时按Φ6.5 进行计算。
②拉筋长度按中心线尺寸计算，计算中个数取整。

2）屋面框架梁 WKL 钢筋计算

（1）屋面框架梁 WKL1（3）钢筋计算

①已知条件见表 5.39。

表 5.39　WKL1（3）计算已知条件

混凝土强度等级	支座/梁保护层厚度 C	抗震等级	$l_{aE}(d\leqslant25)$	$l_{abE}(d\leqslant25)$	连接方式	钢筋定尺长度
C30	20 mm/20 mm	二级抗震	HPB300：$35d$；HRB400：$40d$	HPB300：$35d$；HRB400：$40d$	剥肋滚轧直螺纹套筒连接	9 000 mm

注：屋面框架梁 WKL1（3）与柱顶纵向钢筋构造按 16G101—1 图集第 67 页②＋③节点进行计算。

②计算 WKL1（3）钢筋工程量。

a. WKL1（3）平法施工图如图 5.26 所示。

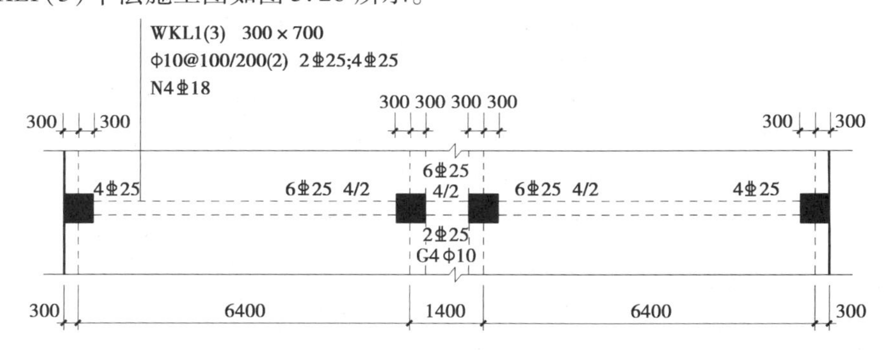

图 5.26　WKL1（3）平法施工图

b. WKL1（3）计算过程（计算单根钢筋长度）见表 5.40 至表 5.45。

表 5.40 上部通长筋(2 ⌀25)计算表

步 骤	内 容	计算过程
第 1 步	查表得 l_{aE}(二级抗震)	查表 5.39 可得:$l_{aE}=40d=40\times25=1\ 000$(mm)(或查表 3.7 可得)
第 2 步	判断直锚或弯锚	左、右端支座均需弯锚,见 18G901—1 第 2-23 页(梁上部纵筋伸至柱外边柱纵筋内侧,向下弯折到梁底标高)
第 3 步	计算锚固长度	左(右)端支座锚固长度=(支座宽度 h_c - 保护层厚度 C)+(梁高 h_b - 保护层厚度 C)=580+(700-20)=1 260(mm)
第 4 步	计算上部通长筋单根长度	单根长度=各跨净跨长+中间支座宽度+左、右端支座锚固长度=6 400+1 400+6 400-300-300+1 260+1260=16 120(mm)=16.12(m)
第 5 步	计算接头个数	(16 120/9 000-1)×2≈2(个)
第 6 步	计算总质量	总质量=0.006 17×d^2×总长=0.006 17×25×25×16.12×2≈124.33(kg)

表 5.41 上部支座负筋(⌀25)计算表

步 骤	内 容	计算过程
第 1 步	查表得 l_{aE}(二级抗震)	查表 5.39 可得:$l_{aE}=40d=40\times25=1\ 000$(mm)(或查表 3.7 可得)
第 2 步	判断直锚或弯锚	左、右端支座均需弯锚,见 18G901—1 第 2-23 页(梁上部纵筋伸至柱外边柱纵筋内侧,向下弯折到梁底标高)
第 3 步	计算锚固长度	左(右)端支座锚固长度=(支座宽度 h_c - 保护层厚度 C)+(梁高 h_b - 保护层厚度 C)=580+(700-20)=1 260(mm)
第 4 步	左端支座负筋长度(2 ⌀25)	左端支座负筋长度=第 1 跨净跨长/3+左端支座锚固长度=(6 400-300-300)/3+1 260≈3 193(mm)
第 5 步	右端支座负筋长度(2 ⌀25)	右端支座负筋长度=第 3 跨净跨长/3+右端支座锚固长度=(6 400-300-300)/3+1 260≈3 193(mm)
第 6 步	中间支座负筋单根长度(2 ⌀25)(注:第 2 跨上的支座负筋贯通设置)	中间支座第 1 排负筋长度=第 1 跨净跨长/3+第 3 跨净跨长/3+支座宽×2+第 2 跨净跨长=(6 400-300-300)/3+(6 400-300-300)/3+300×2+1 400≈5 867(mm)
		中间支座第 2 排负筋长度=第 1 跨净跨长/4+第 3 跨净跨长/4+支座宽×2+第 2 跨净跨长=(6 400-300-300)/4+(6 400-300-300)/4+300×2+1 400≈4 900(mm)
第 7 步	计算总质量	总长=3 193×2×2+5 867×2+4 900×2=34 306(mm)≈34.31(m) 总质量=0.006 17×d^2×总长=0.006 17×25×25×34.31≈132.31(kg)

表 5.42 下部纵筋(⌀25)计算表

步骤	内容	计算过程
第1步	查表得 l_{aE}(二级抗震)	查表5.39可得:$l_{aE}=40d=40\times25=1\ 000$(mm)(或查表3.7可得)
第2步	判断直锚或弯锚	左端支座:600−20=580(mm)<l_{aE}=1 000 mm,则需弯锚
		右端支座:600−20=580(mm)<l_{aE}=1 000 mm,则需弯锚
第3步	计算锚固长度	左(右)端支座弯锚长度=支座宽度−保护层厚度 $C+15d$=600−20+15×25=955(mm)
		中间支座直锚长度=max(l_{aE},0.5h_c+5d)=max(1 000,0.5×600+5×25)=max(1 000,425)=1 000(mm)(能通则通,不能通则锚固)
第4步	计算下部通长筋单根长度(2⌀25)	单根长度=各跨净跨长+中间支座宽度+左、右端支座锚固长度=6 400+1 400+6 400−300−300+955+955=15 510(mm)
		计算接头个数:(15 510/9 000−1)×2≈2(个)
第5步	计算下部非通长筋单根长度(2⌀25)	第1跨:第1跨净跨长+左端支座锚固长度+中间支座锚固长度=6 400−300−300+955+1 000=7 755(mm)
		第3跨:第3跨净跨长+中间支座锚固长度+右端支座锚固长度=6 400−300−300+955+1 000=7 755(mm)
第6步	计算总质量	总长=15 510×2×2+7 755×2×2=93 060(mm)=93.06(m) 总质量=0.006 17×d^2×总长=0.006 17×25×25×93.06≈358.86(kg)

表 5.43 箍筋[Φ10@100/200(2)]计算表

步骤	内容	计算过程
第1步	查表计算箍筋加密区长度	查图5.10(或16G101—1第88页)可得:加密区长度=max(1.5h_b,500)=max(1.5×700,500)=1 050(mm)
第2步	计算各跨加密区箍筋个数	第1跨:[(加密区长度−50)/100+1]×2=[(1 050−50)/100+1]×2=22(个)
		第2跨:(净跨长−50×2)/100+1=(1 400−300−300−50×2)/100+1=8(个)
		第3跨:[(加密区长度−50)/100+1]×2=[(1 050−50)/100+1]×2=22(个)
第3步	计算各跨非加密区箍筋个数	第1跨:(净跨长−加密区长度×2)/200−1=(6 400−300−300−1 050×2)/200−1≈18(个)
		第3跨:(净跨长−加密区长度×2)/200−1=(6 400−300−300−1 050×2)/200−1≈18(个)
第4步	计算箍筋总个数	22×2+8+18+18=88(个)

续表

步 骤	内 容	计算过程
第5步	计算单个箍筋长度	单个箍筋长度 =(梁宽 + 梁高)×2 - 保护层厚度 $C \times 8 - 4d + 2 \times \max(11.9d, 1.9d + 75)$ = (300 + 700) × 2 - 20 × 8 - 4 × 10 + 2 × max (11.9 × 10, 1.9 × 10 + 75) = 2 038(mm)
第6步	计算箍筋总质量	总长 = 2 038 × 88 = 179 344(mm) ≈ 179.34(m) 总质量 = 0.006 17 × d^2 × 总长 = 0.006 17 × 10 × 10 × 179.34 ≈ 110.65(kg)

注:箍筋长度按中心线尺寸计算,计算中个数取整。

表 5.44 梁侧部第1和第3跨受扭钢筋(N4 ⌀18)及第2跨构造钢筋(G4 Φ10)计算表

步 骤	内 容	计算过程
		计算第1和第3跨受扭钢筋 N4 ⌀18
第1步	查表得 l_{aE}(二级抗震)	查表 5.39 可得:$l_{aE} = 40d = 40 \times 25 = 1\ 000$(mm)(或查表 3.7 可得)
第2步	判断直锚或弯锚	左端支座:600 - 20 = 580(mm) < l_{aE} = 1 000(mm),则需弯锚
		右端支座:600 - 20 = 580(mm) < l_{aE} = 1 000(mm),则需弯锚
第3步	计算锚固长度	左(右)端支座弯锚长度 = 支座宽度 - 保护层厚度 $C + 15d$ = 600 - 20 + 15 × 25 = 955(mm)
		中间支座直锚长度 = $\max(0.5h_c + 5d, l_{aE})$ = max(0.5 × 600 + 5 × 25, 1 000) = max(425, 1 000) = 1 000(mm)(能通则通,不能通则锚固)
第4步	计算单根长度(4 ⌀18)	单根长度 = 本跨净跨长 + 左、右端支座锚固长度 = 6 400 - 300 - 300 + 955 + 1 000 = 7 755(mm)
第5步	计算总质量	总长 = 7 755 × 4 × 2 = 62 040(mm) = 62.04(m) 总质量 = 0.006 17 × d^2 × 总长 = 0.006 17 × 18 × 18 × 62.04 ≈ 124.02(kg)
		计算第2跨构造钢筋(G4 Φ10)
第1步	查图集	查 16G101—1 第 90 页可得:构造钢筋的搭接和锚固长度为 $15d$ = 15 × 10 = 150(mm)
第2步	计算构造钢筋单根长度(G4 Φ10)	单根长度 = 第2跨净跨长 + 左、右端支座锚固长度 + 弯钩长度(180°弯钩)×2 = 1 400 - 300 - 300 + 150 + 150 + 6.25 × 10 × 2 = 1 225(mm)
第3步	计算总质量	总长 = 1 225 × 4 = 4 900(mm) = 4.90(m) 总质量 = 0.006 17 × d^2 × 总长 = 0.006 17 × 10 × 10 × 4.90 ≈ 3.02 (kg)

表 5.45 拉筋计算表

步 骤	内 容	计算过程
第1步	查图集	查 16G101—1 第 90 页可得:梁宽 ≤ 350 mm 时,拉筋直径为Φ6,间距为非加密区间距的2倍,当设有多排时,上下两排应竖向错开设置

续表

步 骤	内 容	计算过程
第2步	计算各跨拉筋个数	第1跨:[(6 400－300－300－50×2)/400＋1]×2≈32(个)
		第2跨:[(1 400－300－300－50×2)/400＋1]×2≈6(个)
		第3跨:[(6 400－300－300－50×2)/400＋1]×2≈32(个)
第3步	计算拉筋总个数	32＋32＋6＝70(个)
第4步	计算拉筋单根长度	单根长度＝梁宽－2×保护层厚度 $C-d+2\times\max(11.9d,1.9d+75)$ ＝ $300-2\times20-6.5+2\times\max(11.9\times6.5,1.9\times6.5+75)\approx428$(mm)
第5步	计算总质量	总长＝428×70＝29 960(mm)≈29.96(m) 质量＝$0.006\ 17\times d^2$×总长＝0.006 17×6.5×6.5×29.96≈7.81(kg)

注:①Φ6钢筋:现阶段市场上只有Φ6.5直径的钢筋,因此计算时按Φ6.5进行计算。
②拉筋长度按中心线尺寸计算,计算中个数取整。

(2)计算屋面框架梁WKL2(3)钢筋

①已知条件表5.46。

表5.46 计算WKL2(3)已知条件

混凝土强度等级	支座/梁保护层厚度 C	抗震等级	$l_{aE}(d\leqslant25)$	连接方式	钢筋定尺长度
C30	30 mm/25 mm	四级抗震	HPB300:30d; HRB400:35d	剥肋滚轧直螺纹套筒连接	9 000 mm

注:①屋面框架梁WKL2(3)与柱顶纵向钢筋构造按16G101—1第67页⑤节点进行计算,下部钢筋中间支座采用直通,上部钢筋端支座采用下弯$1.7l_{abE}$,查表l_{abE}同l_{aE}。
②四级抗震,$l_{aE}=l_a$,$l_{abE}=l_{ab}$。

②WKL2(3)平法施工图如图5.27所示。

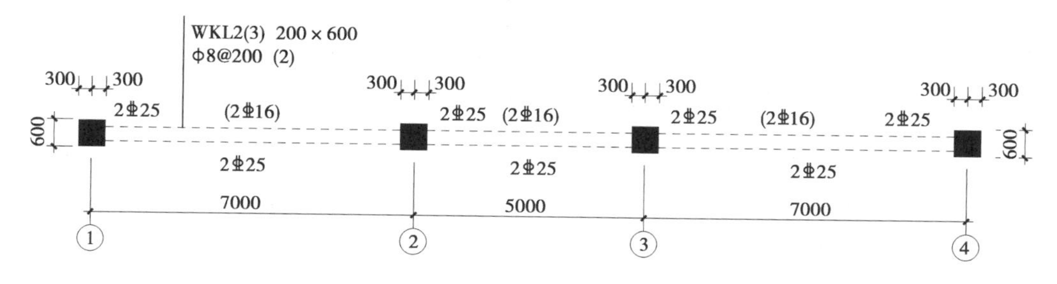

图5.27 WKL2(3)平法施工图

③计算过程(按单根钢筋长度进行计算)见表5.47。

表5.47　WKL2(3)计算表

<table>
<tr><th>部　位</th><th colspan="2">计算过程</th></tr>
<tr><td rowspan="4">支座①负筋
(2Φ25)</td><td colspan="2">计算公式=左端支座锚固长度+跨内延伸长度</td></tr>
<tr><td colspan="2">左端支座锚固长度=h_c-保护层厚度$C+1.7l_{abE}$=600-20+1.7×35×25≈2 068(mm)</td></tr>
<tr><td colspan="2">跨内延伸长度=(7 000-300-300)/3≈2 133(mm)</td></tr>
<tr><td colspan="2">单根总长度=2 068+2 133=4 201(mm)</td></tr>
<tr><td rowspan="3">支座②负筋
(2Φ25)</td><td colspan="2">计算公式=支座宽度+两端延伸长度</td></tr>
<tr><td colspan="2">两端延伸长度=max(7 000-300-300,5 000-300-300)/3×2=max(6 400,4 400)/3×2≈4 267(mm)</td></tr>
<tr><td colspan="2">单根总长度=600+4 267=4 867(mm)</td></tr>
<tr><td>支座③负筋</td><td colspan="2">同支座②负筋</td></tr>
<tr><td>支座④负筋</td><td colspan="2">同支座①负筋</td></tr>
<tr><td rowspan="3">架立筋
单根长度(2Φ16)</td><td>第1跨:7 000-600-2 133×2+150×2=2 434(mm)</td><td rowspan="3">支座负筋与架立筋的搭接长度为150 mm,见16G101—1第85页</td></tr>
<tr><td>第2跨:5 000-600-2133×2+150×2=434(mm)</td></tr>
<tr><td>第3跨:7 000-600-2133×2+150×2=2 434(mm)</td></tr>
<tr><td rowspan="3">下部筋单根长度
(2Φ25)</td><td colspan="2">计算公式:各跨净跨长+中间支座宽度+左、右端支座锚固长度</td></tr>
<tr><td colspan="2">左、右端支座:h_c=600-20=580(mm)<l_{aE}=35×25=875(mm),则需弯锚。
左(右)端支座弯锚长度=支座宽度h_c-保护层厚度$C+15d$=600-20+15×25=955(mm)</td></tr>
<tr><td colspan="2">单根长度=7 000+7 000+5 000-300-300+955+955=20 310(mm)</td></tr>
<tr><td rowspan="5">箍筋φ8@200(2)</td><td colspan="2">单根长度=(200+600)×2-8×20-4×8+11.9×8×2≈1 598(mm)</td></tr>
<tr><td colspan="2">第1跨箍筋个数:(7 000-600-50×2)/200+1≈33(个)(没有箍筋加密区)</td></tr>
<tr><td colspan="2">第2跨箍筋个数:(5 000-600-50×2)/200+1≈23(个)(没有箍筋加密区)</td></tr>
<tr><td colspan="2">第3跨箍筋个数:(7 000-600-50×2)/200+1≈33(个)(没有箍筋加密区)</td></tr>
<tr><td colspan="2">箍筋总个数:33+23+33=89(个)</td></tr>
<tr><td>计算总质量</td><td colspan="2">Φ25:总长=(4 201+4 867)×2×2+20 310×2=76 892(mm)≈76.89(m)
总质量=0.006 17×d^2×总长=0.006 17×25×25×76.89≈296.51(kg)
Φ16:总长=(2 434+434+2 434)×2=10 604(mm)≈10.06(m)
总质量=0.006 17×d^2×总长=0.006 17×16×16×10.06≈15.89(kg)
φ8:总长=1 598×89=142 222(mm)≈142.22 m
总质量=0.006 17×d^2×总长=0.006 17×8×8×142.22≈56.16(kg)</td></tr>
</table>

注:接头个数=(20 310/9 000-1)×2≈4(个)。

3）非框架梁 L 钢筋计算

①非框架梁 L1(2A)钢筋计算。已知条件见表 5.48。

表 5.48　非框架梁 L1(2A)计算已知条件

混凝土强度等级	支座/梁保护层厚度 C	抗震等级	$l_a(d \leqslant 25)$	$l_{ab}(d \leqslant 25)$	连接方式	钢筋定尺长度
C30	20 mm/20 mm	非抗震	HPB300：$30d$； HRB400：$35d$	HPB300：$30d$； HRB400：$35d$	剥肋滚轧直螺纹套筒连接	9 000 mm

②计算非框架梁 L1(2A)钢筋工程量。

a. L1(2A)平法施工图如图 5.28 所示。

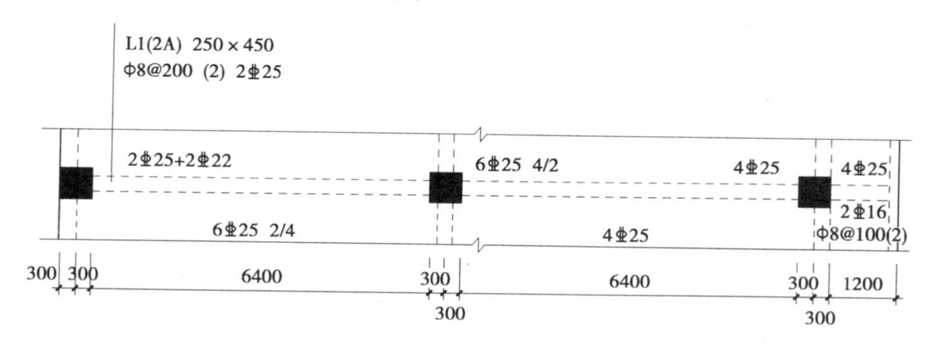

图 5.28　非框架梁 L1(2A)平法施工图

b. L1(2A)计算过程(计算单根钢筋长度)见表 5.49 至表 5.52。

表 5.49　上部筋(⌀25)计算表

步　骤	内　容	计算过程
上部通长筋 2⌀25		
第 1 步	查表得 l_a	查表 5.48 可得：$l_a = 35d = 35 \times 25 = 875$(mm)，$l_{ab} = 35d = 35 \times 25 = 875$(mm)
第 2 步	判断直锚或弯锚	左端支座：600 − 20 = 580(mm) < l_a = 875(mm)，则需弯锚，且 580(mm) > $0.6l_{ab}$ = 525(mm)
	查 16G101—1 第 92 页(或图 5.19)	悬挑尽端弯折长度 = $12d$ = 12 × 25 = 300(mm)
第 3 步	计算锚固长度	左端支座锚固长度 = 支座宽度 − 保护层厚度 C + $15d$ = 600 − 20 + 15 × 25 = 955(mm)
第 4 步	计算上部通长筋单根长度	单根长度 = 各跨净跨长 + 中间支座宽度 + 左端支座锚固长度 + 悬挑尽端弯折长度 = 6 400 + 6 400 + 1 200 − 20 + 600 + 600 + 955 + 300 = 16 435(mm)
第 5 步	计算接头个数	(16 435/9 000 − 1) × 2 ≈ 2(个)

续表

步　骤	内　容	计算过程
悬挑端顶面中部筋 2⏀25		
第 6 步	悬挑端顶面中部筋单根长度	悬挑端净长 l = 1 200(mm) < $4h_b$ = 4 × 650 = 2 600(mm),可不向下弯折。单根长度 = 第 2 跨净跨长/3 + 支座宽度 + 悬挑端净长 − 保护层厚度 C + 悬挑端弯折长度 = 6 400/3 + 600 + 1 200 − 20 + 300 ≈ 4 213(mm)
第 7 步	计算总质量	总长 = 16 435 × 2 + 4 213 × 2 = 41 296(mm) ≈ 41.30(m) 总质量 = 0.006 17 × d^2 × 总长 = 0.006 17 × 25 × 25 × 41.30 ≈ 159.26 (kg)

表 5.50　上部支座负筋计算表

步　骤	内　容	计算过程
第 1 步	查表得 l_a	查表 5.48 可得:l_a = 35d = 35 × 25 = 875(mm),l_{ab} = 35d = 35 × 25 = 875(mm)
第 2 步	判断直锚或弯锚	左端支座:600 − 20 = 580(mm) < l_a = 875(mm),则需弯锚,且 580 (mm) > 0.6l_{ab} = 525(mm)
第 3 步	计算锚固长度	左端支座锚固长度 = 支座宽度 − 保护厚度 C + 15d = 600 − 20 + 15 × 22 = 910(mm)
第 4 步	左端支座负筋长度(2⏀22)	左端支座负筋长度 = 第 1 跨净跨长/3 + 左端支座锚固长度 = 6 400/3 + 910 ≈ 3 043(mm)
第 5 步	中间支座负筋长度(第 1 排和第 2 排分别为 2⏀25)	中间支座第 1 排负筋长度 = max(第 1 跨净跨长,第 2 跨净跨长)/3 × 2 + 支座宽度 = 6 400/3 × 2 + 600 ≈ 4 867(mm)
		中间支座第 2 排负筋长度 = max(第 1 跨净跨长,第 2 跨净跨长)/4 × 2 + 支座宽度 = 6 400/4 × 2 + 600 = 3 800(mm)
第 6 步	计算总质量	⏀22:总长 = 3 043 × 2 = 6 086(mm) ≈ 6.09(m) 总质量 = 0.006 17 × d^2 × 总长 = 0.006 17 × 22 × 22 × 6.09 ≈ 18.19(kg) ⏀25:总长 = 4 867 × 2 + 3 800 × 2 = 17 334(mm) ≈ 17.33(m) 总质量 = 0.006 17 × d^2 × 总长 = 0.006 17 × 25 × 25 × 17.33 ≈ 66.83(kg)

表 5.51　下部筋长度计算表

步　骤	内　容	计算过程
下部第 1 排钢筋(4⏀25)		
第 1 步	查 16G101—1 第 89 页,计算下部筋伸入支座长度	非框架梁 L 下部纵筋伸入支座为 12d,即 12d = 12 × 25 = 300(mm)
第 2 步	计算下部第 1 排钢筋单根长度(4⏀25)	单根长度 = 各跨净跨长 + 左、右端支座伸入长度 + 中间支座宽度 = 6 400 + 6 400 + 600 + 300 + 300 = 14 000(mm)[下部筋在中间支座直通,300 + 300 = 600(mm) = 支座宽]
		计算接头个数:(14 000/9 000 − 1) × 2 ≈ 2(个)

续表

步　骤	内　容	计算过程
下部第2排钢筋(2 Φ25)		
第3步	计算第1跨下部第2排钢筋单根长度	单根长度＝第1跨净跨长＋左端支座伸入长度＋中间(右)支座伸入长度＝6 400＋300＋300＝7 000(mm)
悬挑端下部筋(2 Φ16)		
第4步	查16G101—1第92页(或图5.19)	悬挑端下部钢筋伸入支座内长度15d,即15×16＝240(mm)
	悬挑端下部筋单根长度(2 Φ16)	单根长度＝悬挑端净长＋伸入支座长度－保护层厚度C＝1 200＋240－20＝1 420(mm)
第5步	计算总质量	Φ25:总长＝14 000×4＋7 000×2＝70 000(mm)＝70.00(m) 总质量＝0.006 17×d^2×总长＝0.006 17×25×25×70.00≈269.94(kg); Φ16:总长＝1 420×2＝2 840 mm＝2.84(m) 总质量＝0.006 17×d^2×总长＝0.006 17×16×16×2.84≈4.49(kg)

表5.52　箍筋[φ8@200(2)]计算表

步　骤	内　容	计算过程
第1步	计算箍筋加密区长度	无箍筋加密区
第2步	计算各跨箍筋个数	第1跨:(净跨长－50×2)/200＋1＝(6 400－50×2)/200＋1≈33(个)
		第2跨:(净跨长－50×2)/200＋1＝(6 400－50×2)/200＋1≈33(个)
		悬挑端:(悬挑端净长－50×2)/100＋1＝(1 200－50×2)/100＋1＝12(个)
第3步	计算箍筋总个数	33＋33＋12＝78(个)
第4步	计算单个箍筋长度	单个箍筋长度＝(梁宽＋梁高)×2－保护层厚度C×8－4d＋2×max(11.9d,1.9d＋75)＝(250＋450)×2－20×8－4×8＋2×max(11.9×8,1.9×8＋75)≈1 398(mm)
第5步	计算箍筋总质量	总长＝1 398×78＝109 044(mm)≈109.04(m) 总质量＝0.006 17×d^2×总长＝0.006 17×8×8×109.04≈43.06(kg)

注:箍筋长度按中心线尺寸计算,计算中个数取整。

想一想

1. 框架梁中有哪些类型钢筋？其在支座内的锚固有哪几种形式？如何确定其锚固长度？

2. 屋面框架梁中需要计算哪些钢筋？其在顶层与柱顶锚固有哪几种情况？如何计算？

3. 楼层框架梁和屋面框架梁的箍筋如何区分加密区与非加密区？其加密区长度怎么计算？箍筋根数和长度怎么计算？

4. 框架梁侧部构造钢筋和受扭钢筋有什么区别？其长度如何计算？

5. 悬挑梁的类型有哪些？其纵筋如何计算？

练一练

1. 计算图 2.130 至图 2.136 某工程结构施工图中梁钢筋工程量，已知条件见表 5.53。

表 5.53　某工程结构施工图计算已知条件

保护层厚度 C/mm	钢筋连接方式	抗震等级	钢筋定尺长度
基础（独立基础）:40；柱:20；梁:20	平螺纹套筒连接	二级抗震	9 000 mm

注：屋面框架梁 WKL1(3) 与柱顶纵向钢筋构造按 16G101—1 第 67 页②+③节点进行计算。

2. 计算图 5.29 所示某屋面框架梁 WKL1(3A) 平法施工图（局部）钢筋工程量，已知条件见表 5.54。

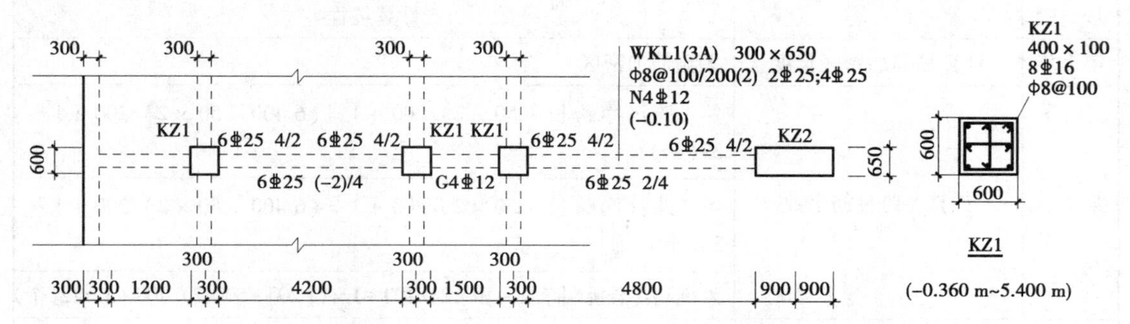

图 5.29　某屋面框架梁 WKL1(3A) 平法施工图（局部）

表 5.54　某屋面框架梁 WKL1(3A) 计算已知条件

保护层厚度 C/mm	钢筋连接方式	抗震等级	钢筋定尺长度
基础（独立基础）:40；柱:20；梁 20	平螺纹套筒连接	四级抗震	9 000 mm

注：屋面框架梁 WKL1(3A) 与柱顶纵向钢筋构造按 16G101—1 第 67 页②+③节点进行计算。

3. 计算图 5.30 所示梁钢筋工程量，计算条件见表 5.53。

4. 计算图 5.31 所示屋面层梁钢筋工程量，计算条件见表 5.53。

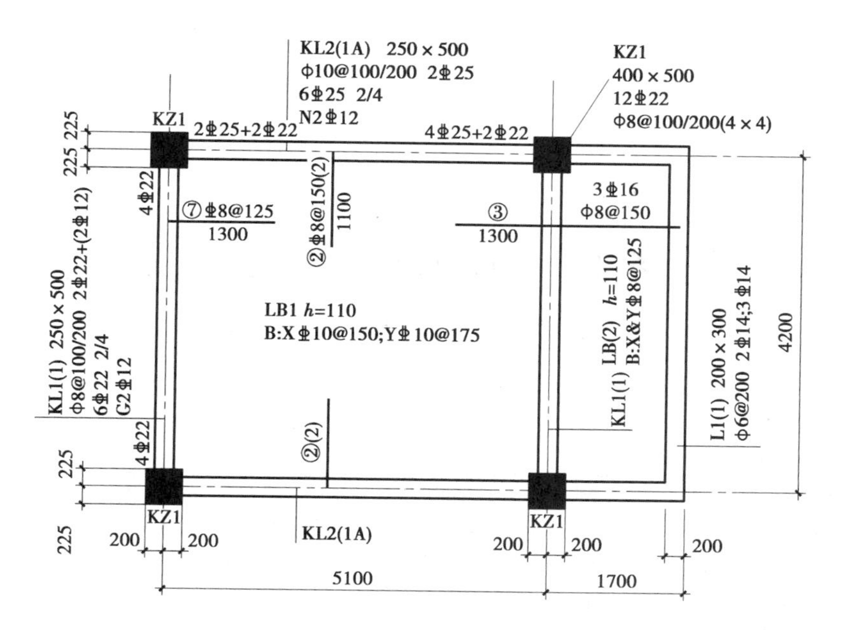

图 5.30　某工程一层梁、板平法施工图(局部)

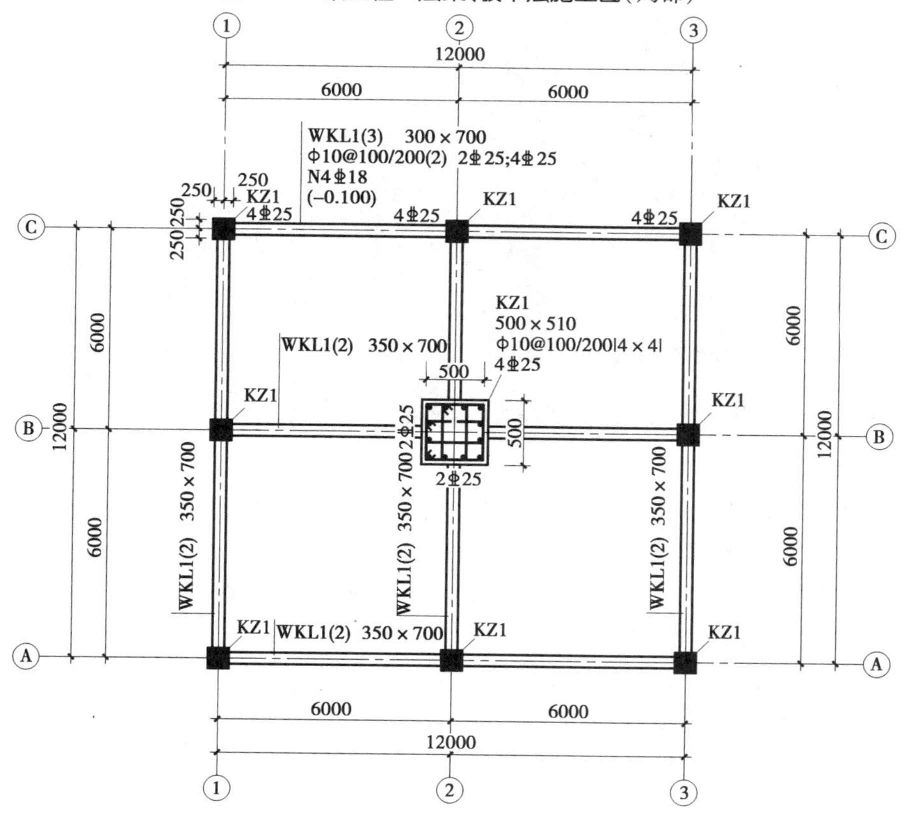

图 5.31　某工程屋面层梁、柱平法施工图

任务6　剪力墙钢筋计算

问题引入

剪力墙是承受风荷载或地震作用所产生的水平荷载的墙体。剪力墙设计与框架柱及梁类构件设计有显著区别，柱、梁构件属于杆件类构件，而剪力墙水平截面的长宽比相对于杆件类构件的高宽比要大得多。剪力墙可视为由剪力墙身、剪力墙柱、剪力墙梁三类构件构成（见图6.1），那么剪力墙需要计算哪些钢筋呢？

图6.1　剪力墙钢筋

如图6.2所示，墙身钢筋包括水平分布筋、竖向分布筋、拉结筋和洞口补强筋；墙柱包括暗柱、端柱和扶壁柱，其钢筋主要有纵筋和箍筋；墙梁包括暗梁、连梁和边框梁等，其钢筋主要有纵筋和箍筋。在计算剪力墙墙身钢筋时需考虑以下几个因素：基础形式、中间层和顶层构造；墙柱、墙梁对墙身钢筋的影响。因此，在计算剪力墙钢筋时要注意以下几点：

①剪力墙墙身、墙梁、墙柱及洞口之间的关系；

②剪力墙在平面上有直角、丁字角、十字角、斜交角等各种转角形式；

③剪力墙在立面上有各种洞口；

④墙身钢筋可能有单排、双排、多排或每排钢筋不同；

⑤墙柱有各种箍筋组合；

⑥连梁要区分顶层与中间层，依据洞口的位置不同，计算方法也不同。

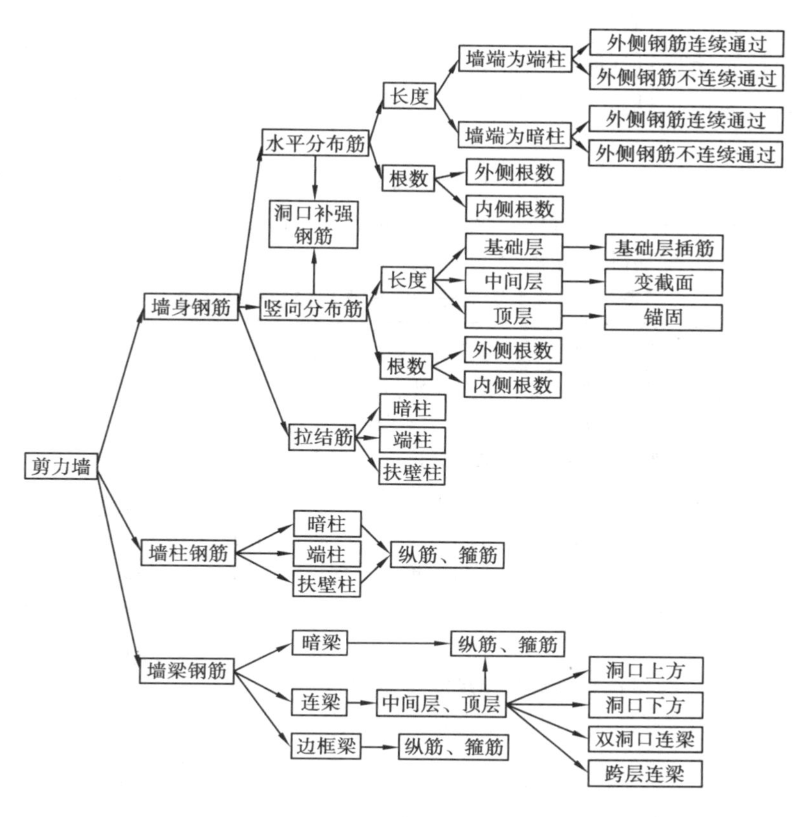

图6.2　剪力墙中计算钢筋

6.1　剪力墙钢筋构造及计算规则

1)墙身钢筋计算

剪力墙墙身钢筋有水平分布筋、竖向分布筋、拉结筋和洞口补强筋等,如图6.3所示。

图6.3　剪力墙墙身钢筋

(1)墙身竖向分布筋计算

墙身竖向分布筋计算包括基础层插筋、中间层和顶层竖向分布筋的长度及根数计算。

长度:基础层,需增加插筋长度;中间层 = 层高 + 伸入上层的搭接或连接长度;顶层 = 净高 + 锚固长度($12d$)。

根数 = [(墙净长 - 2 × 竖向分布筋起步距离 s)/间距 + 1(墙身竖向分布筋从暗柱、端柱、转角墙柱边一个间距开始布置进行计算)] × 竖向分布筋排数。

①墙身竖向分布筋在基础内插筋计算见表6.1。

表6.1 墙身竖向分布筋在基础内插筋计算表

钢筋部位及其名称	计算公式	说 明	附 图
基础插筋长度计算(基础可为条形基础、基础梁、平板式筏形基础和桩基承台梁中)	①一、二级抗震等级采用绑扎搭接的剪力墙底部加强部位: a. 基础插筋长度(低) = 基础厚度 h_j - 保护层厚度 C + 基础底板内弯折长度 a + 与上层纵筋搭接长度 $1.2l_{aE}$; b. 基础插筋长度(高) = 基础厚度 h_j - 保护层厚度 C + 基础底板内弯折长度 a + $2.4l_{aE}$ + 500。 ②一、二级抗震等级采用绑扎搭接的非剪力墙底部加强部位或三、四级抗震等级剪力墙: 竖向分布钢筋可在同一部位搭接。 基础插筋长度 = 基础厚度 h_j - 保护层厚度 C + 基础底板内弯折长度 a + 与上层纵筋搭接长度 $1.2l_{aE}$。 ③竖向分布筋采用机械连接构造(或焊接构造): a. 基础插筋长度(低) = 基础厚度 h_j - 保护层厚度 C + 基础底板内弯折长度 a + 500; b. 基础插筋长度(高) = 基础厚度 h_j - 保护层厚度 C + 基础底板内弯折长度 a + 500 + $35d$[或 max($35d$, 500)]	①详见16G101—3第64页墙身竖向分布钢筋在基础中的构造和16G101—1第73页剪力墙竖向分布钢筋连接构造。 ②墙身插筋在基础内的竖直锚固长度与弯折长度对照表见表6.2。 ③当墙相邻纵向钢筋连接接头位置要求高低相互错开时,位于同一连接区段纵向钢筋接头面积百分率不大于50%,以下余同。 ④当不同直径的钢筋绑扎搭接时,搭接长度按较小直径计算;当不同直径钢筋机械连接或焊接时,两批连接接头间距 $35d$ 按较小直径计算。 ⑤当竖向钢筋为HPB300级时,钢筋端头应加180°弯钩,以下余同	图6.4 图6.5 图6.6 图6.8
	当筏形基础中板厚 > 2 000 mm 且设置中间层钢筋网片时: ①基础顶面至中间层钢筋网片高度满足直锚长度,墙身插筋间隔两根伸一根钢筋至底层钢筋网片上("隔二下一"),见图6.7(a); ②基础顶面至中间层钢筋网片高度不满足直锚长度,墙身插筋伸至中间层钢筋网片上,见图6.7(b)	①墙身插筋间隔两根伸一根钢筋至底层钢筋网片上,其余钢筋支承在筏形基础内中间层钢筋网片上。当施工中采取有效措施保证钢筋定位时,墙身竖向分布钢筋伸入基础长度满足直锚长度 l_{aE} 即可,见图6.7(a);	图6.7 图6.8

续表

钢筋部位及其名称	计算公式	说　明	附　图
基础插筋长度计算(基础可为条形基础、基础梁、平板式筏形基础和桩基承台梁中)		②详见 18G901—3 第 1-15、1-16 页图 1-22 墙身插筋在基础中的排布构造(二); ③墙身插筋在基础内的竖直锚固长度与弯折长度对照表见表 6.2	图 6.7 图 6.8
	当基础高度满足直锚长度($h_j > l_{aE}$)时,墙身插筋“隔二下一”伸至基础板底部,“下一”钢筋支承在底板钢筋网片上,其余钢筋支承在筏形基础内中间层钢筋网片上	①墙身插筋间隔两根伸一根钢筋至底层钢筋网片上,其余钢筋支承在筏形基础内中间层钢筋网片上。当施工中采取有效措施保证钢筋定位时,墙身竖向分布钢筋伸入基础长度满足直锚长度 l_{aE} 即可,见图 6.6; ②详见 18G901—3 第 1-14、1-15 页图 1-21 墙身插筋在基础中的排布构造(一); ③墙身插筋在基础内的竖直锚固长度与弯折长度对照表见表 6.2	图 6.6 图 6.8
基础插筋根数计算	根数 = [(墙身净长 − 2 × 竖向分布筋起步距离 s)/间距 + 1(墙身竖向钢筋从暗柱、端柱、转角墙柱边一个竖向筋间距开始布置进行计算)] × 竖向分布筋排数	详见 18G901—1 第 3-7、3-12、3-16页	图 6.10

表 6.2　墙身插筋在基础内的竖直锚固长度与弯折长度对照表

竖直锚固长度	墙身插筋保护层厚度	墙身插筋弯折长度 a/mm	水平分布筋与拉结筋设置道数	附　图	备　注
$h_j \geq l_{aE}$	$>5d$	$6d$ 且≥150 mm	间距≤500 mm,且不少于两道水平分布筋与拉结筋	图 6.4 图 6.5	墙身插筋如 18G901—3 第 1-15 页,见图 6.6、图 6.7
$h_j < l_{aE}$	$>5d$	$15d$			
$h_j \geq l_{aE}$	$\leq 5d$	$6d$ 且≥150 mm			保护层厚度小于 $5d$ 的部位应设置锚固区横向钢筋
$h_j < l_{aE}$	$\leq 5d$	$15d$			

注:h_j 为基础厚度。

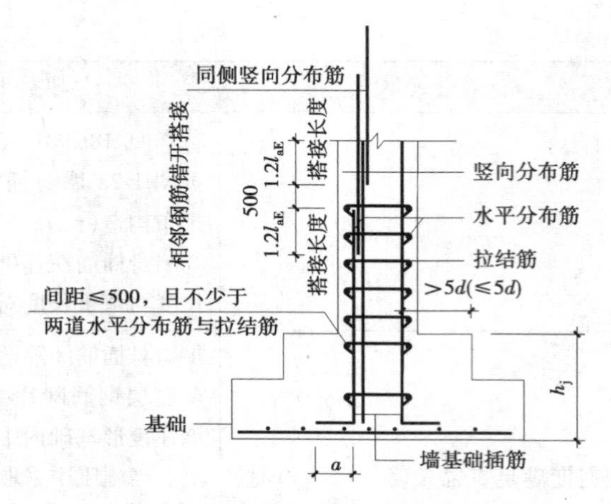

图 6.4　剪力墙基础插筋示例

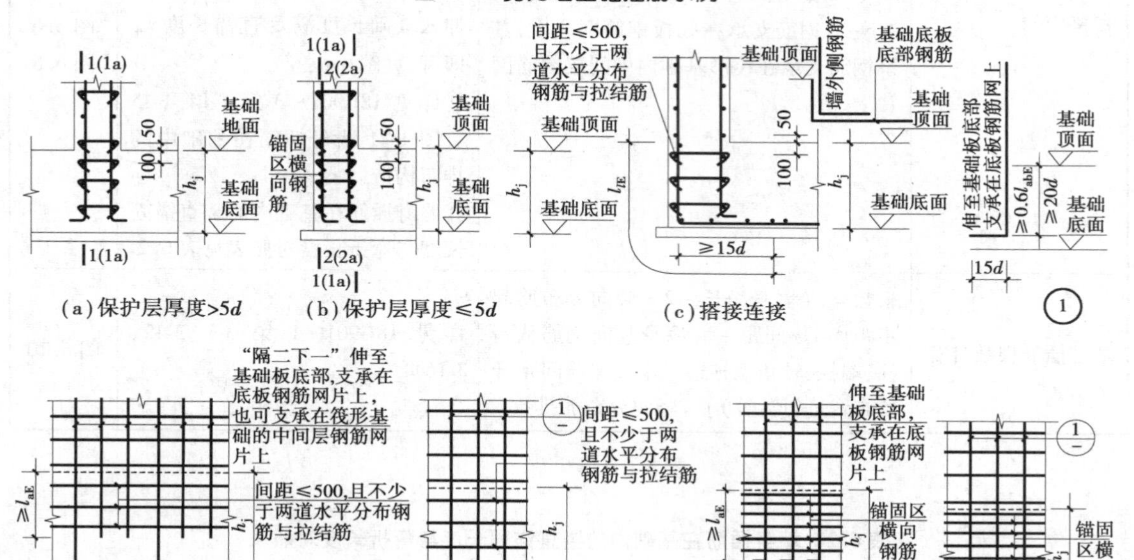

注:①图中 h_j 为基础底面至基础顶面的高度,墙下有基础梁时,h_j 为梁底面至顶面的高度。

②锚固区横向钢筋应满足直径≥d/4(d 为纵筋最大直径),间距≤10d(d 为纵筋最小直径)且≤100 mm 的要求。

③当墙身竖向分布钢筋在基础中保护层厚度不一致(如分布筋部分位于梁中,部分位于板内),保护层厚度不大于 5d 的部分应设置锚固区横向钢筋。

④当选用图(c)搭接连接时,设计人员应在图纸中注明。

⑤图中 d 为墙身竖向分布钢筋直径。

⑥1—1 剖面,当施工采取有效措施保证钢筋定位时,墙身竖向分布钢筋伸入基础长度满足直锚即可。

图 6.5　墙身竖向分布钢筋在基础中的构造

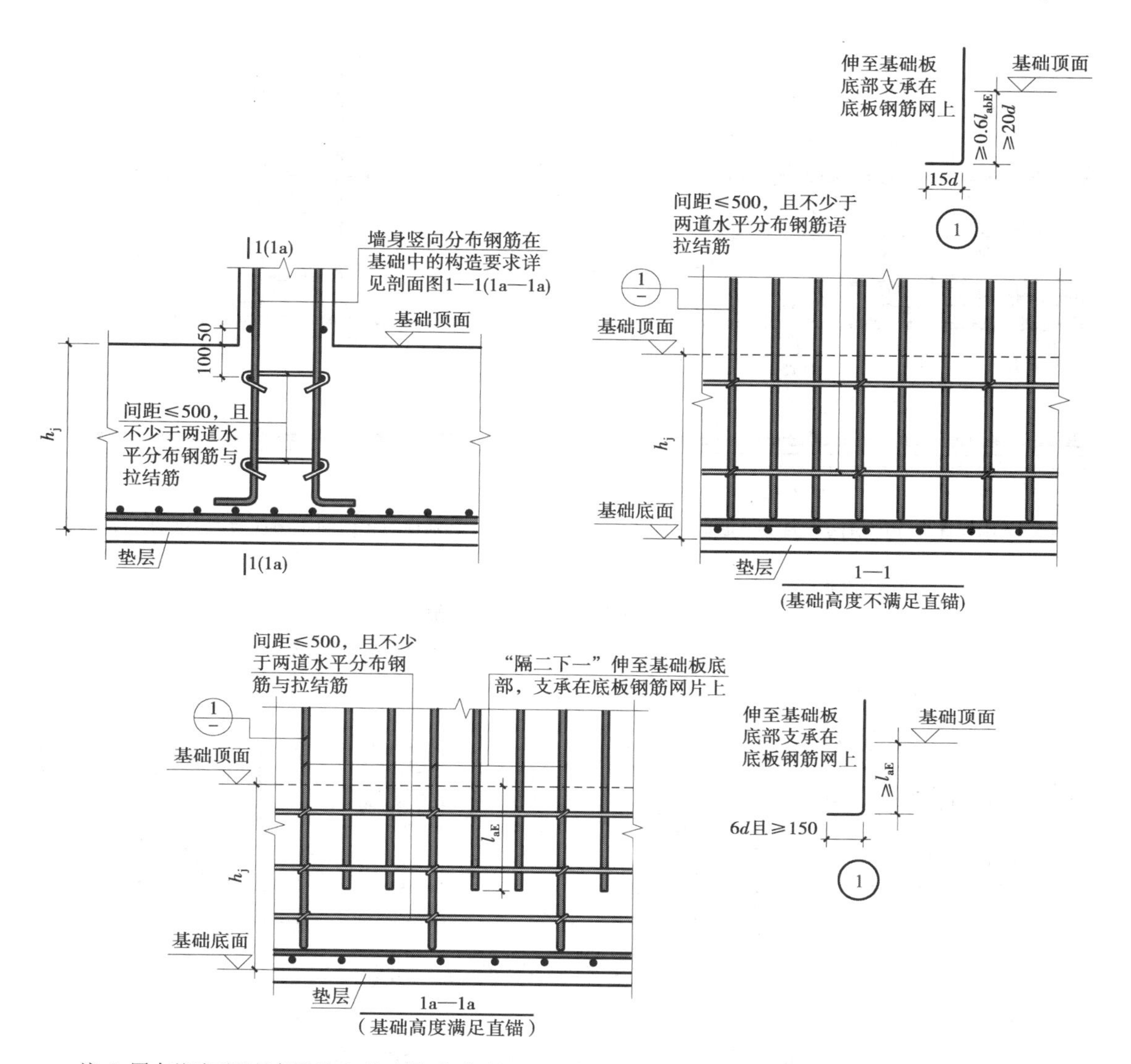

注:1. 图中基础可以是条形基础、基础梁、筏形平板基础和桩基承台梁;

2. 1a—1a 剖面，当施工采取有效措施保证钢筋定位时，墙身竖向分布筋伸入基础长度满足直锚即可。

3. 本图适用于纵向受力钢筋的保护层厚度大于最大钢筋直径5倍的情况。

4. d 为墙身插筋最大直径。

图6.6 墙竖向钢筋在基础中的排布构造

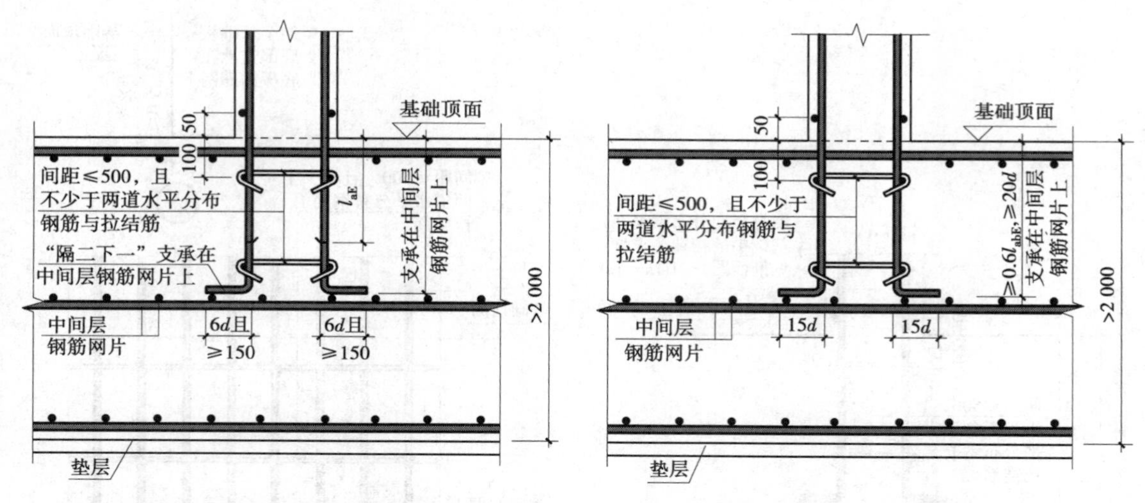

(a)基础顶面至中间层网片高度满足直锚长度

(b)基础顶面至中间层网片高度不满足直锚长度

注：d 为墙插筋最大直径。

图 6.7　筏形基础有中间钢筋网时墙插筋排布构造

（筏形基础或平板基础中板厚 >2 000 mm 且设置中间层钢筋网片时）

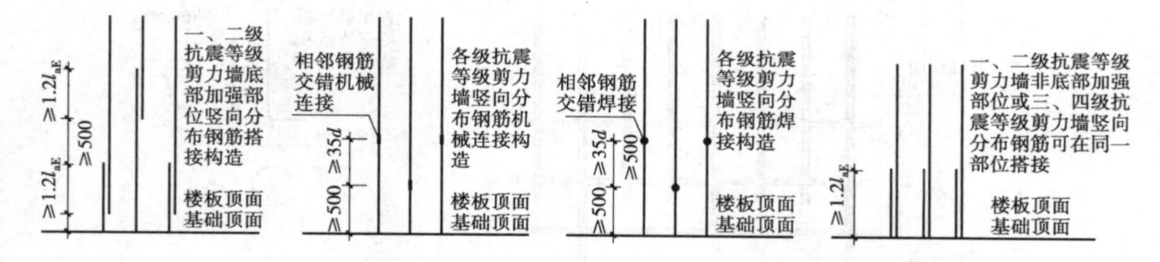

图 6.8　剪力墙竖向分布钢筋连接构造

②墙身竖向分布筋在中间层、顶层长度计算见表 6.3。

表 6.3　墙身竖向分布筋在中间层、顶层长度计算表

钢筋部位及其名称	计算公式	说　明	附　图
中间层竖向分布筋	①绑扎搭接时：纵筋长度 = 本层层高 + 1.2l_{aE}； ②机械连接或焊接时：纵筋长度 = 本层层高	16G101—1 第 73 页	图 6.8
顶层竖向分布筋	①竖向纵筋采用绑扎搭接： a. 顶层为屋面板或楼板或暗梁或边框梁且锚固长度 < l_{aE} 时： • 纵筋长度（低）= 顶层层高 - 保护层厚度 C + 12d（此根纵筋与下层伸入本层低位钢筋进行连接）； • 纵筋长度（高）= 顶层层高 - 保护层厚度 C + 12d - 500 - 1.2l_{aE}（此根纵筋与下层伸入本层高位钢筋进行连接）。	16G101—1 第 74 页	图 6.9

续表

钢筋部位及其名称	计算公式	说　明	附　图
顶层竖向分布筋	b. 顶层为边框梁且（边框梁高度 − 保护层厚度 C）$\geqslant l_{aE}$时： ● 纵筋长度（低）= 顶层层高 − 边框梁高 + l_{aE}（此根纵筋与下层伸入本层低位钢筋进行连接）； ● 纵筋长度（高）= 顶层层高 − 边框梁高 + l_{aE} − 500 − 1.2l_{aE}（此根纵筋与下层伸入本层高位钢筋进行连接）。 ②竖向纵筋采用机械连接（或焊接）： a. 顶层为屋面板或楼板或暗梁或边框梁且锚固长度 $< l_{aE}$时： ● 纵筋长度（低）= 顶层层高 − 保护层厚度 C − 500 + 12d（此根纵筋与下层伸入本层低位钢筋进行连接）； ● 纵筋长度（高）= 顶层层高 − 保护层厚度 C − 500 − max(35d,500) + 12d（此根纵筋与下层伸入本层高位钢筋进行连接）。 b. 顶层为边框梁且（边框梁高度 − 保护层厚度 C）$\geqslant l_{aE}$时： ● 纵筋长度（低）= 顶层层高 − 边框梁高 − 500 + l_{aE}（此根纵筋与下层伸入本层低位钢筋进行连接）； ● 纵筋长度（高）= 顶层层高 − 边框梁高 − 500 − max(35d,500) + l_{aE}（此根纵筋与下层伸入本层高位钢筋进行连接）	16G101—1 第 74 页	图 6.9
中间层或顶层竖向分布筋根数计算	根数 = [（墙净长 − 2 × 竖向分布筋起步距离 s）/间距 + 1（墙身竖向分布筋从暗柱、端柱、转角墙柱边一个竖向筋间距开始布置进行计算）] × 竖向分布筋排数	详见 18G901—1 第 3-7、3-12、3-16 页	图 6.10

注：墙身竖向分布筋是从暗柱或端柱开始布置的，s 为竖向分布筋间距。

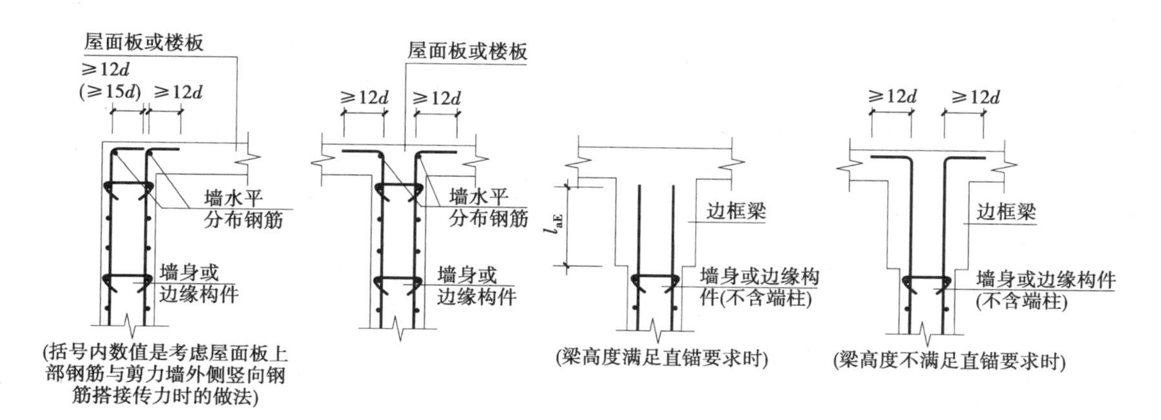

图 6.9　剪力墙竖向钢筋顶部构造

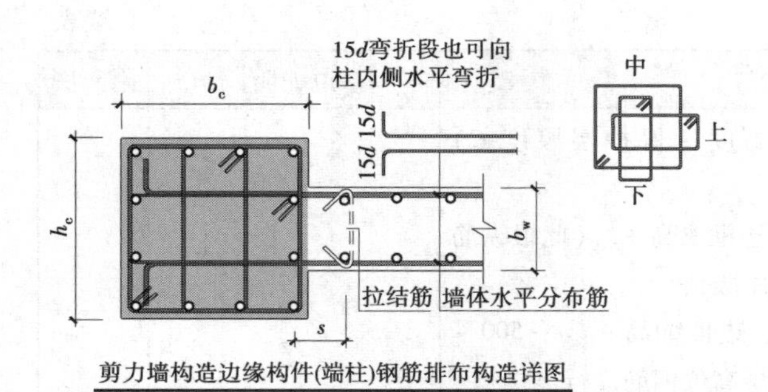

剪力墙构造边缘构件(端柱)钢筋排布构造详图

构造边缘构件拉筋
宜同时勾住边缘
构件竖向钢筋
和箍筋
墙体水平分布筋
10d
b_w
b_w，且
≥400
s
拉结筋

剪力墙构造边缘构件(暗柱)钢筋排布构造详图

(构造边缘构件箍筋与墙体水平筋标高相同，外圈设置封闭箍筋)

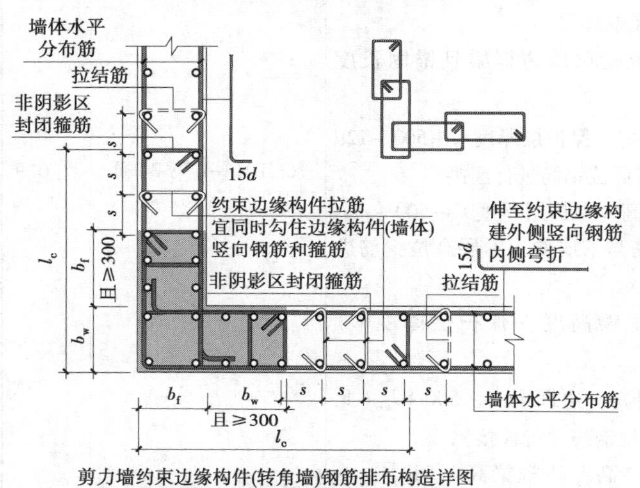

剪力墙约束边缘构件(转角墙)钢筋排布构造详图

(约束边缘构件箍筋与墙体水平筋标高相同，阴影区、非阴影区外圈均设置封闭箍筋)

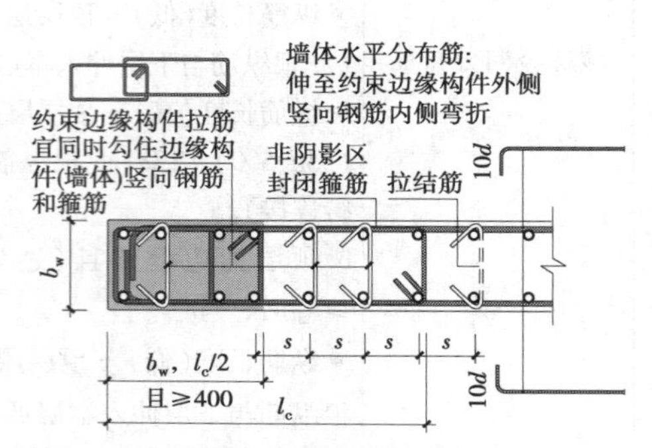

剪力墙约束边缘构件(端柱)钢筋排布构造详图

(约束边缘构件箍筋与墙体水平筋标高相同，阴影区、非阴影区外圈均设置封闭箍筋)

图6.10 剪力墙边缘构件(端柱、暗柱、转角墙)钢筋排布构造

(2)墙身水平分布筋计算

①端部无暗柱时剪力墙水平分布筋计算见表6.4。

表6.4 端部无暗柱时剪力墙水平分布筋计算表

钢筋部位及其名称	计算公式	说 明	附 图
内、外侧水平分布筋在墙身端部搭接	单根长度 = 墙长 - 保护层厚度 $C\times 2+10d\times 2+$ 搭接长度 $1.2l_{aE}$	墙身水平筋钢筋定尺长度不够通长须搭接时，须加搭接长度 $1.2l_{aE}$	图6.11 图6.12
根数	基础层水平分布筋根数 = max[(基础厚度 h_j - 基础保护层厚度 C)/500 + 1,2] × 水平分布筋排数	16G101—3第64页，在基础部位布置间距≤500 mm且不少于两道水平分布筋与拉结筋	图6.5 图6.6 图6.7
	楼层水平分布筋根数 = [(层高 - 50 × 2)/间距 + 1] × 水平分布筋排数	水平分布筋在连梁、暗梁内连续布置，楼层上下起步距离为50 mm	

注:①剪力墙层高范围最下一排水平分布筋距底部板顶50 mm，最上一排水平分布筋距顶部板顶不大于100 mm。当层顶位置设有宽度大于剪力墙厚度的边框梁时，最上一排水平分布筋距顶部边框梁底100 mm，边框梁内部不设水平分布筋;

②剪力墙钢筋配置若多于两排，中间排水平分布筋端部构造同内侧钢筋，见16G101—1第71页注2。

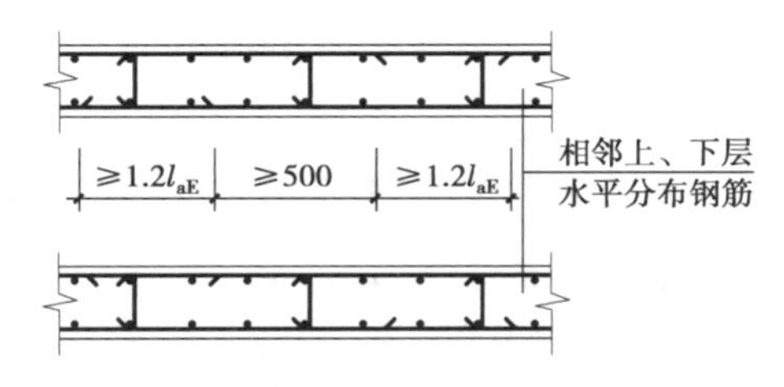

图6.11 墙身水平分布筋交错搭接

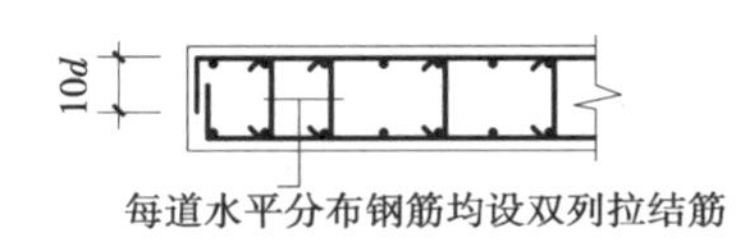

图6.12 端部无暗柱时剪力墙水平分布筋端部做法

②剪力墙端为暗柱时水平分布筋计算见表6.5。

表6.5 剪力墙端为暗柱时水平分布筋计算表

<table>
<tr><th>钢筋部位及其名称</th><th>计算公式</th><th>说　明</th><th>附　图</th></tr>
<tr><td rowspan="5">墙端为暗柱时水平分布筋长度计算</td><td>L形外侧钢筋连续通过:
外侧钢筋长度=墙长-保护层厚度 $C\times 2$(当不能满足通长要求时,须搭接 $1.2l_{aE}$)
内侧钢筋长度=墙长-保护层厚度 $C\times 2+15d\times 2$</td><td rowspan="5">①详见16G101—1第71和72页;
②剪力墙端部有暗柱时,剪力墙水平分布筋伸至墙端(暗柱端),向内弯折 $10d$;
③剪力墙端部有翼墙时,内墙两侧水平分布筋应伸至翼墙外侧,向两侧弯折 $15d$;
④端部有转角墙时,转角两侧水平分布筋应伸至转角外侧,向两侧弯 $15d$,外侧水平分布筋在墙角外侧弯折,建议在暗柱范围外进行连接,也可在转角处连接;
⑤墙身水平分布钢筋定尺长度不够通长须搭接时,加搭接长度 $1.2l_{aE}$,见图6.11</td><td>图6.13
图6.14</td></tr>
<tr><td>L形外侧钢筋不连续通过(在转角处搭接):
外侧钢筋长度=墙长-保护层厚度 $C\times 2+0.5l_{lE}$
内侧钢筋长度=墙长-保护层厚度 $C\times 2+15d\times 2$</td><td>图6.15</td></tr>
<tr><td>T形或斜交翼墙:伸至翼墙外侧长度-保护层厚度 $C+15d$(另向墙身水平分布筋直通)</td><td>图6.16
图6.17</td></tr>
<tr><td>一字形:长度=墙长-保护层厚度 $C\times 2+10d\times 2$</td><td>图6.18</td></tr>
<tr><td>斜交:
内侧:伸至转角对边墙长 $+15d$
外侧:钢筋连续通过</td><td>图6.19</td></tr>
<tr><td rowspan="2">根数</td><td>基础层水平分布筋根数=max[(基础厚度 h_j-基础保护层厚度 C)/500+1,2]×水平分布筋排数</td><td>16G101—3第64页,在基础部位布置间距小于等于500 mm且不少于两道水平分布钢筋与拉结筋</td><td rowspan="2">图6.5
图6.6
图6.7</td></tr>
<tr><td>楼层水平分布筋根数=[(层高-50×2)/间距+1]×水平分布筋排数</td><td></td></tr>
</table>

注:①剪力墙层高范围最下一排水平分布筋距底部板顶50 mm,最上一排水平分布筋距顶部板顶不大于100 mm。当层顶位置设有宽度大于剪力墙厚度的边框梁时,最上一排水平分布筋距顶部边框梁底100 mm,边框梁内部不设水平分布筋。

②水平分布筋在连梁、暗梁内连续布置,楼层上下起步距离为50 mm。

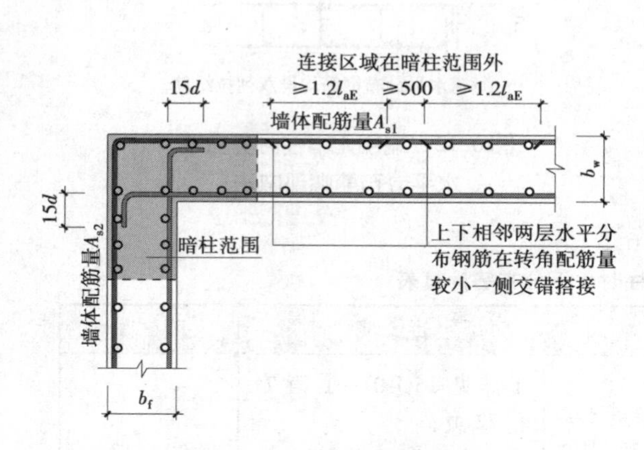

图 6.13　转角墙构造(一)
(外侧水平分布钢筋连续通过转弯,其中 $A_{s1} \leqslant A_{s2}$)

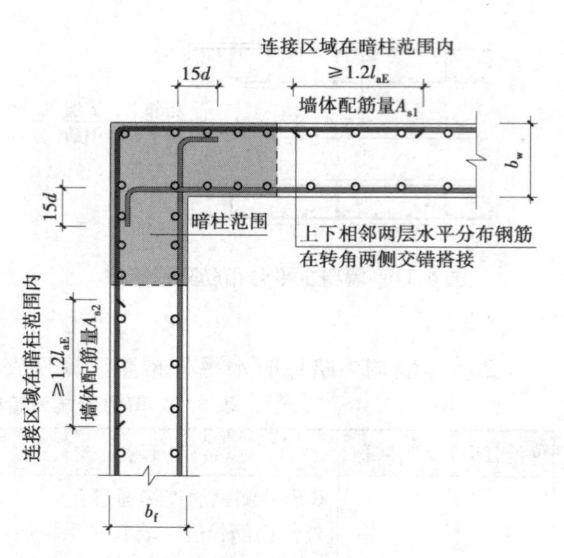

图 6.14　转角墙构造(二)
(外侧水平分布钢筋连续通过转弯,其中 $A_{s1} \leqslant A_{s2}$)

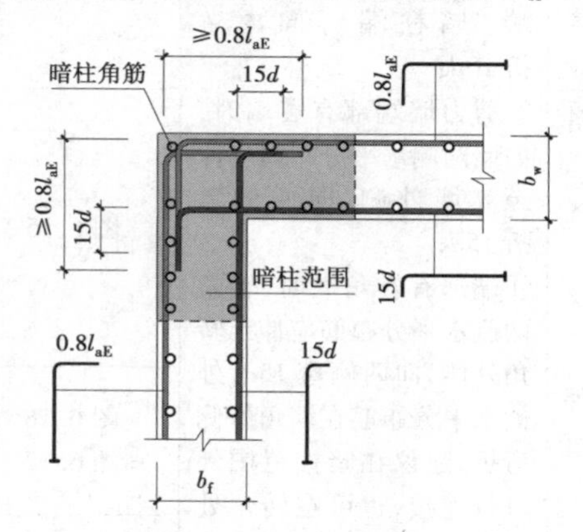

图 6.15　转角墙构造(三)
(外侧水平分布钢筋在转角处搭接)

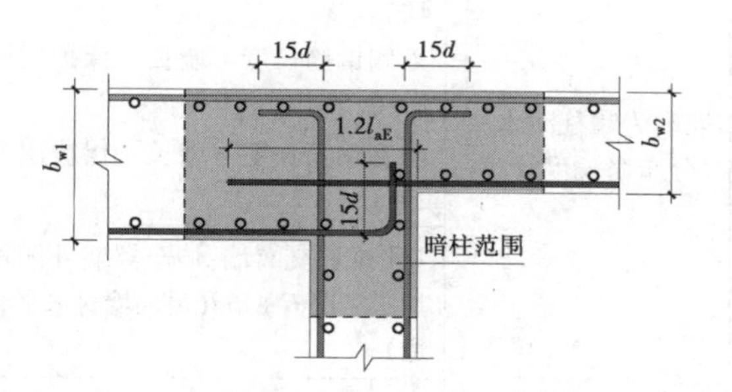

图 6.16　翼墙

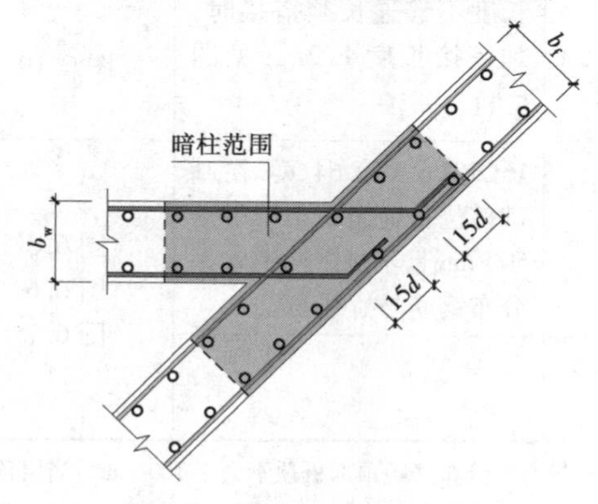

图 6.17　斜交翼墙

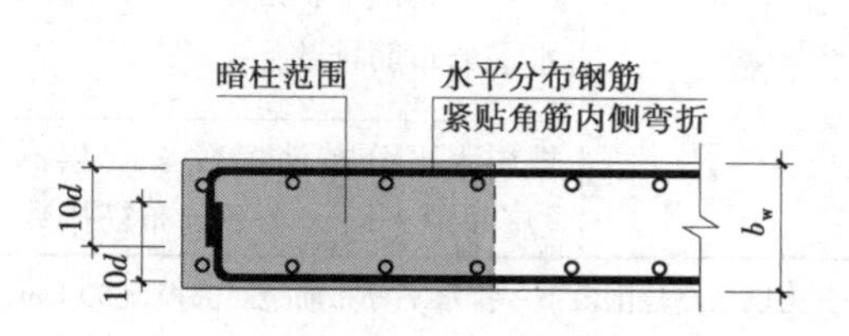

图 6.18　端部一字暗柱墙图

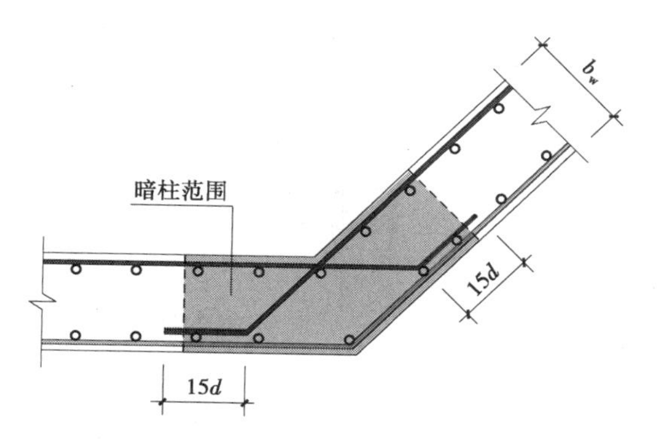

图 6.19 斜交转角墙

③剪力墙端为端柱时水平分布筋计算见表 6.6。

表 6.6 剪力墙端为端柱水平分布筋计算表

钢筋部位及其名称	计算公式	说 明	附 图
墙端为端柱时水平分布筋长度计算	外侧钢筋,伸至墙对边,长度 = 墙长 - 保护层厚度 $C\times2+0.8l_{aE}\times2$; 内侧钢筋,伸至墙对边,长度 = 墙长 - 保护层厚度 $C\times2+15d\times2$	①详见 16G101—1 第 71 和 72 页; ②墙身水平分布钢筋定尺长度不够通长,须搭接时,加搭接长度 $1.2l_{aE}$,见图 6.11; ③墙身端部有端柱时,水平分布筋应伸至端柱对边钢筋内侧弯折 $15d$;如果弯折前长度不小于 l_{aE}时,可不弯折。当端柱边与剪力墙外边缘平齐时,外侧水平分布筋应伸至端柱对边钢筋内侧弯 $15d$,且弯折前长度应$\geq0.6l_{abE}$	图 6.20 图 6.21 图 6.22
根数	基础层水平分布筋根数 = max[(基础厚度 h_j - 基础保护层厚度 C)/500 + 1,2] × 水平分布筋排数	16G101—3 第 64 页,在基础部位布置间距小于等于 500 mm 且不小少两道水平分布钢筋与拉结筋	图 6.5 图 6.6 图 6.7
	楼层水平分布筋根数 = [(层高 - 50 × 2)/间距 + 1] × 水平分布筋排数		

注:①剪力墙层高范围最下一排水平分布筋距底部板顶 50 mm,最上一排水平分布筋距顶部板顶不大于 100 mm。当层顶位置设有宽度大于剪力墙厚度的边框梁时,最上一排水平分布筋距顶部边框梁底 100 mm,边框梁内部不设水平分布筋。
②水平分布筋在连梁、暗梁内连续布置,楼层上下起步距离为 50 mm。

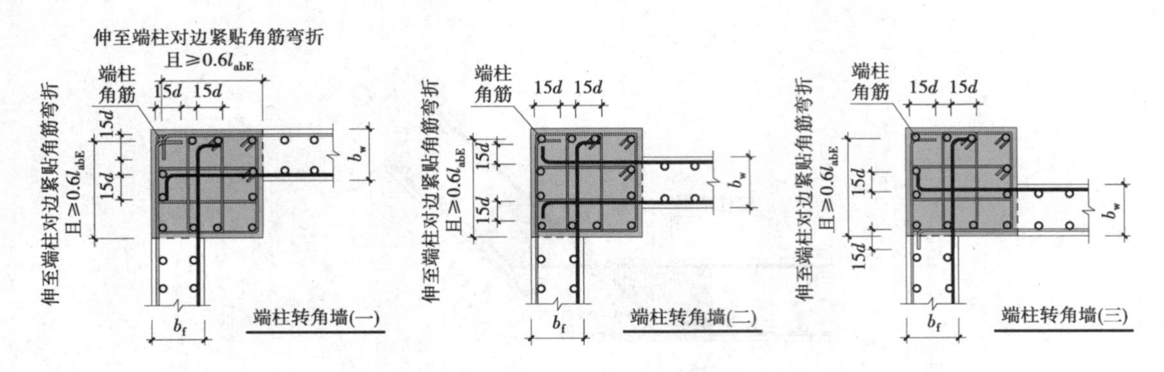

图 6.20　端柱转角墙水平钢筋锚固

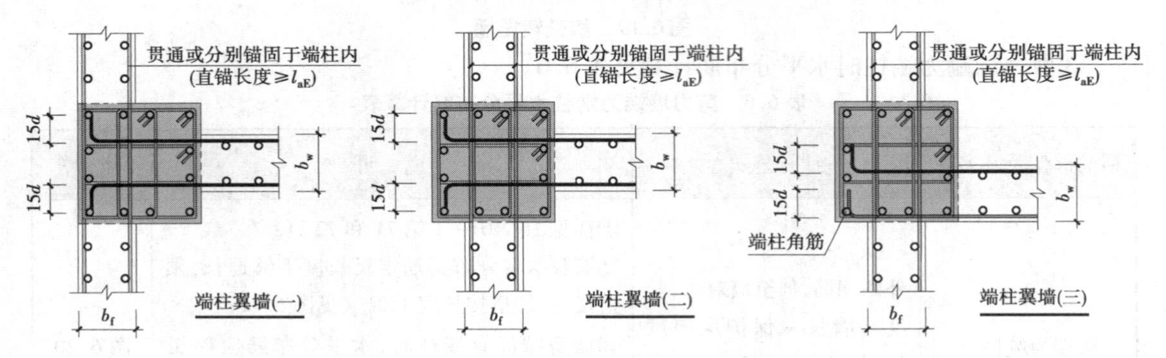

图 6.21　端柱翼墙水平钢筋锚固

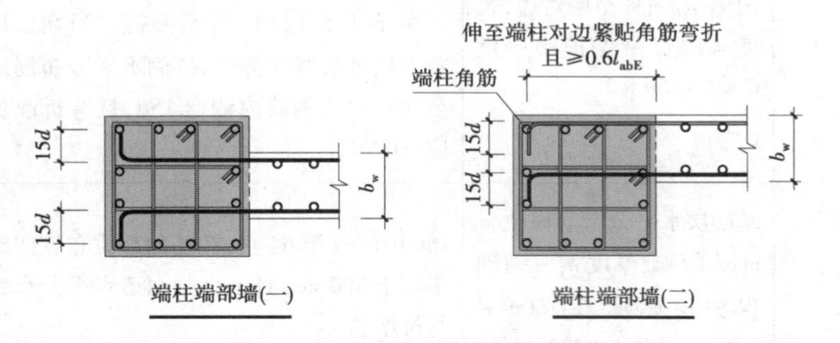

图 6.22　端柱端部墙水平钢筋锚固

④墙身拉结筋计算见表 6.7。

表 6.7　墙身拉结筋计算表

钢筋部位及其名称	计算公式	说　明	附　图
拉结筋	单个拉结筋长度 = 墙厚 − 2 × 保护层厚度 $C - d + 2l_w$	16G101—1 第 62 页	图 6.23
	基础层拉结筋个数 = [(基础厚度 h_j − 基础保护层厚度 C)/500 + 1] × 每排拉结筋根数 每排拉结筋根数 = (墙长 − 50 × 2)/间距 + 1	16G101—3 第 64 页,在基础部位布置间距小于等于 500 mm 且不少于两道水平分布钢筋与拉结筋	图 6.5 图 6.6 图 6.7 图 6.23

续表

钢筋部位及其名称	计算公式	说明	附图
拉结筋	①矩形布置： 其他层拉结筋矩形布置根数 = 墙净面积/拉结筋布置面积 墙净面积 = 墙面积 − 门洞总面积 − 暗(端)柱所占面积 − 暗梁面积 − 连梁所占面积 拉结筋布置面积 = 横向间距 × 纵向间距 ②梅花双向布置： $拉结筋个数 = \left(\frac{墙长}{0.5 \times 拉结筋水平间距} + 1\right) \times \left(\frac{墙高}{0.5 \times 拉结筋垂直间距} + 1\right) \times 50\%$	①16G101—1 第16页，拉结筋布置方式有矩形或梅花双向。 ②剪力墙竖向钢筋为多排布置时，拉结筋的个数与剪力墙竖向分布筋的排数无关	图6.23

注：l_w 为拉结筋弯钩增加长度，$l_w = \max + (11.9d, 1.9d + 75)$。

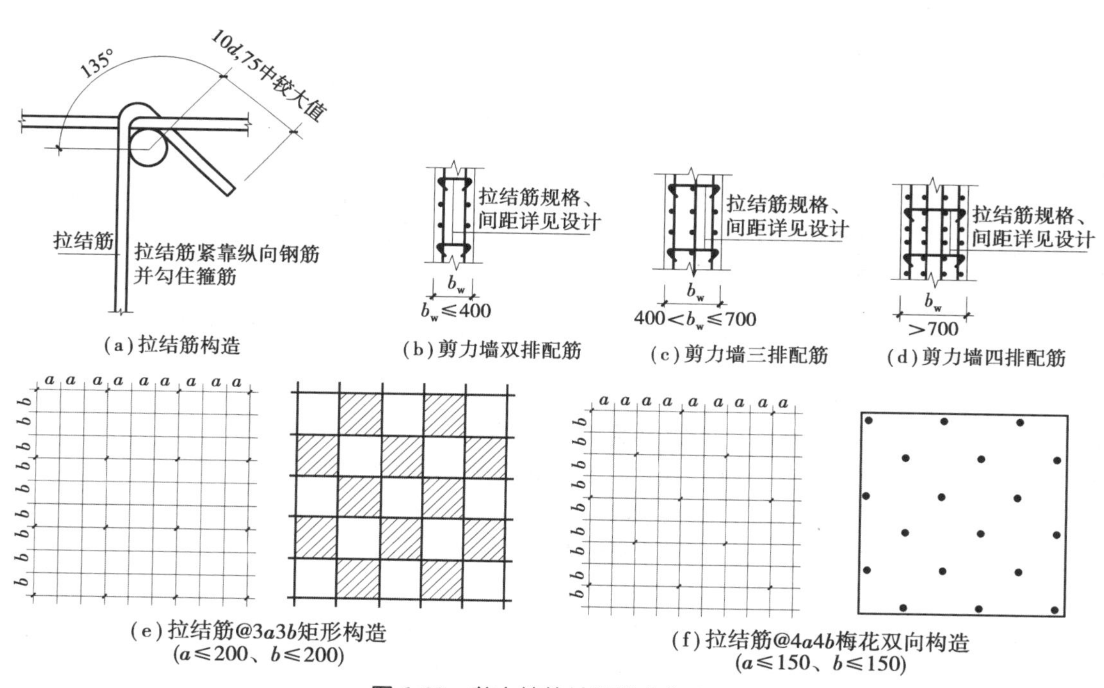

图6.23 剪力墙拉结筋排布构造

⑤剪力墙开洞钢筋计算，见表6.8。

表6.8 剪力墙开洞钢筋计算表

钢筋部位及其名称	计算公式	说明	附图
墙体水平分布筋长度 墙体竖向分布筋长度	单根长度 = 水平分布筋或竖向分布筋伸到洞口边长度 − 保护层厚度 $C + 10d$		图6.24 图6.25

续表

<table>
<tr><th>钢筋部位及其名称</th><th>计算公式</th><th>说　明</th><th>附　图</th></tr>
<tr><td rowspan="7">洞口补强钢筋构造</td><td>当矩形洞宽和洞高均≤800 mm时,洞口补强钢筋构造:
①洞口每侧补强钢筋按设计注写;
②单根长度 = 洞宽或洞高 + $2l_{aE}$</td><td rowspan="7">①详见16G101—1第83页。
②洞口补强钢筋应按洞口中心并且沿剪力墙中轴线两侧对称排布。特殊情况以设计要求为准。
③当洞口 > 800 mm时,洞口两侧应设边缘构件</td><td rowspan="7">图6.25
图6.26</td></tr>
<tr><td>当矩形洞宽和洞高均 > 800 mm时,洞口补强钢筋构造:洞口上下设补强暗梁,补强暗梁配筋按设计标注。当洞口上边或下边为剪力墙连梁时,不再重复设置补强暗梁。洞口竖向两侧设置剪力墙边缘构件,详见剪力墙墙柱设计</td></tr>
<tr><td>圆形洞口直径≤300 mm时,补强钢筋构造:
①洞口每侧补强钢筋按设计注写;
②单根长度 = 圆洞直径 + $2l_{aE}$</td></tr>
<tr><td>圆形洞口直径 > 300 mm且≤800 mm时,补强钢筋构造:
①洞口每侧补强钢筋按设计注写,在洞口周边设置环形加强钢筋;
②墙体分布筋延伸至洞口边弯折;
③单根长度 = 圆洞直径 + $2l_{aE}$,环形加强钢筋长度 = (圆洞直径 + 保护层厚度 C) × 3.14 + max($2l_{aE}$, 2 × 300)</td></tr>
<tr><td>当圆形洞口直径 > 800 mm时,洞口补强钢筋构造:
①洞口上下设补强暗梁,补强暗梁配筋按设计标注。当洞口上边或下边为剪力墙连梁时,不再重复设置补强暗梁。洞口竖向两侧设置剪力墙边缘构件,详见剪力墙墙柱设计。
②墙体分布筋延伸至洞口边弯折。
③洞口周边设环形加强钢筋。
④单根长度 = 圆洞直径 + $2l_{aE}$,环形加强钢筋长度 = (圆洞直径 + 保护层厚度 C) × 3.14 + max($2l_{aE}$, 2 × 300)</td></tr>
<tr><td>连梁中部圆形洞口补强钢筋构造:
①洞口每侧补强纵筋与补强箍筋按设计注写;
②单根长度 = 圆洞直径 + $2l_{aE}$</td></tr>
</table>

注:剪力墙开洞除了洞口补强钢筋构造外,还有连梁斜向交叉暗撑构造和连梁斜向交叉钢筋构造两种情况。连梁斜向交叉暗撑及斜向交叉构造钢筋的纵筋锚固长度为:≥l_{aE}且≥600 mm,详见16G101—1第81页。

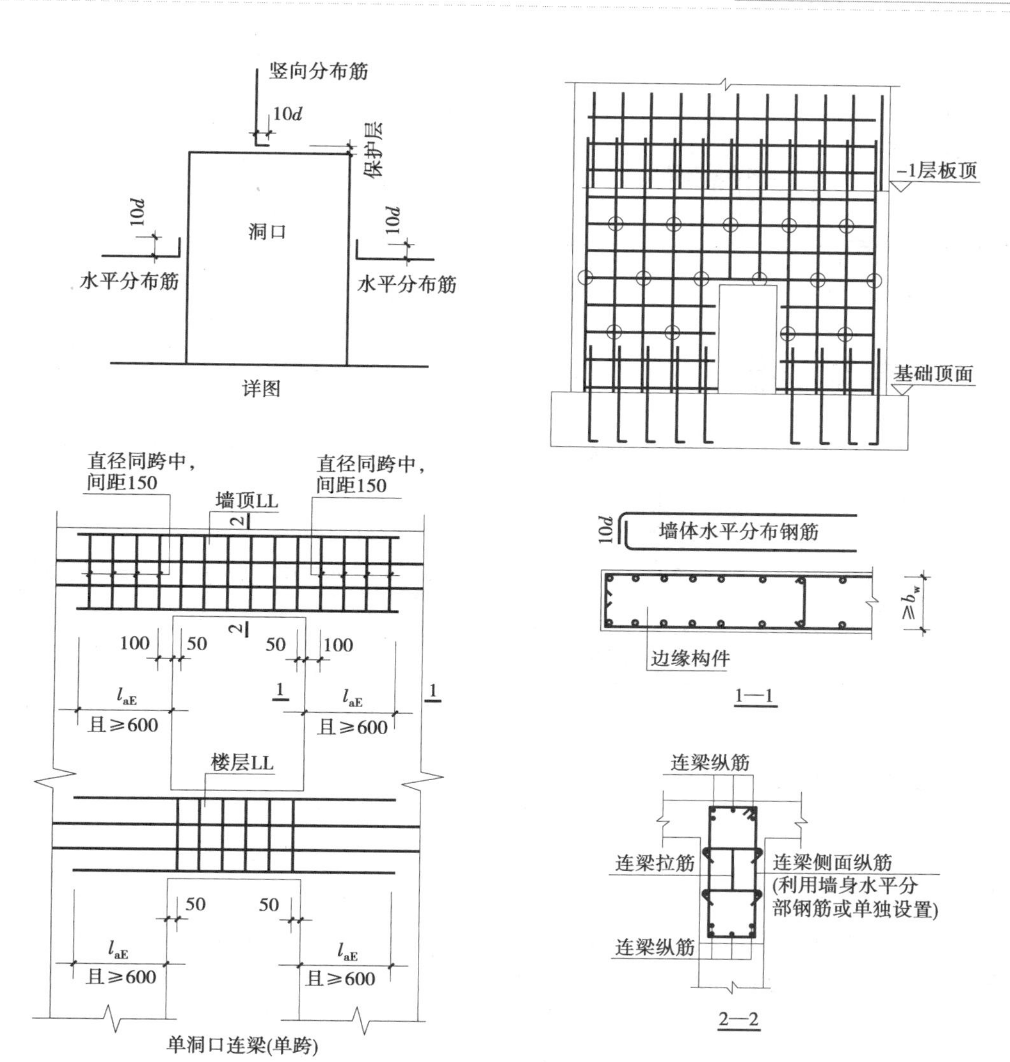

图6.24 剪力墙洞口周边配筋

图6.25 剪力墙洞口施工示例

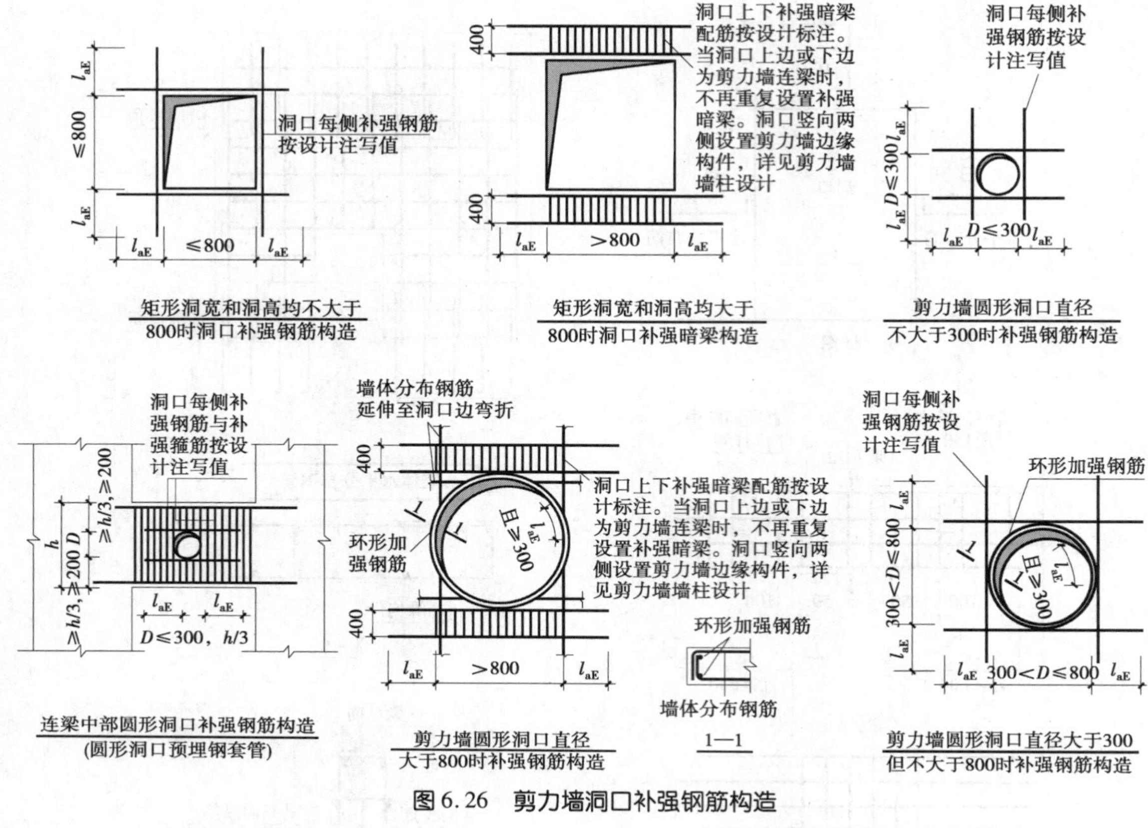

矩形洞宽和洞高均不大于800时洞口补强钢筋构造

矩形洞宽和洞高均大于800时洞口补强暗梁构造

剪力墙圆形洞口直径不大于300时补强钢筋构造

连梁中部圆形洞口补强钢筋构造（圆形洞口预埋钢套管）

剪力墙圆形洞口直径大于800时补强钢筋构造

剪力墙圆形洞口直径大于300但不大于800时补强钢筋构造

图 6.26　剪力墙洞口补强钢筋构造

2）暗柱钢筋计算

剪力墙墙柱包括约束边缘构件 YBZ、构造边缘构件 GBZ、非边缘暗柱 AZ 和扶壁柱 FBZ 等。约束边缘构件包括约束边缘暗柱、约束边缘端柱、约束边缘翼墙、约束边缘转角墙 4 种；构造边缘构件包括构造边缘暗柱、构造边缘端柱、构造边缘翼墙、构造边缘转角墙 4 种。在计算钢筋工程量时，只需要考虑为端柱和暗柱即可，其中端柱钢筋计算同框架柱钢筋，请参照本书框架柱有关章节；剪力墙暗柱钢筋计算见表 6.9。

表 6.9　剪力墙暗柱钢筋计算表

钢筋部位及其名称	计算公式	说　明	附　图
暗柱钢筋	（1）基础插筋长度计算 ①当暗柱纵筋采用绑扎搭接时： 基础插筋长度（低）= 基础厚度 h_j − 保护层厚度 C + 基础底板内弯折长度 a + 纵筋伸出基础露出长度（l_{lE}） 基础插筋长度（高）= 基础厚度 h_j − 保护层厚度 C + 基础底板内弯折长度 a + 纵筋伸出基础露出长度（$2.3l_{lE}$）	①详见 16G101—3 第 64 页墙身竖向分布钢筋在基础中的构造和 16G101—1 第 73 页剪力墙竖向分布钢筋连接构造。	图 6.4 图 6.5 图 6.6 图 6.8 图 6.27

续表

钢筋部位及其名称	计算公式	说明	附图
暗柱钢筋	②当暗柱纵筋采用机械连接或焊接时： 基础插筋长度(低)=基础厚度 h_j - 保护层厚度 C + 基础底板内弯折长度 a + 纵筋伸出基础露出长度500 基础插筋长度(高)=基础厚度 h_j - 保护层厚度 C + 基础底板内弯折长度 a + 纵筋伸出基础露出长度[500+35d或max(35d,500)] (2)箍筋个数计算 ①基础内箍筋个数计算：个数=max[(基础厚度 h_j - 基础保护层厚度 C)/500,2]； ②箍筋长度同框架柱箍筋计算，以下余同。 矩形箍筋长度 $=(b_c+h_c)\times 2-8\times$ 保护层厚度 $C-4d+2l_w$ 拉结筋长度 $=b_c-2\times$ 保护层厚度 $C-d+2l_w$(以下余同)	②墙插筋在基础内的竖直锚固长度与弯折长度对照表，见表6.2。 ③当墙相邻纵向钢筋连接接头位置要求高低相互错开时，位于同一连接区段纵向钢筋接头面积百分率不大于50%，以下余同。 ④当不同直径的钢筋绑扎搭接时，搭接长度按较小直径计算。当不同直径钢筋机械连接或焊接时，两批连接接头间距35d按较小直径计算	图6.4 图6.5 图6.6 图6.8 图6.27
	中间层纵筋和箍筋计算 ①当暗柱纵筋采用绑扎搭接时： 纵筋单根长度=本层层高 $+l_{lE}$ 箍筋根数 $=(500+2.3l_{lE})/\min(5d,100)+1+$(中间层层高 $-2.3l_{lE}-500$)/箍筋间距 -1 拉结筋个数=中间层箍筋数量×暗柱内同类拉结筋水平方向计算个数 ②当暗柱纵筋采用机械连接或焊接时： 纵筋单根长度=本层层高 箍筋个数=中间层层高/箍筋间距+1 拉结筋个数=中间层箍筋数量×暗柱内同类拉结筋水平方向计算个数	16G101—1第73页	图6.27
	顶层纵筋和箍筋计算 ①当暗柱纵筋采用绑扎搭接时： 纵筋单根长度(低)=顶层层高 - 保护层厚度 C - 500 + 12d(此根纵筋与下层伸出的低端纵筋搭接) 纵筋单根长度(高)=顶层层高 - 保护层厚度 $C-500-1.3l_{lE}+12d$(此根纵筋与下层伸出的高端纵筋搭接) 箍筋个数 $=(500+2.3l_{lE})/\min(5d,100)+1+$(顶层层高 $-2.3l_{lE}-500$)/箍筋间距 -1	16G101—1第73页； 18G901—1第3-17、3-18页	图6.27

续表

钢筋部位及其名称	计算公式	说　明	附　图
暗柱钢筋	拉结筋个数＝顶层箍筋数量×暗柱内同类拉结筋水平方向计算个数 ②当暗柱纵筋采用机械连接或焊接时： 纵筋单根长度(低)＝顶层层高－保护层厚度 C－500＋12d(此根纵筋与下层伸出的低端纵筋搭接) 纵筋单根长度(高)＝顶层层高－保护层厚度 C－500－35d[或 max(35d,500)]＋12d(此根纵筋与下层伸出的高端纵筋搭接) 箍筋个数＝顶层层高/箍筋间距＋1 拉结筋个数＝顶层箍筋数量×暗柱内同类拉结筋水平方向计算个数	16G101—1 第 73 页；18G901—1 第 3-17、3-18 页	图 6.27

注：①暗柱不是独立的柱构件，是剪力墙墙身的一个组成部分，因此其纵筋构造同剪力墙竖向钢筋。

②当剪力墙结构有抗震等级要求时，$l_w = \max(11.9d, 1.9d+75)$。

③宽高比不小于 5 的连梁，按框架梁设计时，代号为 LLk××，详见 16G101—1 第 80 页。其纵向钢筋单根长度＝洞口宽度 $l_n + 2\times\max(l_{aE},600)$；支座负筋第 1 排单根长度＝洞口宽度 $l_n/3+\max(l_{aE},600)$；支座负筋第 2 排单根长度＝洞口宽度 $l_n/4+\max(l_{aE},600)$；梁上贯通筋不同直径钢筋的搭接长度为 l_{lE}；架立筋与非贯通筋的搭接长度为 150 mm；侧面钢筋单根长度＝洞口宽度 $l_n+2\times\max(l_{aE},600)$；箍筋加密区长度：抗震等级为一级时，$\geqslant 2\times h_b$(梁高)且 $\geqslant$500 mm；抗震等级为二～四级时，$\geqslant 1.5\times h_b$(梁高)且 $\geqslant$500 mm，如图 6.28 所示。

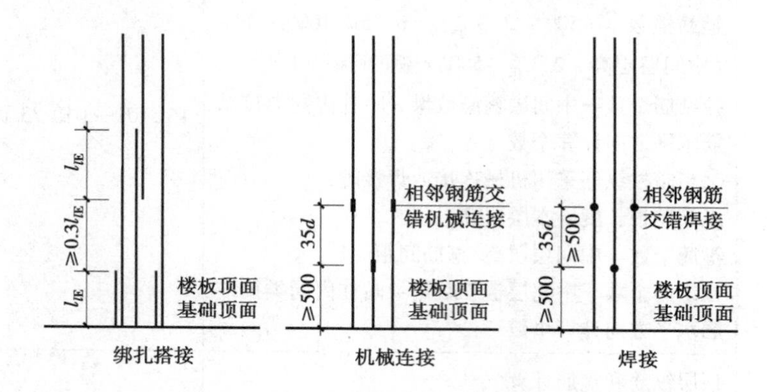

图 6.27　剪力墙边缘构件纵向钢筋连接构造

(适用于约束边缘构件阴影部分和构造边缘构件的纵向钢筋)

3)连梁钢筋计算

在框架剪力墙结构中，连接墙肢与墙肢、墙肢与柱的梁称为连梁，准确地说，连梁就是和剪力墙浇筑成一体的门窗洞口钢筋过梁，位于墙顶的又称为墙顶连梁，通常以暗柱或端柱为支座。连梁由纵向钢筋、箍筋、拉结筋和墙身水平分布筋组成。计算连梁钢筋时要区分顶层与中间层，依据洞口的位置不同有不同的计算方法，剪力墙连梁钢筋计算见表 6.10。

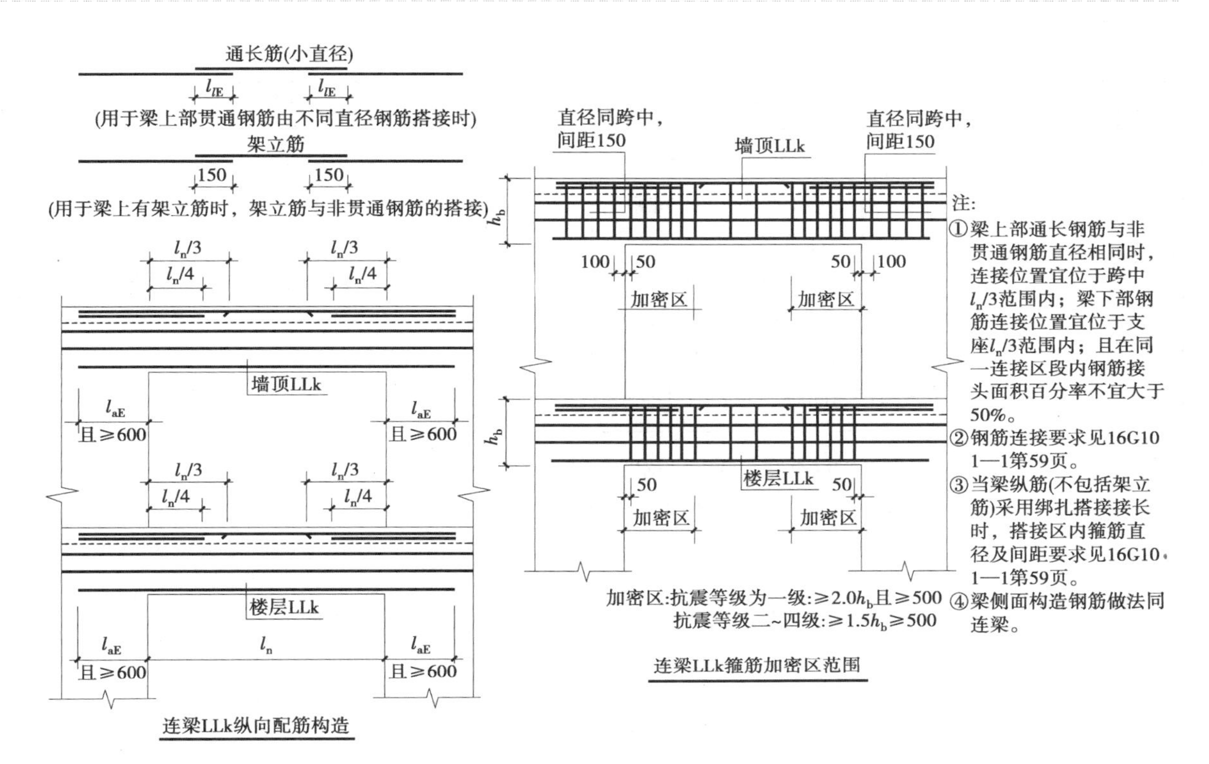

图6.28 剪力墙连梁 LLk 纵向钢筋、箍筋加密区构造

表6.10 剪力墙连梁钢筋计算表

钢筋部位及其名称	计算公式	说明	附图
中间层单洞口连梁钢筋	①墙中部单洞口连梁,如图6.29所示单洞口连梁:纵向钢筋单根长度 = 洞口宽度 + 2 × max(l_{aE},600)(单洞口); ②当端部墙肢较短时,如图6.29所示洞口连梁:纵向钢筋单根长度 = 洞口宽度 + max(l_{aE},600) + (端部墙肢厚度 − 保护层厚度 C + 弯折长度 $15d$)	①16G101—1第78和80页; ②当端部洞口连梁的纵筋在端支座的直锚长度≥l_{aE}且≥600 mm时,可不必往上(下)弯折,但应伸至边缘构件外边竖向钢筋内侧位置	图6.28 图6.29
	箍筋个数 = (洞口宽度 − 50 × 2)/间距 + 1		
顶层单洞口连梁钢筋	箍筋个数 = (洞口宽度 − 50 × 2)/间距 + 1 + (伸入端墙内平直段长度 − 100)/150 + 1 + (锚入墙内长度 l_{aE} − 100)/150 + 1	①顶层连梁纵筋长度计算同中间层; ②16G101—1第78页; ③顶层连梁与中间层连梁唯一不同之处是箍筋,顶层连梁箍筋必须在连梁纵筋锚固部分布置约束箍筋,间距为150 mm	图6.29

续表

钢筋部位及其名称	计算公式	说明	附图
中间层双洞口连梁钢筋	纵向钢筋单根长度 = 两洞口宽度之和 + 两洞口间墙肢宽度(两洞口间间距) + 2 × max(l_{aE},600)(双洞口)	16G101—1 第 78 页	图 6.29
	箍筋个数 = [(左洞口宽度 − 50 × 2)/间距 + 1] + [(右洞口宽度 − 50 × 2)/间距 + 1] + [(两洞口间间距 − 50 × 2)/间距 + 1]		
顶层双洞口连梁钢筋	纵向钢筋单根长度 = 两洞口宽度之和 + 两洞口间墙肢宽度(两洞口间间距) + 2 × max(l_{aE},600)(双洞口)	①详见 16G101—1 第 78 页; ②顶层连梁与中间层连梁唯一不同之处是箍筋,顶层连梁箍筋必须在连梁纵筋锚固部分布置约束箍筋,间距为 150 mm	图 6.29
	箍筋个数 = [(左洞口宽度 − 50 × 2)/间距 + 1] + [(右洞口宽度 − 50 × 2)/间距 + 1] + {[max(l_{aE}, 600) − 100]/150 + 1} + {max(l_{aE},600) − 100]/150 + 1} + [(两洞口间间距 − 100 × 2)/间距 + 1]		
连梁侧面构造钢筋和拉筋	①连梁侧面纵向构造钢筋单根长度 = 洞口宽度 + 左支座锚固长度 l_{aE} + 右支座锚固长度 l_{aE}; ②拉筋个数: 拉筋总个数 = 布置拉筋排数 × 每排个数 布置拉筋排数 = [(连梁高 − 保护层厚度 C × 2)/水平筋间距 + 1] /2 每排个数 = (连梁净跨 − 50 × 2)/连梁拉筋间距 + 1	①16G101—1 第 78 页; ②当设计上没有标注连梁侧面构造筋时,墙体水平分布筋作为梁侧面构造筋在连梁范围内拉通连续布置(见图 6.31); ③当连梁截面高度 > 700 mm 时,侧面纵向构造筋直径应 ≥ 10 mm,间距应 ≤ 200 mm; ④拉筋布置原则:当梁宽 ≤ 350 mm 时,直径为 6 mm;梁宽 > 350 mm 时,直径为 8 mm;拉筋间距为 2 倍箍筋间距,竖向沿侧面水平筋隔一拉一布置	图 6.29 图 6.30

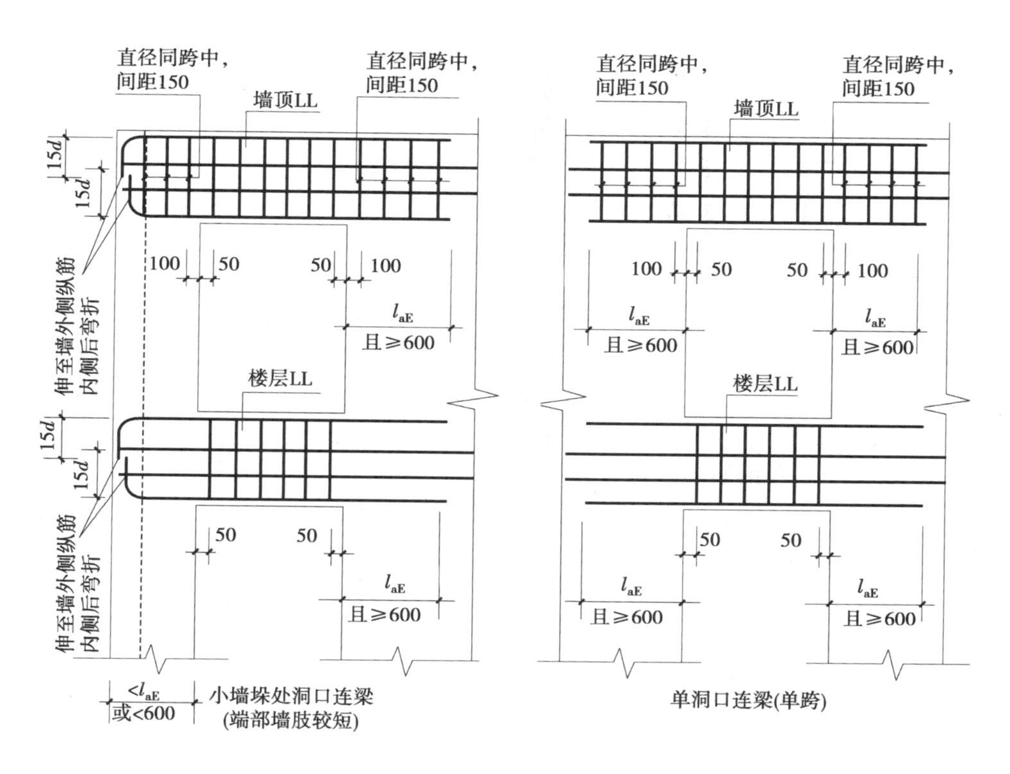

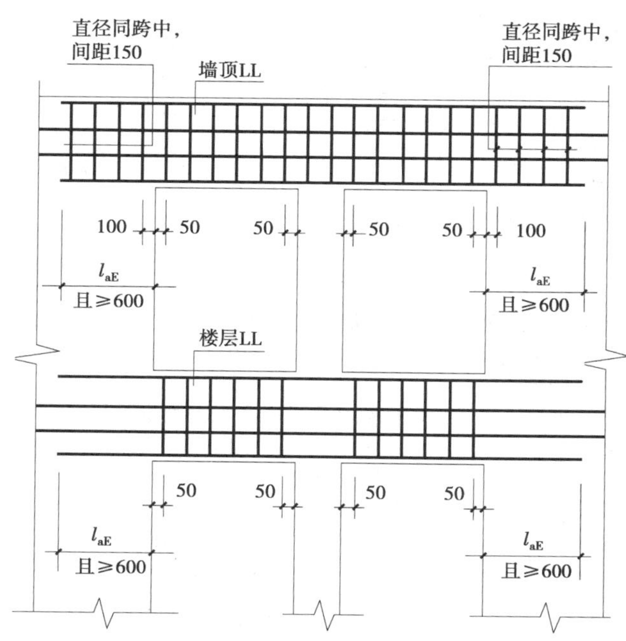

图6.29 连梁LL配筋构造

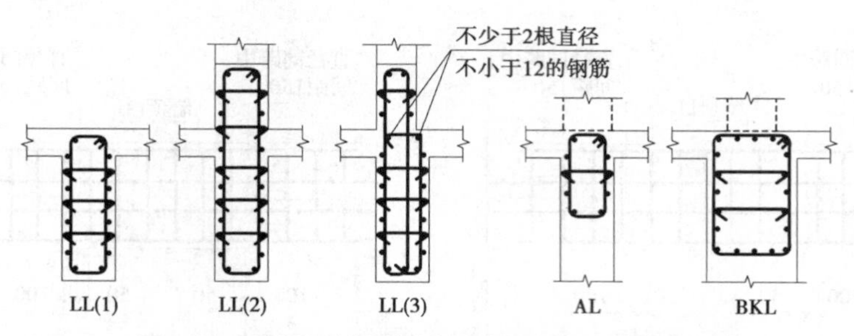

图 6.30　连梁、暗梁和边框梁侧面纵筋和拉筋构造

4）暗梁钢筋计算

暗梁纵筋与连梁不重复设置，能通则通，否则暗梁纵筋与连梁纵筋搭接。暗梁侧面筋与墙体水平分布筋不重复设置，两者取大值。暗梁截面高度可取墙厚的 2 倍。剪力墙暗梁钢筋计算见表 6.11。墙梁对墙身钢筋的影响计算见表 6.12。

表 6.11　剪力墙暗梁钢筋计算表

钢筋部位及其名称	计算公式	说　明	附　图
楼层暗梁	①单根纵筋长度 = 墙总长 - 保护层厚度 $C\times2+15d$； ②箍筋根数 =（暗梁净长 - 50 × 2）/箍筋间距 +1； ③箍筋长度计算同框架梁箍筋	①详见 16G101—1 第 78 页； ②楼层 BKL 或 AL 在边框柱处节点做法同框架结构，详见 16G101—1 第 79 页； ③楼层暗梁上下纵筋计算方法相同； ④墙身水平分布筋在暗梁高度范围连续设置	图 5.2 图 6.29 图 6.31
顶层暗梁	①暗梁上部纵筋单根长度 = 墙总长 - 保护层厚度 $C\times2+2\times1.7l_{abE}$； ②暗梁下部纵筋单根长度 = 墙总长 - 保护层厚度 $C\times2+15d$； ③箍筋根数 =（暗梁净长 - 50 × 2）/箍筋间距 +1； ④箍筋长度计算同框架梁箍筋	①详见 16G101—1 第 67 页； ②墙顶 BKL 或 AL 在边框柱处节点做法同框架结构，详见 16G101—1 第 79 页； ②墙身水平分布筋在暗梁高度范围连续设置	图 6.31
连梁侧面构造钢筋和拉筋	①暗梁侧面纵向构造钢筋单根长度 = 墙总长 - 保护层厚度 $C\times2+15d$ ②拉筋个数： 拉筋总个数 = 布置拉筋排数 × 每排个数 布置拉筋排数 = [（暗梁高 - 保护层厚度 $C\times2$）/水平筋间距 +1]/2 每排根数 =（暗梁净长 - 50 × 2）/暗梁拉筋间距 +1	①16G101—1 第 78 页； ②当设计上没有标注暗梁侧面构造筋时，墙体水平分布筋作为梁侧面构造筋在暗梁范围内拉通连续布置（见图 6.30）； ③当暗梁截面高度 >700 mm 时，侧面纵向构造筋直径应 ≥10 mm，间距应 ≤200 mm； ④拉筋布置原则：当梁宽 ≤350 mm 时，直径为 6 mm；梁宽 >350 mm 时，直径为 8 mm；拉筋间距为 2 倍箍筋间距，竖向沿侧面水平分布筋隔一拉一布置	图 6.29 图 6.30

注：①在有些软件中暗梁有一种传统的算法，当暗梁遇暗柱时，把暗柱当作支座，暗梁纵筋伸入支座内长度为 l_{aE}，即暗梁纵筋长度 = 暗梁净长 $+2l_{aE}$。这种算法依据不够充分，暗柱不是暗梁的支座，暗梁不是受弯构件，它是剪力墙的加强带。在图集中墙身水平分布筋均要伸至墙边缘构件端部，作为剪力墙的加强带，暗梁纵筋和侧面构造纵筋也应该伸至墙端。

②暗梁、暗柱均为剪力墙的一部分，且从属于剪力墙构件，施工过程中剪力墙与暗梁、暗柱重叠部分，剪力墙或水平分布筋连续通过，因此暗梁、暗柱的钢筋应位于剪力墙内部。

表 6.12 墙梁对墙身钢筋的影响计算表

钢筋部位及其名称	计算公式	说 明	附 图
墙梁对墙身钢筋的影响	竖向分布筋长度:剪力墙的竖向分布钢筋连续过边框梁和暗梁,因此暗梁和连梁不影响剪力墙的竖向分布钢筋计算		
	水平分布筋根数:剪力墙水平分布钢筋连续穿过暗梁和连梁		
	拉结筋个数 =(墙面积 - 门洞总面积 - 暗柱所占面积 - 暗梁面积 - 连梁所占面积)/(横向间距 × 纵向间距)	拉结筋构造见 18G101—1 第 3-30 页	图 6.23

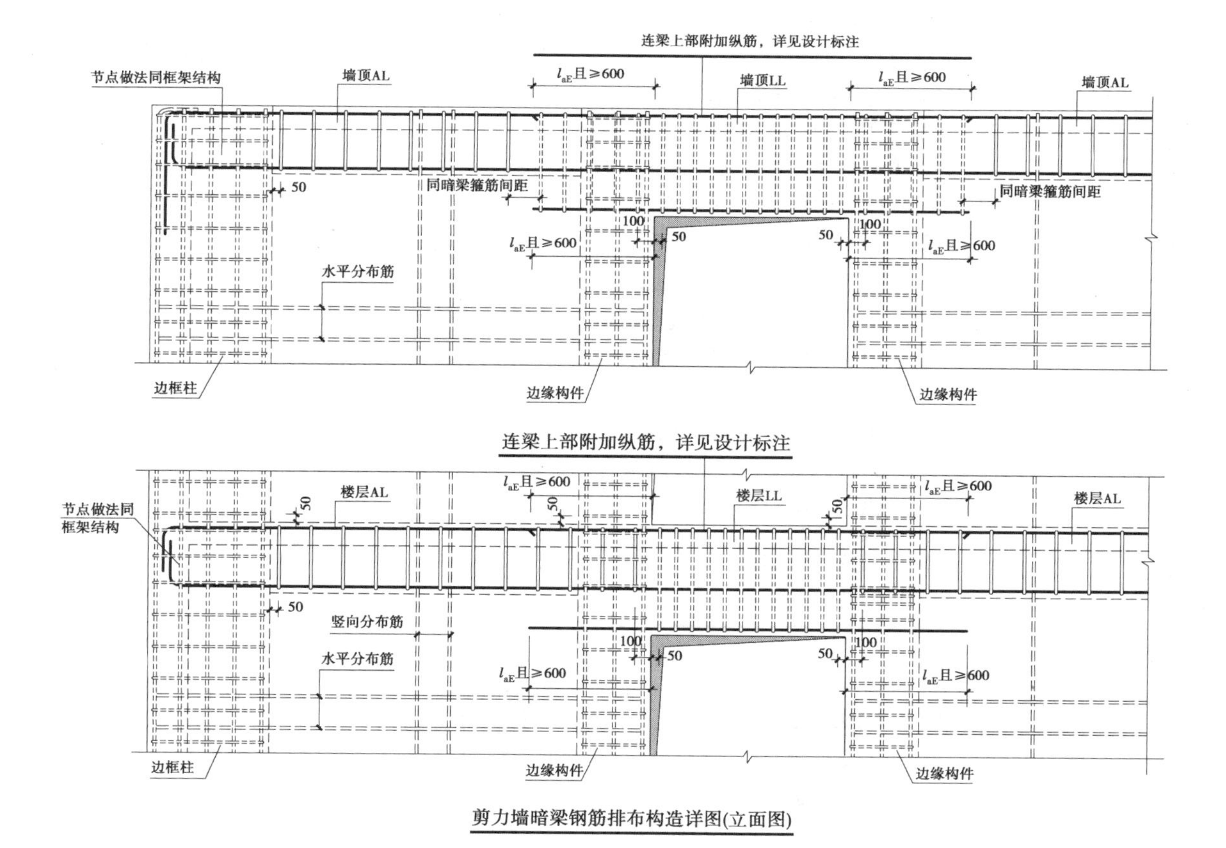

图 6.31 楼层、顶层暗梁钢筋排布构造

5)剪力墙变截面钢筋计算(见表6.13)

表6.13　剪力墙变截面钢筋计算表

钢筋部位及其名称	计算公式	说　明	附　图
竖向钢筋	(1)墙身变截面下层竖向分布筋长度计算 ①墙身竖向分布筋采用绑扎搭接时: 纵筋单根长度(低)=本层层高-保护层厚度 C-500+12d(此根纵筋与下层伸出的低端纵筋搭接) 纵筋单根长度(高)=本层层高-保护层厚度 C-500-1.2l_{aE}+12d(此根纵筋与下层伸出的高端纵筋搭接) ②墙身竖向分布筋采用机械连接或焊接时: 纵筋单根长度(低)=本层层高-保护层厚度 C-500+12d(此根纵筋与下层伸出的低端纵筋搭接) 纵筋单根长度(高)=本层层高-保护层厚度 C-500-35d[或max(35d,500)]+12d(此根纵筋与下层伸出的高端纵筋搭接) (2)墙身变截面插筋长度计算 ①墙身竖向分布筋采用绑扎搭接时: 纵筋单根长度(低)=插入下层长度1.2l_{aE}+本层露出长度500与上层钢筋进行搭接长度1.2l_{aE} 纵筋单根长度(高)=插入下层长度1.2l_{aE}+本层露出长度500与上层钢筋进行搭接长度2.4l_{aE} ②墙身竖向分布筋采用机械连接或焊接时: 纵筋单根长度(低)=插入下层长度1.2l_{aE}+本层露出长度500 纵筋单根长度(高)=插入下层长度1.2l_{aE}+本层露出长度500+35d[或max(35d,500)]+12d(此根纵筋与下层伸出的高端纵筋搭接)	①剪力墙变截面处竖向钢筋构造详见16G101—1第74页; ②当变截面差值 $\Delta \leqslant 30$ mm时,竖向钢筋连续通过;当变截面差值 $\Delta > 30$ mm时,下部钢筋伸至板顶向内弯折≥12d,上部钢筋伸入下部墙内1.2l_{aE}; ③当剪力墙为一面存在变截面差值时,另一面可连续通过	图6.32
	竖向分布筋根数:墙身净长-1个竖向筋间距(或50×2)/竖向筋布置间距+1		

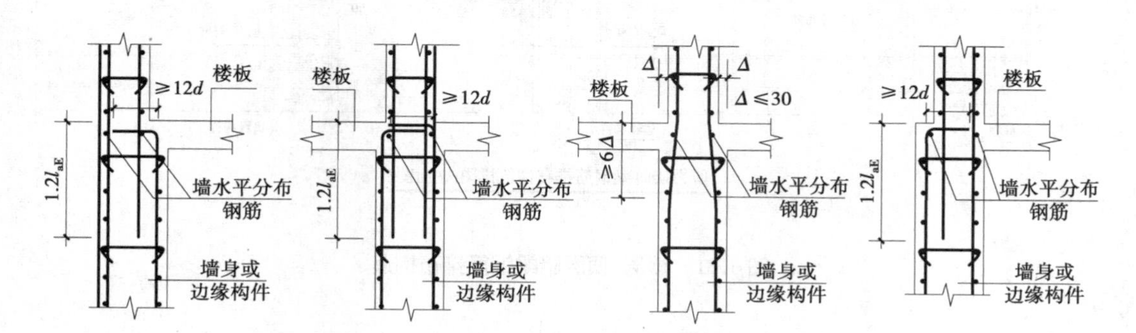

图6.32　剪力墙变截面处竖向钢筋构造

6.2 剪力墙钢筋计算实例

1）计算剪力墙墙身、墙柱、墙梁钢筋工程量

①已知条件见表6.14。

表6.14 计算剪力墙钢筋已知条件

混凝土强度等级	墙/基础保护层厚度 C	抗震等级	l_{lE}	l_{aE}	连接方式	钢筋定尺长度
C30	15 mm/40 mm	二级抗震	$56d$	$40d$	电渣压力焊	9 000 mm

注：同一区段内搭接钢筋面积百分率按50%进行计算，顶层为屋面板，板厚110 mm。

②剪力墙Q1、Q2平法施工图如图6.33所示。剪力墙筋三维视图如图6.34所示。

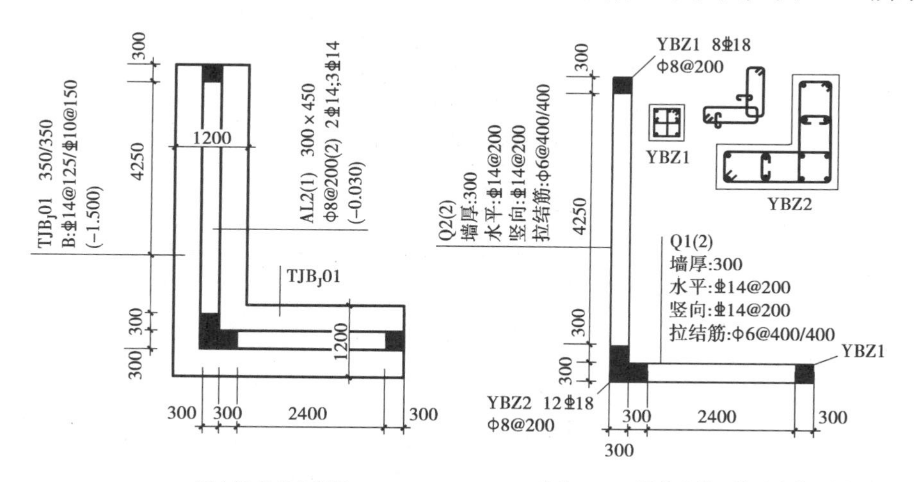

图6.33 剪力墙平法配筋图(局部)

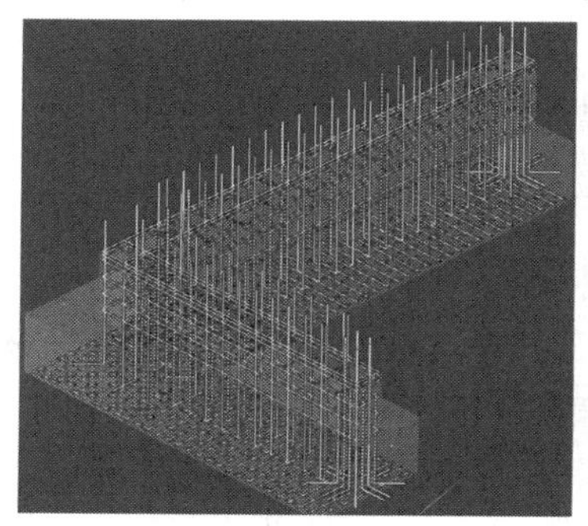

(a)基础层插筋三维视图

(b)一层插筋三维视图

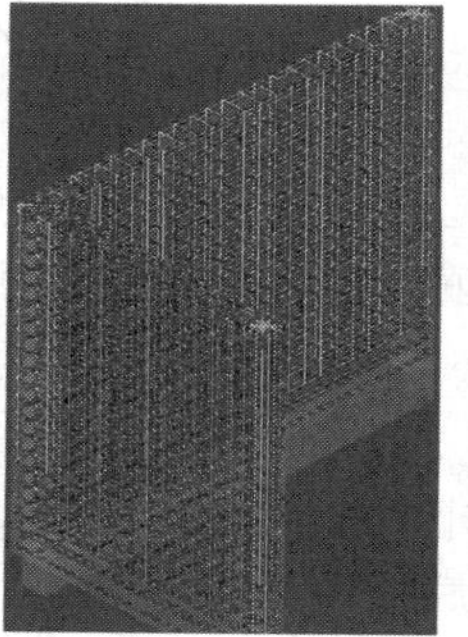

(c)顶层剪力墙筋三维视图

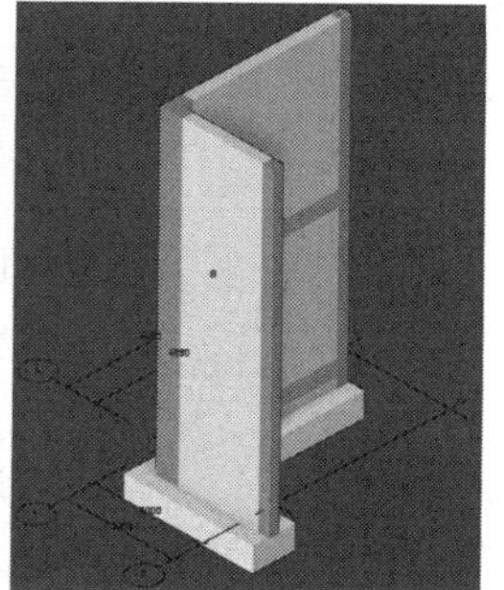

(d)剪力墙整体三维视图

图6.34 剪力墙筋三维视图

③计算该剪力墙墙身、墙柱、墙梁钢筋工程量，计算工程量时按单根长度计算。

④计算过程见表6.15至表6.17。

表6.15　剪力墙墙身钢筋工程量计算表(Φ14@200)

部　位	计算步骤	计算内容	计算过程	备　注
Q1基础竖向插筋计算	第1步	查表计算竖向插筋在基础底板内的弯折长度	查表6.2计算竖向插筋在基础底板内的弯折长度 a：基础厚度 $h_j = 700\ mm > l_{aE} = 40d = 40 \times 14 = 560$ (mm)，且插筋混凝土保护层厚度大于 $5d$，$a = \max(6d, 150) = \max(6 \times 14, 150) = 150$ (mm)	图6.6
	第2步	计算基础内插筋单根长度	竖向插筋单根长度(低)=基础高度-保护层厚度 C+基础底板内弯折长度 a+500 $= 1\ 500 - 40 + 150 + 500 = 2\ 110$ (mm) 竖向插筋长度(高)=基础高度-保护层厚度 C+基础底板内弯折长度 $a + 500 + \max(35d, 500) = 1\ 500 - 40 + 150 + 500 + \max(35 \times 14, 500) = 2\ 610$ (mm)	图6.8
	第3步	计算基础内插筋根数	外侧插筋根数=(墙身净长-2×竖向分布筋起步距离)/间距+1=(2 400-2×200)/200+1=11(根) 内侧插筋根数=外侧插筋根数=11(根)	图6.10
	第4步	计算接头个数	11×2=22(个)	
Q1一层竖向分布筋计算	第1步	计算一层竖向分布筋长度	一层竖向分布筋长度=本层层高=4 200 mm	图6.8
	第2步	计算一层竖向分布筋根数	一层竖向分布筋根数=基础内插筋根数	图6.10
	第3步	计算接头个数	11×2=22(个)	
Q1顶层竖向分布筋计算	第1步	计算顶层竖向分布筋长度	顶层竖向分布筋长度(低)=顶层层高-保护层厚度 $C - 500 + 12d = 4\ 200 - 15 - 500 + 12 \times 14 = 3\ 853$ (mm)(此根纵筋与下层伸入本层低位钢筋进行连接) 顶层竖向分布筋长度(高)=顶层层高-保护层厚度 $C - 500 - \max(35d, 500) + 12d = 4\ 200 - 15 - 500 - \max(35 \times 14, 500) + 12 \times 14 = 3\ 353$ (mm)(此根纵筋与下层伸入本层高位钢筋进行连接)	图6.9
	第2步	计算顶层竖向分布筋根数	顶层竖向分布筋根数=一层插筋根数	
Q2基础竖向插筋计算	第1步	查表计算竖向插筋在基础底板内的弯折长度	查表6.2计算竖向插筋在基础底板内的弯折长度 a：基础厚度 $h_j = 700\ mm > l_{aE} = 40d = 40 \times 14 = 560$ (mm)，且插筋混凝土保护层厚度大于5d，故 $a = \max(6d, 150) = \max(6 \times 14, 150) = 150$ (mm)	图6.6

续表

部　位	计算步骤	计算内容	计算过程	备　注
	第2步	计算基础内插筋单根长度	竖向插筋单根长度(低)=基础高度-保护层厚度 C+基础底板内弯折长度 a+500=1 500-40+150+500=2 110(mm) 竖向插筋长度(高)=基础高度-保护层厚度 C+基础底板内弯折长度 a+500+max(35d,500)=1 500-40+150+500+max(35×14,500)=2 610(mm)	图6.8
	第3步	计算基础内插筋根数	外侧插筋根数=(墙身净长-2×竖向分布筋起步距离)/间距+1=(4 250-2×200)/200+1≈21(根) 内侧插筋根数=外侧插筋根数=21(根)	图6.10
	第4步	计算接头个数	21×2=42(个)	
Q2一层竖向分布筋计算	第1步	计算一层竖向分布筋长度	一层竖向分布筋长度=本层层高=4 200 mm	图6.8
	第2步	计算一层插筋根数	一层竖向分布筋根数=基础内插筋根数	图6.10
	第3步	计算接头个数	21×2=42(个)	
Q2顶层竖向分布筋计算	第1步	计算顶层竖向分布筋长度	顶层竖向分布筋长度(低)=顶层层高-保护层厚度 C-500+12d=4 200-15-500+12×14=3 853(mm)(此根纵筋与下层伸入本层低位钢筋进行连接) 顶层竖向分布筋长度(高)=顶层层高-保护层厚度 C-500-max(35d,500)+12d=4 200-15-500-max(35×14,500)+12×14=3 353(mm)(此根纵筋与下层伸入本层高位钢筋进行连接)	图6.9
	第2步	计算顶层竖向分布筋根数	顶层竖向分布筋根数=一层插筋根数	
Q1水平钢筋计算	第1步	判断墙端剪力墙柱类型	Q1墙两端分别为YBZ1、YBZ2,与墙厚度相同,按暗柱计算Q1水平筋	表6.5
	第2步	计算内侧钢筋长度	内侧水平筋长度=墙长-保护层厚度 C×2+弯折15d=2 400+300×3-15×2+15×14×2=3 690(mm)	图6.13 图6.18
	第3步	计算基础层剪力墙内、外侧水平分布筋根数	在基础部位布置间距≤500 mm,且不少于两道水平分布筋与拉结筋 根数={max[(基础厚度-保护层厚度 C)/500+1,2]+(室内地坪到基础顶面距离-50×2)/间距+1}×水平分布筋排数={max[(700-40)/500+1,2]+(1 500-700-100)/200+1}×2≈16(根)	分别取整后再乘以水平分布筋排数
	第4步	计算一层剪力墙内、外侧水平分布筋根数	根数=[(层高-50×2)/间距+1]×水平分布筋排数=[(4 200-100)/200+1]×2≈44(根)	
	第5步	计算二层剪力墙内、外侧水平分布筋根数	根数=[(层高-50×2)/间距+1]×水平分布筋排数=[(4 200-100)/200+1]×2≈44(根)	

续表

部　位	计算步骤	计算内容	计算过程	备　注
Q2 水平钢筋计算	第 1 步	判断墙端剪力墙柱类型	Q1 墙两端分别为 YBZ1、YBZ2，与墙厚度相同，按暗柱计算 Q2 水平分布筋	表 6.5
	第 2 步	计算内侧钢筋长度	内侧水平分布筋长度 = 墙长 − 保护层厚度 C × 2 + 弯折 15d = 4 250 + 300 × 3 − 15 × 2 + 15 × 14 × 2 = 5 540（mm）	图 6.13 图 6.18
	第 3 步	计算基础层剪力墙内、外侧水平分布筋根数	在基础部位布置间距≤500 mm 且不少于两道水平分布筋与拉结筋 根数 = {max[（基础厚度 − 保护层厚度 C）/500 + 1，2] +（室内地坪到基础顶面距离 − 50 × 2）/间距 + 1} × 水平分布筋排数 = {max[（700 − 40）/500 + 1，2] +（1 500 − 700 − 100）/200 + 1} × 2≈16（根）	分别取整后再乘以水平分布筋排数
	第 4 步	计算一层剪力墙内、外侧水平分布筋根数	根数 = [（层高 − 50 × 2）/间距 + 1] × 水平分布筋排数 = [（4 200 − 100）/200 + 1] × 2≈44（根）	
	第 5 步	计算二层剪力墙内、外侧水平分布筋根数	根数 = [（层高 − 50 × 2）/间距 + 1] × 水平分布筋排数 = [（4 200 − 100）/200 + 1] × 2≈44（根）	
Q1、Q2 外侧水平钢筋计算	第 1 步	确定外侧水平分布筋计算方法	Q1、Q2 在转角处有 YBZ2，与墙厚度相同，外侧水平钢筋连续通过，其计算公式 = 墙长 − 保护层厚度 C × 2 + 弯折 15d（只是一端）	
	第 2 步	计算外侧水平分布筋长度	外侧水平钢筋长度 =（2 400 + 300 × 3 − 15 × 2）+（4 250 + 300 × 3 − 15 × 2）+ 15 × 14 × 2 = 8 810（mm）	
拉结筋（Φ6）计算	第 1 步	计算单个拉结筋长度	单个拉结筋长度 = 墙厚 − 2 × 保护层厚度 C + 2 × max（11.9d，75 + 1.9d）− d = 300 − 15 × 2 + 2 ×（75 + 1.9 × 6.5）− 6.5≈438（mm）	Φ6 钢筋按Φ6.5 直径计算
	第 2 步	计算基础层拉结筋个数	在基础部位布置间距≤500 mm 且不少于两道水平分布筋与拉结筋。 水平方向每排拉结筋个数 =（墙长 − 50 × 2）/间距 + 1 拉结筋个数 = {max[（基础厚度 − 保护层厚度 C）/500 + 1，2] × 水平方向每排拉结筋个数 + 室内地坪到基础顶面距离的净面积/拉结筋布置面积} = max[（700 − 40）/500 + 1，2] × [（4 250 − 50 × 2）/400 + 1 +（2 400 − 50 × 2）/400 + 1] + [4 250 ×（1 500 − 700 − 450）+ 2 400 ×（1 500 − 700 − 450）]/（400 × 400）= 69（个）	竖向排数（取整）乘以每排根数

续表

部 位	计算步骤	计算内容	计算过程	备 注
拉结筋(Φ6)计算	第3步	计算一层拉结筋个数	一层拉结筋矩形布置个数 = 墙净面积/拉结筋布置面积 墙净面积 = 墙面积 − 门洞总面积 − 暗(端)柱所占面积 − 暗梁面积 − 连梁所占面积 拉结筋布置面积 = 横向间距 × 纵向间距 拉结筋个数 = 4 200 × (4 250 + 2 400)/(400 × 400) ≈ 175(个)	
	第4步	计算二层拉结筋个数	二层拉结筋矩形布置个数 = 墙净面积/拉结筋布置面积 墙净面积 = 墙面积 − 门洞总面积 − 暗(端)柱所占面积 − 暗梁面积 − 连梁所占面积 拉结筋布置面积 = 横向间距 × 纵向间距 拉结筋个数 = 4 200 × (4 250 + 2 400)/(400 × 400) ≈ 175(个)	
计算钢筋质量	计算纵筋(Φ14)总质量	计算总长度	总长度 = (基础插筋长度 + 一层插筋长度 + 顶层长度) × 竖向分布筋根数 + (内侧水平分布筋长度 + 外侧水平分布筋长度) × 水平分布筋根数 = (2 110 + 4 200 + 3 853) × (11 × 2 + 21 × 2) + (3 690 + 5 540 + 8 810) × (16 + 44 + 44) = 2 526 592(mm) ≈ 2 526.59(m)	
		计算质量	质量 = 0.006 17 × d^2 × 总长度 = 0.006 17 × 14 × 14 × 2 526.59 ≈ 3 055.46(kg)	
	计算拉结筋(Φ6)总质量	计算总长度	总长度 = 单个拉结筋长度 × 拉结筋总个数 = 438 × (72 + 175 + 175) = 184 836(mm) ≈ 184.84 m	Φ6 钢筋按Φ6.5 直径计算
		计算质量	质量 = 0.006 17 × d^2 × 总长度 = 0.006 17 × 6.5 × 6.5 × 184.84 ≈ 48.93(kg)	

表 6.16 剪力墙梁(AL)钢筋工程量计算表

部 位	计算步骤	计算内容	计算过程	备 注
−0.030 m 处暗梁钢筋计算	第1步	计算单根纵筋长度(上部2Φ14、下部3Φ14,共5根)	单根纵筋长度 = 墙总长 − 保护层厚度 C × 2 + 15d = 4 250 + 300 × 3 − 15 × 2 + 15 × 14 × 2 = 5 540(mm)	图6.31
	第2步	计算箍筋个数(Φ8@200)	箍筋个数 = (暗梁净长 − 50 × 2)/间距 + 1 = (4 250 − 100)/200 + 1 ≈ 22(个)	

续表

部　位	计算步骤	计算内容	计算过程	备　注
-0.030 m处暗梁钢筋计算	第3步	计算单个箍筋长度	单个箍筋长度 =（宽度 + 高度）× 2 − 8 × 保护层厚度 $C - 4d + 2 \times \max(11.9d, 75 + 1.9d)$ =（300 + 450）× 2 − 8 × 15 − 4 × 8 + 2 × max（11.9 × 8，75 + 1.9 × 8）≈ 1 538（mm）	图6.10
	第4步	计算质量	计算箍筋（φ8@200）质量： 总长度 = 单个箍筋长度 × 箍筋个数 = 1 538 × 22 = 33 836（mm）≈ 33.84（m） 质量 = 0.006 17 × d^2 × 总长 = 0.006 17 × 8 × 8 × 33.84 ≈ 13.36（kg）	
			计算纵筋（Φ14）质量： 总长度 = 单根纵筋长度 × 根数 = 5 540 × 5 = 27 700（mm）= 27.70（m） 质量 = 0.006 17 × d^2 × 总长度 = 0.006 17 × 14 × 14 × 27.70 ≈ 33.50（kg）	

表6.17　剪力墙柱（YBZ1、YBZ2）钢筋工程量计算表

部　位	计算步骤	计算内容	计算过程	备　注
YBZ1、YBZ2基础竖向插筋计算	第1步	查表计算竖向插筋在基础底板内的弯折长度	查表6.2计算竖向插筋在基础内的弯折长度 a：基础厚度 h_j = 700 mm < l_{aE} = 40d = 40 × 18 = 720（mm），且插筋混凝土保护层厚度大于5d，故 a = 15d = 15 × 18 = 270（mm）	图6.6
	第2步	计算基础内竖向插筋单根长度（单根柱子YBZ1有8Φ18、YBZ2有12Φ18）	竖向插筋单根长度（低）= 基础高度 − 保护层厚度 C + 基础底板内弯折长度 a + 500 = 1 500 − 40 + 270 + 500 = 2 230（mm） 竖向插筋长度（高）= 基础高度 − 保护层厚度 C + 基础底板内弯折长度 a + 500 + max（35d，500）= 1 500 − 40 + 270 + 500 + max（35 × 18，500）= 2 860（mm）	图6.8
	第3步	计算接头个数	8 + 8 + 12 = 28（个）	
YBZ1、YBZ2一层竖向分布筋计算	第1步	计算一层竖向分布筋单根长度	竖向筋单根长度 = 本层层高 = 4 200 mm	图6.8
	第2步	计算接头个数	8 + 8 + 12 = 28（个）	

续表

部 位	计算步骤	计算内容	计算过程	备 注
YBZ1、YBZ2顶层竖向分布筋计算		计算顶层竖向分布筋单根长度	顶层竖向分布筋长度(低)=顶层层高-保护层厚度$C-500+12d=4\ 200-15-500+12\times18=3\ 901$(mm)(此根纵筋与下层伸入本层低位钢筋进行连接) 顶层竖向分布筋单根长度(高)=顶层层高-保护层厚度$C-500-\max(35d,500)+12d=4\ 200-15-500+12\times18-35\times18=3\ 271$(mm)(此根纵筋与下层伸入本层高位钢筋进行连接)	图6.9
YBZ1箍筋计算	第1步	计算箍筋(Φ8@200)单个长度	矩形箍筋单个长度=(柱宽b_c+柱高h_c)$\times2-8\times$保护层厚度$C-4d+2\times\max(11.9d,75+1.9d)=(300+300)\times2-8\times15-4\times8+2\times\max(11.9\times8,75+1.9\times8)\approx1\ 238$(mm)	
	第2步	计算拉结筋单个长度	中间拉结筋单个长度=墙厚b_c-保护层厚度$C\times2-d+2\times\max(11.9d,75+1.9d)=300-15\times2-8+2\times\max(11.9\times8,75+1.9\times8)\times2\approx452$(mm)(横向和纵向单个拉结筋长度相同)	
	第3步	计算箍筋(Φ8@200)个数	基础内箍筋个数: 在基础部位布置间距≤500 mm且不少于两道,个数=max[(基础厚度-保护层厚度C)/500+1,2]+室内地坪到基础顶面距离/间距+1=max[(700-40)/500+1,2]+(1 500-700)/200+1≈8(个) 基础内拉结筋个数=箍筋个数×水平分布筋排数=8×2=16(个)	
			计算一层箍筋个数=层高/间距+1=4 200/200+1=22(个) 计算一层拉结筋个数=箍筋个数×暗柱内同类拉结筋水平个数=22×2=44(个)	
			箍筋及拉结筋个数二层同一层	
	第4步	箍筋及拉结筋(Φ8)总个数	箍筋总个数=(8+22+22)×2=104(个) 拉结筋总个数=(16+44+44)×2=208(个)	
YBZ2箍筋计算	第1步	计算箍筋单个长度(Φ8)	矩形箍筋单个长度=(柱宽b_c+柱高h_c)$\times2-d\times$保护层厚度$C-4d+2l_w=(600+300)\times2-8\times15-4\times8+2\times\max(75+1.9\times8,11.9\times8)\approx1\ 838$(mm)	
	第2步	计算拉结筋单个长度(Φ8)	中间拉结筋单个长度=墙厚-保护层厚度$C\times2+2\times\max(11.9d,75+1.9d)-d=300-15\times2+2\times\max(11.9\times8,75+1.9\times8)-8\approx452$(mm)(横向和纵向单个拉结筋长度相同)	

续表

部　位	计算步骤	计算内容	计算过程	备　注
YBZ2箍筋计算	第3步	计算箍筋个数	基础内箍筋个数： 在基础部位布置间距≤500 mm且不少于两道，个数 = max[(基础厚度 - 保护层厚度 C)/500 + 1,2] + (室内地坪到基础顶面距离)/间距 + 1 = max[(700 - 40)/500 + 1,2] + (1 500 - 700)]/200 + 1≈8(个) 基础内拉结筋个数 = 箍筋个数 × 水平分布筋排数 = (8 - 3) × 2 = 10(个)	
			一层箍筋个数 = 层高/间距 + 1 = 4 200/200 + 1 = 22(个) 一层拉结筋个数 = 箍筋个数 × 暗柱内同类拉结筋水平个数 = 22 × 2 = 44(个)	
			箍筋及拉结筋个数二层同一层	
	第4步	箍筋及拉结筋(ϕ8)总个数	箍筋总个数 = (8 + 22 + 22) × 2 × 2 = 208(个) 拉结筋总个数 = (16 + 44 + 44) × 2 = 208(个)	
钢筋质量计算	纵筋(⌀18)质量		总长度 = (2 230 + 4 200 + 3 901) × 28 = 289 268(mm)≈289.27(m) 质量 = 0.006 17 × d^2 × 总长 = 0.006 17 × 18 × 18 × 289.2≈578.27(kg)	
	箍筋及拉结筋(ϕ8)质量		总长度 = 1 238 × 104 + 452 × 208 + 1 838 × 208 + 452 × 208 = 699 088(mm) = 699.09 m 质量 = 0.006 17 × d^2 × 总长 = 0.006 17 × 8 × 8 × 699.09≈276.06(kg)	

2)计算剪力墙墙身钢筋工程量

①已知条件见表6.18。

表6.18　计算剪力墙钢筋已知条件

混凝土强度等级	墙/基础保护层厚度 C	抗震等级	l_{lE}	l_{aE}	连接方式	钢筋定尺长度
C30	15 mm/40 mm	三级抗震	$52d$	$37d$	绑扎搭接	9 000 mm

注：同一区段内搭接钢筋面积百分率按50%计算，顶层为屋面板，板厚110 mm。因图中无建筑平面布置图，计算剪力墙墙身钢筋时不考虑洞口尺寸。

②剪力墙Q1平法施工图如图6.35所示。

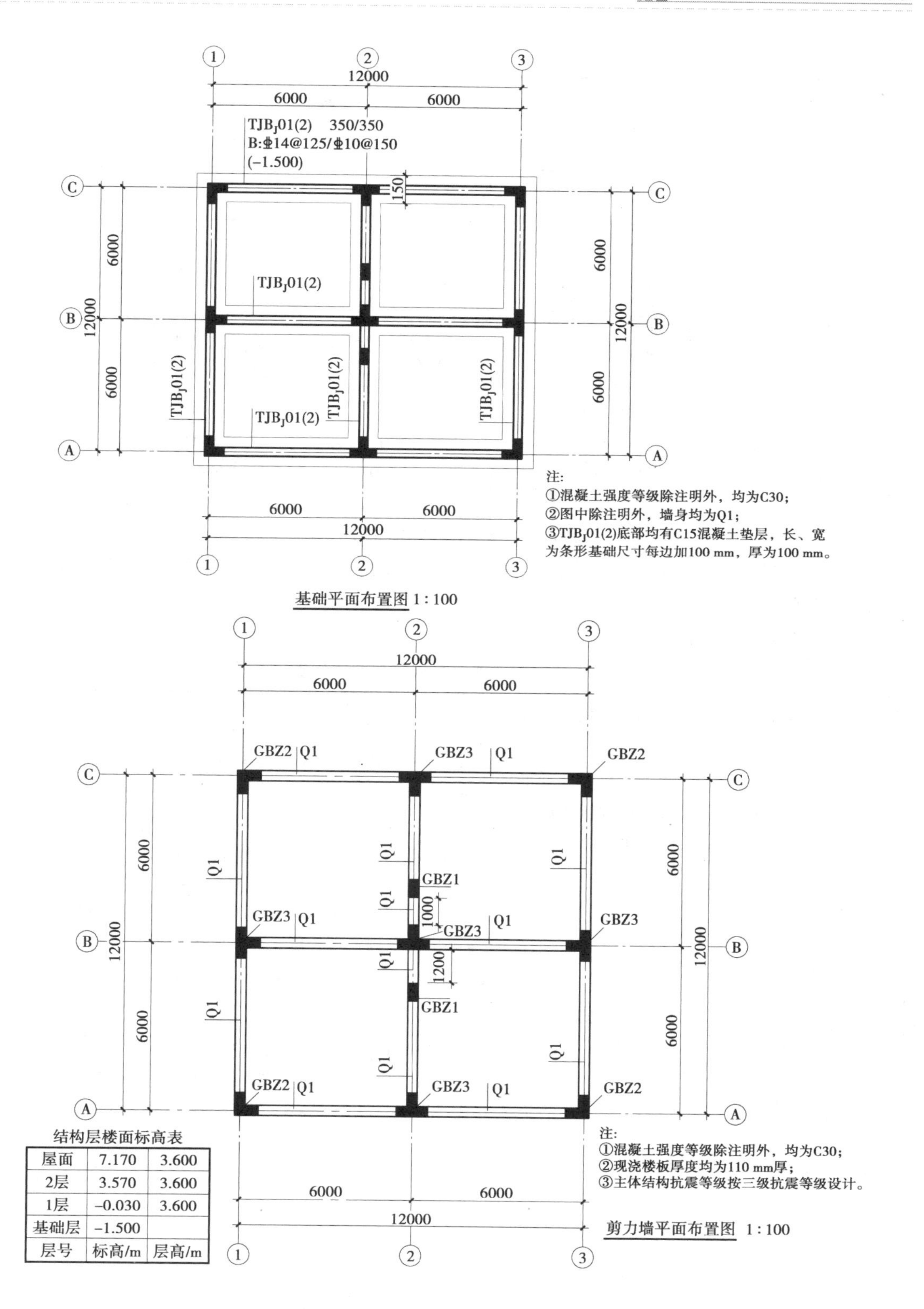

结构层楼面标高表

屋面	7.170	3.600
2层	3.570	3.600
1层	-0.030	3.600
基础层	-1.500	
层号	标高/m	层高/m

墙身表

编　号	标　高	墙　厚	水平分布筋	竖向分布筋	拉结筋	备　注
Q1	基础至屋面层	180 mm	Φ8@200	Φ10@200	φ8@400/400	

墙柱表

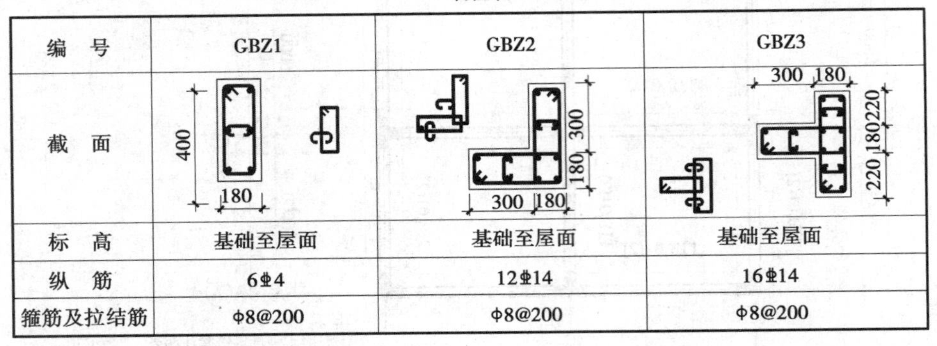

编　号	GBZ1	GBZ2	GBZ3
截　面	400；180	300；180；300；180	300；180；220；180；220
标　高	基础至屋面	基础至屋面	基础至屋面
纵　筋	6Φ4	12Φ14	16Φ14
箍筋及拉结筋	φ8@200	φ8@200	φ8@200

图 6.35　剪力墙 Q1 平法施工图

③计算该剪力墙墙身钢筋工程量（拉结筋、箍筋钢筋工程量除外，计算钢筋工程量时按单根长度计算）。

④计算过程见表 6.19。

表 6.19　剪力墙墙身钢筋工程量计算表

部　位	计算步骤	计算内容	计算过程	备　注
Q1 基础竖向插筋（Φ10@200）计算	第 1 步	查表计算竖向插筋在基础底板内的弯折长度	查表 6.2 计算竖向插筋在基础内的弯折长度 a：基础厚度 $h_j = 700$ mm $> l_{aE} = 37d = 37 \times 10 = 370$(mm)，且插筋混凝土保护层厚度大于 $5d$，故 $a = \max(6d, 150) = \max(6 \times 10, 150) = 150$(mm)	图 6.6
	第 2 步	计算基础内插筋单根长度	竖向插筋单根长度（低）= 基础高度 − 保护层厚度 C + 基础底板内弯折长度 a + 与上层竖向分布筋搭接长度 $1.2l_{aE} = 1\,500 - 40 + 150 + 1.2 \times 370 = 2\,054$(mm) 竖向插筋单根长度（高）= 基础高度 − 保护层厚度 C + 基础底板内弯折长度 a + 500 + 与上层竖向分布筋搭接长度 $1.2l_{aE} = 1\,500 - 40 + 150 + 500 + 1.2 \times 370 = 2\,554$(mm)	图 6.8

续表

部 位	计算步骤	计算内容	计算过程	备 注
Q1 基础竖向插筋(⌀10@200)计算	第3步	计算基础内插筋根数	①外墙外侧插筋根数 = [(墙身净长 - 2 × 竖向分布筋起步距离)/间距 + 1] × 竖向分布筋排数 × Q1 外墙墙身段数 = [(6 000 - 300 - 220 - 180 - 2 × 200)/200 + 1] × 2 × 8 ≈ 416(根) ②横向内墙插筋根数 = [(墙身净长 - 2 × 竖向分布筋起步距离)/间距 + 1] × Q1 横向内墙墙身段数 × 横向内墙竖向分布筋排数 = [(6 000 - 300 - 220 - 180 - 2 × 200)/200 + 1] × 2 × 2 ≈ 104(根) ③纵向内墙插筋根数 = [(墙身净长 - 2 × 竖向分布筋起步距离)/间距 + 1] × Q1 纵向内墙墙身段数 × 纵向内墙竖向分布筋排数 = [(6 000 - 300 - 400 - 180 - 2 × 2 × 200)/200 + 1 + 1] × 2 × 2 ≈ 96(根)	图6.10
	第4步	计算根数	416 + 104 + 96 = 616(根)	
	第5步	计算绑扎接头个数	616 个	
Q1 一层竖向分布筋(⌀10@200)计算	第1步	计算一层竖向分布筋长度	一层竖向分布筋长度 = 本层层高 + 与上层竖向分布筋搭接长度 $1.2l_{aE}$ = 3 600 + 1.2 × 370 = 4 044(mm)	图6.8
	第2步	计算一层竖向分布筋根数	一层竖向分布筋根数同基础层 = 616 根	图6.10
	第3步	计算绑扎接头个数	同基础层 = 616 个	
Q1 顶层竖向分布筋(⌀10@200)计算	第1步	计算顶层竖向分布筋单根长度	顶层竖向分布筋单根长度(低) = 顶层层高 - 保护层厚度 $C + 12d$ = 3 600 - 15 + 12 × 10 = 3 705(mm)(此根纵筋与下层伸入本层低位钢筋进行连接) 顶层竖向分布筋单根长度(高) = 顶层层高 - 保护层厚度 $C - 500 - 1.2l_{aE} + 12d$ = 3 600 - 15 - 500 + 12 × 10 - 1.2 × 370 = 2 761(mm)(此根纵筋与下层伸入本层高位钢筋进行连接)	图6.9
	第2步	计算顶层竖向分布筋根数	顶层竖向分布筋根数 = 一层竖向分布筋根数 = 616 根	
Q1 竖向分布筋(⌀10@200)质量计算	第1步	计算 Q1 竖向分布筋总长度	总长度 = (2 054 + 4 044 + 3 705) × 616 = 6 038 648(mm) ≈ 3 725.85 m	
	第2步	计算 Q1 竖向分布筋总质量(⌀10)	总质量 = 0.00617 × d^2 × 总长度 = 0.006 17 × 10 × 10 × 6 038.65 ≈ 3 725.85(kg)	

续表

部　位	计算步骤	计算内容	计算过程	备　注
Q1外墙水平分布筋(ⅲ8@200)计算	第1步	判断墙端剪力墙柱类型	Q1外墙两端分别为GBZ2，与墙厚度相同，按暗柱计算Q1外墙水平分布筋	表6.5
	第2步	计算外墙内侧水平分布筋单根长度	内侧水平分布筋单根长度＝墙长－保护层厚度$C\times2$＋弯折$15d$＋水平分布筋搭接长度$1.2l_{aE}$×接头个数＝12 000＋180－15×2＋15×8×2＋1.2×37×8＝12 745(mm) （单段水平分布筋绑扎搭接接头个数为1个） 内侧水平分布筋单根（外墙内侧四边）总长度＝12 745×4＝50 980 mm（外侧共有4段相同长度的墙身，接头个数为4个）	图6.13 图6.18
	第3步	计算外墙外侧水平分布筋单根长度	外侧水平分布筋单根长度（外墙外侧四边）＝外墙外边线总长－保护层厚度$C\times8$＋外侧水平分布筋搭接长度$1.2l_{aE}\times4$＝(12 000＋180)×4－15×8＋1.2×37×8×4≈50 021(mm)（外侧水平分布筋在转角处连续通过）	图6.13
	第4步	计算基础层剪力墙内、外侧水平分布筋根数	在基础部位布置间距≤500 mm，且不少于两道水平分布筋与拉结筋 外侧根数＝max[(基础厚度－保护层厚度C)/500＋1,2]＋(室内地坪到基础顶面距离－50×2)/间距＋1＝max[(700－40)/500＋1,2]＋(1 500－700－100)/200＋1≈8(根) 内侧根数＝外侧根数＝8根	
	第5步	计算一层剪力墙内、外侧水平分布筋根数	内侧根数＝(层高－50×2)/间距＋1＝(3 600－100)/200＋1≈19(根) 外侧根数＝内侧根数＝19根	
	第6步	计算二层剪力墙内、外侧水平分布筋根数	内侧根数＝(层高－50×2)/间距＋1＝(3 600－100)/200＋1≈19(根) 外侧根数＝内侧根数＝19根	

续表

部　位	计算步骤	计算内容	计算过程	备　注
Q1 内墙水平分布筋(⏀8@200)计算	第 1 步	判断墙端剪力墙柱类型	Q1 横向及竖向内墙两端分别为 GBZ3,与墙厚度相同,按暗柱计算 Q1 内墙水平分布筋	表 6.5
	第 2 步	计算内墙水平分布筋单根长度	内墙水平分布筋单根长度 = 墙长 - 保护层厚度 $C \times 2$ + 弯折 $15d$ + 水平分布筋搭接长度 $1.2l_{aE}$ × 接头个数 = 12 000 + 180 - 15 × 2 + 15 × 8 × 2 + 1.2 × 37 × 8 ≈ 12 745(mm)	图 6.14 图 6.19
	第 3 步	计算基础层内墙内、外侧水平分布筋根数	在基础部位布置间距≤500 mm 且不少于两道水平分布筋与拉结筋 内、外侧根数 = {max[(基础厚度 - 保护层厚度 C)/500 + 1,2] + (室内地坪到基础顶面距离 - 50 × 2)/间距 + 1} × 水平分布筋排数 = {max[(700 - 40)/500 + 1,2] + (1 500 - 700 - 100)/200 + 1} × 2 ≈ 16(根)	
	第 4 步	计算一层剪力墙内、外侧水平分布筋根数	内、外侧根数 = [(层高 - 50 × 2)/间距 + 1] × 水平分布筋排数 = [(3 600 - 100)/200 + 1] × 2 = 38(根)	
	第 5 步	计算二层剪力墙内、外侧水平分布筋根数	内、外侧根数 = [(层高 - 50 × 2)/间距 + 1] × 水平分布筋排数 = [(3 600 - 100)/200 + 1] × 2 ≈ 38(根)	
Q1 水平分布筋(⏀8)质量计算	第 1 步	计算 Q1 水平分布筋总长度	总长度 = (50 980 + 50 021) × (8 + 19 + 19) + 12 745 × (16 + 38 + 38) × 2 = 6 991 126(mm) ≈ 6 991.13(m)	
	第 2 步	计算 Q1 水平分布筋总质量	总质量 = 0.006 17 × d^2 × 总长度 = 0.006 17 × 8 × 8 × 6 991.13 ≈ 2 760.66(kg)	

想一想

1. 在剪力墙结构中,剪力墙由哪几类构件组成?各类构件需要计算哪些钢筋?
2. 剪力墙墙身钢筋有哪些?各自有什么构造要求?怎么计算?
3. 剪力墙结构中,墙梁的类型有哪些?各自有什么构造要求?怎么计算?
4. 剪力墙结构中,墙柱的类型有哪些?各自有什么构造要求?怎么计算?

练一练

计算剪力墙中墙身、墙柱及墙梁钢筋工程量

1. 训练目的:熟练掌握剪力墙中墙身、墙柱及墙梁钢筋工程量计算。

2. 训练要求：作好记录。

3. 训练所需资源：图 6.36、图 6.37、图 6.38 及 16G101—1、16G101—3 图集。

4. 已知该图计算条件见表 6.20。

表 6.20　剪力墙钢筋工程量计算已知条件

混凝土强度等级	墙/基础保护层厚度 C	抗震等级	l_{lE}	l_{aE}	连接方式	钢筋定尺长度
C30	15 mm/40 mm	二级抗震	$56d$	$40d$	电渣压力焊	9 000 mm

注：同一区段内钢筋搭接面积百分率按 50% 计算。

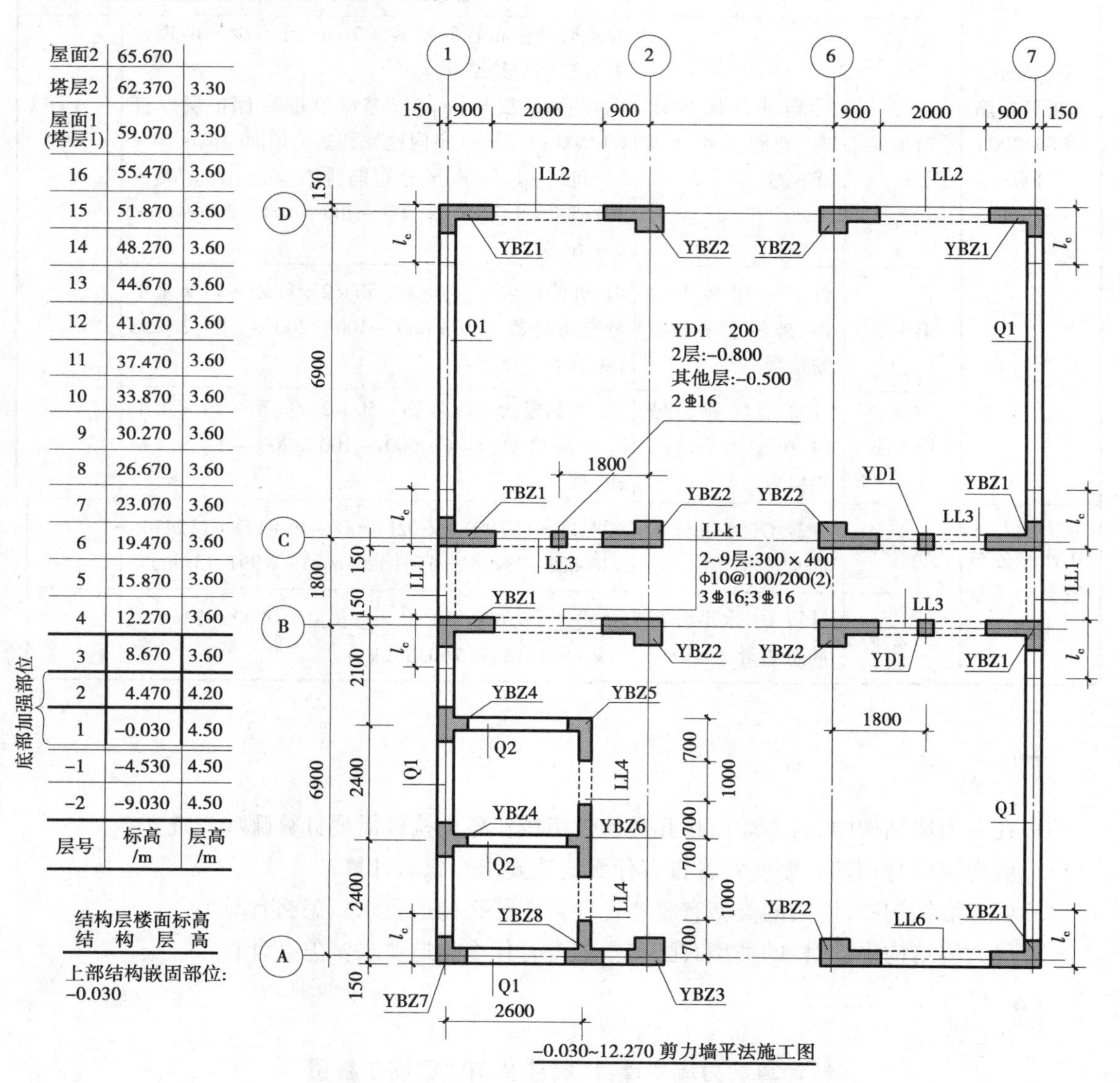

图 6.36　剪力墙平法施工图（局部）

剪力墙梁表

编　号	所在楼层号	梁顶相对标高高差	梁截面 $b\times h$	上部纵筋	下部纵筋	箍　筋
LL1	2～9	0.800	300×2000	4Φ25	4Φ25	φ10@100(2)
	10～16	0.800	250×2000	4Φ22	4Φ22	φ10@100(2)
	屋面1		250×1200	4Φ20	4Φ20	φ10@100(2)
LL2	3	－1.200	300×2520	4Φ25	4Φ25	φ10@150(2)
	4	－0.900	300×2070	4Φ25	4Φ25	φ10@150(2)
	5～9	－0.900	300×1770	4Φ25	4Φ25	φ10@150(2)
	10～屋面1	－0.900	250×1770	4Φ22	4Φ22	φ10@150(2)
LL3	2		300×2070	4Φ25	4Φ25	φ10@100(2)
	3		300×1770	4Φ25	4Φ25	φ10@100(2)
	4～9		300×1170	4Φ25	4Φ25	φ10@100(2)
	10～屋面1		250×1170	4Φ22	4Φ22	φ10@100(2)
LL4	2		250×2070	4Φ20	4Φ20	φ10@120(2)
	3		250×1770	4Φ20	4Φ20	φ10@120(2)
	4～屋面1		250×1170	4Φ20	4Φ20	φ10@120(2)
AL1	2～9		300×600	3Φ20	3Φ20	φ8@150(2)
	10～16		250×500	3Φ18	3Φ18	φ8@150(2)
BKL1	屋面1		500×750	4Φ22	4Φ22	φ10@150(2)

剪力墙身表

编号	标　高	墙　厚	水平分布筋	垂直分布筋	拉筋(双向)
Q1	－0.030～30.270	300	Φ12@200	Φ12@200	φ6@600@600
	30.270～59.070	250	Φ10@200	Φ10@200	φ6@600@600
Q2	－0.030～30.270	250	Φ10@200	Φ10@200	φ6@600@600
	30.270～59.070	200	Φ10@200	Φ10@200	φ6@600@600

图6.37　剪力墙墙梁、墙身表

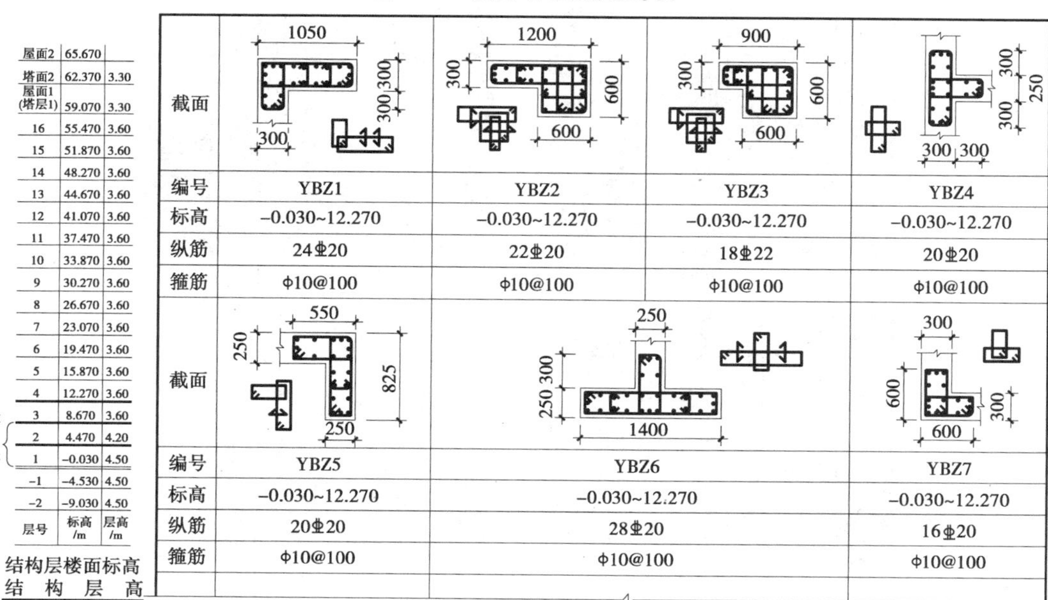

图6.38　剪力墙柱表

任务7　板钢筋计算

问题引入

板中钢筋按照所在位置和作用不同，可分为受力钢筋和附加钢筋两大部分。板中需要计算的钢筋有哪些呢？见图7.1和表7.1。

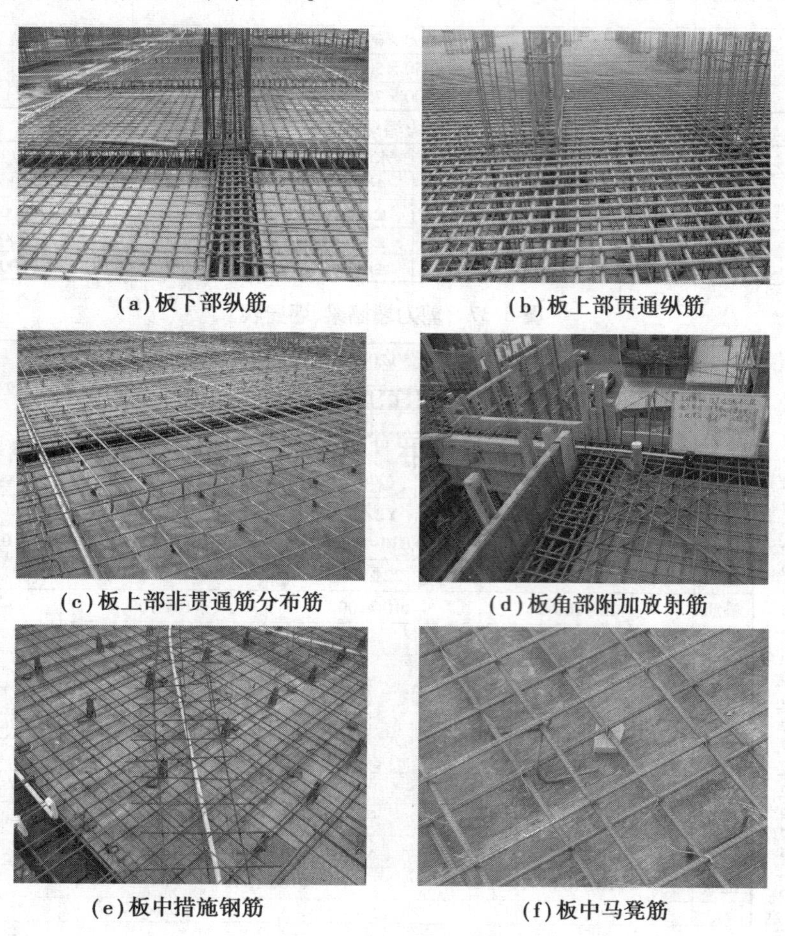

(a)板下部纵筋　(b)板上部贯通纵筋

(c)板上部非贯通筋分布筋　(d)板角部附加放射筋

(e)板中措施钢筋　(f)板中马凳筋

图7.1　板中钢筋类型

表7.1 板中需要计算的钢筋

钢筋类型	钢筋名称	钢筋类型	钢筋名称
受力钢筋	板下部纵筋	附加钢筋	温度钢筋
	板上部贯通纵筋		角部加强筋
	板上部非贯通筋（支座负筋、跨板负筋）		洞口附加筋
	板上部非贯通筋分布筋		措施钢筋（马凳筋、拉结筋）

7.1 板钢筋构造及计算规则

1）板下部纵筋构造及计算

板下部纵筋有X向与Y向钢筋，在16G101—1中，板下部纵筋主要是在端部锚固构造、中间支座锚固构造和根数计算起步距离构造（见图7.2、图7.3）。在手工计算中，受力筋的长度是依据轴网计算的（见图7.4）。板下部贯通纵筋计算见表7.2。

表7.2 板下部纵筋计算表

钢筋部位及其名称	计算公式	说明	附图
板下部纵筋（板底通长筋）	长度=板净跨长+左端支座锚固长度+右端支座锚固长度+弯钩增加长度（当板下部贯通纵筋为HPB300级光圆钢筋时）	①16G101—1第99和100页中规定，板下部纵筋伸入支座的长度为以下几种情况： a.当为普通楼层面板时（支座为梁），则伸入支座长度为max（支座宽/2,5d）； b.当为梁板式转换层楼面板时（支座为梁），则伸入支座长度为：支座宽－保护层厚度C＋弯折15d（平直段长度≥0.6l_{abE}）或l_{aE}； c.当端部支座为剪力墙中间层和墙顶层楼板时，则伸入支座长度为max（支座宽/2,5d）； d.当端部支座为剪力墙中间层楼板时且为梁板式转换层楼面板时，则伸入支座直锚长度为l_{aE}。 ②当板中纵筋为HPB300级光圆钢筋时，端部应设180°弯钩，其平直段长度≥3d，即板下部贯通筋每端弯钩增加长度为6.25d，以下余同。 ③梁板式转换层的板，下部贯通筋在端支座的直锚长度为l_{aE}（见图7.2、图7.3）。当下部纵筋不能直锚时，可伸至支座外侧钢筋的内侧后弯折15d。 ④梁板式转换层的板中l_{abE}、l_{aE}按抗震等级四级取值，设计也可根据实际工程情况另行指定	图7.2 图7.3 图7.4
	根数=（支座间板净跨长－板筋间距）/板筋间距+1 或=（支座间板净跨长－起步距离×2）/板筋间距+1 或=（支座间板净跨长－50×2）/板筋间距+1（为经验公式，实际可按图中给定板筋间距取值）	16G101—1第99页中规定，起步距离为第一根钢筋距梁边为1/2板筋间距，则第一根钢筋距梁边的距离就应该为s/2，即板中钢筋起步距离为1/2板筋间距	图7.3 图7.4 图7.5

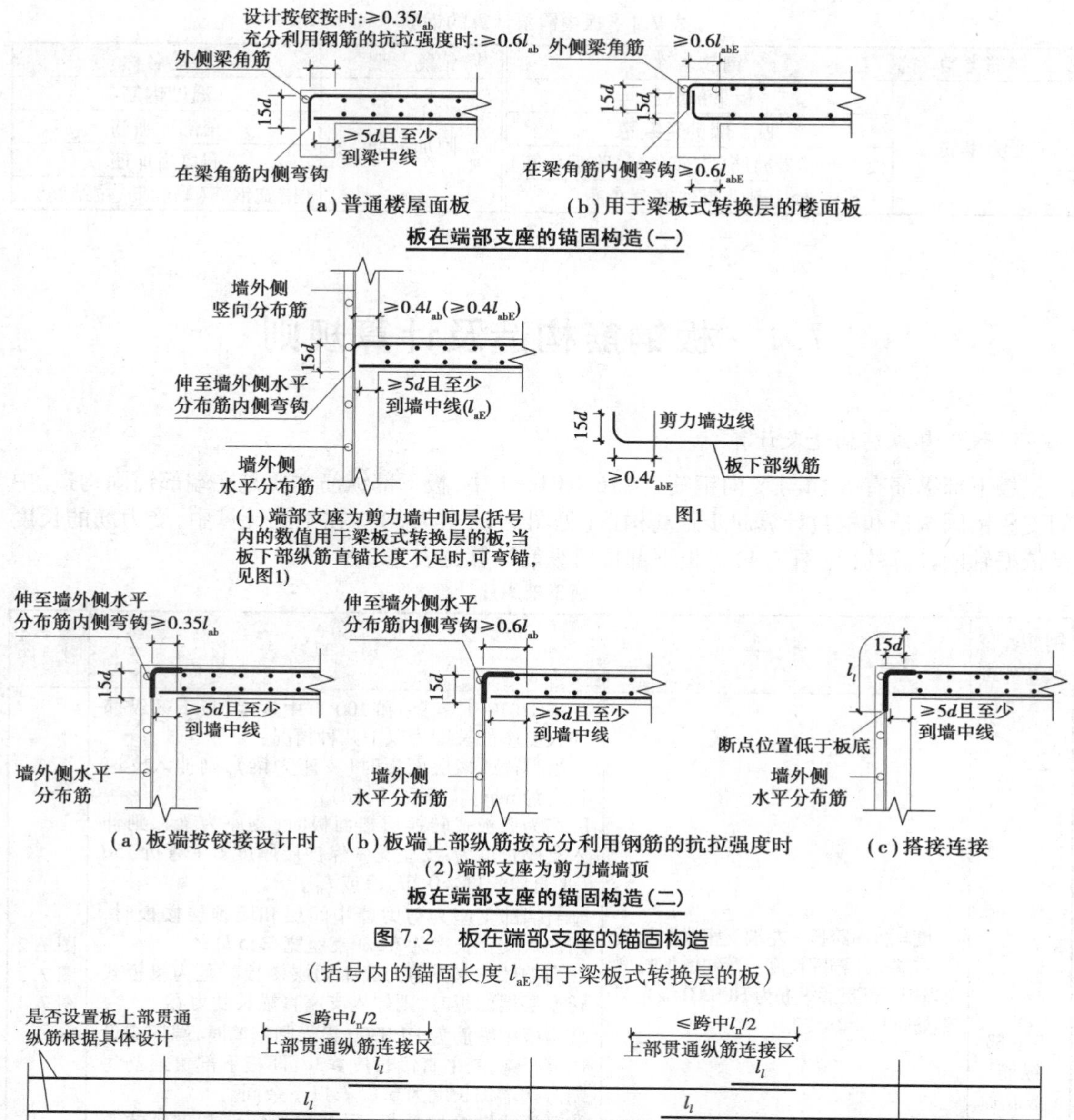

图 7.2　板在端部支座的锚固构造

(括号内的锚固长度 l_{aE} 用于梁板式转换层的板)

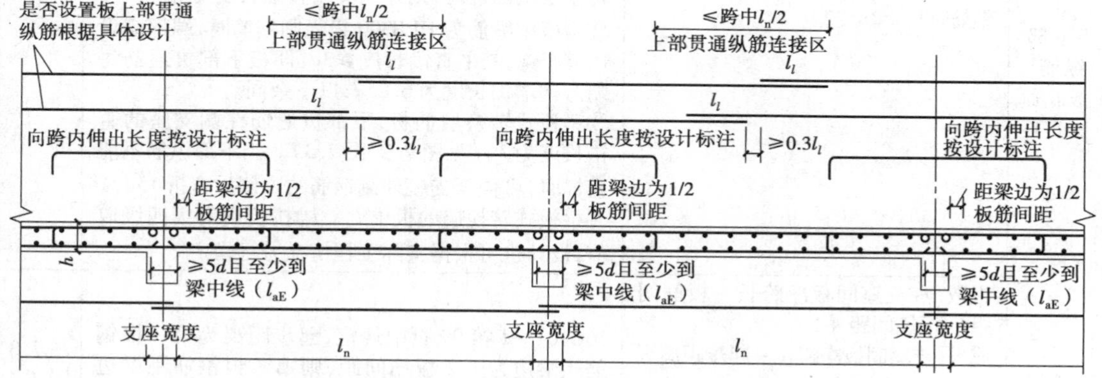

图 7.3　有梁楼盖楼面板 LB 和屋面板 WB 钢筋构造

(括号内的锚固长度 l_{aE} 用于梁板式转换层的板)

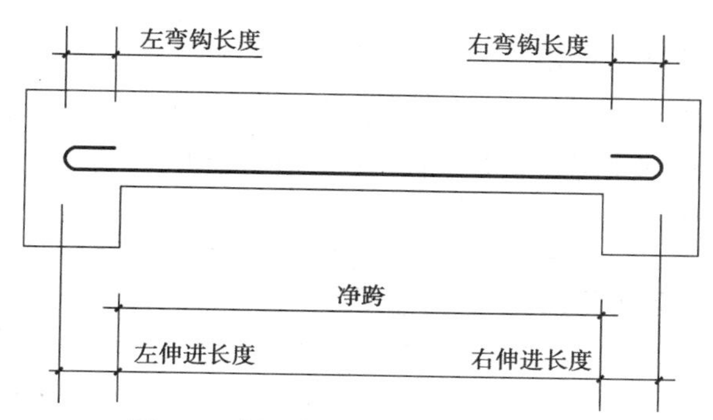

图 7.4 板下部纵筋长度计算示意图

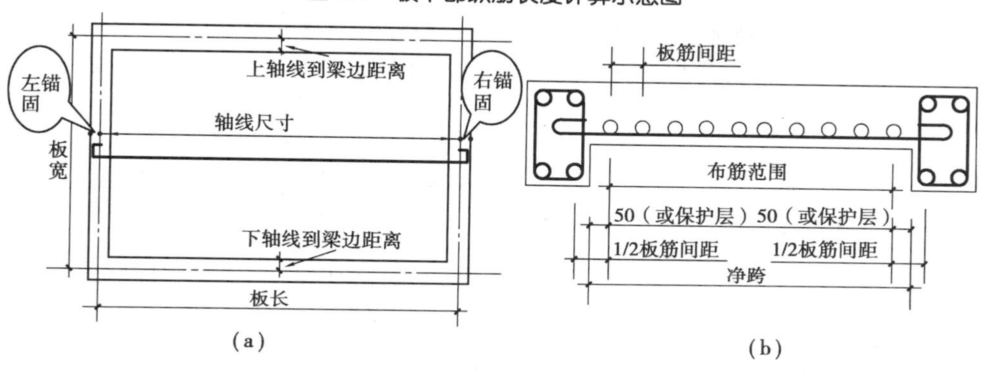

图 7.5 板中钢筋布筋范围及根数计算图

2）板上部贯通纵筋构造及计算

在板中，板上部贯通纵筋也分为 X 向与 Y 向钢筋，其构造见图 7.2、图 7.3。板上部贯通纵筋计算见表 7.3。

表 7.3 板上部贯通纵筋计算表

钢筋部位及其名称	计算公式	说 明	附 图
板上部贯通纵筋	当现浇板支座为梁、剪力墙时：板面贯通纵筋长度 = 板净跨长 + 左端支座锚固长度 + 右端支座锚固长度 支座锚固长度 = 梁（墙）宽 − 保护层厚度 C − 梁角筋（墙外侧竖向分布筋）直径 + 15d	①当板上部贯通纵筋横跨一跨或几跨时，如钢筋的定尺长度不够长时，还需考虑钢筋搭接长度（见图 7.3）； ②板上部贯通纵筋在端支座应伸至支座（梁、剪力墙）外侧纵筋内侧后弯折，当直段长度 ≥ l_a 或 ≥ l_{aE} 时可不弯折	图 7.2 图 7.3
	根数 =（支座间板净跨长 − 板筋间距）/板筋间距 + 1 或 =（支座间板净跨长 − 起步距离 × 2）/板筋间距 + 1 或 =（支座间板净跨长 − 50 × 2）/板筋间距 + 1（为经验公式，实际可按图中给定板筋间距取值）	16G101—1 第 99 页中规定，起步距离为第一根钢筋距梁边为 1/2 板筋间距，则第一根钢筋距梁边的长度就应该为 $s/2$，即板中钢筋起步距离为 1/2 板筋间距	图 7.3 图 7.4 图 7.5

3)板上部非贯通筋构造及计算

板上部非贯通筋也称为支座负筋或扣筋,其形状为"┌──┐"。板上部非贯通筋按其部位不同分为端支座处非贯通筋、中间支座处非贯通筋及非贯通筋分布筋,其构造见图7.2、图7.3。板上部非贯通筋计算见表7.4。

表7.4 板上部非贯通筋计算表

钢筋部位及其名称	计算公式	说明	附图
板上部非贯通筋(支座负筋)	中间支座非贯通筋长度 = 标注长度 + 左弯折长度 + 右弯折长度	①弯折长度按16G101—1第99页有梁楼盖楼面板LB和屋面板WB钢筋构造图进行计算(见图7.3); ②弯折长度 = 板厚 h - 保护层厚度 C,当中间支座非贯通筋的左右两边板的厚度 h 不同时,应取不同的板厚分别计算弯折长度	图7.3 图7.6
	端支座非贯通筋长度 = 端支座锚固长度(锚入支座平直段长度 + 支座内弯折长度) + 板内净尺寸 + 板内弯折长度	①端支座锚固长度通常算法为: 当现浇板端支座为梁或剪力墙时:端支座锚固长度 = 梁(墙)宽 - 保护层厚度 C - 梁角筋(墙外侧竖向分布筋)直径 + $15d$; ②板内弯折长度 = 板厚 h - 保护层厚度 C; ③板上部贯通纵筋在端支座应伸至支座(梁、剪力墙)外侧纵筋内侧后弯折,当直段长度 ≥ l_a 或 ≥ l_{aE} 时可不弯折	图7.2 图7.3 图7.6 图7.7
	板上部非贯通纵筋根数 = [支座间净距(净跨) - 起步距离 × 2(或100 mm或板筋间距)]/间距 + 1	起步距离 = 第一根钢筋距梁或墙边板上部非贯通纵筋间距/2	图7.6 图7.7 图7.5(b)

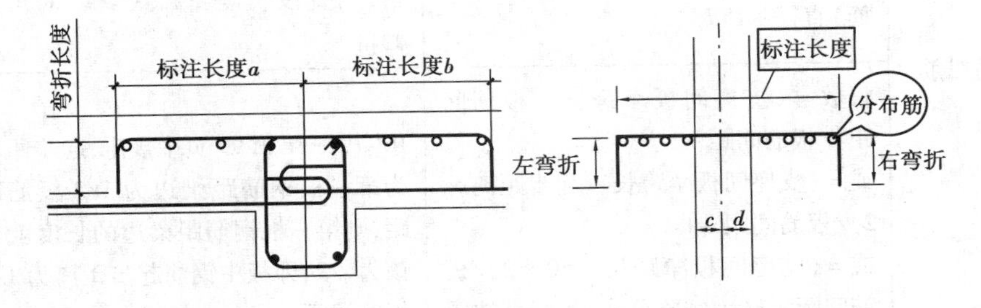

图7.6 中间支座非贯通筋计算示意图

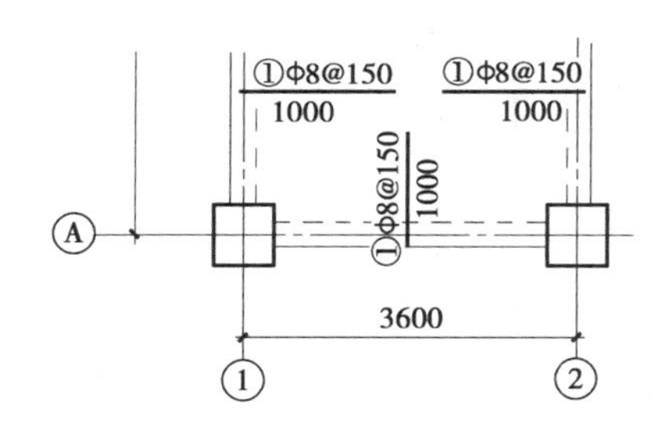

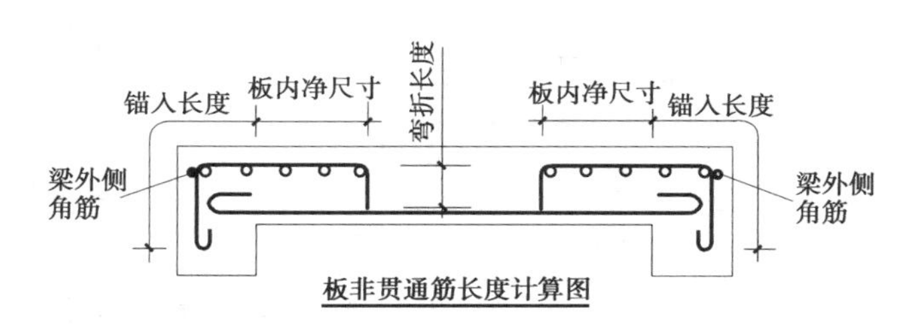

图 7.7 端支座非贯通筋计算示意图

4)板上部非贯通筋分布筋计算

板上部非贯通筋分布筋是固定板中非贯通筋的钢筋,一般不在图中画出,只用文字表明间距、直径和规格。分布筋是垂直于非贯通筋的一排平行钢筋,与非贯通筋形成钢筋网片,见图7.1(c)。板上部非贯通筋分布筋计算见表7.5。

表 7.5 板上部非贯通筋分布筋计算表

钢筋部位及其名称	计算公式	说 明	附 图
板上部非贯通筋分布筋	端支座非贯通筋分布筋长度 = 轴线(或净跨)长度 - 非贯通筋标注长度 × 2 + 搭接(参差)长度(150 mm) × 2	①分布筋和非贯通筋搭接(参差)长度为150 mm,见16G101—1第102页注解4; ②分布筋和非贯通筋没有搭接(参差)时,则分布筋长度 = 轴线标注长度	图7.8 图7.9
	端支座非贯通筋分布筋根数 = 非贯通筋板内净长/分布筋间距 + 1(取整)	常规是向上取整不加1,向下取整加1	图7.8 图7.9
	中间支座非贯通筋分布筋根数 = 布筋范围1(板内净长)/分布筋间距 + 1(取整) + 布筋范围2(板内净长)/分布筋间距 + 1(取整)	一般会按"(布筋范围1 + 布筋范围2)/间距 + 2"计算	

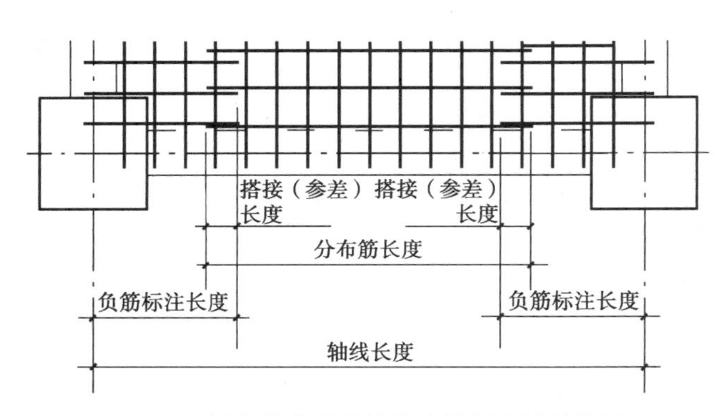

图 7.8 板上部非贯通筋分布筋长度计算简图

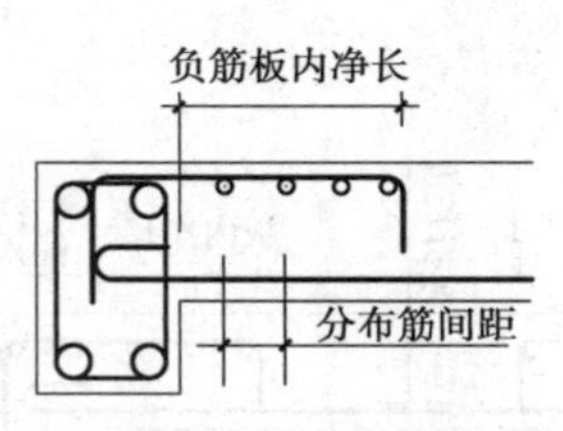

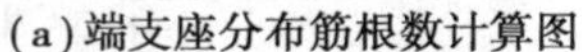
(a)端支座分布筋根数计算图

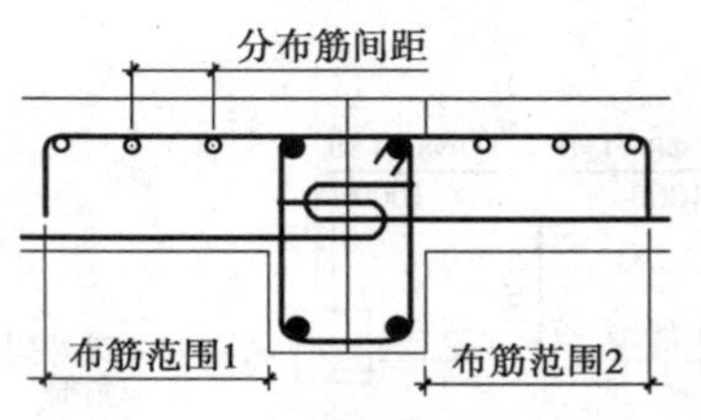

(b)中间支座分布筋根数计算图

图7.9　板上部非贯通筋分布筋根数计算简图

5)板温度筋计算

板温度筋是在收缩力较大的现浇板区域内,为防止板受热胀冷缩而产生裂缝,通常在板的上部非贯通筋中间位置而设置的钢筋。板中温度筋计算见表7.6。

表7.6　板中温度筋计算表

钢筋部位及其名称	计算公式	说　明	附　图
温度筋	温度筋长度=两支座中心线长度-左侧非贯通筋标注长度-右侧非贯通筋标注长度+搭接(参差)长度×2 或温度筋长度=两支座间净长-左侧非贯通筋板内净长-右侧非贯通筋板内净长+搭接(参差)长度×2	在16G101—1第102页注2中,抗温度筋自身及其与受力主筋搭接长度为l_l	图7.10
	温度筋根数=(另向两支座中心线长度-另向左侧非贯通筋标注长度-另向右侧非贯通筋标注长度)/温度筋间距-1	当非贯通筋标注到支座中心线时	
	温度筋根数=(另向两支座间净长-另向左侧非贯通筋板内净长-另向右侧非贯通筋板内净长)/温度筋间距-1	当非贯通筋标注到支座边线时	

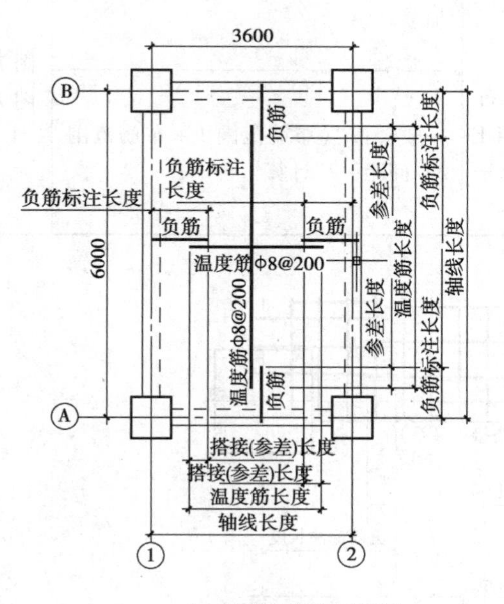

(a)温度筋长度计算图

(b)温度筋根数计算图

图7.10　板中温度筋计算图

6)悬挑板 XB 钢筋计算

在 04G101—4 中悬挑板可分为延伸悬挑板和纯悬挑板，而在 16G101—1 中把延伸悬挑板和纯悬挑板都称为悬挑板，其构造见图 7.11。悬挑板钢筋计算见表 7.7。

表 7.7 悬挑板钢筋计算表

<table>
<tr><th colspan="2">钢筋部位及其名称</th><th>计算公式</th><th>说 明</th><th>附 图</th></tr>
<tr><td rowspan="10">悬挑板</td><td rowspan="6">上部</td><td>当悬挑板如图 7.11(a)所示时，受力钢筋长度 = 跨内板筋长度 + 支座宽度 + 悬挑板净挑长度 − 保护层厚度 C +(悬挑尽端板厚 h_1 − 保护层厚度 $C\times2$)</td><td rowspan="6">①见 16G101—1 第 103 页悬挑板 XB 钢筋构造；
②当板中有 HPB300 级光圆钢筋且为受拉时，端部应设 180°弯钩，其平直段长度为 $3d$；当为受压时，可不设 180°弯钩
③计算公式中：$0.6l_{abE}$、l_{aE} 用于需考虑竖向地震作用时(由设计明确)</td><td rowspan="6">图 7.11</td></tr>
<tr><td>当悬挑板如图 7.11(b)所示时，受力钢筋长度 = 悬挑板净挑长度 − 保护层厚度 C + 伸入支座内平直段长度(在梁角筋内弯折，且≥$0.6l_{ab}$或$0.6l_{abE}$) + $15d$ +(悬挑尽端板厚 h_1 − 保护层厚度 $C\times2$)</td></tr>
<tr><td>当悬挑板如图 7.11(c)所示时，受力钢筋长度 = 悬挑板净挑长度 − 保护层厚度 C + 伸入支座内锚固长度 l_a 或 l_{aE} +(悬挑尽端板厚 h_1 − 保护层厚度 $C\times2$)</td></tr>
<tr><td>受力钢筋根数 =(悬挑板宽度 − 保护层厚度 $C\times2$)/上部受力钢筋间距 + 1</td></tr>
<tr><td>分布钢筋长度 = 悬挑板宽度 − 保护层厚度 $C\times2$</td></tr>
<tr><td>分布钢筋根数 =(悬挑板净挑长度 − 分布钢筋间距/2 − 保护层厚度 C)/分布钢筋间距 + 1</td></tr>
<tr><td rowspan="4">下部</td><td>构造钢筋长度 =(悬挑板净挑长度 − 保护层厚度 C) + max(支座宽/2,$12d$ 或 l_{aE})</td><td rowspan="4"></td><td rowspan="4"></td></tr>
<tr><td>构造钢筋根数 =(悬挑板宽度 − 保护层厚度 $C\times2$)/下部构造钢筋间距 + 1</td></tr>
<tr><td>分布钢筋长度 = 悬挑板宽度 − 保护层厚度 $C\times2$</td></tr>
<tr><td>分布钢筋根数 =(悬挑板净挑长度 − 分布钢筋间距/2 − 保护层厚度 C)/分布钢筋间距</td></tr>
</table>

附加钢筋(角部附加放射筋、洞口附加钢筋)、支撑钢筋(双层钢筋时支撑上下层)、异形板、阳台板根据实际情况直接计算钢筋的长度、根数即可。

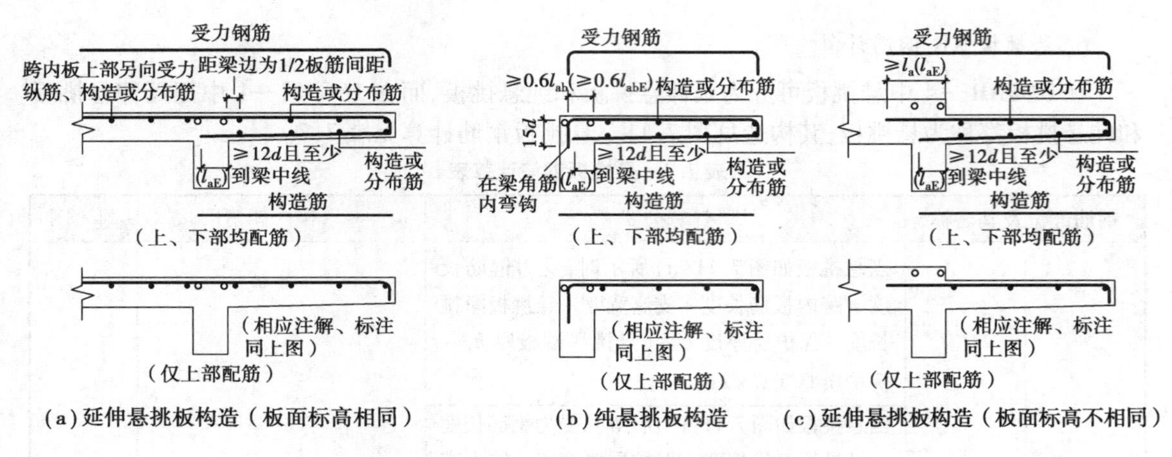

图 7.11　悬挑板 XB 钢筋构造

7.2　板钢筋计算实例

1)单跨板 LB1(以梁为支座)钢筋工程量计算

①已知条件见表 7.8。

表 7.8　板 LB1 钢筋计算已知条件

混凝土强度等级	梁/板保护层厚度 C	钢筋定尺长度	l_{abE}(d≤25)	l_{ab}(d≤25)
梁、板:C30	25 mm/15 mm	9 000 mm	HRB400:40d	HRB400:35d

②板 LB1 平法施工图如图 7.12 所示,其钢筋工程量,按单根钢筋长度进行计算。

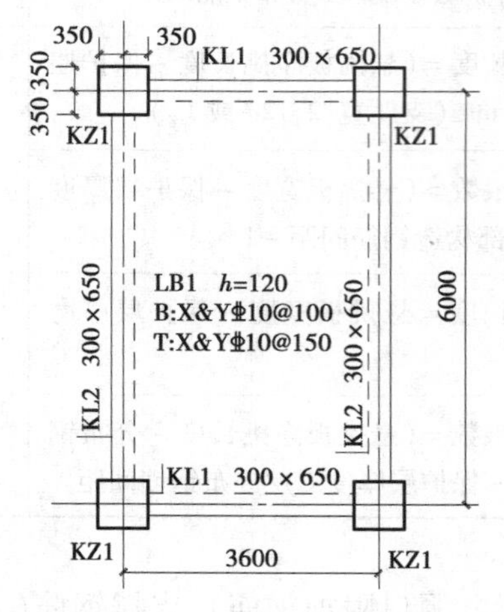

图 7.12　板 LB1 配筋图

③计算过程见表 7.9。

表7.9 板LB1钢筋工程量计算表

内 容		计算过程
下部纵筋		
X ⌀10@100	长度	长度 = 板净跨长 + 左端支座锚固长度 + 右端支座锚固长度
		端支座锚固长度 = $\max(h_b/2, 5d) = \max(300/2, 5\times10) = 150$(mm)
		总长 = 3 600 mm
	根数	根数 = (支座间板净跨长 - 起步距离 ×2)/板筋间距 + 1 起步距离 = 布筋间距/2
		根数 = (6 000 - 150 - 150 - 100)/100 + 1 = 57(根)
Y ⌀10@100	长度	长度 = 板净跨长 + 左端支座锚固长度 + 右端支座锚固长度
		端支座锚固长度 = $\max(h_b/2, 5d) = \max(300/2, 5\times10) = 150$(mm)
		总长 = 6 000 mm
	根数	根数 = (支座间板净跨长 - 起步距离 ×2)/板筋间距 + 1 起步距离 = 布筋间距/2
		根数 = (3 600 - 150 - 150 - 100)/100 + 1 = 33(根)
上部贯通纵筋		
X ⌀10@150	长度	长度 = 板净跨长 + 左端支座锚固长度 + 右端支座锚固长度
		端支座锚固长度 = 梁(墙)宽 - 保护层厚度 C - 梁角筋(墙外侧竖向分布筋)直径 + $15d$ = 300 - 25 + 15 × 10 = 425(mm)(因为该图中框架梁角筋未标注,所以未减梁角筋直径)
		总长 = 3 600 - 150 - 150 + 425 × 2 = 4 150(mm)
	根数	根数 = (支座间板净跨长 - 起步距离 ×2)/板筋间距 + 1 起步距离 = 布筋间距/2
		根数 = (6 000 - 150 - 150 - 150)/150 + 1 = 38(根)
Y ⌀10@150	长度	长度 = 板净跨长 + 左端支座锚固长度 + 右端支座锚固长度
		端支座锚固长度 = 梁(墙)宽 - 保护层厚度 C - 梁角筋(墙外侧竖向分布筋)直径 + $15d$ = 300 - 25 + 15 × 10 = 425(mm)(因为该图中框架梁角筋未标注,所以未减梁角筋直径)
		总长 = 6 000 - 150 - 150 + 425 × 2 = 6 550(mm)
	根数	根数 = (支座间板净跨长 - 起步距离 ×2)/板筋间距 + 1 起步距离 = 布筋间距/2
		根数 = (3 600 - 150 - 150 - 150)/150 + 1 = 22(根)
计算质量	总长度	总长度 = 3 600 × 57 + 6 000 × 33 + 4 150 × 38 + 6 550 × 22 = 705 000(mm) = 705(m)
	质量	质量 = 0.006 17 × d^2 × 总长度 = 0.006 17 × 10 × 10 × 705 ≈ 434.99(kg)

注:未对LB1双层双向配筋的支撑马凳筋进行计算。

2)传统施工图表达的单跨板(以梁为支座)钢筋工程量计算

①已知条件见表7.10。

表7.10　板钢筋计算已知条件

混凝土强度等级	梁/板保护层厚度 C	钢筋定尺长度	$l_{abE}(d \leqslant 25)$	$l_{ab}(d \leqslant 25)$
梁、板:C30	25 mm/15 mm	9 000 mm	$40d$	$35d$

②板施工图如图7.13所示,其钢筋工程量按单根钢筋长度进行计算。

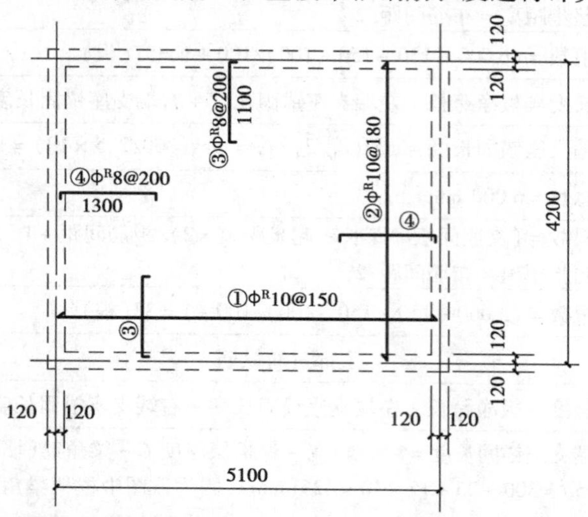

注:梁板混凝土强度等级为C30,梁截面尺寸240 mm×400 mm,板厚h=110 mm,板上部非贯通筋分布筋为 Φ8@200。

图7.13　传统施工图表达板配筋图

③计算过程见表7.11。

表7.11　板钢筋工程量计算表

内　容		计算过程
下部纵筋		
①X $\Phi^R10@150$	长度	长度 = 板净跨长 + 左端支座锚固长度 + 右端支座锚固长度
		端支座锚固长度 = max(梁宽 $h_b/2,5d$) = max(240/2,5×10) = 120(mm)[见图7.2板在端部支座的锚固构造(1)中的(a)]
		总长 = 5 100 mm
	根数	根数 = (支座间板净跨长 - 起步距离×2)/板筋间距 + 1 起步距离 = 布筋间距/2
		根数 = (4 200 - 120 - 120 - 150)/150 + 1≈27(根)

续表

内容		计算过程
②Y Φ^R10@180	长度	长度 = 板净跨长 + 左端支座锚固长度 + 右端支座锚固长度
		端支座锚固长度 = max(梁宽 h_b/2,5d) = max(240/2,5×10) = 120(mm)[见图7.2板在端部支座的锚固构造(1)中的(a)]
		总长 = 4 200 mm
	根数	根数 =(支座间板净跨长 − 起步距离 ×2)/板筋间距 +1 起步距离 = 布筋间距/2
		根数 =(5 100 − 120 − 120 − 180)/180 +1 =27(根)
上部非贯通筋		
③Φ^R8@200	长度	长度 = 端支座锚固长度(锚入支座平直段长度 + 支座内弯折长度) + 板内净尺寸 + 板内弯折长度
		端支座锚固长度 = 梁宽 − 保护层厚度 C − 梁角筋(墙外侧竖向分布筋)直径 +15d =240 −25 +15×8 =335(mm)(因为该图中框架梁角筋未标注,所以未减梁角筋直径)
		总长 =335 +(1 100 −120) +(110 −15) =1 410(mm)
	根数	根数 =(支座间板净跨长 − 起步距离 ×2)/板筋间距 +1 起步距离 = 布筋间距/2
		根数 =[(5 100 −120 −120 −200)/200 +1]×2≈50(根)
④Φ^R8@200	长度	长度 = 端支座锚固长度(锚入支座平直段长度 + 支座内弯折长度) + 板内净尺寸 + 板内弯折长度
		端支座锚固长度 = 梁宽 − 保护层厚度 C − 梁角筋(墙外侧竖向分布筋)直径 +15d = 240 −25 +15×8 =335(mm)(因为该图中框架梁角筋未标注,所以未减梁角筋直径)
		总长 =335 +(1 300 −120) +(110 −15) =1 610(mm)
	根数	根数 =(支座间板净跨长 − 起步距离 ×2)/板筋间距 +1 起步距离 = 布筋间距/2
		根数 =[(4 200 −120 −120 −200)/200 +1]×2≈40(根)
上部非贯通筋分布筋(Φ^R8@200)		
Φ^R8@200	长度	长度 = 轴线(或净跨)长度 − 非贯通筋标注长度 ×2 + 搭接(参差)长度(150 mm)×2
		X 向长度 =5 100 −1 300×2 +150×2 =2 800(mm)
		Y 向长度 =4 200 −1 100×2 +150×2 =2 300(mm)
	根数	根数 = 非贯通筋板内净长/分布筋间距 +1(取整)
		X 向根数 =[(1 100 −120)/200 +1]×2≈12(根)
		Y 向根数 =[(1 300 −120)/200 +1]×2≈14(根)

续表

内　容		计算过程
计算质量	总长度	Φ^R10 总长度 = 5 100 × 27 + 4 200 × 27 = 251 100(mm) = 251. 10(m)
		Φ^R8 总长度 = 1 410 × 50 + 1 610 × 40 + 2 800 × 12 + 2 300 × 14 = 200 700(mm) = 200. 70(m)
	质量	Φ^R10 质量 = 0. 006 17 × d^2 × 总长度 = 0. 006 17 × 10 × 10 × 251. 10 ≈ 154. 93(kg)
		Φ^R8 质量 = 0. 006 17 × d^2 × 总长度 = 0. 006 17 × 8 × 8 × 200. 70 ≈ 79. 25(kg)

3)两跨板(以梁为支座)钢筋工程量计算

①已知条件见表 7. 12。

表 7. 12　板钢筋计算已知条件

混凝土强度等级	梁/板保护层厚度 C	钢筋定尺长度	$l_{abE}(d \leqslant 25)$	$l_{ab}(d \leqslant 25)$
梁、板:C30	25 mm/15 mm	9 000 mm	$40d$	$35d$

②板施工图如图 7. 14 所示,其钢筋工程量按单根钢筋长度进行计算。

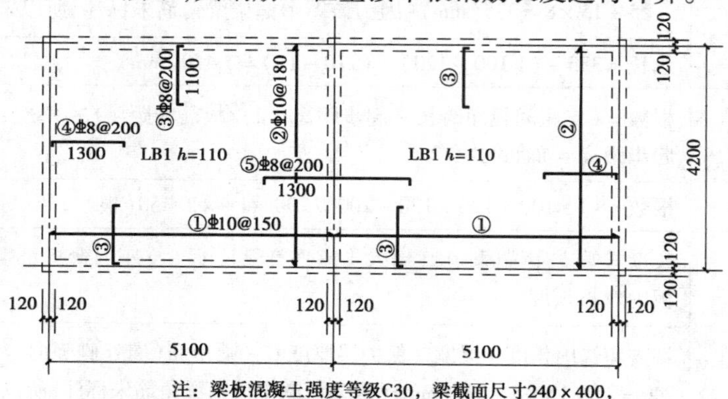

图 7. 14　双跨板配筋图

③计算过程见表 7. 13。

表 7. 13　双跨板钢筋工程量计算表

内　容		计算过程
下部纵筋		
①X ⌀ 10@ 150	长度	长度 = 板净跨长 + 左端支座锚固长度 + 右端支座锚固长度
		端支座锚固长度 = max(梁宽 h_b/2,5d) = max(240/2,5 × 10) = 120(mm)[见图 7. 2 板在端部支座的锚固构造(1)中的(a)]
		总长 = 5 100 mm
	根数	根数 = (支座间板净跨长 - 起步距离 × 2)/板筋间距 + 1 起步距离 = 布筋间距/2
		根数 = [(4 200 - 120 - 120 - 150)/150 + 1] × 2 ≈ 54(根)

续表

内 容		计算过程
②YΦ10@180	长度	长度 = 板净跨长 + 左端支座锚固长度 + 右端支座锚固长度
		端支座锚固长度 = max(梁宽 h_b/2,5d) = max(240/2,5×10) = 120(mm)[见图7.2板在端部支座的锚固构造(1)中的(a)]
		总长 = 4 200 mm
	根数	根数 = (支座间板净跨长 - 起步距离×2)/板筋间距 + 1 起步距离 = 布筋间距/2
		根数 = [(5 100 - 120 - 120 - 180)/180 + 1]×2 = 54(根)
上部非贯通筋		
③Φ8@200	长度	长度 = 端支座锚固长度(锚入支座平直段长度 + 支座内弯折长度) + 板内净尺寸 + 板内弯折长度
		端支座锚固长度 = 梁宽 - 保护层厚度 C - 梁角筋(墙外侧竖向分布筋)直径 + 15d = 240 - 25 + 15×8 = 335(mm)(因为该图中框架梁角筋未标注,所以未减梁角筋直径)
		总长 = 335 + (1 100 - 120) + (110 - 15) = 1 410(mm)
	根数	根数 = (支座间板净跨长 - 起步距离×2)/板筋间距 + 1 起步距离 = 布筋间距/2
		根数 = [(5 100 - 120 - 120 - 200)/200 + 1]×4≈100(根)
④Φ8@200	长度	长度 = 端支座锚固长度(锚入支座平直段长度 + 支座内弯折长度) + 板内净尺寸 + 板内弯折长度
		端支座锚固长度 = 梁宽 - 保护层厚度 C - 梁角筋(墙外侧竖向分布筋)直径 + 15d = 240 - 25 + 15×8 = 335(mm)(因为该图中框架梁角筋未标注,所以未减梁角筋直径)
		总长 = 335 + (1 300 - 120) + (110 - 15) = 1 610(mm)
	根数	根数 = (支座间板净跨长 - 起步距离×2)/板筋间距 + 1 起步距离 = 布筋间距/2
		根数 = [(4 200 - 120 - 120 - 200)/200 + 1]×2≈40(根)
⑤Φ8@200	长度	长度 = 标注长度 + 左弯折长度 + 右弯折长度
		总长 = 1 300×2 + (110 - 15)×2 = 2 790(mm)
	根数	根数 = (支座间板净跨长 - 起步距离×2)/板筋间距 + 1 起步距离 = 布筋间距/2
		根数 = (4 200 - 120 - 120 - 200)/200 + 1≈20(根)
上部非贯通筋分布筋		
Φ8@200	长度	长度 = 轴线(或净跨)长度 - 非贯通筋标注长度×2 + 搭接(参差)长度(150 mm)×2
		X向长度 = 5 100 - 1 300×2 + 150×2 = 2 800(mm)
		Y向长度 = 4 200 - 1 100×2 + 150×2 = 2 300(mm)
	根数	根数 = 非贯通筋板内净长/分布筋间距 + 1(取整)
		X向根数 = [(1 100 - 120)/200 + 1]×4≈24(根)
		Y向根数 = [(1 300 - 120)/200 + 1]×4≈28(根)

续表

内　容		计算过程
计算质量	总长度	Φ10 总长度 = 5 100 × 54 + 4 200 × 54 = 502 200(mm) = 502.20(m)
		Φ8 总长度 = 1 410 × 100 + 1 610 × 40 + 2 790 × 20 + 2 800 × 24 + 2 300 × 28 = 392 800(mm) = 392.80(m)
	质　量	Φ10 质量 = 0.006 17 × d^2 × 总长度 = 0.006 17 × 10 × 10 × 502.20 ≈ 309.86(kg)
		Φ8 质量 = 0.006 17 × d^2 × 总长度 = 0.006 17 × 8 × 8 × 392.80 ≈ 155.11(kg)

4）悬挑板 XB1(以梁为支座)钢筋工程量计算

①已知条件见表 7.14。

表 7.14　板钢筋计算已知条件

混凝土强度等级	梁/板保护层厚度 *C*	钢筋定尺长度	$l_{abE}(d\leqslant25)$	$l_{ab}(d\leqslant25)$
梁、板:C30	25 mm/15 mm	9 000 mm	40*d*	35*d*

②悬挑板 XB1 平法施工图如图 7.15 所示，其钢筋工程量按单根钢筋长度进行计算。

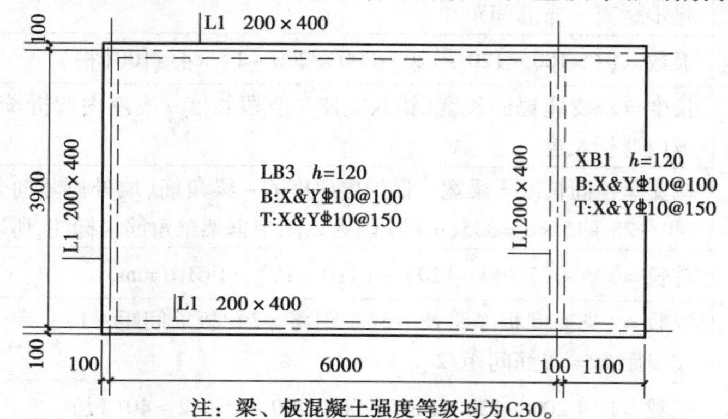

注：梁、板混凝土强度等级均为C30。

图 7.15　悬挑板 XB1 配筋图

③计算过程见表 7.15。

表 7.15　悬挑板 XB1 钢筋工程量计算表

内　容			计算过程
下部纵筋			
LB3 ~ XB1	X Φ 10@100	长度	长度 = LB3 净跨长 + 左端支座锚固长度 + 右端支座宽度 + 悬挑净长 − 保护层厚度 *C*
			端支座锚固长度 = max(梁宽度 h_b/2,5*d*) = max(200/2,5 × 10) = 100(mm)
			总长 = 6 000 + 100 + 1 100 − 15 = 7 185(mm)
		根数	根数 = (钢筋布置范围长度 − 起步距离 × 2)/布筋间距 + 1
			根数 = (3 900 − 100 − 100 − 100)/100 + 1 = 37(根)

续表

内容			计算过程
LB3～XB1	Y ⌀10@100	长度	根数 = 板净跨长 + 左端支座锚固长度 + 右端支座锚固长度
			端支座锚固长度 = max(梁宽度 h_b/2,5d) = max(200/2,5×10) = 100(mm)
			总长 = 3 900 mm
		根数	根数 = (钢筋布置范围长度 − 起步距离×2)/布筋间距 + 1
			根数 = [(6 000 − 100 − 100 − 100)/100 + 1] + [(1 100 − 50)/100 + 1] ≈ 70(根)
上部贯通纵筋			
LB3～XB1	X ⌀10@150	长度	长度 = LB3 净跨长 + 左端支座锚固长度 + 右端支座宽度 + 悬挑净长 − 保护层厚度 C + 悬挑远端下弯长度
			端支座锚固长度 = 梁宽 − 保护层厚度 C − 梁角筋(墙外侧竖向分布筋)直径 + 15d = 200 − 25 + 15×10 = 325(mm)(因为该图中框架梁角筋未标注,所以未减梁角筋直径)
			悬挑远端下弯长度 = 120 − 15 = 105(mm)
			总长 = (6 000 − 100 − 100) + 325 + 200 + 1 100 − 15 + 105 = 7 515(mm)
		根数	根数 = (钢筋布置范围长度 − 起步距离×2)/布筋间距 + 1
			根数 = (3 900 − 100 − 100 − 150))/150 + 1 ≈ 25(根)
	Y ⌀10@150	长度	长度 = 净跨长 + 左端支座锚固长度 + 右端支座锚固长度
			端支座锚固长度 = 梁宽 − 保护层厚度 C − 梁角筋(墙外侧竖向分布筋)直径 + 15d = 200 − 25 + 15×10 = 325(mm)(因为该图中框架梁角筋未标注,所以未减梁角筋直径)
			总长 = 3 900 − 100 − 100 + 325×2 = 4 350(mm)
		根数	根数 = (钢筋布置范围长度 − 起步距离×2)/布筋间距 + 1
			根数 = [(6 000 − 100 − 100 − 150)/150 + 1] + [(1 100 − 50)/150 + 1] ≈ 47(根)
计算质量		总长度	总长度 = 7 185×37 + 3 900×70 + 7 515×25 + 4 350×47 = 931 170(mm) = 931.17(m)
		质量	质量 = 0.006 17×d^2×总长度 = 0.006 17×10×10×931.17 ≈ 574.53(kg)

想一想

1. 在现浇板中,需要计算哪些钢筋工程量?
2. 板上部非贯通筋(支座负筋)有哪些类型?各配置在什么位置?怎么计算?

计算板中的钢筋工程量

1. 训练目的：熟练掌握板平法施工图中钢筋工程量的计算。

2. 训练要求：作好记录。

3. 训练所需资源：图 7.16、图 7.17 及 16G101—1 图集。已知板为正常环境使用，混凝土强度等级为 C35，梁保护层厚度为 25 mm，板保护层厚度为 15 mm。

4. 计算图 7.16、图 7.17 中板的钢筋工程量。

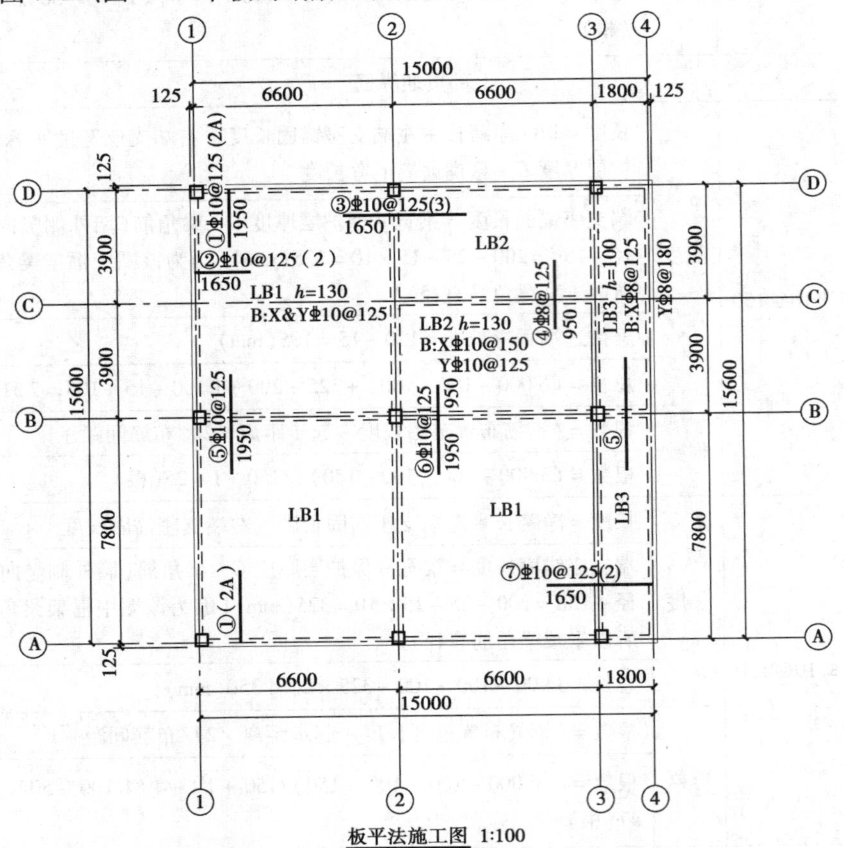

图 7.16　楼板平法施工图

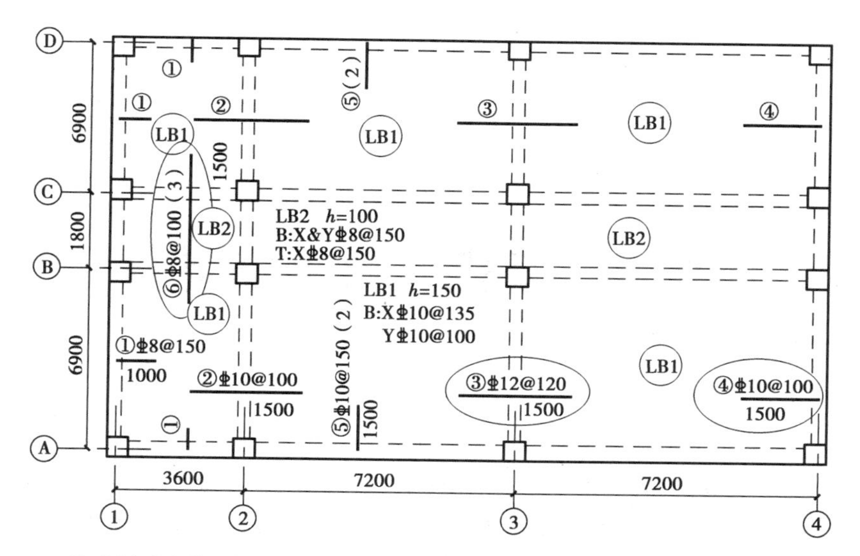

注:图中分布筋为⏀6@200,梁截面尺寸为300×500,混凝土强度等级均为C35。

图7.17 多跨楼板平法施工图

任务8　板式楼梯钢筋计算

问题引入

图8.1所示是什么构件的钢筋？在16G101—2图集中，现浇混凝土板式楼梯有12种，都有各自的楼梯板钢筋构造图，而且钢筋构造各不相同，因此，要根据工程选定的具体楼梯类型来进行楼梯钢筋的计算。板式楼梯需要计算的钢筋按照所在位置及功能不同，可分为梯梁钢筋、休息平台板钢筋、梯板段钢筋和梯柱钢筋，其中梯梁钢筋参照梁钢筋的算法，休息平台板钢筋参照楼板钢筋算法，梯柱钢筋参照柱钢筋算法，下面我们以最常用的AT型楼梯为例，来详细讲解梯板段钢筋的计算。

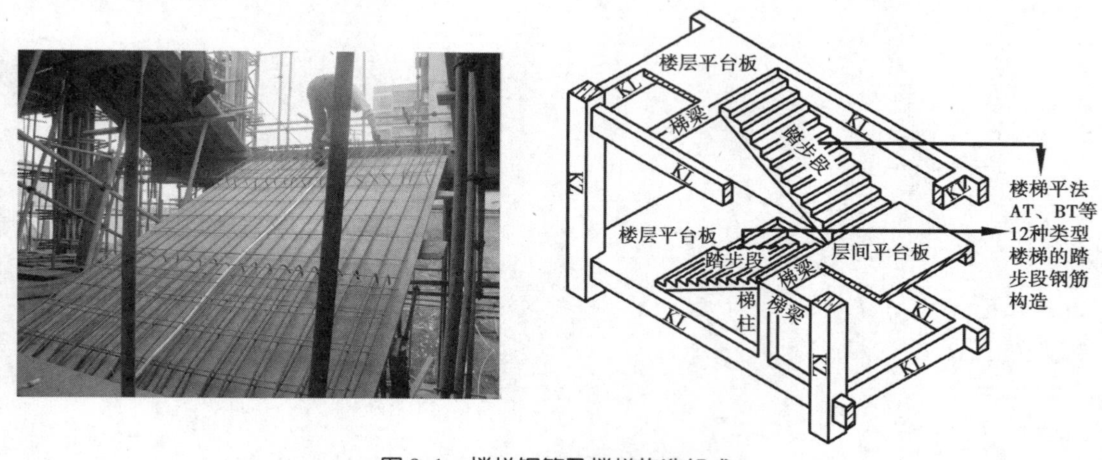

图8.1　楼梯钢筋及楼梯构造组成

8.1　AT型楼梯板的基本尺寸及计算规则

1)AT型楼梯板的基本尺寸

①AT型楼梯板的基本尺寸及其符号见表8.1和图8.2、图8.3。

表 8.1　AT 型楼梯板的基本尺寸及其符号

名　称	符　号	名　称	符　号	名　称	符　号
梯板净跨度（水平投影长）	l_n	梯板厚度	h	踏步段高度	H_s
梯板净宽度	b_n	踏步数	m	踏步段水平净长	l_{sn}（投影长）
高、低端梯梁宽度	b	每一踏步宽度	b_s	楼层平台宽	b_f
梯段斜度系数	k	每一踏步高度	h_s	层间平台宽	b_p

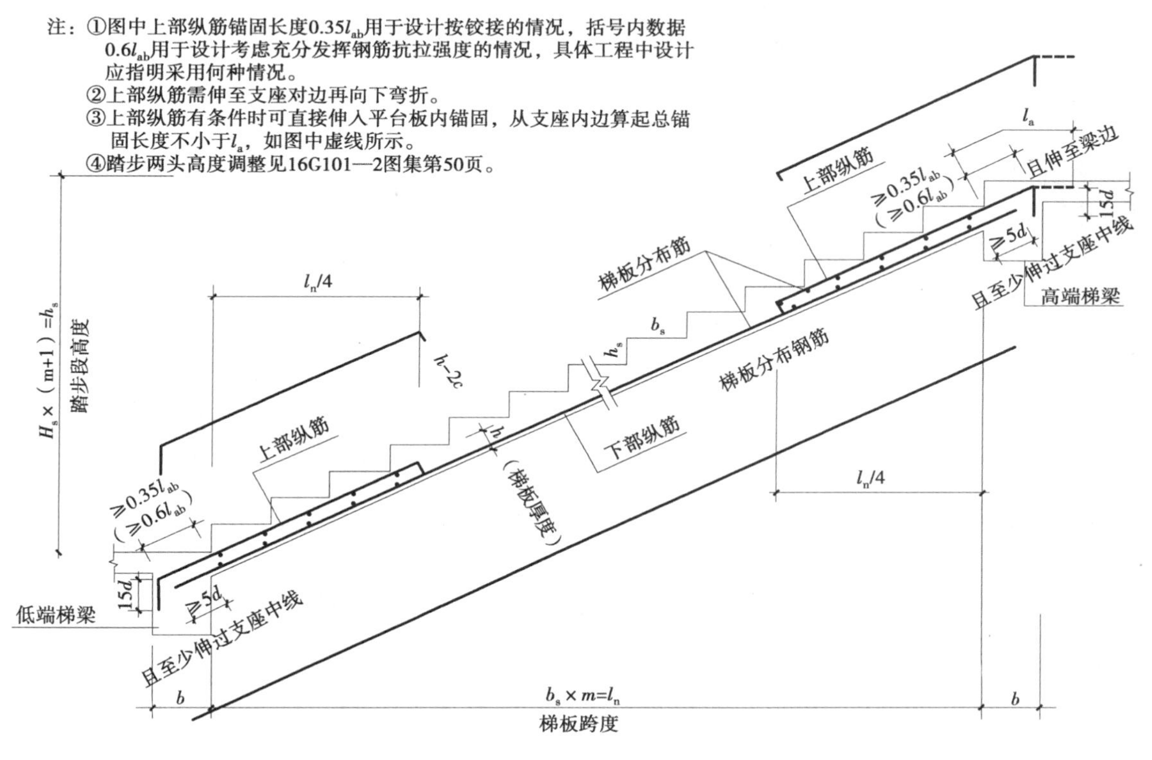

图 8.2　AT 型楼梯板配筋构造

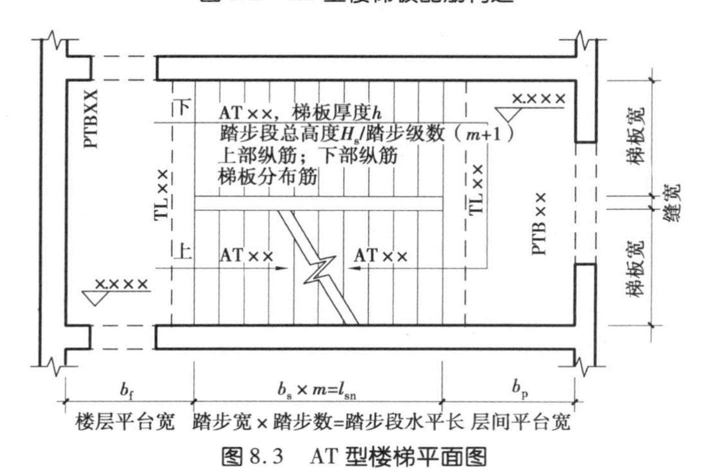

图 8.3　AT 型楼梯平面图

②梯段斜度系数 k 值见表8.2。

表8.2　梯段斜度系数 k 值取值表

b_s/h_s	k	b_s/h_s	k
1.0	1.414	1.6	1.179
1.2	1.302	1.8	1.144
1.4	1.229	2.0	1.118

注：$k=\sqrt{b_s^2+h_s^2}/b_s$

2）AT型楼梯板钢筋计算规则

AT型楼梯板钢筋的计算规则见表8.3。

表8.3　AT型楼梯板钢筋计算表

<table>
<tr><th>钢筋部位及其名称</th><th>计算公式</th><th>说　明</th><th>附　图</th></tr>
<tr><td rowspan="2">梯板下部纵向受力筋</td><td>梯板下部纵筋长度＝梯板净跨度 $l_n \times k$＋伸入低端支座锚固长度＋伸入高端支座锚固长度
伸入支座锚固长度＝max$(5d, b/2 \times k)$</td><td rowspan="12">①16G101—2第24页下部纵筋在支座锚固长度＝max$(5d, b/2 \times k)$。
②当纵向受力钢筋采用HPB300级光圆钢筋时，除梯板上部纵筋的跨内端头做90°直角弯钩外，所有末端应做180°弯钩，弯后平直段长度不应小于$3d$；当采用HRB400级带肋钢筋时，则不做弯钩，以下余同。
③梯板高端扣筋需伸至支座对边向下弯折，当有条件时可直接伸入平台板内锚固，从支座内边算起总锚固长度不小于l_a（图8.2）</td><td rowspan="12">图8.1
图8.2
图8.3
图8.4
图8.5</td></tr>
<tr><td>梯板下部纵筋根数＝（梯板净宽 b_n－保护层厚度 $C \times 2$）/受力筋间距＋1</td></tr>
<tr><td rowspan="2">梯板下部分布筋</td><td>分布筋长度＝梯板净宽 b_n－保护层厚度 $C \times 2$</td></tr>
<tr><td>分布筋根数＝（梯板净跨度 $l_n \times k$－起步距离 50×2）/分布筋间距＋1</td></tr>
<tr><td rowspan="2">梯板低端扣筋（负筋）</td><td>低端扣筋长度＝（梯板净跨度 $l_n/4$＋梯梁宽 b－梯梁保护层厚度 C）$\times k$＋（梯板厚度 h－梯板保护层厚度 $C \times 2$）＋$15d$</td></tr>
<tr><td>低端扣筋根数＝（梯板净宽 b_n－保护层厚度 $C \times 2$）/扣筋间距＋1</td></tr>
<tr><td rowspan="2">梯板低端扣筋分布筋</td><td>低端扣筋分布筋长度＝梯板净宽 b_n－保护层厚度 $C \times 2$</td></tr>
<tr><td>低端扣筋分布筋根数＝（$l_n/4 \times k$－起步距离50）/分布筋间距＋1</td></tr>
<tr><td rowspan="2">梯板高端扣筋（负筋）</td><td>高端扣筋长度＝（梯板净跨度 $l_n/4$＋梯梁宽 b－梯梁保护层厚度 C）$\times k$＋（梯板厚度 h－梯板保护层厚度 $C \times 2$）＋$15d$</td></tr>
<tr><td>高端扣筋根数＝（梯板净宽 b_n－保护层厚度 $C \times 2$）/扣筋间距＋1</td></tr>
<tr><td rowspan="2">梯板高端分布筋</td><td>高端扣筋分布筋长度＝梯板净宽 b_n－保护层厚度 $C \times 2$</td></tr>
<tr><td>高端扣筋分布筋根数＝（$l_n/4 \times k$－起步距离50）/分布筋间距＋1</td></tr>
</table>

图 8.4　AT 型楼梯板纵向受力钢筋图

图 8.5　AT 型楼梯板高端扣筋图

8.2　AT 型板式楼梯钢筋计算实例

1）计算板式楼梯 TB1 钢筋工程量

①已知条件：已知楼梯的混凝土强度等级为 C30，$l_{ab}=35d$（HRB400 级），梯板净宽 1 600 mm，保护层厚度 C：梯梁 25 mm、梯板 15 mm。

②TB1 配筋图如图 8.6 所示，计算其钢筋工程量。

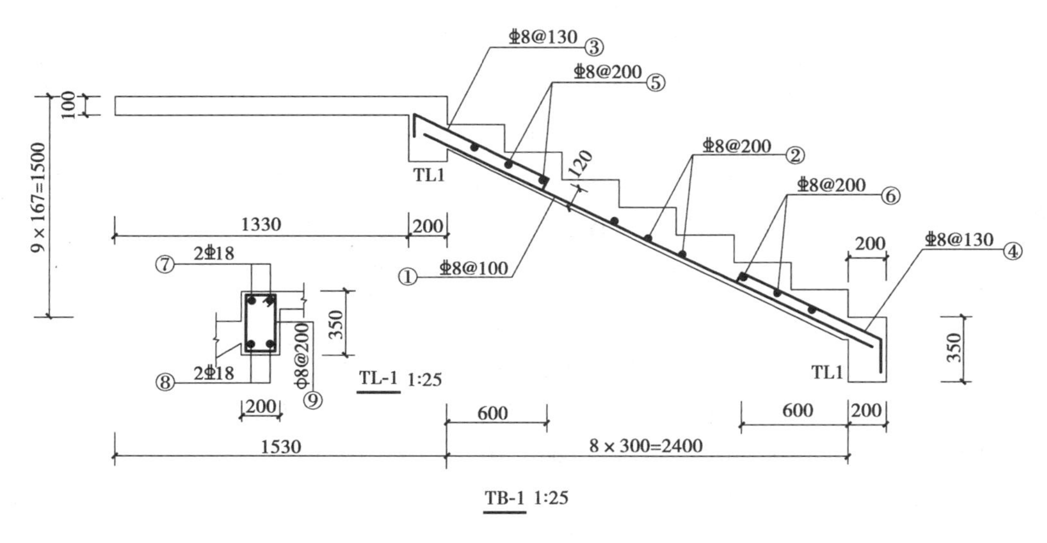

图 8.6　TB1 配筋图

③计算过程见表8.4。

表8.4 TB1 钢筋工程量计算表

钢筋部位及其名称		计算过程	备 注
梯板下部纵筋 ①Φ8@100	长度	梯板下部纵筋长度 = 梯板净跨度 $l_n \times k$ + 伸入低端支座锚固长度 + 伸入高端支座锚固长度 伸入支座锚固长度 = $\max(5d, b/2 \times k)$	
		斜度系数 $k = \sqrt{b_s^2 + h_s^2}/b_s = \sqrt{300^2 + 167^2}/300 \approx 1.144$	
		伸入支座锚固长度 = $\max(5d, b/2 \times k) = \max(5 \times 8, 200/2 \times 1.144) \approx$ 114(mm)	图8.2
		梯板下部纵筋长度 = 2 400 × 1.144 + 114 × 2 ≈ 2 974(mm)	
	根数	梯板下部纵筋根数 = (梯板净宽 b_n − 保护层厚度 $C \times 2$)/受力筋间距 + 1	
		梯板下部纵筋根数 = (1 600 − 15 × 2)/100 + 1 ≈ 17(根)	
梯板下部分布筋 ②Φ8@200	长度	梯板下部分布筋长度 = 梯板净宽 b_n − 保护层厚度 $C \times 2$	
		梯板下部分布筋长度 = 1 600 − 15 × 2 = 1 570(mm)	
	根数	梯板分布筋根数 = (梯板净跨度 $l_n \times k$ − 起步距离 50 × 2)/分布筋间距 + 1	
		梯板下部分布筋根数 = (2 400 × 1.144 − 50 × 2)/200 + 1 ≈ 15(根)	
梯板低端扣筋 ④Φ8@130	长度	梯板低端扣筋长度 = (梯板净跨度 $l_n/4$ + 梯梁宽 b − 梯梁保护层厚度 C) × k + (梯板厚度 h − 梯板保护层厚度 $C \times 2$) + $15d$	
		梯板低端扣筋长度 = (600 + 200 − 25) × 1.144 + 120 − 15 × 2 + 15 × 8 = 1 097(mm)	
	根数	梯板低端扣筋根数 = (梯板净宽 b_n − 保护层厚度 $C \times 2$)/扣筋间距 + 1	
		梯板低端扣筋根数 = (1 600 − 15 × 2)/130 + 1 ≈ 14(根)	
梯板低端扣筋分布筋 ⑥Φ8@200	长度	梯板低端扣筋分布筋长度 = 梯板净宽 b_n − 保护层厚度 $C \times 2$	
		梯板低端扣筋分布筋长度 = 1 600 − 15 × 2 = 1 570(mm)	
	根数	梯板低端扣筋分布筋根数 = ($l_n/4 \times k$ − 起步距离 50)/分布筋间距 + 1	
		梯板低端扣筋分布筋根数 = (600 × 1.144 − 50)/200 + 1 ≈ 5(根)	
梯板高端扣筋 ③Φ8@130	长度	梯板高端扣筋长度 = (梯板净跨度 $l_n/4$ + 梯梁宽 b − 梯梁保护层厚度 C) × k + (梯板厚度 h − 梯板保护层厚度 $C \times 2$) + $15d$	
		梯板高端扣筋长度 = (600 + 200 − 25) × 1.144 + 120 − 15 × 2 + 15 × 8 ≈ 1 097(mm)	
	根数	梯板高端扣筋根数 = (梯板净宽 b_n − 保护层厚度 $C \times 2$)/扣筋间距 + 1	
		梯板高端扣筋根数 = (1 600 − 15 × 2)/130 + 1 ≈ 14(根)	

续表

钢筋部位及其名称	计算过程		备　注
梯板高端扣筋分布筋 ⑤⌀8@200	长度	梯板高端扣筋分布筋长度 = 梯板净宽 b_n − 保护层厚度 $C\times 2$	
		梯板高端扣筋分布筋长度 = 1 600 − 15 × 2 = 1 570(mm)	
	根数	梯板高端扣筋分布筋根数 = (l_n/4 × k − 起步距离 50)/分布筋间距 + 1	
		梯板高端扣筋分布筋根数 = (600 × 1.144 − 50)/200 + 1 ≈ 5(根)	
计算质量	总长度	总长度 = 2 974 × 17 + 1 570 × 15 + 1 097 × 14 + 1 570 × 5 + 1 097 × 14 + 1 570 × 5 = 120 524(mm) ≈ 120.52(m)	
	质量	质量 = 0.006 17 × d^2 × 总长 = 0.006 17 × 8 × 8 × 120.52 ≈ 47.59(kg)	

2)计算 AT 型板式楼梯梯板钢筋工程量

①已知条件:已知混凝土强度等级为 C25,l_{ab} = 34d(HRB400级),梯梁宽度 b = 200 mm,保护层厚度 C:梯梁 25 mm、梯板 15 mm。

②AT3 楼梯配筋图如图 8.7 所示,计算其钢筋工程量。

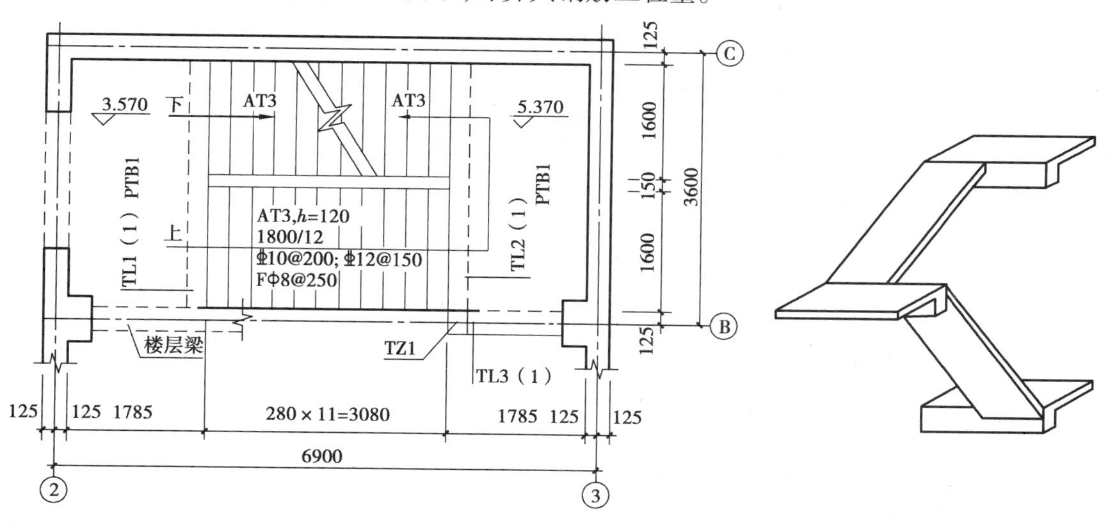

图 8.7　AT3 楼梯平法施工图(梯板分布钢筋:Φ8@250)

③计算过程见表 8.5。

表 8.5　AT3 楼梯钢筋工程量计算表

钢筋部位及其名称	计算过程		备　注
梯板下部纵筋 ⌀12@150	长度	梯板下部纵筋长度 = 梯板净跨度 l_n × k + 伸入低端支座锚固长度 + 伸入高端支座锚固长度 伸入支座锚固长度 = max(5d, b/2 × k)	

续表

钢筋部位及其名称	计算过程		备　注
梯板下部纵筋 Φ12@150	长度	斜度系数 $k=\sqrt{b_s^2+h_s^2}/b_s=\sqrt{280^2+\left(\frac{1800}{12}\right)^2}/280\approx 1.134$	
		伸入支座锚固长度：max（5d，b/2 × k）= max（5 × 12，200/2 × 1.134）≈113 mm	图 8.2
		下部纵筋长度：3 080 × 1.134 + 113 × 2≈3 719（mm）	
	根数	梯板下部纵筋根数 =（梯板净宽 b_n − 保护层厚度 C × 2）/受力筋间距 + 1	
		梯板下部纵筋根数：（1 600 − 15 × 2）/150 + 1≈12（根）	
梯板下部分布筋 φ8@250	长度	梯板下部分布筋长度 = 梯板净宽 b_n − 保护层厚度 C × 2 + 6.25d × 2	分布筋为 HPB300 级钢筋，因此钢筋末端应做180°弯钩，弯钩增加值为 6.25d，以下余同
		梯板下部分布筋长度 = 1 600 − 15 × 2 + 6.25 × 8 × 2 = 1 670（mm）	
	根数	梯板下部分布筋根数 =（梯板净跨度 l_n × k − 起步距离 50 × 2）/分布筋间距 + 1	
		梯板下部分布筋根数 =（3 080 × 1.134 − 50 × 2）/250 + 1≈15（根）	
梯板低端扣筋 Φ10@200	长度	梯板低端扣筋长度 =（梯板净跨度 l_n/4 + 梯梁宽 b − 梯梁保护层厚度 C）× k +（梯板厚度 h − 梯板保护层厚度 C × 2）+ 15d	
		梯板低端扣筋长度 =（3 080/4 + 200 − 25）× 1.134 + 120 − 15 × 2 + 15 × 10≈1 312（mm）	
	根数	梯板低端扣筋根数 =（梯板净宽 b_n − 保护层厚度 C × 2）/扣筋间距 + 1	
		梯板低端扣筋根数 =（1 600 − 15 × 2）/200 + 1≈9（根）	
梯板低端扣筋分布筋 φ8@250	长度	梯板低端扣筋分布筋长度 = 梯板净宽 b_n − 保护层厚度 C × 2 + 6.25d × 2	
		梯板低端扣筋分布筋长度 = 1 600 − 15 × 2 + 6.25 × 8 × 2 = 1 670（mm）	
	根数	梯板低端扣筋分布筋根数 =（l_n/4 × k − 起步距离 50）/分布筋间距 + 1	
		梯板低端扣筋分布筋根数 =（3 080/4 × 1.134 − 50）/250 + 1≈5（根）	
梯板高端扣筋 Φ10@200	长度	梯板高端扣筋长度 =（梯板净跨度 l_n/4 + 梯梁宽 b − 梯梁保护层厚度 C）× k +（梯板厚度 h − 梯板保护层厚度 C × 2）+ 15d	
		梯板高端扣筋长度 =（3 080/4 + 200 − 25）× 1.134 + 120 − 15 × 2 + 15 × 10≈1 312（mm）	
	根数	梯板高端扣筋根数 =（梯板净宽 b_n − 保护层厚度 C × 2）/扣筋间距 + 1	
		梯板高端扣筋根数 =（1 600 − 15 × 2）/200 + 1≈9（根）	

续表

钢筋部位及其名称		计算过程	备　注
梯板高端扣筋分布筋 Φ8@250	长度	梯板高端扣筋分布筋长度 = 梯板净宽 b_n − 保护层厚度 $C\times2+6.25d\times2$	
		梯板高端扣筋分布筋长度 = 1 600 − 15 × 2 + 6.25 × 8 × 2 = 1 670 (mm)	
	根数	梯板高端扣筋分布筋根数 = (l_n/4 × k − 起步距离 50)/分布筋间距 + 1	
		梯板高端扣筋分布筋根数 = (3 080/4 × 1.134 − 50)/250 + 1 ≈ 5(根)	
计算质量	总长度	⏀12 总长度 = 3 719 × 12 = 44 628(mm) ≈ 44.63(m)	
		⏀10 总长度 = 1 312 × 9 × 2 = 23 616(mm) ≈ 23.62(m)	
		Φ8 总长度 = 1 670 × (15 + 5 × 2) = 41 750(mm) = 41.75(m)	
	质量	⏀12 质量 = 0.006 17 × d^2 × 总长 = 0.006 17 × 12 × 12 × 44.63 ≈ 39.65(kg)	
		⏀10 质量 = 0.006 17 × d^2 × 总长 = 0.006 17 × 10 × 10 × 23.62 ≈ 14.57(kg)	
		⏀8 质量 = 0.006 17 × d^2 × 总长 = 0.006 17 × 8 × 8 × 41.75 ≈ 16.49(kg)	

注：该 AT 型楼梯在一层有两块梯板，此表只计算了一块梯板钢筋工程量。

想一想

1. 现浇板式楼梯的类型有哪些？各有什么特点？

2. 在现浇板式楼梯钢筋工程量计算中，我们需要计算哪些钢筋？怎么计算？

3. 图 8.8 中楼梯配筋图是采用什么注写方式来表达其施工图的？你能计算该楼梯的钢筋工程量吗？

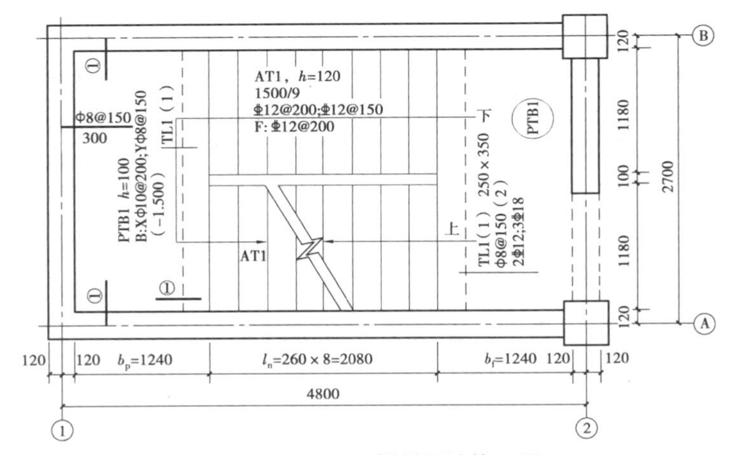

图 8.8　5.970 m 楼梯平法施工图

练一练

计算 AT 型板式楼梯梯板钢筋工程量

1. 训练目的：熟练掌握 AT 型板式楼梯梯板钢筋工程量的计算。

2. 训练要求：作好记录。

3. 训练所需资源：图 8.9、图 8.10 及 16G101—2 图集。已知图 8.9 中梯梁截面尺寸为 240 mm × 400 mm，梯板净宽为 1 200 mm，混凝土强度等级为 C30，$l_{ab}=35d$（HRB400级）。

4. 计算图 8.9、图 8.10 中 AT 型板式楼梯梯板钢筋工程量。

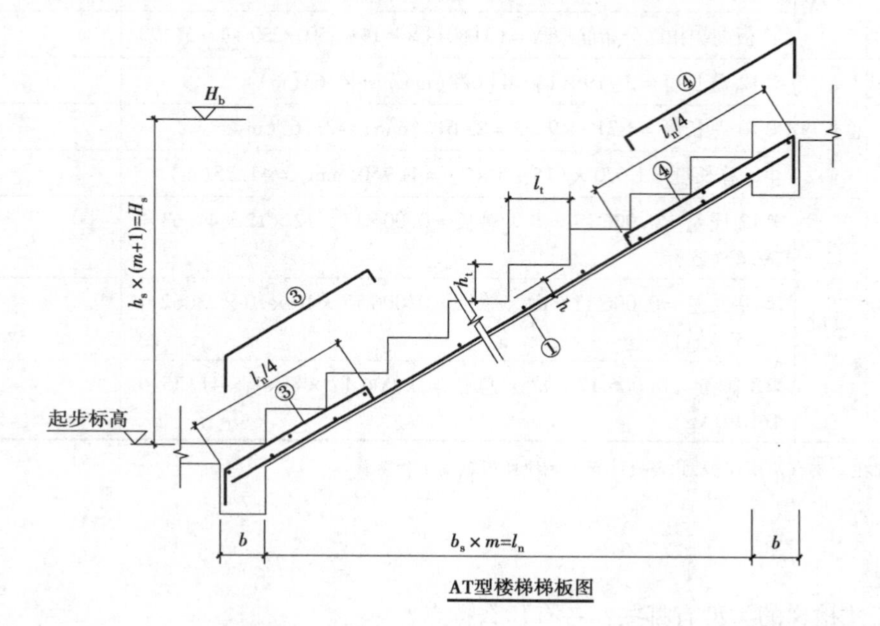

AT型楼梯梯板图

楼梯板														
编号	标高H_b	类型	梯板厚度 h	尺寸			踏步数m	踏步尺寸		梯板配筋				
				l_n	梯板宽B	H_s		b_s	h_s	①	②	③	④	⑤
TB1	3.000~33.000	AT	100	2 080	1 250	1 500	8	260	167	Φ10@150		Φ10@150	Φ10@150	
TB2	0.000~3.000	AT	150	4 420	1 250	3 000	17	260	167	Φ12@150		Φ12@150	Φ12@150	
TB3	−4.800~0.000	AT	100	2 340	1 250	1 600	9	260	160	Φ10@150		Φ10@150	Φ10@150	
TB4	−7.800~−4.800~	AT	100	2 080	1 250	1 500	8	260	167	Φ10@150		Φ10@150	Φ10@150	

注：梯板分布筋为 F Φ8@200，混凝土强度等级为 C30。

图 8.9　AT 型楼梯梯板配筋大样图

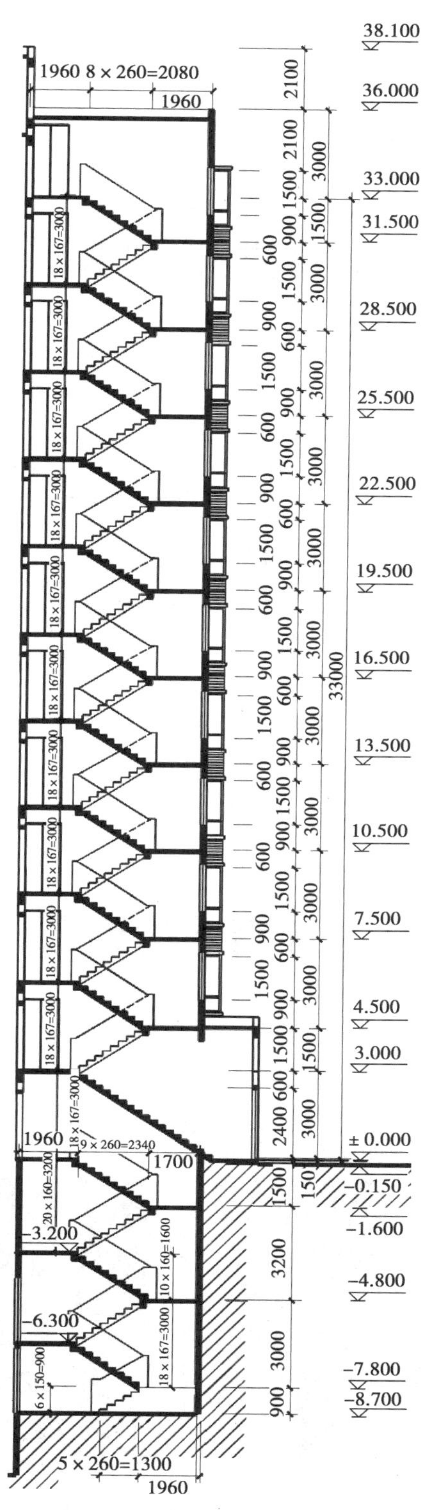

图 8.10　楼梯剖面图

任务9　独立基础钢筋计算

问题引入

在实际工程中,独立基础可分为普通独立基础和杯口独立基础,那么在这两种独立基础中有哪些钢筋类型?我们需要计算哪些钢筋呢?见表9.1。在施工图中,并不是各种独立基础都有表9.1中的这4种钢筋,而是根据平法施工图标注,有哪种就计算哪种。杯口独立基础一般用于工业厂房,民用建筑一般采用普通独立基础,因此下面主要讲解普通独立基础钢筋的构造和计算。

表9.1　独立基础钢筋种类

独立基础钢筋种类	独立基础底板底部钢筋
	杯口独立基础顶部焊接钢筋网
	高杯口独立基础侧壁外侧和短柱配筋
	多柱独立基础底板顶部钢筋

9.1　独立基础钢筋构造及计算规则

1)独立基础底板配筋构造

独立基础的底板钢筋一般是网状的,双向交叉钢筋,长向设置在下,短向设置在上,如图9.1和图9.2所示。其配筋构造如图9.3、图9.4所示。

图9.1　普通独立基础底板配筋示意图

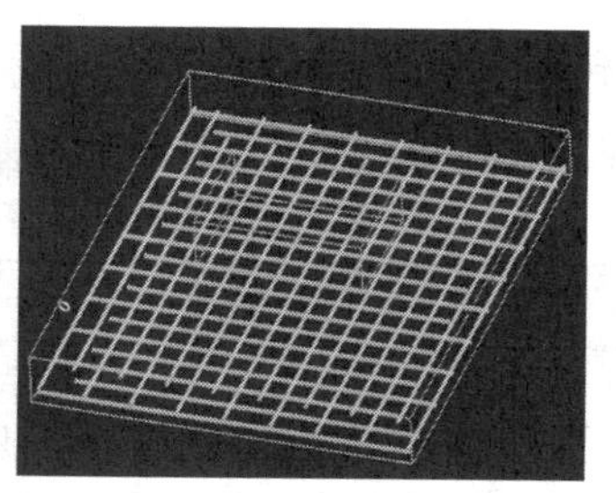

图9.2 普通独立基础底板配筋减短10%示意图

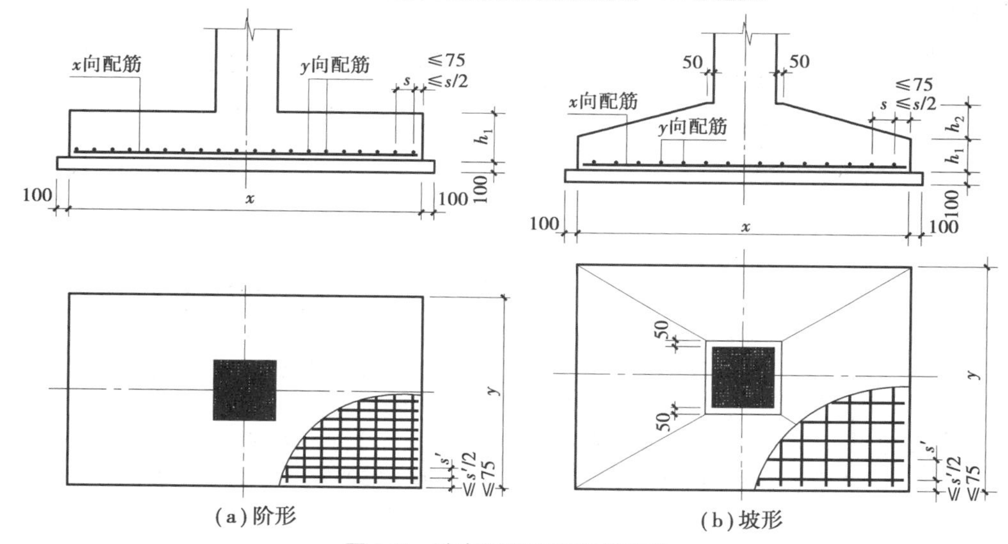

图9.3 独立基础底板配筋构造

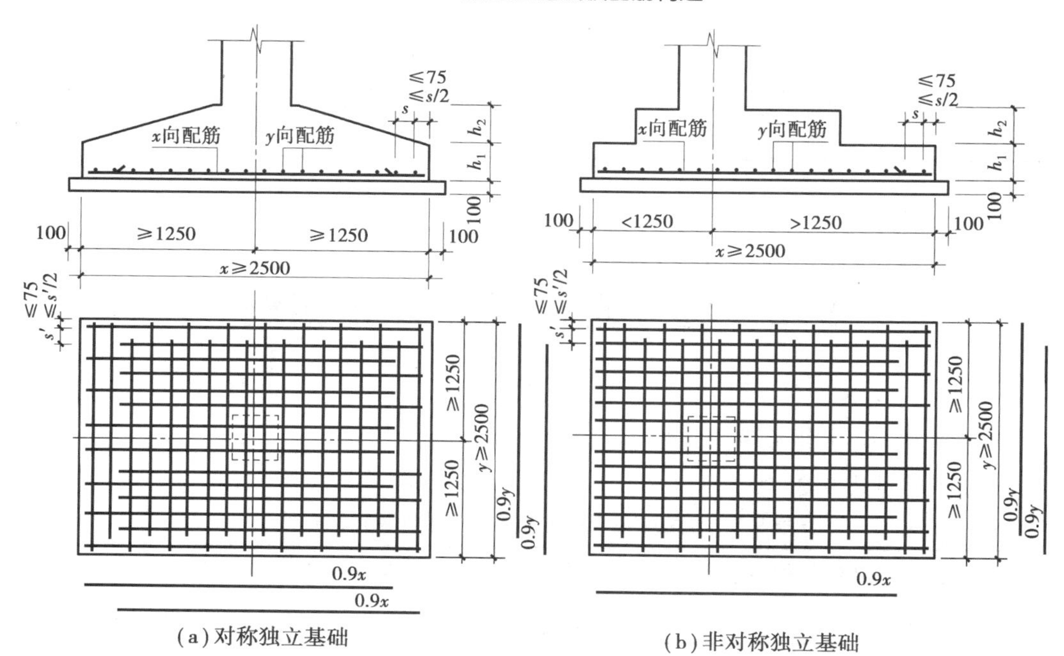

图9.4 独立基础底板配筋长度减短10%构造

2)独立基础底板钢筋计算规则

独立基础底板配筋构造适用于普通独立基础和杯口独立基础,其计算规则见表9.2。

表9.2 独立基础底板钢筋计算表

钢筋部位及其名称	计算公式		说明	附图
独立基础底板配筋(边长<2500 mm时)	长度	独立基础底板配筋长度=基础长度-保护层厚度 $C\times2$	①适用于独立基础底板长度<2500 mm时,其构造见16G101—3第67页; ②如独立基础底板配筋采用HPB300级光圆钢筋,末端须设180°弯钩,弯钩增加值为6.25d,以下余同	图9.1 图9.3
	根数	根数=[边长-min(75,s/2)×2]/间距+1		
独立基础底板配筋(边长≥2500 mm时)	长度	独立基础底板外侧4根配筋长度=基础长度-保护层厚度 $C\times2$ 独立基础底板其余配筋长度=基础长度×0.9(独立基础底板除外侧配筋外的其他配筋)	①适用于独立基础底板长度≥2500 mm时,其构造见16G101—3第70页; ②当独立基础底板长度≥2500 mm时,除外侧钢筋外,底板配筋长度可取相应方向底板长度的0.9倍; ③当非对称独立基础底板长度≥2500 mm时,但该基础某侧从柱中心线至基础底板边缘的距离<1250 mm时,钢筋在该侧不应减短,见图9.4(b)	图9.2 图9.4
	根数	根数=[边长-min(75,s/2)×2]/间距+1	除外侧4根为全长外,其余钢筋根数均为相应方向底板长度的0.9倍	

9.2 独立基础钢筋计算实例

1)独立基础 DJ_J01 钢筋工程量计算

①已知条件见表9.3。

表9.3 独立基础 DJ_J01 钢筋工程量计算已知条件

混凝土强度等级	保护层厚度 C/mm	钢筋连接方式	抗震等级	钢筋定尺长度
C30	40	绑扎连接	—	9 000 mm

②独立基础 DJ$_J$01 平法施工图如图 9.5 所示。

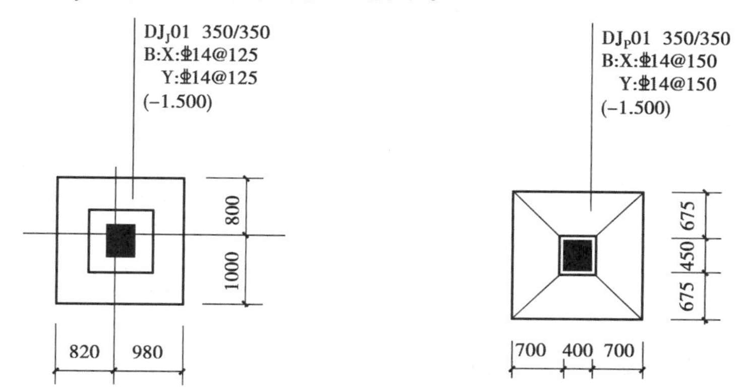

图 9.5　独立基础 DJ$_J$01 平法施工图　　　　图 9.6　独立基础 DJ$_P$01 平法施工图

③独立基础 DJ$_J$01 钢筋工程量计算过程见表 9.4。

表 9.4　独立基础 DJ$_J$01 钢筋工程量计算表

钢筋部位及其名称	计算过程		备　注
独立基础底板配筋 X&Y Φ 14@ 125	单根长度	独立基础底板配筋长度 = 基础长度 − 保护层厚度 $C\times2$	图 9.1 图 9.3
		X 向长度 = 820 + 980 − 40 × 2 = 1 720(mm) Y 向长度 = 1 000 + 800 − 40 × 2 = 1 720(mm)	
	根数	根数 = [边长 − min(75,s/2) × 2]/间距 + 1	
		X 向根数 = (820 + 980 − 125/2 × 2)/125 + 1 ≈ 15(根) Y 向根数 = (1 000 + 800 − 125/2 × 2)/125 + 1 ≈ 15(根)	
	总长度	总长度 = 1 720 × 15 × 2 = 51 600(mm) = 51.60(m)	
	质量	质量 = 0.006 17 × d^2 × 总长度 = 0.006 17 × 14 × 14 × 51.60 ≈ 62.40(kg)	

2)独立基础 DJ$_P$01 钢筋工程量计算

①已知条件见表 9.5。

表 9.5　独立基础 DJ$_P$01 钢筋工程量计算已知条件

混凝土强度等级	保护层厚度 C/mm	钢筋连接方式	抗震等级	钢筋定尺长度
C30	40	绑扎连接	—	9 000 mm

②独立基础 DJ$_P$01 平法施工图如图 9.6 所示。

③独立基础 DJ$_P$01 钢筋工程量计算过程见表 9.6。

表 9.6　独立基础 DJ$_P$01 钢筋工程量计算表

钢筋部位及其名称	计算过程		备　注
独立基础底板配筋 X&Y Φ 14@ 150	单根长度	独立基础底板配筋长度 = 基础长度 − 保护层厚度 $C\times2$	
		X 向长度 = 700 + 400 + 700 − 40 × 2 = 1 720(mm) Y 向长度 = 675 + 450 + 675 − 40 × 2 = 1 720(mm)	

续表

钢筋部位及其名称		计算过程	备　注
独立基础底板配筋 X&Y ⌀14@150	根数	根数 =［边长 − min(75,s/2) ×2］/间距 +1 X 向根数 =(700 +400 +700 −150/2 ×2)/150 +1 =12(根) Y 向根数 =(675 +450 +675 −150/2 ×2)/150 +1 =12(根)	图 9.1 图 9.2
	总长度	总长度 =1 720 ×12 ×2 =41 280(mm) =41.28(m)	
	质量	质量 =0.006 17 × d^2 × 总长度 =0.006 17 ×14 ×14 ×41.28≈49.92(kg)	

3)独立基础 J-1 和 J-2 钢筋工程量计算

①已知条件见表 9.7。

表 9.7　独立基础 J-1 和 J-2 钢筋工程量计算已知条件

混凝土强度等级	保护层厚度 C/mm	钢筋连接方式	抗震等级	钢筋定尺长度
C30	40	直螺纹套筒连接	—	9 000 mm

②独立基础 J-1 和 J-2 配筋大样图如图 9.7 所示。

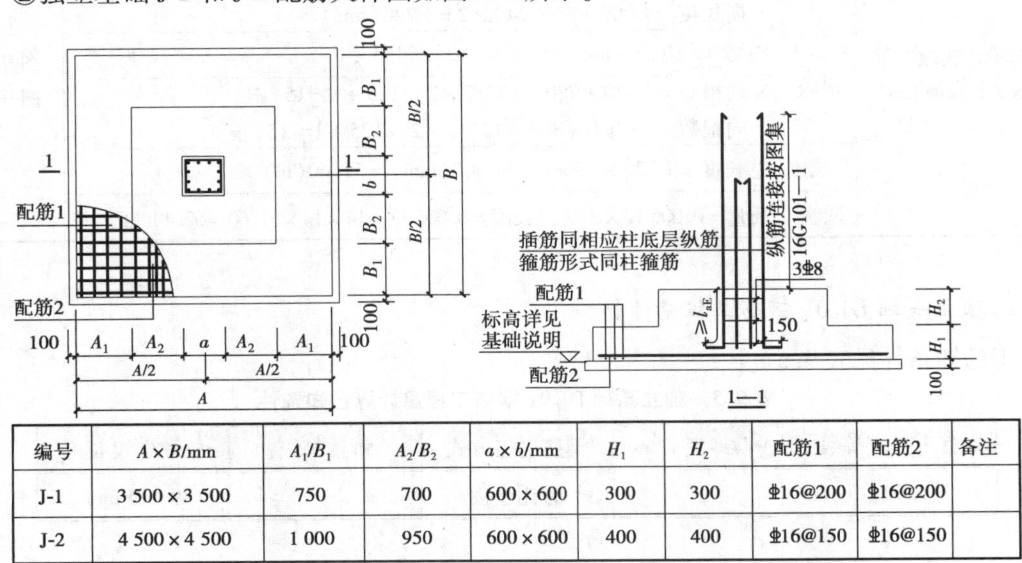

编号	$A \times B$/mm	A_1/B_1	A_2/B_2	$a \times b$/mm	H_1	H_2	配筋1	配筋2	备注
J-1	3 500 × 3 500	750	700	600 × 600	300	300	⌀16@200	⌀16@200	
J-2	4 500 × 4 500	1 000	950	600 × 600	400	400	⌀16@150	⌀16@150	

图 9.7　J-1 和 J-2 配筋大样图

③独立基础 J-1 和 J-2 钢筋工程量计算过程见表 9.8、表 9.9。

表 9.8　独立基础 J-1 钢筋工程量计算表

钢筋部位及其名称		计算过程	备　注
独立基础 J-1 底板配筋 X&Y ⌀16@200	单根 长度	独立基础底板外侧 4 根配筋长度 = 基础长度 − 保护层厚度 C ×2 独立基础底板其余配筋长度 = 基础长度 ×0.9(独立基础底板除外侧配筋外的其他配筋)	

续表

钢筋部位及其名称	计算过程		备　注
独立基础 J-1 底板配筋 X&Y ⌀16@200	单根长度	X 向外侧钢筋全长长度 =3 500 −40 ×2 =3 420(mm) Y 向外侧钢筋全长长度 =3 500 −40 ×2 =3 420(mm) X 向 0.9 倍长度 =3 500 ×0.9 =3 150(mm) Y 向 0.9 倍长度 =3 500 ×0.9 =3 150(mm)	图 9.1 图 9.4
	根数	根数 =[边长 −min(75,s/2) ×2]/间距 +1	
		X 向根数 =(3 500 −75 ×2)/200 +1 ≈18(根)(X 向有 2 根长为 3 420 mm、16 根长为 3 150 mm) Y 向根数 =(3 500 −75 ×2)/200 +1 ≈18(根)(Y 向有 2 根长为 3 420 mm、16 根长为 3 150 mm)	
	总长度	总长度 =3 420 ×2 ×2 +3 150 ×16 ×2 =114 480(mm) =114.48(m)	
	质量	质量 =0.006 17 ×d^2 ×总长度 =0.006 17 ×16 ×16 ×114.48≈180.82(kg)	

表 9.9　独立基础 J-2 钢筋工程量计算表

部　位	计算过程		备　注
独立基础 J-1 底板配筋 X&Y ⌀16@150	单根长度	独立基础底板外侧 4 根配筋长度 = 基础长度 − 保护层厚度 C ×2 独立基础底板其余配筋长度 = 基础长度 ×0.9(独立基础底板除外侧配筋外的其他配筋)	图 9.1 图 9.4
		X 向外侧钢筋全长长度 =4 500 −40 ×2 =4 420(mm) Y 向外侧钢筋全长长度 =4 500 −40 ×2 =4 420(mm) X 向 0.9 倍长度 =4 500 ×0.9 =4 050(mm) Y 向 0.9 倍长度 =4 500 ×0.9 =4 050(mm)	
	根数	根数 =[边长 −min(75,s/2) ×2]/间距 +1	
		X 向根数 =(4 500 −75 ×2)/150 +1 =30(根)(X 向有 2 根长为 4 420 mm、28 根长为 4 050 mm) Y 向根数 =(4 500 −75 ×2)/150 +1 =30(根)(Y 向有 2 根长为 4 420 mm、28 根长为 4 050 mm)	
	总长度	总长度 =4 420 ×2 ×2 +4 050 ×28 ×2 =244 480(mm) =244.48(m)	
	质量	质量 =0.006 17 ×d^2 ×总长度 =0.006 17 ×16 ×16 ×244.48≈386.16(kg)	

想一想

1. 独立基础的类型有哪些？在不同的独立基础类型中，我们需要计算哪些钢筋？

2. 在普通独立基础中，底板边长 <2 500 mm 时的底板钢筋怎么计算？

3. 图 9.8 中，独立基础底板边长是否大于 2 500 mm？如大于 2 500 mm，独立基础底板钢筋怎么计算？

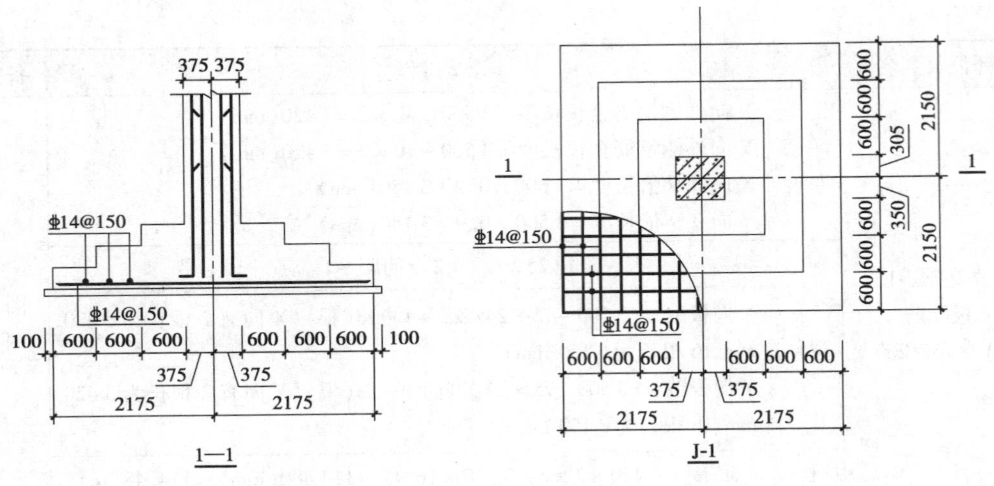

图 9.8　J-1 配筋详图

练一练

计算普通独立基础钢筋工程量

1. 训练目的：熟练掌握普通独立基础钢筋工程量的计算。

2. 训练要求：作好记录。

3. 训练所需资源：图 9.9、图 9.10 及 16G101—3 图集。已知该独立基础计算条件见表 9.10。

表 9.10　独立基础钢筋工程量计算已知条件

混凝土强度等级	保护层厚度 C/mm	钢筋连接方式	抗震等级	钢筋定尺长度
C30	40	直螺纹套筒连接	—	9 000 mm

4. 计算图 9.9、图 9.10 中独立基础钢筋工程量。

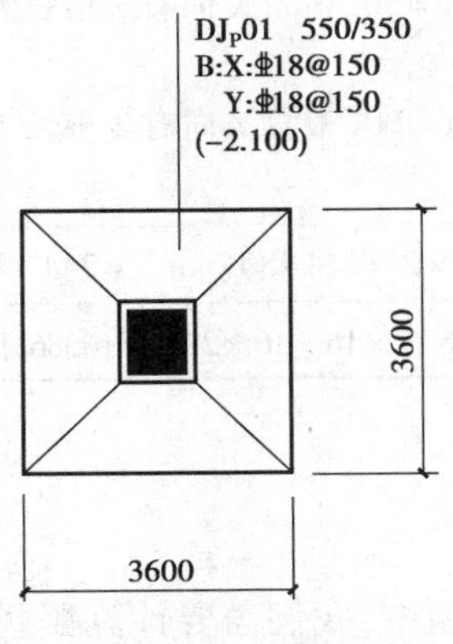

图 9.9　DJ_P01 平法配筋图

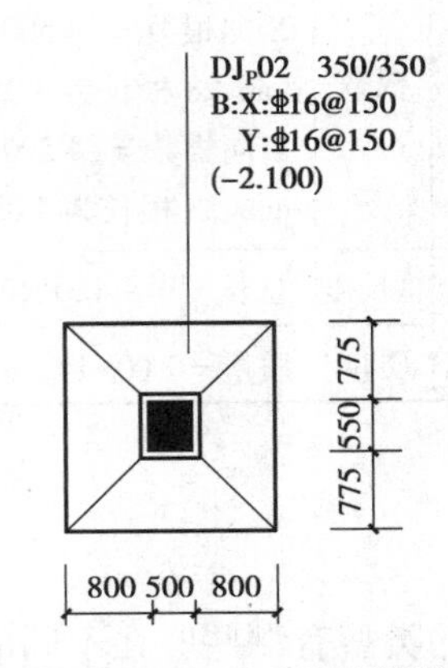

图 9.10　DJ_P02 平法配筋图

任务10　条形基础钢筋计算

问题引入

条形基础可分为板式条形基础与梁板式条形基础，如图10.1所示。那么在该基础中需要计算哪些钢筋呢？板式条形基础主要计算其基础底板横向受力筋与分布筋，梁板式条形基础除了计算基础底板横向受力筋与分布筋外，还要计算梁的纵筋以及箍筋。条形基础的钢筋在底部形成钢筋网。下面主要讲解板式条形基础和梁板式条形基础底板横向受力筋与分布筋的构造与计算。

(a)板式条形基础

(b)梁板式条形基础

图10.1　条形基础

10.1 条形基础钢筋构造及计算规则

1)条形基础底板钢筋构造

(1)条形基础底板板底标高相同时钢筋构造

条形基础底板钢筋有一字形、十字交接、丁字交接、L 形交接(图 10.2),其钢筋构造如图 10.3 所示。当条形基础设有基础梁时,基础底板的分布钢筋在梁宽度范围内不设置,如图 10.4 所示。

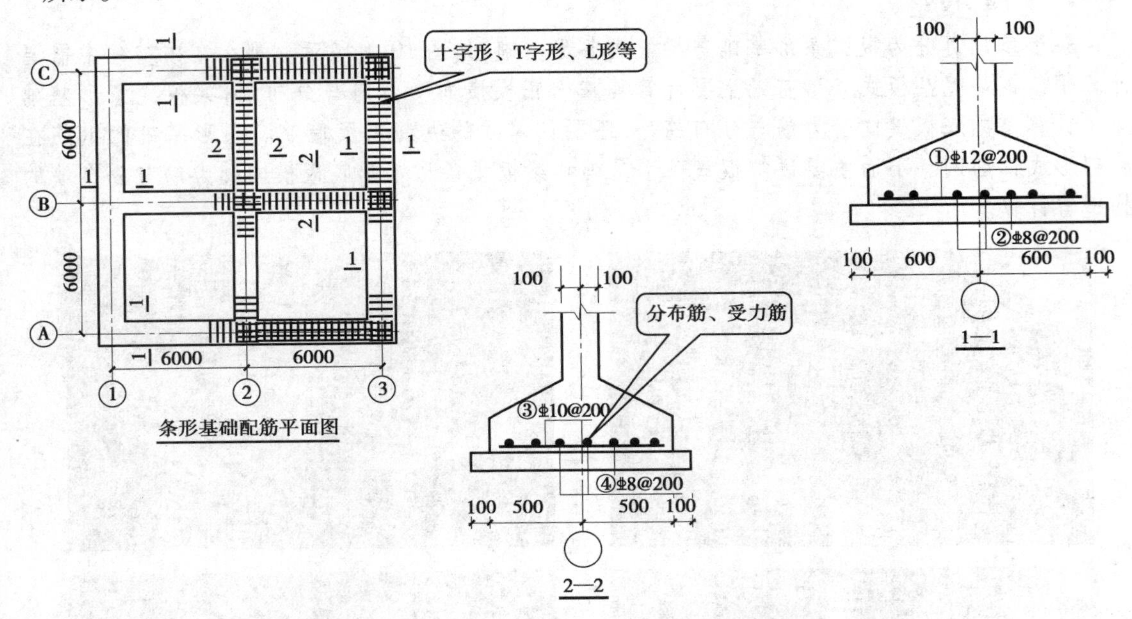

图 10.2 条形基础底板钢筋的交接形式

(2)条形基础底板板底不平时钢筋构造

条形基础底板板底不平时钢筋构造如图 10.5 所示。

(3)条形基础底板配筋长度减短 10% 构造

当条形基础横向底板宽度 $b \geqslant 2\,500$ mm 时,横向受力钢筋长度可减短 10%,如图 10.6 所示。但对偏心基础某边自中心至边缘不大于 1 250 mm 时,沿该方向钢筋长度 $= L -$ 保护层厚度 $C \times 2$。

2)条形基础底板钢筋计算规则

条形基础底板配有横向受力筋与分布筋,并形成钢筋网,其计算规则见表 10.1。需要注意条形基础的相交形式对分布筋长度以及根数计算的影响,丁字和十字交接的条形基础布进 $b/4$,L 形交接时条形基础满布,在两向受力钢筋交接处的网状部位,分布钢筋与同向受力钢筋的构造搭接长度为 150 mm(见图 10.3)。

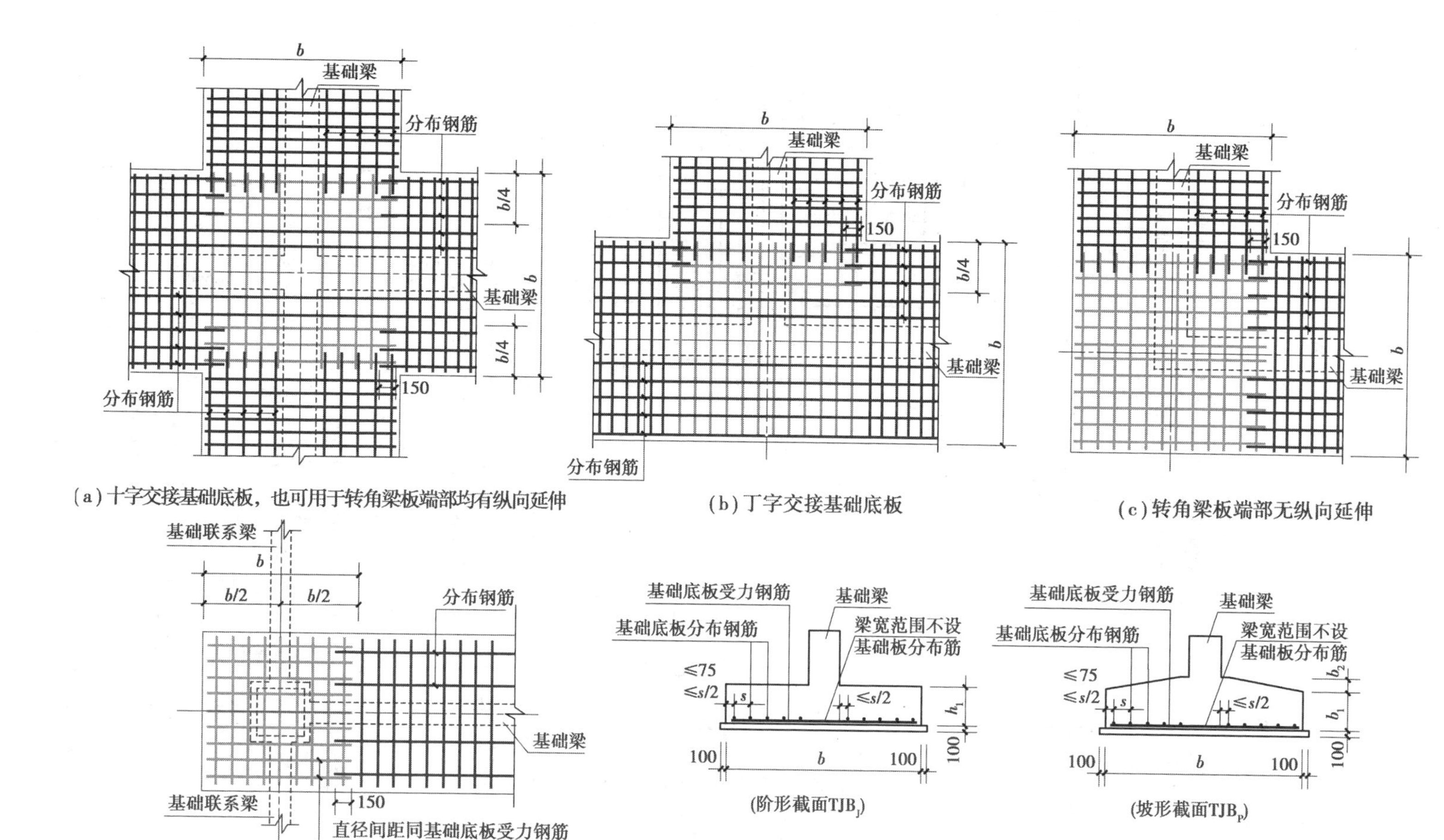

注:①条形基础底板的分布钢筋在梁宽范围内不设置。
②在两向受力钢筋交接处的网状部位，分布钢筋与同向受力钢筋的搭接长度为150 mm。

图10.3 条形基础有基础梁底板配筋构造

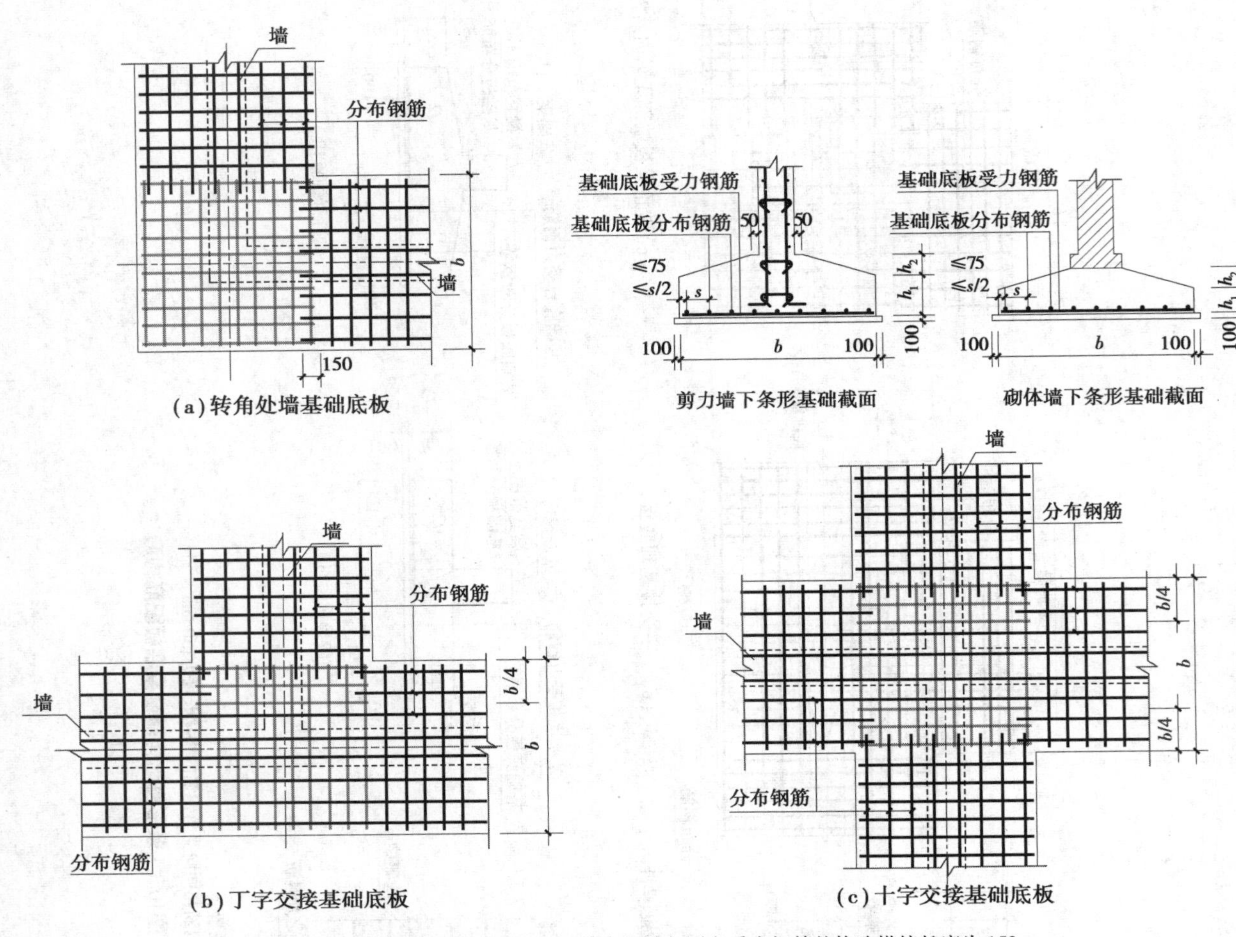

注:在两向受力钢筋交接处的网状部位,分布钢筋与同向受力钢筋的构造搭接长度为150 mm。

图10.4　墙下条形基础底板配筋构造

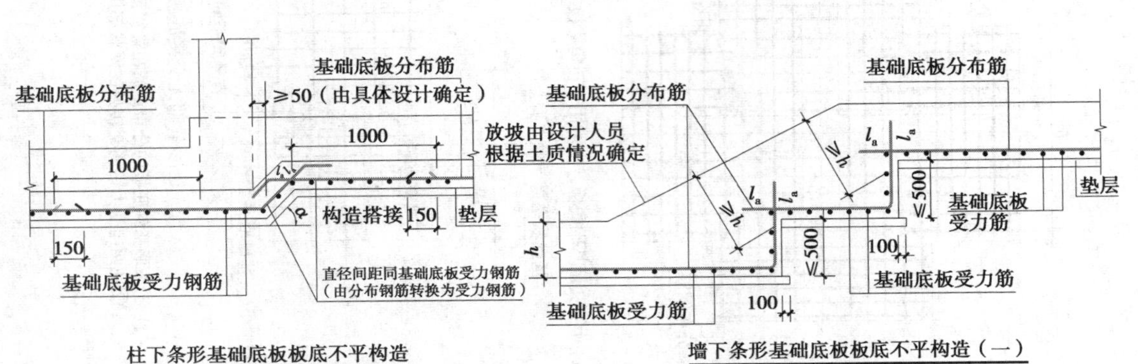

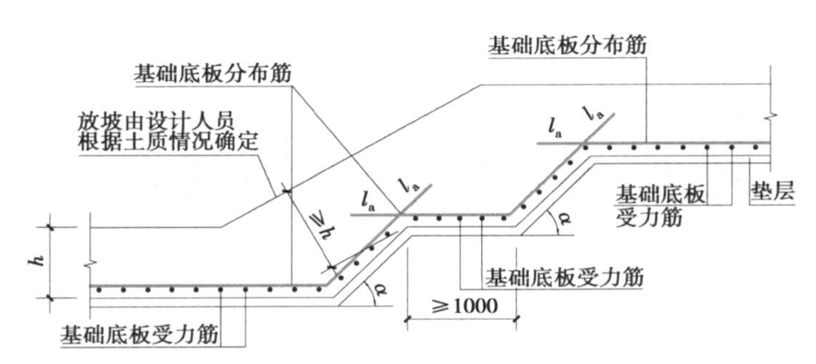

墙下条形基础底板板底不平构造（二）
（板底高差坡度 α 取45° 或按设计）

图 10.5　条形基础底板板底不平构造

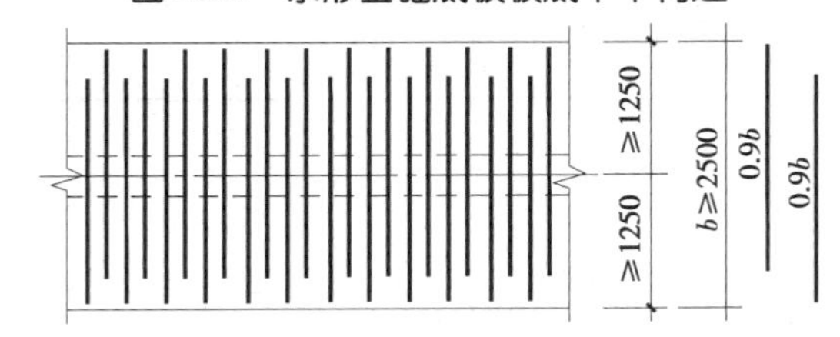

图 10.6　条形基础底板配筋长度减短 10% 构造
（底板交接区的受力钢筋和无交接底板时端部第一根钢筋不应减短）

表 10.1　条形基础底板钢筋计算表

钢筋部位及其名称	计算公式	说　明	附　图
底板横向受力筋	底板横向受力筋长度 = 条形基础宽 b − 保护层厚度 $C\times2$ 根数 =［条形基础长 a − 起步距离（起步距离为 $s/2$ 且 ≤75 mm）×2］/间距 +1	①适用于条形基础底板宽度 <2500 mm 时； ②如条形基础底板横向受力筋采用 HPB300 级光圆钢筋，末端须设 180°弯钩，弯钩增加值为 6.25d，以下余同； ③条形基础宽 $b\geq2500$ mm 时，底板受力筋减短 10% 交错布置（见图 10.6）； ④起步距离为 $s/2$ 且 ≤75 mm，见 18G901—3 第 3-1、3-2 页； ⑤相同类型的条形基础十字形相交时，纵向贯通，横向不贯通	图 10.3 图 10.6
底板分布筋	底板分布筋长度 = 条形基础净长 L − 保护层厚度 $C\times2$（一字形、L 形、丁字形、十字形的分布筋在交叉处搭接 150 mm） 根数 =［条形基础宽 b − 起步距离（起步距离为 $s/2$ 且 ≤75 mm）×2］/间距 +1	①有梁时扣除分布筋根数，梁下部不设置分布筋（见图 10.4）； ②拐角处，条形基础分布筋均不贯通； ③非贯通条形基础分布筋、受力筋伸入贯通条形基础内的长度为 $b/4$（b 为条形基础宽度）	图 10.3 图 10.4

注：此表的计算规则需按条形基础底板钢筋的不同交叉形式进行修正，条形基础底板钢筋的交叉形式有一字形、L 形、丁字形、十字形等。

10.2 条形基础钢筋计算实例

①已知条件见表10.2。

②条形基础 TJB_J01 平法施工图如图10.7所示。

表10.2 条形基础 TJB_J01 钢筋工程量计算已知条件

混凝土强度等级	保护层厚度 C/mm	钢筋连接方式	抗震等级	钢筋定尺长度
C30	40	不考虑搭接长度	—	9 000 mm

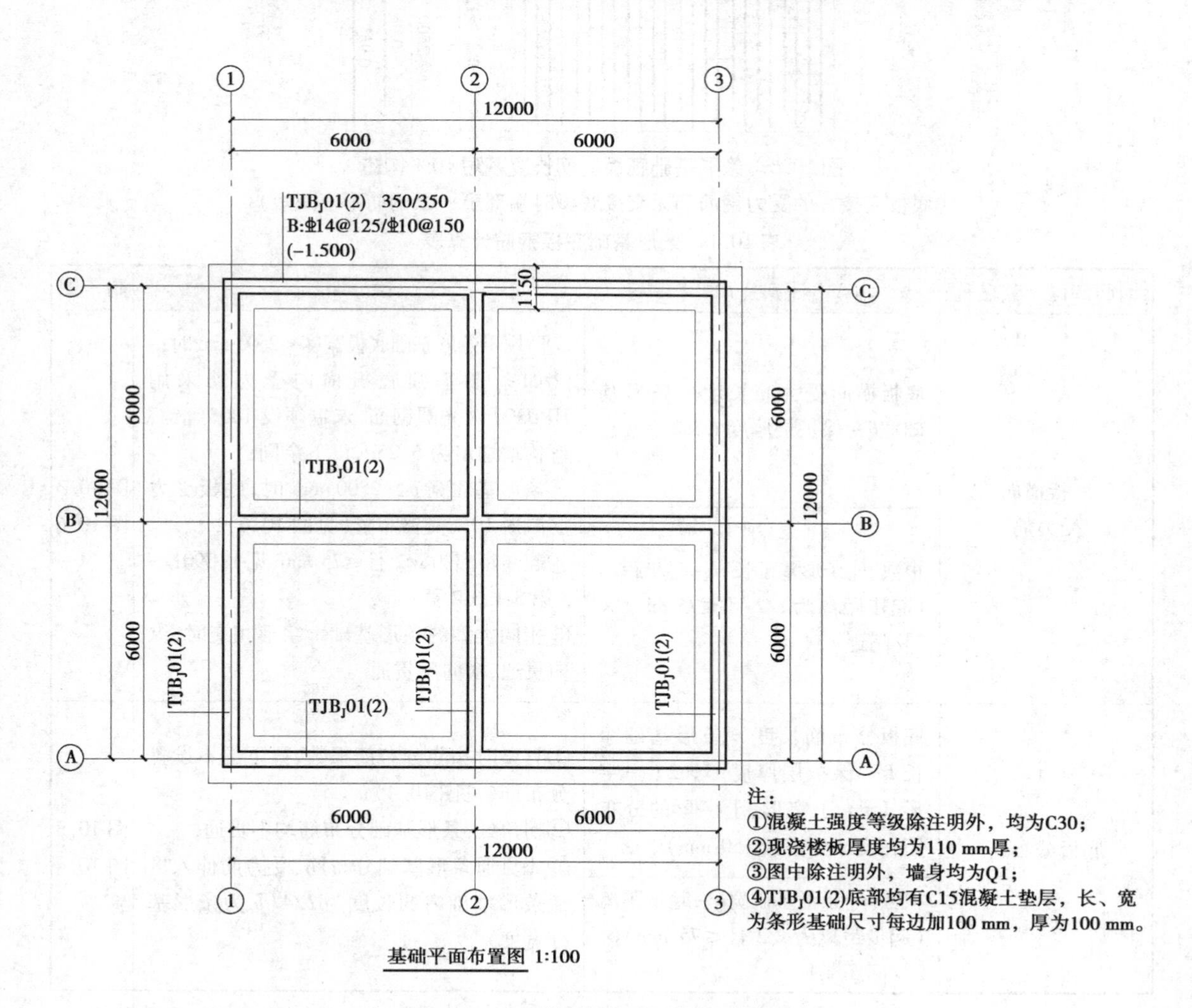

图10.7 条形基础 TJB_J01 平面布置图

③条形基础 TJB_J01 钢筋工程量计算过程见表 10.3。

表 10.3 条形基础 TJB_J01 钢筋工程量计算表

钢筋部位及其名称	计算过程		备注
①/Ⓐ—Ⓒ轴条形基础底板配筋Φ 14@125/Φ 10@150	单根长度	底板受力筋长度 = 条形基础宽 b − 保护层厚度 $C\times2$ = 1 150 − 40 × 2 = 1 070(mm) 底板分布筋长度 = 条形基础净长 L + 搭接长度 150 × 2 = 12 000 − 1 150 + 150 × 2 = 11 150(mm)	见图 10.4(a)，L 形拐角处，条形基础受力筋纵横向均须贯通，分布钢筋均不贯通
	根数	底板受力筋根数 =(条形基础长 − 起步距离 75 × 2)/间距 + 1 =(12 000 + 1 150 − 75 × 2)/125 + 1 = 105(根) 底板分布筋根数 =(条形基础宽 b − 起步距离 75 × 2)/间距 + 1 =(1 150 − 75 × 2)/150 + 1 ≈ 8(根)	
③/Ⓐ—Ⓒ轴条形基础底板配筋Φ 14@125/Φ 10@150	单根长度	底板受力筋长度 = 条形基础宽 b − 保护层厚度 $C\times2$ = 1 150 − 40 × 2 = 1 070(mm) 底板分布筋长度 = 条形基础净长 L + 搭接长度 150 mm × 2 = 12 000 − 1 150 + 150 × 2 = 11 150(mm)	
	根数	底板受力筋根数 =(条形基础长 − 起步距离 75 × 2)/间距 + 1 =(12 000 + 1 150 − 75 × 2)/125 + 1 = 105(根) 底板分布筋根数 =(条形基础宽 b − 起步距离 75 × 2)/间距 + 1 =(1 150 − 75 × 2)/150 + 1 ≈ 8(根)	
Ⓐ/①—③轴条形基础底板配筋Φ 14@125/Φ 10@150	单根长度	底板受力筋长度 = 条形基础宽 b − 保护层厚度 $C\times2$ = 1 150 − 40 × 2 = 1 070(mm) 底板分布筋长度 = 条形基础净长 L + 搭接长度 150 × 2 = 12 000 − 1 150 + 150 × 2 = 11 150(mm)	
	根数	底板受力筋根数 =(条形基础长 − 起步距离 75 × 2)/间距 + 1 =(12 000 + 1 150 − 75 × 2)/125 + 1 = 105(根) 底板分布筋根数 =(条形基础宽 b − 起步距离 75 × 2)/间距 + 1 =(1 150 − 75 × 2)/150 + 1 ≈ 8(根)	
Ⓒ/①—③轴条形基础底板配筋Φ 14@125/Φ 10@150	单根长度	底板受力筋长度 = 条形基础宽 b − 保护层厚度 $C\times2$ = 1 150 − 40 × 2 = 1 070(mm) 底板分布筋长度 = 条形基础净长 L + 搭接长度 150 × 2 = 12 000 − 1 150 + 150 × 2 = 11 150(mm)	
	根数	底板受力筋根数 =(条形基础长 − 起步距离 75 × 2)/间距 + 1 =(12 000 + 1 150 − 75 × 2)/125 + 1 = 105(根) 底板分布筋根数 =(条形基础宽 b − 起步距离 75 × 2)/间距 + 1 底板分布筋根数 =(1 150 − 75 × 2)/150 + 1 ≈ 8(根)	

续表

钢筋部位及其名称		计算过程	备注
Ⓑ/①—③轴条形基础底板配筋Φ14@125/Φ10@150	单根长度	底板受力筋长度 = 条形基础宽 b − 保护层厚度 C ×2 直通十字交叉条形基础的底板分布筋长度 = 条形基础净长 L + 十字交叉条形基础宽 b + 搭接长度 150 ×2 条形基础宽 b/4 范围的底板分布筋长度 = 条形基础净长 L + 搭接长度 150 ×4	
		底板受力筋长度 = 1 150 − 40 ×2 = 1 070(mm) 直通十字交叉条形基础的底板分布筋长度 = 12 000 − 1 150 + 150 ×2 = 11 150(mm) 条形基础宽 b/4 范围的底板分布筋长度 = 12 000 − 1 150 − 1 150 + 150 ×4 = 10 300(mm)	
	根数	底板受力筋根数 = (条形基础净长 L + b/4 ×2 + 十字交叉条形基础宽 b)/间距 +1 底板分布筋根数 = (条形基础宽 b − 起步距离 75 ×2)/间距 +1	相同类型的条形基础十字形相交时，纵向贯通，横向不贯通
		底板受力筋根数 = (12 000 + 1 150/4 ×2 − 1 150)/125 + 1≈93(根) 底板分布筋根数 = (1 150 −75 ×2)/150 +1≈8(根){其中十字交叉条形基础宽 b/4 范围根数 = [(1 150/4 −75)/150 + 1] ×2≈6(根)}	
②/Ⓐ—Ⓒ轴条形基础底板配筋Φ14@125/Φ10@150	单根长度	底板受力筋长度 = 条形基础宽 b − 保护层厚度 C ×2 = 1 150 − 40 ×2 = 1 070(mm) 底板分布筋长度 = 条形基础净长 L + 搭接长度 150 ×4 = 12 000 − 1 150 − 1 150 + 150 ×4 = 10 300(mm)	
	根数	底板受力筋根数 = (条形基础净长 + b/4 ×4)/间距 +1 = (12 000 − 1 150 − 1 150 + 1 150/4 ×4)/125 + 1≈88(根) 底板分布筋根数 = (条形基础宽 b − 起步距离 75 ×2)/间距 +1 = (1 150 −75 ×2)/150 +1≈8(根)	
计算质量	总长度	Φ14 总长度 = 1 070 × (105 + 105 + 105 + 105 + 93 + 88) = 643 070(mm) = 643.07(m)	
		Φ10 总长度 = 11 150 ×8 ×4 + 10 300 × (6 +8) + 11 150 ×2 = 523 300(mm) = 523.30(m)	
	质量	Φ14 质量 = 0.006 17 × d^2 × 总长度 = 0.006 17 ×14 ×14 × 643.07 ≈777.68(kg)	
		Φ10 质量 = 0.006 17 × d^2 × 总长度 = 0.006 17 ×10 ×10 × 523.30≈322.88(kg)	

想一想

1. 条形基础的类型有哪些？在不同的条形基础中，我们需要计算哪些钢筋？

2. 在条形基础中，底板宽度 $b<2\ 500$ mm 时的底板钢筋怎么计算？底板宽度 $b\geqslant 2\ 500$ mm 时的底板钢筋怎么计算？

练一练

计算条形基础钢筋工程量

1. 训练目的：熟练掌握条形基础钢筋工程量的计算。

2. 训练要求：作好记录。

3. 训练所需资源：图 10.8 及 16G101—3 图集。该条形基础钢筋工程量计算已知条件见表 10.4。

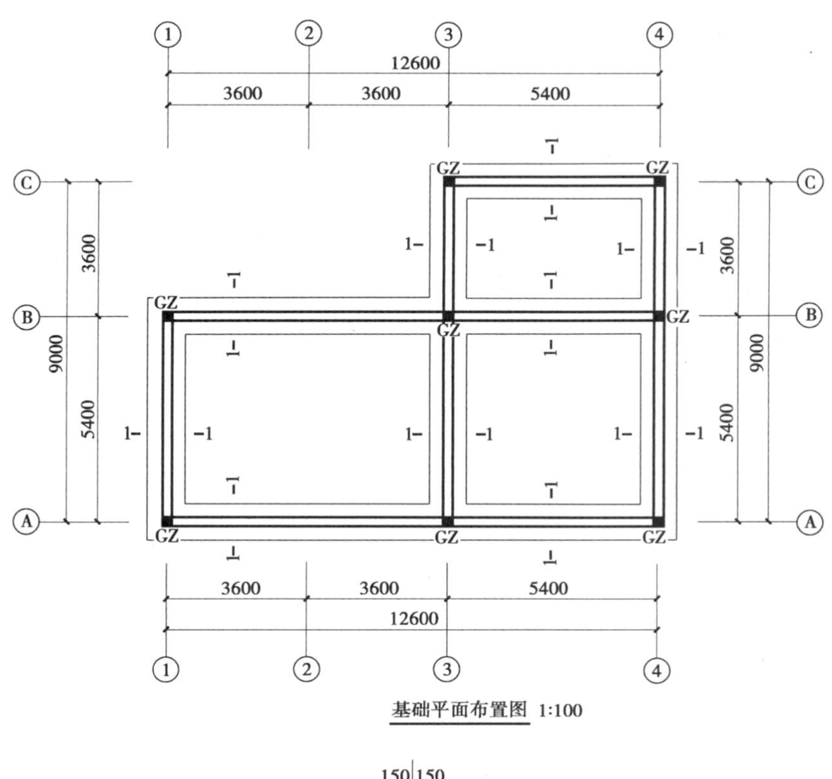

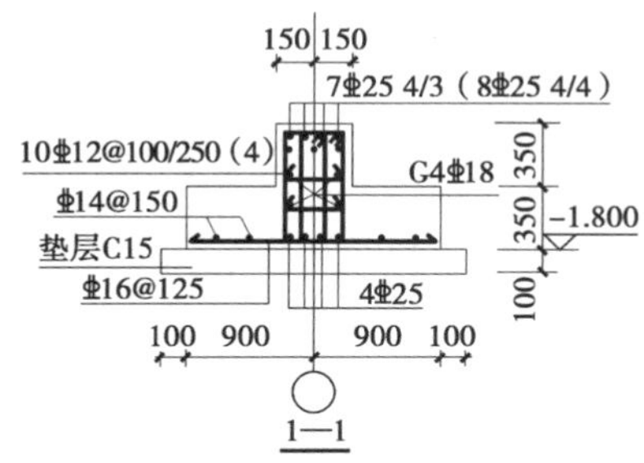

图 10.8　条形基础平面布置图

表 10.4　条形基础钢筋工程量计算已知条件

混凝土强度等级	保护层厚度 C/mm	钢筋连接方式	抗震等级	钢筋定尺长度
C30	40	不考虑搭接长度	—	9 000 mm

4. 计算图 10.8 中条形基础钢筋工程量。

任务11　筏形基础钢筋计算

问题引入

筏形基础也称为满堂基础。该基础面积大，基底压力小，同时整体性好，对提高地基土的承载力、调整不均匀沉降有很好的效果。筏形基础分为平板式筏形基础和梁板式筏形基础两种，如图11.1所示。那么在这两种筏形基础中需要计算哪些钢筋呢？梁板式筏形基础需要计算基础主梁、基础次梁和基础平板钢筋，平板式筏形基础只需要计算基础平板钢筋。下面主要对平板式筏形基础的平板钢筋进行讲解。

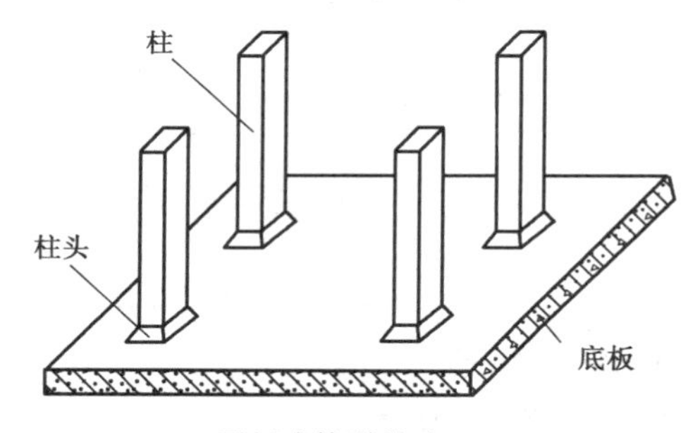

(a)平板式筏形基础

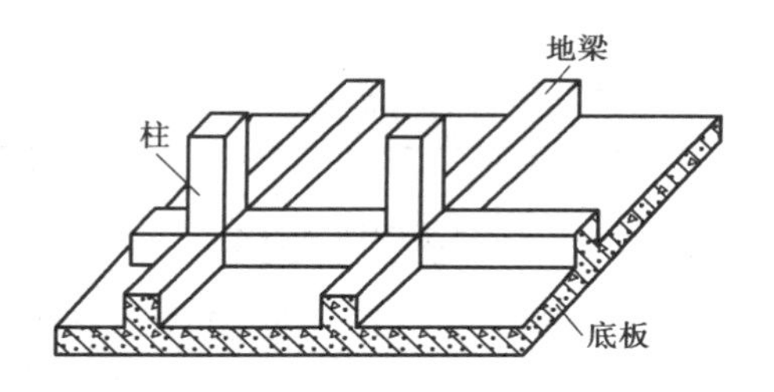

(b)梁板式筏形基础

(c)平板式筏形基础实例

(d)梁板式筏形基础实例

图11.1　筏形基础的种类

11.1 筏形基础钢筋构造及计算规则

1)平板式筏形基础钢筋构造及计算规则

(1)平板式筏形基础无外伸构造

平板式筏形基础无外伸构造如图11.2所示,其上部纵筋伸至外墙(或边梁)≥12d,且至少到墙(或边梁)中线,下部纵筋伸至基础边缘弯折15d,计算规则见表11.1。

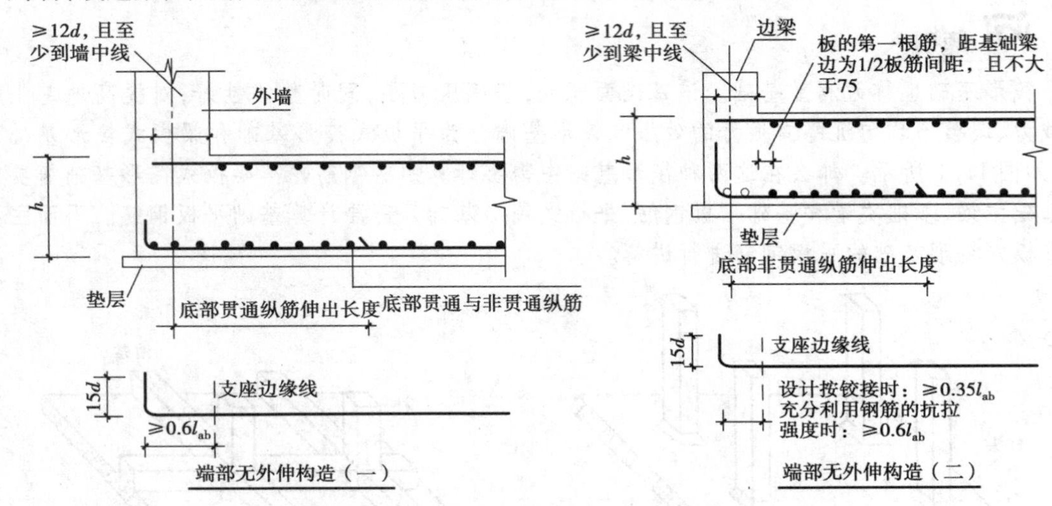

图11.2 平板式筏形基础无外伸构造

表11.1 平板式筏形基础无外伸时纵筋计算表

钢筋部位及其名称	计算公式	说 明	附 图
上部纵筋(通长筋)	长度=筏板基础净长度+max[12d,墙(或边梁)宽/2]×2	上部纵筋伸至外墙(或边梁)≥12d,且至少到墙(或边梁)中线	图11.2
	根数=[筏板基础净长度-min(75,s/2)×2]/间距+1		
下部纵筋(通长筋)	长度=筏板基础底板长-保护层厚度C×2+15d×2	下部纵筋伸至基础边缘弯折15d	
	根数=(筏板基础底板长-保护层厚度C×2)/间距+1(筏板基础无梁时) 根数=[筏板基础净长度-min(75,s/2)×2]/间距+1(筏板基础有梁时)		

(2)平板式筏形基础等截面外伸构造

平板式筏形基础等截面外伸构造方式有U形筋构造封边方式、纵筋弯钩交错封边方式和中层筋端头构造等,如图11.3、图11.4和图11.5所示。

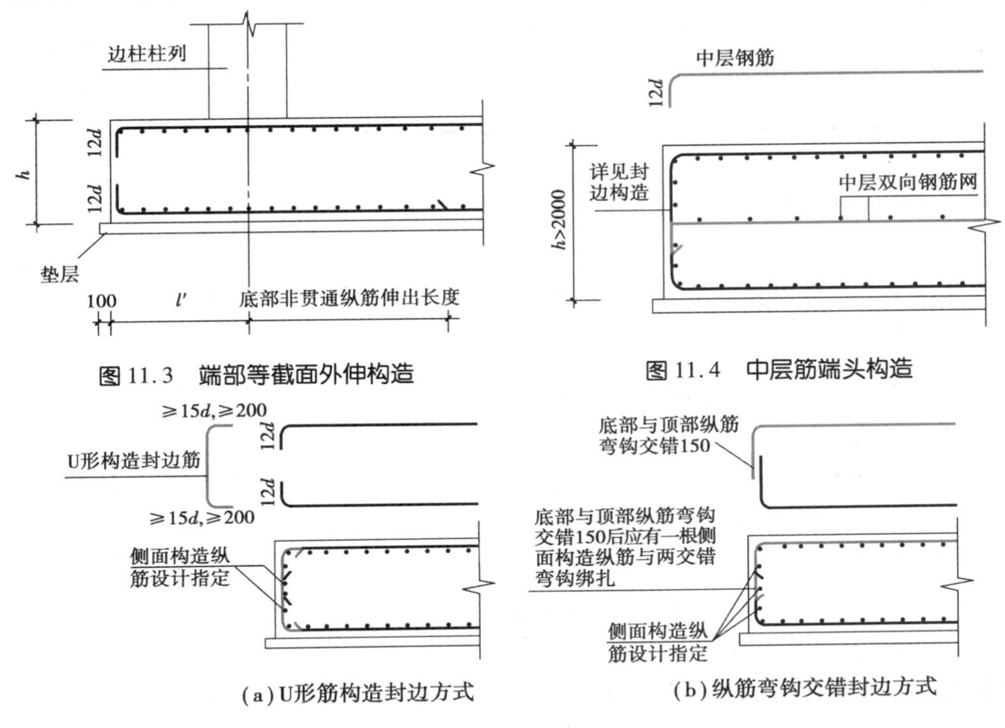

图11.3　端部等截面外伸构造

图11.4　中层筋端头构造

(a)U形筋构造封边方式

(b)纵筋弯钩交错封边方式

图11.5　板边缘侧面封边构造

(外伸部位交截面时侧面构造相同)

端部等截面外伸构造时纵筋计算规则见表11.2。

表11.2　端部等截面外伸时纵筋计算表

钢筋部位及其名称	计算公式	说　明	附　图
上部纵筋(通长筋)	长度=筏板基础底板长－保护层厚度 $C\times2$＋弯折长度×2	弯折长度: ①端部采用U形筋构造封边时[见图11.5(a)],其上、下纵筋弯折长度伸至筏板基础外伸端部并弯折 $12d$,即弯折长度为 $12d$; ②端部采用纵筋弯钩交错封边时[见图11.5(b)],顶部与底部纵筋弯钩交错150 mm,应有一根侧面构造纵筋与两交错弯钩绑扎,弯折长度=筏板高度/2－保护层厚度 $C\times2+75$ mm	图11.3 图11.5
	根数=(筏板基础底板长－保护层厚度 $C\times2$)/间距＋1		
下部纵筋(通长筋)	长度=筏板基础底板长－保护层厚度 $C\times2$＋弯折长度×2		
	根数=(筏板基础底板长－保护层厚度 $C\times2$)/间距＋1		

续表

钢筋部位及其名称	计算公式	说明	附图
U形封边筋	U形封边筋长度=筏板高度-保护层厚度 $C\times2+\max(15d,200)\times2$		图11.5(a)
中间层钢筋网片	长度=筏板基础底板长-保护层厚度 $C\times2+12d\times2$		图11.4

2)平板式筏形基础标高变化构造及计算规则

(1)板顶有高差

平板式筏形基础板顶有高差的构造如图11.6(a)所示,其计算规则见表11.3。

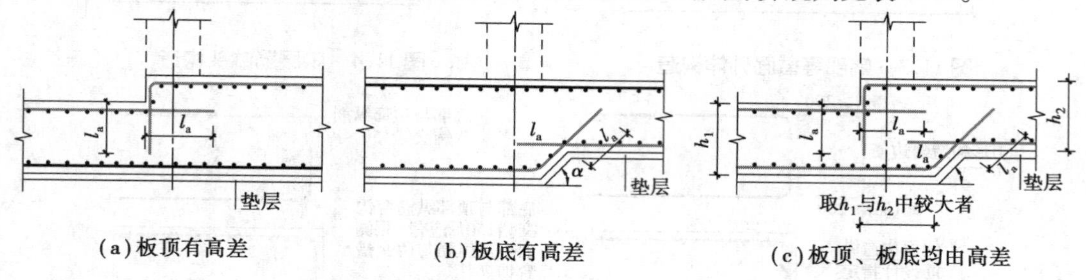

(a)板顶有高差　(b)板底有高差　(c)板顶、板底均由高差

图11.6　板顶、板底有高差构造

(2)板底有高差

平板式筏形基础板底有高差的构造如图11.6(b)所示,其计算规则见表11.3。

(3)板顶、板底均有高差

平板式筏形基础板顶、板底均有高差的构造如图11.6(c)所示,其计算规则见表11.3。

表11.3　板顶、板底有高差时纵筋计算表

钢筋部位及其名称		计算公式	说明	附图
板顶有高差	低跨筏板	低跨筏板上部纵筋伸入高跨内一个长度$=l_a$	有高差时,板底台阶可为45°或60°角,见16G101—3第92页	图11.6(a)
	高跨筏板	高跨筏板上部第一排纵筋弯折长度=高差值-保护层厚度$C+l_a$		
板底有高差	低跨筏板	低跨筏板下部第一排纵筋斜弯折长度=高差值/sin 45°(或60°)$+l_a$		图11.6(b)
	高跨筏板	高跨筏板下部纵筋伸入高跨内一个长度$=l_a$		
板顶、板底均有高差	上部低跨筏板	低跨筏板上部纵筋伸入高跨内一个长度$=l_a$		图11.6(c)
	上部高跨筏板	高跨筏板上部第一排纵筋弯折长度=高差值-保护层厚度$C+l_a$		
	下部低跨筏板	低跨筏板下部第一排纵筋斜弯折长度=高差值/sin 45°(或60°)$+l_a$		
	下部高跨筏板	高跨筏板下部纵筋伸入高跨内一个长度$=l_a$		

11.2 筏形基础钢筋计算实例

1)计算平板式筏形基础 BPB01(有外伸)纵筋工程量

①已知条件见表 11.4。

表 11.4 平板式筏形基础 BPB01(有外伸)纵筋工程量计算已知条件

混凝土强度等级	保护层厚度 C/mm	钢筋连接方式	抗震等级	l_a	钢筋定尺长度
C30	40	直螺纹套筒连接	—	35d(HRB400 级)	9 000 mm

②平板式筏形基础 BPB01(有外伸)平法施工图如图 11.7 所示。

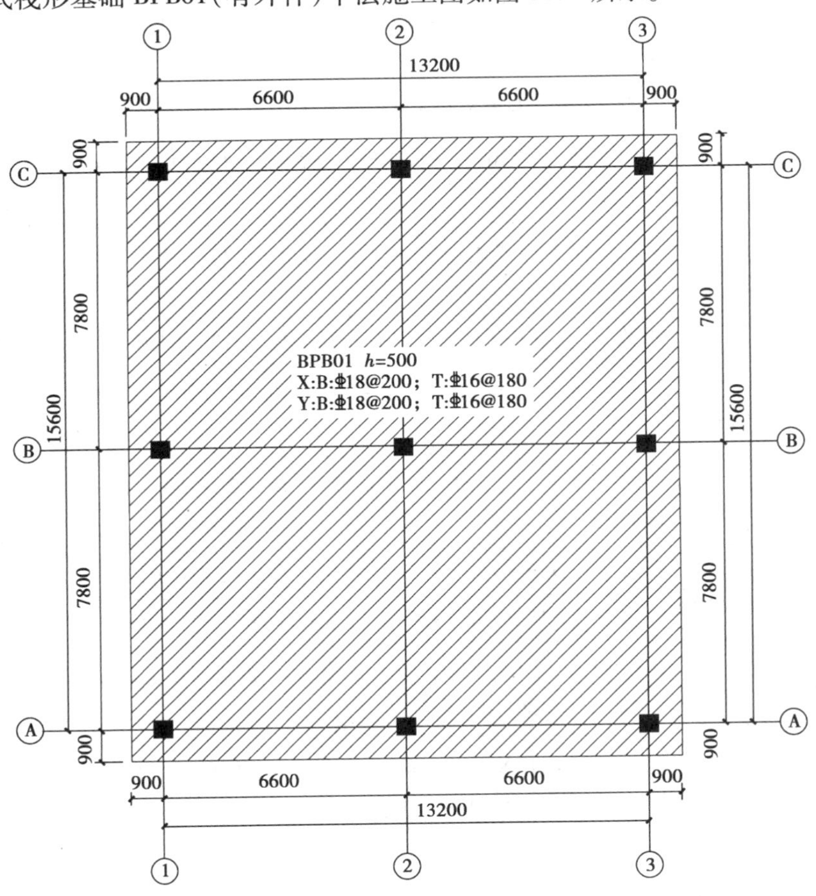

图 11.7 平板式筏形基础 BPB01 平法施工图(有外伸)

③平板式筏形基础 BPB01(有外伸)纵筋工程量计算过程见表 11.5。

表 11.5　平板式筏形基础 BPB01(有外伸)纵筋工程量计算表

钢筋部位及其名称		计算过程	备　注
上部纵筋(T:Φ16@180)	长度	长度=筏板基础底板长-保护层厚度 $C\times2$+弯折长度×2	
		X 向长度=13 200+900+900-40×2+12×16×2=15 304(mm)	
		Y 向长度=13 200+900+900-40×2+12×16×2=15 304(mm)	
	根数	根数=(筏板基础底板长-保护层厚度 $C\times2$)/间距+1	
		X 向根数=(13 200+900+900-40×2)/180+1≈84(根)	
		Y 向根数=(13 200+900+900-40×2)/180+1≈84(根)	
下部纵筋(B:Φ18@200)	长度	长度=筏板基础底板长-保护层厚度 $C\times2$+弯折长度×2	计算时筏板外伸端部采用 U 形封边构造[见图 11.5(a)],其上、下纵筋弯折长度伸至筏板基础外伸端部并弯折 $12d$,即弯折长度=$12d$
		X 向长度=13 200+900+900-40×2+12×18×2=15 352(mm)	
		Y 向长度=13 200+900+900-40×2+12×18×2=15 352(mm)	
	根数	根数=(筏板基础底板长-保护层厚度 $C\times2$)/间距+1	
		X 向根数=(13 200+900+900-40×2)/200+1≈76(根)	
		Y 向根数=(13 200+900+900-40×2)/200+1≈76(根)	
计算质量	总长度	Φ16 总长=15 304×84×2=2 571 072(mm)≈2 571.07(m)	
		Φ18 总长=15 352×76×2=2 333 504(mm)≈2 333.50(m)	
	质量	Φ16 质量=0.006 17×d^2×总长度=0.006 17×16×16×2 571.07≈4 061.06(kg)	
		Φ18 质量=0.006 17×d^2×总长度=0.006 17×18×18×2 333.50≈4 664.85(kg)	

2)计算平板式筏形基础 BPB02(无外伸)纵筋工程量

①已知条件见表 11.4。

②平板式筏形基础 BPB02(无外伸)平法施工图如图 11.8 所示。

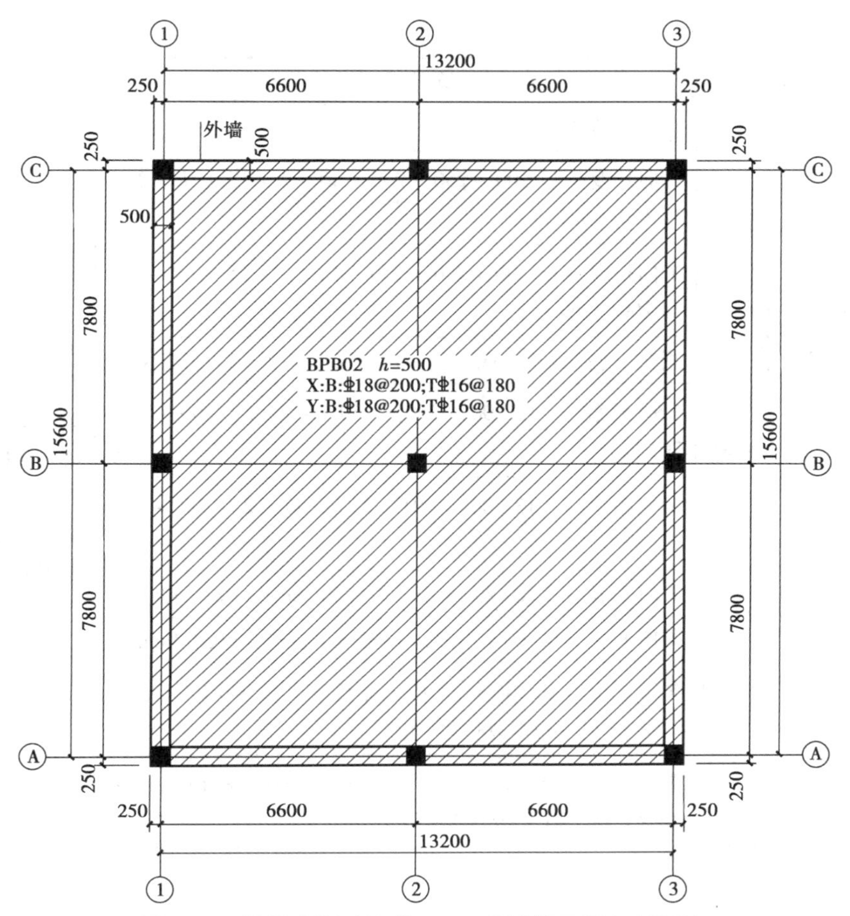

图 11.8　平板式筏形基础 BPB02 平法施工图(无外伸)

③平板式筏形基础 BPB02(无外伸)纵筋工程量计算过程见表 11.6。

表 11.6　平板式筏形基础 BPB02(无外伸)纵筋工程量计算表

钢筋部位及其名称	计算过程		备　注
上部纵筋 (T:⌀16@180)	长度	长度 = 筏板基础净长度 + max[12d,墙(或边梁)宽/2] ×2	
		X 向长度 = 13 200 - 250 - 250 + max(12 × 16,500/2) × 2 = 13 200(mm)	
		Y 向长度 = 13 200 - 250 - 250 + max(12 × 16,500/2) × 2 = 13 200(mm)	
	根数	根数 = [筏板基础净长度 - min(75,s/2) ×2]/间距 +1	
		X 向根数 = [13 200 - 250 - 250 - min(75,180/2) ×2]/180 +1 ≈71(根)	
		Y 向根数 = [13 200 - 250 - 250 - min(75,180/2) ×2]/180 +1 ≈71(根)	

续表

钢筋部位及其名称	计算过程		备　注
下部纵筋 (B:⏀18@2000)	长度	长度 = 筏板基础底板长 - 保护层厚度 $C\times2+15d\times2$	见图 11.2,上部纵筋伸至外墙(或边梁)≥12d,且至少到墙(或边梁)中线;下部纵筋伸至基础边缘弯折 15d
		X 向长度 = 13 200 + 250 + 250 - 40 × 2 + 15 × 18 × 2 = 14 160(mm)	
		Y 向长度 = 13 200 + 250 + 250 - 40 × 2 + 15 × 18 × 2 = 14 160(mm)	
	根数	根数 = (筏板基础底板长 - 保护层厚度 $C\times2$)/间距 + 1	
		X 向根数 = (13 200 + 250 + 250 - 40 × 2)/200 + 1 ≈ 70(根)	
		Y 向根数 = (13 200 + 250 + 250 - 40 × 2)/200 + 1 ≈ 70(根)	
计算质量	总长度	⏀16 总长 = 13 200 × 71 × 2 = 1 874 400(mm) = 1 874.40(m)	
		⏀18 总长 = 14 160 × 70 × 2 = 1 982 400(mm) = 1 982.40(m)	
	质量	⏀16 质量 = 0.006 17 × d^2 × 总长度 = 0.006 17 × 16 × 16 × 1 874.40 ≈ 2 960.65(kg)	
		⏀18 质量 = 0.006 17 × d^2 × 总长度 = 0.006 17 × 18 × 18 × 1 982.40 ≈ 3 962.98(kg)	

想一想

1. 筏形基础的类型有哪些？在不同的筏形基础中,我们需要计算哪些钢筋？
2. 在平板式筏形基础中,端部有外伸时底板纵筋怎么计算？
3. 在平板式筏形基础中,端部无外伸时底板纵筋怎么计算？
4. 在平板式筏形基础中,变截面部位底板纵筋怎么计算？

练一练

计算平板式筏形基础纵筋工程量

1. 训练目的:熟练掌握平板式筏形基础纵筋工程量计算。
2. 训练要求:作好记录。
3. 训练所需资源:图 11.9 及 16G101—3 图集。已知该图纵筋工程量计算条件见表 11.7。

表 11.7　平板式筏形基础 BPB1 纵筋工程量计算已知条件

混凝土强度等级	保护层厚度 C/mm	钢筋连接方式	抗震等级	l_a	钢筋定尺长度
C35	40	直螺纹套筒连接	—	32d(HRB400 级)	9 000 mm

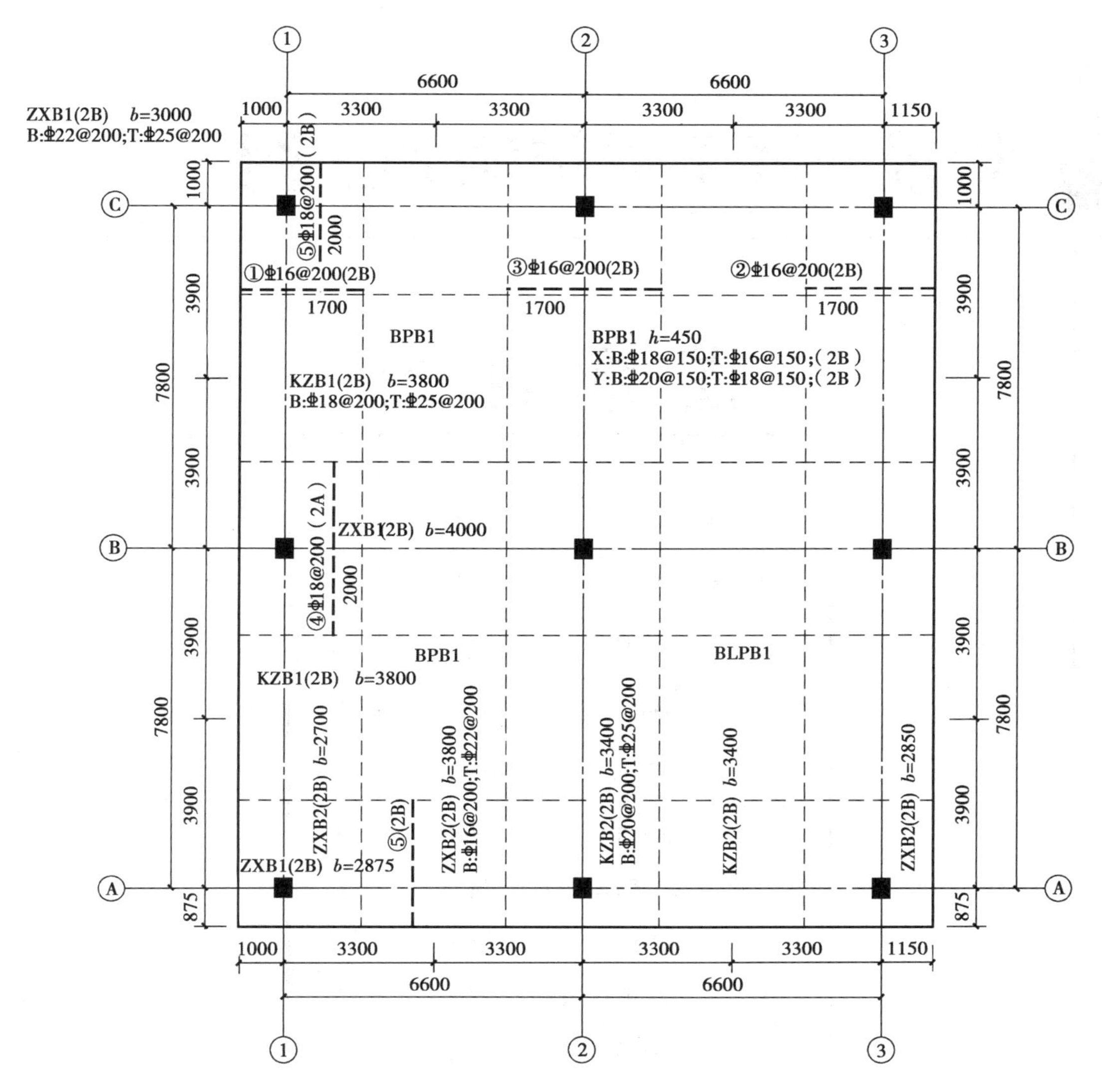

平板式筏形基础平法施工图1:100

注：①除垫层混凝土等级为C15外，其余混凝土强度等级均为C35；
垫层宽度为基础平板每边宽度+100 mm，厚度100 mm。
②平板式筏形基础平板垫层底标高为-3.600 m。

图 11.9　平板式筏形基础平法施工图

附录　某工程结构施工图

图纸目录

序号	图纸名称	编制图号	图幅
1	图纸目录	G-01	A4
2	结构设计总说明（一）	G-02	A2
3	结构设计总说明（二）	G-03	A2
4	基础平面布置图	G-04	A2
5	±0.000 m层梁配筋图	G-05	A2
6	3.900 m层梁配筋图	G-06	A2
7	7.800 m层梁配筋图	G-07	A2
8	11.700 m层梁配筋图	G-08	A2
9	15.600 m、18.600 m层梁配筋图	G-09	A2
10	3.900 m~11.700 m层板配筋图	G-10	A2
11	15.600 m、18.600 m层板配筋图	G-11	A2
12	基础顶~18.600 m柱布置图	G-12	A2

×××市建筑设计研究院	审定		校对		工程名称		图纸名称	图纸目录	工程编号		阶段	施工图
	审核		设计负责人								日期	15.04.20
	项目负责人		设计人		项目名称				图　号	结施-01	比例	1:100

参考文献

[1] 中华人民共和国住房和城乡建设部. 混凝土结构设计规范:GB 50010—2010(2015 年版)[S]. 北京:中国建筑工业出版社,2015.

[2] 中华人民共和国住房和城乡建设部. 混凝土结构工程施工质量验收规范:GB 50204—2015[S]. 北京:中国建筑工业出版社,2015.

[3] 中国建筑标准设计研究院. 混凝土结构施工图平面整体表示方法制图规则和构造详图(现浇混凝土框架、剪力墙、梁、板):16G101—1[S]. 北京:中国计划出版社,2016.

[4] 中国建筑标准设计研究院. 混凝土结构施工图平面整体表示方法制图规则和构造详图(现浇混凝土板式楼梯):16G101—2[S]. 北京:中国计划出版社,2016.

[5] 中国建筑标准设计研究院. 混凝土结构施工图平面整体表示方法制图规则和构造详图(独立基础、条形基础、筏形基础、桩基础):16G101—3[S]. 北京:中国计划出版社,2016.

[6] 中国建筑标准设计研究院. 混凝土结构施工钢筋排布规则与构造详图(现浇混凝土框架、剪力墙、梁、板):18G901—1[S]. 北京:中国计划出版社,2018.

[7] 中国建筑标准设计研究院. 混凝土结构施工钢筋排布规则与构造详图(现浇混凝土板式楼梯):18G901—2[S]. 北京:中国计划出版社,2018.

[8] 中国建筑标准设计研究院. 混凝土结构施工钢筋排布规则与构造详图(独立基础、条形基础、筏形基础、桩基承台):18G901—3[S]. 北京:中国计划出版社,2018.

[9] 中国建筑标准设计研究院. G101 系列图集常见问题答疑图解:17G101—11[S]. 北京:中国计划出版社,2017.

[10] 陈青来. 钢筋混凝土平法设计与施工规则[M]. 北京:中国建筑工业出版社,2007.

[11] 彭波,李文渊,王丽. 平法钢筋识图算量基础教程[M]. 北京:中国建筑工业出版社,2013.

结构设计总说明(一)

一、采用现行设计规范、规程标准和设计依据

1. 采用现行设计规范、规程标准

建筑结构制图标准	GB/T 50105—2010
建筑结构可靠度设计统一标准	GB 50068—2001
建筑结构荷载规范	GB 50009—2012
建筑抗震设计规范	GB 50011—2010,2016 年版
混凝土结构设计规范	GB 50010—2010,2015 年版
混凝土结构耐久性设计规范	GB/T 50476—2008
钢筋机械连接技术规程	JGJ 107—2016
砌体结构设计规范	GB 50003—2011
建筑地基基础设计规范	GB 50007—2011

2. 设计使用年限
本工程设计使用年限为 50 年。
3. 建筑结构的安全等级
本工程建筑结构的安全等级为二级。
4. 建筑结构耐火等级
本工程建筑结构构件按二级耐火等级设计。
5. 基础设计等级
本工程基础设计等级为丙级。
6. 结构类型
框架结构
7. 本工程为办公用房,在设计使用年限内未经技术鉴定或设计许可,不得改变结构的用途和使用环境。

二、结构抗震设防

建筑物抗震设防类别	乙类
建筑物所在地的基本设防烈度	6 度
框架梁、柱抗震等级	三级
场地土类别	Ⅱ类
设计基本地震加速度值	0.05 g

三、设计活荷载标准值

1. 设计活荷载

宿舍:2.0 kN/m²	楼梯间:3.5 kN/m²
走道:2.5 kN/m²	卫生间:2.5 kN/m²
不上人屋面:0.5 kN/m²	卫生间材料容重不超过 8 kN/m³
一般上人屋面:2.0 kN/m²	

2. 基本风压 0.40 kN/m²。地面粗糙度:B 类。
3. 施工装修荷载按各层相应的楼(屋)面活荷载取值。
4. 使用活荷载不得大于设计活荷载。

四、主要结构材料

1. 混凝土强度等级

表 1　混凝土强度等级

楼　层	墙	柱	梁	板	其　他
1～屋顶层	—	C30	C25	C25	C25

基础部分见基础施工图说明。
构造柱、圈梁、压顶梁 C25。预制构件同相应标准图。
本工程在一类环境下最大水胶比为 0.6,最大氯离子含量为 0.3%。

2. 填充墙
上部框架部分 200 mm 厚隔墙及围护墙采用 MU5.0 烧结页岩空心砖砌块(12 孔及以上宽度方向孔洞排数≥5 排,矩形孔交错排列)(8 kN/m³≤容重<10 kN/m³)砌筑,砌筑砂浆采用 M5 混合砂浆。

3. 钢材
(1)Φ表示 HPB300 级钢筋(f_y = 270 N/mm²);Φ表示 HRB335 级钢筋(f_y = 300 N/mm²);Φ表示 HRB400 级钢筋(f_y = 360 N/mm²),Φ^R表示 CRB550 级钢筋(f_y = 360 N/mm²)。
(2)焊条:E43 用于 HPB300 级钢筋焊接;E50 用于 HRB335 级钢筋焊接;E55 用于 HRB400 级钢筋焊接。
(3)图中所有Φ6 钢筋均等同于Φ6.5。
(4)抗震等级为一、二、三级的框架和斜撑构件(含梯段),其纵向受力钢筋采用普通钢筋时,钢筋的抗拉强度实测值与屈服强度实测值的比值不应小于 1.25,钢筋的屈服强度实测值与屈服强度标准值的比值不应大于 1.3,且钢筋在最大拉力下的总伸长率实测值不应小于 9%。

五、构造要求

1. 受力钢筋的混凝土净保护层厚度(mm)
基础环境类别二 a,基础钢筋混凝土保护层厚度应从垫层顶面算起且不低于 40 mm。上部结构环境类别为一类。
施工中根据构件所处环境按图集 16G101—1 第 56 页取值。
2. 钢筋锚固
(1)板的底部钢筋伸过支座梁中心线,长度≥5d(d 为钢筋直径)且不小于 120 mm。
(2)板的边支座钢筋锚入支座未注明时,详见图集 16G101—1 第 99 和 100 页大样图及相关说明。
(3)纵向钢筋的锚固长度 l_{aE} 详见图集 16G101—1 第 58 页。
(4)现浇板用 HRB400 级钢筋,其锚固长度按表 2 采用。

表 2　HRB400 级钢筋锚固长度(三级)

混凝土强度等级	C25	C30	C35	C40
锚固长度	42d	37d	34d	30d

a. 梁的底部纵向钢筋接长在支座或支座两侧 1/3 跨度范围内,不应在跨中 1/3 范围内接头。梁的上部纵向钢筋可选择在跨中 1/3 跨度范围内接长,不应在支座处接长。采用搭接接头时,搭接长度范围内箍筋直径不应小于搭接钢筋较大直径的0.25倍。当钢筋受拉时,箍筋间距不应大于搭接钢筋较小直径的 5 倍,且不应大于 100 mm;当钢筋受压时,箍筋间距不应大于搭接钢筋较小直径的 10 倍,且不应大于 200 mm。当受力钢筋接头无法避开上述不应搭接的位置时,应采用机械连接接头,且同一连接区段钢筋接头面积百分率不应超过 50%。
b. 钢筋直径≥22 时应采用机械连接。

3. 钢筋混凝土现浇板
(1)板的底部钢筋,短跨钢筋置下排,长跨钢筋置上排。板面钢筋,短跨钢筋置上网外侧,长跨钢筋置上网内侧。
(2)当板底与梁底平时,板的下部钢筋伸入梁内时,应置于梁下部纵向钢筋之上。
(3)所有施工图中现浇板中未注明的构造钢筋均为Φ6@200。
(4)板上孔洞应预留,避免事后凿打,结构平面图中只标出洞口尺寸>300 mm 的孔洞,施工时各工种必须根据各专业图纸配合土建预留全部孔洞,当孔洞尺寸<200 mm 时洞边不再另加钢筋,钢筋绕过洞边不得截断,当 200 mm≥洞口尺寸<1 000 mm 时设洞边加强筋,如图 3;当洞口尺寸≥1 000 mm 时设小梁,见各施工详图。
(5)楼板及梁混凝土宜一次浇筑;当浇筑时间超过 2 小时而形成施工缝,施工缝做法及位置应符合施工及验收规范的规定。施工缝处应增加附加钢筋,附加钢筋面积为主筋面积的 30%,伸入施工缝两侧,各 1 500 mm,附加钢筋置于主筋的内侧。
(6)板钢筋使用冷轧带肋钢筋时禁止采用焊接接头。冷轧带肋钢筋的施工及验收按《冷轧带肋钢筋混凝土结构技术规程》(JGJ 95—2011)执行。
(7)板后浇带做法详见图 14。

4. 梁
(1)框架梁内纵向钢筋绑扎搭接接头范围内,箍筋加密至间距 100 mm;
(2)主、次梁交接处,主梁内附加箍筋及吊筋设置详见图 1;
(3)跨度大于 6 m 的梁应起拱 L/250(L 为两端支承梁的跨度或悬挑梁跨度的 2 倍);悬挑梁、板均应起拱,拱高不小于 30 mm;
(4)当梁与柱、墙外皮齐平时,梁外侧的纵向钢筋应稍微弯折,置于柱、墙主筋内侧;
(5)框架梁腰筋锚入柱内或墙内应满足锚固长度 l_a。
(6)等高梁加密箍筋如图 2 所示;
(7)框架梁(KL)纵筋构造详图集 16G101—1 第 84 页,屋面框架梁(WKL)纵筋构造详图集 16G101—1 第 85 页。
(8)非框架梁纵筋构造详图集 16G101—1 第 89 页;
(9)框架梁箍筋、吊筋、腰筋、拉筋构造详图集 16G101—1 第 88 和 89 页;
(10)梁的腹板高度 h_w≥450 mm 时,在梁的两个侧面应沿高度设置纵向钢筋,施工图中梁侧向钢筋未注明时按图 10 要求布置;
(11)梁高度≥350 mm 时,梁箍筋应布置为四肢箍筋;
(12)梁后浇带钢筋做法详图集 16G101—1 第 107 页。

5. 柱
(1)柱纵向钢筋接头采用对焊接头,详见柱图;
(2)框架柱(KZ)纵筋构造详图集 16G101—1 第 63～69 页。

6. 过梁、构造柱及压顶梁
(1)所有页岩空心砖填充墙中的门窗过梁均根据建施图标柱的洞口尺寸选取,荷载等级 1 级,参见图集西南 03G301;
(2)对于墙长≥5 m 的填充墙,应设置构造柱,详见图 4;
(3)带形窗下填充墙顶部应设置与框架柱有可靠连接的压顶梁,详见图 4。
(4)宽度≥2.0 m 的门、窗洞口边要设置构造柱,详见图 5。
(5)悬墙端部及纵横填充墙相交处设置构造柱。
(6)圈梁、构造柱。钢筋混凝土圈梁钢筋构造详西南 03G601。

7. 填充墙
(1)填充墙与柱(构造柱)连接参见图集西南 G701(一)。
(2)填充墙砌筑方法参见图集西南 G701(一)。
(3)填充墙与梁柱接缝处,外墙必须全加挂 0.8 mm 厚 9 mm×25 mm 孔钢板网;内墙必须加挂 300 mm 宽、0.8 mm 厚 9 mm×25 mm 孔钢丝网。
(4)墙长大于 4 m 时,墙顶与梁宜有拉结;墙长超过 8 m 或层高 2 倍时,宜设置钢筋混凝土构造柱;墙高超过 4 m 时,墙体半高宜设置与柱连接且沿墙全长贯通的钢筋混凝土水平系梁。
(5)楼梯间和人流通道的填充墙,尚应采用钢丝网砂浆面层加强。
(6)填充墙应沿框架柱全高每隔 500～600mm 设 2Φ6 拉筋,拉筋伸入墙内的长度,6 度、7 度时应沿墙全长贯通。
(7)填充墙构造柱与上部梁板连接详见图 7。

8. 平法标准图集选用 16G101—1。
9. 女儿墙压顶详见图 8;女儿墙构造柱详见图 9,间距为半个开间,且≤2.1m;女儿墙构造柱配筋及构造详见西南 03G601。
10. 未尽事宜,另遵现行有关规范。

×××市建筑设计研究院	审定		校对		工程名称		图纸名称	结构设计总说明(一)	工程编号		阶段	施工图
	审核		设计负责人								日期	
	项目负责人		设计人		项目名称				图　号	结施-02	比例	1:100

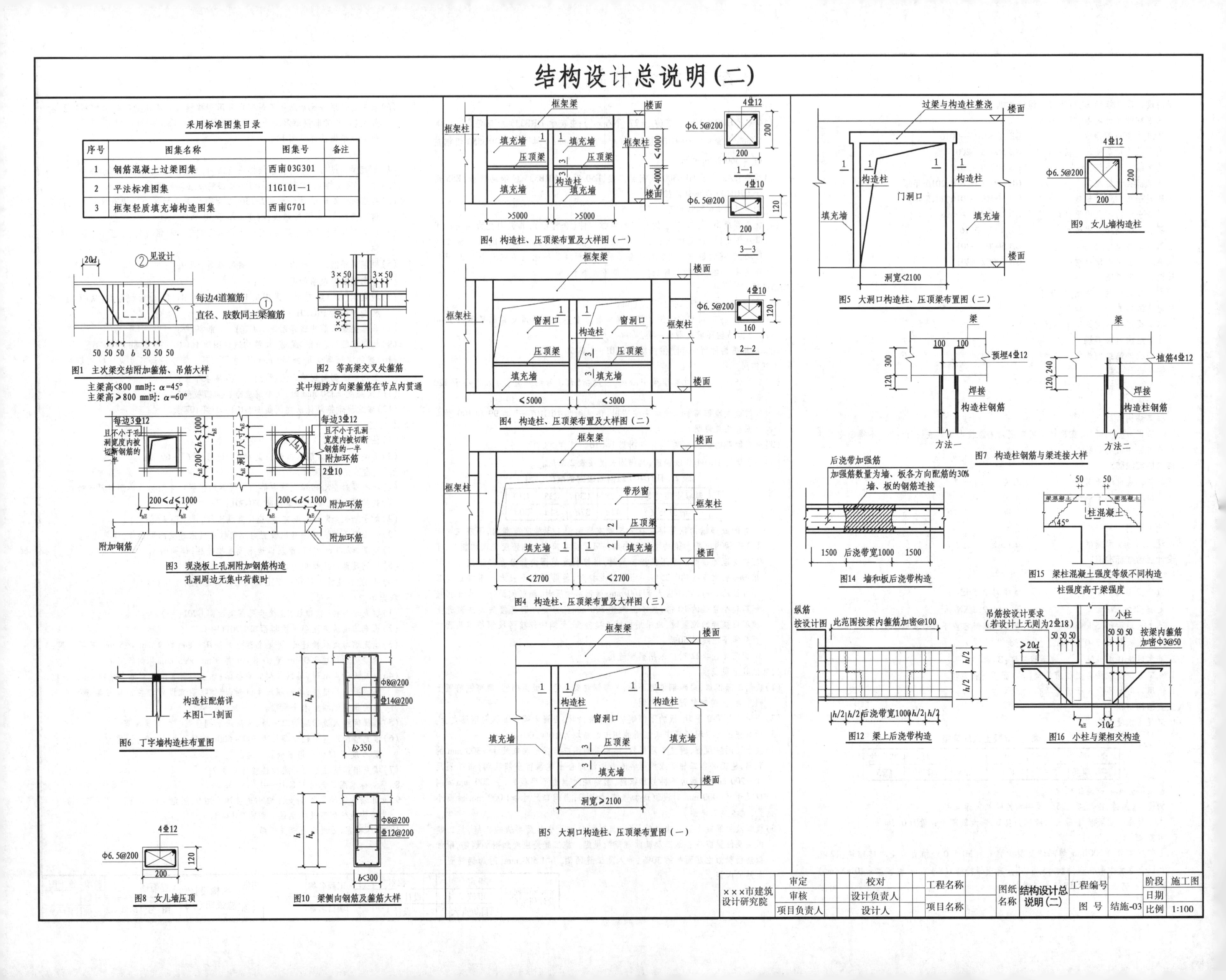

结构设计总说明(二)

采用标准图集目录

序号	图集名称	图集号	备注
1	钢筋混凝土过梁图集	西南03G301	
2	平法标准图集	11G101—1	
3	框架轻质填充墙构造图集	西南G701	

×××市建筑设计研究院	审定		校对		工程名称		图纸名称	结构设计总说明（二）	工程编号		阶段	施工图
	审核		设计负责人		项目名称				图号	结施-03	日期	
	项目负责人		设计人								比例	1:100

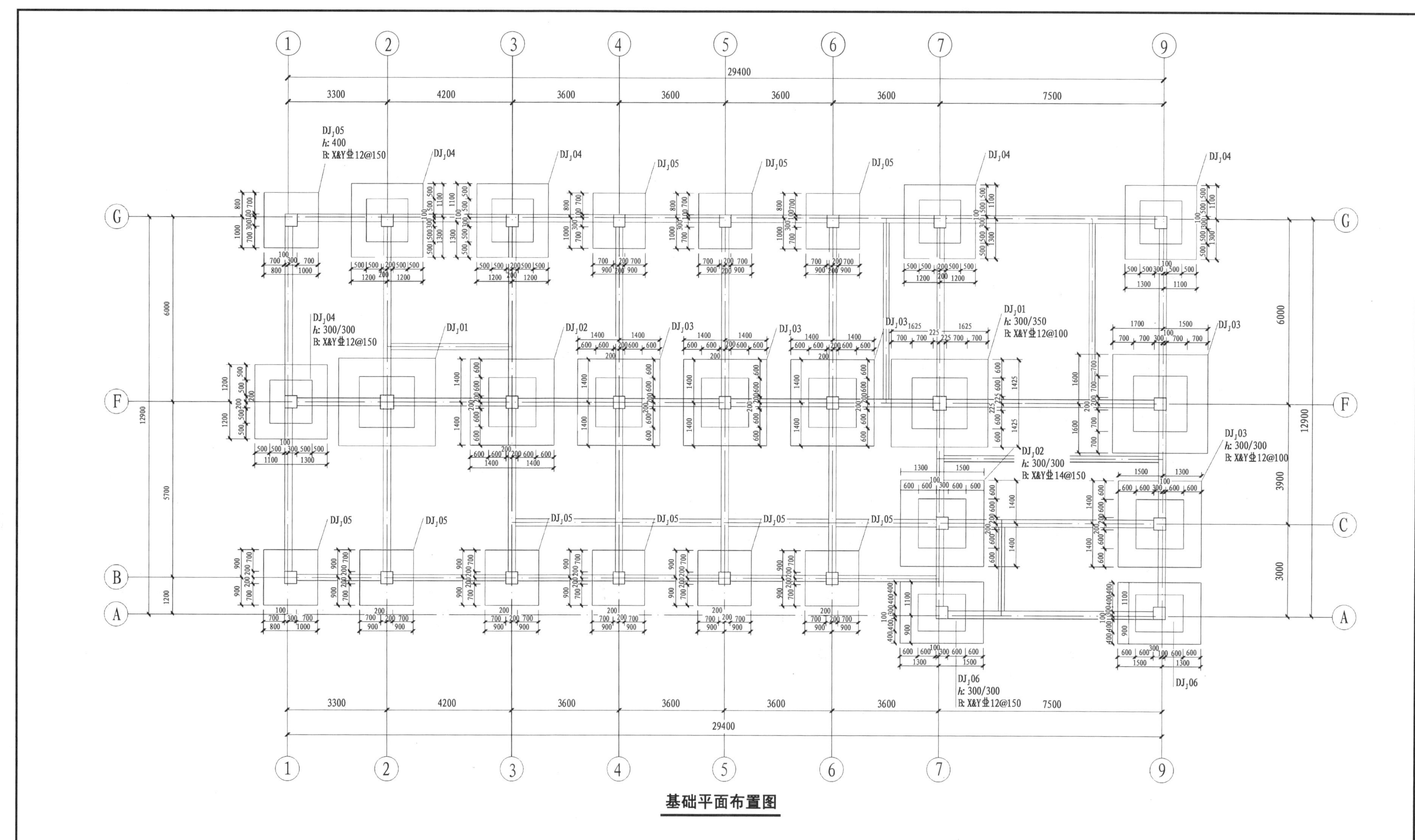

基础平面布置图

基本说明:
①本工程按地勘资料提供数据，基础应落在中风化泥岩持力层上，地基土承载力特征值按300 kPa设计;
②基础持力层深度暂定为1.5 m，基础开挖时，若发现地基土持力层设计不相符时，应及时与设计人员和地勘工程师联系赴现场处理;
③柱、构造柱（GZ）断面及配筋，详柱配筋图。柱筋锚入基础的长度详见16G101—3图集;
④基础的平面表示方法注释详见16G101—3图集;
⑤基础混凝土等级为C25。

×××市建筑设计研究院	审定			校对			工程名称		图纸名称	基础平面布置图	工程编号		阶段	施工图
	审核			设计负责人									日期	
	项目负责人			设计人			项目名称				图 号	结施-04	比例	1:100

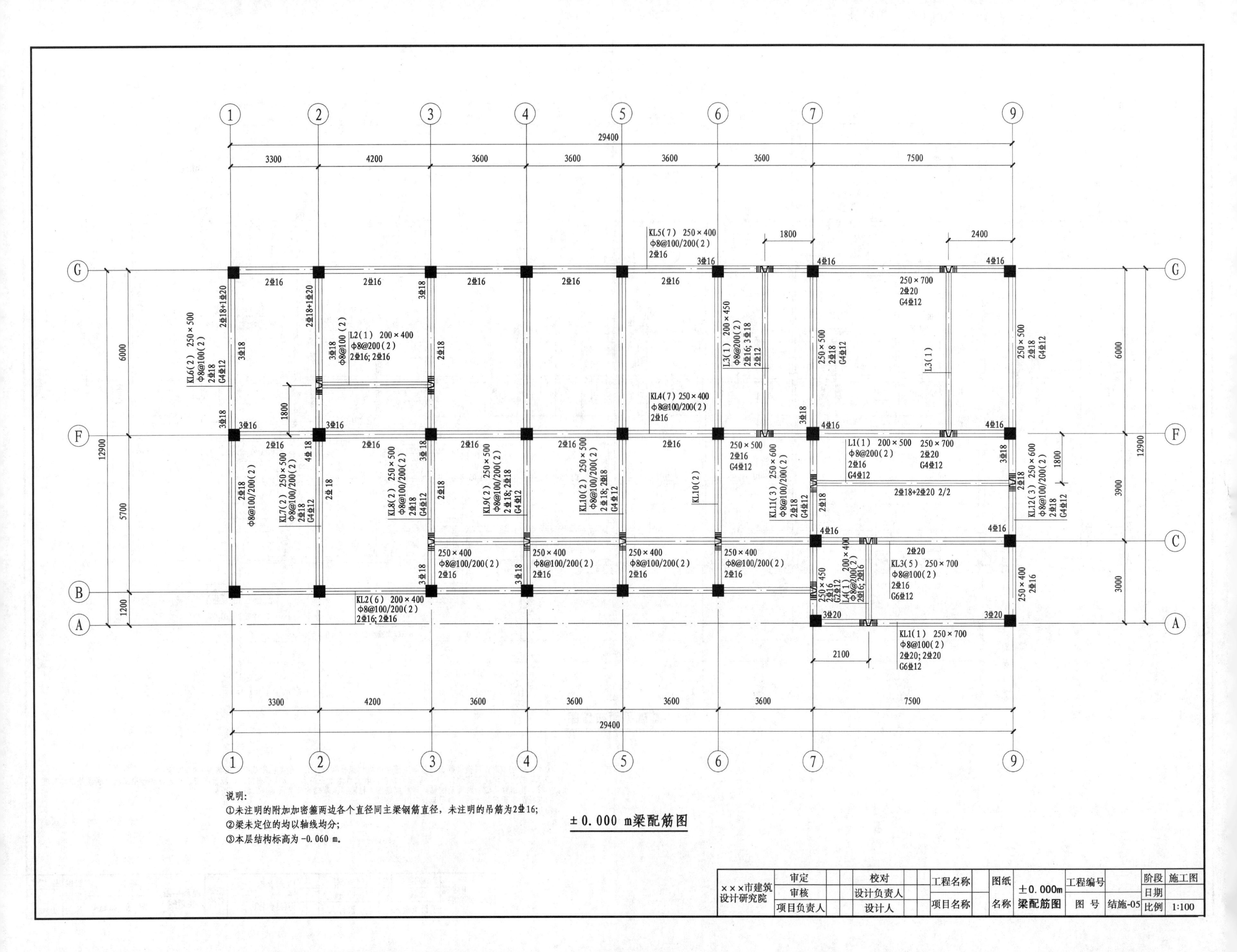

1
2
3
4
5
6
7
9
29400
3300
4200
3600
3600
3600
3600
7500
G
F
C
B
A
6000
5700
1200
12900
3900
3000
1800
2400
2100
KL5(7) 250×400
Φ8@100/200(2)
2⏀16
KL4(7) 250×400
Φ8@100/200(2)
2⏀16
KL6(2) 250×500
Φ8@100(2)
2⏀18
G4⏀12
KL7(2) 250×500
Φ8@100/200(2)
2⏀18
G4⏀12
KL8(2) 250×500
Φ8@100/200(2)
2⏀18
G4⏀12
KL9(2) 250×500
Φ8@100/200(2)
2⏀18; 2⏀18
G4⏀12
KL10(2) 250×500
Φ8@100/200(2)
2⏀18; 2⏀18
G4⏀12
KL10(2)
KL11(3) 250×600
Φ8@100/200(2)
2⏀18
G4⏀12
KL12(3) 250×600
Φ8@100/200(2)
2⏀18
G4⏀12
L2(1) 200×400
Φ8@200(2)
2⏀16; 2⏀16
L3(1) 200×450
Φ8@200(2)
2⏀16; 3⏀18
2⏀12
L3(1)
L1(1) 200×500
Φ8@200(2)
2⏀16
G4⏀12
L4(1) 200×400
Φ8@200(2)
2⏀16; 2⏀16
KL2(6) 200×400
Φ8@100/200(2)
2⏀16; 2⏀16
KL3(5) 250×700
Φ8@100(2)
2⏀16
G6⏀12
KL1(1) 250×700
Φ8@100(2)
2⏀20; 2⏀20
G6⏀12
250×700
2⏀20
G4⏀12
250×500
2⏀18
G4⏀12
250×500
2⏀16
G4⏀12
250×400
Φ8@100/200(2)
2⏀16
250×450
2⏀16
G2⏀12
250×400
2⏀16
2⏀18+2⏀20 2/2
2⏀18+1⏀20
说明:
①未注明的附加加密箍两边各个直径同主梁钢筋直径，未注明的吊筋为2⏀16;
②梁未定位的均以轴线均分;
③本层结构标高为 -0.060 m。
±0.000 m梁配筋图
×××市建筑设计研究院
审定
审核
项目负责人
校对
设计负责人
设计人
工程名称
项目名称
图纸名称
±0.000m梁配筋图
工程编号
图号
结施-05
阶段
施工图
日期
比例
1:100

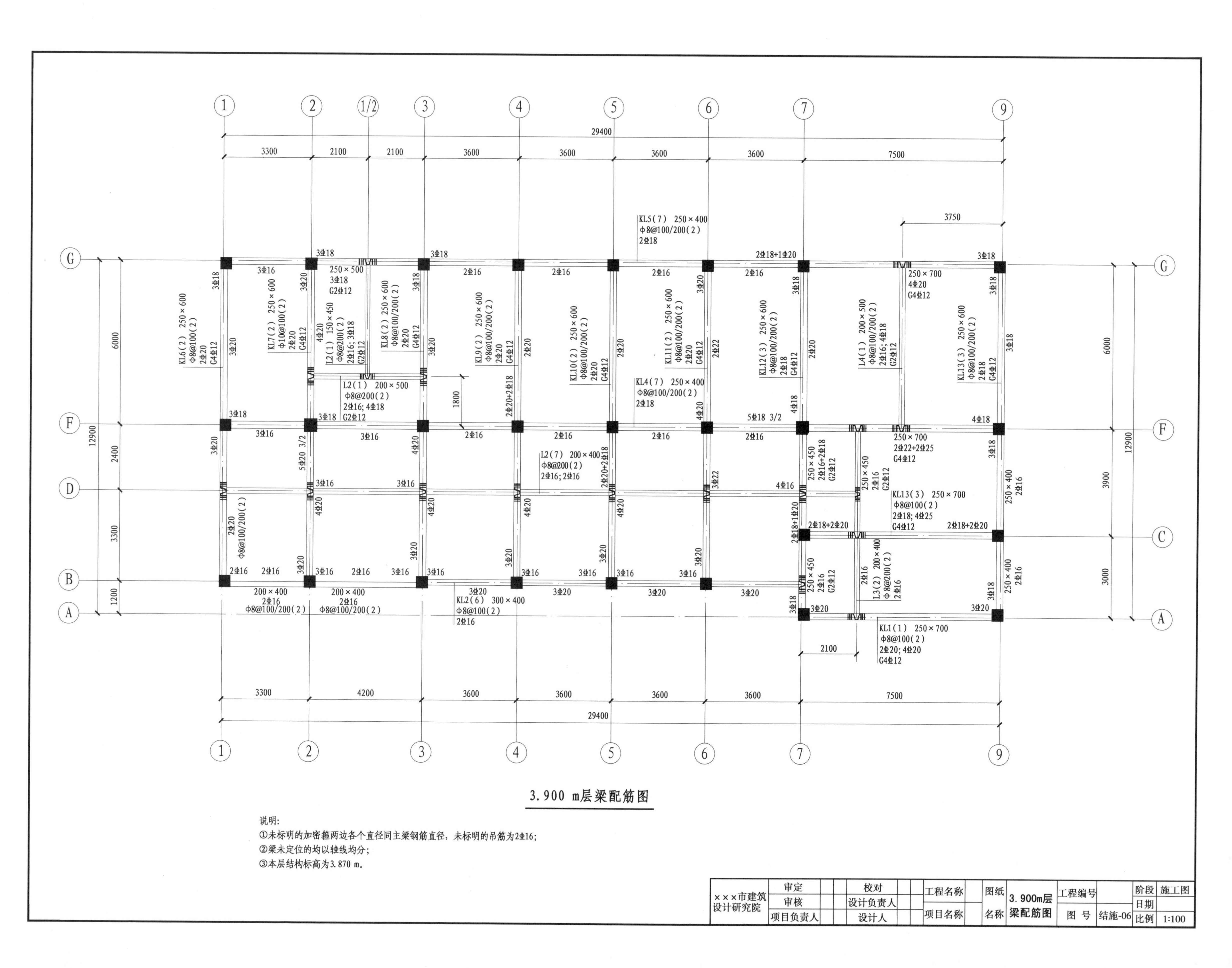

3.900 m层梁配筋图
说明:
①未标明的加密箍两边各个直径同主梁钢筋直径，未标明的吊筋为2⌀16;
②梁未定位的均以轴线均分;
③本层结构标高为3.870 m。
×××市建筑设计研究院
审定
审核
项目负责人
校对
设计负责人
设计人
工程名称
项目名称
图纸名称
3.900m层梁配筋图
工程编号
图号
结施-06
阶段
施工图
日期
比例
1:100

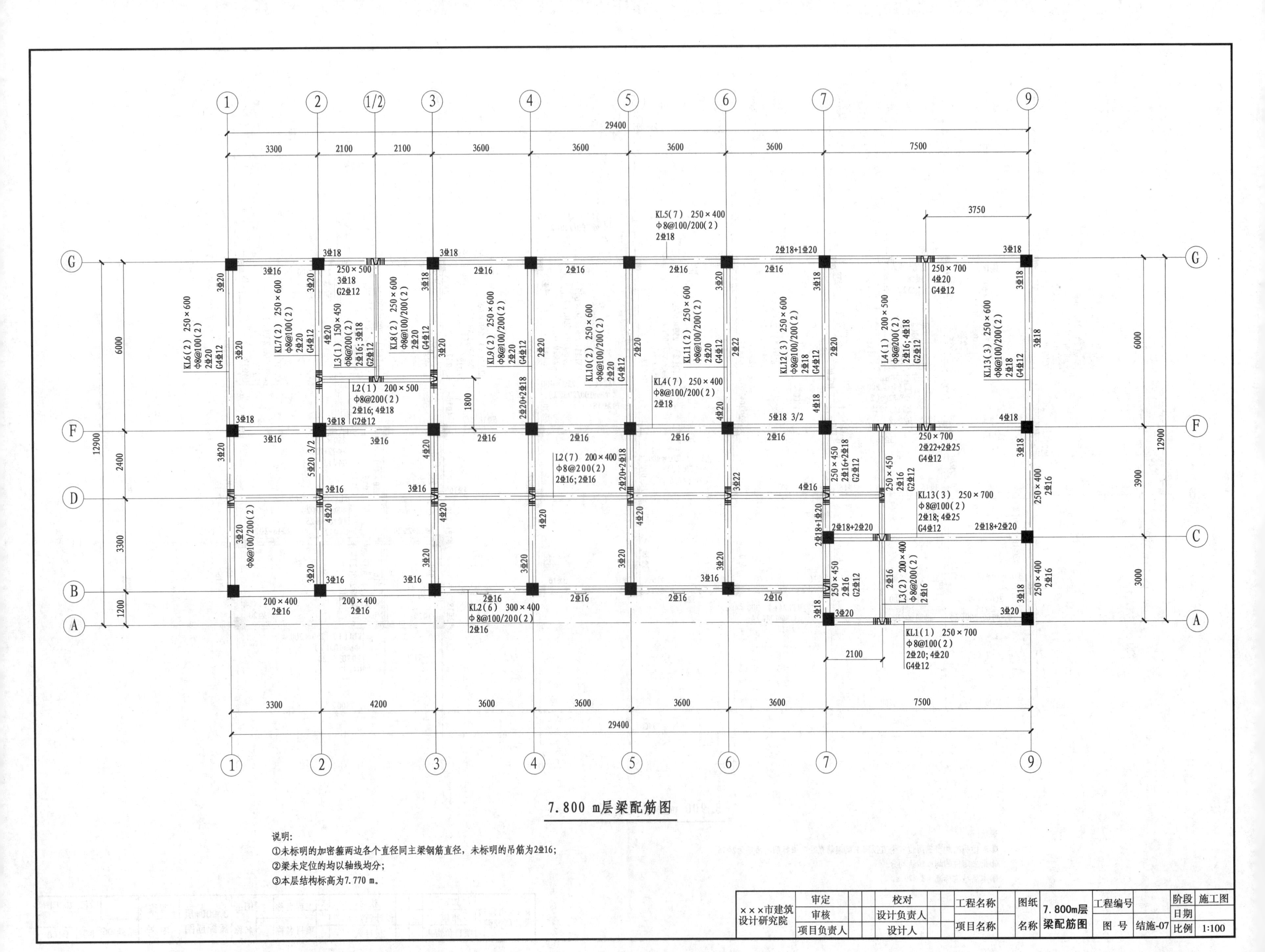

7.800 m层梁配筋图

说明：

①未标明的加密箍两边各个直径同主梁钢筋直径，未标明的吊筋为2⌀16；

②梁未定位的均以轴线均分；

③本层结构标高为7.770 m。

×××市建筑设计研究院	审定		校对		工程名称		图纸名称	7.800m层梁配筋图	工程编号		阶段	施工图
	审核		设计负责人								日期	
	项目负责人		设计人		项目名称				图 号	结施-07	比例	1:100

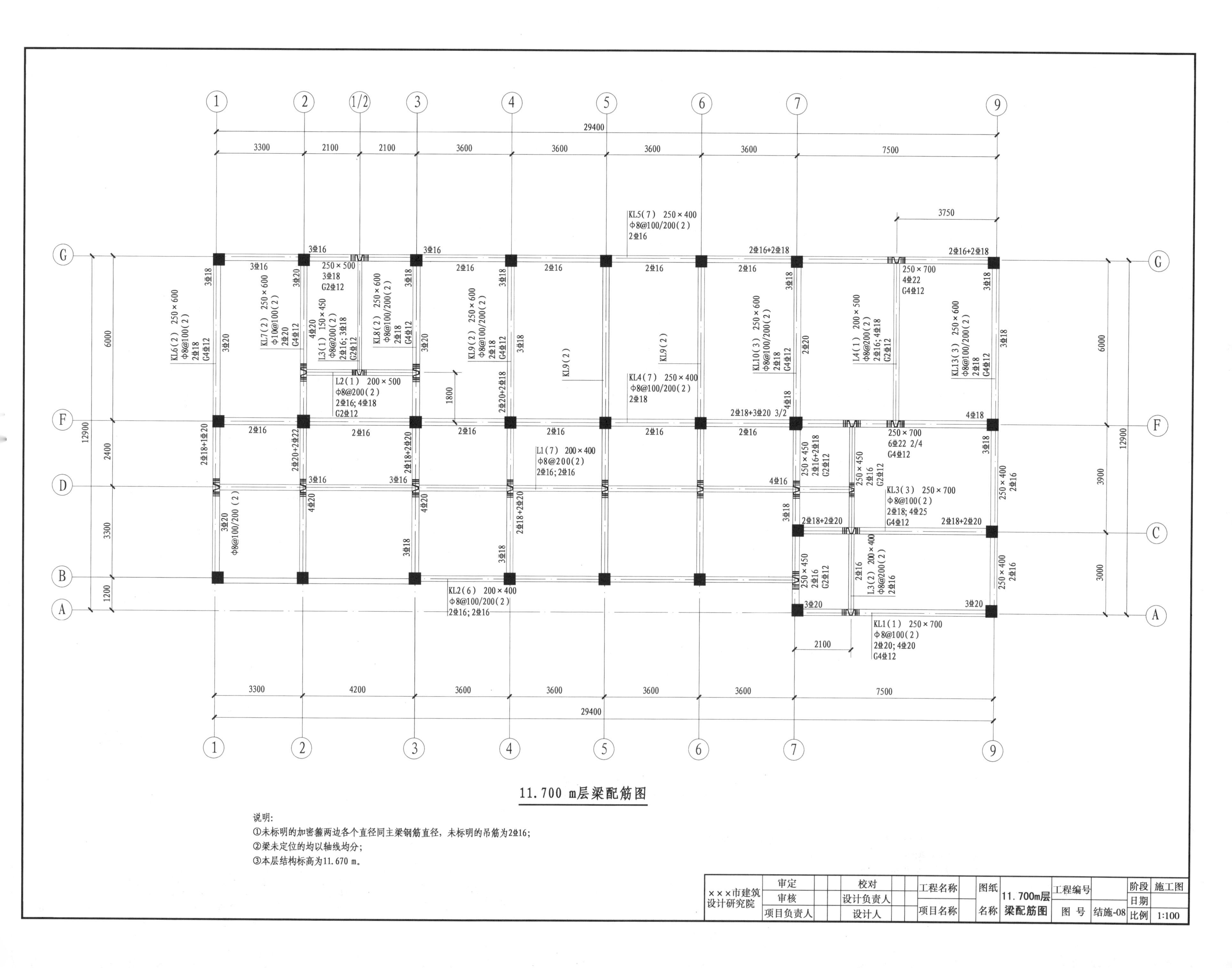

1
2
1/2
3
4
5
6
7
9
29400
3300
2100
2100
3600
3600
3600
3600
7500
3750
KL5(7) 250×400
Φ8@100/200(2)
2⌀16
KL6(2) 250×600
Φ8@100(2)
2⌀18
G4⌀12
KL7(2) 250×600
Φ10@100(2)
2⌀20
G4⌀12
L3(1) 150×450
Φ8@200(2)
2⌀16; 3⌀18
G2⌀12
KL8(2) 250×600
Φ8@100/200(2)
2⌀18
G4⌀12
KL9(2) 250×600
Φ8@100/200(2)
2⌀18
G4⌀12
KL9(2)
KL10(3) 250×600
Φ8@100/200(2)
2⌀18
G4⌀12
L4(1) 200×500
Φ8@200(2)
2⌀16; 4⌀18
G2⌀12
KL13(3) 250×600
Φ8@100/200(2)
2⌀18
G4⌀12
250×500
3⌀18
G2⌀12
250×700
4⌀22
G4⌀12
L2(1) 200×500
Φ8@200(2)
2⌀16; 4⌀18
G2⌀12
1800
KL4(7) 250×400
Φ8@100/200(2)
2⌀18
2⌀18+3⌀20 3/2
250×700
6⌀22 2/4
G4⌀12
L1(7) 200×400
Φ8@200(2)
2⌀16; 2⌀16
250×450
2⌀16+2⌀18
G2⌀12
250×450
2⌀16
G2⌀12
KL3(3) 250×700
Φ8@100(2)
2⌀18; 4⌀25
G4⌀12
250×400
2⌀16
3⌀20
Φ8@100/200(2)
L3(2) 200×400
Φ8@200(2)
2⌀16
KL2(6) 200×400
Φ8@100/200(2)
2⌀16; 2⌀16
KL1(1) 250×700
Φ8@100(2)
2⌀20; 4⌀20
G4⌀12
2100
G
F
D
C
B
A
6000
2400
3300
1200
12900
3900
3000
4200
11.700 m层梁配筋图
说明:
①未标明的加密箍两边各个直径同主梁钢筋直径，未标明的吊筋为2⌀16;
②梁未定位的均以轴线均分;
③本层结构标高为11.670 m。
×××市建筑设计研究院
审定
审核
项目负责人
校对
设计负责人
设计人
工程名称
项目名称
图纸名称
11.700m层梁配筋图
工程编号
图号
结施-08
阶段
施工图
日期
比例
1:100

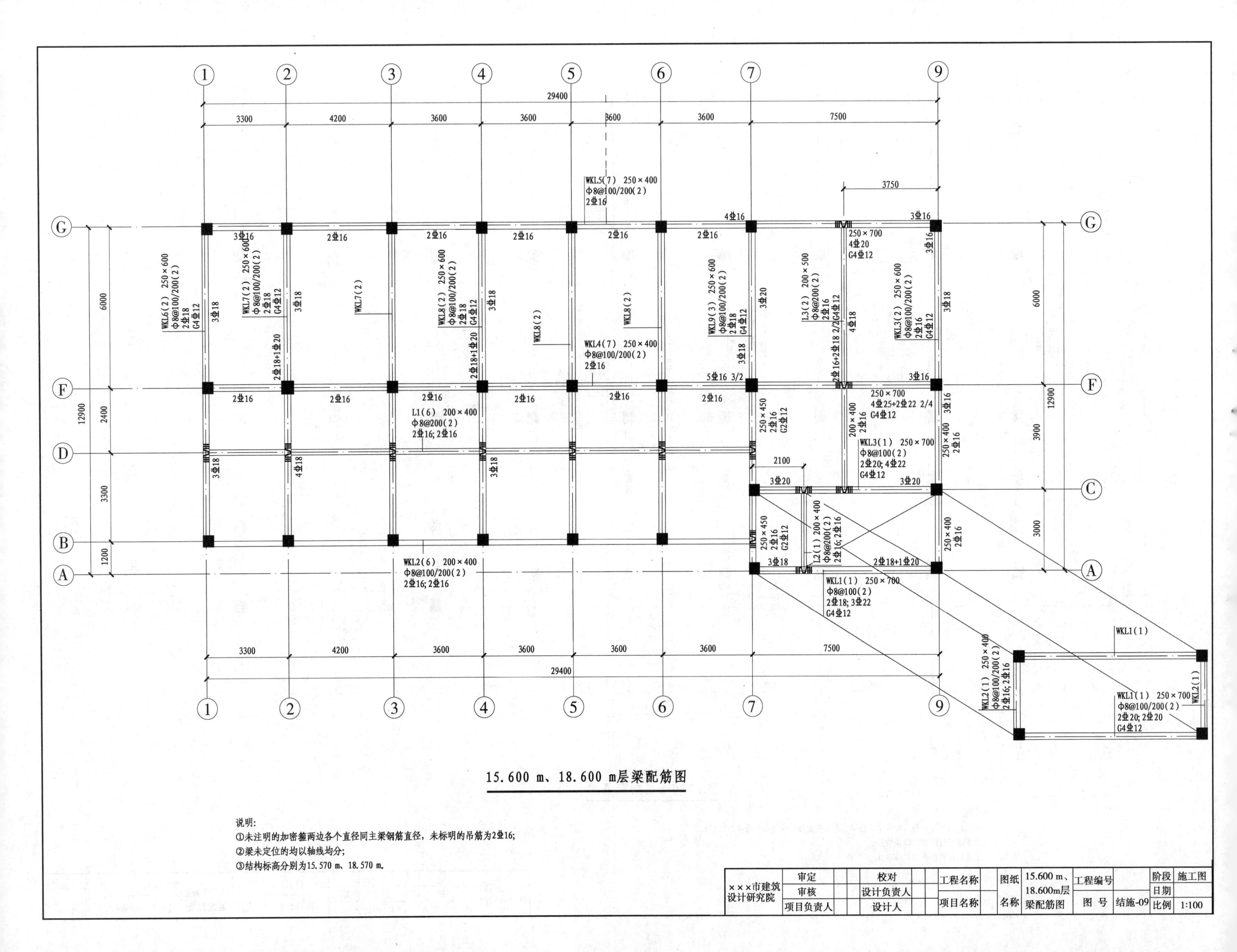
15.600 m、18.600 m层梁配筋图
WKL5(7) 250×400
Φ8@100/200(2)
2⌀16
WKL4(7) 250×400
Φ8@100/200(2)
2⌀16
WKL6(2) 250×600
Φ8@100/200(2)
2⌀18
G4⌀12
WKL7(2) 250×600
Φ8@100/200(2)
2⌀18
G4⌀12
WKL8(2) 250×600
Φ8@100/200(2)
2⌀18
G4⌀12
WKL9(3) 250×600
Φ8@100/200(2)
2⌀18
G4⌀12
L3(2) 200×500
Φ8@200(2)
2⌀16
WKL3(2) 250×600
Φ8@100/200(2)
2⌀16
G4⌀12
L1(6) 200×400
Φ8@200(2)
2⌀16; 2⌀16
WKL3(1) 250×700
Φ8@100(2)
2⌀20; 4⌀22
G4⌀12
WKL2(6) 200×400
Φ8@100/200(2)
2⌀16; 2⌀16
L2(1) 200×400
Φ8@200(2)
2⌀16; 2⌀16
WKL1(1) 250×700
Φ8@100(2)
2⌀18; 3⌀22
G4⌀12
WKL2(1) 250×400
Φ8@100/200(2)
2⌀16; 2⌀16
WKL1(1) 250×700
Φ8@100/200(2)
2⌀20; 2⌀20
G4⌀12
说明:
①未注明的加密箍两边各个直径同主梁钢筋直径，未标明的吊筋为2⌀16;
②梁未定位的均以轴线均分;
③结构标高分别为15.570 m、18.570 m。
×××市建筑设计研究院
审定
审核
项目负责人
校对
设计负责人
设计人
工程名称
项目名称
图纸名称
15.600 m、18.600m层梁配筋图
工程编号
图号 结施-09
阶段 施工图
日期
比例 1:100

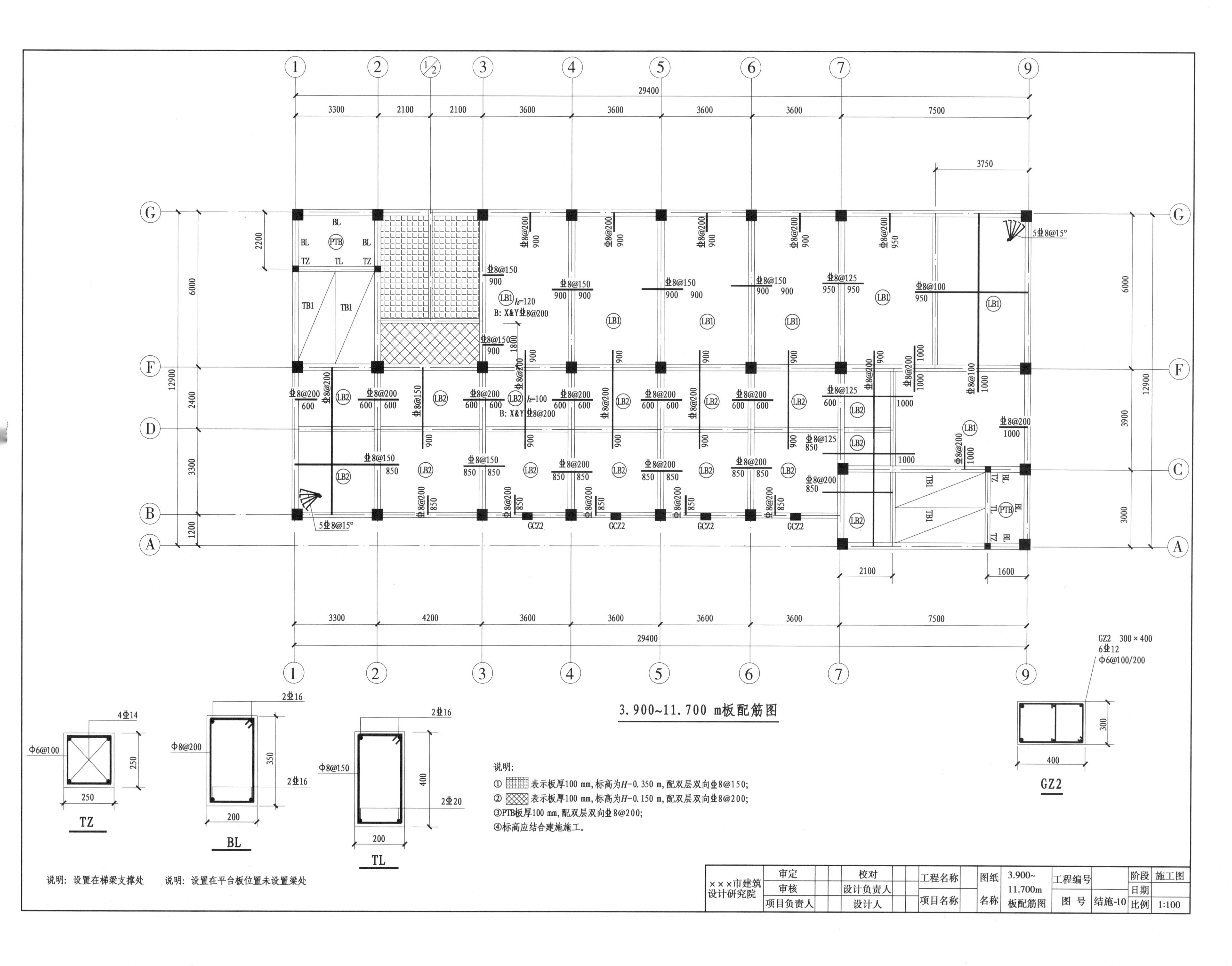
3.900~11.700 m板配筋图
GZ2 300×400
6⌀12
Φ6@100/200
GZ2
TZ
BL
TL
4⌀14
Φ6@100
250
2⌀16
Φ8@200
350
200
2⌀16
Φ8@150
400
2⌀20
说明：设置在梯梁支撑处
说明：设置在平台板位置未设置梁处
说明：
① 表示板厚100 mm，标高为H-0.350 m，配双层双向⌀8@150；
② 表示板厚100 mm，标高为H-0.150 m，配双层双向⌀8@200；
③PTB板厚100 mm，配双层双向⌀8@200；
④标高应结合建施施工。
×××市建筑设计研究院
审定
审核
项目负责人
校对
设计负责人
设计人
工程名称
项目名称
图纸名称
3.900~11.700m板配筋图
工程编号
图号
结施-10
阶段
施工图
日期
比例
1:100

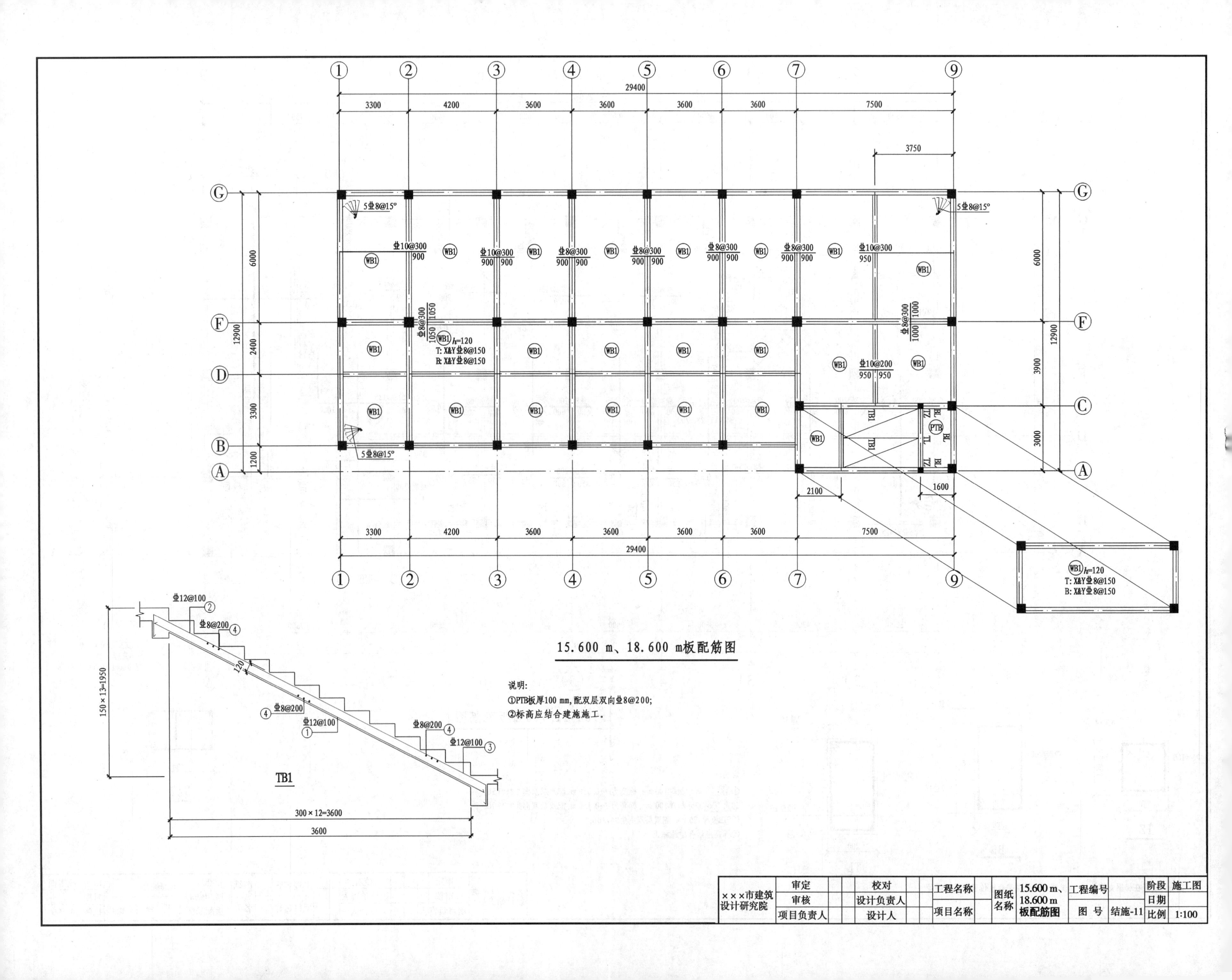
15.600 m、18.600 m板配筋图
说明:
①PTB板厚100 mm,配双层双向Φ8@200;
②标高应结合建施施工。
TB1
WB1 h=120
T: X&Y Φ8@150
B: X&Y Φ8@150
300×12=3600
3600
150×13=1950
×××市建筑设计研究院
审定
审核
项目负责人
校对
设计负责人
设计人
工程名称
项目名称
图纸名称
15.600 m、18.600 m板配筋图
工程编号
图号
结施-11
阶段
施工图
日期
比例
1:100

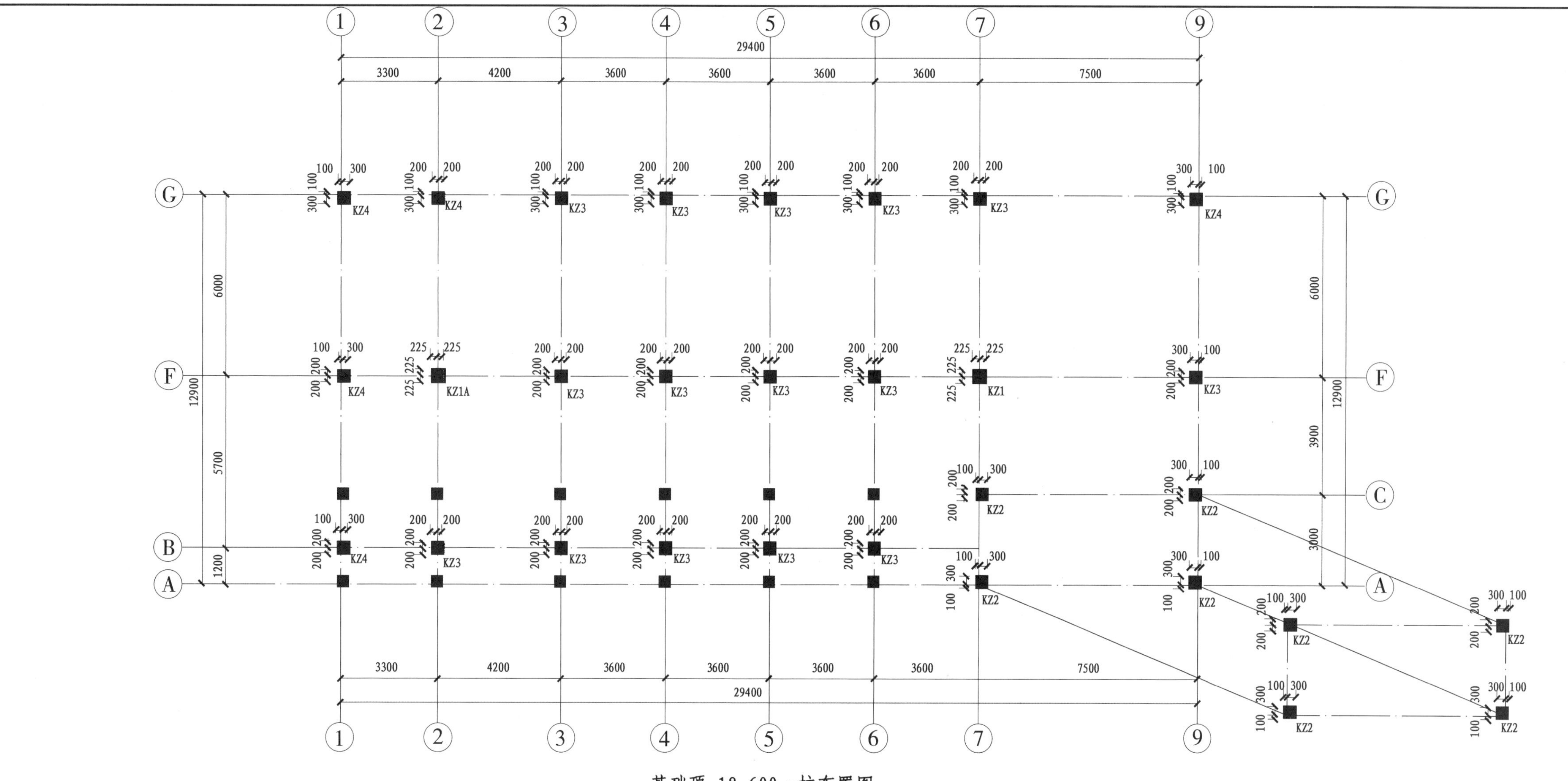

基础顶~18.600 m柱布置图

柱 表

柱配筋表					
	断 面	2Φ18 2Φ18 450 450	3Φ18 3Φ18 400 400	2Φ18 2Φ18 400 400	3Φ18 3Φ18 400 400
	编 号	KZ1（KZ1A）	KZ2	KZ3	KZ4
	标 高	基顶~15.600 m	基顶~18.600 m	基顶~15.600 m	基顶~15.600 m
	角 筋	4Φ20	4Φ20	4Φ20	4Φ20
	箍 筋	φ8@100/200（φ8@100）	φ8@100	φ8@100/200	φ8@100

×××市建筑设计研究院	审定		校对		工程名称		图纸名称	基础顶~18.600 m柱布置图	工程编号		阶段	施工图
	审核		设计负责人		项目名称						日期	
	项目负责人		设计人						图 号	结施-12	比例	1:100